钳工

完全自学一本通

（图解双色版）

邵健萍　张能武　主编

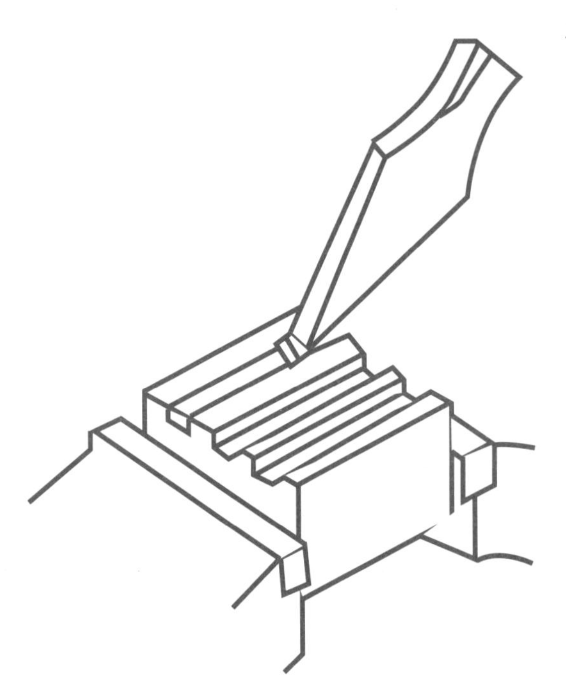

化学工业出版社

·北京·

内容简介

《钳工完全自学一本通（图解双色版）》是一本面向钳工技术工人的图书，对钳工的基础知识写得非常详细，旨在为读者打造坚实的基础。本书以较大篇幅对钳工的划线技术进行了阐述，同时以表格形式图文对应地对平面加工、孔加工、矫正和弯曲、攻螺纹和套螺纹等一系列钳工必要技能进行了解读。本书实例众多，采用双色印刷，查阅方便，重点难点一目了然，适合初学者入门并得到提高，真正做到一本书学会并掌握钳工技能。

本书可供钳工技术加工人员和生产一线的初中高级工人、技师使用，也可作为技工学校、职业技术院校广大师生参考学习用书。

图书在版编目（CIP）数据

钳工完全自学一本通：图解双色版 / 邵健萍，张能武主编 .—北京：化学工业出版社，2021.7

ISBN 978-7-122-39024-0

Ⅰ. ①钳 … Ⅱ. ①邵…②张… Ⅲ. ①钳工 - 图解 Ⅳ. ① TG9-64

中国版本图书馆 CIP 数据核字（2021）第 078505 号

责任编辑：雷桐辉 张兴辉　　装帧设计：王晓宇

责任校对：王鹏飞

出版发行：化学工业出版社（北京市东城区青年湖南街 13 号 邮政编码 100011）

印　　装：三河市延风印装有限公司

787mm × 1092mm 1/16 印张 $23^3/_4$ 字数 636 千字 2021 年 10 月北京第 1 版第 1 次印刷

购书咨询：010-64518888　　售后服务：010-64518899

网　　址：http://www.cip.com.cn

凡购买本书，如有缺损质量问题，本社销售中心负责调换。

定　　价：99.00 元

前 言

机械制造业是我国工业化的基础，钳工是机械加工中不可缺少的一个工种，也是最基本的工种。随着新技术、新材料、新工艺及新设备的不断发展，对钳工的要求越来越高，为了提高广大技术工人综合素质，更好地解决生产中的技术问题，我们组织编写了这本《钳工完全自学一本通（图解双色版）》。

本书共分八章，内容主要包括：钳工基本知识、划线及平面加工、孔加工、矫正和弯曲、攻螺纹和套螺纹、典型机构的装配、模具钳工、维修技术等。

本书在编写时力求以好用、实用为原则，指导自学者快速入门、步步提高，逐渐成为加工行业的骨干。以图解的形式，配以简明的文字，说明具体的操作过程与操作工艺，有很强的针对性和实用性，克服了传统培训教材中理论内容偏深、偏多、抽象的弊端，注重操作技能和生产实例，生产实例均来自生产实际，并吸取一线工人师傅的经验总结。书中使用的部分名词、术语、标准等为行业惯用标准。

本书由邵健萍、张能武主编。参加编写的人员还有：周文军、陶荣伟、王吉华、高佳、钱革兰、魏金营、王荣、邱立功、任志俊、陈薇聪、唐雄辉、刘文花、张茂龙、钱瑜、张道霞、李稳、邓杨、唐艳玲、张业敏、章奇、陈锡春、方光辉、刘瑞、周小渔、胡俊、王春林、周斌兴、许佩霞、过晓明、李德庆、沈飞、刘瑞、庄卫东、张婷婷、赵富惠、袁艳玲、蔡郭生、刘玉妍、王石昊、刘文军、徐嘉翊、孙南羊、吴亮、刘明洋、周韵、刘欢等。我们在编写过程中参考了相关图书出版物，并得到江南大学机械工程学院、江苏省机械工程学会、无锡机械工程学会等单位的大力支持和帮助，在此表示感谢。

由于时间仓促，编者水平有限，书中不妥之处在所难免，敬请广大读者批评指正。

编　　者

目录

第六章　典型机构的装配　211

第七章　模具钳工　285

第八章　维修技术　329

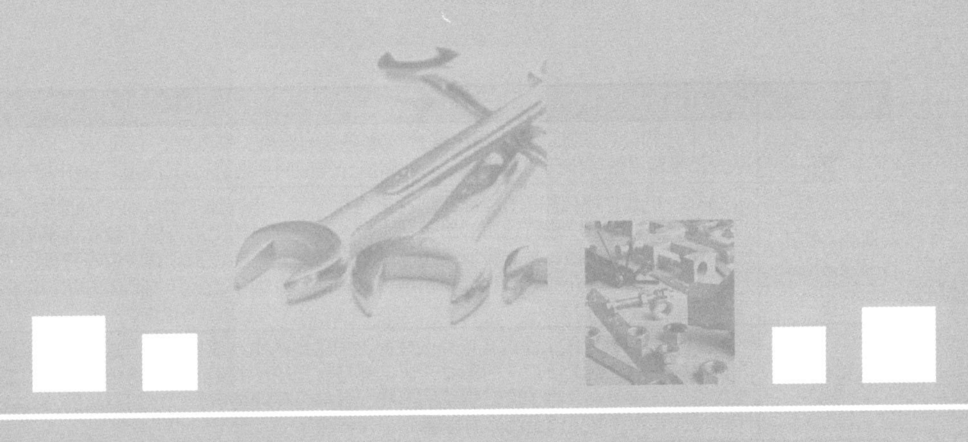

第一章

钳工基本知识

第一节 钳工基本概念及常用工具

一、钳工的主要任务

钳工是机械制造厂和非机械制造厂中不可缺少的一个工种，它的工作范围很广。因为任何机械设备的制造，总是要经过装配才能完成；任何机械设备发生故障或运行一定的周期后，需进行检修，而这些工作正是钳工的主要任务之一。钳工是大多用手工方法，并经常要在台虎钳上进行操作的工种。目前采用机械方法不太适宜或不能解决的某些工作，常由钳工来完成。随着生产的发展，现在钳工工种已有了专业分工，有装配钳工（制造钳工）、检修钳工（机修钳工）、划线钳工、模具钳工、化工检修钳工等。现代化的生产，也使钳工的工作性质发生了很大的变化。例如，装配生产线上的装配钳工，只负责一种或几种零件、部件的装配工作。由此可见钳工的任务是多方面的，而且具有很强的专业性。

二、钳工必须具备的基本操作技能

无论哪一种钳工，要完成本职任务，首先应熟练地掌握好以下各项基本操作技能（表 1-1），并能很好地应用。

表 1-1 钳工必须具备的基本操作技能

类别	说明
划线	划线作为零件加工的头道工序，与零件的加工质量有着密切的关系。钳工在划线时，首先应熟悉图样，合理使用划线工具，按照划线步骤在待加工工件上划出零件的加工界限，作为零件安装（定位）、加工的依据
錾削	錾削是钳工的最基本操作。其利用錾子和锤子等简单工具对工件进行切削或切断。此技术在零件加工要求不高或机械无法加工的场合采用。同时，熟练的锤击技术在钳工装配、修理中得到较多的应用
锉削	利用各种形状的锉刀，对工件进行锉削、整形，使工件达到较高的精度和较为准确的形状。锉削是钳工工作中的主要操作方法之一，它可以对工件的外平面、曲面、内外角、沟槽、孔和各种形状的表面进行锉削加工

续表

类别	说明
锯削	用来分割材料或在工件上锯出符合技术要求的沟槽。锯削时，必须根据工件的材料性质和工件的形状，正确选用锯条和锯削方法，从而使锯削操作能顺利地进行并达到规定的技术要求
钻孔、扩孔、锪孔和铰孔	钻孔、扩孔、锪孔和铰孔是钳工对孔进行粗加工、半精加工和精加工的四种方法。应用时根据孔的精度要求、加工的条件进行选用。钳工钻、扩、锪是在钻床上进行的，铰孔可手工铰削，也可通过钻床进行机铰。所以掌握钻、扩、锪、铰操作技术，必须熟悉钻、扩、锪、铰等刀具的切削性能，以及钻床和一些工夹具的结构性能，合理选用切削用量，熟练掌握手工操作的具体方法，以保证钻、扩、锪、铰的加工质量
攻螺纹和套螺纹	用丝锥和圆板牙在工件内孔或外圆柱面上加工出内螺纹或外螺纹。这就是钳工平时应用较多的攻螺纹和套螺纹技术。钳工所加工的螺纹，通常都是直径较小或不适宜在机床上加工的螺纹。为了使加工后的螺纹符合技术要求，钳工应对螺纹的形成、各部分尺寸关系，以及切螺纹的刀具较熟悉，并掌握螺纹加工的操作要点和避免产生废品的方法
刮削和研磨	刮削是钳工对工件进行精加工的一种方法。刮削后的工件表面，不仅可获得形位精度、尺寸精度、接触精度和传动精度，而且还能通过刮刀在刮削过程中对工件表面产生的挤压，使表面组织紧密，从而提高力学性能。研磨是最精密的加工方法。研磨时通过磨料在研具和工件之间做滑动、滚动，产生微量切削，即研磨中的物理作用。同时利用某些研磨剂的化学作用，使工件表面产生氧化膜，但氧化膜本身在研磨中又很容易被研磨掉。这样氧化膜不断地产生又不断地被磨去，从而使工件表面得到很高的精度。研磨，其实质是物理作用和化学作用的综合
矫正和弯形	利用金属材料的塑性变形，采用合适的方法对变形或存在某种缺陷的原材料和零件加以矫正，消除变形等缺陷。或者使用简单机械或专用工具将原材料弯形成图样所需要的形状，并对弯形前材料进行落料长度计算
装配和修理	按图样规定的技术要求，将零件通过适当的连接形式组合成部件或完整的机器。对使用时间长或由于操作不当造成机器或零件精度和性能下降，甚至损坏的情况，通过钳工的修复、调整，使机器或零件恢复到原来的精度和性能要求，这就是钳工的装配和修理技术
掌握必须的测量技能和简单的热处理技术	生产过程中，要保证零件的加工精度和要求，首先对产品要进行必要的测量和检验。钳工在零件加工和装配过程中，经常利用平板、游标卡尺、千分尺、百分表、水平仪等对零件或装配件进行测量检查，这些都是钳工必须掌握的测量技能 钳工必须了解和掌握金属材料热处理的一般知识，熟悉和掌握一些钳工工具的制造和热处理。并能针对如样冲、錾子、刮刀等工具由于使用要求的不同而分别采取合适的热处理方法，从而得到各自所需要的硬度和性能

三、钳工常用工具

（一）测量类

（1）钢直尺（图 1-1）

图 1-1　钢直尺

用途：用于测量一般工件的尺寸。

规格（mm）：150，300，500，1000，1500，2000。

（2）塞尺（JB/T 8788—1998）

用途：用于测量或检验工件两平行面间的空隙大小。

规格：塞尺的规格型号见表 1-2。

表 1-2　塞尺的规格型号

	单片塞尺厚度系列 /mm
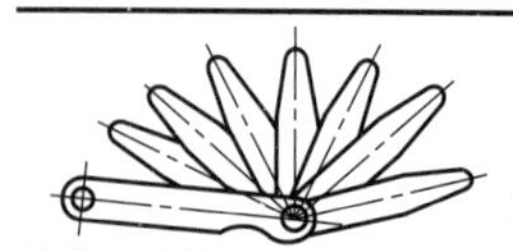	0.02，0.03，0.04，0.05，0.06，0.07，0.08，0.09，0.10，0.11，0.12，0.13，0.14，0.15，0.20，0.25，0.30，0.35，0.40，0.45，0.50，0.55，0.60，0.65，0.70，0.75，0.80，0.85，0.90，0.95，1.00

续表

成组塞尺常用规格				
级别标记		塞尺片长度 /mm	片 数	塞尺片厚度及组装顺序 /mm
A 型	B 型			
75A13 100A13 150A13 200A13 300A13	75B13 100B13 150B13 200B13 300B13	75 100 150 200 300	13	保护片，0.02，0.02，0.03，0.03，0.04，0.04，0.05，0.05，0.06，0.07，0.08，0.09，0.10，保护片
75A14 100A14 150A14 200A14 300A14	75B14 100B14 150B14 200B14 300B14	75 100 150 200 300	14	1.00，0.05，0.06，0.07，0.08，0.09，0.10，0.15，0.20，0.25，0.30，0.40，0.50，0.75
75A17 100A17 150A17 200A17 300A17	75B17 100B17 150B17 200B17 300B17	75 100 150 200 300	17	0.50，0.02，0.03，0.04，0.05，0.06，0.07，0.08，0.09，0.10，0.15，0.20，0.25，0.30，0.35，0.40，0.45
75A20 100A20 150A20 200A20 300A20	75B20 100B20 150B20 200B20 300B20	75 100 150 200 300	20	1.00，0.05，0.10，0.15，0.20，0.25，0.30，0.35，0.40，0.45，0.50，0.55，0.60，0.65，0.70，0.75，0.80，0.85，0.90，0.95
75A21 100A21 150A21 200A21 300A21	75B21 100B21 150B21 200B21 300B21	75 100 150 200 300	21	0.50，0.02，0.02，0.03，0.03，0.04，0.04，0.05，0.05，0.06，0.07，0.08，0.09，0.10，0.15，0.20，0.25，0.30，0.35，0.40，0.45

注：1. A 型塞尺片端头为半圆形；B 型塞尺片前端为梯形，端头为弧形。
2. 塞尺片按厚度偏差及弯曲度，分特级和普通级。

（3）90° 角尺（图 1-2）

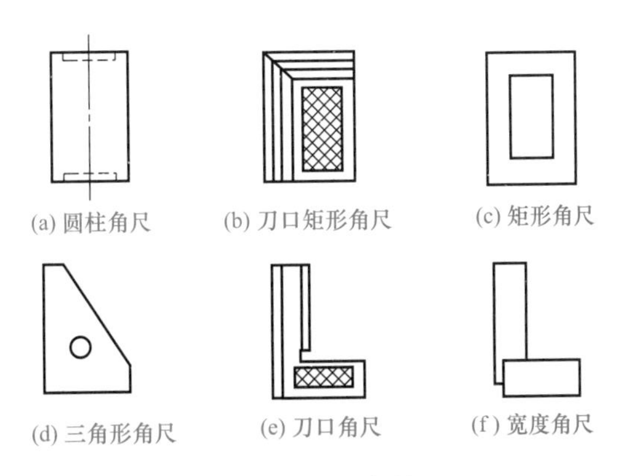

图 1-2　90° 角尺

用途：用于精确地检验零件、部件的垂直误差，也可对工件进行垂直划线。
规格：90° 角尺的规格见表 1-3。

表 1-3　90° 角尺的规格

名称	项目								
圆柱角尺（a）	精度等级	00 级，0 级							
	高度 /mm	200	315	500	800	1250			
	直径 /mm	80	100	125	160	200			
刀口矩形角尺（b）	精度等级	00 级，0 级							
	高度 /mm	63	125	200					
	长度 /mm	40	80	125					
矩形角尺（c）	精度等级	00 级，0 级，1 级							
	高度 /mm	125	200	315	500	800			
	长度 /mm	80	125	200	315	500			
三角形角尺（d）	精度等级	00 级，0 级							
	高度 /mm	125	200	315	500	800	1250		
	长度 /mm	80	125	500	315	500	800		
刀口角尺（e）	精度等级	0 级，1 级							
	高度 /mm	63	125	200					
	长度 /mm	40	80	125					
宽度角尺（f）	精度等级	0 级，1 级，2 级							
	长边 /mm	63	125	200	315	500	800	1250	1600
	短边 /mm	40	80	125	200	315	500	800	1000

（4）万能角尺

用途：用于测量一般的角度、长度、深度、水平度以及在圆形工件上定中心等，也可进行角度划线。

规格：万能角尺的规格见表 1-4。

表 1-4　万能角尺的规格

	公称长度 /mm	角度测量范围
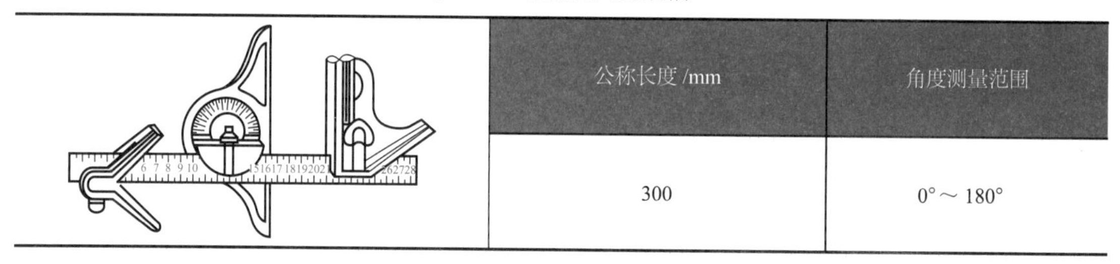	300	0°～180°

（5）电子数显卡尺

用途：测量精度比一般游标卡尺更高，且具有读数清晰、准确、直观、迅速、使用方便的优点。

规格：电子数显卡尺的规格见表 1-5。

表 1-5　电子数显卡尺的规格

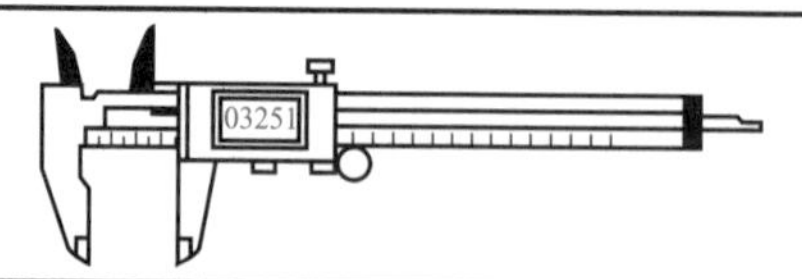

形式	名称	测量范围 /mm	分辨率 /mm
Ⅰ型	三角数显卡尺	0～150，0～200	0.01
Ⅱ型	两用数显卡尺	0～200，0～300	
Ⅲ型	双面卡脚数显卡尺	0～200，0～300	
Ⅳ型	单面卡脚数显卡尺	0～500	

（6）深度游标卡尺

用途：用于测量工件上阶梯形、沟槽和盲孔的深度。

规格：深度游标卡尺的规格见表 1-6。

表 1-6　深度游标卡尺的规格

	测量范围 /mm	游标读数值 /mm
	0 ～ 200，0 ～ 300，0 ～ 500，0 ～ 1000	0.02，0.05

（7）游标卡尺

用途：用于测量工件的内径和外径尺寸，带深度尺的还可以用手测量工件的深度尺寸。利用游标可以读出毫米小数值，测量精度比钢直尺高，使用也方便。

规格：游标卡尺的规格见表 1-7。

表 1-7　游标卡尺的规格

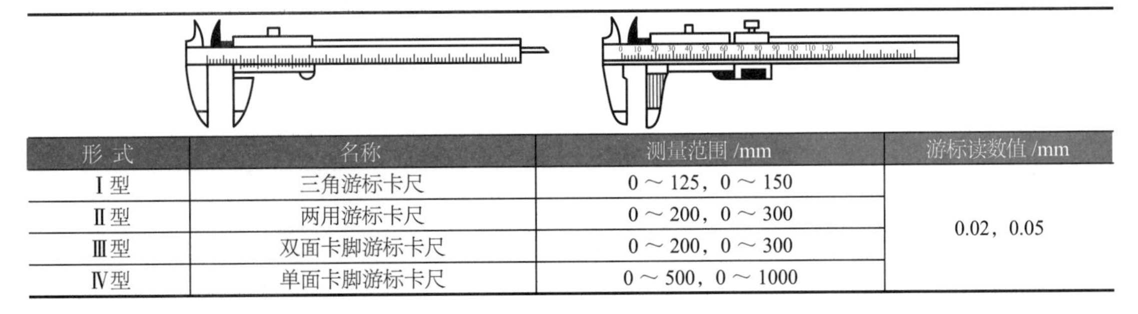

形 式	名称	测量范围 /mm	游标读数值 /mm
Ⅰ型	三角游标卡尺	0 ～ 125，0 ～ 150	0.02，0.05
Ⅱ型	两用游标卡尺	0 ～ 200，0 ～ 300	
Ⅲ型	双面卡脚游标卡尺	0 ～ 200，0 ～ 300	
Ⅳ型	单面卡脚游标卡尺	0 ～ 500，0 ～ 1000	

（8）电子数显深度卡尺（图 1-3）

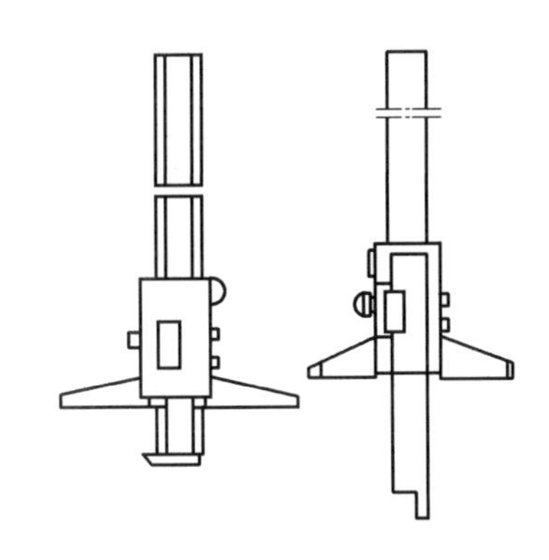

图 1-3　电子数显深度卡尺

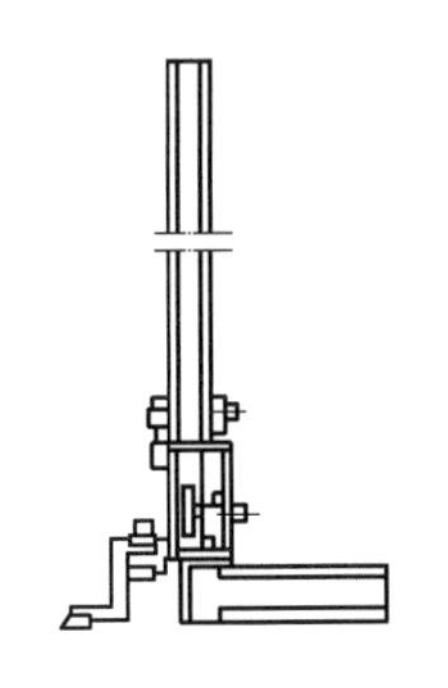

图 1-4　电子数显高度卡尺

用途：用于测量工件上阶梯形、沟槽和盲孔的深度。

规格：测量范围为 0 ～ 300mm、0 ～ 500mm；分辨率为 0.01mm。

（9）电子数显高度卡尺（图 1-4）

用途：用于测量工件高度及精密划线。

规格：测量范围为 1 ～ 20mm、0 ～ 300mm、0 ～ 500mm；分辨率为 0.01mm。

（10）游标万能角度尺

用途：用于测量精密工件的内、外角度或进行角度划线。

规格：游标万能角度尺的规格见表 1-8。

表 1-8　游标万能角度尺的规格

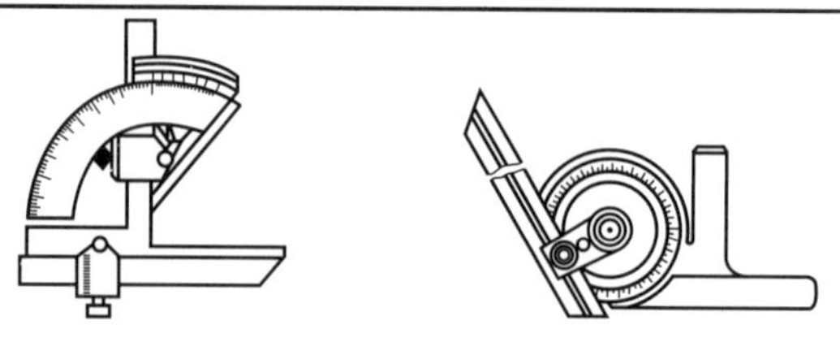

Ⅰ型　　Ⅱ型

形式	游标读数值	测量范围	直尺测量面	附加直尺测量面	其他测量面
			公称长度 /mm		
Ⅰ型	2′，5′	0° ～ 320°	≥ 150	—	≥ 50
Ⅱ型	5′	0° ～ 360°	200 或 300	不规定	—

（11）深度千分尺

用途：用于测量精密工件的孔、沟槽的深度和台阶的高度，以及工件两平行面间的距离等，其测量精度较高。

规格：深度千分尺的规格见表 1-9。

表 1-9　深度千分尺的规格

测量范围 /mm	分度值 /mm
0 ～ 25，0 ～ 50，0 ～ 100，0 ～ 150，0 ～ 200，0 ～ 300	0.01

（12）杠杆千分尺

用途：用于测量工件的精密外形尺寸（如外径、长度、厚度等），或校对一般量具的精度。

规格：杠杆千分尺的规格见表 1-10。

表 1-10　杠杆千分尺的规格

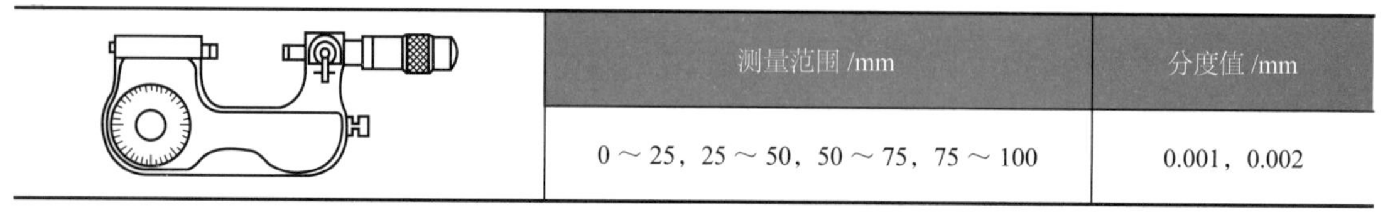

测量范围 /mm	分度值 /mm
0 ～ 25，25 ～ 50，50 ～ 75，75 ～ 100	0.001，0.002

（13）壁厚千分尺

用途：用于测量管子的壁厚。

规格：壁厚千分尺的规格见表 1-11。

表 1-11　壁厚千分尺的规格

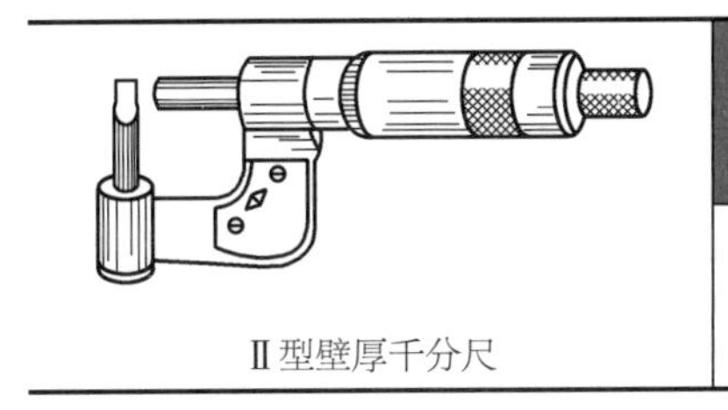

Ⅱ型壁厚千分尺

测量范围 /mm	分度值 /mm	测微螺杆距离 /mm
0 ～ 0.25	0.01	0.5

（14）尖头千分尺

用途：用于测量螺纹的中径。

规格：尖头千分尺的规格见表 1-12。

表 1-12　尖头千分尺的规格

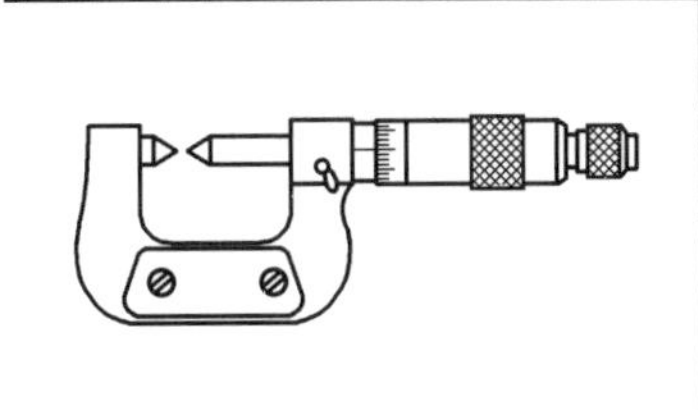

<table>
<tr><th>测量范围 /mm</th><th colspan="2">刻度数字标记</th><th>分度值 /mm</th></tr>
<tr><td>0 ～ 25</td><td colspan="2">0，5，10，15，20，25</td><td rowspan="4">0.01</td></tr>
<tr><td>25 ～ 50</td><td colspan="2">25，30，35，40，45，50</td></tr>
<tr><td>50 ～ 75</td><td colspan="2">50，55，60，65，70，75</td></tr>
<tr><td>75 ～ 100</td><td colspan="2">75，80，85，90，95，100</td></tr>
<tr><td>测微螺杆螺距 /mm</td><td>0.5</td><td>量程 /mm</td><td>25</td></tr>
</table>

（15）公法线千分尺

用途：用于测量模数大于 1mm 的外啮合圆柱齿轮的公法线长，也可用于测量某些难测部位的长度尺寸。

规格：公法线千分尺的规格见表 1-13。

表 1-13　公法线千分尺的规格

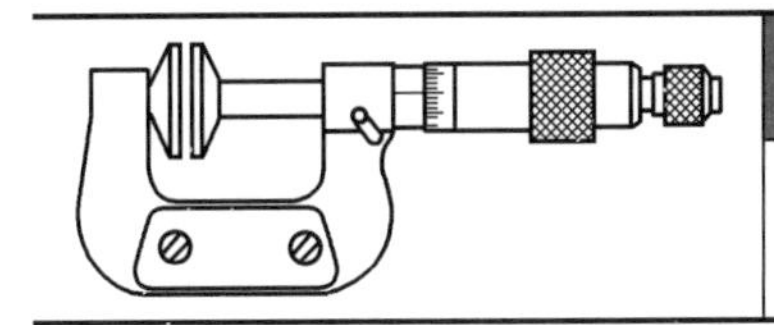

测量范围 /mm	分度值 /mm	测微螺杆螺距 /mm	量程 /mm	测量模数 /mm
0 ～ 25，25 ～ 50，50 ～ 75，75 ～ 100，100 ～ 125，125 ～ 150	0.01	0.5	25	≥ 1

（16）内径千分尺（GB/T 8177—2004）

用途：用于测量工件的孔径、槽宽、卡规等的内尺寸和两个内表面之间的距离，其测量精度较高。

规格：内径千分尺的规格见表 1-14。

表 1-14　内径千分尺的规格

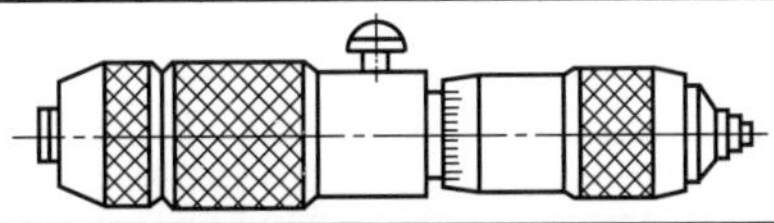

<table>
<tr><th>测量范围 /mm</th><th>分度值 /mm</th><th>测量范围 /mm</th><th>分度值 /mm</th></tr>
<tr><td>50 ～ 250，50 ～ 600</td><td rowspan="3">0.01</td><td rowspan="2">250 ～ 2000，250 ～ 4000，250 ～ 5000</td><td rowspan="3">0.01</td></tr>
<tr><td>100 ～ 1225，100 ～ 1500，100 ～ 5000</td></tr>
<tr><td>150 ～ 1250，150 ～ 1400，150 ～ 2000，150 ～ 3000，150 ～ 4000，150 ～ 5000</td><td>1000 ～ 3000，1000 ～ 4000，1000 ～ 5000
2500 ～ 5000</td></tr>
</table>

（17）大外径千分尺

用途：用于测量较大工件（大于 1000mm）的外部尺寸。

规格：大外径千分尺的规格见表 1-15。

表 1-15　大外径千分尺的规格

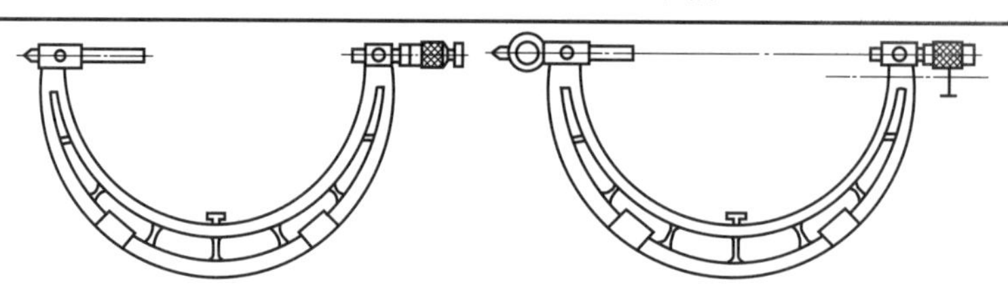

测砧可调式　　　　测砧带表式

形式	测量范围 /mm	测量范围间隔 /mm	分度值 /mm
测砧可调式	1000 ～ 1200，1200 ～ 1400，1400 ～ 1600，1600 ～ 1800，1800 ～ 2000，2000 ～ 2200，2200 ～ 2400，2400 ～ 2600，2600 ～ 2800，2800 ～ 3000	200	0.01
测砧带表式	1000 ～ 1500，1500 ～ 2000，2000 ～ 2500，2500 ～ 3000	500	0.01

（18）外径千分尺

用途：用于测量较大工件的外径、厚度、长度、形状偏差等，测量精度较高。

规格：外径千分尺的规格见表 1-16。

表 1-16　外径千分尺的规格

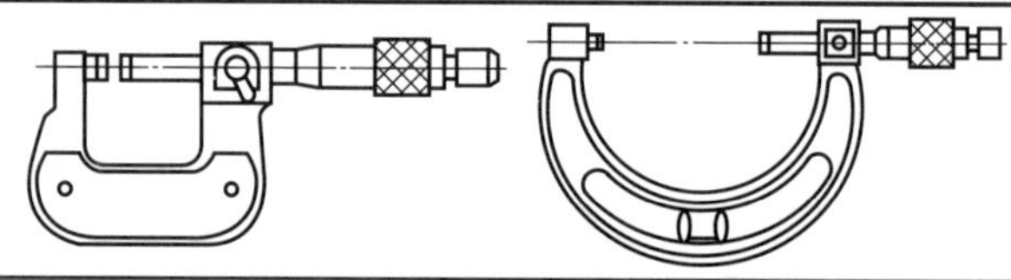

测量范围 /mm	测量范围间隔 /mm	分度值 /mm
0 ～ 25，25 ～ 50，50 ～ 75，75 ～ 100，100 ～ 125，125 ～ 150，150 ～ 175，175 ～ 200，200 ～ 225，225 ～ 250，250 ～ 275，275 ～ 300，300 ～ 325，325 ～ 350，350 ～ 375，375 ～ 400，400 ～ 425，425 ～ 450，450 ～ 475，475 ～ 500	25	0.01
500 ～ 600，600 ～ 700，700 ～ 800，800 ～ 900，900 ～ 1000	100	0.01

（19）三爪内径千分尺

用途：用于测量精度较高的内孔，尤其适于测量深孔的直径。

规格：三爪内径千分尺的规格见表 1-17。

表 1-17　三爪内径千分尺的规格

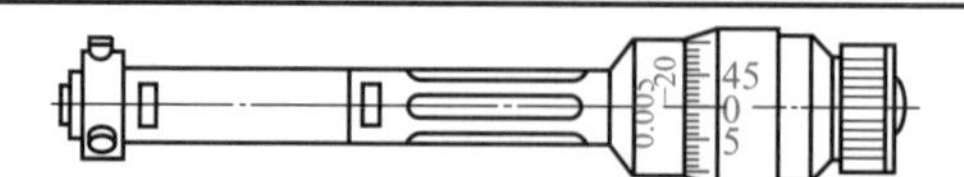

测量范围（内径）/mm	测量范围间隔 /mm	分度值 /mm
6 ～ 8，8 ～ 10，10 ～ 12	2	0.010，0.005
11 ～ 14，14 ～ 17，17 ～ 20	3	
20 ～ 25，25 ～ 30，30 ～ 35，35 ～ 40	5	
40 ～ 50，50 ～ 60，60 ～ 70，70 ～ 80，80 ～ 90，90 ～ 100	10	

（20）电子数显外径千分尺（图 1-5）

用途：用于测量精密外尺寸。

规格：测量范围为 0 ～ 25mm；分辨率为 0.001mm。

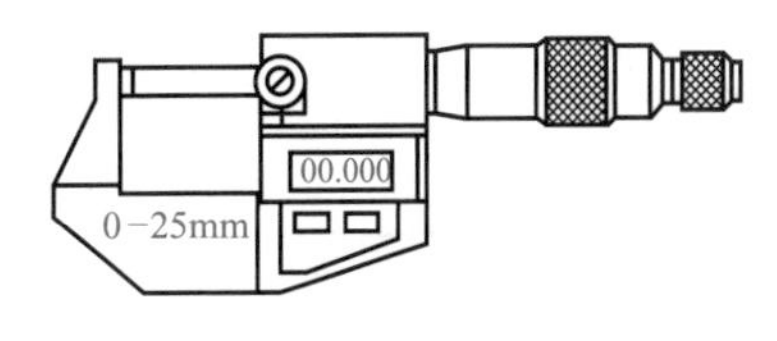

图 1-5　电子数显外径千分尺

（21）带计数器千分尺

用途：用于测量工件的外形尺寸。

规格：带计数器千分尺的规格见表 1-18。

表 1-18　带计数器千分尺的规格

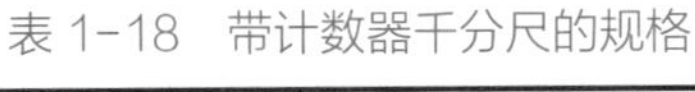
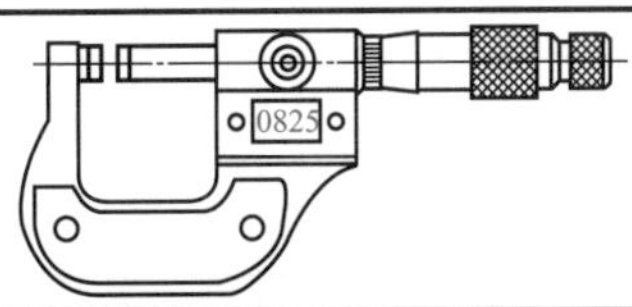

<table>
<tr><th>测量范围 /mm</th><th colspan="3">刻度数字 /mm</th><th>计数器分辨率 /mm</th></tr>
<tr><td>0 ～ 25</td><td colspan="3">0，5，10，15，20，25</td><td rowspan="4">0.01</td></tr>
<tr><td>25 ～ 50</td><td colspan="3">25，30，35，40，45，50</td></tr>
<tr><td>50 ～ 75</td><td colspan="3">50，55，60，65，70，75</td></tr>
<tr><td>75 ～ 100</td><td colspan="3">75，80，85，90，95，100</td></tr>
<tr><td colspan="2">测微头分度值 /mm</td><td>0.002</td><td>测微螺杆和测量端直径 /mm</td><td>6.5</td></tr>
</table>

（22）螺纹千分尺

用途：用于测量通螺纹的中径和螺距。

规格：螺纹千分尺的规格见表 1-19。

表 1-19　螺纹千分尺的规格

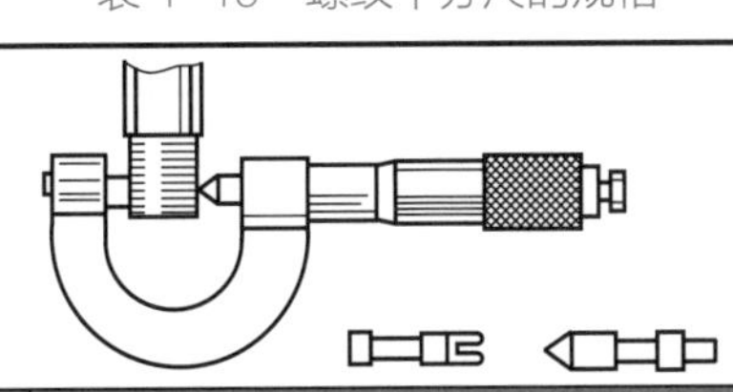

<table>
<tr><th>测量范围 /mm</th><th>测头数量 / 副</th><th>测头测量螺距的范围 /mm</th><th>分度值 /mm</th></tr>
<tr><td>0 ～ 25</td><td>5</td><td>0.4 ～ 0.5，0.6 ～ 0.8，1 ～ 1.25，1.5 ～ 2，2.5 ～ 3.5</td><td rowspan="4">0.01</td></tr>
<tr><td>25 ～ 50</td><td>5</td><td>0.6 ～ 0.8，1 ～ 1.25，1.5 ～ 2，2.5 ～ 3.5，4 ～ 6</td></tr>
<tr><td>50 ～ 75
75 ～ 100</td><td>4</td><td>1 ～ 1.25，1.5 ～ 2，2.5 ～ 3.5，4 ～ 6</td></tr>
<tr><td>100 ～ 125
125 ～ 150</td><td>3</td><td>1.5 ～ 2，2.5 ～ 3.5，4 ～ 6</td></tr>
</table>

注：按用户要求，可供应平测头、球形测头和其他形式测头。

（23）钢平尺和岩石平尺（图 1-6）

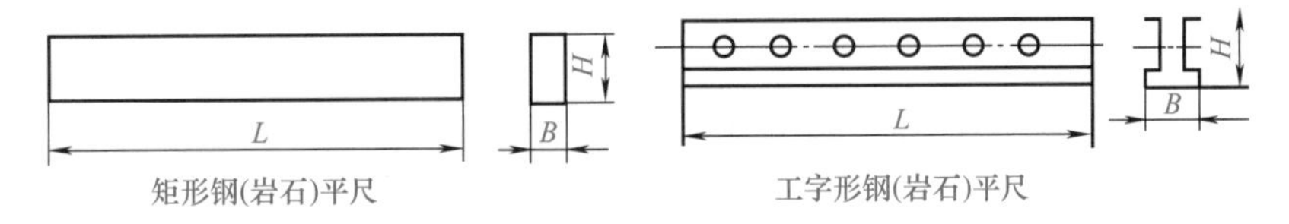

图 1-6　钢平尺和岩石平尺

用途：用于测量工件的直线度和平面度。

规格：钢平尺和岩石平尺的规格见表 1-20。

表 1-20　钢平尺和岩石平尺的规格

规格 /mm	L/mm	岩石平尺		钢平尺			
		000、00、0 和 1 级		00 和 0 级		1 和 2 级	
		H/mm	B/mm	H/mm	B/mm	H/mm	B/mm
400	400	60	25	45	8	40	6
500	500	80	30	50	10	45	8
630	630	100	35	60	10	50	10
800	800	120	40	70	10	60	10
1000	1000	160	50	75	10	70	10
1250	1250	200	60	85	10	75	10
1600	1600	250	80	100	12	80	10
2000	2000	300	100	125	12	100	12
2500	2500	360	120	150	14	120	12

（24）铸铁平板

用途：用于工件的检验和划线。

规格：铸铁平板的长度规格见表 1-21。

表 1-21　铸铁平板的长度规格

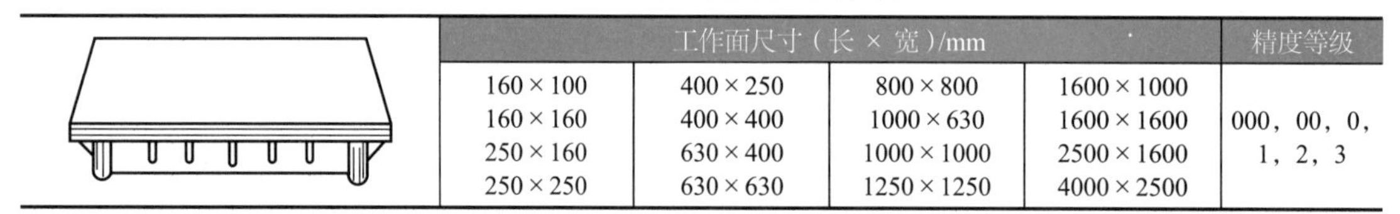

	工作面尺寸（长 × 宽）/mm				精度等级
	160 × 100 160 × 160 250 × 160 250 × 250	400 × 250 400 × 400 630 × 400 630 × 630	800 × 800 1000 × 630 1000 × 1000 1250 × 1250	1600 × 1000 1600 × 1600 2500 × 1600 4000 × 2500	000，00，0， 1，2，3

（二）旋具类

（1）一字形螺钉旋具（图 1-7）

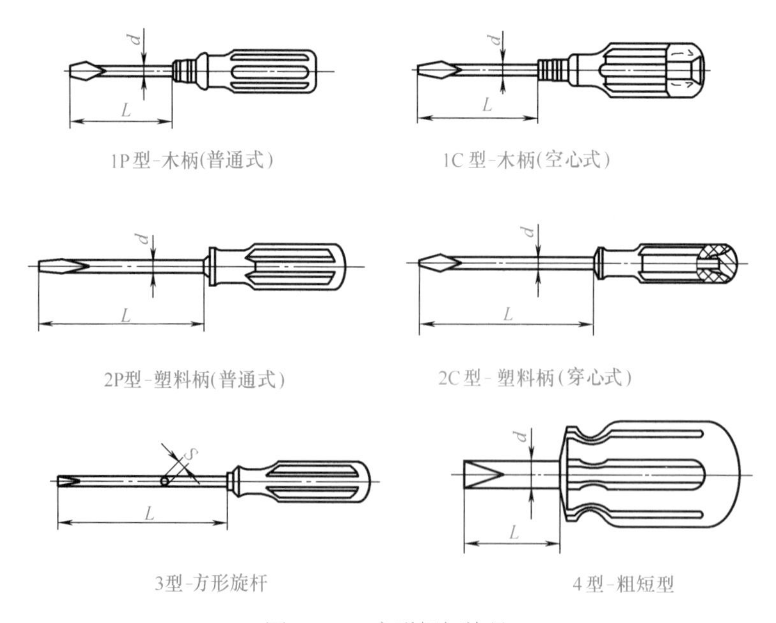

图 1-7　一字形螺钉旋具

用途：用于紧固或拆卸一字形螺钉。木柄和塑料柄螺钉旋具分普通式和穿心式两种。穿心式能承受较大的扭矩，并可在尾部用手锤敲击。方形旋杆螺钉旋具能用相应的扳手夹住旋杆扳动，以增大扭矩。

规格：一字形螺钉旋具的规格类型见表 1-22。

表 1-22　一字形螺钉旋具的规格类型

类型	规格 $L\times a\times b$（旋杆长度 × 口厚 × 口宽）/mm	旋杆长度 L/mm	圆形旋杆直径 d/mm	方形旋杆对边宽度 s/mm
1 型 - 木柄型 2 型 - 塑料柄型 3 型 - 方形旋杆型	50 × 0.4 × 2.5	50	3	5
	75 × 0.6 × 4	75	4	5
	100 × 0.6 × 4	100	5	5
	125 × 0.8 × 5.5	125	6	6
	150 × 1 × 6.5	150	7	6
	200 × 1.2 × 8	200	8	7
	250 × 1.6 × 10	250	9	7
	300 × 2 × 13	300	9	8
	350 × 2.5 × 16	350	11	8
4 型 - 粗短型	25 × 0.8 × 5.5	25	6	6
	40 × 1.2 × 8	40	8	7

（2）十字形螺钉旋具（图 1-8）

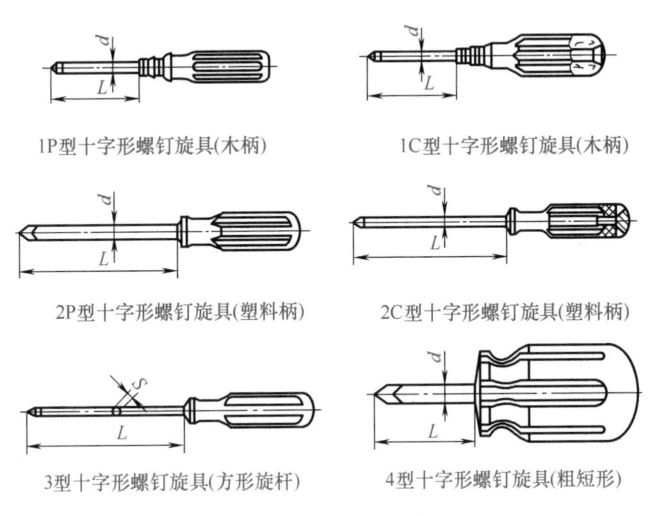

图 1-8　十字形螺钉旋具

用途：用于紧固或拆卸十字形螺钉。木柄和塑柄螺钉旋具分普通式和穿心式两种。穿心式能承受较大的扭矩，可在尾部用手锤敲击。方形旋杆能用相应的扳手夹住旋杆扳动，以增大扭矩。

规格：十字形螺钉旋具的规格类型见表 1-23。

（三）钢锯及锯条

（1）手用钢锯条（图 1-9）

用途：装在钢锯架上，用于手工锯割金属等材料。对于双面齿型钢锯条，一面锯齿出现磨损情况后，可用另一面锯齿继续工作。挠性型钢锯在工作中不易折断。小齿距（细齿）钢锯条上多采用波浪形锯路。

表 1-23　十字形螺钉旋具的规格类型

类型	槽号	旋杆长度 L/mm	圆形旋杆直径 d/mm	方形旋杆对边宽度 s/mm	适用螺钉规格
1 型 - 木柄型 2 型 - 塑料柄型 3 型 - 方形旋杆型	0 1 2 3 4	75 100 150 200 250	3 4 6 8 9	4 5 6 7 8	≤ M2 M2.5，M3 M4，M5 M6 M8，M10
4 型 - 粗短型	1 2	25 40	4.5 6.0	5 6	M2.5，M3 M4，M5

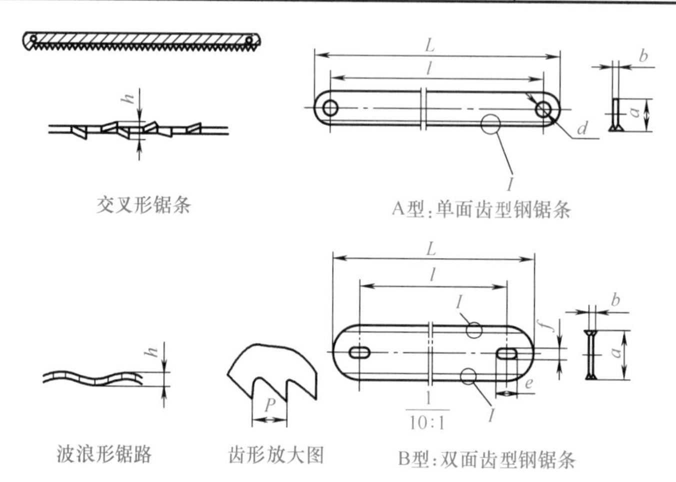

图 1-9　手用钢锯条

规格：手用钢锯条的长度规格见表 1-24。

表 1-24　手用钢锯条的长度规格

类型	长度 l/mm	宽度 a/mm	厚度 b/mm	齿距 / 锯路宽（p/h）/ mm	销孔 d（×f）/ mm	全长 L ≤ / mm
A 型	300 250	12.7 10.7	0.65	（0.8、1.0）/0.90；1.2/0.95； （1.4、1.5、1.8）/1.00	3.8	315 265
B 型	296 292	2 25	0.65	（0.8、1.0）/0.90； 1.4/1.00	8 × 5 12 × 6	315
分类	①按锯条形式分单面齿型（A 型、普通齿型）和双面齿型（B 型） ②按锯条特性分全硬型（代号 H）和挠性型（代号 F） ③按锯路（锯齿排列）形状分交叉形锯路和波浪形锯路 ④按锯条材质分优质碳素结构钢（代号 D）、碳素（合金）工具钢（代号 T）、高速钢或双金属复合钢（代号 G）三种，锯条齿部最小硬度值分别为 76HRA、81HRA、82HRA					

（2）钢锯架（图 1-10）

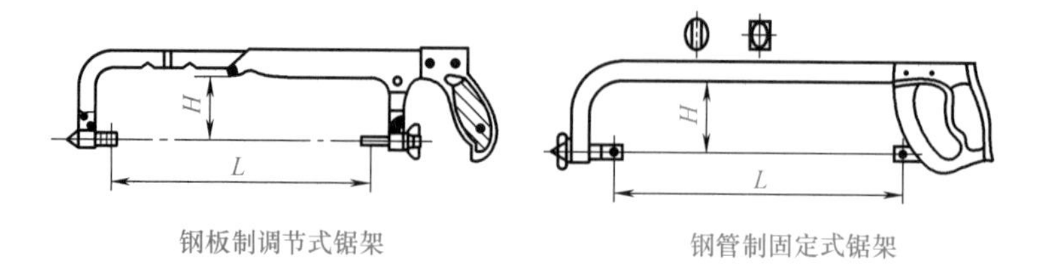

图 1-10　钢锯架

用途：安装手用锯条后，用于手工锯割金属等材料。
规格：钢锯架的长度规格见表 1-25。

表 1-25　钢锯架的长度规格

类型		规格 L/mm（可装锯条长度）	长度 /mm	高度 /mm	最大锯切深度 H /mm
钢板制	调节式	200，250，300	324 ～ 328	60 ～ 80	64
	固定式	300	325 ～ 329	65 ～ 85	
钢管制	调节式	250，300	330	≥ 80	74
	固定式	300	324	≥ 85	

（3）机用钢锯条（图 1-11）

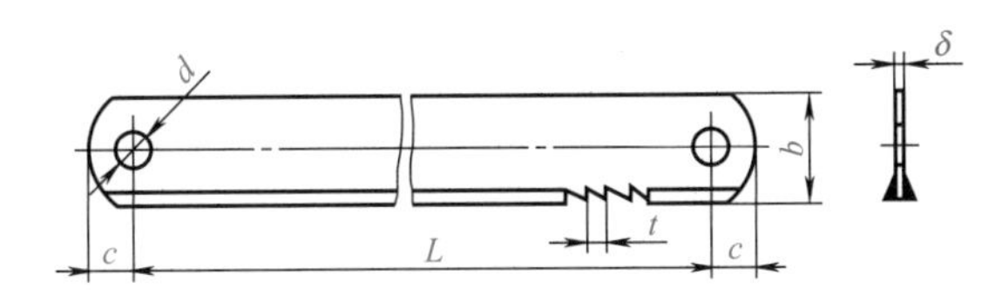

图 1-11　机用钢锯条

用途：装在机锯床上，用于锯割金属等材料。
规格：机用钢锯条的规格见表 1-26。

表 1-26　机用钢锯条的规格

公称长度 L/mm	宽度 b/mm	厚度 δ/mm	齿距 t/mm	d/mm	c/mm
300	25	1.25	1.8、2.5	8.2	13
350	25	1.25	1.8、2.5		
	32	1.6	2.5、4.0		
400	32	1.6	2.5、4.0		
	38	1.8	4.0、6.3		
450	32	1.6	2.5、4.0	10.2	16
	38	1.8	4.0、6.3		
500	40	2.0	4.0、6.3		
	45	2.5	4.0、6.3		
550	40	2.0	4.0、6.3		
	45	2.5	4.0、6.3		
600	50	2.5	4.0、6.3		

（四）锉刀类

（1）钳工锉（QB/T 2569.1—2002）
钳工锉的类型及尺寸规格见表 1-27。

表 1-27　钳工锉的类型及尺寸规格　　单位：mm

齐头扁锉形式及尺寸

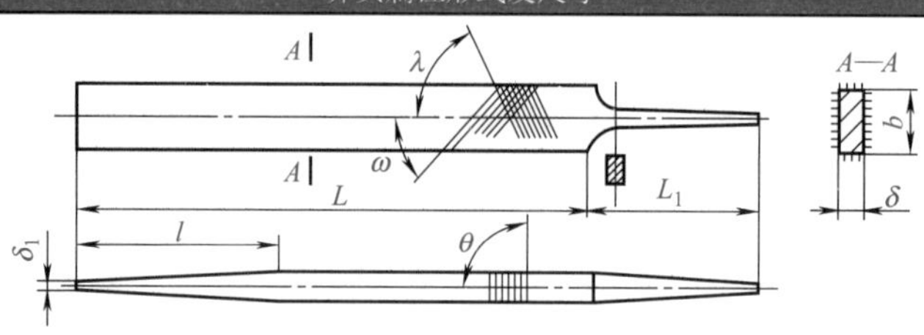

标记示例：

齐头扁锉：规格 L=300mm；2 号锉纹：Q-01-300-2（QB/T 2569.1—2002）

代号	L	L_1	b	δ	δ_1	l
Q-01-100-1 ～ 5	100	35	12	2.5 （3）	≤ 80%δ	（25% ～ 50%）L
Q-01-125-1 ～ 5	125	40	14	3 （3.5）		
Q-01-150-1 ～ 5	150	45	16	3.5 （4）		
Q-01-200-1 ～ 5	200	55	20	4.5 （5）		
Q-01-250-1 ～ 5	250	65	24	5.5		
Q-01-300-1 ～ 5	300	75	28	6.5		
Q-01-350-1 ～ 5	350	85	32	7.5		
Q-01-400-1 ～ 5	400	90	36	8.5		
Q-01-450-1 ～ 5	450	90	40	9.5		

尖头扁锉形式及尺寸

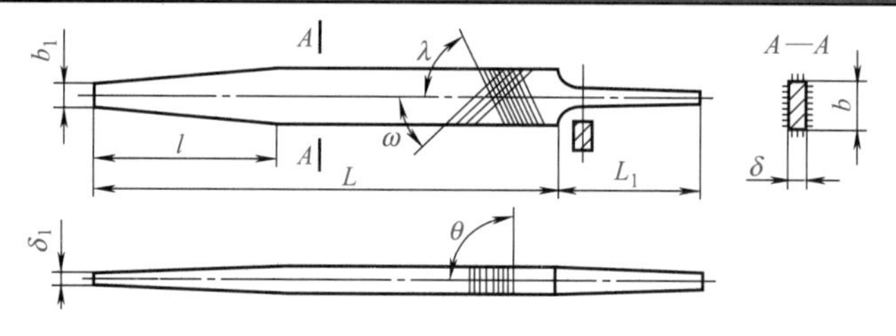

标记示例：

尖头扁锉：规格 L=300mm；2 号锉纹：Q-02-300-2（QB/T 2569.1—2002）

代号	L	L_1	b	δ	b_1	δ_1	l
Q-02-100-1 ～ 5	100	35	12	2.5 （3）	≤ 80%b	≤ 80%δ	（25% ～ 50%）L
Q-02-125-1 ～ 5	125	40	14	3 （3.5）			
Q-02-150-1 ～ 5	150	45	16	3.5 （4）			
Q-02-200-1 ～ 5	200	55	20	4.5 （5）			
Q-02-250-1 ～ 5	250	65	24	5.5			
Q-02-300-1 ～ 5	300	75	28	6.5			
Q-02-350-1 ～ 5	350	85	32	7.5			
Q-02-400-1 ～ 5	400	90	36	8.5			
Q-02-450-1 ～ 5	450	90	40	9.5			

半圆锉形式及尺寸

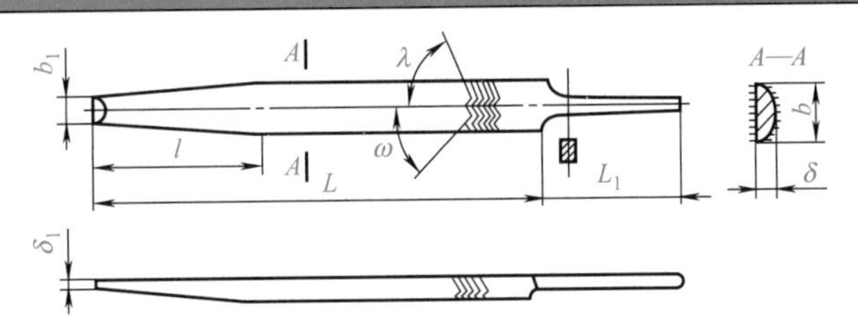

标记示例：

薄型半圆锉：规格 L=300mm；2 号锉纹：Q-03b-300-2（QB/T 2569.1—2002）

代号	L	L_1	b	δ		b_1	δ_1	l
				薄型	厚型			
Q_{03h}^{03b}-100-1 ～ 5	100	35	12	3.5	4	≤ 80%b	≤ 80%δ	（25% ～ 50%）L
Q_{03h}^{03b}-125-1 ～ 5	125	40	14	4	4.5			
Q_{03h}^{03b}-150-1 ～ 5	150	45	16	4.5	5			
Q_{03h}^{03b}-200-1 ～ 5	200	55	20	5.5	6.5			
Q_{03h}^{03b}-250-1 ～ 5	250	65	24	7	8			
Q_{03h}^{03b}-300-1 ～ 5	300	75	28	8	9			
Q_{03h}^{03b}-350-1 ～ 5	350	85	32	9	10			
Q_{03h}^{03b}-400-1 ～ 5	400	90	36	10	11.5			

三角锉形式及尺寸

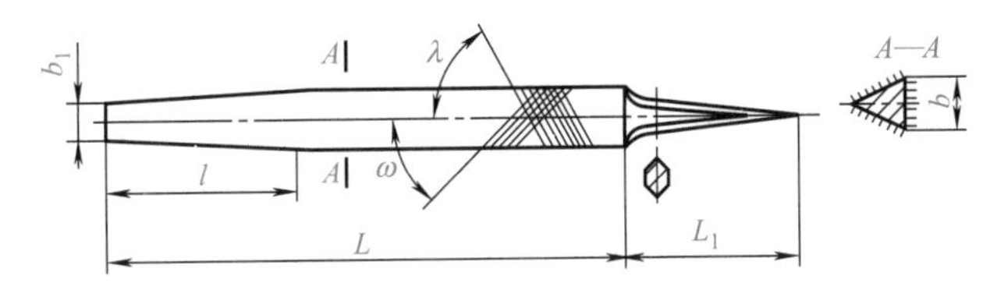

标记示例：

三角锉：规格 L=300mm；2 号锉纹：Q-04-300-2（QB/T 2569.1—2002）

代号	L	L_1	b	b_1	l
Q-04-100-1 ～ 5	100	35	12	≤ 80%b	（25% ～ 50%）L
Q-04-125-1 ～ 5	125	40	14		
Q-04-150-1 ～ 5	150	45	16		
Q-04-200-1 ～ 5	200	55	20		
Q-04-250-1 ～ 5	250	65	24		
Q-04-300-1 ～ 5	300	75	28		
Q-04-350-1 ～ 5	350	85	32		
Q-04-400-1 ～ 5	400	90	36		

续表

方锉形式及尺寸

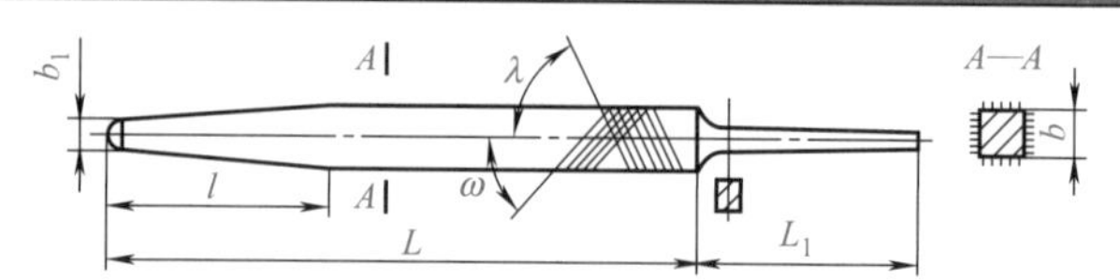

标记示例：

方锉：规格 L=300mm；2 号锉纹：Q-05-300-2（QB/T 2569.1—2002）

代号	L	L_1	b	b_1	l
Q-05-100-1 ～ 5	100	35	3.5		
Q-05-125-1 ～ 5	125	40	4.5		
Q-05-150-1 ～ 5	150	45	5.5		
Q-05-200-1 ～ 5	200	55	7		
Q-05-250-1 ～ 5	250	65	9	≤ 80%b	（25% ～ 50%）L
Q-05-300-1 ～ 5	300	75	11		
Q-05-350-1 ～ 5	350	85	14		
Q-05-400-1 ～ 5	400	90	18		
Q-05-450-1 ～ 5	450	90	22		

圆锉形式及尺寸

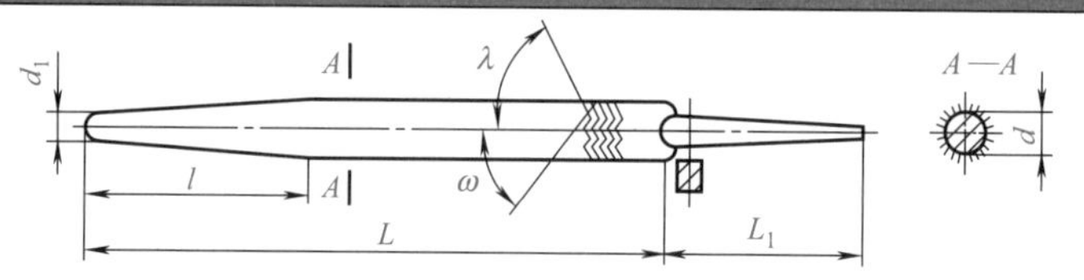

标记示例：

三角锉：规格 L=300mm；2 号锉纹：Q-06-300-2（QB/T 2569.1—2002）

代号	L	L_1	d	d_1	l
Q-06-100-1 ～ 5	100	35	3.5		
Q-06-125-1 ～ 5	125	40	4.5		
Q-06-150-1 ～ 5	150	45	5.5		
Q-06-200-1 ～ 5	200	55	7		
Q-06-250-1 ～ 5	250	65	9	≤ 80%b	（25% ～ 50%）L
Q-06-300-1 ～ 5	300	75	11		
Q-06-350-1 ～ 5	350	85	14		
Q-06-400-1 ～ 5	400	90	18		

（2）整形锉

整形锉的类型及尺寸规格见表 1-28。

表 1-28　整形锉的类型及尺寸规格　　单位：mm

齐头扁锉形式及尺寸

续表

代号	L	l	b	δ
Z-01-100-2～8	100	40	2.8	0.6
Z-01-120-1～7	120	50	3.4	0.8
Z-01-140-0～6	140	65	5.4	1.2
Z-01-160-00～3	160	75	7.3	1.6
Z-01-180-00～2	180	85	9.2	2.0

尖头扁锉形式及尺寸

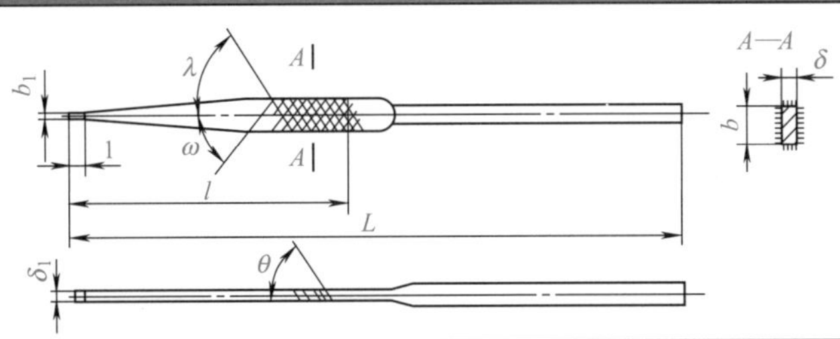

代号	L	l	b	δ	b_1	δ_1
Z-02-100-2～8	100	40	2.8	0.6	0.4	0.5
Z-02-120-1～7	120	50	3.4	0.8	0.5	0.6
Z-02-140-0～6	140	65	5.4	1.2	0.7	1.0
Z-02-160-00～3	160	75	7.3	1.6	0.8	1.2
Z-02-180-00～2	180	85	9.2	2.0	1.0	1.7

半圆锉形式及尺寸

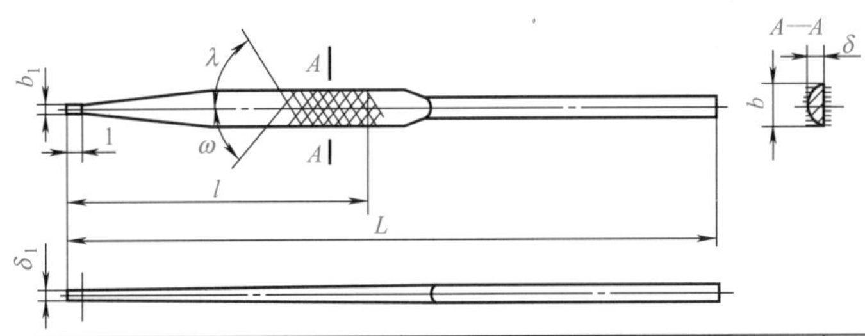

代号	L	l	b	δ	b_1	δ_1
Z-03-100-2～8	100	40	2.9	0.9	0.5	0.4
Z-03-120-1～7	120	50	3.3	1.2	0.6	0.5
Z-03-140-0～6	140	65	5.2	1.7	0.8	0.6
Z-03-160-00～3	160	75	6.9	2.2	0.9	0.7
Z-03-180-00～2	180	85	8.5	2.9	1.0	0.9

三角锉形式及尺寸

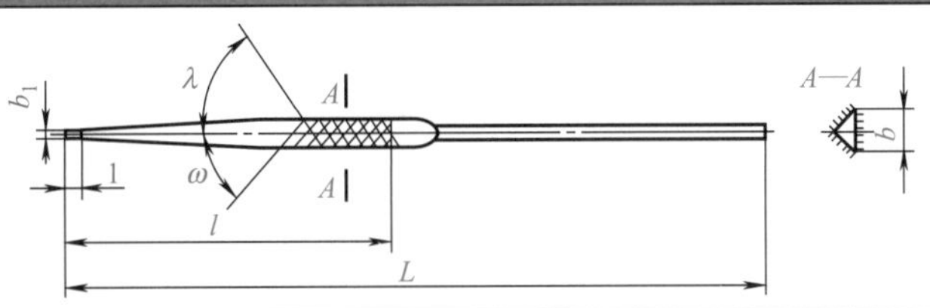

代号	L	l	b	b_1
Z-04-100-2～8	100	40	1.9	0.4
Z-04-120-1～7	120	50	2.4	0.6
Z-04-140-0～6	140	65	3.6	0.7
Z-04-160-00～3	160	75	4.8	0.8
Z-04-180-00～2	180	85	6.0	1.1

方锉形式及尺寸

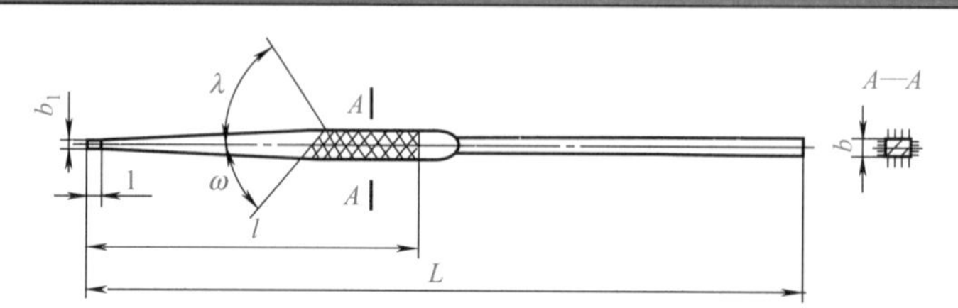

代号	L	l	b	b_1
Z-05-100-2～8	100	40	1.2	0.4
Z-05-120-1～7	120	50	1.6	0.6
Z-05-140-0～6	140	65	2.6	0.7
Z-05-160-00～3	160	75	3.4	0.8
Z-05-180-00～2	180	85	4.2	1.0

圆锉形式及尺寸

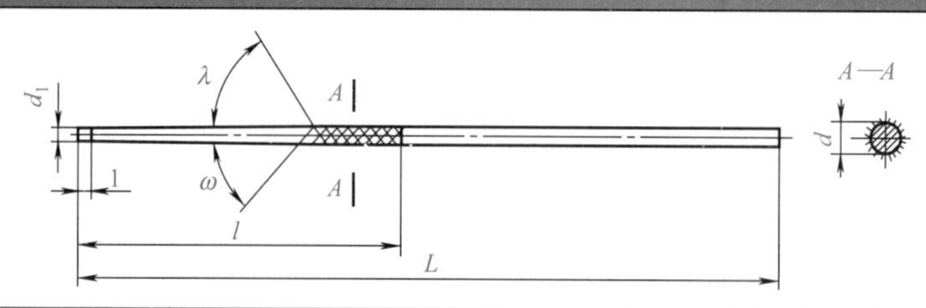

代号	L	l	d	d_1
Z-06-100-2～8	100	40	1.4	0.4
Z-06-120-1～7	120	50	1.9	0.5
Z-06-140-0～6	140	65	2.9	0.7
Z-06-160-00～3	160	75	3.9	0.9
Z-06-180-00～2	180	85	4.9	1.0

单面三角锉形式及尺寸

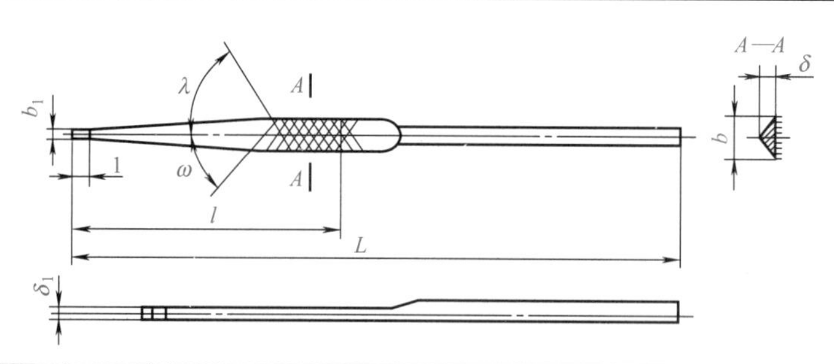

代号	L	l	b	δ	b_1	δ_1
Z-07-100-2～8	100	40	3.4	1.0	0.4	0.3
Z-07-120-1～7	120	50	3.8	1.4	0.6	0.4
Z-07-140-0～6	140	65	5.5	1.9	0.7	0.5
Z-07-160-00～3	160	75	7.1	2.7	0.9	0.8
Z-07-180-00～2	180	85	8.7	3.4	1.3	1.1

续表

刀形锉形式及尺寸

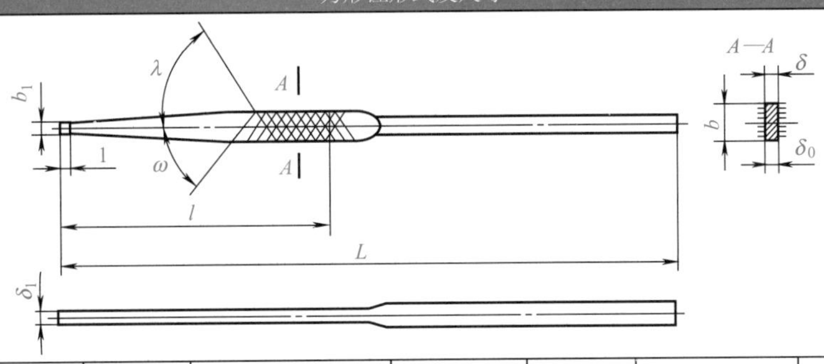

代号	L	l	b	δ	b_1	δ_1	δ_0
Z-08-100-2 ～ 8	100	40	3.0	0.9	0.5	0.4	0.3
Z-08-120-1 ～ 7	120	50	3.4	1.1	0.6	0.5	0.4
Z-08-140-0 ～ 6	140	65	5.4	1.7	0.8	0.7	0.6
Z-08-160-00 ～ 3	160	75	7.0	2.3	1.1	1.0	0.8
Z-08-180-00 ～ 2	180	85	8.7	3.0	1.4	1.3	1.0

双半圆锉形式及尺寸

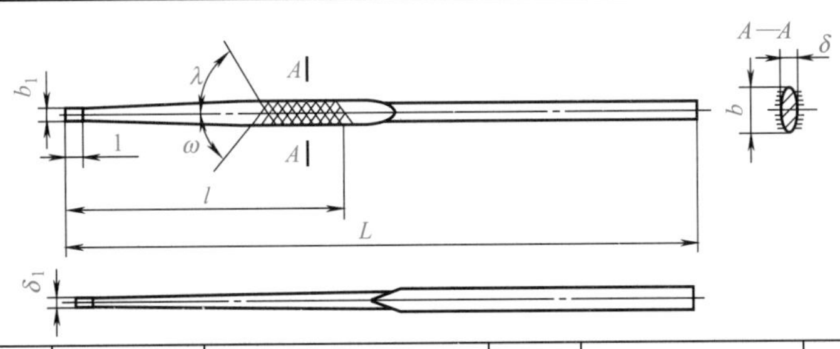

代号	L	l	b	δ	b_1	δ_1
Z-09-100-2 ～ 8	100	40	2.6	1.0	0.4	0.3
Z-09-120-1 ～ 7	120	50	3.2	1.2	0.6	0.5
Z-09-140-0 ～ 6	140	65	5.0	1.8	0.7	0.6
Z-09-160-00 ～ 3	160	75	6.3	2.5	0.8	0.6
Z-09-180-00 ～ 2	180	85	7.8	3.4	1.0	0.8

椭圆锉形式及尺寸

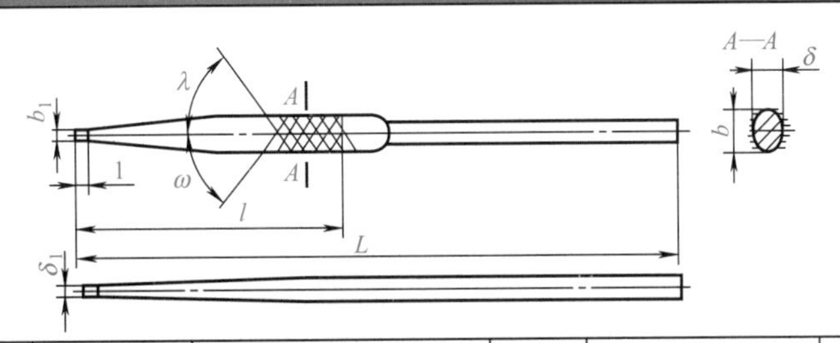

代号	L	l	b	δ	b_1	δ_1
Z-10-100-2 ～ 8	100	40	1.8	1.2	0.4	0.3
Z-10-120-1 ～ 7	120	50	2.2	1.3	0.6	0.5
Z-10-140-0 ～ 6	140	65	3.4	2.4	0.7	0.6
Z-10-160-00 ～ 3	160	75	4.4	3.4	0.9	0.8
Z-10-180-00 ～ 2	180	85	6.4	4.3	1.0	0.9

续表

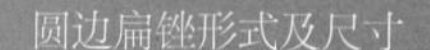

圆边扁锉形式及尺寸

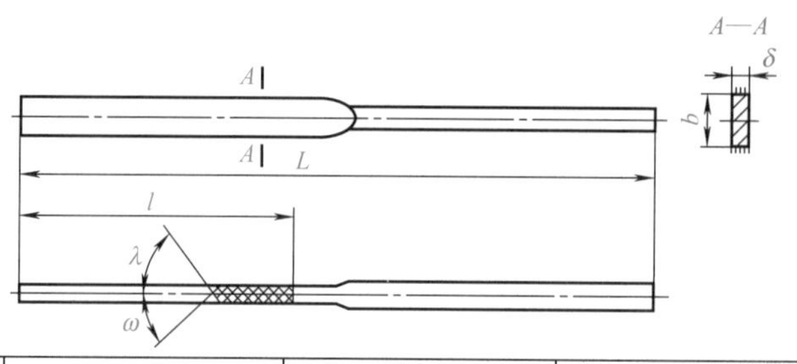

代号	L	l	b	δ
Z-11-100-2 ～ 8	100	40	2.8	0.6
Z-11-120-1 ～ 7	120	50	3.4	0.8
Z-11-140-0 ～ 6	140	65	5.4	1.2
Z-11-160-00 ～ 3	160	75	7.3	1.6
Z-11-180-00 ～ 2	180	85	9.2	2.0

菱形锉形式及尺寸

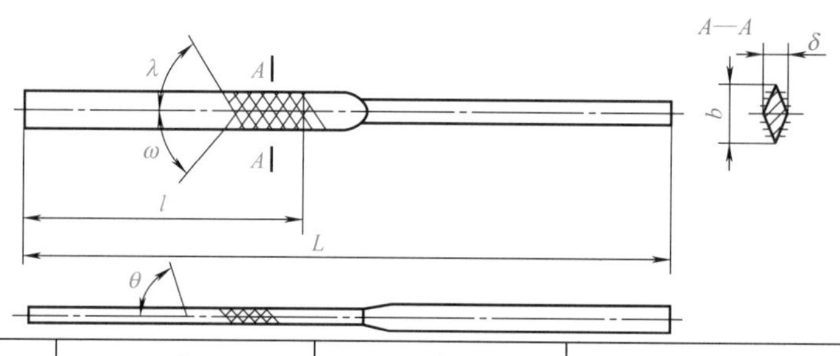

代号	L	l	b	δ
Z-12-100-2 ～ 8	100	40	3.0	1.0
Z-12-120-1 ～ 7	120	50	4.0	1.3
Z-12-140-0 ～ 6	140	65	5.2	2.1
Z-12-160-00 ～ 3	160	75	6.8	2.7
Z-12-180-00 ～ 2	180	85	8.6	3.5

（3）异形锉

异形锉的类型及尺寸规格见表 1-29。

表 1-29　异形锉的类型及尺寸规格　　单位：mm

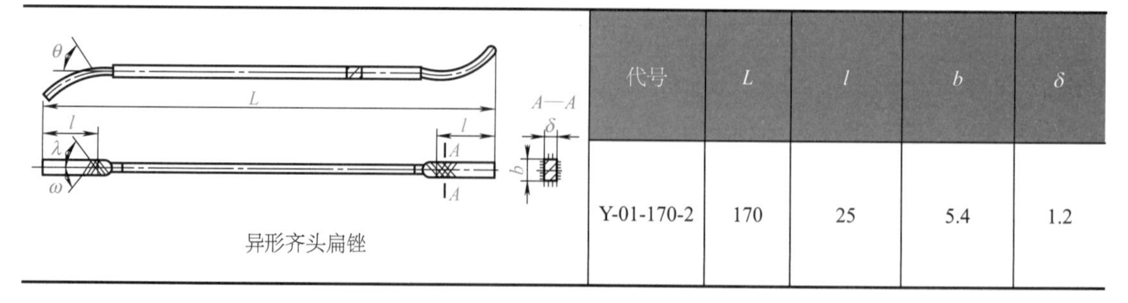

类型	代号	L	l	b	δ
异形齐头扁锉	Y-01-170-2	170	25	5.4	1.2

续表

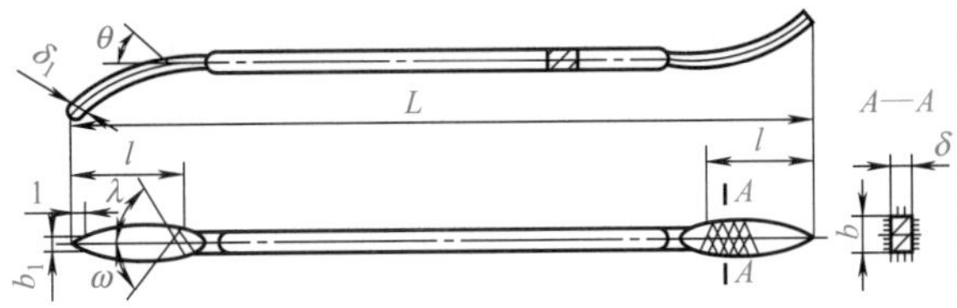

异形尖头扁锉

代号	L	l	b	δ	b_1	δ_1
Y-02-170-2	170	25	5.2	1.1	0.8	0.9

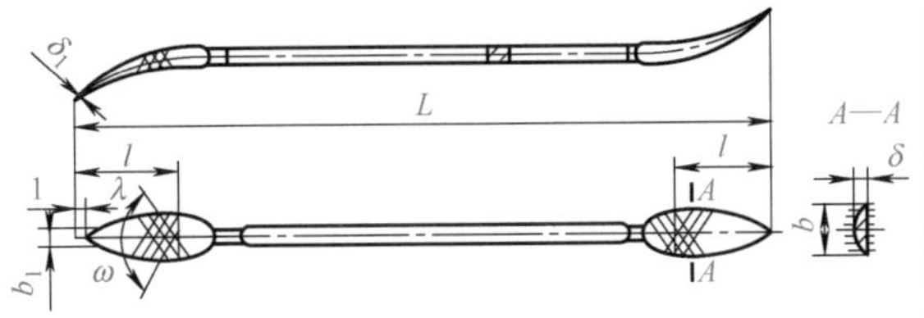

异形半圆锉

代号	L	l	b	δ	b_1	δ_1
Y-03-170-2	170	25	4.9	1.6	0.8	0.7

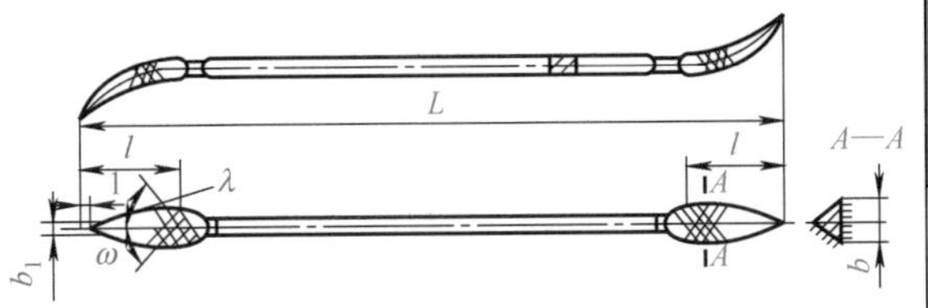

异形三角扁锉

代号	L	l	b	b_1
Y-04-170-2	170	25	3.3	0.8

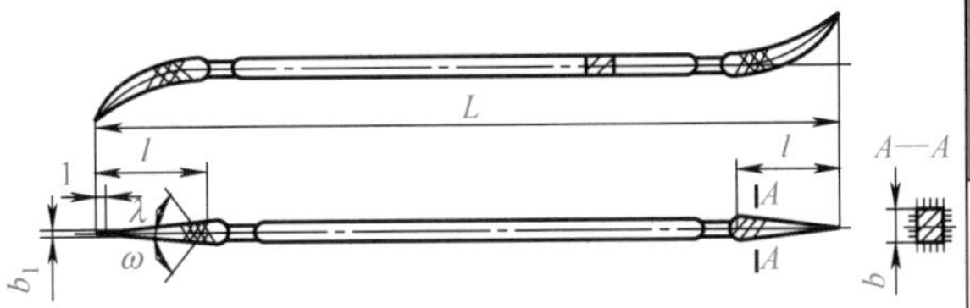

异形方锉

代号	L	l	b	b_1
Y-05-170-2	170	25	2.4	0.8

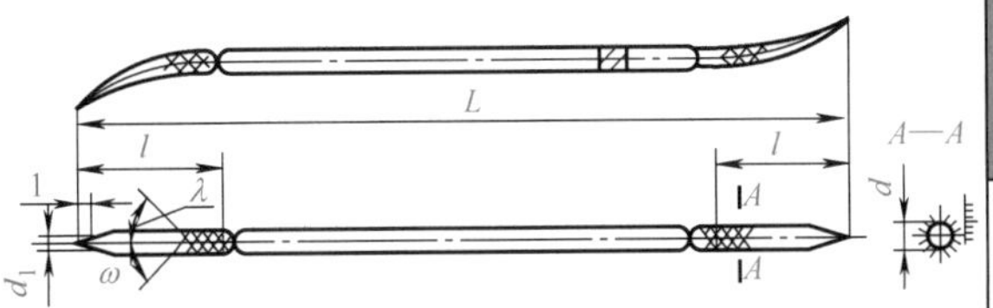

异形圆锉

代号	L	l	d	d_1
Y-06-170-2	170	25	3.4	0.8

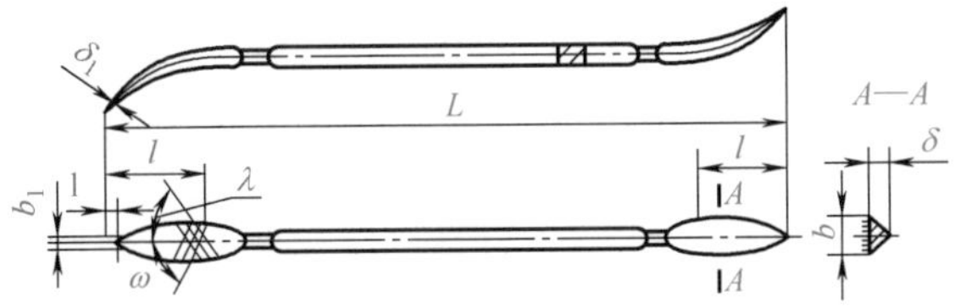

异形单边三角锉

代号	L	l	b	δ	b_1	δ_1
Y-07-170-2	170	25	5.2	1.9	0.8	0.7

续表

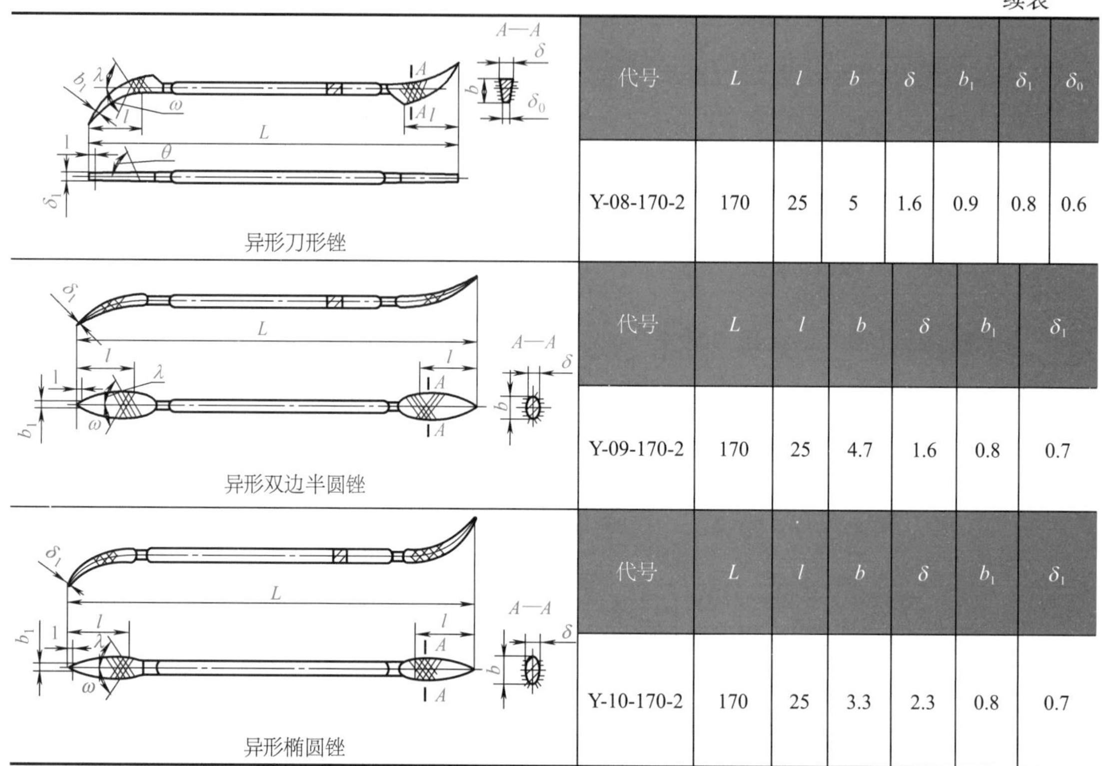

名称	代号	L	l	b	δ	b_1	δ_1	δ_0
异形刀形锉	Y-08-170-2	170	25	5	1.6	0.9	0.8	0.6

名称	代号	L	l	b	δ	b_1	δ_1
异形双边半圆锉	Y-09-170-2	170	25	4.7	1.6	0.8	0.7

名称	代号	L	l	b	δ	b_1	δ_1
异形椭圆锉	Y-10-170-2	170	25	3.3	2.3	0.8	0.7

（五）虎钳类

（1）普通台虎钳（图 1-12）

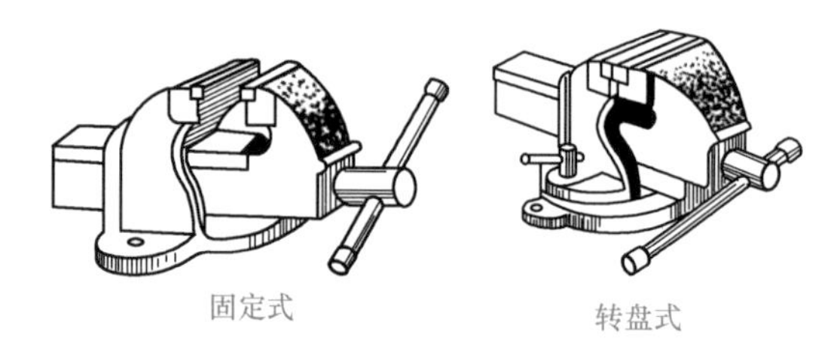

图 1-12　普通台虎钳

用途：安装在工作台上，用以夹持工件，使钳工便于进行各种操作。回转式的钳体可以旋转，使工件旋转到合适的工作位置。

规格：普通台虎钳的规格见表 1-30。

表 1-30　普通台虎钳的规格

规格		75	90	100	115	125	150	200
钳口宽度 /mm		75	90	100	115	125	150	200
开口度 /mm		75	90	100	115	125	150	200
外形尺寸 /mm	长度	300	340	370	400	430	510	610
	宽度	200	220	230	260	280	330	390
	高度	160	180	200	220	230	260	310
夹紧力 /kN	轻级	7.5	9.0	10.0	11.0	12.0	15.0	20.0
	重级	15.0	18.0	20.0	22.0	25.0	30.0	40.0

（2）手虎钳

用途：是一种手持工具，用来夹持轻巧小型工件。

规格：手虎钳的规格见表 1-31。

表 1-31　手虎钳的规格

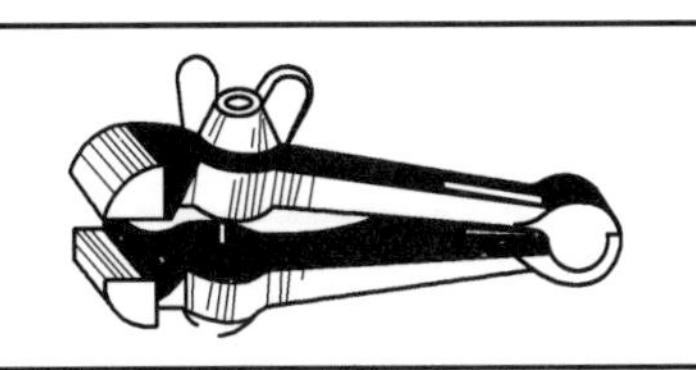

规格（钳口宽度）/mm	25	30	40	50
钳口弹开尺寸 /mm	15	20	30	36

（3）方孔虎钳

用途：与台虎钳相似，但钳体安装方便，只适用于夹持小型工件。

规格：方孔虎钳的规格见表 1-32。

表 1-32　方孔虎钳的规格

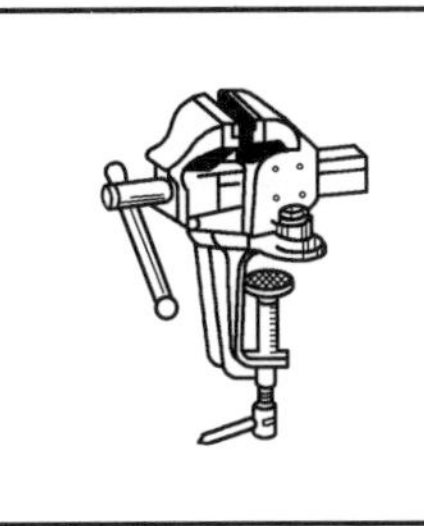

规格	40	50	60	65
钳口宽度 /mm	40	50	60	65
开口度 /mm	35	45	55	55
最小紧固范围 /mm	15 ～ 45			
夹紧力 /kN	4.0	5.0	6.0	6.0

（4）多用台虎钳

用途：与一般台虎钳相同，但其平钳口下部设有一对带圆弧装置的管钳口及 V 形钳口，专用来夹持小直径的钢管、水管等圆柱形工件，以使加工时工件不转动；并在其固定钳体上端铸有铁砧面，便于对小工件进行锤击加工。

规格：多用台虎钳的规格见表 1-33。

表 1-33　多用台虎钳的规格

规格		75	100	120	125	150
钳口宽度 /mm		75	100	120	125	150
开口度 /mm		60	80	100		120
管钳口夹持范围 /mm		7 ～ 40	10 ～ 50	15 ～ 60		15 ～ 65
夹紧力 /kN	轻级	15	20	25		30
	重级	9	20	16		18

（六）其他钳工工具

（1）管子台虎钳

用途：安装在工作台上，用于夹紧管子进行铰制螺纹或切断及连接管子等，为管工必备工具。

规格：按工作范围（夹紧管子外径）分为 1 号至 6 号等 6 种。其直径规格见表 1-34。

表 1-34 管子台虎钳直径规格

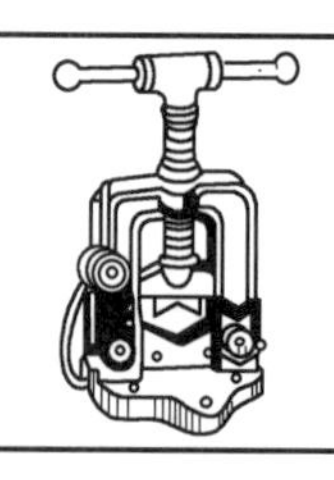

型号（号数）	1	2	3	4	5	6
夹持管子直径 /mm	10 ～ 60	10 ～ 90	15 ～ 115	15 ～ 165	30 ～ 220	30 ～ 300
加于试验棒力矩 /（N•m）	90	120	130	140	170	200

（2）双向棘轮扭力扳手（图 1-13）

用途：双向棘轮扭力扳手头部为棘轮，拨动旋向板可选择正向或反向操作，力矩值由指针指示。扭力扳手是检测紧固件拧紧力矩的手动工具。

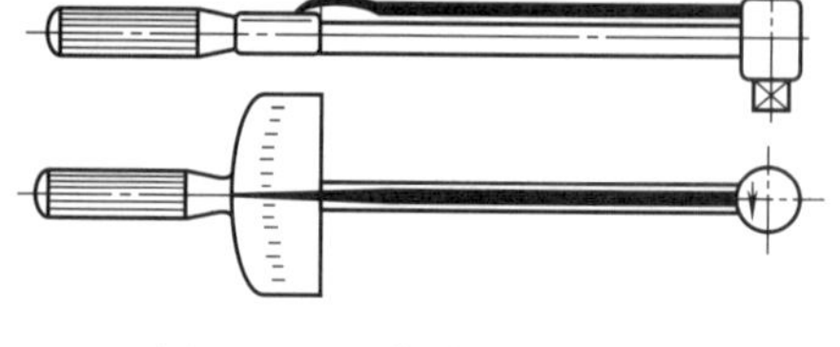

图 1-13 双向棘轮扭力扳手

规格：双向棘轮扭力扳手规格见表 1-35。

表 1-35 双向棘轮扭力扳手的规格

力矩 /（N•m）	精度 /%	方榫 /mm	总长 /mm
0 ～ 300	±5	12.7×12.7，14×14	400~478

（3）电动扳手（GB/T 22677—2008）（图 1-14）

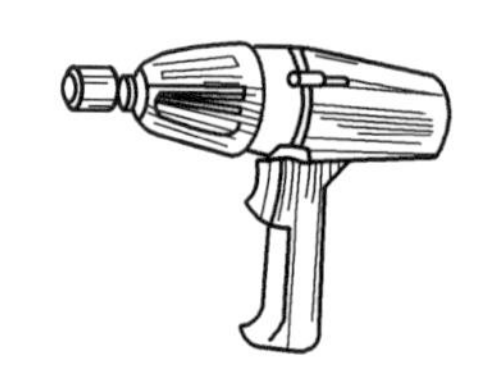

图 1-14 电动扳手

用途：配用六角套筒头，用于装拆六角头螺栓及螺母。

规格：按其离合器结构分成安全离合器式（A）和冲击式（B），其型号规格见表 1-36。

表 1-36 电动扳手的型号规格

型号	规格 /mm	适用范围 /mm	额定电压 /V	方头公称尺寸 /mm	边心距 /mm	力矩范围 /（N•m）
P1B-8	8	M6 ～ M8	220	10×10	≤ 26	4 ～ 15
P1B-12	12	M10 ～ M12	220	12.5×12.5	≤ 36	15 ～ 60
P1B-16	16	M14 ～ M16	220	12.5×12.5	≤ 45	50 ～ 150
P1B-20	20	M18 ～ M20	220	20×20	≤ 50	120 ～ 220
P1B-24	24	M22 ～ M24	220	20×20	≤ 50	220 ～ 400
PlB-30	30	M27 ～ M30	220	20×20	≤ 56	380 ～ 800
P1B-42	42	M36 ～ M42	220	25×25	≤ 66	750 ～ 2000
P3B-42	42	M27 ～ M42	380	25.4×25.4	≤ 66	750 ～ 2000

注：电动扳手的规格是指拆装六角头螺栓、螺母的最大螺纹直径。

（4）电冲剪

用途：用于冲剪金属板材以及塑料板、布层压板、纤维板等非金属板材，尤其适宜冲剪各种几何形状的内孔。

规格：电冲剪的型号规格见表 1-37。

表 1-37　电冲剪的型号规格

型 号	规格 /mm	额定电压 /V	功率 /W	每分钟冲切次数	质量 /kg
J1H-1.3	1.3	220	230	1260	2.2
J1H-1.5	1.5	220	370	1500	2.5
J1H-2.5	2.5	220	430	700	4
J1H-3.2	3.2	220	650	900	5.5

注：电冲剪的规格是指冲切抗拉强度为 390MPa 热轧钢板的最大厚度。

（5）电钻（图 1-15）

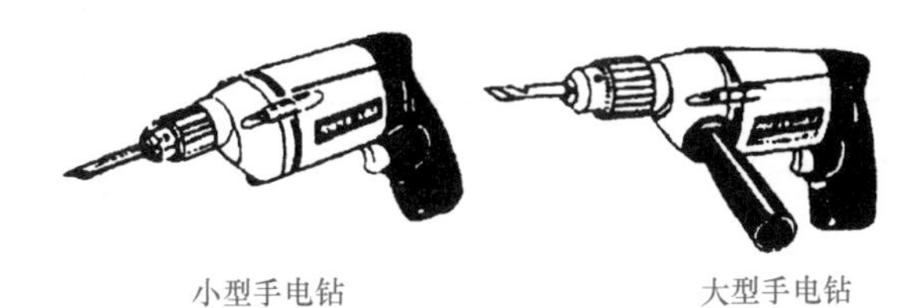

图 1-15　电钻

用途：用于在金属及其他非坚硬质脆的材料上钻孔。

规格：电钻型号规格见表 1-38。

表 1-38　电钻的型号规格

型 号	规格 /mm	类型	额定输出功率 /W	额定转矩 /（N·m）	质量 /kg
J1Z-4A	4	A 型	≥ 80	≥ 0.35	—
J1Z-6C	6	C 型	≥ 90	≥ 0.50	1.4
J1Z-6A		A 型	≥ 120	≥ 0.85	1.8
J1Z-6B		B 型	≥ 160	≥ 1.20	—
J1Z-8C	8	C 型	≥ 120	≥ 1.00	1.5
J1Z-8A		A 型	≥ 160	≥ 1.60	—
J1Z-8B		B 型	≥ 200	≥ 2.20	—
J1Z-10C	10	C 型	≥ 140	≥ 1.50	—
J1Z-10A		A 型	≥ 180	≥ 2.20	2.3
J1Z-10B		B 型	≥ 230	≥ 3.00	—
J1Z-13C	13	C 型	≥ 200	≥ 2.5	—
J1Z-13A		A 型	≥ 230	≥ 4.0	2.7
J1Z-13B		B 型	≥ 320	≥ 6.0	2.8
J1Z-16A	16	A 型	≥ 320	≥ 7.0	—
J1Z-16B		B 型	≥ 400	≥ 9.0	—
J1Z-19A	19	A 型	≥ 400	≥ 12.0	5
J1Z-23A	23	A 型	≥ 400	≥ 16.0	5
J1Z-32A	32	A 型	≥ 500	≥ 32.0	—

注：1. 电钻规格指电钻钻削 45 钢时允许使用的最大钻头直径。

2. 单相串励电动机驱动。电源电压为 220V，频率为 50Hz，软电缆长度为 2.5m。

3. 按基本参数和用途分为 3 种类型，A 型——普通型电钻、B 型——重型电钻、C 型——轻型电钻。

（6）电动攻丝机

用途：用于在钢、铸铁和铜、铝合金等有色金属工件上加工内螺纹。

规格：电动攻丝机型号规格见表 1-39。

表 1-39　电动攻丝机的型号规格

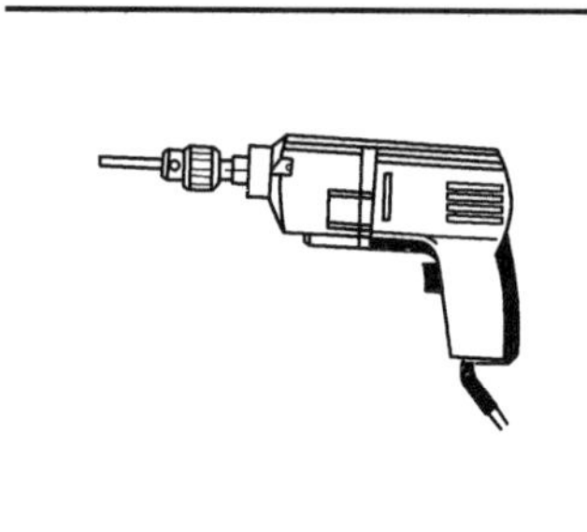

型号	攻螺纹范围 /mm	额定电流 /A	额定转速 /（r/min）	输入功率 /W	质量 /kg
J1S-8	M4 ～ M8	1.39	310/650	288	1.8
J1SS-8（固定式）	M4 ～ M8	1.1	270	230	1.6
J1SH-8（活动式）	M4 ～ M18	1.1	270	230	1.6
J1S-12	M6 ～ M12	—	250/560	567	3.7

（7）型材切割机（图 1-16）

可移式型材切割机

箱座式型材切割机

图 1-16　型材切割机

用途：用于切割圆形或异形钢管、铸铁管、圆钢、角钢、槽钢、扁钢等型材。

规格：型材切割机型号规格见表 1-40。

表 1-40　型材切割机的型号规格

型号	规格 /mm	薄片砂轮外径 /mm	额定输出功率 /W ≥	额定转矩 /（N · m）≥	抗拉强度为 390MPa 圆钢的最大切割直径 /mm	质量 /kg
J1G-200	200	200	600	2.3	20	—
J1G-250	250	250	700	3.0	25	—
J1G-300	300	300	800	3.5	30	15
J1G-350	350	350	900	4.2	35	16.5
J1G-400	400	400	1100	5.5	50	20
J3G-400			2000	6.7	50	80

（8）气钻（图 1-17）

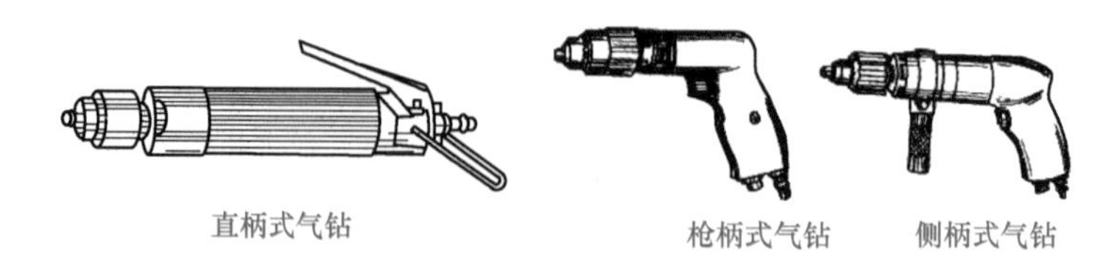

图 1-17　气钻

用途：用于对金属、木材、塑料等材质的工件钻孔。
规格：气钻的规格见表 1-41。

表 1-41　气钻的规格

产品系列 /mm	功率 /kW ≥	空转转速 /（r/min）≥	耗气量 /（L/s）≤	气管内径 /mm	机重 /kg ≤
6	0.2	900	44	9.5	0.9
8		700			1.3
10	0.29	600	36	13	1.7
13		400			2.6
16	0.66	360	35	16	6
22	1.07	260	33		9
32	1.24	180	27		13
50	2.87	110	26	19	23
80		70			35

（9）气剪刀
用途：用于机械、电气等行业剪切金属薄板，可以剪裁直线或曲线零件。
规格：气剪刀的规格见表 1-42。

表 1-42　气剪刀的规格

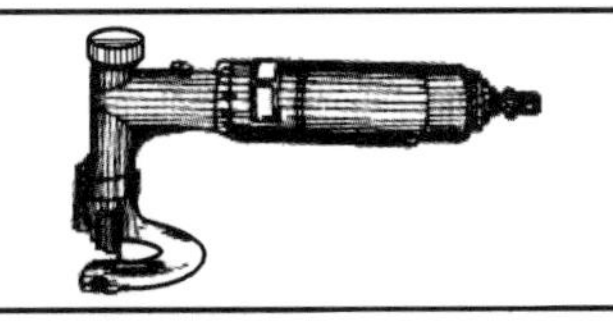

型号	工作气压 /MPa	剪切厚度 /mm	剪切频率 /Hz	气管内径 /mm	重量 /kg
JD2	0.63	≤ 2.0	30	10	1.6
JD3	0.63	≤ 2.5	30	10	1.5

注：剪切厚度指标系指剪切退火低碳钢板。

（10）气动压铆机（图 1-18）

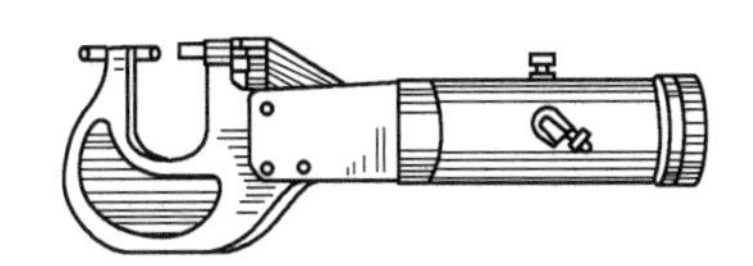

图 1-18　气动压铆机

用途：用于压铆接宽度较小的工件成大型工件的边缘部位。
规格：气动压铆机的规格见表 1-43。

表 1-43　气动压铆机的规格

型 号	铆钉直径 /mm	最大压铆力 /kN	工作气压 /MPa	机重 /kg
MY5	5	40	0.49	3.3

第二节　钳工识图

一、钳工划线图的识读

钳工划线，是加工零件的初道工序，应具备几何作图基本功，如等分线段、等分圆周、圆弧连接、锥度和斜度等基本作图法，如图 1-19 所示。

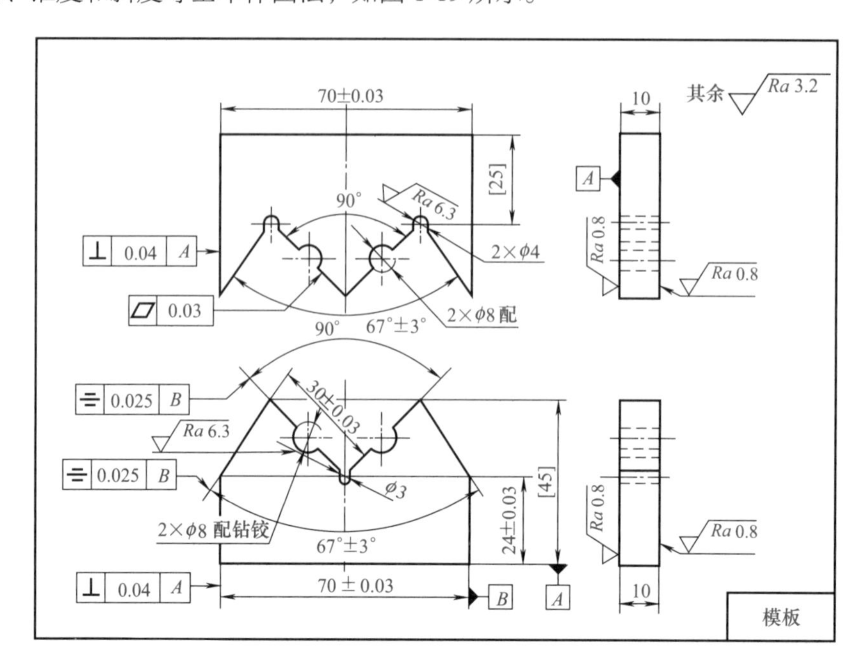

图 1-19　模板零件图的识读

（一）等分线段（平行线法）

如图 1-20 所示，若将线段 *AB* 进行五等分，可过线段的任一端点（如点 *A*）任作一直线 *AC*，用划规以适当长度为单位在 *AC* 上量得 5 个等分点，标记为 1、2、3、4、5，如图 1-20（a）所示，然后连接点 5 和点 *B*，并过各等分点作 5*B* 的平行线与 *AB* 相交于点 1′、2′、3′、4′，如图 1-20（b）所示，则五等分完成。

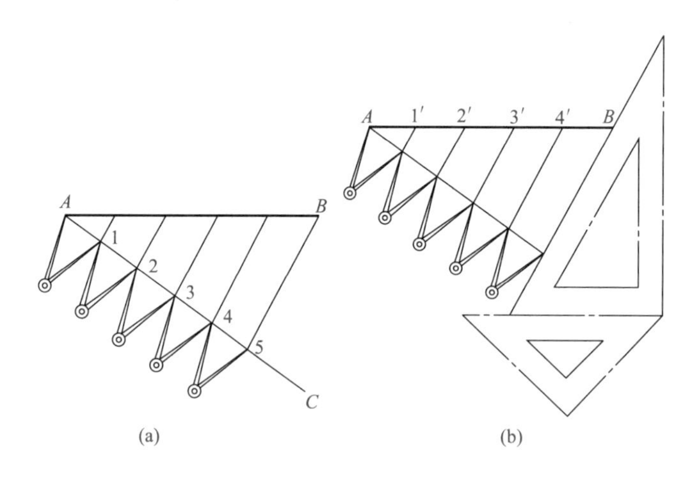

图 1-20　等分线段（平行线法）

（二）等分圆周

（1）六等分圆周

如图 1-21 所示，以 *A*、*B* 两点为圆心，以已知圆的半径为半径画弧，与已知圆交于点 *C*、*D*、*E*、*F*，则六等分圆周完成。图中还画出了圆的内接正六边形。

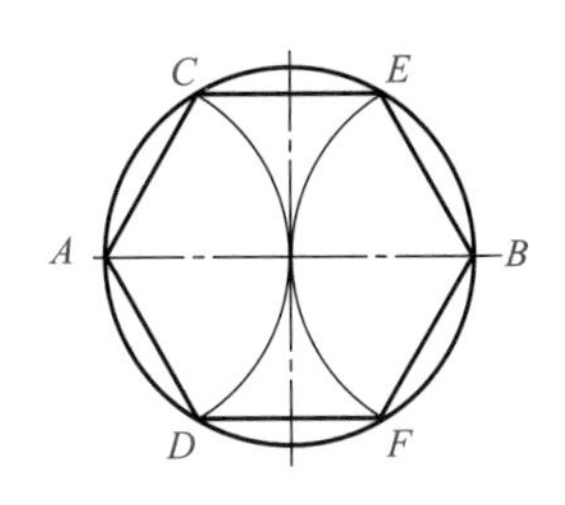

图 1-21　六等分圆周

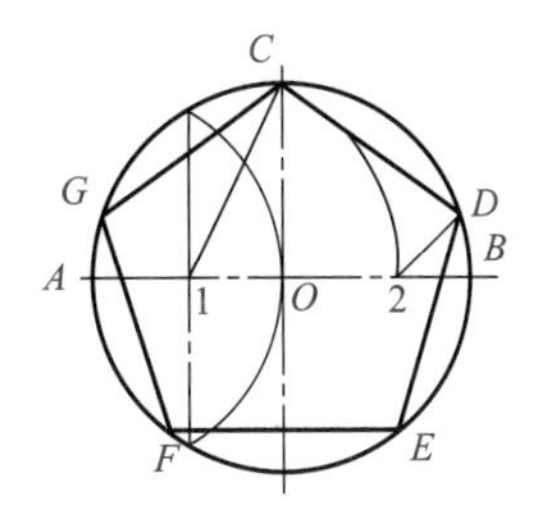

图 1-22　五等分圆周

（2）五等分、十等分圆周

如图 1-22 所示，平分圆的半径 *OA*，得中点 1，以点 1 为圆心，以 1*C* 为半径，画弧交 *OB* 于点 2，以 *C*2 为半径在圆周上截取得圆周上的各等分点 *C*、*D*、*E*、*F*、*G*，则五等分完成。图中画出了圆的内接正五边形。

若用 *O*2 为半径画弧可在圆周上量得十个等分点，如图 1-23 所示。

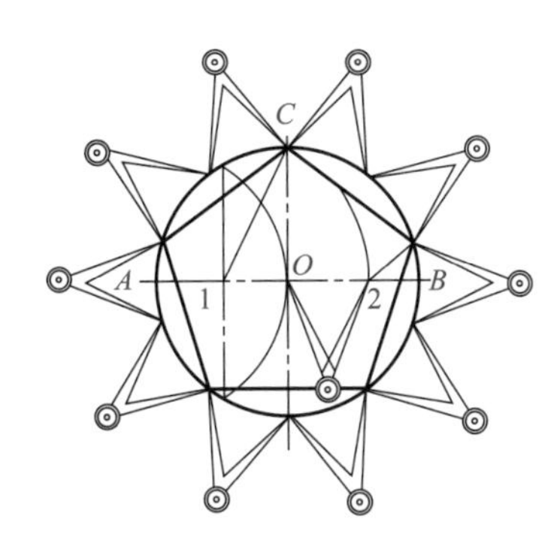

图 1-23　十等分圆周

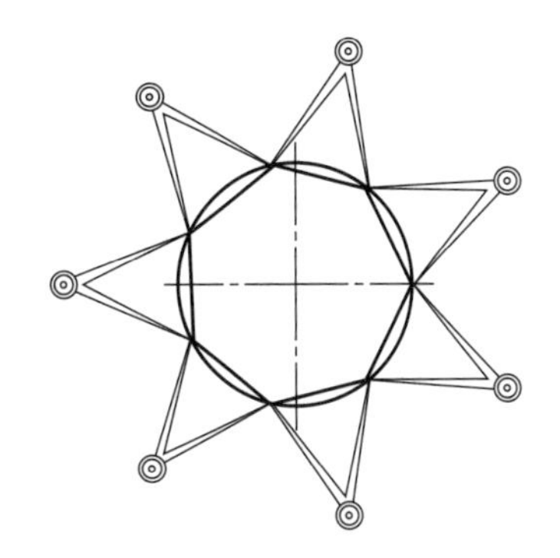

图 1-24　七等分圆周（试分法）

（3）任意等分圆周

采用试分法。用划规选择适当长度，在已知圆上试分（如七等分），直至满足精确度为止，如图 1-24 所示。

（三）斜度和锥度

（1）斜度

指一条直线（或平面）相对于另一条直线（或平面）的倾斜程度，其大小用该两条直线（或平面）夹角的正切表示，如图 1-25 所示。

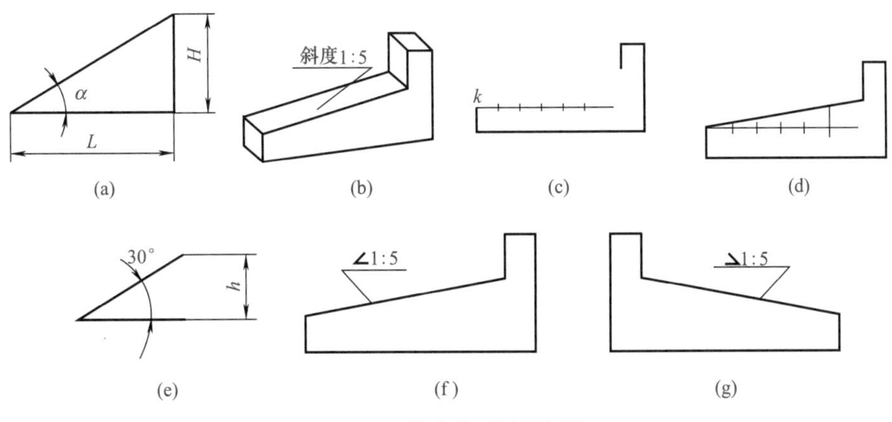

图 1-25　斜度的画法及标注

工程上一般将斜度标注为 1 ： n 的形式，斜度 $=H/L=\tan\alpha$。

斜度画法如图 1-25（c），过定点 k 作斜度 1 ： 5，可先作水平线，在水平线上截取五个单位长度，再作垂线并截取一个单位长度，连线即成，如图 1-25（d）所示。斜度符号如图 1-25（e）所示，图中 h 为数字高度，符号的线宽为 $h/10$。斜度标注如图 1-25（f）、（g）所示，应特别注意，斜度符号的方向应与斜度线方向一致。

（2）锥度

指正圆锥底圆直径 D 与其高度 L 之比。对于正圆锥台，其锥度为两底圆直径之差与高度之比，即：锥度 $=D/L=(D-d)/l$，如图 1-26（a）所示。

工程上一般将锥度标注为 1 ： n 的形式。

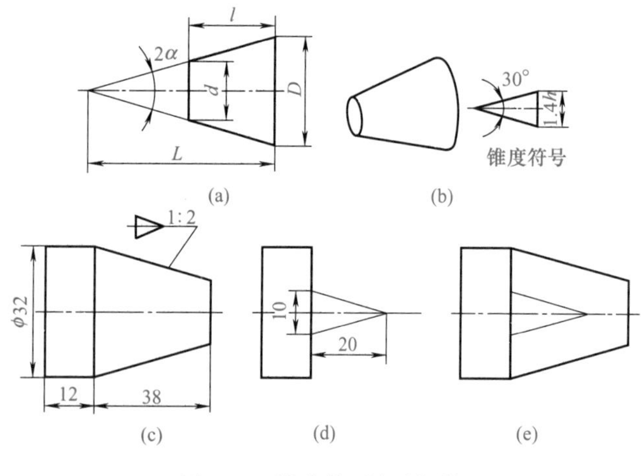

图 1-26　锥度的画法及标注

锥度符号如图 1-26（b）所示，锥度符号的方向应与锥度线方向一致。锥度的标注如图 1-26（c）所示。锥度的画法如图 1-26（d）所示，作一底边为 10、高度为 20 的辅助锥形，再作锥线的平行线即成，如图 1-26（e）所示。

（四）圆弧连接

绘制机件轮廓时，经常遇到用已知半径的圆弧光滑地连接两条已知线段（直线或圆弧）的情形，称为圆弧连接。圆弧连接可归纳为以下三种类型（表 1-44）。

表 1-44　圆弧连接

类别	说　明
用圆弧连接两条已知直线	圆弧连接两条已知直线。如图 1-27（a）、（b）所示为两条直线呈锐角、钝角的情况，可分别作两条已知直线的平行线（距离为连接圆弧半径），其交点 O 定为连接圆弧的圆心。从 O 点向两条直线分别作垂线，其垂足即为两个切点。以 O 为圆心、R 为半径，在两个切点之间画出连接弧 如图 1-27（c）所示为两直线呈直角的情况，作图简单些，可以两直线的交点为圆心、以 R 为半径画圆弧，与两条直线相交得到两个交点，即为两个切点。分别以两个切点为圆心、以 R 为半径画两个圆弧得交点 O，即为连接弧的圆心，以 O 为圆心、以 R 为半径，在两个切点之间画出连接弧 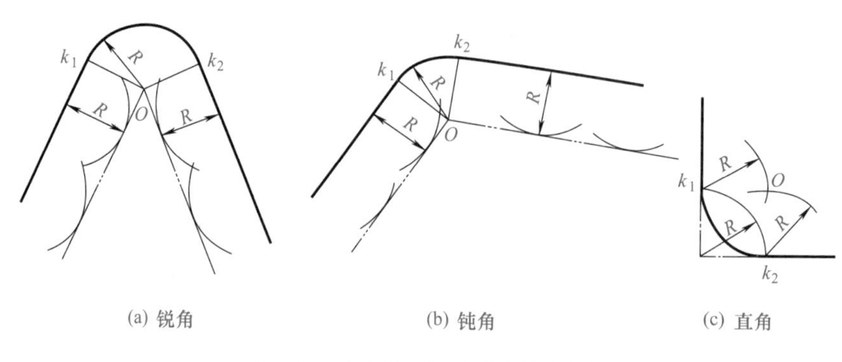 图 1-27　用圆弧连接两条已知直线

续表

类别	说　明
用圆弧连接两个已知圆弧	①外公切。如图 1-28（a）所示为作两个已知圆弧（半径分别为 R_1、R_2）的外公切圆弧（半径为 R）。可分别以两个已知圆弧的圆心为圆心作两个辅助圆（半径分别为 $R+R_1$ 和 $R+R_2$），其交点 O 即为连接圆弧的圆心。画两条连心线（过 O 点分别连接两个已知圆弧的圆心），与两个已知圆弧相交得两个交点，即为两个切点。最后以 O 点为圆心、以 R 为半径在两个切点之间画出连接圆弧 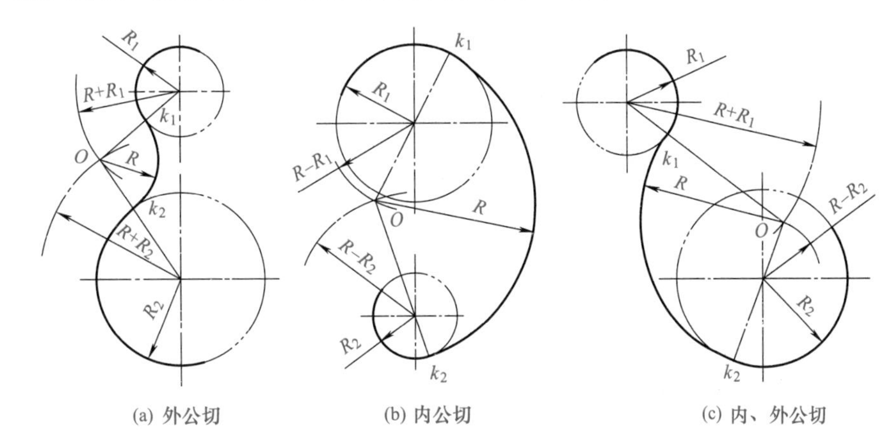 图 1-28　用圆弧连接两个已知圆弧 ②内公切。如图 1-28（b）所示为作两个已知圆弧（半径分别为 R_1、R_2）的内公切圆弧（半径为 R）。可分别以两个已知圆弧的圆心为圆心作两个辅助圆（半径分别为 $R-R_1$ 和 $R-R_2$），其交点 O 即为连接圆弧的圆心。画两条连心线（过 O 点分别连接两个已知圆弧的圆心）并延长，与两个已知圆弧相交得两个交点，即为切点。最后以 O 点为圆心、以 R 为半径在两个切点之间画出连接圆弧 ③内、外公切。如图 1-28（c）所示为作两个已知圆弧（半径分别为 R_1、R_2）的内、外公切圆弧（半径为 R）。可分别以两个已知圆弧的圆心为圆心作两个辅助圆（半径分别为 $R+R_1$ 和 $R-R_2$），其交点 O 即为连接圆弧的圆心。画两条连心线（过 O 点分别连接两个已知圆弧的圆心），与两个已知圆弧相交得两个交点，即为两个切点。最后以 O 点为圆心、以 R 为半径在两个切点之间画出连接圆弧
用圆弧连接一条已知直线和一条已知圆弧	从图 1-29 中可看出，连接圆弧与已知圆弧成外切，故可以已知圆的圆心为圆心、以 $R+R_1$ 为半径画辅助圆弧。再作已知直线的平行线（距离为 R），二者交于 O 点，自 O 点向已知直线作垂线得垂足 k_2，再画连心线（连接 O 点和已知圆弧的圆心）得交点 k_1。最后以 O 点为圆心，以 R 为半径在 k_1、k_2 之间画出连接圆弧 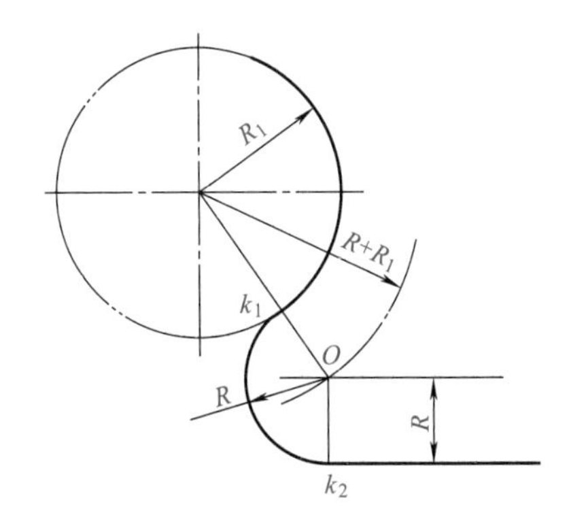 图 1-29　用圆弧连接一条已知直线和一条已知圆弧

（五）椭圆画法

（1）四心圆法

四心圆法即求得四个圆心，画四段圆弧，近似代替椭圆，如图 1-30（a）所示。

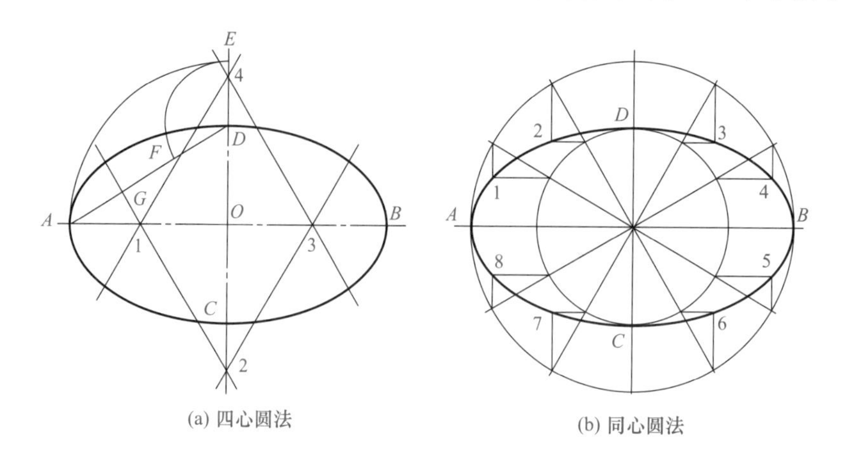

图 1-30 椭圆圆法

如图 1-30（a）所示为四心圆法，以 *O* 点为圆心，以 *OA* 为半径画圆弧与短轴的延长线交于 *E* 点，再以 *D* 点为圆心，以 *DE* 为半径画圆弧与 *AD* 线交于 *F* 点。作 *AF* 线的垂直平分线，与长轴 *AB* 交于 1 点，与短轴 *CD* 的延长线交于 2 点。求得 1、2 两点的对称点 3、4，并连线。以 2 点为圆心，以 2*D* 长度为半径在 12 线和 23 线之间画圆弧，同理，以 4 点为圆心，以 4*C*（=2*D*）长度为半径在 14 线和 43 线之间画圆弧。最后分别以 1 和 3 为圆心，以 1*A* 和 3*B* 为半径画出两段圆弧即成。

（2）同心圆法

同心圆法即以长、短轴为直径画两个同心圆，求得椭圆上的数点，依次连接成曲线。如图 1-30（b）所示为同心圆法。以长、短轴为直径画两个同心圆，将两圆十二等分（其他等分也可以），过各等分点作垂线和水平线，得八个交点（点 1、2、3、4、5、6、7、8），最后用曲线板依次连接点 *A*、1、2、*D*、3、4、*B*、5、6、*C*、7、8、*A* 成曲线，即成椭圆。

二、平面图形线段分析图（三步作图法）的识读

绘制平面图形时，先画哪条线，后画哪条线（特别是圆弧线），是有一定规律可循的。如图 1-31 所示为手柄零件图，应按下述三步法作图。

① 先画“已知圆弧”，即半径确定、圆心确定的圆弧，如图 1-31 中的“*R*10”“*R*15”两段圆弧。

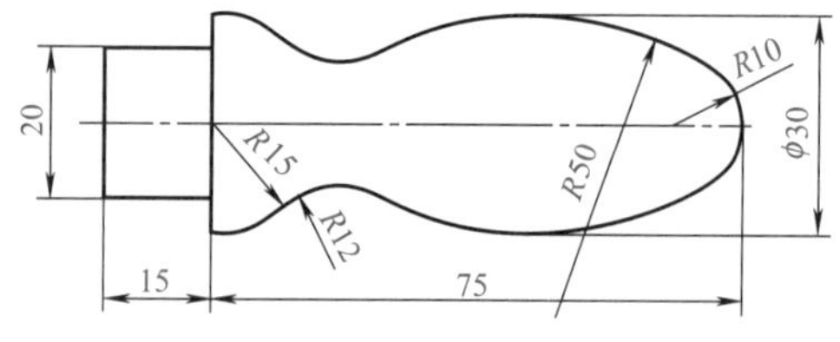

图 1-31 手柄零件图

② 再画“中间圆弧”，即半径确定、圆心位置缺少一个定位尺寸的圆弧，如图 1-31 中的“*R*50”（长度方位尺寸未确定），宽度方位尺寸可根据右端的“ϕ30”核算出。

③ 最后画“连接圆弧”，即半径确定、圆心未确定的圆弧，如图 1-31 中的“*R*12”。

具体画图步骤如图 1-32 所示。

a. 画对称轴线和基准线。

b. 画已知圆弧“*R*15”“*R*10”。

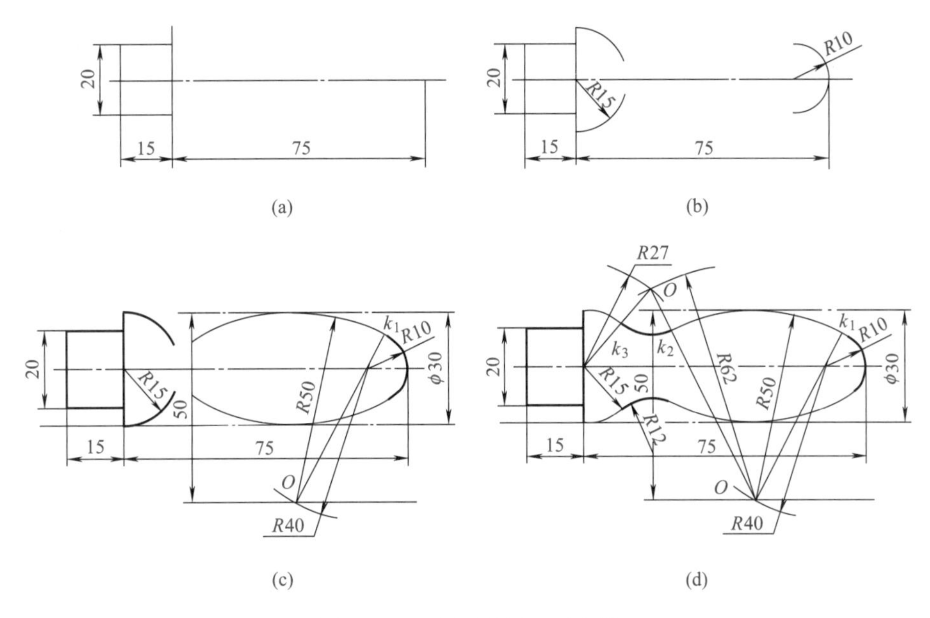

图 1-32　手柄零件图画图步骤

c. 求出中间圆弧“*R*50”的圆心和切点，画出中间圆弧（与“*R*10”圆弧内切，与“ϕ30”上下尺寸界线相切）。

d. 求出连接圆弧“*R*12”的圆心和切点，画出连接圆弧（与“*R*15”“*R*50”圆弧外公切）。

三、设备结构图的识读

现以图 1-33 所示行程开关为例说明。此行程开关实际上是二位三通阀，它是气动系统中的位置检测部件，其功用是将机械往复运动瞬时转变成气动控制信号。在静止状况，阀芯在弹簧的推力下，位于行程开关的左端，使出气口与进气口隔离。压缩空气可从泄气口流出。工作时，推动阀芯左端的球头向右移动，使进气口与出气口连通（同时封闭泄气口），发出气动信号。当外力消失，阀芯复位。

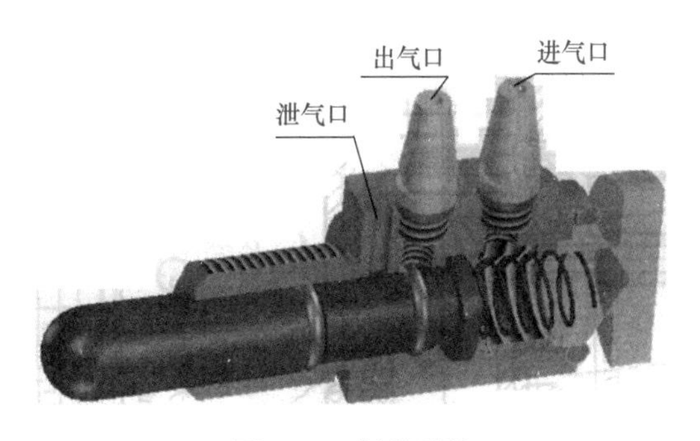

图 1-33　行程开关

识读图 1-34 所示的行程开关装配图，可先从标题栏和明细表看起，此装配图表达了 10 种零件组成的行程开关的结构。如图 1-35 ～图 1-40 所示为行程开关各零件图及立体图，供读者参考。

看装配图的主要任务是：弄清装配体的工作原理，即运动件的动作传递程序。这要求看懂视图表达方案，想象零件的结构形状。

行程开关有四个主体零件：阀芯 1（材质为 45 钢）、阀体 5、端盖 6 和接头 10（材质均为黄铜 ZH62），为确保各自功能的发挥，这些零件的制造和装配要达到必要的精度，材质上应有特殊要求，使用材料应满足耐磨、防锈等要求。密封方面为达到气密指标，严格选择了符合国家标准的三种规格的 O 形密封圈和一种规格的圆盘形垫圈，材质均为密封用橡胶。圆螺母 2 为标准件，用于固定行程开关，为了防松，用了两个圆螺母。弹簧 7 是为阀芯复位设计的。

动作的传递是通过动力源推动阀芯左端的球头向右移动，致使进、出气口连通，发出气动信号，从而完成控制。此装置的特色是灵敏、快捷，可把机械式往复运动瞬时转变成气动控制信号。

作为装配技师，应了解各个零件的作用，会分析零件间的装配关系。由图 1-34 所示可看出，阀芯与阀体的装配是基孔制间隙配合，公差等级为 9 级。阀体左右端与端盖为螺纹连接，配合要求为基孔制间隙配合，公差等级是：阀体 7 级、端盖 6 级，按照密封要求，采用公制普通细牙螺纹连接（M14 × 1）。接头与阀体也是螺纹连接，配合要求为基孔制间隙配合，公差等级是：阀体 7 级、端盖 6 级，按照密封要求，采用公制普通细牙螺纹连接（M4 × 1）。

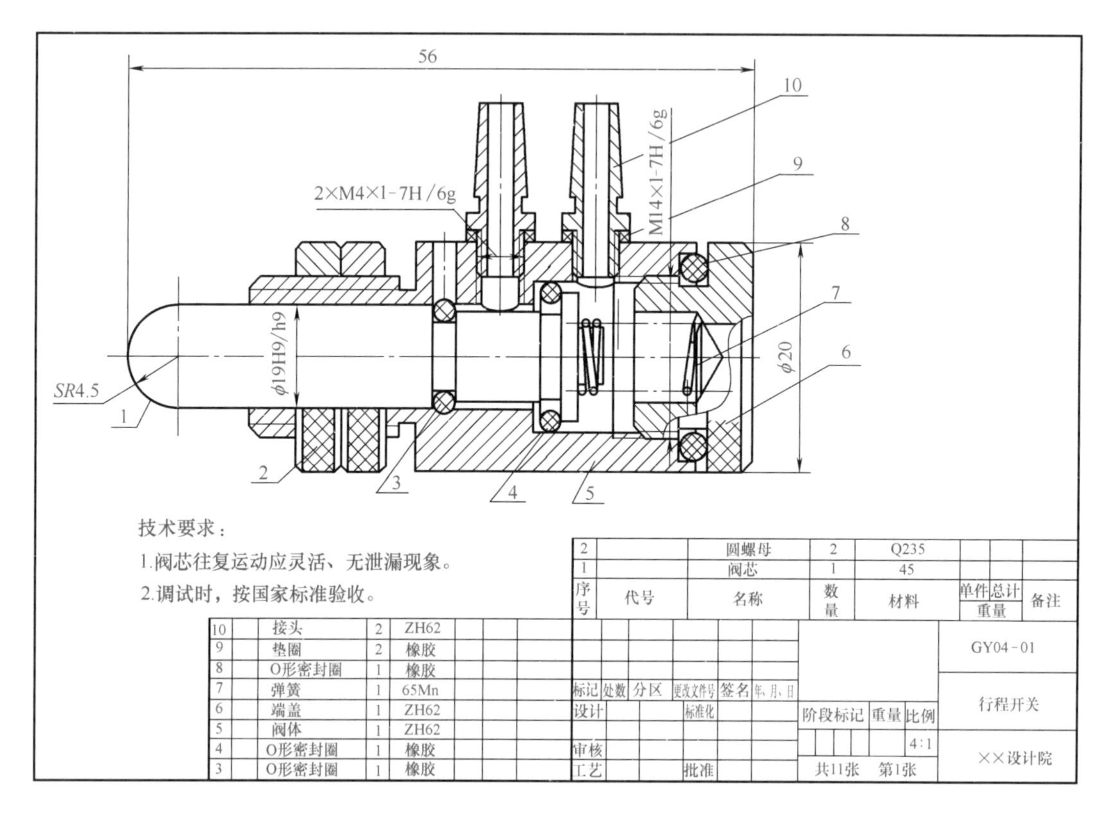

图 1-34　行程开关装配图

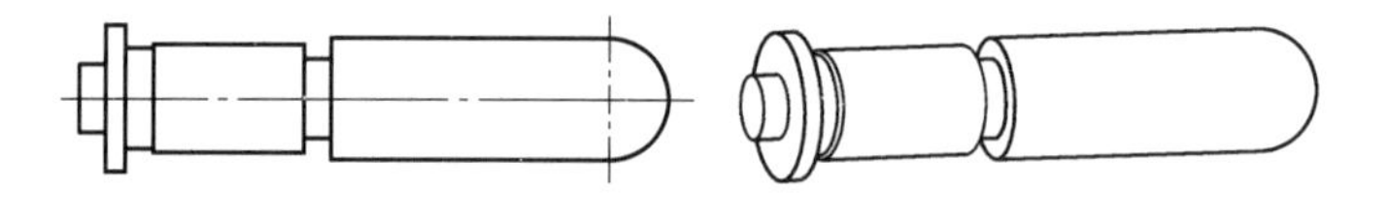

图 1-35　阀芯（件 1）

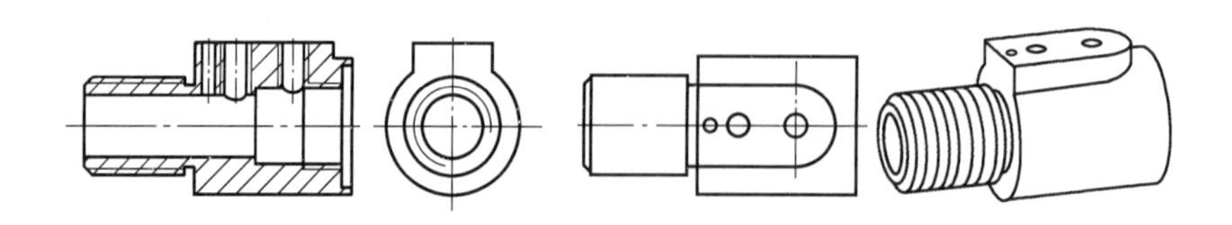

图 1-36　阀体（件 5）

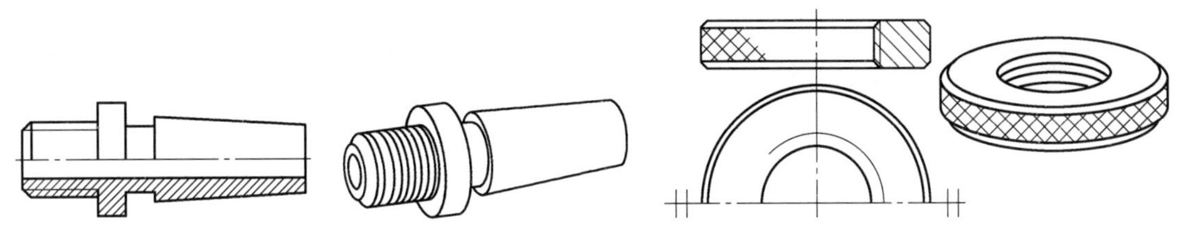

图 1-37　接头（件 10）　　图 1-38　圆螺母（件 2）

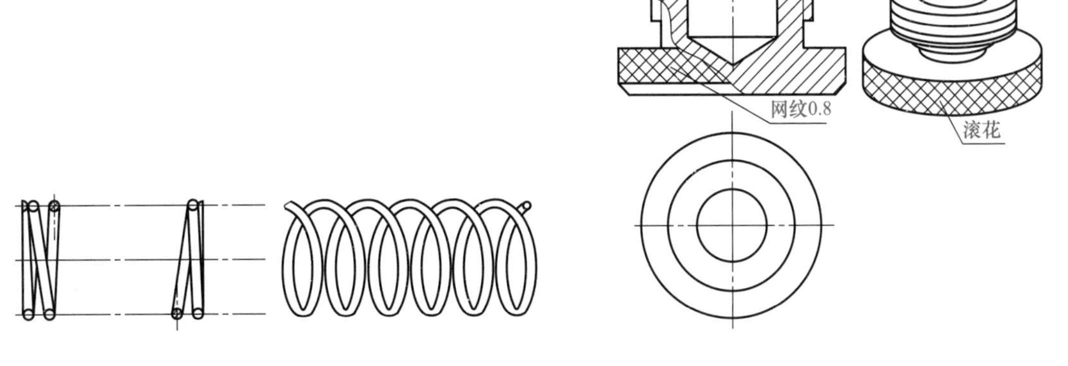

图 1-39　弹簧（件 7）　　图 1-40　端盖（件 6）

以下介绍几种常用的密封结构、固定与定位装置、润滑装置、锁紧结构等供读者参考（表 1-45）。

表 1-45　常用的密封结构、固定与定位装置、润滑装置、锁紧结构等

类别		说　明
静密封（无相对运动的设备之间的密封）	垫片密封	常见形式如图 1-41 所示。垫片材质一般为密封橡胶，被密封的两零件端面一般不接触。如图 1-41（a）、（b）所示为常见的平面式端面，如图 1-41（c）所示为凹槽式端面，密封橡胶垫充满凹槽 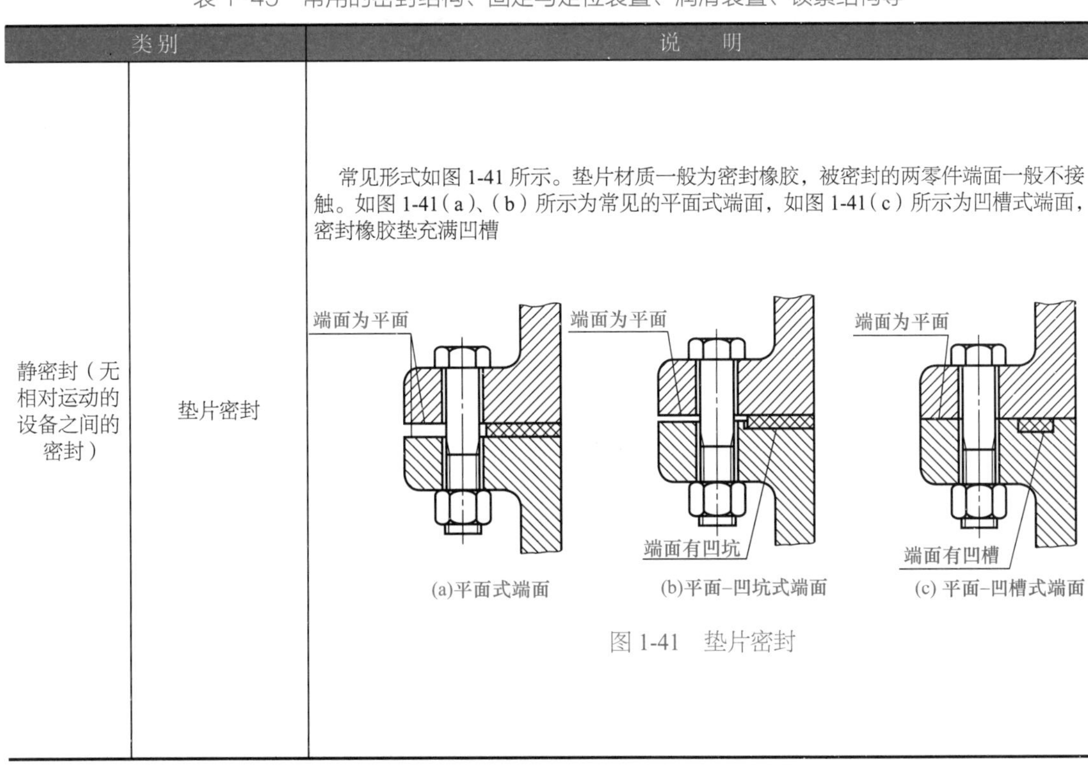 (a)平面式端面　(b)平面–凹坑式端面　(c) 平面–凹槽式端面 图 1-41　垫片密封

续表

类别		说　明
静密封（无相对运动的设备之间的密封）	管道密封	常见形式如图1-42所示 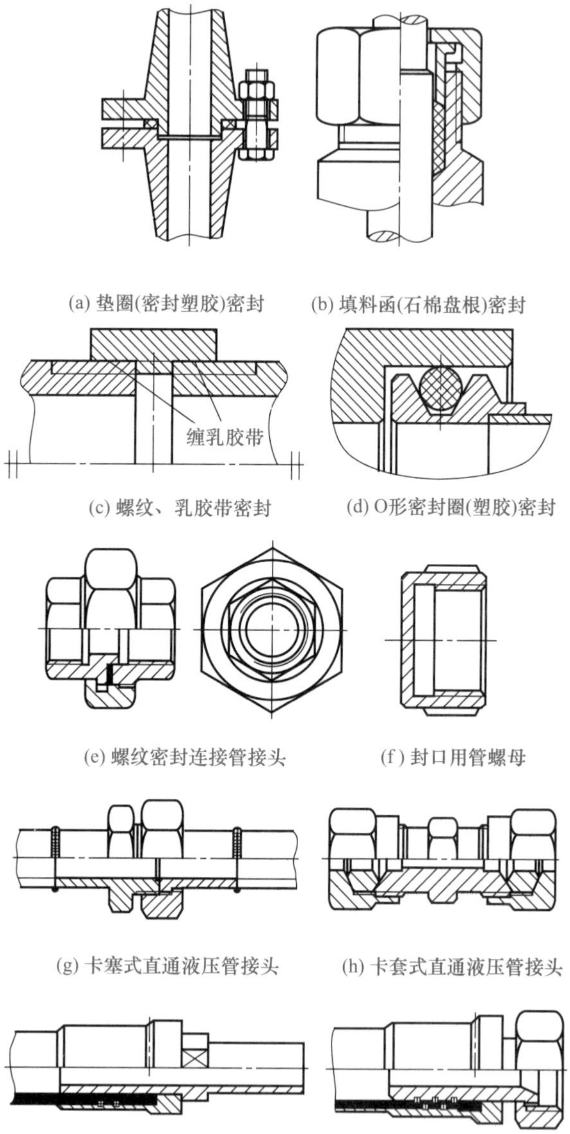 (a) 垫圈(密封塑胶)密封　(b) 填料函(石棉盘根)密封 缠乳胶带 (c) 螺纹、乳胶带密封　(d) O形密封圈(塑胶)密封 (e) 螺纹密封连接管接头　(f) 封口用管螺母 (g) 卡塞式直通液压管接头　(h) 卡套式直通液压管接头 (i) A形扣压式胶管接头　(j) C形扣压式胶管接头 图1-42　管道密封

续表

<table>
<tr><th colspan="2">类别</th><th>说　明</th></tr>
<tr><td rowspan="2">动密封（有相对运动的机件之间的密封）</td><td>普通密封</td><td>普通密封如图 1-43 所示 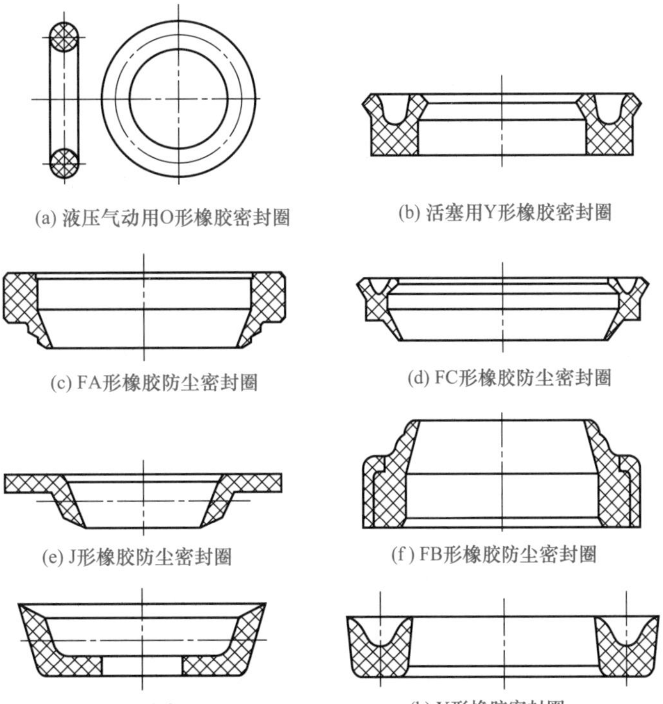
(a) 液压气动用O形橡胶密封圈
(b) 活塞用Y形橡胶密封圈
(c) FA形橡胶防尘密封圈
(d) FC形橡胶防尘密封圈
(e) J形橡胶防尘密封圈
(f) FB形橡胶防尘密封圈
(g) L形橡胶密封圈
(h) Y形橡胶密封圈
图 1-43　普通密封</td></tr>
<tr><td>特殊密封</td><td>特殊密封如图 1-44 所示 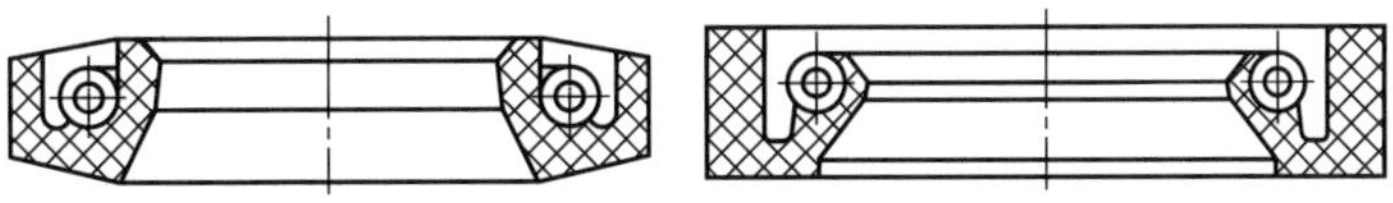
(a) U形无骨架橡胶油封
(b) J形无骨架橡胶油封
图 1-44　特殊密封</td></tr>
<tr><td colspan="2">固定、定位装置</td><td>常用标准固定件有弹性挡圈，其结构如图 1-45 所示 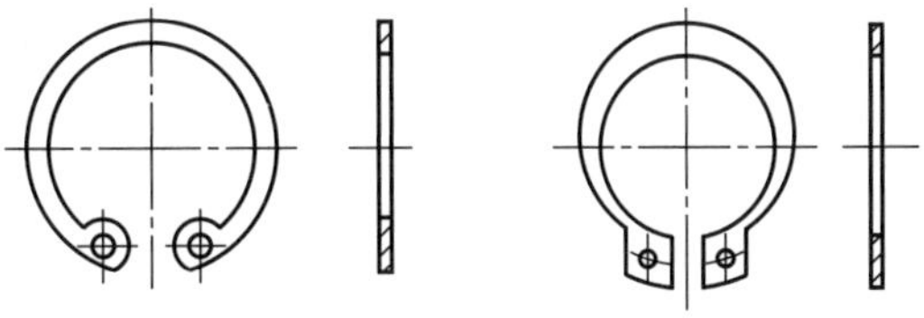
(a)
(b)
图 1-45　弹性挡圈</td></tr>
</table>

续表

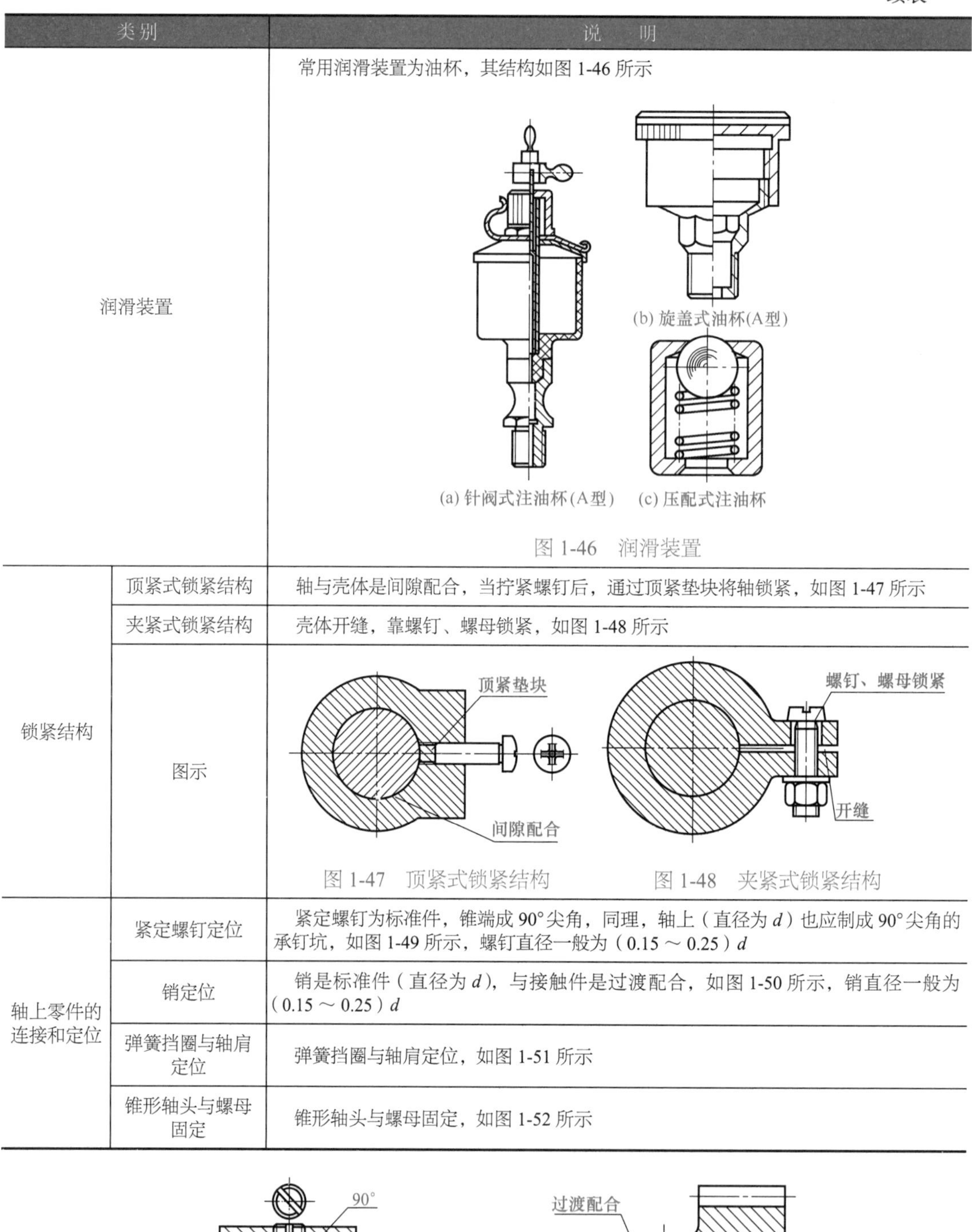

类别		说明
润滑装置		常用润滑装置为油杯，其结构如图 1-46 所示 (a) 针阀式注油杯(A型)　(b) 旋盖式油杯(A型)　(c) 压配式注油杯 图 1-46　润滑装置
锁紧结构	顶紧式锁紧结构	轴与壳体是间隙配合，当拧紧螺钉后，通过顶紧垫块将轴锁紧，如图 1-47 所示
	夹紧式锁紧结构	壳体开缝，靠螺钉、螺母锁紧，如图 1-48 所示
	图示	顶紧垫块　间隙配合　螺钉、螺母锁紧　开缝 图 1-47　顶紧式锁紧结构　　图 1-48　夹紧式锁紧结构
轴上零件的连接和定位	紧定螺钉定位	紧定螺钉为标准件，锥端成 90° 尖角，同理，轴上（直径为 d）也应制成 90° 尖角的承钉坑，如图 1-49 所示，螺钉直径一般为（0.15 ～ 0.25）d
	销定位	销是标准件（直径为 d），与接触件是过渡配合，如图 1-50 所示，销直径一般为（0.15 ～ 0.25）d
	弹簧挡圈与轴肩定位	弹簧挡圈与轴肩定位，如图 1-51 所示
	锥形轴头与螺母固定	锥形轴头与螺母固定，如图 1-52 所示

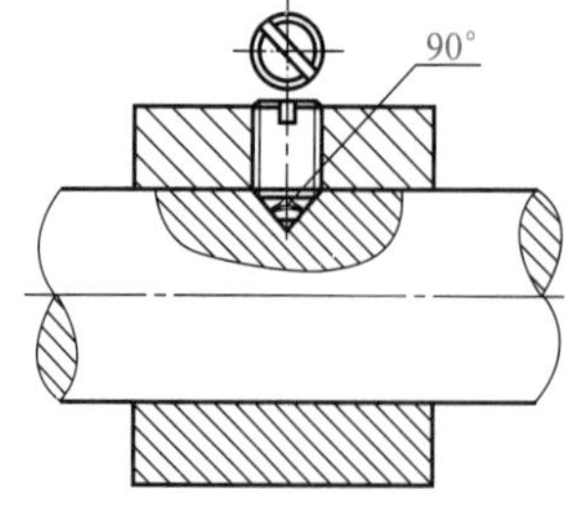

图 1-49　紧定螺钉定位

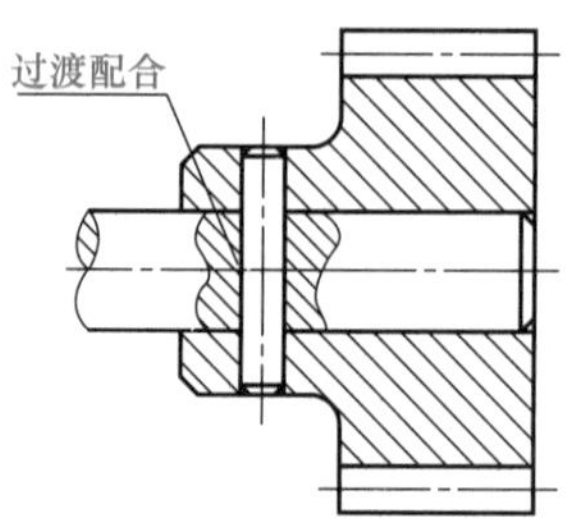

图 1-50　销定位

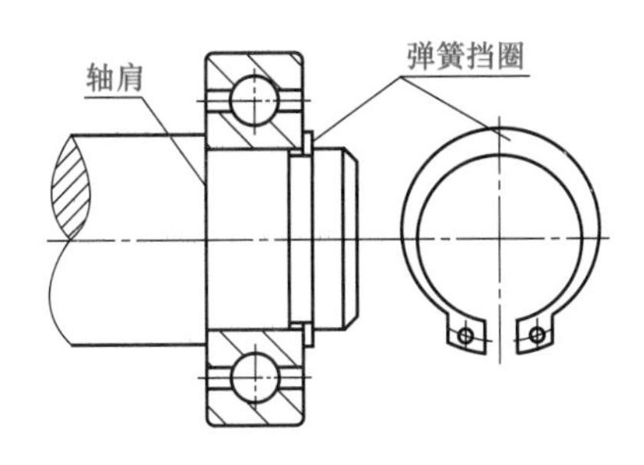

图 1-51　弹簧挡圈与轴肩定位

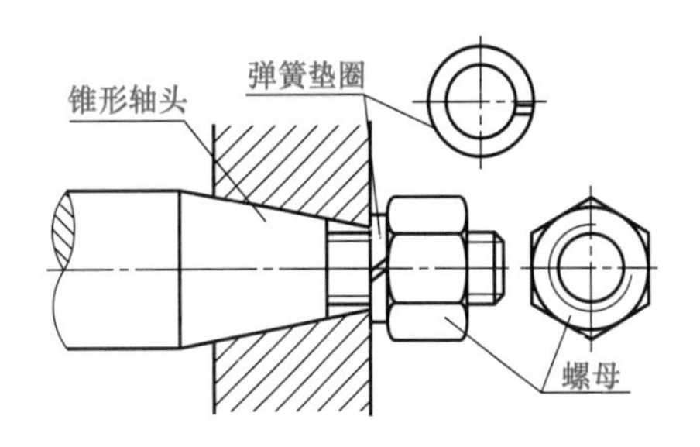

图 1-52　锥形轴头与螺母固定

四、检修钳工图的识读

检修钳工应熟悉机器、设备的结构性能，这往往要从机器的工程图样中分析、掌握有关数据和结构要求。一定要明确任何一种零部件的结构形状都不是随意设置的，例如：掌握摩托车方向的“手把”是要人来操纵，所以不管什么样式的手把，必须依据人的肩宽来设计，不能太宽，也不能太窄；再如，一般机床的齿轮传动机构均需要可靠的润滑，因此，对润滑油的密封装置的检修就是检修的日常工作。

检修工作可分为日常维修、保养和定期大修两个环节。平日对机器、设备的精心呵护，必然会充分发挥机器的功用，并延长机器的使用寿命。准备好必要的备件和恰当的维修工具，是对检修钳工的基本要求。下面以图 1-53 所示的手压阀为例，讨论检修钳工的识图特点。

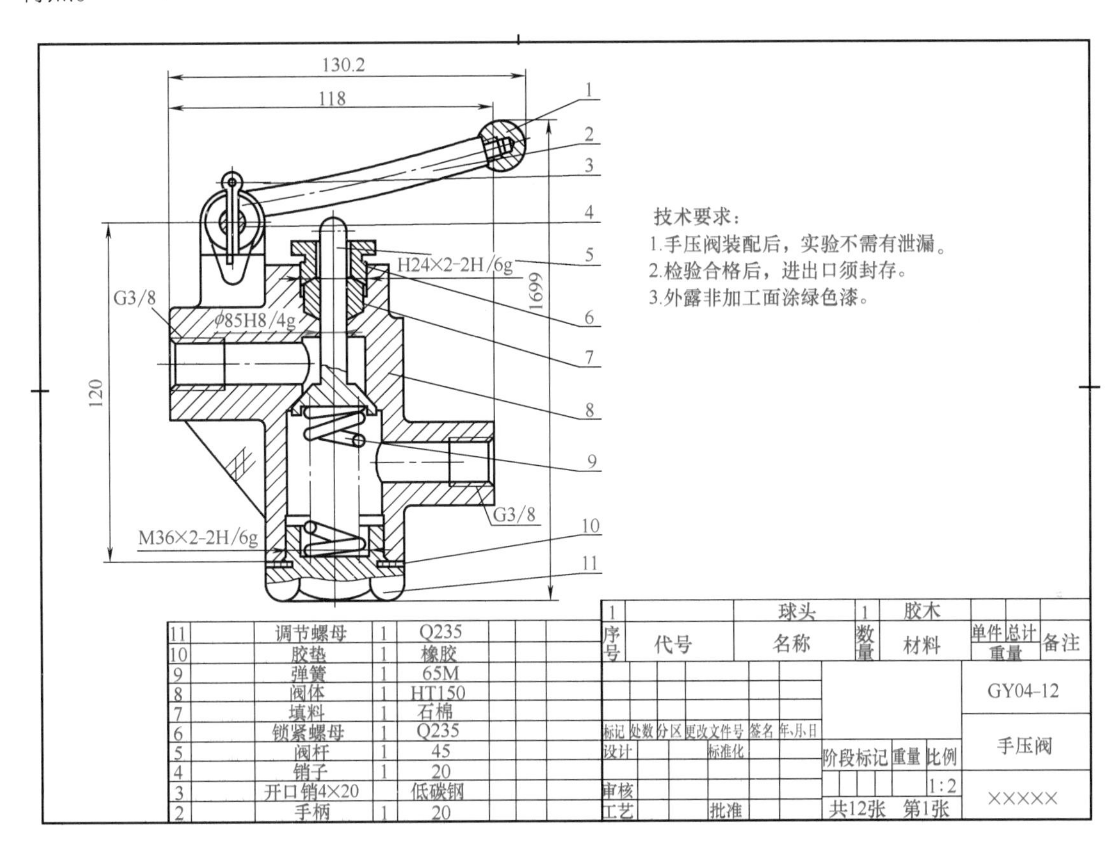

图 1-53　手压阀

① 先从标题栏和明细表人手。此图表达的是手压阀的装配图，由 11 种零件组成。

② 弄清装配图的表达方案。图中仅采取了一个基本视图——主视图（全剖）来表达其装配关系，这种装配图可称为装配工作图，其特点是不必表达清楚各个零件的结构形状（装配钳工很容易进行图物对照），但是各零件之间的装配松紧要求必须明示清楚。看装配图最重要的是分析机器、部件的工作原理，工作原理就是机器、部件做功传动的程序，并不抽象。由于手压阀是靠手握球头，施力压迫手柄，推动阀杆向下移动，克服弹簧的张力，使进出口连通，致使液体流通。当松开手不再施力时，阀杆靠弹簧的张力上移，顶紧阀体中部孔的锥形台阶，从而切断了液体的进出口通道。

③ 分析运动件的相对摩擦、密封、受力，才能理清维护保养的重点部位。从图 1-53 中可看出，手压阀属低速运动，动密封处是阀杆与阀体上部靠顶部锁紧螺母压紧石棉盘根达到密封。为确保运动顺利，主动件阀杆与阀体上部的小孔“ϕ10”采用间隙配合“ϕ10H8/f8”，而阀杆上部与锁紧螺母内孔为非配合关系，要做到使阀杆套装在锁紧螺母孔中而不接触（以免卡住、磨损）。为恰当调节弹簧的弹力，在阀体的底部设置调节螺母，采用胶垫密封，这属于静密封，调节螺母的另一个作用是便于大修时清理阀体内腔。另外还有两个辅助件：销子（用于支持手柄转动）、开口销（用于锁住手柄和销子，使其勿滑出）。

如图 1-54 ～图 1-63 所示为手压阀的零件图及立体图，供读者参考。

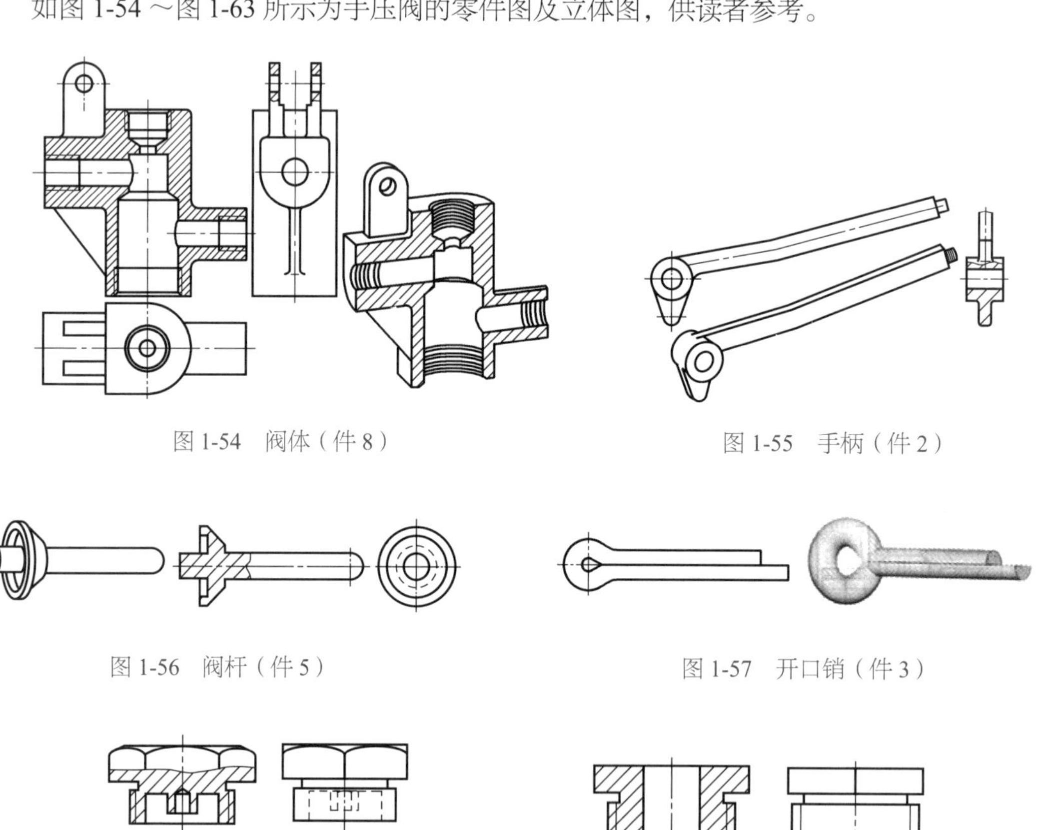

图 1-54　阀体（件 8）

图 1-55　手柄（件 2）

图 1-56　阀杆（件 5）

图 1-57　开口销（件 3）

图 1-58　调节螺母（件 11）

图 1-59　锁紧螺母（件 6）

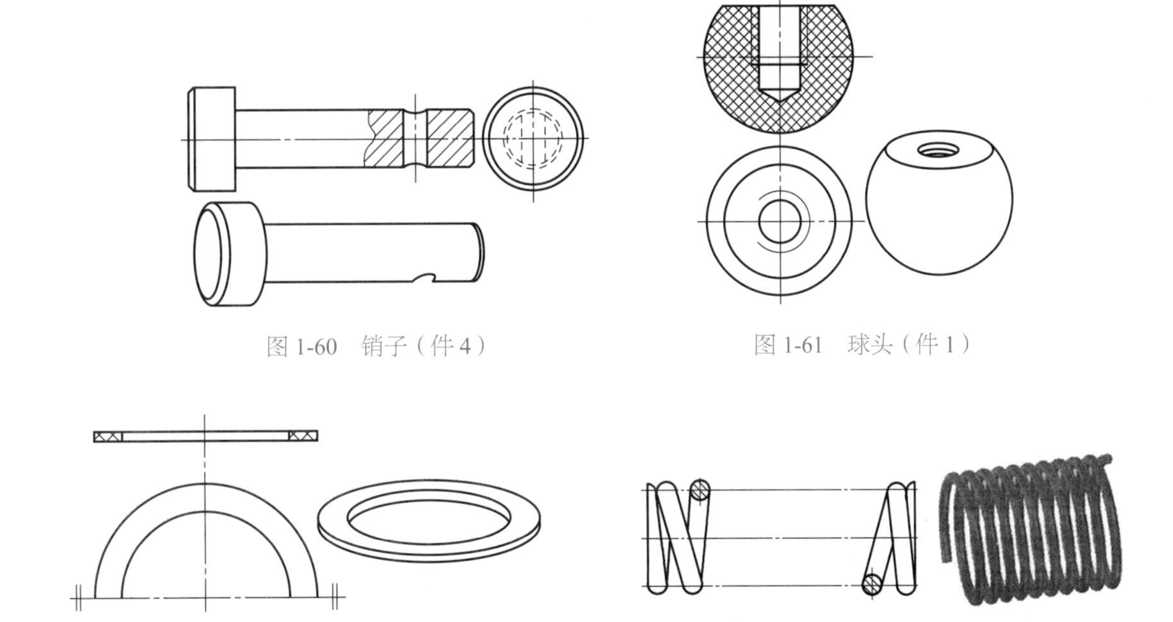

图 1-60　销子（件 4）

图 1-61　球头（件 1）

图 1-62　胶垫（件 10）

图 1-63　弹簧（件 9）

五、装配钳工图的识读

虽然在装配线上工作的装配钳工技术的单一性和重复性较强，对读装配图的需求不大，但为了自身素质的提高，也应不断加强识图能力。

对于小批量甚至单件机器、部件的装配，读懂工程图样尤为重要。下面以图 1-64 所示的一级齿轮减速器为例，说明齿轮、轴装配结构的通用要求。从图 1-64 中可以看出起减速作用的齿轮传动需要有良好的润滑，因此，比照齿轮量身定做了便于密闭、安装、支承的下

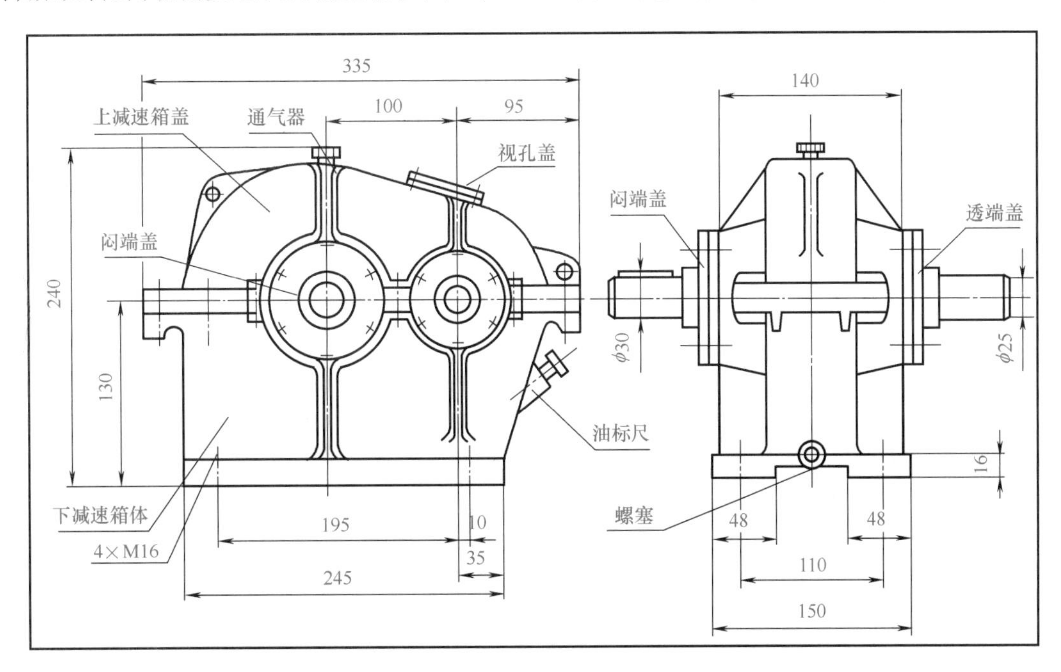

图 1-64　一级齿轮减速器结构图

减速箱体和上减速箱盖；为了固定用于支承的滚动轴承，设置了两对对开的轴承孔；为了定位、固定、密封，设置了两对端盖（闷端盖、透端盖）；另外，辅助设置了视孔盖、通气器、油标尺、螺塞（换油、清污用）等。

识图的一般步骤如下：

① 首先必须明确零件的结构形状绝不是随意设计的，而是依据零件在装配体中的作用决定的。例如，齿轮与轴的动力传递是靠键来实现的，因此，齿轮与轴上的键槽均要按选定的键的形状、尺寸来设计。传动轴上的轴肩设计也大有讲究，轴肩的作用是轴向定位。如图 1-65 所示，齿轮的左端面靠紧轴肩的右端面；左边的一个滚动轴承的右端面靠紧轴肩的左端面。为便于拆卸，轴肩的高度应低于滚动轴承内圈的高度。

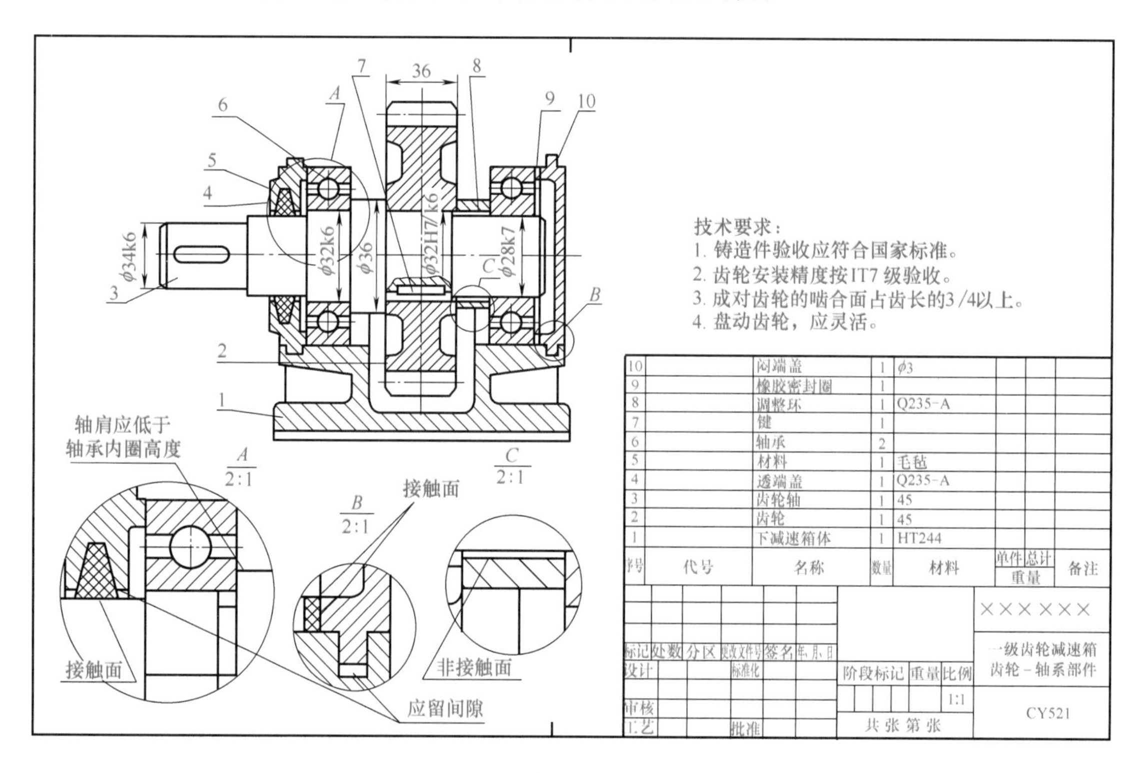

图 1-65　一级齿轮减速箱齿轮 - 轴装配图

② 配合尺寸是装配钳工重点落实的环节，关系到机器的性能、精度。配合的松紧程度要依据配合代号和公差等级来确定。例如，齿轮轴要在轴承孔中旋转，就要采用间隙配合，但齿轮轴装配到滚动轴承的内孔中，由于齿轮轴与内圈孔无相对转动（滚动轴承的内、外圈有相对转动），故为便于安装、拆卸，齿轮轴与内圈孔的配合为不松不紧的过渡配合。如图 1-65 中为“ϕ32k6”，指轴与滚动轴承内孔的配合为基孔制，k 是过渡配合，公差等级为 6 级。由于滚动轴承是标准件，尺寸、表面粗糙度等已按标准规格要求制成，不可更改，故齿轮轴的形状、尺寸等必须依据滚动轴承来设计。齿轮与齿轮轴的配合亦为基孔制过渡配合，如图 1-65 中为“ϕ32H7/k6”，指齿轮轴与齿轮孔的基本尺寸相同均为“ϕ32”，属于基孔制，k 为过渡配合，公差等级：齿轮孔为 7 级，轴为 6 级。

③ 密封装置也是装配工作不可忽视的环节，尤其是动密封技术要求较高，采取了最为简单的毛毡圈密封，但也要注意，毛毡圈要紧贴齿轮轴表面，才能起到密封效应；而包容毛毡圈的透端盖的孔绝不能与齿轮轴接触，以避免摩擦。静密封相对容易达到指标要求，右侧的闷端盖采取了常见的橡胶密封圈密封，这种密封应注意橡胶密封圈的老化程度，适时更换。

④ 各个零件的相对位置尺寸亦应仔细校正、落实。水平、垂直的校正是装配钳工的基本功。如图 1-65 中的调整环，是为了弥补轴向安装出现的尺寸偏差，一般只需修配、选择合适的调整环即可。

如图 1-66 ～图 1-70 所示为一级齿轮减速器各零件图及其立体图，供读者参考。

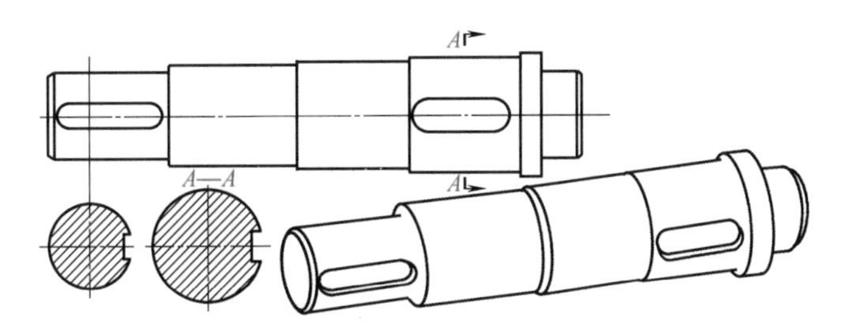

图 1-66　齿轮轴（件 3）

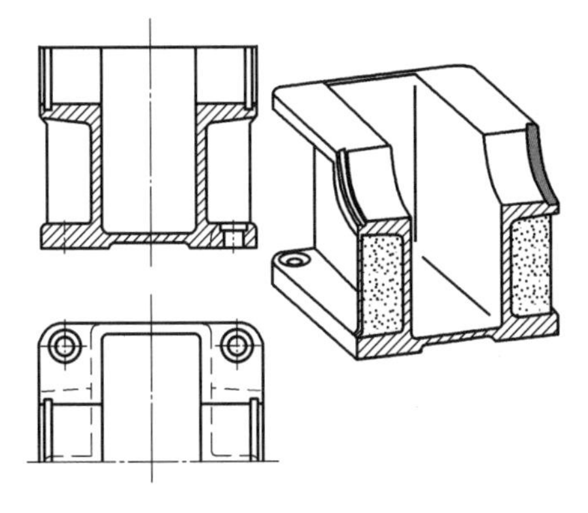

图 1-67　下减速箱体（件 1）

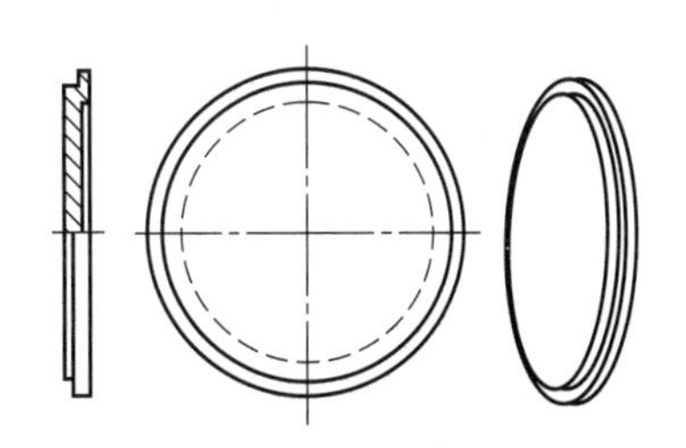

图 1-68　闷端盖（件 10）

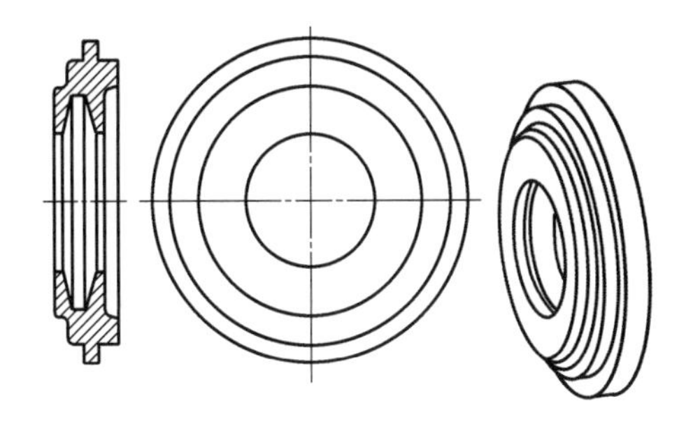

图 1-69　透端盖（件 4）

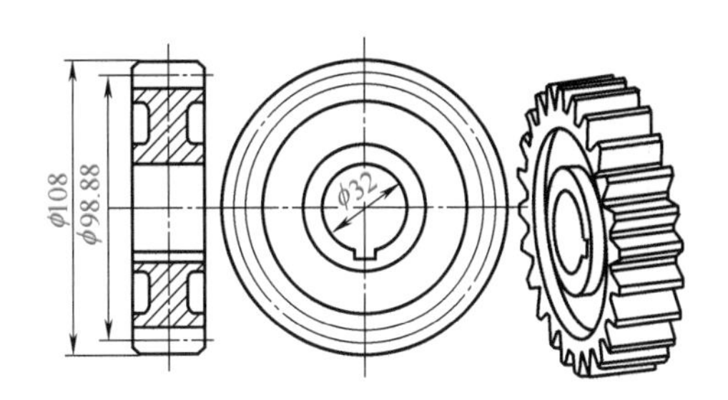

图 1-70　齿轮（件 2）

第三节　公差配合与表面粗糙度

一、公差与配合

（一）术语及定义

基本术语和定义见表 1-46。

表 1-46　基本术语和定义

基本术语		术语定义
尺寸	定义	以特定单位表示线性尺寸值的数值
	基本尺寸	通过它应用上、下偏差可算出极限尺寸的尺寸，如图 1-71 所示（基本尺寸可以是一个整数或一个小数值） 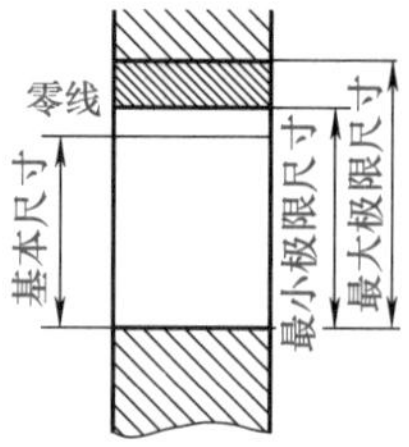 图 1-71　基本尺寸、最大极限尺寸和最小极限尺寸
	局部实际尺寸	一个孔或轴的任意横截面中的任一距离，即任何两相对点之间测得的尺寸
	极限尺寸	一个孔或轴允许的尺寸的两个极端。实际尺寸应位于其中，也可达到极限尺寸
	最大极限尺寸	孔或轴允许的最大尺寸
	最小极限尺寸	孔或轴允许的最小尺寸
	实际尺寸	通过测量所得到的尺寸
极限制		经标准化的公差与偏差制度
零线		在极限与配合图解中，表示基本尺寸的一条直线，以其为基准确定偏差和公差，如图 1-71 所示。通常零线沿水平方向绘制，正偏差位于其上，负偏差位于其下
偏差	定义	某一尺寸（实际尺寸、极限尺寸等）减其基本尺寸所得的代数差
	极限偏差	包含上偏差和下偏差。轴的上、下偏差代号分别用小写字母 es、ei 表示；孔的上、下偏差代号分别用大写字母 ES、EI 表示
	上偏差	最大极限尺寸减其基本尺寸所得的代数差
	下偏差	最小极限尺寸减其基本尺寸所得的代数差
	基本偏差	在（GB/T 1800.4—2009）极限与配合制中，确定公差带相对零线位置的那个极限偏差（它可以是上偏差或下偏差），一般靠近零线的那个偏差为基本偏差，当公差带位于零线上方时，其基本偏差为下偏差，当公差带位于零线下方时，其基本偏差为上偏差，如图 1-72 所示 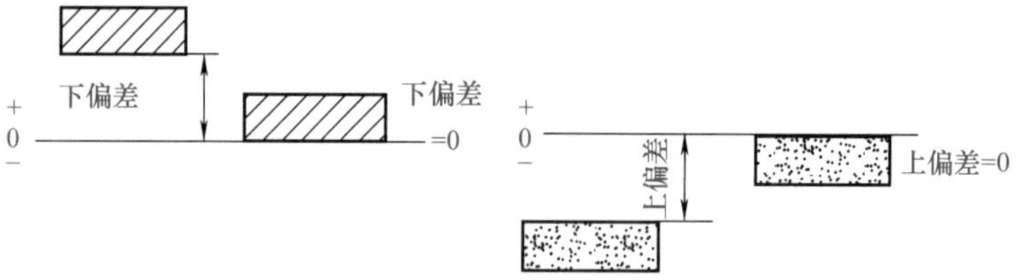 (a) 基本偏差为下偏差　(b) 基本偏差为上偏差 图 1-72　基本偏差
尺寸公差	定义	最大极限尺寸减最小极限尺寸之差，或上偏差减下偏差之差。它是允许尺寸的变动量（尺寸公差是一个没有符号的绝对值），简称公差
	标准公差（IT）	本标准极限与配合制中，所规定的任一公差
	标准公差等级	本标准极限与配合制中，同一公差等级（如 IT7）对所有基本尺寸的一组公差被认为具有同等精确程度
	公差带	在公差带图解中，由代表上偏差和下偏差或最大极限尺寸和最小极限尺寸的两条直线所限定的一个区域。它是由公差大小和其相对零线的位置（如基本偏差）来确定，如图 1-73 所示

续表

基本术语		术语定义
尺寸公差	公差带	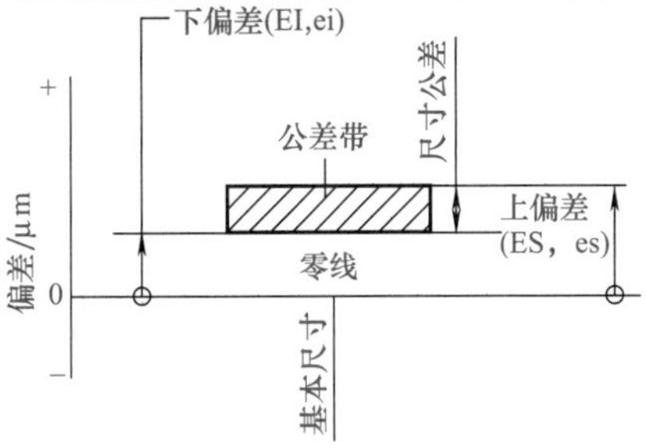 下偏差(EI,ei) 尺寸公差 公差带 + 偏差/μm 上偏差 (ES，es) 零线 0 − 基本尺寸 图 1-73　公差带图解
	标准公差因子（i，I）	在本标准极限与配合制中，用以确定标准公差的基本单位，该因子是基本尺寸的函数（标准公差因子 i 用于基本尺寸至 500mm；标准公差因子 I 用于基本尺寸大于 500mm）
间隙	定义	孔的尺寸减去相配合轴的尺寸为正值，如图 1-74 所示 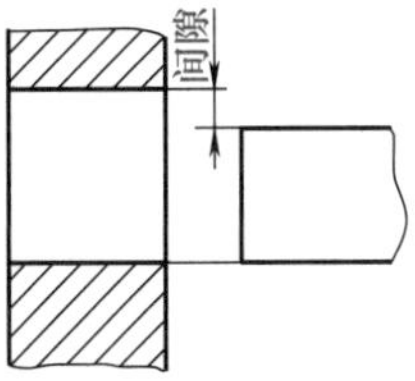 间隙 图 1-74　间隙图
	最小间隙	在间隙配合中，孔的最小极限尺寸减轴的最大极限尺寸，如图 1-75 所示
	最大间隙	在间隙配合或过渡配合中，孔的最大极限尺寸减轴的最小极限尺寸，如图 1-75 和图 1-76 所示 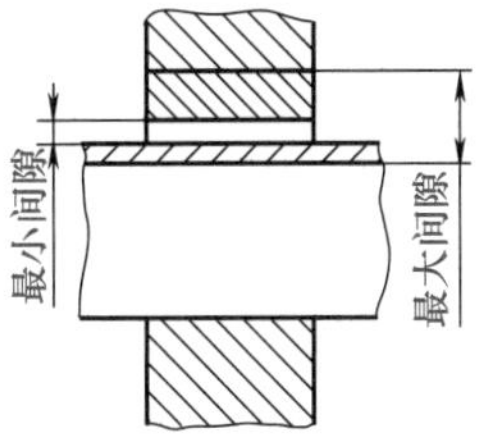 最小间隙 最大间隙 最大间隙 最大过盈 图 1-75　间隙配合 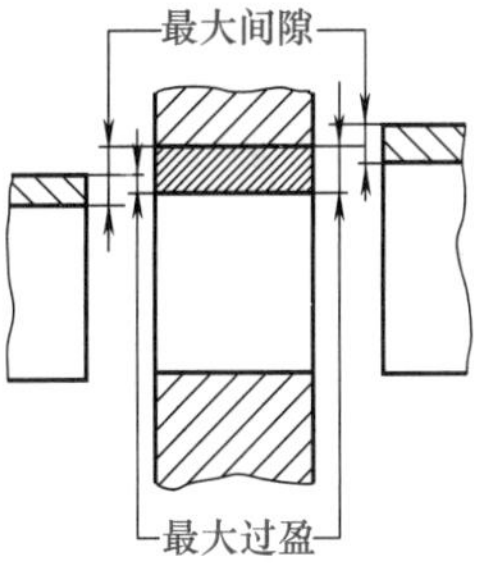　　图 1-76　过渡配合
过盈	定义	孔的尺寸减去相配合的轴的尺寸为负值，如图 1-77 所示 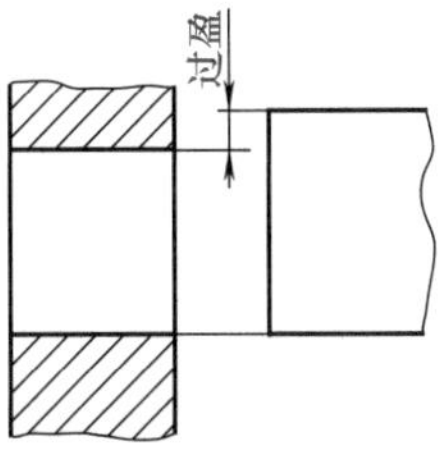 过盈 最大过盈 最小过盈 图 1-77　过盈 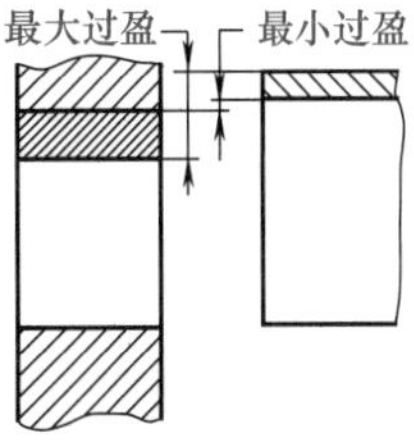　　图 1-78　过盈配合
	最小过盈	在过盈配合中，孔的最大极限尺寸减轴的最小极限尺寸，如图 1-78 所示
	最大过盈	在过盈配合或过渡配合中，孔的最小极限尺寸减轴的最大极限尺寸，如图 1-78 所示

续表

基本术语		术语定义
配合	定义	基本尺寸相同、相互结合的孔和轴公差带之间的关系
	间隙配合	具有间隙（包括最小间隙等于零）的配合。此时，孔的公差带在轴的公差带之上，如图 1-79 所示 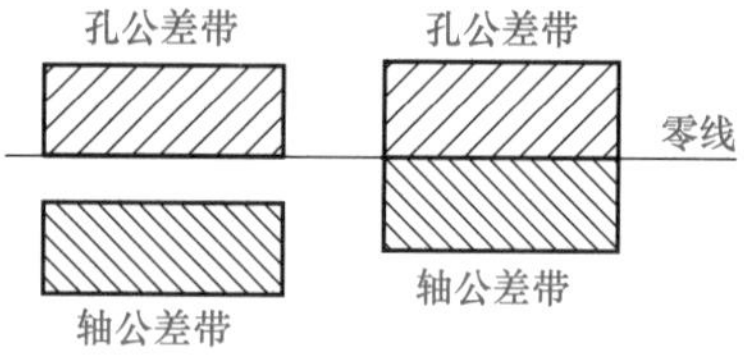 图 1-79　间隙配合的示意
	过盈配合	具有过盈（包括最小过盈等于零）的配合。此时，孔的公差带在轴的公差带之下，如图 1-80 所示 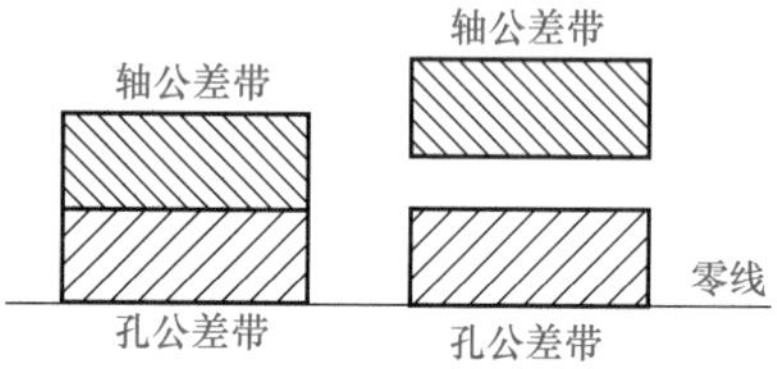 图 1-80　过盈配合的示意
	过渡配合	可能具有间隙或过盈的配合。此时，孔的公差带与轴的公差带相互交叠，如图 1-81 所示 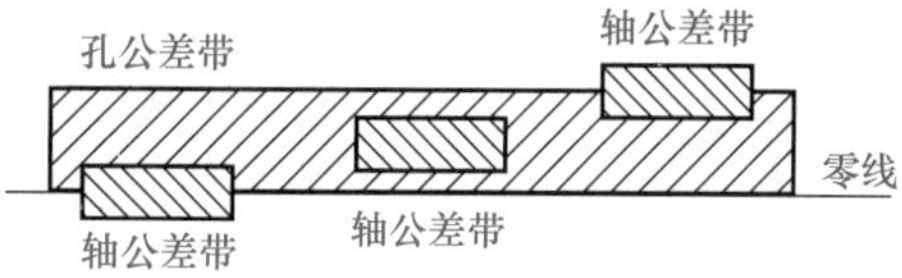 图 1-81　过渡配合的示意
	配合公差	组成配合的孔、轴公差之和。它是允许间隙或过盈的变动量（配合公差是一个没有符号的绝对值）
配合制	定义	同一极限制的孔和轴组成配合的一种制度
	基轴制配合	基本偏差一定的轴的公差带，与不同基本偏差的孔的公差带形成各种配合的一种制度。对本标准极限与配合制，是轴的最大极限尺寸与基本尺寸相等，轴的上偏差为零的一种配合制，如图 1-82 所示 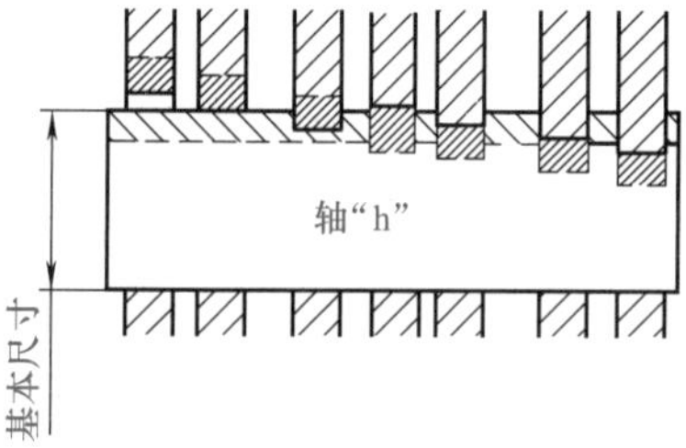 图 1-82　基轴配合制 在图 1-82 中：①水平实线代表轴或孔的基本偏差 ②虚线代表另一极限，表示轴和孔之间可能的不同组合，与它们的公差等级有关

续表

基本术语		术语定义
配合制	基孔制配合	基本偏差一定的孔的公差带，与不同基本偏差的轴的公差带形成各种配合的一种制度。对本标准极限与配合制，是孔的最小极限尺寸与基本尺寸相等，孔的下偏差为零的一种配合制，如图 1-83 所示 图 1-83　基孔配合制 在图 1-83 中：①水平实线代表孔或轴的基本偏差 ②虚线代表另一极限，表示孔和轴之间可能的不同组合，与它们的公差等级有关
轴	定义	通常指工件的圆柱形外表面，也包括非圆柱形外表面（由两个平行平面或切面形成的被包容面）
	基准轴	在基轴制配合中选作基准的轴。对本标准极限与配合制，即上偏差为零的轴
孔	定义	通常指工件的圆柱形内表面，也包括非圆柱形内表面（由两个平行平面或切面形成的包容面）
	基准孔	在基孔制配合中选作基准的孔。对本标准极限与配合制，即下偏差为零的孔
最大实体极限（MML）		对应于孔或轴的最大实体尺寸的那个极限尺寸，即：轴的最大极限尺寸、孔的最小极限尺寸。最大实体尺寸是孔或轴具有允许的材料量为最多状态下的极限尺寸
最小实体极限（LML）		对应于孔或轴的最小实体尺寸的那个极限尺寸，即：轴的最小极限尺寸、孔的最大极限尺寸。最小实体尺寸是孔或轴具有允许的材料量为最小状态下的极限尺寸

注：表中标准指的是 GB/T 1800.4—2009。

（二）公差与配合基本规定

（1）标准公差的等级、代号及数值

标准公差分 20 级，即：IT01、IT0、IT1 至 IT18。IT 表示标准公差，公差的等级代号用阿拉伯数字表示。从 IT01 至 IT18 等级依次降低，当其与代表基本偏差的字母一起组成公差带时，省略“IT”字母，如 h7，各级标准公差的数值规定见表 1-47。

表 1-47　标准公差数值

基本尺寸 /mm		公差等级									
		IT01	IT0	IT1	IT2	IT3	IT4	IT5	IT6	IT7	IT8
大于	至	μm									
—	3	0.3	0.5	0.8	1.2	2	3	4	6	10	14
3	6	0.4	0.6	1	1.5	2.5	4	5	8	12	18
6	10	0.4	0.6	1	1.5	2.5	4	6	9	15	22
10	18	0.5	0.8	1.2	2	3	5	8	11	18	27
18	30	0.6	1	1.5	2.5	4	6	9	13	21	33
30	50	0.6	1	1.5	2.5	4	7	11	16	25	39
50	80	0.8	1.2	2	3	5	8	13	19	30	46
80	120	1	1.5	2.5	4	6	10	15	22	35	54
120	180	1.2	2	3.5	5	8	12	18	25	40	63

续表

基本尺寸 /mm		公差等级									
		IT01	IT0	IT1	IT2	IT3	IT4	IT5	IT6	IT7	IT8
大于	至	μm									
180	250	2	3	4.5	7	10	14	20	29	46	72
250	315	2.5	4	6	8	12	16	23	32	52	81
315	400	3	5	7	9	13	18	25	36	57	89
400	500	4	6	8	10	15	20	27	40	63	97

基本尺寸 /mm		公差等级									
		IT9	IT10	IT11	IT12	IT13	IT14	IT15	IT16	IT17	IT18
大于	至	μm			mm						
—	3	25	40	60	0.10	0.14	0.25	0.40	0.60	1.0	1.4
3	6	30	48	75	0.12	0.18	0.30	0.48	0.75	1.2	1.8
6	10	36	58	90	0.15	0.22	0.36	0.58	0.90	1.5	2.2
10	18	43	70	110	0.18	0.27	0.43	0.70	1.10	1.8	2.7
18	30	52	84	130	0.21	0.33	0.52	0.84	1.30	2.1	3.3
30	50	62	100	160	0.25	0.39	0.62	1.00	1.60	2.5	3.9
50	80	74	120	190	0.30	0.46	0.74	1.20	1.90	3.0	4.6
80	120	87	140	220	0.35	0.54	0.87	1.40	2.20	3.5	5.4
120	180	100	160	250	0.40	0.63	1.00	1.60	2.50	4.0	6.3
180	250	115	185	290	0.46	0.72	1.15	1.85	2.90	4.6	7.2
250	315	130	210	320	0.52	0.81	1.30	2.10	3.20	5.2	8.1
315	400	140	230	360	0.57	0.89	1.40	2.30	3.60	5.7	8.9
400	500	155	250	400	0.63	0.97	1.55	2.50	4.00	6.3	9.7

注：基本尺寸小于或等于 1mm 时，无 IT14 至 IT18。

（2）公差等级的应用范围（表 1-48）

表 1-48　公差等级的应用范围

公差等级	应用范围
IT01 ～ IT1	块规
IT1 ～ IT4	量规、检验高精度用量规及轴用卡规的校对塞规
IT2 ～ IT5	特别精密零件的配合尺寸
IT5 ～ IT7	检验低精度用量规、一般精密零件的配合尺寸
IT5 ～ IT12	配合尺寸
IT8 ～ IT14	原材料公差
IT12 ～ IT18	未注公差尺寸

（3）公差等级与加工方法的关系（表 1-49）

（4）基本偏差的代号

基本偏差的代号用拉丁字母表示，大写的代号代表孔，小写的代号代表轴，各 28 个。

孔的基准偏差代号有：A，B，C，CD，D，E，EF，F，FG，G，H，J，JS，K，M，N，P，R，S，T，U，V，X，Y，Z，ZA，ZB，ZC。轴的基准偏差代号有：a，b，c，cd，d，e，ef，f，fg，g，h，j，js，k，m，n，p，r，s，t，u，v，x，y，z，za，zb，zc。

其中，H 代表基准孔，h 代表基准轴。

（5）偏差代号

偏差代号规定如下：孔的上偏差 ES，孔的下偏差 EI；轴的上偏差 es，轴的下偏差 ei。

表 1-49 公差等级与加工方法的关系

公差等级	加工方法	公差等级	加工方法	公差等级	加工方法
IT01 ~ IT1	精研磨	IT6 ~ IT8	细拉削	IT10 ~ IT12	粗车、粗刨、粗镗
IT1 ~ IT5	细研磨	IT5 ~ IT7	金刚石车削	IT10 ~ IT12	插削
IT3 ~ IT6	粗研磨	IT5 ~ IT7	金刚石镗孔	IT11 ~ IT14	钻削
IT4 ~ IT6	终珩磨	IT6 ~ IT8	粉末冶金成形	IT12 ~ IT15	冲压
IT6 ~ IT7	初珩磨	IT7 ~ IT10	粉末冶金烧结	IT15 ~ IT16	压铸、锻造
IT2 ~ IT5	精磨	IT6 ~ IT8	精铰	IT14 ~ IT15	砂型铸造
IT4 ~ IT6	细磨	IT8 ~ IT11	细铰	IT15 ~ IT16	压力加工
IT6 ~ IT8	粗磨	IT8 ~ IT10	精铣床	IT14 ~ IT15	金属模铸造
IT5 ~ IT7	圆磨	IT9 ~ IT11	粗铣	IT15 ~ IT18	火焰切削
IT5 ~ IT8	平磨	IT7 ~ IT9	精车、精刨、精镗	IT17 ~ IT18	冷作焊接
IT5 ~ IT7	精拉削	IT8 ~ IT10	细车、细刨、细镗	IT13 ~ IT17	塑料成形

（6）孔的极限偏差

孔的基本偏差从 A 到 H 为下偏差，从 J 至 ZC 为上偏差。孔的另一个偏差（上偏差或下偏差），根据孔的基本偏差和标准公差，按以下代数式计算：

$$ES = EI+IT \text{ 或 } EI = ES-IT$$

（7）轴的极限偏差

轴的基本偏差从 a 到 h 为上偏差，从 j 到 zc 为下偏差。轴的另一个偏差（下偏差或上偏差），根据轴的基本偏差和标准公差，按以下代数式计算：

$$ei = es-IT \text{ 或 } es = ei+IT$$

（8）公差带代号

孔、轴公差带代号由基本偏差代号与公差等级代号组成。如 H8、F8、K7、P7 等为孔的公差带代号；h7、f 7 等为轴的公差带代号。其表示方法可以用下列示例之一：

$$\text{孔：}\phi 50H8，\phi 50^{+0.039}_{0}，\phi 50H8\left(^{+0.039}_{0}\right)$$

$$\text{轴：}\phi 50f7，\phi 50^{-0.025}_{-0.050}，\phi 50f7\left(^{-0.025}_{-0.050}\right)$$

（9）基准制

标准规定有基孔制和基轴制。在一般情况下，优先采用基孔制。如有特殊需要，允许将任一孔、轴公差带组成配合。

（10）配合代号

用孔、轴公差带的组合表示，写成分数形式，分子为孔的公差带，分母为轴的公差带，例如：H8/f 7 或 $\frac{H8}{f7}$。其表示方法可用以下示例之一：

$$\phi 50H8/f7 \text{ 或 } \phi 50\frac{H8}{f7}；10H7/n6 \text{ 或 } 10\frac{H7}{n6}$$

（11）配合分类

标准的配合有三类，即间隙配合、过渡配合和过盈配合。属于哪一类配合取决于孔、轴公差带的相互关系。基孔制（基轴制）中，a 到 h（A 到 H）用于间隙配合；j 到 zc（J 到 ZC）用于过渡配合和过盈配合。

（12）公差带及配合的选用原则

孔、轴公差带及配合，首先采用优先公差带及优先配合，其次采用常用公差带及常用配合，再次采用一般用途公差带。必要时，可按标准所规定的标准公差与基本偏差组成孔、轴公差带及配合。

（13）极限尺寸判断原则

孔或轴的尺寸不允许超过最大实体尺寸。即对于孔，其尺寸应不小于最小极限尺寸；对于轴，则应不大于最大极限尺寸。

在任何位置上的实际尺寸不允许超过最小实体尺寸，即对于孔，其实际尺寸应不大于最大极限尺寸；对于轴，则应不小于最小极限尺寸。

（三）一般公差

GB/T 1804—2000《一般公差　未注公差的线性和角度尺寸的公差》规定了未注出公差的线性和角度尺寸的一般公差的公差等级和极限偏差数值，适用于金属切削加工的尺寸，也适用于一般冲压加工的尺寸。非金属材料和其他工艺方法加工的尺寸可参照采用。

（1）线性尺寸的极限偏差数值（表 1-50）

表 1-50　线性尺寸的极限偏差数值

公差等级	尺寸分段 /mm			
	0.5～3	＞3～6	＞6～30	＞30～120
精密 f	±0.05	±0.05	±0.1	±0.15
中等 m	±0.1	±0.1	±0.2	±0.3
粗糙 c	±0.2	±0.3	±0.5	±0.8
最粗 v	—	±0.5	±1	±1.5
公差等级	尺寸分段 /mm			
	＞120～400	＞400～1000	＞1000～2000	＞2000～4000
精密 f	±0.2	±0.3	±0.5	—
中等 m	±0.5	±0.8	±1.2	±2
粗糙 c	±1.2	±2	±3	±4
最粗 v	±2.5	±4	±6	±8

（2）倒圆半径与倒角高度尺寸的极限偏差数值（表 1-51）

表 1-51　倒圆半径与倒角高度尺寸的极限偏差数值

公差等级	尺寸分段 /mm			
	0.5～3	＞3～6	＞6～30	＞30
精密 f	±0.2	±0.5	±1	±2
中等 m				
粗糙 c	±0.4	±1	±2	±4
最粗 v				

（3）角度尺寸的极限偏差数值（表 1-52）

表 1-52　角度尺寸的极限偏差数值

公差等级	长度 /mm				
	≤10	＞10～50	＞50～120	＞120～400	＞400
精密 f	±1°	±30′	±20′	±10′	±5′
中等 m					
粗糙 c	±1° 30′	±1°	±30′	±15′	±10′

续表

公差等级	长度/mm				
	≤ 10	> 10 ~ 50	> 50 ~ 120	> 120 ~ 400	> 400
最粗 v	±3°	±2°	±1°	±30′	±20′

（四）优先、常用和一般用途的轴、孔公差带

（1）尺寸≤ 500mm 的轴公差带，如图 1-84 所示。

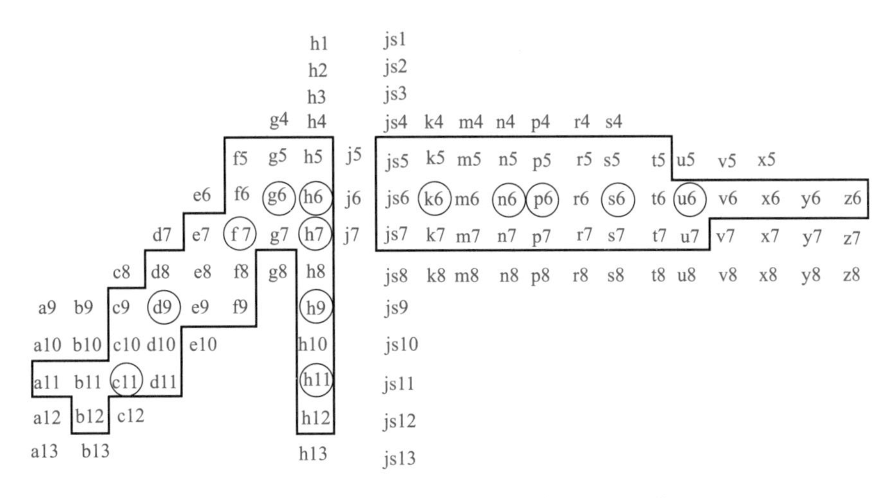

图 1-84 优先、常用和一般用途的轴公差带

注：1. 轴的一般公差带，共 116 个（包括常用和优先）。

2. 带方框的为常用公差带，共 59 个（包括优先）。

3. 带圆圈的为优先公差带，共 13 个。

（2）尺寸≤ 500mm 的孔公差带，如图 1-85 所示。

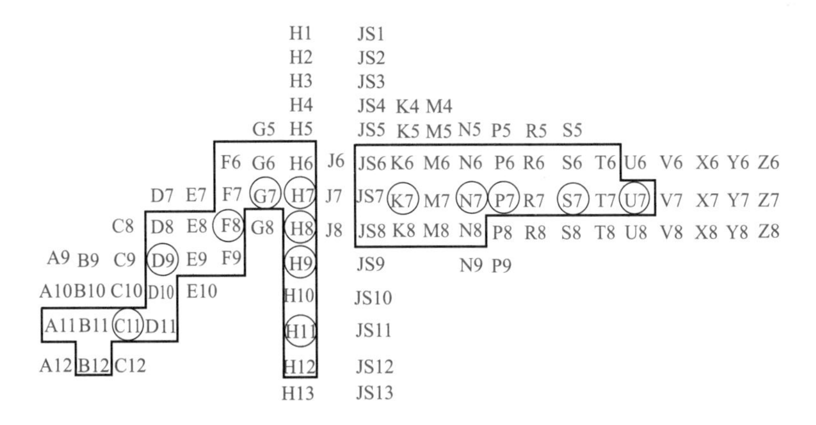

图 1-85 优先、常用和一般用途的孔公差带

注：1. 孔的一般公差带，共 105 个（包括常用和优先）。

2. 带方框的为常用公差带，共 44 个（包括优先）。

3. 带圆圈中的为优先公差带，共 13 个。

（五）基孔制与基轴制优先、常用配合

（1）基孔制优先、常用配合见表 1-53。

表 1-53　基孔制优先、常用配合

基准孔	轴																				
	a	b	c	d	e	f	g	h	js	k	m	n	p	r	s	t	u	v	x	y	z
	间隙配合								过渡配合			过盈配合									
H6	—	—	—	—	—	$\frac{H6}{f5}$	$\frac{H6}{g5}$	$\frac{H6}{h5}$	$\frac{H6}{js5}$	$\frac{H6}{k5}$	$\frac{H6}{m5}$	$\frac{H6}{n5}$	$\frac{H6}{p5}$	$\frac{H6}{r5}$	$\frac{H6}{s5}$	$\frac{H6}{t5}$	—	—	—	—	—
H7	—	—	—	—	—	$\frac{H7}{f6}$	■$\frac{H7}{g6}$	■$\frac{H7}{h6}$	$\frac{H7}{js6}$	■$\frac{H7}{k6}$	$\frac{H7}{m6}$	■$\frac{H7}{n6}$	■$\frac{H7}{p6}$	$\frac{H7}{r6}$	■$\frac{H7}{s6}$	$\frac{H7}{t6}$	■$\frac{H7}{u6}$	$\frac{H7}{v6}$	$\frac{H7}{x6}$	$\frac{H7}{y6}$	$\frac{H7}{z6}$
H8	—	—	—	—	$\frac{H8}{e7}$	■$\frac{H8}{f7}$	$\frac{H8}{g7}$	■$\frac{H8}{h7}$	$\frac{H8}{js7}$	$\frac{H8}{k7}$	$\frac{H8}{m7}$	$\frac{H8}{n7}$	$\frac{H8}{p7}$	$\frac{H8}{r7}$	■$\frac{H8}{s7}$	$\frac{H8}{t7}$	$\frac{H8}{u7}$	—	—	—	—
	—	—	—	$\frac{H8}{d8}$	$\frac{H8}{e8}$	$\frac{H8}{f8}$	—	$\frac{H8}{h8}$	—	—	—	—	—	—	—	—	—	—	—	—	—
H9	—	—	$\frac{H9}{c9}$	■$\frac{H9}{d9}$	$\frac{H9}{e9}$	$\frac{H9}{f9}$	—	■$\frac{H9}{h9}$	—	—	—	—	—	—	—	—	—	—	—	—	—
H10	—	—	$\frac{H10}{c10}$	$\frac{H10}{d10}$	—	—	—	$\frac{H10}{h10}$	—	—	—	—	—	—	—	—	—	—	—	—	—
H11	$\frac{H11}{a11}$	$\frac{H11}{b11}$	■$\frac{H11}{c11}$	$\frac{H11}{d11}$	—	—	—	■$\frac{H11}{h11}$	—	—	—	—	—	—	—	—	—	—	—	—	—
H12	—	$\frac{H12}{b12}$	—	—	—	—	—	$\frac{H12}{h12}$	—	—	—	—	—	—	—	—	—	—	—	—	—

注：1. $\frac{H6}{n5}$、$\frac{H7}{p6}$ 在基本尺寸小于或等于 3mm 和 $\frac{H8}{r7}$ 在小于或等于 10mm 时，为过渡配合。

2. 标注■的配合为优先配合。

（2）基轴制优先、常用配合见表1-54

表1-54　基轴制优先、常用配合

基准轴	孔																				
	A	B	C	D	E	F	G	H	JS	K	M	N	P	R	S	T	U	V	X	Y	Z
	间隙配合								过渡配合			过盈配合									
h5	—	—	—	—	—	F6/h5	G6/h5	H6/h5	JS6/h5	K6/h5	M6/h5	N6/h5	P6/h5	R6/h5	S6/h5	T6/h5	—	—	—	—	—
h6	—	—	—	—	—	F7/h6	G7/h6 ■	H7/h6 ■	JS7/h6	K7/h6 ■	M7/h6	N7/h6 ■	P7/h6 ■	R7/h6	S7/h6 ■	T7/h6	U7/h6 ■	—	—	—	—
h7	—	—	—	—	E8/h7	F8/h7 ■	—	H8/h7 ■	JS8/h7	K8/h7	M8/h7	N8/h7	—	—	—	—	—	—	—	—	—
h8	—	—	—	D8/h8	E8/h8	F8/h8	—	H8/h8	—	—	—	—	—	—	—	—	—	—	—	—	—
h9	—	—	—	D9/h9 ■	E9/h9	F9/h9	—	H9/h9 ■	—	—	—	—	—	—	—	—	—	—	—	—	—
h10	—	—	—	D10/h10	—	—	—	H10/h10	—	—	—	—	—	—	—	—	—	—	—	—	—
h11	A11/h11	B11/h11	C11/h11 ■	D11/h11	—	—	—	H11/h11 ■	—	—	—	—	—	—	—	—	—	—	—	—	—
h12	—	B12/h12	—	—	—	—	—	H12/h12	—	—	—	—	—	—	—	—	—	—	—	—	—

注：标注■的配合为优先配合。

（六）优先配合选用说明（表 1-55）

表 1-55　优先配合选用说明

优先配合		说　明
基孔制	基轴制	
$\frac{H11}{c11}$	$\frac{C11}{h11}$	间隙非常大。用于很松的、转动很慢的动配合，要求大公差与大间隙的外露组件，要求装配方便的很松的配合
$\frac{H9}{d9}$	$\frac{D9}{h9}$	间隙很大的自由转动配合。用于精度为非主要要求时，或有大的温度变动、高转速或大的轴颈压力时
$\frac{H8}{f7}$	$\frac{F8}{h7}$	间隙不大的转动配合。用于中等转速与中等轴颈压力的精确转动；也用于较容易装配的中等定位配合
$\frac{H7}{g6}$	$\frac{G7}{h6}$	间隙很小的滑动配合。用于不希望自由转动但可自由移动和滑动并精密定位时；也可用于要求明确的定位配合
$\frac{H7}{h6}$ $\frac{H8}{h7}$ $\frac{H9}{h9}$ $\frac{H11}{h11}$	$\frac{H7}{h6}$ $\frac{H8}{h7}$ $\frac{H9}{h9}$ $\frac{H11}{h11}$	均为间隙定位配合。零件可自由装拆，而工作时一般相对静止不动。在最大实体条件下的间隙为零，在最小实体条件下的间隙由公差等级决定
$\frac{H7}{k6}$	$\frac{K7}{h6}$	过渡配合，用于精密定位
$\frac{H7}{n6}$	$\frac{N7}{h6}$	过渡配合，允许有较大过盈的更精密的定位
$\frac{H7}{p6}$	$\frac{P7}{h6}$	过盈定位配合，即小过盈配合。用于定位精度特别重要时，能以最好的定位精度达到部件的刚性及对中的性能要求，而对内孔承受压力无特殊要求，不依靠配合的紧固性传递摩擦负荷
$\frac{H7}{s6}$	$\frac{S7}{h6}$	中等压入配合，适用于一般钢件，或用于薄壁件的冷缩配合，用于铸铁件可得到最紧的配合
$\frac{H7}{u6}$	$\frac{U7}{h6}$	压入配合，适用于可以承受高压力的零件或不宜承受大压入力的冷缩配合

（七）各种配合特性及应用（表 1-56）

表 1-56　各种配合特性及应用

配合	基本偏差	配合特性及应用
间隙配合	a、b	可得到特别大的间隙，应用很少
	c	可得到很大的间隙，一般适用于缓慢、松弛的动配合。用于工作条件较差（如农业机械），受力变形，或为了便于装配而必须保证有较大的间隙时，推荐配合为 H11/c11。其较高等级的配合，如 H8/c7 适用于轴在高温工作时的紧密动配合，例如内燃机排气阀和导管
	d	一般用于 IT7 ～ IT11 级。适用于松的转动配合，如密封盖、滑轮、空转带轮等与轴的配合，也适用于大直径滑动轴承配合，如汽轮机、球磨机、轧滚成形和重型弯曲机及其他重型机械中的一些滑动支承
	e	多用于 IT7 ～ IT9 级。通常适用于要求有明显间隙，易于转动的支承配合，如大跨距支承、多支点支承等配合。高等级的 e 轴适用于大的、高速、重载支承，如涡轮发电机、大电动机的支承及内燃机主要轴承、凸轮轴支承、摇臂支承等配合

续表

配合	基本偏差	配合特性及应用
间隙配合	f	多用于 IT6 ～ IT8 级的一般转动配合。当温度影响不大时，被广泛用于普通润滑油（或润滑脂）润滑的支承，如齿轮箱、小电动机、泵等的转轴与滑动支承的配合
	g	配合间隙很小，制造成本高，除轻负荷的精密装置外，不推荐用于转动配合。多用于 IT5 ～ IT7 级，最适合不回转的精密滑动配合，也用于插销等定位配合，如精密连杆轴承、活塞及滑阀、连杆销等
	h	多用于 IT4 ～ IT11 级。广泛用于无相对转动的零件，作为一般的定位配合。若没有温度、变形影响，也用于精密滑动配合
过渡配合	js	为完全对称偏差（±IT/2），平均起来为稍有间隙的配合，多用于 IT4 ～ IT7 级，要求间隙比 h 轴小，并允许略有过盈的定位配合，如联轴器。可用手或木锤装配
	k	平均后没有间隙的配合，适用于 IT4 ～ IT7 级，推荐用于稍有过盈的定位配合，例如为了消除振动用的定位配合。一般用木锤装配
	m	平均后具有较小过盈的过渡配合，适用于 IT4 ～ IT7 级，一般可用木锤装配，但在最大过盈时要求有相当的压入力
	n	平均过盈比 m 轴稍大，很少得到间隙，适用于 IT4 ～ IT7 级，用锤或压力机装配，通常推荐用于紧密的组件配合。H6/n5 配合时为过盈配合
过盈配合	p	与 H6 孔或 H7 孔配合时是过盈配合，与 H8 孔配合时则为过渡配合。对非铁类零件为较轻的压入配合，当需要时易于拆卸。对钢、铸铁或铜、钢组件装配是标准压入配合
	r	对铁类零件为中等压入配合。对非铁类零件为轻压入配合，当需要时可以拆卸。与 H8 孔配合，直径在 100mm 以上时为过盈配合，直径较小时为过渡配合
	s	用于钢和铁制零件的永久性和半永久性装配，可产生相当大的结合力。当用弹性材料（如轻合金）时，配合性质与铁类零件的 p 轴相当，例如套环压装在轴上、阀座等配合。尺寸较大时，为了避免损伤配合表面，需用热胀或冷缩法装配
	t、u、v、x、y、z	过盈量依次增大，一般不推荐

二、形状和位置公差

（一）形状和位置公差符号

（1）形状和位置公差符号表（表 1-57）

表 1-57 形状和位置公差符号表

公差		特征项目	符号	有无基准要求
形状		直线度	⏤	无
		平面度	⏥	无
		圆度	○	无
		圆柱度	⌭	无
形状或位置	轮廓	线轮廓度	⌒	有或无
		面轮廓度	⌓	有或无
位置	定向	平行度	∥	有
		垂直度	⊥	有
		倾斜度	∠	有

续表

公差		特征项目	符号	有无基准要求
位置	定位	位置度	⌖	有或无
		同轴（同心）度	◎	有
		对称度	⌯	有
	跳动	圆跳动	↗	有
		全跳动	⌰	有

（2）被测要素、基准要素的标注方法

被测要素、基准要素的标注方法见表 1-58。如果要求在公差带内进一步限制被测要素的形状，则应在公差值后面加注符号（表 1-59）。

表 1-58　被测要素、基准要素的标注方法

符号	说明		符号	说明
	直 接	被测要素的标注	Ⓜ	最大实体要求
A	用字母		Ⓛ	最小实体要求
A	基准要素的标注		Ⓡ	可逆要求
φ2 / A1	基准目标的标注		Ⓟ	延伸公差带
50	理论正确尺寸		Ⓕ	自由状态（非刚性零件）零件
Ⓔ	包容要求			全周（轮廓）

表 1-59　被测要素形状的限制符号

含 义	符 号	举 例
只许中间向材料内凹下	(−)	— | t (−)
只许中间向材料外凸起	(+)	⏥ | t (+)
只许从左至右减小	(▷)	⌭ | t (▷)
只许从右至左减小	(◁)	⌭ | t (◁)

（二）表面形状和位置公差未注公差值

（1）形状公差的未注公差值

直线度和平面度的未注公差值见表 1-60。选择公差值时，对于直线度应按其相应线的长度选择；对于平面应按其表面的较长一侧或圆表面的直径选择。

表 1-60　直线度和平面度的未注公差值

公差等级	基本长度范围 /mm					
	≤ 10	> 10 ~ 30	> 30 ~ 100	> 100 ~ 300	> 300 ~ 1000	> 1000 ~ 3000
H	0.02	0.05	0.1	0.2	0.3	0.4
K	0.05	0.1	0.2	0.4	0.6	0.8
L	0.1	0.2	0.4	0.8	1.2	1.6

圆度的未注公差值等于标准的直径公差值，但不能大于表 1-61 中圆跳动的未注公差值。

表 1-61　圆跳动的未注公差值

公差等级	圆跳动公差值 /mm
H	0.1
K	0.2
L	0.5

圆柱度的未注公差值不作规定。圆柱度误差由三个部分组成：圆度、直线度和相对素线的平行度误差。而其中每一项误差均由它们的注出公差或未注公差控制。如因功能要求，圆柱度应小于圆度、直线度和平行度的未注公差的综合结果，应在被测要素上按 GB/T 1182—2018 的规定注出圆柱度公差值，或采用包容要求。

（2）位置公差的未注公差值

平行度的未注公差值等于给出的尺寸公差值，或直线度和平面度未注公差值中的相应公差值取较大者。应取两要素中的较长者作为基准；若两要素的长度相等，则可选任一要素为基准。

垂直度的未注公差值，见表 1-62。取形成直角的两条边中较长的一条边作为基准，较短的一条边作为被测要素；若边的长度相等则可取其中的任意一条边为基准。

表 1-62　垂直度的未注公差值

公差等级	基本长度范围 /mm			
	≤ 100	> 100 ~ 300	> 300 ~ 1000	> 1000 ~ 3000
H	0.2	0.3	0.4	0.5
K	0.4	0.6	0.8	1
L	0.6	1	1.5	2

对称度的未注公差值，见表 1-63。应取两要素中较长者作为基准，较短者作为被测要素；若两要素长度相等则可选任一要素为基准。

表 1-63　对称度的未注公差值

公差等级	基本长度范围 /mm			
	≤ 100	> 100 ~ 300	> 300 ~ 1000	> 1000 ~ 3000
H	0.5			
K	0.6		0.8	1
L	0.6	1	1.5	2

同轴度的未注公差值未做规定。在极限状况下，同轴度的未注公差值与圆跳动的未注公差值相等。

圆跳动（径向、端面和斜向）的未注公差值，见表 1-61。对于圆跳动未注公差值，应以设计和工艺给出的支承面作为基准，否则应取两要素中较长的一个作为基准；若两要素的长度相等，则可选任一要素为基准。

（三）图样上标注公差值的规定

（1）规定了公差值或数系表的项目

① 直线度、平面度。

② 圆度、圆柱度。

③ 平行度、垂直度、倾斜度。

④ 同轴度、对称度、圆跳动和全跳动。

⑤ 位置度数系。

GB/T 1182—2018 附录提出的公差值，是以零件和量具在标准温度（20℃）下测量为准。

（2）公差值的选用原则

① 根据零件的功能要求，并考虑加工的经济性和零件的结构、刚性等情况，按表中数系确定要素的公差值，并考虑下列情况：

a. 在同一要素上给出的形状公差值应小于位置公差值。如果是平行的两个表面，其平面度公差值应小于平行度公差值。

b. 圆柱形零件的形状公差值（轴线的直线度除外）一般情况下应小于其尺寸公差值。

c. 平行度公差值应小于其相应的距离公差值。

② 对于下列情况，考虑到加工的难易程度和除主参数外其他参数的影响，在满足零件功能的要求下，适当降低 1 ～ 2 级选用。

a. 孔相对于轴。

b. 长径比较大的轴或孔。

c. 距离较大的轴或孔。

d. 宽度较大（一般大于 1/2 长度）的零件表面。

e. 线对线和线对面相对于面对面的平行度。

f. 线对线和线对面相对于面对面的垂直度。

（四）形位公差代号图注示例（表 1-64）

表 1-64　形位公差代号含义

特征项目		图注示例	含义
直线度	素线直线度	 —　0.02	圆柱表面上任一素线必须位于轴向平面内，距离为公差值 0.02mm 的平行直线之间
	轴线直线度	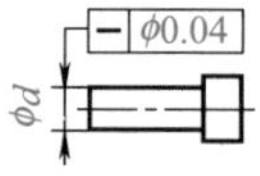 —　ϕ0.04；ϕd	ϕd 圆柱体的轴线须位于公差值为 0.04mm 的圆柱面内
平面度		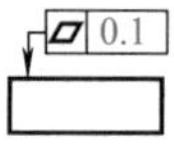 ▱　0.1	上表面必须位于距离为公差值 0.1mm 的平行平面之间
圆度	圆柱表面圆度	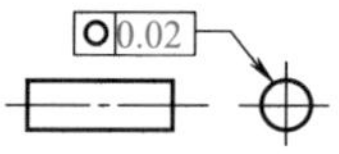 ○　0.02	在垂直于轴线的任一正截面上，该圆必须位于半径差为公差值 0.02mm 的两同心圆之间
	圆锥表面圆度	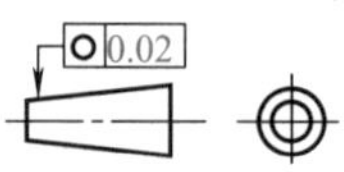 ○　0.02	

续表

特征项目		图注示例	含义
平行度	平面对平面的平行度	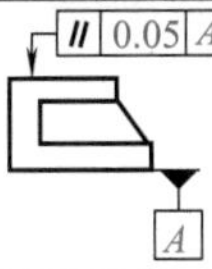	上表面必须位于距离为公差值0.05mm，且平行于基准平面A的两平行面之间
	轴线对平面的平行度	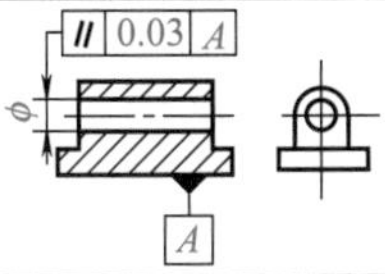	孔的轴线必须位于距离为公差值0.03mm，且平行于基准平面A的两平行平面之间
	轴线对轴线在任意方向上的平行度	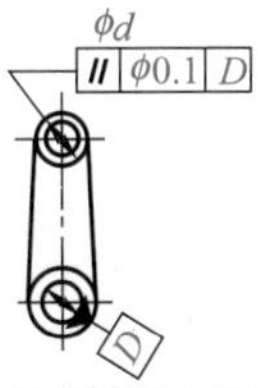	ϕd的实际轴线必须位于平行于基准孔D的轴线，直径为0.1mm的圆柱面内
垂直度	平面对平面的垂直度	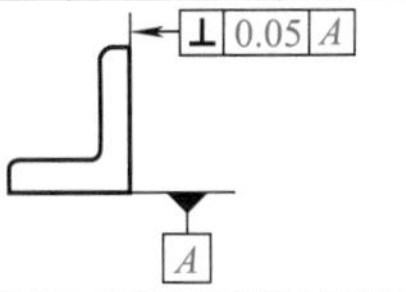	侧表面必须位于距离为公差值0.05mm，且垂直于基准平面A的两平行平面之间
	在两个互相垂直的方向上，轴线对平面的垂直度	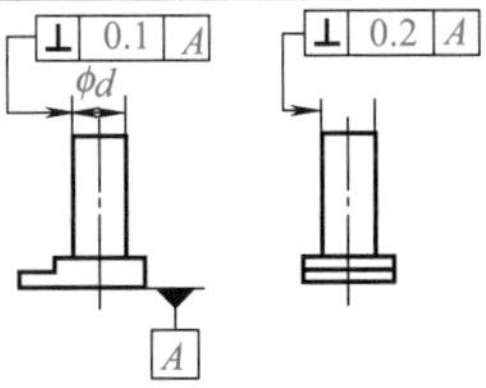	ϕd的轴线必须位于正截面为公差值0.2mm×0.1mm，且垂直于基准平面A的四棱柱内
同轴度		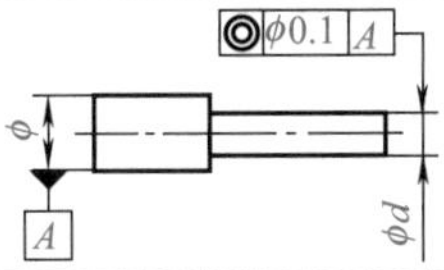	ϕd的轴线必须位于直径为公差值0.1mm，且与基准线A同轴的圆柱面内
对称度	中心面对中心面的对称度	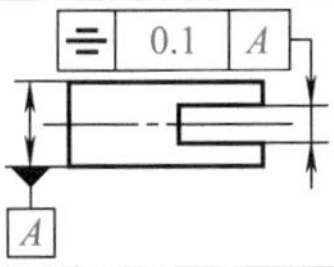	槽的中心面必须位于距离为公差值0.1mm，且相对基准中心平面对称位置的两平行平面之间
位置度	轴线的位置度	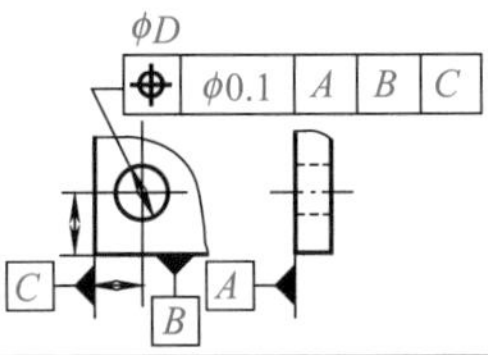	ϕD孔的轴线必须位于直径为公差值0.1mm，且以相对基准面A、B、C所确定的理想位置为轴线的圆柱面内
圆跳度	径向圆跳动	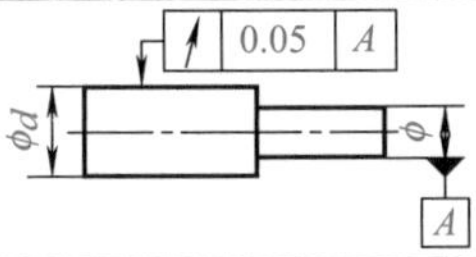	ϕd圆柱面绕基准轴A的轴线作无轴向移动的回转时，在任一测量平面内的径向跳动量均不得大于公差值0.05mm
	端面圆跳动	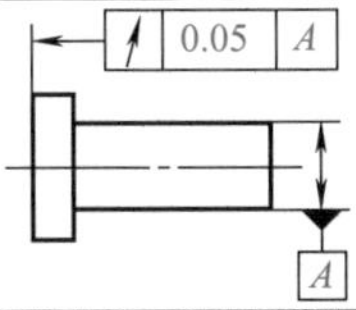	当零件基准轴A的轴心线作无轴向移动的回转时，端面上任一测量直径处的轴向跳动量均不得大于公差值0.05mm

（五）公差数值表

（1）直线度、平面度公差值（表 1-65）

表 1-65　直线度、平面度公差值

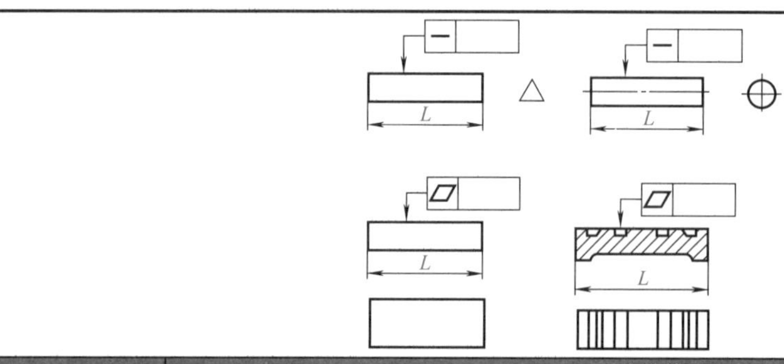

主参数 L /mm	公差等级											
	1	2	3	4	5	6	7	8	9	10	11	12
	公差值 /μm											
≤ 10	0.2	0.4	0.8	1.2	2	3	5	8	12	20	30	60
> 10 ～ 16	0.25	0.5	1	1.5	2.5	4	6	10	15	25	40	80
> 16 ～ 25	0.3	0.6	1.2	2	3	5	8	12	20	30	50	100
> 25 ～ 40	0.4	0.8	1.5	2.5	4	6	10	15	25	40	60	120
> 40 ～ 63	0.5	1	2	3	5	8	12	20	30	50	80	150
> 63 ～ 100	0.6	1.2	2.5	4	6	10	15	25	40	60	100	200
> 100 ～ 160	0.8	1.5	3	5	8	12	20	30	50	80	120	250
> 160 ～ 250	1	2	4	6	10	15	25	40	60	100	150	300
> 250 ～ 400	1.2	2.5	5	8	12	20	30	50	80	120	200	400
> 400 ～ 630	1.5	3	6	10	15	25	40	60	100	150	250	500

（2）圆度、圆柱度公差值（表 1-66）

表 1-66　圆度、圆柱度公差值

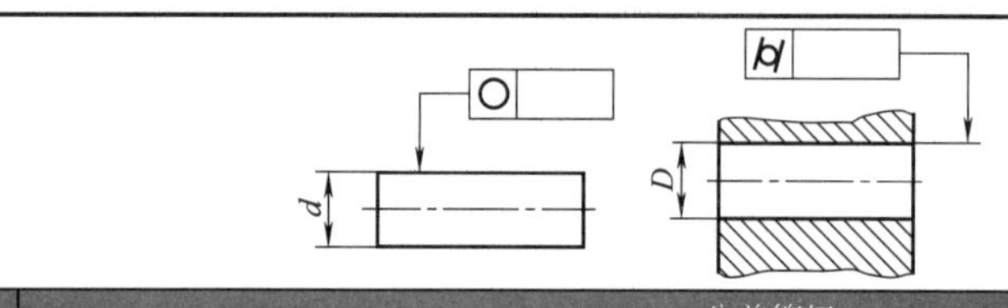

主参数 d（D）/mm	公差等级												
	0	1	2	3	4	5	6	7	8	9	10	11	12
	公差值 /μm												
≤ 3	0.1	0.2	0.3	0.5	0.8	1.2	2	3	4	6	10	14	25
> 3 ～ 6	0.1	0.2	0.4	0.6	1	1.5	2.5	4	5	8	12	18	30
> 6 ～ 10	0.12	0.25	0.4	0.6	1	1.5	2.5	4	6	9	15	22	36
> 10 ～ 18	0.15	0.25	0.5	0.8	1.2	2	3	5	8	11	18	27	43
> 18 ～ 30	0.2	0.3	0.6	1	1.5	2.5	4	6	9	13	21	33	52
> 30 ～ 50	0.25	0.4	0.6	1	1.5	2.5	4	7	11	16	25	39	62
> 50 ～ 80	0.3	0.5	0.8	1.2	2	3	5	8	13	19	30	46	74
> 80 ～ 120	0.4	0.6	1	1.5	2.5	4	6	10	15	22	35	54	87
> 120 ～ 180	0.6	1	1.2	2	3.5	5	8	12	18	25	40	63	100
> 180 ～ 250	0.8	1.2	2	3	4.5	7	10	14	20	29	46	72	115
> 250 ～ 315	1.0	1.6	2.5	4	6	8	12	16	23	32	52	81	130
> 315 ～ 400	1.2	2	3	5	7	9	13	18	25	36	57	89	140
> 400 ～ 500	1.5	2.5	4	6	8	10	15	20	27	40	63	97	155

（3）平行度、垂直度、倾斜度公差值（表 1-67）

表 1-67　平行度、垂直度、倾斜度公差值

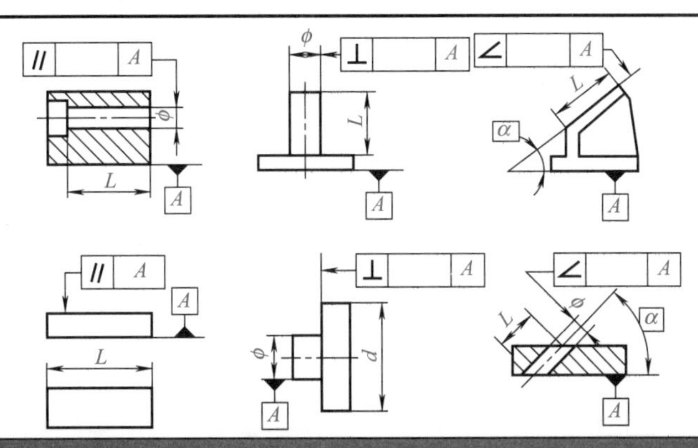

主参数 L、d（D）/mm	公差等级											
	1	2	3	4	5	6	7	8	9	10	11	12
	公差值 /μm											
≤ 10	0.4	0.8	1.5	3	5	8	12	20	30	50	80	120
> 10 ～ 16	0.5	1	2	4	6	10	15	25	40	60	100	150
> 16 ～ 25	0.6	1.2	2.5	5	8	12	20	30	50	80	120	200
> 25 ～ 40	0.8	1.5	3	6	10	15	25	40	60	100	150	250
> 40 ～ 63	1	2	4	8	12	20	30	50	80	120	200	300
> 63 ～ 100	1.2	2.5	5	10	15	25	40	60	100	150	250	400
> 100 ～ 160	1.5	3	6	12	20	30	50	80	120	200	300	500
> 160 ～ 250	2	4	8	15	25	40	60	100	150	250	400	600
> 250 ～ 400	2.5	5	10	20	30	50	80	120	200	300	500	800
> 400 ～ 630	3	6	12	25	40	60	100	150	250	400	600	1000
> 630 ～ 1000	4	8	15	30	50	80	120	200	300	500	800	1200
> 1000 ～ 1600	5	10	20	40	60	100	150	250	400	600	1000	1500
> 1600 ～ 2500	6	12	25	50	80	120	200	300	500	800	1200	2000
> 2500 ～ 4000	8	15	30	60	100	150	250	400	600	1000	1500	2500
> 4000 ～ 6300	10	20	40	80	120	200	300	500	800	1200	2000	3000
> 6300 ～ 10000	12	25	50	100	150	250	400	600	1000	1500	2500	4000

（4）同轴度、对称度、圆跳动和全跳动公差值（表 1-68）

（5）位置度数系（表 1-69）

三、表面粗糙度

表面粗糙度是指加工表面所具有的较小间距和微小峰谷的微观几何形状的尺寸特征。工件加工表面的这些微观几何形状误差称为表面粗糙度。

（一）评定表面粗糙度的参数

表面粗糙度基本术语符号新旧标准的对照见表 1-70。表面粗糙度参数符号新旧标准的对照见表 1-71。

表 1-68　同轴度、对称度、圆跳动和全跳动公差值

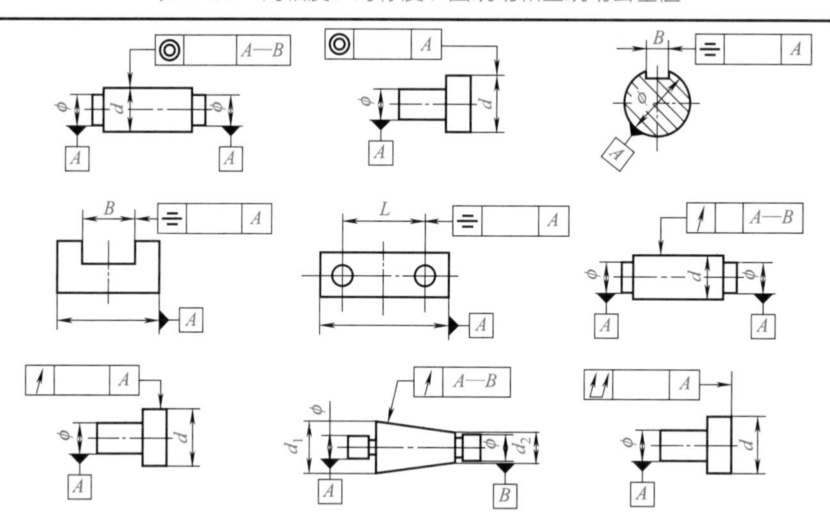

当被测要素为圆锥面时，取 $d = \dfrac{d_1 + d_2}{2}$

主参数 d（D），B，L /mm	公差等级											
	1	2	3	4	5	6	7	8	9	10	11	12
	公差值 /μm											
≤ 1	0.4	0.6	1	1.5	2.5	4	6	10	15	25	40	60
＞ 1 ～ 3	0.4	0.6	1	1.5	2.5	4	6	10	20	40	60	120
＞ 3 ～ 6	0.5	0.8	1.2	2	3	5	8	12	25	50	80	150
＞ 6 ～ 10	0.6	1	1.5	2.5	4	6	10	15	30	60	100	200
＞ 10 ～ 18	0.8	1.2	2	3	5	8	12	20	40	80	120	250
＞ 18 ～ 30	1	1.5	2.5	4	6	10	15	25	50	100	150	300
＞ 30 ～ 50	1.2	2	3	5	8	12	20	30	60	120	200	400
＞ 50 ～ 120	1.5	2.5	4	6	10	15	25	40	80	150	250	500
＞ 120 ～ 250	2	3	5	8	12	20	30	50	100	200	300	600
＞ 250 ～ 500	2.5	4	6	10	15	25	40	60	120	250	400	800
＞ 500 ～ 800	3	5	8	12	20	30	50	80	150	300	500	1000
＞ 800 ～ 1250	4	6	10	15	25	40	60	100	200	400	600	1200
＞ 1250 ～ 2000	5	8	12	20	30	50	80	120	250	500	800	1500
＞ 2000 ～ 3150	6	10	15	25	40	60	100	150	300	600	1000	2000
＞ 3150 ～ 5000	8	12	20	30	50	80	120	200	400	800	1200	2500
＞ 5000 ～ 8000	10	15	25	40	60	100	150	250	500	1000	1500	3000
＞ 8000 ～ 10000	12	20	30	50	80	120	200	300	600	1200	2000	4000

表 1-69　位置度数系

单位：μm

1	1.2	1.5	2	2.5	3	4	5	6	8
1×10^n	1.2×10^n	1.5×10^n	2×10^n	2.5×10^n	3×10^n	4×10^n	5×10^n	6×10^n	8×10^n

注：n 为正整数。

表 1-70　表面粗糙度基本术语符号新旧标准的对照

GB/T 3505—2009	GB/T 3505—1983	基本术语
lr	l	取样长度
ln	l_n	评定长度
$Z(x)$	y	纵坐标值
Zp	y_p	轮廓峰高
Zv	y_v	轮廓谷深
Zt	—	轮廓单元的高度
Xs	—	轮廓单元的宽度
$Ml(c)$	η_p	在水平位置 c 上轮廓的实体材料长度

表 1-71　表面粗糙度参数符号新旧标准的对照

GB/T 3505—2009	GB/T 3505—1983	参数
RSm	S_m	轮廓单元的平均宽度
$Rmr(c)$	—	轮廓的支承长度率
Rv	R_m	最大轮廓谷深
Rp	R_p	最大轮廓峰高
Rz	R_y	轮廓的最大高度
Ra	R_a	评定轮廓的算术平均偏差
Rmr	t_p	相对支承比率
—	R_z	十点高度

规定评定表面粗糙度的参数应从幅度参数、间距参数、混合参数及曲线和相关参数中选取。这里主要介绍幅度参数。

（1）幅度参数

① 轮廓算术平均偏差（*Ra*）。指在取样长度内纵坐标值的算术平均值，代号为 *Ra*，如图 1-86 所示。

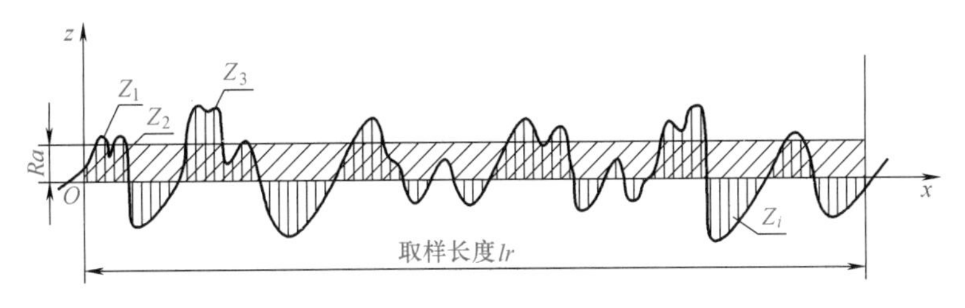

图 1-86　轮廓算术平均偏差 *Ra*

其表达式近似为：

$$Ra \approx \frac{1}{n}(|Z_1|+|Z_2|+\ldots+|Z_n|)=\frac{1}{n}\sum_{i=1}^{n}|Z_i|$$

式中，$|Z_1|$，$|Z_2|$，…，$|Z_n|$ 分别为轮廓线上各点的轮廓偏距，即各点到轮廓中线的距离。

Ra 参数测量方便，能充分反映表面微观几何形状的特性。*Ra* 的系列值见表 1-72。

② 轮廓最大高度（*Rz*）。是指在取样长度内，最大的轮廓峰高 *Rp* 与最大的轮廓谷深 *Rv* 之和的高度，代号为 *Rz*，如图 1-87 所示。

表 1-72　轮廓算术平均偏差 Ra 的系列值　　单位：μm

系列值	补充系列值	系列值	补充系列值	系列值	补充系列值
0.012	0.008，0.010	0.40	0.25，0.32	12.5	8.0，10.0
0.025	0.016，0.020	0.80	0.50，0.63	25	16.0，20.0
0.05	0.032，0.040	1.60	1.00，1.25	50	32，40
0.10	0.063，0.080	3.2	2.0，2.5	100	63，80
0.20	0.125，0.160	6.3	4.0，5.0	—	—

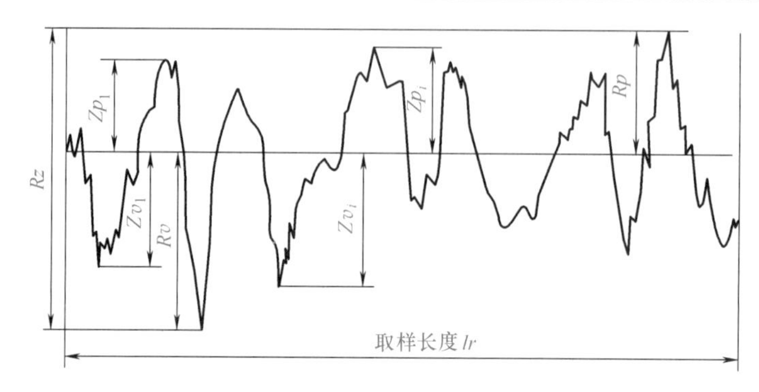

图 1-87　轮廓最大高度 Rz

Rz 的表达式可表示为：

$$Rz = Rp + Rv$$

Rz 的系列值见表 1-73。

表 1-73　轮廓最大高度 Rz 的系列值　　单位：μm

系列值	补充系列值	系列值	补充系列值	系列值	补充系列值
0.025	—	1.60	1.00，1.25	100	63，80
0.05	0.032，0.040	3.2	2.0，2.5	200	125，160
0.10	0.063，0.080	6.3	4.0，5.0	400	250，320
0.20	0.125，0.160	12.5	8.0，10.0	800	500，630
0.40	0.25，0.32	25	16.0，20.0	1600	1000，1250
0.80	0.50，0.63	50	32，40	—	—

（2）取样长度（lr）

取样长度是指用于判别被评定轮廓不规则特征的 X 轴上的长度，代号为 lr。为了在测量范围内较好反映表面粗糙度的实际情况，标准规定取样长度按表面粗糙程度选取相应的数值，在取样长度范围内，一般至少包含 5 个轮廓峰和轮廓谷。规定和选择取样长度目的是为了限制和削弱其他几何形状误差，尤其是表面波度对测量结果的影响。

（3）评定长度（ln）

评定长度是指用于判别被评定轮廓的 X 轴方向上的长度，代号为 ln。它可以包含一个或几个取样长度。为了较充分和客观地反映被测表面的粗糙度，需连续取几个取样长度的平均值作为测量结果。国标规定，$ln = 5lr$ 为默认值。选取评定长度的目的是为了减小被测表面上表面粗糙度的不均匀性的影响。

取样长度与幅度参数之间有一定的联系，一般情况下，在测量 Ra、Rz 时推荐按表 1-74 选取对应的取样长度值。

表 1-74　取样长度（*lr*）和评定长度（*ln*）的数值

Ra	*Rz*	*lr*	*ln*（*ln* = 5*lr*）
>（0.006）～ 0.02	>（0.025）～ 0.1	0.08	0.4
>0.02 ～ 0.1	>0.1 ～ 0.5	0.25	1.25
>0.1 ～ 2	>0.5 ～ 10	0.8	4
>2 ～ 10	>10 ～ 50	2.5	12.5
>10 ～ 80	>50 ～ 200	8	40

（二）表面粗糙度符号、代号及标注（GB/T 131—2006）

（1）表面粗糙度的图形符号

表面粗糙度的图形符号见表 1-75。

表 1-75　表面粗糙度的图形符号

符号类型		图形符号	意　义
基本图形符号			仅用于简化代号标注，没有补充说明时不能单独使用
扩展图形符号	要求去除材料的图形符号		在基本图形符号上加一短横，表示指定表面是用去除材料的方法获得，如通过机械加工获得的表面
	不去除材料的图形符号		在基本图形符号上加一个圆圈，表示指定表面是用不去材料方法获得
完整图形符号	允许任何工艺		当要求标注表面粗糙度特征的补充信息时，应在图形的长边上加一横线
	去除材料		
	不去除材料		
工件轮廓各表面的图形符号			当在图样某个视图上构成封闭轮廓的各表面有相同的表面粗糙度要求时，应在完整图形符号上加一圆圈，标注在图样中工件的封闭轮廓线上。如果标注会引起歧义，各表面应分别标注

注：标准 GB/T 131—2006 代替 GB/T 131—1993《机械制图　表面粗糙度符号、代号及其注法》。

（2）表面粗糙度代号

在表面粗糙度符号的规定位置上，注出表面粗糙度数值及相关的规定项目后就形成了表面粗糙度代号。表面粗糙度数值及其相关的规定在符号中注写的规定如图 1-88 所示。其标注方法说明如下：

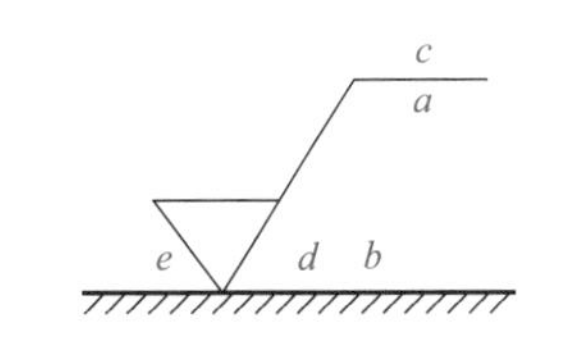

图 1-88　表面粗糙度标注方法

① 位置 *a* 注写表面粗糙度的单一要求。标注表面粗糙度参数代号、极限值和取样长度。为了避免误解，在参数代号和极限值间应插入空格。取样长度后应有一斜线“/”，之后是表面粗糙度参数符号，最后是数值，如：-0.8/*Rz* 6.3。

② 位置 *a* 和 *b* 注写两个或多个表面粗糙度要求。在位置 *a* 注写一个表面粗糙度要求，方法同①。在位置 *b* 注写第二个表面粗糙度要求。如果要注写第三个或更多个表面粗糙度要求，图形符号应在垂直方向扩大，以空出足够的空间。扩大图形符号时，*a* 和 *b* 的位置随之

上移。

③ 位置 *c* 注写加工方法。注写加工方法、表面处理、涂层或其他加工工艺要求等，如车、磨、镀等加工表面。

④ 位置 *d* 注写表面纹理和方向。注写所要求的表面纹理和纹理的方向，如“=”“×”“M”。

⑤ 位置 *e* 注写加工余量。注写所要求的加工余量，以毫米为单位给出数值。

（3）表面粗糙度评定参数的标注

表面粗糙度评定参数必须注出参数代号和相应数值，数值的单位均为微米（μm），数值的判断规则有两种：

① 16% 规则，是所有表面粗糙度要求默认规则。

② 最大规则，应用于表面粗糙度要求时，则参数代号中应加上“max”。

当图样上标注参数的最大值（max）或（和）最小值（min）时，表示参数中所有的实测值均不得超过规定值。当图样上采用参数的上限值（用 U 表示）或（和）下限值（用 L 表示）时（表中未标注 max 或 min 的），表示参数的实测值中允许少于总数的 16% 的实测值超过规定值。具体标注示例及意义见表 1-76。

表 1-76　表面粗糙度代号的标注示例及意义

符　号	含义 / 解释
Rz 0.4	表示不允许去除材料，单向上限值，粗糙度的最大高度 0.4μm，评定长度为 5 个取样长度（默认），“16% 规则”（默认）
*Rz*max 0.2	表示去除材料，单向上限值，粗糙度最大高度的最大值 0.2μm，评定长度为 5 个取样长度（默认），“最大规则”（默认）
-0.8/*Ra*3 3.2	表示去除材料，单向上限值，取样长度 0.8μm，算术平均偏差 3.2μm，评定长度包含 3 个取样长度，“16% 规则”（默认）
U *Ra*max 3.2 L *Ra* 0.8	表示不允许去除材料，双向极限值。上限值：算术平均偏差 3.2μm，评定长度为 5 个取样长度（默认），“最大规则”；下限值：算术平均偏差 0.8μm，评定长度为 5 个取样长度（默认），“16% 规则”（默认）
车 *Rz* 3.2	零件的加工表面的粗糙度要求由指定的加工方法获得时，用文字标注在符号上边的横线上
Fe/Ep·Ni15pCr0.3r *Rz* 0.8	在符号的横线上面可注写镀（涂）覆或其他表面处理要求。镀覆后达到的参数值的这些要求也可在图样的技术要求中说明
铣 *Ra* 0.8 *Rz* l3.2 ⊥	需要控制表面加工纹理方向时，可在完整符号的右下角加注加工纹理方向符号
车 *Rz* 3.2 3	在同一图样中，有多道加工工序的表面可标注加工余量时。加工余量标注在完整符号的左下方，单位为 mm（左图为 3mm 加工余量）

注：评定长度（*ln*）的标注。若所标注的参数代号没有“max”，表明采用的是有关标准中默认的评定长度；若不存在默认的评定长度时，参数代号中应标注取样长度的个数，如 *Ra*3，*Rz*3，*RSm*3……（要求评定长度为 3 个取样长度）。

（三）各级表面粗糙度的表面特征、经济加工方法及应用举例（表 1-77）

表 1-77　各级表面粗糙度的表面特征、经济加工方法及应用举例

表面粗糙度		表面外观情况	获得方法举例	应用举例
级别	名称			
Ra 1.6	光面	可辨加工痕迹方向	金刚石车刀精车、精铰、拉刀加工、精磨、珩磨、研磨、抛光	要求保证定心及配合特性的表面，如轴承配合表面、锥孔等
Ra 0.8		微辨加工痕迹方向		要求能长期保持规定的配合特性，如标准公差为 IT6、IT7 的轴和孔
Ra 0.4		不可辨加工痕迹方向		主轴的定位锥孔，d < 20mm 淬火的精确轴的配合表面
Ra 12.5	半光面	可见加工痕迹	精车、精刨、精铣、刮研和粗磨	支架、箱体和盖等的非配合面，一般螺纹支承面
Ra 6.3		微见加工痕迹		箱、盖、套筒要求紧贴的表面，键和键槽的工作表面
Ra 3.2		看不见加工痕迹		要求有不精确定心及配合特性的表面，如支架孔、衬套、带轮工作表面
Ra 0.2	最光面	暗光泽面	超精磨、研磨抛光、镜面磨	保证精确的定位锥面、高精度滑动轴承表面
Ra 0.1		亮光泽面		精密机床主轴颈、工作量规、测量表面、高精度轴承滚道
Ra 0.05		镜状光泽面		精密仪器和附件的摩擦面、用光学观察的精密刻度尺
Ra 0.025		雾状镜面		坐标镗床的主轴颈、仪器的测量表面
Ra 0.012		镜面		量块的测量面、坐标镗床的镜面轴
Ra 100	粗面	明显可见刀痕	毛坯经过粗车、粗刨、粗铣等加工方法所获得的表面	一般的钻孔、倒角、没有要求的自由表面
Ra 50		可见刀痕		
Ra 25		微见刀痕		

第四节　金属材料

一、常用金属材料的主要性能

（一）常用金属材料力学性能术语（表 1-78）

表 1-78　常用金属材料力学性能术语

术语	符号	释　义
弹性模量	E	低于比例极限的应力与相应应变的比值，杨氏模量为正应力和线性应变下的弹性模量特例
泊松比	ν	低于材料比例极限的轴向应力所产生的横向应变与相应轴向应变的负比值
伸长率	A	原始标距（或参考长度）的伸长与原始标距（或参考长度）之比的百分率
断面收缩率	Z	断裂后试样横截面积的最大缩减量与原始横截面积之比的百分率

续表

术语	符号	释　义
抗拉强度	R_m	相应最大力 F_m 对应的应力
屈服强度	—	当金属材料呈现屈服现象时，在试验期间发生塑性变形而力不增加时的应力。应区分上屈服强度和下屈服强度
上屈服强度	R_{eH}	试样发生屈服而力首次下降前的最高应力值
下屈服强度	R_{eL}	在屈服期间不计初始瞬时效应时的最低应力值
规定非比例延伸强度	R_p	非比例伸长率等于引伸计标距规定百分率时的应力。使用的符号应附以下脚注说明所规定的百分率，例如 $R_{p0.2}$
规定非比例压缩强度	R_{pc}	试样标距段的非比例压缩变形达到规定的原始标距百分比时的压缩应力。使用的符号应附以下脚注说明所规定的百分率，例如 $R_{pc0.2}$
规定残余延伸强度	R_r	卸除应力后残余伸长率等于规定的引伸计标距百分率时对应的应力。使用的符号应附以下脚注说明所规定的百分率，例如 $R_{r0.2}$
布氏硬度	HBW	材料抵抗通过硬质合金球压头施加试验力所产生永久压痕变形的度量单位
马氏硬度	HM	材料抵抗通过金刚石棱锥体（正四棱锥体或正三棱锥体）压头施加试验力所产生塑性变形和弹性变形的度量单位
洛氏硬度	HR	材料抵抗通过硬质合金或钢球压头，或对应某一标尺的金钢石圆锥体压头施加试验力所产生永久压痕变形的度量单位
维氏硬度	HV	材料抵抗通过金刚石四棱锥体压头施加试验力所产生永久压痕变形的度量单位

注：本表摘自（GB/T 10623—2008）。

（二）常用钢材材料的主要性能

（1）铸造性

金属材料的铸造性是指金属熔化成液态后，再铸造成形时所具有的一种特性。通常衡量金属材料铸造性的指标有：流动性、收缩率和偏析倾向，见表 1-79。

表 1-79　衡量金属材料铸造性能的主要指标名称、含义和表示方法

指标名称	计算单位	含义解释	表示方法	有关说明
流动性	cm	液态金属充满铸型的能力，称为流动性	流动性通常用浇注法来确定，其大小以螺旋长度来表示。方法是用砂土制成一个螺旋形浇道的试样，它的截面为梯形或半圆形，根据液态金属在浇道中所填充的螺旋长度，就可以确定其流动性	液态金属流动性的大小，主要与浇注温度和化学成分有关 流动性不好，铸型就不容易被金属充满，逐渐由于形状不全而变成废品。在浇注复杂的薄壁铸件时，流动性的好坏，显得尤其重要
收缩率（线收缩率、体积缩率）	%	铸件从浇注温度冷却至常温的过程中，铸件体积的缩小，叫体积收缩。铸件线体积的缩小，叫线收缩	线收缩率是以浇注和冷却前后长度尺寸差所得尺寸的百分比（%）来表示。体积收缩率是以浇注时的体积和冷却后所得的体积之差与所得体积的百分比（%）来表示	收缩是金属铸造时的有害性能，一般希望收缩率愈小愈好 体积收缩影响着铸件形成缩孔、缩松倾向的大小 线收缩影响着铸件内应力的大小、产生裂纹的倾向和铸件的最后尺寸
偏析倾向	—	铸件内部呈现化学成分和组织上不均匀的现象，叫作偏析	—	偏析导致铸件各处力学性能不一致，从而降低铸件的质量 偏析小，各部位成分较均匀，就可使铸件质量提高 一般说来，合金钢偏析倾向较大，高碳钢偏析倾向比低碳钢大，因此这类钢需铸后热处理（扩散退火）来消除偏析

（2）锻造性

锻造性是指金属材料在锻造过程中承受塑性变形的性能。如果金属材料的塑性好，易于锻造成形而不发生破裂，就认为锻造性好。铜、铝的合金在冷态下就具有很好的锻造性；碳

钢在加热状态下，锻造性也很好；而青铜的可锻性就差些；至于脆性材料，锻造性就更差，如铸铁几乎就不能锻造。为了保证热压加工能获得好的成品质量，必须制定科学的加热规范和冷却规范，见表 1-80。

表 1-80　锻件加热和冷却规范的内容、含义和使用说明

名称		计算单位	含义解释	使用说明
加热规范	始锻温度	℃	始锻温度就是开始锻造时的加热最高温度	加热时要防止过热和过烧
	终锻温度	℃	终锻温度是指热锻结束时的温度	终锻温度过低，锻件易于破裂；终锻温度过高，会出现粗大晶粒组织，所以终锻温度应选择某一最合适的温度
冷却规范	①在空气中冷却 ②堆在空气中冷却 ③在密闭的箱子中冷却 ④在密封的箱子中，埋在沙子或炉渣里冷却 ⑤在炉中冷却	—	—	锻件过分迅速冷却的结果，会产生热应力所引起的裂纹。钢的热导率愈小，工件的尺寸愈大，冷却必须愈慢。因此在确定冷却规范时，应根据材料的成分、热导率以及其他具体情况来决定

（3）焊接性

用焊接方法将金属材料焊合在一起的性能，称为金属材料的焊接性。用接头强度与母材强度相比来衡量焊接性，如接头强度接近母材强度则焊接性好。一般说来，低碳钢具有良好的焊接性；中碳钢中等；高碳钢、高合金钢、铸铁和铝合金的焊接性较差。

（4）常用钢铁材料的密度（表 1-81）

表 1-81　常用钢铁材料的密度

材料名称	密度 /（g/cm^3）	材料名称	密度 /（g/cm^3）
灰铸铁（≤ HT200）	7.2	铸钢	7.8
灰铸铁（≥ HT350）	7.35	钢材	7.85
可锻铸铁	7.35	高速钢 [w（W）=18%]	8.7
球墨铸铁	7.0 ～ 7.4	高速钢 [w（W）=12%]	8.3 ～ 8.5
白口铸铁	7.4 ～ 7.7	高速钢 [w（W）=9%]	8.3
工业纯铁	7.87	高速钢 [w（W）=6%]	8.16 ～ 8.34

（三）有色金属硬度与强度的换算关系

有色金属硬度（HBW）与抗拉强度 R_m（N/mm^2）的关系可按关系式 $R_m = K \times \text{HBW}$ 计算，其中强度 - 硬度系数 K 值按表 1-82 取值。

表 1-82　有色金属强度 - 硬度系数 K 值

材料	K 值	材料	K 值
铝	2.7	铝黄铜	4.8
铅	2.9	铸铝 ZL103	2.12
锡	2.9	铸铝 ZL101	2.66
铜	5.5	硬铝	3.6
单相黄铜	3.5	锌合金铸件	0.9
H62	4.3 ～ 4.6	—	—

（四）各种硬度间的换算关系（表 1-83）

表 1-83　各种硬度间的换算关系

洛氏硬度 HRC	肖氏硬度 HS	维氏硬度 HV	布氏硬度 HBW	洛氏硬度 HRC	肖氏硬度 HS	维氏硬度 HV	布氏硬度 HBW	洛氏硬度 HRC	肖氏硬度 HS	维氏硬度 HV	布氏硬度 HBW
70	—	1037	—	52	69.1	543	—	34	46.6	320	314
69	—	997	—	51	67.7	525	501	33	45.6	312	306
68	96.6	959	—	50	66.3	509	488	32	44.5	304	298
67	94.6	923	—	49	65	493	474	31	43.5	296	291
66	92.6	889	—	48	63.7	478	461	30	42.5	289	283
65	90.5	856	—	47	62.3	463	449	29	41.6	281	276
64	88.4	825	—	46	61	449	436	28	40.6	274	269
63	86.5	795	—	45	59.7	436	424	27	39.7	268	263
62	84.8	766	—	44	58.4	423	413	26	38.8	261	257
61	83.1	739	—	43	57.1	411	401	25	37.9	255	251
60	81.4	713	—	42	55.9	399	391	24	37	249	245
59	79.7	688	—	41	54.7	388	380	23	36.3	243	240
58	78.1	664	—	40	53.5	377	370	22	35.5	237	234
57	76.5	642	—	39	52.3	367	360	21	34.7	231	229
56	74.9	620	—	38	51.1	357	350	20	34	226	225
55	73.5	599	—	37	50	347	341	19	33.2	221	220
54	71.9	579	—	36	48.8	338	332	18	32.6	216	216
53	70.5	561	—	35	47.8	329	323	17	31.9	211	211

二、金属材料牌号的表示方法

（一）钢铁材料牌号的表示方法

（1）生铁牌号表示方法（GB/T 221—2008）

生铁产品牌号通常由两部分组成，见表 1-84。生铁牌号的含义和表示方法见表 1-85。

表 1-84　生铁产品牌号的组成

构成要素	表示内容
第一部分	表示产品用途、特性及工艺方法的大写汉语拼音字母
第二部分	表示主要元素平均含量（以千分之几计）的阿拉伯数字。炼钢用生铁、铸造用生铁、球墨铸铁用生铁、耐磨生铁为硅元素平均含量（质量分数）；脱碳低磷粒铁为碳元素平均含量（质量分数）；含钒生铁为钒元素平均含量（质量分数）

表 1-85　生铁牌号的含义和表示方法

产品名称	第一部分			第二部分	牌号示例
	采用汉字	汉语拼音	采用字母		
炼钢用生铁	炼	LIAN	L	含硅量为 0.85% ～ 1.25% 的炼钢用生铁，阿拉伯数字为 10	L10
铸造用生铁	铸	ZHU	Z	含硅量为 2.80% ～ 3.20% 的铸造用生铁，阿拉伯数字为 30	Z30

续表

产品名称	第一部分			第二部分	牌号示例
	采用汉字	汉语拼音	采用字母		
球墨铸铁用生铁	球	QIU	Q	含硅量为 1.00% ～ 1.40% 的球墨铸铁用生铁.阿拉伯数字为 12	Q12
耐磨生铁	耐磨	NAI MO	NM	含硅量为 1.60% ～ 2.00% 的耐磨生铁，阿拉伯数字为 18	NM18
脱碳低磷粒铁	脱粒	TUO LI	TL	含碳量为 1.20% ～ 1.60% 的炼钢用脱碳低磷粒铁，阿拉伯数字为 14	TL14
含钒生铁	钒	FAN	F	含钒量不小于 0.40% 的含钒生铁，阿拉伯数字为 04	F04

注：各元素含量均指质量分数。

（2）铸铁牌号表示方法（GB/T 5612—2008）

铸铁基本代号由表示该铸铁特征的汉语拼音字母的第一个大写正体字母组成，当两种铸铁名称的代号字母相同时，可在该大写正体字母后面加小写字母来区别。当要表示铸铁组织特征或特殊性能时，代表铸铁组织特征或特殊性能的汉语拼音字母的第一个大写正体字母排在基本代号的后面。

合金化元素符号用国际化学元素符号表示，混合稀土元素用符号“RE”表示，名义含量及力学性能用阿拉伯数字表示。

当以化学成分表示铸铁的牌号时，合金元素符号及名义含量（质量分数）排列在铸铁代号之后。在牌号中，常规碳、硅、锰、硫、磷元素一般不标注，有特殊作用时，才标注其元素符号及含量。合金化元素的含量大于或等于 1% 时，在牌号中用整数标注，数值的修约按 GB/T 8170—2008 执行，小于 1% 时，一般不标注，只有对该合金特性有较大影响时，才标注其合金化元素符号。合金化元素按其含量递减次序排列，含量相等时按元素符号的字母顺序排列。

当以力学性能表示铸铁的牌号时，力学性能值排列在铸铁代号之后。当牌号中有合金元素符号时，抗拉强度值排列于元素符号及含量之后，之间用“-”隔开。牌号中代号后面有一组数字时，该组数字表示抗拉强度值，单位为 MPa；当有两组数字时，第一组表示抗拉强度值，单位为 MPa，第二组表示伸长率值，单位为 %，两组数字用“-”隔开。

例：

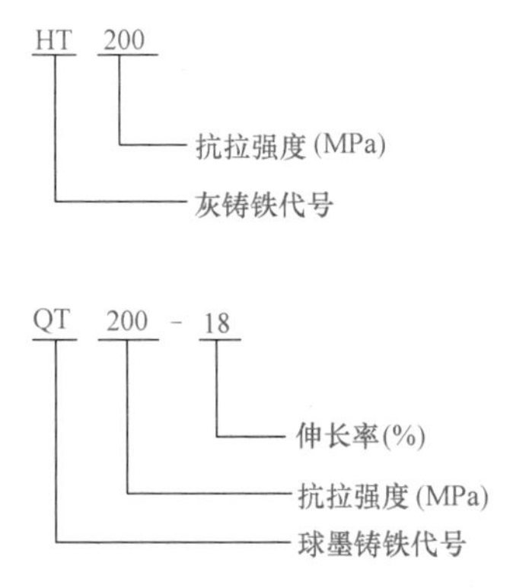

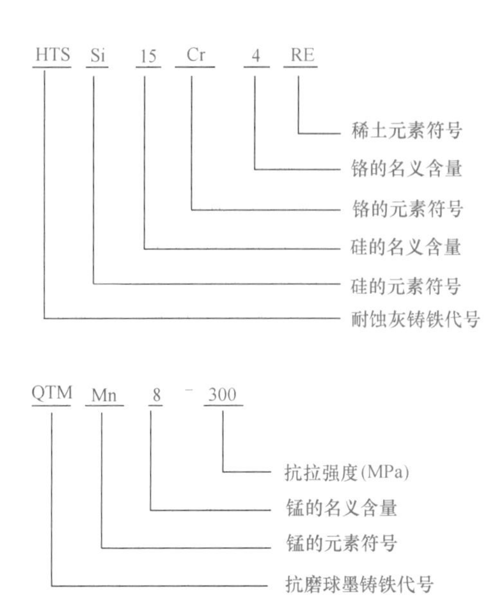

各种铸铁牌号表示方法见表1-86。

表1-86 铸铁牌号表示方法

铸铁名称		代 号	牌号表示方法实例
灰铸铁（HT）	灰铸铁	HT	HT250，HTCr-300
	奥氏体灰铸铁	HTA	HTA Ni20Cr2
	冷硬灰铸铁	HTL	HTLCr1Ni1Mo
	耐磨灰铸铁	HTM	HTMCu1CrMo
	耐热灰铸铁	HTR	HTRCr
	耐蚀灰铸铁	HTS	HTSNi2Cr
球墨铸铁（QT）	球墨铸铁	QT	QT400-18
	奥氏体球墨铸铁	QTA	QTANi30Cr3
	冷硬球墨铸铁	QTL	QTLCrMo
	抗磨球墨铸铁	QTM	QTMMn8-30
	耐热球墨铸铁	QTR	QTRSi5
	耐蚀球墨铸铁	QTS	QTSNi20Cr2
可锻铸铁（KT）	蠕墨铸铁	RUT	RUT420
	白心可锻铸铁	KTB	KTB350-04
	黑心可锻铸铁	KTH	KTH350-10
	珠光体可锻铸铁	KTZ	KTZ650-02
白口铸铁（BT）	抗磨白口铸铁	BTM	BTMCr15Mo
	耐热白口铸铁	BTR	BTRCr16
	耐蚀白口铸铁	BTS	BTSCr28

（3）铁合金产品牌号表示方法（GB/T 7738—2008）（表1-87）

表1-87 铁合金产品牌号表示方法

产品名称	第一部分	第二部分	第三部分	第四部分	牌号表示示例
硅铁	—	Fe	Si75	Al1.5-A	FeSi75Al1.5-A
金属锰	J	—	Mn97	A	JMn97-A
	JC	—	Mn98	—	JCMn98

续表

产品名称	第一部分	第二部分	第三部分	第四部分	牌号表示示例
金属铬	J	—	Cr99	A	JCr99-A
钛铁	—	Fe	Ti30	A	FeTi30-A
钨铁	—	Fe	W78	A	FeW78-A
钼铁	—	Fe	Mo60	—	FeMo60
锰铁	—	Fe	Mn68	C7.0	FeMn68C7.0
钒铁	—	Fe	V40	A	FeV40-A
硼铁	—	Fe	B23	C0.1	FeB23C0.1
铬铁	—	Fe	Cr65	C1.0	FeCr65C1.0
	ZK	Fe	Cr65	C0.010	ZKFeCr65C0.010
铌铁	—	Fe	Nb60	B	FeNb60-B
锰硅合金	—	Fe	Mn64Si27	—	FeMn64Si27
硅铬合金	—	Fe	Cr30Si40	A	FeCr30Si40-A
稀土硅铁合金	—	Fe	SiRE23	—	FeSiRE23
稀土镁硅铁合金	—	Fe	SiMg8RE5	—	FeSiMg8RE5
硅钡合金	—	Fe	Ba30Si35	—	FeBa30Si35
硅铝合金	—	Fe	Al52Si5	—	FeAl52Si5
硅钡铝合金	—	Fe	Al34Ba6Si20	—	FeAl34Ba6Si20
硅钙钡铝合金	—	Fe	Al16Ba9Ca12Si30	—	FeAl16Ba9Ca12Si30
硅钙合金	—	—	Ca31Si60	—	Ca31Si60
磷铁	—	Fe	P24	—	FeP24
五氧化二钒	—	—	$V_2O_5$98	—	$V_2O_5$98
钒氮合金	—	—	VN12	—	VN12
电解金属锰	DJ	—	Mn	A	DJMn-A
钒渣	FZ	—	—	1	FZ1
氧化钼块	Y	—	Mo55.0	A	YMo55.0-A
氮化金属锰	J	—	MnN	A	JMnN-A
氮化锰铁	—	Fe	MnN	A	FeMnN-A
氮化铬铁	—	Fe	NCr3	A	FeNCr3-A

（4）碳素结构钢和低合金结构钢牌号表示方法（GB/T 221—2008）

① 碳素结构钢和低合金结构钢牌号通常由四部分组成，见表 1-88。

表 1-88　碳素结构钢和低合金结构钢牌号构成要素

构成要素	表示内容
第一部分	前缀符号 + 强度值（以 N/mm^2 或 MPa 为单位），其中通用结构钢前缀符号为代表屈服强度的拼音字母“Q”，专用结构钢的前缀符号见表 1-89
第二部分（必要时）	钢的质量等级，用英文字母 A、B、C、D、E、F……表示
第三部分（必要时）	脱氧方式表示符号，即沸腾钢、半镇静钢、镇静钢、特殊镇静钢分别以“F”“b”“Z”“TZ”表示。镇静钢、特殊镇静钢表示符号通常可以省略
第四部分（必要时）	产品用途、特性和工艺方法表示符号，见表 1-90

注：根据需要，低合金结构钢的牌号也可以采用两位阿拉伯数字（表示平均含碳量，以万分之几计）加“常用化学元素符号”中规定的元素符号及必要时加代表产品用途、特性和工艺方法的表示符号，按顺序表示。

表 1-89 专用结构钢的前缀符号

产品名称	采用的汉字及汉语拼音或英文单词			采用字母	位置
	汉字	汉语拼音	英文单词		
热轧光圆钢筋	热轧光圆钢筋	—	Hot Rolled Plain Bars	HPB	牌号头
热轧带肋钢筋	热轧带肋钢筋	—	Hot Rolled Ribbed Bars	HRB	牌号头
晶粒热轧带肋钢筋	热轧带肋钢筋＋细钢筋	—	Hot Rolled Ribbed Bars+Fine	HRBF	牌号头
冷轧带肋钢筋	冷轧带肋钢筋	—	Cold Rolled Ribbed Bars	CRB	牌号头
预应力混凝土用螺纹钢筋	预应力、螺纹、钢筋	—	Prestressing Screw Bars	PSB	牌号头
焊接气瓶用钢	焊瓶	HAN PING	—	HP	牌号头
管线用钢	管线	—	Line	L	牌号头
船用锚链钢	船锚	CHUAN MAO	—	CM	牌号头
煤机用钢	煤	MEI	—	M	牌号头

表 1-90 碳素结构钢和低合金结构钢产品用途、特性和工艺方法表示符号

产品名称	采用的汉字及汉语拼音或英文单词			采用字母	位置
	汉字	汉语拼音	英文单词		
锅炉和压力容器用钢	容	RONG	—	R	牌号尾
锅炉用钢（管）	锅	GUO	—	G	牌号尾
低温压力容器用钢	低容	DI RONG	—	DR	牌号尾
桥梁用钢	桥	QIAO	—	Q	牌号尾
耐候钢	耐候	NAI HOU	—	NH	牌号尾
高耐候钢	高耐候	GAO NAI HOU	—	GNH	牌号尾
汽车大梁用钢	梁	LIANG	—	L	牌号尾
高性能建筑结构用钢	高建	GAO JIAN	—	GJ	牌号尾
低焊接裂纹敏感性钢	低焊接裂纹敏感性	—	Crack Free	CF	牌号尾
保证淬透性钢	淬透性	—	Hardenability	H	牌号尾
矿用钢	矿	KUANG	—	K	牌号尾
船用钢	采用国际符号				

② 碳素结构钢和低合金结构钢的牌号示例见表 1-91。

表 1-91 碳素结构钢和低合金结构钢的牌号示例

产品名称	第一部分	第二部分	第三部分	第四部分	牌号示例
碳素结构钢	最小屈服强度 235N/mm^2	A 级	沸腾钢	—	Q235AF
低合金高强度结构钢	最小屈服强度 345N/mm^2	D 级	特殊镇静钢	—	Q345D
热轧光圆钢筋	屈服强度特征值 235N/mm^2	—	—	—	HPB235
热轧带肋钢筋	屈服强度特征值 335N/mm^2	—	—	—	HRB335
细晶粒热轧带肋钢筋	屈服强度特征值 335N/mm^2	—	—	—	HRBF335
冷轧带肋钢筋	最小抗拉强度 550N/mm^2	—	—	—	CRB550
预应力混凝土用螺纹钢筋	最小屈服强度 830N/mm^2	—	—	—	PSB830
焊接气瓶用钢	最小屈服强度 345N/mm^2	—	—	—	HP345
管线用钢	最小规定总延伸强度 415N/mm^2	—	—	—	L415
船用锚链钢	最小抗拉强度 370N/mm^2	—	—	—	CM370

续表

产品名称	第一部分	第二部分	第三部分	第四部分	牌号示例
煤机用钢	最小抗拉强度 510N/mm²	—	—	—	M510
锅炉和压力容器用钢	最小屈服强度 345 N/mm²	—	特殊镇静钢	压力容器“容”的汉语拼音首位字母“R”	Q345R

（5）优质碳素结构钢和优质碳素弹簧钢（GB/T 221—2008）

① 优质碳素结构钢牌号通常由五部分组成，见表 1-92。

表 1-92　优质碳素结构钢牌号构成要素

构成要素	表示内容
第一部分	以两位阿拉伯数字表示平均含碳量（以万分之几计）
第二部分（必要时）	较高含锰量的优质碳素结构钢，加锰元素符号 Mn
第三部分（必要时）	钢材冶金质量。即高级优质钢、特级优质钢分别以 A、E 表示，优质钢不用字母表示
第四部分（必要时）	脱氧方法表示符号。即沸腾钢、半镇静钢、镇静钢分别以“F”“b”“Z”表示，但镇静钢表示符号通常可以省略
第五部分（必要时）	产品用途、特性或工艺方法表示符号

② 优质碳素弹簧钢的牌号表示方法与优质碳素结构钢相同，见表 1-93。

表 1-93　优质碳素结构钢和优质碳素弹簧钢的牌号表示方法

产品名称	第一部分	第二部分	第三部分	第四部分	第五部分	牌号示例
优质碳素结构钢	碳含量：0.05% ～ 0.11%	锰含量：0.25% ～ 0.50%	优质钢	沸腾钢	—	08F
	碳含量：0.47% ～ 0.55%	锰含量：0.50% ～ 0.80%	高级优质钢	镇静钢	—	50A
	碳含量：0.48% ～ 0.56%	锰含量：0.70% ～ 1.00%	特级优质钢	镇静钢	—	50MnF
保证淬透性用钢	碳含量：0.42% ～ 0.50%	锰含量：0.50% ～ 0.85%	高级优质钢	镇静钢	保证淬透性钢表示符号“H”	45AH
优质碳素弹簧钢	碳含量：0.62% ～ 0.70%	锰含量：0.90% ～ 1.20%	优质钢	镇静钢	—	65Mn

（6）合金结构钢和合金弹簧钢（GB/T 221—2008）

① 合金结构钢牌号通常由四部分组成，见表 1-94。

表 1-94　合金结构钢牌号构成要素

构成要素	表示内容
第一部分	以两位阿拉伯数字表示平均含碳量（以万分之几计）
第二部分	合金元素含量，以化学元素及阿拉伯数字表示。具体表示方法为：平均合金含量小于 1.5% 时，牌号中只标明元素，一般不标明含量；平均合金含量为 1.50% ～ 2.49%、2.50% ～ 3.49%、3.50% ～ 4.49%、4.50% ～ 5.49%…时，在合金元素后相应写成 2、3、4、5… 化学元素符号的排列顺序推荐按含量值递减排列。如果两个或多个元素的含量相同时，相应符号位置按英文字母的顺序排列
第三部分	钢材冶金质量。即高级优质钢、特级优质钢分别以 A、E 表示，优质钢不用字母表示
第四部分（必要时）	产品用途、特性或工艺方法表示符号

② 合金弹簧钢的牌号表示方法与合金结构钢相同，见表 1-95。

表 1-95　合金结构钢和合金弹簧钢的牌号表示方法

产品名称	第一部分	第二部分	第三部分	第四部分	牌号示例
合金结构钢	碳含量：0.22% ～ 0.29%	铬含量：1.50% ～ 1.80% 钼含量：0.25% ～ 0.35% 钒含量：0.15% ～ 0.30%	高级优质钢	—	25Cr2MoVA
锅炉和压力容器用钢	碳含量：≤ 0.22%	锰含量：1.20% ～ 1.60% 钼含量：0.45% ～ 0.65% 铌含量：0.025% ～ 0.050%	特级优质钢	锅炉和压力容器用钢	18MnMoNbER
合金弹簧钢	碳含量：0.56% ～ 0.64%	硅含量：1.60% ～ 2.00% 锰含量：0.70% ～ 1.00%	优质钢	—	60Si2Mn

（7）易切削钢（GB/T 221—2008）

① 易切削钢牌号通常由三部分组成，见表 1-96。

表 1-96　易切削钢牌号构成要素

构成要素	表示内容
第一部分	易切削钢表示符号“Y”
第二部分	以两位阿拉伯数字表示平均含碳量（以万分之几计）
第三部分	易切削元素符号。如：含钙、铅、锡等易切削元素的易切削钢分别以 Ca、Pb、Sn 表示；加硫、加硫磷易切削钢，通常不加易切削元素符号 S、P；较高含锰量的加硫或加硫磷易切削钢，本部分为锰元素符号 Mn；为了区分牌号，对较高硫含量的易切削钢，在牌号尾部加硫元素符号 S

② 易切削钢牌号示例见表 1-97。

表 1-97　易切削钢牌号示例表示方法

元素及含量	牌号
碳含量为 0.40% ～ 0.50%、钙含量为 0.002% ～ 0.006% 的易切削钢	Y45Ca
碳含量为 0.42% ～ 0.48%、锰含量为 1.35% ～ 1.65%、硫含量为 0.16% ～ 0.24% 的易切削钢	Y45Mn
碳含量为 0.42% ～ 0.48%、锰含量为 1.35 ～ 1.65%、硫含量为 0.24% ～ 0.32% 的易切削钢	Y45MnS

（8）各种钢、纯铁牌号表示法（GB/T 221—2008）（表 1-98）

表 1-98　各种钢、纯铁牌号表示法

产品名称	第一部分			第二部分	第三部分	第四部分	牌号示例
	汉字	汉语拼音	采用字母				
车辆车轴用钢	辆轴	LIANG ZHOU	LZ	碳含量：0.40% ～ 0.48%	—	—	LZ45
机车车辆用钢	机轴	JI ZHOU	JZ	碳含量：0.40% ～ 0.48%	—	—	JZ45
非调质机械结构钢	非	FEI	F	碳含量：0.32% ～ 0.39%	钒含量：0.06% ～ 0.13%	硫含量：0.035% ～ 0.075%	F35VS
碳素工具钢	碳	TAN	T	碳含量：0.80% ～ 0.90%	锰含量：0.40% ～ 0.60%	高级优质钢	T8MnA
合金工具钢	碳含量：0.85% ～ 0.95%			硅含量：1.20% ～ 1.60% 铬含量：0.95% ～ 1.25%	—	—	9SiCr
高速工具钢	碳含量：0.80% ～ 0.90%			钨含量：5.50% ～ 6.75% 钼含量：4.50% ～ 5.50% 铬含量：3.80% ～ 4.40% 钒含量：1.75% ～ 2.20%	—	—	W6Mo5Cr4V2

续表

产品名称	第一部分			第二部分	第三部分	第四部分	牌号示例
	汉字	汉语拼音	采用字母				
高速工具钢	碳含量：0.86% ～ 0.94%			钨含量：5.90% ～ 6.70% 钼含量：4.70% ～ 5.20% 铬含量：3.80% ～ 4.50% 钒含量：1.75% ～ 2.10%	—	—	CW6Mo5Cr4V2
高碳铬轴承钢	滚	GUN	G	铬含量：1.40% ～ 1.65%	硅含量：0.45% ～ 0.75% 锰含量：0.95% ～ 1.25%	—	GCr15SiMn
钢轨钢	轨	GUI	U	碳含量：0.66% ～ 0.74%	硅含量：0.85% ～ 1.15% 锰含量：0.85% ～ 1.15%	—	U70MnSi
冷镦钢	铆螺	MAO LUO	ML	碳含量：0.26% ～ 0.34%	铬含量：0.80% ～ 1.10% 钼含量：0.15% ～ 0.25%	—	ML30CrMo
焊接用钢	焊	HAN	H	碳含量：≤ 0.10% 的高级优质碳素结构钢	—	—	H08A
				碳含量：≤ 0.10% 铬含量：0.80% ～ 1.10% 钼含量：0.40% ～ 0.60% 的高级优质合金结构钢	—	—	H08CrMoA
电磁纯铁	电铁	DIAN TIE	DT	顺序号 4	磁性能 A 级	—	DT4A
原料纯铁	原铁	YUAN TIE	YT	顺序号 1	—	—	YT1

（9）车辆车轴及机车车辆用钢（GB/T 221—2008）

车辆车轴及机车车辆用钢牌号通常由两部分组成，见表 1-99。

表 1-99　车辆车轴及机车车辆用钢牌号构成要素

构成要素	表示内容
第一部分	车辆车轴用钢表示符号“LZ”或机车车辆用钢表示符号“JZ”
第二部分	以两位阿拉伯数字表示平均含碳量（以万分之几计）

（10）工具钢（GB/T 221—2008）

① 碳素工具钢牌号通常由四部分组成，见表 1-100。

表 1-100　碳素工具钢牌号构成要素

构成要素	表示内容
第一部分	碳素工具钢表示符号“T”
第二部分	阿拉伯数字表示平均含碳量（以千分之几计）
第三部分（必要时）	较高含锰量碳素工具钢，加锰元素符号 Mn
第四部分（必要时）	钢材冶金质量，即高级优质碳素工具钢以 A 表示，优质钢不用字母表示

② 合金工具钢牌号通常由两部分组成，见表 1-101。

表 1-101 合金工具钢牌号构成要素

构成要素	表示内容
第一部分	平均含碳量小于 1.00% 时，采用一位数字表示含碳量（以千分之几计）。平均含碳量不小于 1.00% 时，不标明含碳量数字
第二部分	合金元素含量。以化学元素及阿拉伯数字表示，表示方法同合金结构钢第二部分。低铬（平均含铬量小于 1%）合金工具钢在铬含量（以千分之几计）前加数字“0”

③ 高速工具钢牌号表示方法与合金结构钢相同，但在牌号头部一般不标明表示碳含量的阿拉伯数字。为了区别牌号，在牌号头部可以加“C”表示高碳高速工具钢。

（11）非调质机械结构钢（GB/T 221—2008）

① 非调质机械结构钢牌号通常由四部分组成，见表 1-102。

表 1-102 非调质机械结构钢牌号构成要素

构成要素	表示内容
第一部分	非调质机械结构钢表示符号“F”
第二部分	以两位阿拉伯数字表示平均含碳量（以万分之几计）
第三部分	合金元素含量。以化学元素符号和阿拉伯数字表示，表示方法同合金结构钢第二部分
第四部分（必要时）	改善切削性能的非调质机械结构钢加硫元素符号 S

② 非调质机械结构钢牌号表示方法见表 1-98。

（12）轴承钢（GB/T 221—2008）

① 高碳铬轴承钢牌号通常由两部分组成，见表 1-103。

表 1-103 高碳铬轴承钢牌号构成要素

构成要素	表示内容
第一部分	（滚珠）轴承钢表示符号“G”，但不标明含碳量
第二部分	合金元素“Cr”符号及其含量（以千分之几计）。其他元素含量，以化学元素符号及阿拉伯数字表示，表示方法同合金结构钢第二部分

② 在牌号头部加符号“G”，采用合金结构钢牌号表示方法。高级优质渗碳轴承钢在牌号尾部加“A”。

（13）钢轨钢、冷镦钢（GB/T 221—2008）

① 钢轨钢、冷镦钢牌号通常由三部分组成，见表 1-104。

表 1-104 钢轨钢、冷镦钢牌号构成要素

构成要素	表示内容
第一部分	钢轨钢表示符号“U”，冷镦钢（铆螺钢）表示符号“ML”
第二部分	阿拉伯数字表示平均含碳量，钢轨钢同优质碳素结构钢第一部分，冷镦钢（铆螺钢）同合金结构钢第一部分
第三部分	合金元素含量。以化学元素符号和阿拉伯数字表示，表示方法同合金结构钢第二部分

② 钢轨钢、冷镦钢牌号表示方法见表 1-98。

（14）焊接用钢（GB/T 221—2008）

焊接用钢包括焊接用碳素钢、焊接用合金钢、焊接用不锈钢等。焊接用钢牌号通常由两部分组成，见表 1-105。

表 1-105　焊接用钢牌号构成要素

构成要素	表示内容
第一部分	焊接用钢表示符号“H”
第二部分	各类焊接用钢牌号表示方法。其中优质结构碳素钢、合金结构钢和不锈钢等应分别符合各自钢号的规定

（15）不锈钢和耐热钢（GB/T 221—2008）

不锈钢和耐热钢牌号表示方法见表 1-106。

表 1-106　不锈钢和耐热钢牌号构成要素

构成内容	表示内容与表示方法
含碳量	用两位或三位阿拉伯数字表示碳含量最佳控制值（以万分之几或十万分之几计）；只规定碳含量上限者，当碳含量上限不大于 0.10% 时，以其上限的 3/4 表示碳含量；当碳含量上限大于 0.10% 时，以其上限的 4/5 表示碳含量。对超低碳不锈钢（即碳含量不大于 0.030%）用三位阿拉伯数字表示碳含量最佳控制值（十万分之几计）；规定上下限者，以平均碳含量 ×100 表示
合金元素含量	合金元素含量以化学符号及阿拉伯数字表示，表示方法同合金结构钢第二部分。钢中有意加入的铌、钛、锆、氮等合金元素，虽然含量很低，也应在牌号中标出 例如：碳含量不大于 0.08%、铬含量为 18.00% ～ 20.00%、镍含量为 8.00% ～ 11.00% 的不锈钢，牌号为 06Cr19Ni10；碳含量不大于 0.030%、铬含量为 16.00% ～ 19.00%、钛含量为 0.10% ～ 1.00% 的不锈钢，牌号为 022Cr18Ti；碳含量为 0.15% ～ 0.25%、铬含量为 14.00% ～ 16.00%、锰含量为 14.00% ～ 16.00%、镍含量为 1.50% ～ 3.00%、氮含量为 0.15% ～ 0.30% 的不锈钢，牌号为 20Cr15Mn15Ni2N；碳含量不大于 0.25%、铬含量为 24.00% ～ 26.00%、镍含量为 19.00% ～ 22.00% 的耐热钢，牌号为 20Cr25Ni20

（16）冷轧电工钢（GB/T 221—2008）

① 冷轧电工钢分为取向电工钢和无取向电工钢。冷轧电工钢牌号通常由三部分组成，见表 1-107。

表 1-107　冷轧电工钢牌号构成要素

构成要素	表示内容
第一部分	材料公称厚度（单位：mm）的 100 倍的数字
第二部分	普通级取向电工钢表示符号“Q”，高磁导率级取向电工钢表示符号“QG”或无取向电工钢表示符号“W”
第三部分	取向电工钢，磁极化强度在 1.7T 和频率 50Hz，以 W/kg 为单位及相应厚度产品的最大比总损耗值的 100 倍；无取向电工钢，磁极化强度在 1.5T 和频率 50Hz，以 W/kg 为单位及相应厚度产品的最大比总损耗值的 100 倍

② 冷轧电工钢牌号示例见表 1-108。

表 1-108　冷轧电工钢牌号示例表示方法

元素及含量	牌号
公称厚度为 0.30mm，比总损耗 P1.7/50 为 1.30W/kg 的普通级取向电工钢	30Q130
公称厚度为 0.30mm，比总损耗 P1.7/50 为 1.10W/kg 的高磁导率级取向电工钢	30QG110
公称厚度为 0.50mm，比总损耗 P1.5/50 为 4.0W/kg 的无取向电工钢	50W400

（二）有色金属材料牌号的表示方法

（1）有色金属及其合金牌号的表示方法

根据国家标准的规定（贵金属及其合金牌号表示方法参照 GB/T 18035—2000），有色金属及其合金牌号的表示方法如下：

① 产品牌号的命名。以代号字头或元素符号后的成分数字或顺序号结合产品类别或组别名称表示。

② 产品代号。采用标准规定的汉语拼音字母、化学元素符号及阿拉伯数字相结合的方

法表示，见表1-109和表1-110。

表1-109　常用有色金属、合金名称及其汉语拼音字母的代号

名称	采用汉字	采用符号	名称	采用汉字	采用符号
铜	铜	T	黄铜	黄	H
铝	铝	L	青铜	青	Q
镁	镁	M	白铜	白	B
镍	镍	N	钛及钛合金	钛	T

表1-110　专用金属、合金名称及其汉语拼音字母的代号

名 称	采用符号	采用汉字	名 称	采用符号	采用汉字
防锈铝	LF	铝、防	铝镁粉	FLM	粉、铝、镁
锻铝	LD	铝、锻	镁合金（变形加工用）	MB	镁、变
硬铝	LY	铝、硬	焊料合金	HL	焊、料
超硬铝	LC	铝、超	阳极镍	NY	镍、阳
特殊铝	LT	铝、特	电池锌板	XD	锌、电
硬钎焊铝	LQ	铝、钎	印刷合金	I	印
无氧铜	TU	铜、无	印刷锌板	XI	锌、印
金属粉末	F	粉	稀土	XT①	稀土
喷铝粉	FLP	粉、铝、喷	钨钴硬质合金	YG	硬、钴
涂料铝粉	FLU	粉、铝、涂	钨钛钴硬质合金	YT	硬、钛
细铝粉	FLX	粉、铝、细	铸造碳化钨	YZ	硬、铸
特细铝粉	FLT	粉、铝、特	碳化钛-（铁）镍钼硬质合金	YN	硬、镍
炼钢、化工用铝粉	FLG	粉、铝、钢	多用途（万能）硬质合金	YW	硬、万
镁粉	FM	粉、镁	钢结硬质合金	YJ	硬、结

①稀土代号XT于1987年6月1日起正式改用RE表示（单一稀土金属仍用化学元素符号表示）。

③ 产品的统称（如铜材、铝材）、类别（如黄铜、青铜）以及产品标记中的品种（如板、管、带、线、箔）等，均用汉字表示。

④ 产品的状态、加工方法、特性的代号，采用标准规定的汉语拼音字母表示，见表1-111。

表1-111　有色产品状态名称、特性及其汉语拼音字母的代号

名 称			采用代号
产品状态代号	热加工（如热轧、热挤）		R
	退火		M
	淬火		C
	淬火后冷轧（冷作硬化）		CY
	淬火（自然时效）		CZ
	淬火（人工时效）		CS
	硬		Y
	3/4硬、1/2硬		Y_1、Y_2
	1/3硬		Y_3
	1/4硬		Y_4
	特硬		T
产品特性代号	优质表面		O
	涂漆蒙皮板		Q
	加厚包铝的		J
	不包铝的		B
	硬质合金	表面涂层	U
		添加碳化钽	A

名 称			采用代号
产品特性代号	硬质合金	添加碳化铌	N
		细颗粒	X
		粗颗粒	C
		超细颗料	H
产品状态、特性代号组合举例	不包铝（热轧）		BR
	不包铝（退火）		BM
	不包铝（淬火、冷作硬化）		BCY
	不包铝（淬火、优质表面）		BCO
	不包铝（淬火、冷作硬化、优质表面）		BCYO
	优质表面（退火）		MO
	优质表面淬火、自然时效		CZO
	优质表面淬火、人工时效		CSO
	淬火后冷轧、人工时效		CYS
	热加工、人工时效		RS
	淬火、自然时效、冷作硬化、优质表面		CZYO

（2）常用有色金属及其合金产品的牌号表示方法（表 1-112）

表 1-112　常用有色金属及其合金产品的牌号表示方法

产品类型及牌号	表示方法
铜及铜合金 （纯铜、黄铜、青铜、白铜） T1，T2-M，Tu1，H62，HSn90-1，QSn4-3，QSn4-4-2.5，QAl10-3-1.5，B25，BMn3-12	以 QAl10-3-1.5 为例： Q——分类代号[T—纯铜（TU—无氧铜、TK—真空铜）、H—黄铜、Q—青铜、B—白铜] Al——主添加元素符号。纯铜、一般黄铜、白铜不标，三元以上黄铜、白铜为第二主添加元素（第一主添加元素分别为 Zn、Ni，青铜为第一主添加元素） 10——主添加元素，以百分之几表示。纯铜中为金属顺序号、黄铜中为铜含量（Zn 为余数）、白铜为 Ni 或（Ni+Co）含量、青铜为第一主添加元素含量 -3-1.5——添加元素量，以百分之几表示。纯铜、一般黄铜、白铜无此数字，三元以上黄铜、白铜为第二添加元素合金含量、青铜为第二主添加元素含量
铝及铝合金 （纯铝、铝合金） 1A99，2A50，3A21	以 1A99 为例： 1——纯铝（铝含量不小于 99.00%），1××× （以铜为主要合金元素的铝合金，2×××） （以锰为主要合金元素的铝合金，3×××） （以硅为主要合金元素的铝合金，4×××） （以镁为主要合金元素的铝合金，5×××） （以镁和硅为主要合金元素并以 Mg_2Si 相为强化相的铝合金，6×××） （以锌为主要合金元素的铝合金，7×××） （以其他合金元素为主要合金元素的铝合金，8×××） （备用合金组，9×××） A——原始纯铝，B ～ Y 的其他英文字母表示铝合金的改型情况 99——最低铝百分含量
钛及钛合金 TA1-M，TA4，TB2，TC1，TC4，TC9	以 TA1-M 为例： TA——分类代号，表示金属或合金组织类型[TA—α 型 Ti 及合金、TB—β 型 Ti 合金、TC—（α+β）型 Ti 合金] 1——顺序号，金属或合金的顺序号 -M——软态
镁合金 MB1，MB8-M	以 MB8-M 为例： MB——分类代号（M—纯镁、MB—变形镁合金） 8——顺序号，金属或合金的顺序号 -M——软态
镍及镍合金 N4NY1，NSi0.19，NMn2-2-1，NCu28-2.5，NCr10	以 NCu28-2.5 为例： N——分类代号（N—纯镍或镍合金、NY—阳极镍） Cu——主添加元素，用国际化学符号表示 28——序号或主添加元素含量（纯镍中为顺序号，以百分之几表示主添元素符号） -2.5——添加元素含量，以百分之几表示
专用合金 （焊料 HICuZn64、HISbPb39；印刷合金 IPbSP14-4；轴承合金 ChSnSb8-4、ChPbSb2-0.2-0.15；硬质合金 YG6、YT5、YZ2；喷铝粉 FLP2、FLXI、FMI）	以 HIAgCu20-15 为例： HI——分类代号；（HI—焊接合金、I—印刷合金、Ch—轴承合金、YG—钨钴合金、YT—钨钛合金、YZ—铸造碳化钨、F—金属粉末、FLP—喷铝粉、FLX—细铝粉、FLM—铝镁粉、FM—纯镁粉） Ag——第一基体元素，用国际化学元素符号表示 Cu——第二基体元素，用国际化学元素符号表示 20——含量或等级数（合金中第二基元素含量，以百分之几表示，在硬质合金中决定其特性的主元素成分；金属粉末中纯度等级） -15——含量或规格（合金中其他添加元素含量，以百分之几表示；金属粉末中粒度规格）

（3）铸造有色金属及其合金牌号的表示方法

① 铸造有色纯金属的牌号表示方法。铸造有色纯金属的牌号由“Z”和相应纯金属的化学元素符号及表明产品纯度百分含量的数字或用一短横加顺序号组成。

② 铸造有色合金的牌号表示方法。铸造有色合金牌号由“Z”和基体金属的化学元素符号、主要合金化学元素符号（其中混合稀土元素符号统一用 RE 表示）以及表明合金化元素名义百分含量的数字组成。当合金化元素多于两个时，合金牌号中应列出足以表明合金主要特性的元素符号及其名义百分含量的数字。

合金化元素符号按其名义百分含量递减的次序排列。当名义百分含量相等时，则按元素符号字母顺序排列。当需要表明决定合金类别的合金化元素首先列出时，不论其含量多少，该元素符号均应紧置于基体元素符号之后。

除基体元素的名义百分含量不标注外，其他合金化元素的名义百分含量均标注于该元素符号之后。当合金化元素含量规定为大于或等于 1% 的某个范围时，采用其平均含量的修约化整值，必要时也可用带一位小数的数字标注；合金化元素含量小于 1% 时，一般不标注，只有对合金性能起重大影响的合金化元素，才允许用一位小数标注其平均含量。

对具有相同主成分，需要控制低间隙元素的合金，在牌号后的圆括弧内标注 ELI。对杂质限量要求严、性能要求高的优质合金，在牌号后面标注大写字母“A”表示优质。

铸造有色金属及其合金牌号的表示方法见表 1-113。

表 1-113　铸造有色金属及其合金牌号表示方法

产品类型及牌号	表示方法
铸造铜合金 （10-1 青铜 ZCuSn10Pb1， 15-8 铅青铜 ZCuPb15Sn8， 9-2 铅青铜 ZCuAl9Mv2， 38 黄铜 ZCuZn38， 16-4 硅青铜 ZCuZn16Si4， 33-2 铅黄铜 ZCuZn33Pb2， 40-2 锰黄铜 ZCuZn40Mn2）	ZCuSn3Zn11Pb4： Z——铸造代号 Cu——基体金属铜的元素符号 Sn——锡的元素符号 3——锡的名义百分含量 Zn——锌的元素符号 11——锌的名义百分含量 Pb——铅的元素符号 4——铅的名义百分含量
铸造铝合金 （ZAlSi7Mg，AlSi12，ZAlSi7Cu4， ZAlCu5MnA，ZAlCu10， ZAlR5Cu3Si2，ZAlg10， ZAlMg5Si1，ZAlMg5Sil， ZAlZn6Mg）	ZAlSi5Cu2MgMnFe： Z——铸造代号 Al——基体金属铝的元素符号 Si——硅的元素符号 5——名义百分含量 Cu——铜的元素符号 2——铜的名义百分含量 Mg——镁的元素符号 Mn——锰的元素符号 Fe——铁杂质含量高
铸造钛合金 （ZTA1，ZTA2，ZTA3，ZTA5， ZTA7，ZAC4，ZTB32）	ZTA1： Z——铸造代号 TA——钛合金类型（A—α 型，B—β 型号，C—α+β 型） 1——顺序号（分 1 2 3 4 5 7 32）
铸造镁合金 （ZMgAl18Zn，AMgR3Zn， ZMgZn5）	ZMgAl18Zn： Z——铸造代号 Mg——基体金属镁的元素符号 Al——铝的元素符号 18——铝的名义百分含量 Zn——锌的元素符号
铸造锌合金 （ZZnAl10Cu5 代号 105， ZZnAl14Cu1，ZZnAl4 代号 040）	ZZnAl4Cu1： Z——铸造代号 Zn——基体金属锌的元素符号 Al——铝的元素符号 4——铝的名义百分含量 Cu——铜的元素符号 1——铜的名义百分含量

三、金属材料的交货状态及标记

（一）钢铁材料的交货状态及标记

（1）生铁的涂色标记（表1-114）

表1-114 生铁的涂色标记

类别	牌号或级别	涂色标记
铸造用生铁	Z34 Z30 Z26 Z22 Z18 Z14	绿色一条 绿色二条 红色一条 红色二条 红色三条 蓝色一条
炼钢用生铁	L04 L08 L10	白色一条 黄色一条 黄色二条
球墨铸铁用生铁	Q10 Q12 Q16	灰色一条 灰色二条 灰色三条

（2）钢材的交货状态（表1-115）

表1-115 钢材的交货状态类型及说明

类型	说明
热轧（锻）状态	钢材在热轧或锻造后不再对其进行专门的热处理，冷却后直接交货，称为热轧或热锻状态 热轧（锻）的终止温度一般为800～900℃，之后一般在空气中自然冷却，因而热轧（锻）状态相当于正火处理。所不同的是因为热轧（锻）终止温度有高有低，不像正火加热温度严格控制，因而钢材组织和性能波动比正火大 热轧（锻）状态交货的钢材，由于表面覆盖一层氧化铁皮，因而具有一定的耐蚀性，储运保管的要求不像冷拉（轧）状态的钢材那样严格，大中型型钢、中厚钢板可以在露天货场或经苫盖后存放
冷拉（轧）状态	经冷拉、冷轧等冷加工成形的钢材，不经任何热处理而直接交货的状态，称为冷拉（轧）状态。与热轧（锻）状态相比，冷拉（轧）状态的钢材尺寸精度高、表面质量好、表面粗糙度低，并有较高的力学性能。 由于冷拉（轧）状态交货的钢材表面没有氧化皮覆盖，并且存在很大的内应力，极易遭受腐蚀或生锈，因而冷拉（轧）状态的钢材，其包装、储运均有较严格的要求，一般均需在库房内保管，并注意在库房内的温度控制
正火状态	钢材出厂前经正火热处理，这种状态称正火状态。由于正火加热温度比热轧终止温度控制严格，因而钢材组织、性能均匀。与退火状态的钢材相比，由于冷却速度较快，钢的组织中珠光体数量增多，珠光体层片及钢的晶粒细化，因而有较高的综合力学性能，并有利于改善低碳钢的魏氏组织和过共析钢的渗碳体网状，可为成品进一步热处理做好组织准备
退火状态	钢材出厂前经退火热处理，这种交货状态称为退火状态。退火的主要目的是为了消除和改善前道工序遗留的组织缺陷和内应力，并为后道工序做好组织和性能上的准备
高温回火状态	钢材出厂前经高温回火热处理，这种交货状态称为高温回火状态。高温回火的回火温度高，有利于彻底消除内应力，提高塑性和韧性，碳素结构钢、合金结构钢、保证淬透性结构钢材均可用高温回火状态交货。某些马氏体型高强度不锈钢、高速工具钢和高强度合金钢，由于有很高的淬透性以及合金元素的强化作用，常在淬火（或正火）后进行一次高温回火，使钢中碳化物聚集，得到碳化物颗粒较粗大的回火索氏体组织（与球化退火组织相似），因而，这种交货状态的钢材有很好的加工切削性能
固溶处理状态	钢材出厂前经固溶处理，这种交货状态称为固溶处理状态，这种状态主要适用于奥氏体型不锈钢材出厂前的处理。通过固溶处理，得到单相奥氏体组织，以提高钢的韧性和塑性，为进一步冷加工（冷轧或冷拉）创造条件，也可为进一步沉淀硬化做好组织准备

（3）钢材的标记代号（表 1-116）

表 1-116 钢材的标记代号

类别	细类	标记代号
加工状态	①热轧（含热扩、热挤、热锻） ②冷轧（含冷挤压） ③冷拉（拔）	
尺寸精度	①普通精度 ②较高精度 ③高级精度 ④厚度较高精度 ⑤宽度较高精度 ⑥厚度、宽度较高精度	PA PB PC PT PW PTW
边缘状态	①切边 ②不切边 ③磨边	EC EM ER
表面质量	①普通级 ②较高级 ③高级	FA FB FC
表面种类	①酸洗（喷丸） ②剥皮 ③光亮 ④磨光 ⑤抛光 ⑥麻面 ⑦发蓝 ⑧热镀锌 ⑨电镀锌 ⑩热镀锡 ⑪电镀锡	SA SF SL SP SB SG SBL SZH SZE SSH SSE
表面化学处理	①钝化（铬酸） ②磷化 ③锌合金化	STC STP STZ
软化程度	①半软 ②软 ③特软	S1/2 S S2
硬化程度	①低冷硬 ②半冷硬 ③冷硬 ④特硬	H1/4 H1/2 H H2
热处理	①退火 ②球化退火 ③光亮退火 ④正火 ⑤回火 ⑥淬火＋回火 ⑦正火＋回火 ⑧固溶	TA TG TL TN TT TQT TNT TS
力学性能	①低强度 ②普通强度 ③较高强度 ④高强度 ⑤超高强度	MA MB MC MD ME
冲压性能	①普通冲压 ②深冲压 ③超深冲压	CQ DQ DDQ

续表

类别	细类	标记代号
用　途	①一般用途 ②重要用途 ③特殊用途 ④其他用途 ⑤压力加工用 ⑥切削加工用 ⑦顶锻用 ⑧热加工用 ⑨冷加工用	UG UM US UO UP UC UF UH UC

注：1. 本标准适用于钢丝、钢板、型钢、钢管等的标记代号。

2. 钢材标记代号采用与类别名称相应的英文名称首位字母（大写）和阿拉伯数字组合表示。

3. 其他用途可以指某种专门用途，在“U”后面加专用代号。

（4）钢材的涂色标记（表 1-117）

表 1-117　钢材的涂色标记

类别	牌号或级别	涂色标记
优质碳素结构钢	05 ～ 15 20 ～ 25 30 ～ 40 45 ～ 85 15Mn ～ 40Mn 15Mn ～ 70Mn	白色 棕色 + 绿色 白色 + 蓝色 白色 + 棕色 白色二条 绿色三条
高速工具钢	W12Cr4V4Mo W18Cr4V2 W9Cr4V2 W9Cr4V	棕色一条 + 黄色一条 棕色一条 + 蓝色一条 棕色二条 棕色一条
铬轴承钢	GCr6 GCr9 GCr9SiMn GCr15 GCr15SiMn	绿色一条 + 白色一条 白色一条 + 黄色一条 绿色二条 蓝色一条 绿色一条 + 蓝色一条
合金结构钢	锰钢 硅锰钢 锰钒钢 铬钢 铬硅钢 铬锰钢 铬锰硅钢 铬钒钢 铬锰钛钢 铬钨钒钢 钼钢 铬钼钢 铬锰钼钢 铬钼钒钢 铬硅钼钒钢 铬铝钢 铬钼铝钢 铬钨钒铝钢 硼钢 铬钼钨钒钢	黄色 + 蓝色 红色 + 黑色 蓝色 + 绿色 绿色 + 黄色 蓝色 + 红色 蓝色 + 黑色 红色 + 紫色 绿色 + 黑色 黄色 + 黑色 棕色 + 黑色 紫色 绿色 + 紫色 绿色 + 白色 紫色 + 棕色 紫色 + 棕色 铝白色 黄色 + 紫色 黄色 + 红色 紫色 + 蓝色 紫色 + 黑色

续表

类别	牌号或级别	涂色标记
不锈耐酸钢	铬钢	铝色 + 黑色
	铬钛钢	铝色 + 黄色
	铬锰钢	铝色 + 绿色
	铬钼钢	铝色 + 白色
	铬镍钢	铝色 + 红色
	铬锰镍钢	铝色 + 棕色
	铬镍钛钢	铝色 + 蓝色
	铬镍铌钢	铝色 + 蓝色
	铬钼钛钢	铝色 + 白色 + 黄色
	铬钼钒钢	铝色 + 红色 + 黄色
	铬镍钼钛钢	铝色 + 紫色
	铬钼钒钴钢	铝色 + 紫色
	铬镍铜钛钢	铝色 + 蓝色 + 白色
	铬镍钼铜钛钢	铝色 + 黄色 + 绿色
	铬镍钼铜铌钢	铝色 + 黄色 + 绿色
		（铝色为宽色条，其余为窄色条）
耐热钢	铬硅钢	红色 + 白色
	铬钼钢	红色 + 绿色
	铬硅钼钢	红色 + 蓝色
	铬钢	铝色 + 黑色
	铬钼钒钢	铝色 + 紫色
	铬镍钛钢	铝色 + 蓝色
	铬铝硅钢	红色 + 黑色
	铬硅钛钢	红色 + 黄色
	铬硅钼钛钢	红色 + 紫色
	铬硅钼钒钢	红色 + 紫色
	铬铝钢	红色 + 铝色
	铬镍钨钼钛钢	红色 + 棕色
	铬镍钨钼钢	红色 + 棕色
	铬镍钨钛钢	铝色 + 白色 + 红色
		（前为宽色条，后为窄色条）

（二）有色金属材料的交货状态和涂色标记

（1）有色金属材料的交货状态（表 1-118）

表 1-118　有色金属材料的交货状态及说明

交货状态		说　明
名称	代号	
软状态	M	表示材料在冷加工后经过退火。这种状态的材料，具有塑性高、面强度和硬度都低的特点
硬状态	Y	表示材料是在冷加工后未经退火软化的。它具有强度、硬度高，而塑性、韧性低的特点。有些材料还具有特硬状态，代号为 T
半硬状态	Y_1、Y_2、Y_3、Y_4	介于软状态和硬状态之间，表示材料经冷加工后有一定程度的退火。半硬状态按加工变形程度和退火温度的不同，又可分为 3/4 硬、1/2 硬、1/3 硬、1/4 硬等几种，其代号依次为 Y_1、Y_2、Y_3、Y_4
热作状态	R	表示材料为热挤压状态。热轧和热挤是在高温下进行的，因此，在加工过程中不会发生加工硬化。这种状态下的材料，其特性与软状态下相似，但尺寸允许偏差和表面精度要求比软状态低

（2）有色金属材料的涂色标记（表 1-119）

表 1-119　有色金属材料的涂色标记

名称及标准号	牌号或级别	标记涂色	名称及标准号	牌号或级别	标记涂色
锌锭	Zn-01	红色二条	铝锭	Al-00（特一号）	白色一条
	Zn-1	红色一条		Al-0（特二号）	白色二条
	Zn-2	黑色二条		Al-1	红色一条
	Zn-3	黑色一条		Al-2	红色二条
	Zn-4	绿色二条		A1-3	红色三条
	Zn-5	绿色一条	镍板	Ni-01	红色
铅锭	Pb-1	红色二条		Ni-1	蓝色
	Pb-2	红色一条		Ni-2	黄色
	Pb-3	黑色二条	铸造碳化钨	二号	绿色
	Pb-4	黑色一条		三号	黄色
	Pb-5	绿色二条		四号	白色
	Pb-6	绿色一条		六号	浅蓝色

第二章

划线及平面加工

第一节 划　　线

根据图样或实物的尺寸，在工件表面上（毛坯表面或已加工表面）划出零件的加工界线，这一操作称为划线。

划线的目的是为了指导加工以及通过划线及时发现毛坯的各种质量问题。通过划线确定零件加工面的理想位置，明确地表示出表面的加工余量，确定孔或内部结构的位置，可划出加工位置的找正线，使机械加工有所标志和依据。当毛坯件误差大时，可通过划线借料予以补救，对不能补救的毛坯件不再转入下面工序，以避免不必要的加工浪费。

按加工中的作用，划线可分为划加工线、证明线及找正线三种：

① 划在零件表面作为加工界线的线称为加工线。

② 用来检查发现工件在加工后的各种差错，甚至在出现废品时作为分析原因的线称为证明线。一般证明线距离加工线根据零件的大小形状常取 5 ～ 10mm，但当证明线与其他线容易混淆时，也可省略不划。

③ 加工线外边划的线称为找正线，在零件加工前，装卡时用以找正用。找正线距加工线，根据零件的大小一般取 3 ～ 10mm，特殊情况下也有 10mm 以上的。

一、划线工具种类及其使用

（1）直接划线工具（表 2-1）

表 2-1　直接划线工具种类及说明

种类	图示	说明
90° 角尺		90° 角尺是钳工常用的测量工具，划线时用来划垂直或平行线的导向工具，同时可用来校正工件在平台上的垂直位置

续表

种类	图示	说明
三角板	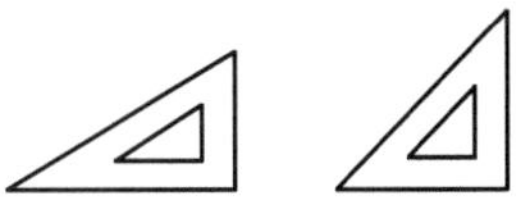	常用 2 ～ 3mm 钢板制成，表面没有尺寸刻度，但有精确的两条直角边及 30° 、45° 、60° 斜面，通过适当组合，可用于划各种特殊的角度线
划针	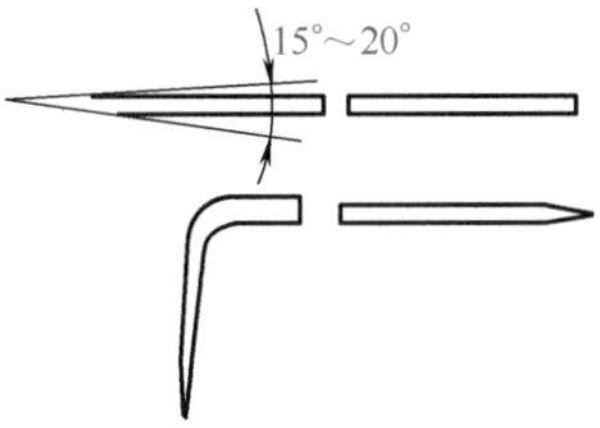 15°～20° (a) 尖角划线 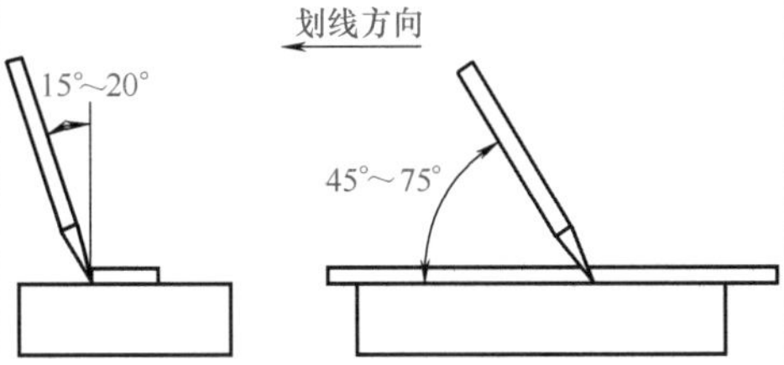 划线方向 15°～20° 45°～75° (b) 倾斜划线	划针是划线用的基本工具。常用的划针是用直径 $\phi3$ ～ 6mm 的弹簧钢丝或高速钢制成，尖端磨成 15° ～ 20° 的尖角，如左图（a）所示，并经过热处理，硬度可达 55 ～ 60HRC。有的划针在尖端部位焊有硬质合金，使针尖能长期保持锋利。划线时针尖要靠紧导向工具的边缘，上部向外侧倾斜 15° ～ 20°，向划线方向倾斜 45° ～ 75°，如左图（b）所示。划线要做到一次划成，不要重复地划同一根线条。力度适当，才能使划出的线条既清晰又准确，否则线条变粗，反而模糊不清
划规	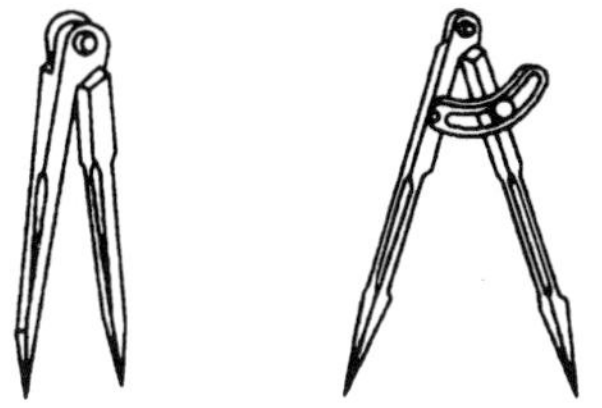 (a) (b) 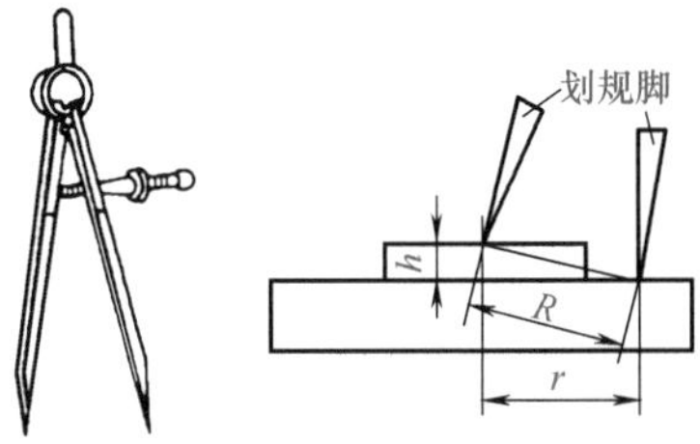 划规脚 h R r (c) (d)	划规用来划圆和圆弧、等分线段、等分角度以及量取尺寸等。划规用中碳钢或工具钢制成，两个划规脚尖端经过热处理，硬度可达 48 ～ 53HRC。有的划规在两脚端部焊上一段硬质合金，使用时耐磨性更好 常用划规有普通划规、扇形划规、弹簧划规，如左图（a）（b）（c）所示三种，有时两尖脚不在同一平面上，如左图（d）所示，即所划线中心高于（或低于）所划圆周平面，则两尖角的距离就不是所划圆的半径，此时应把划规两尖脚的距离调为 $R=\sqrt{r^2+h^2}$ 式中　r——所划圆的半径，mm； h——划规两尖脚高低差的距离，mm
单脚划规	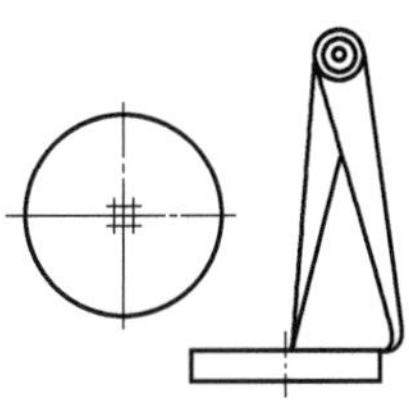 (a) 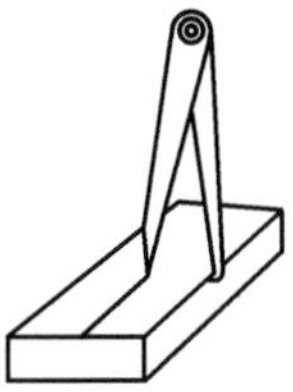 (b)	单脚划规用碳素工具钢制成，划规尖端焊上高速钢。单脚划规可用来求圆形工件中心、划平行线及划圆弧，如左图（a）、（b）所示。使用单脚划规应保持开合松紧适当，适当刃磨，保持卡尖尖锐

续表

种类	图示	说明
划线盘		划线盘是用来在工件上划线或找正工件位置常用的工具。划针的直头一端（焊有高速钢或硬质合金）用来划线，而弯头一端常用来找正工件位置，如左图所示。划线时划针应尽量处于水平位置，不要倾斜太大，划针伸出部分应尽量短些，并要牢固地夹紧。操作时划针应与被划线工件表面之间保持40°～60°的夹角（沿划线方向）
专用划规		由碳素工具钢制成，可利用零件上的孔为圆心划同心圆或弧，也可以在阶梯面上划线或同心圆或弧，如左图所示
大尺寸划规		大尺寸划规是专门用来划大尺寸圆或圆弧的。在滑杆上调整两个划规脚，就可得到所需的尺寸，如左图所示
游标划规		游标划规又称“地规”，尺身为合金工具钢，划针为高速钢。游标划规带有游标刻度，游标划针可调整距离，另一划针可调整高低，适用于大尺寸划线和在阶梯面上划线，如左图所示
游标高度尺		如左图所示为游标高度尺，各部分材料为合金工具钢（主、副尺）、硬质合金（刀片）、铸铁（底座）。这是一种划线与测量结合的精密工具，使用前将游标以平板为基准校零，保护刀刃，不能碰撞，划线过程中使用刀刃一侧成45°平衡接触工件，移动尺座划线
曲线板		用钢板制成，可描划光滑过渡的曲线，要注意防止变形，保持光滑平整

（2）支承工具（表 2-2）

表 2-2　支承工具种类及说明

种类	图示	说明
划线平板	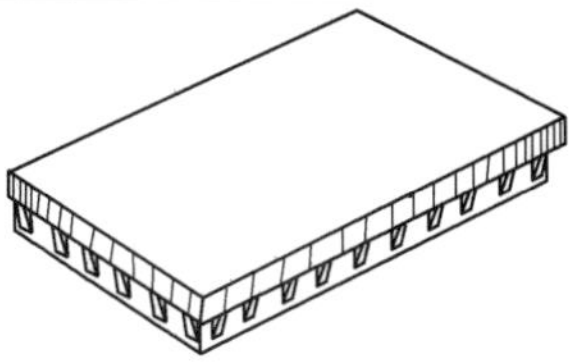	如左图所示为划线平板示意图，其材料有铸铁及大理石两种，表面经过精刨或刮削加工，它的工作表面是划线及检测的基准。使用时应保持平板精度，严禁敲打及撞击，用后擦干净，涂油或防腐剂。中小平板一般旋转在木制的工作台上，高度为 600 ～ 800mm。平板定位后，要调水平
直角弯板	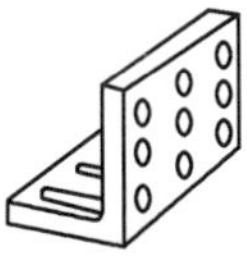	如左图所示为直角弯板，其材料为铸铁，应用在大型工件上划垂线或在特型工件上划线，可借助 G 形夹头或压板螺栓把工件夹紧
角铁	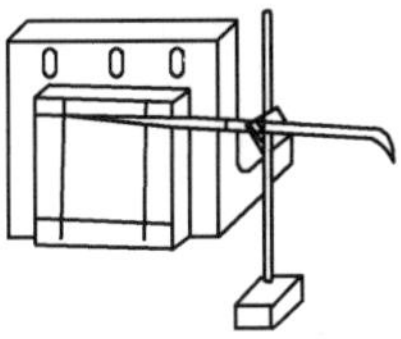	角铁（如左图所示）一般用铸铁制成，它有两个互相垂直的平面。角铁上的孔或槽用于搭压板时穿螺栓
方箱	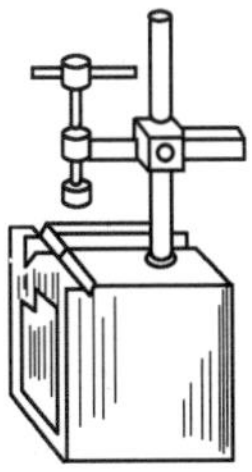	如左图所示为方箱，是用灰铸铁制成的空心立方体或长方体，其相对平面互相平行，相邻平面互相垂直。划线时，可用 C 形夹头将工件夹于方箱上，再通过翻转方箱，便可在一次安装的情况下，将工件上互相垂直的线全部划出来。方箱上的 V 形槽平行于相应的平面，用于装夹圆柱形工件
V 形铁	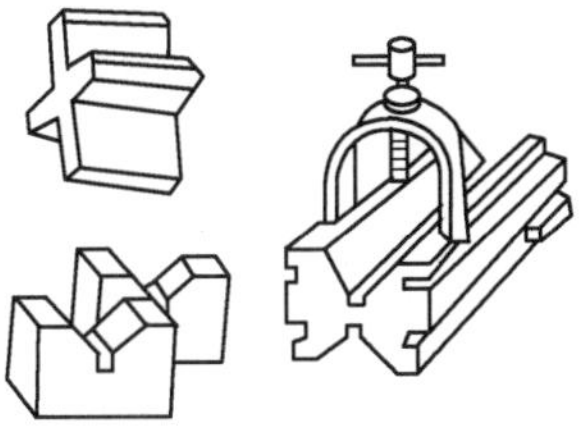	如左图所示为 V 形铁。一般 V 形铁都是一副两块，两块的平面与 V 形槽都是在一次安装中磨削加工的。V 形槽夹角为 90° 或 120° ，用来支承轴类零件，带 U 形夹的 V 形铁可翻转三个方向，在工件上划出相互垂直的线
千斤顶	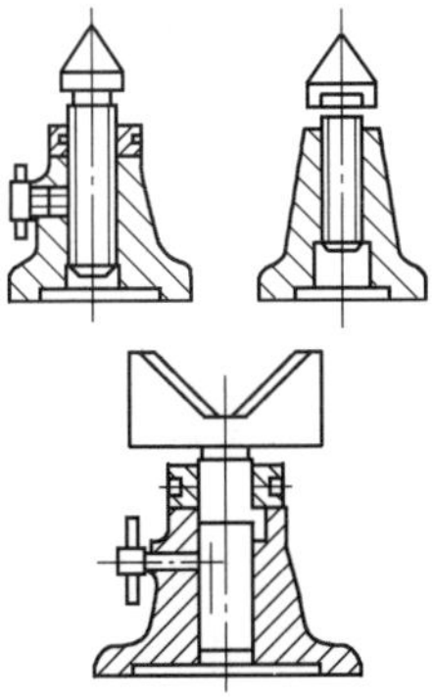	如左图所示为千斤顶，是用来支持毛坯或形状不规则的工件而进行立体划线的工具。它可调整工件的高度，以便安装不同形状的工件。用千斤顶支持工件时，一般要同时用三个千斤顶支承在工件的下部，三个支承点离工件重心应尽量远一些。三个支承点所组成的三角形面积应尽量大，在工件较重的一端放两个千斤顶，较轻的一端放一个千斤顶，这样比较稳定。带 V 形铁的千斤顶，用于支持工件的圆柱面
斜垫铁		如左图所示为斜垫铁，用来支持和垫高毛坯工件，能对工件的高低作少量的调节

（3）辅助工具（表 2-3）

表 2-3　辅助工具种类及说明

种类	图示	说明
直角箱	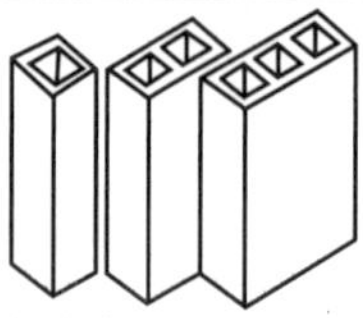	如左图所示为直角箱，材料为铸铁，主要应用在划大型工件的垂线，也可垫高划线盘或高度尺，垫高时注意安全，防止工具倒下伤人。还可以配合 G 形夹头使用
样冲	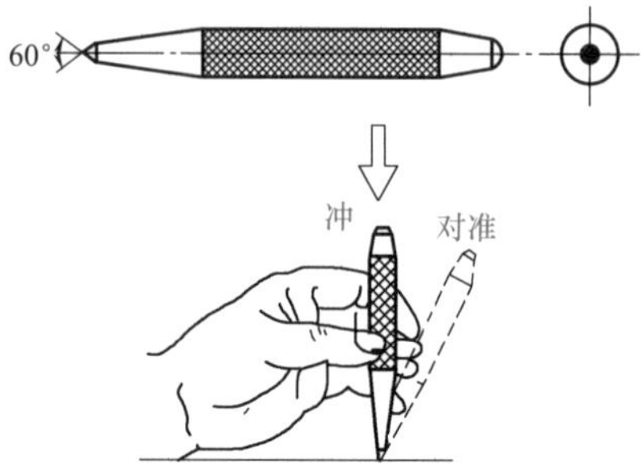	如左图所示为样冲，其材料用工具钢或报废刀具改制成，并经热处理，硬度可达 55 ～ 60HRC，其尖角磨成 60°，也可用报废的刀具改制。使用时，样冲尾部向外倾斜 30° ～ 40°，让冲尖对准中心，然后立直样冲，轻轻锤击尾部，打样冲眼。毛坯件样冲眼可打深些，精加工并有特殊要求的零件表面，可以不打样冲眼。要钻孔的中心，先轻轻地打样冲眼，再按十字线观察，如果样冲眼正好在十字线的交点，可用圆规划好圆及校正圆，再将样冲眼打深；否则需仔细纠正
可调式角度垫板	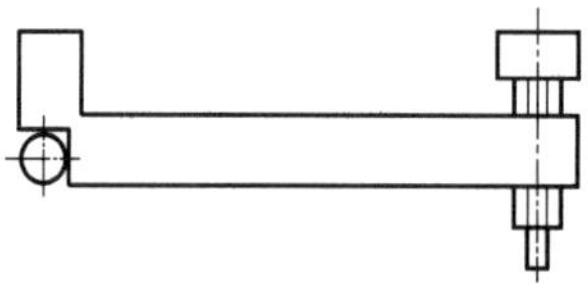	如左图所示为可调式角度垫板，其材料为中碳钢，把方箱、V 形铁或工件放置其上，划出所需角度线，使用时调整螺钉，改变垫片角度，其大小用角度尺测出
中心架	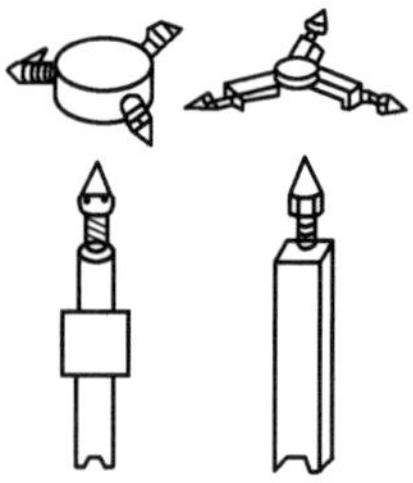	如左图所示为中心架。调整带尖头的可伸缩螺钉，可将中心架固定在工件的空心孔中，以便划中心线时在其上定出孔的中心
工字形平尺	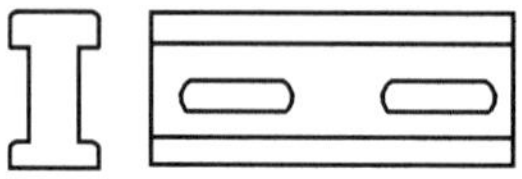	如左图所示为工字形平尺，其材料为球墨铸铁，配合直角箱，常用在大型零件的立体划线时，使用时把直角箱放在工件的两侧，工字形平尺放在方箱上。依据工件投影在平板上的坐标线，利用弯尺或铅垂线确定工字形平尺的位置；用大的 G 形夹头将工字形平尺固定在方箱上，使划线盘底面靠在平尺垂面上，进行横跨工件的划线

二、划线常识

（1）划线的准备工作

① 工具的准备。划线前必须根据工件划线的图样及各项技术要求，合理地选择所需要的各种工具。每件工具都要检查核验，如有缺陷及时修整，否则会影响划线质量。

② 工件的准备

a. 工件的清理。毛坯件上的氧化铁皮、型砂、毛边、残留的泥沙污垢或加工件的飞边、毛刺、铁屑等，必须先清除干净。否则会影响划线的清晰度、准确程度及损伤较精密的划线工具。

b. 工件的除色。为了使工件上划出的线条清淅、划线前要在工件上的需划线部位涂上一层均匀的涂料。

c. 在工件孔中装中心块，以便找孔的中心，用划规划圆，常用的有木塞块、铅条塞块或装入中心架等。

（2）常用的划线涂料

常用的划线涂料的品种及成分与配制方法见表 2-4。

表 2-4　常用的划线涂料的品种及成分与配制方法

工件状态	涂料品种	成分与配制方法	特点
铸件、锻件毛坯	石灰浆	①石灰水、3% 的乳胶 ②石灰、牛皮胶加水混合 ③石灰、食盐加水混合	具有良好的附着力
光滑坯面或加工件	蓝油	龙胆紫加虫胶和酒精	干得快
	绿油	孔雀绿加虫胶和酒精	
	红油	品红加虫胶和酒精	
	硫酸铜	水中加少量的硫酸铜及微量的硫酸溶液	能很块地形成一层钢膜，划出的线清晰
	紫油	青莲或普鲁士蓝加漆片、酒精	附着力强、干得快，线条清晰，并能用酒精擦掉
铝、铜等有色金属	龙胆紫（品紫）溶液	2% ～ 3% 的龙胆紫，3% ～ 4% 的漆片，93% ～ 95% 的酒精	干得快，线条清晰
磨削过的工件	硫酸铜（蓝矾）溶液	5% ～ 6% 的硫酸铜，94% ～ 95% 的稀酒精；或用 8% 的硫酸铜，92% 的水	干得快，线条清晰
精加工工件	孔雀绿（品绿）溶液	3% ～ 4% 的孔雀绿，2% ～ 3% 的漆片，93% ～ 95% 的酒精	干得快，线条清晰

（3）常用平面划线标记（表 2-5）

表 2-5　常用平面划线标记

名称	标记	用途
中心线	—·—·—	用于板料与半成品件的划线
中心点或定位点	⊕ 或 V	
煨制线	——	
切断线	制作料 —●—●—●—●— 制作料	
切掉线	余料 //////// 制作料	
中心点		用于毛坯或半成品件划线
十字校正线	＋	
加工界限线	—●●●●●●●—	
验证线又称检查线，距加工线 3 ～ 10mm	—●————●—	

三、划线基准

在零件图上划线时，确定工件几何形状、尺寸位置的点、线、面就叫做划线基准。

（1）选择划线基准的原则（表 2-6）

表 2-6　选择划线基准的原则

类别	说　明
图纸尺寸	划线基准与设计基准一致
加工情况	①毛坯上只有一个表面是已加工面，以该面作基准 ②工件不是全部加工，以不加工面为基准 ③工件全是毛坯面，以较平整的大平面为基准
毛坯形状	①圆柱形工件以轴线作基准 ②有孔、凸起部或毂面时，以孔、凸起部或毂面作基准

（2）划线前的准备工作及生产要点（表 2-7）

表 2-7　划线前的准备工作及生产要点

类别	说　明
划线前的准备	划线的质量将直接影响工件的加工质量，要保证划线质量，就必须做好划线前有关的准备工作 ①清理工件。对于铸、锻毛坯件，应将型砂、毛刺、氧化皮除掉，并用钢丝刷刷净，对已生锈的半成品将浮锈刷掉 ②分析图样了解工件的加工部位和要求，选择划线基准 ③在工件的划线部位，按工件不同材料涂上合适的涂料 ④擦净划线平板，准备好划线工具
生产要点	①熟练掌握各种划线工具的使用方法，特别对一些精密划线工具 ②工具要合理放置，左手用的工具放在作业件的左面，右手用的工具放在作业件的右面 ③较大工件的立体划线，特别是在调整工件安放位置时，最好用起重设备吊置加以保险，或在工件下垫以垫铁等，以免发生事故 ④划线完毕，收好工具，将平台擦净

（3）找正工件基准的方法

划线时，应使划线基准与设计基准一致。选择划线基准时，应先分析图样，了解零件结构以及零件各部尺寸的标注关系。划线基准一般有三种类型，见表 2-8。

表 2-8　找正工件基准的方法

类别	图　示	说　明
以两个相互垂直的平面（或直线）为基准	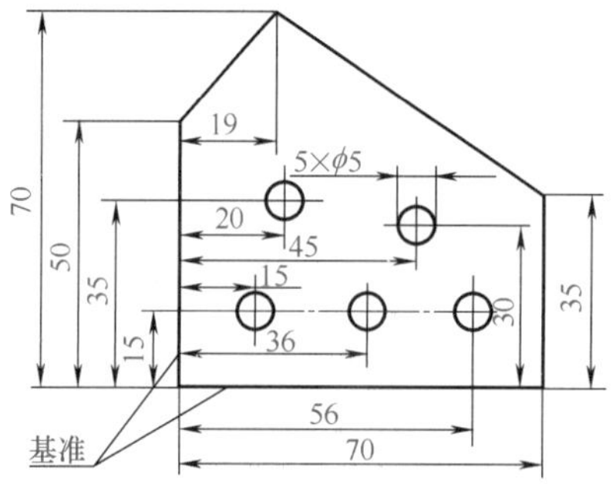	该零件在两个垂直的方向上都有尺寸要求

续表

类别	图示	说明
以一个平面（或直线）和一条中心线为基准	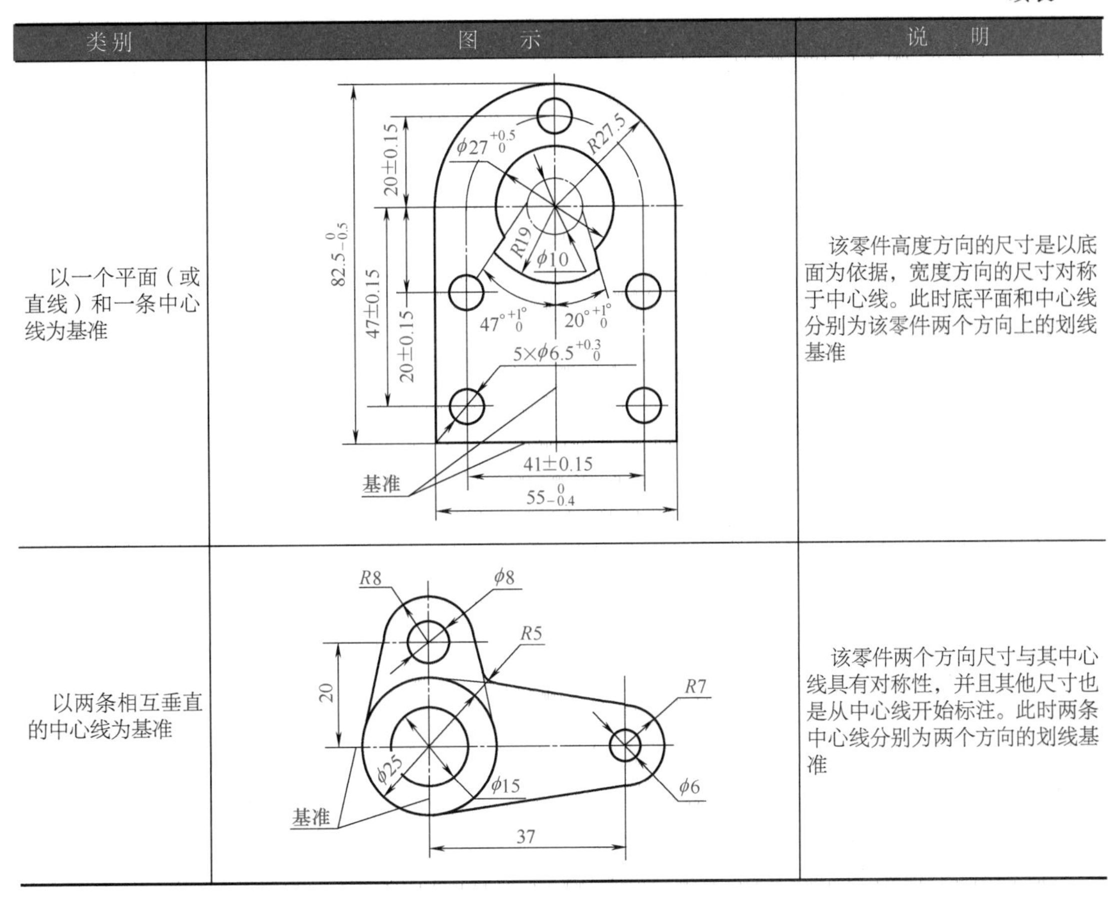	该零件高度方向的尺寸是以底面为依据，宽度方向的尺寸对称于中心线。此时底平面和中心线分别为该零件两个方向上的划线基准
以两条相互垂直的中心线为基准		该零件两个方向尺寸与其中心线具有对称性，并且其他尺寸也是从中心线开始标注。此时两条中心线分别为两个方向的划线基准

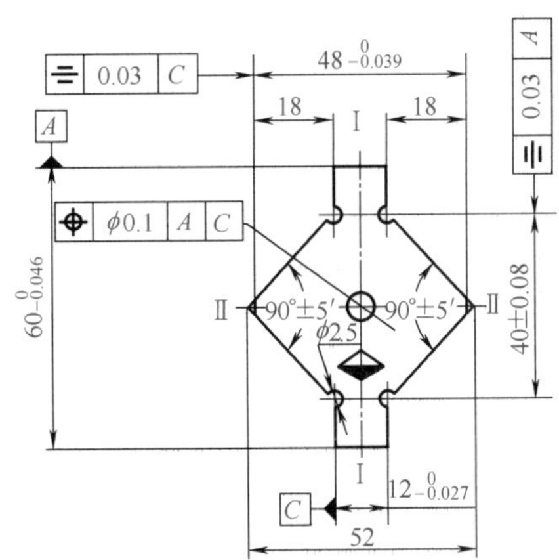

图 2-1 菱形镶配件时平面划线基准的选择

由此可见，划线时在零件的每一个尺寸方向都需要选择一个基准。因此，平面划线一般要选择两个划线基准，立体划线要选择三个划线基准。

（4）平面划线基准

① 如图 2-1 所示为菱形镶配件各个部位尺寸的标注情况，以及图中各要素形位公差的要求。可见菱形镶配件其宽度方向尺寸如 $48^{\ 0}_{-0.039}$ mm、$12^{\ 0}_{-0.027}$ mm、52mm 均对称于中心线Ⅰ-Ⅰ。其高度方向尺寸如 48±0.08mm、$60^{\ 0}_{-0.046}$ mm 以及两个 90°±5′ 的直角均对称于中心线Ⅱ-Ⅱ，故在菱形镶配件图形中，Ⅰ-Ⅰ、Ⅱ-Ⅱ为设计基准，按划线基准选择原则，该零件划线时，应选择Ⅰ-Ⅰ、Ⅱ-Ⅱ两条中心线为划线基准。划线即从基准开始。

② 如图 2-2 所示为 Y 形压模，按 Y 形压模各部尺寸标注情况分析，压模在两个方向上有尺寸要求，其高度方向尺寸如 $30^{+0.052}_{\ 0}$ mm、$65^{\ 0}_{-0.03}$ mm 均以 *A* 面或线开始标注，其宽度方向尺寸如 $15^{\ 0}_{-0.018}$ mm、$45^{\ 0}_{-0.025}$ mm、$10^{\ 0}_{-0.036}$ mm 以及 90°±5′ 的直角均对称于中心线Ⅰ-Ⅰ，故 *A* 面或线及中心线Ⅰ-Ⅰ为该压模的设计基准，按划线基准选择原则，压模在划线时应选择 *A* 面或线以及中心线Ⅰ-Ⅰ作划线基准。

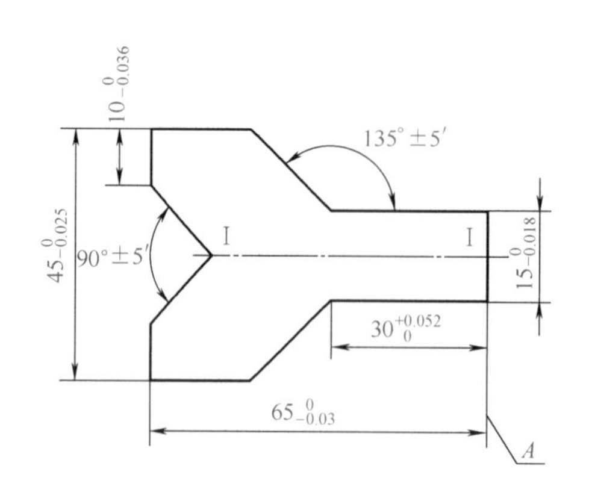

图 2-2　Y 形压模时平面划线基准的选择

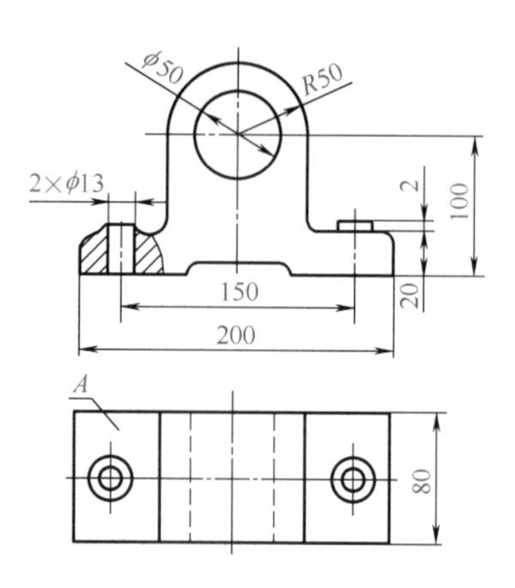

图 2-3　轴承座划线

（5）立体划线基准

如图 2-3 所示为轴承座划线。从图中分析可见，轴承座加工的部位有底面、轴承座内孔、两个螺钉孔及其上平面。两个大端面需要划线的尺寸共有三个方向，划线时每个尺寸方向都须选定一个基准，所以轴承座划线需三个划线基准。由此可见该轴承座的划线属立体划线。

在三个方向上划线，工件在平板上要安放三次才能完成所有线条。第一划线位置应该是选择待加工表面和非加工表面均比较重要和比较集中的一个位置，而且支承面比较平直。所以轴承座第一划线位置：应以底平面作安放支承面，如图 2-4（a）所示，调节千斤顶，使两端孔的中心基本调到同一高度，划出基准线Ⅰ-Ⅰ底平面加工线及其他有关线条。第二划线位置：安放轴承座，使底平面加工线垂直于平板，并调正千斤顶，使两端孔的中心基本在同一高度，如图 2-4（b）所示，然后划基准线Ⅱ-Ⅱ，并划出两螺钉孔中心线。

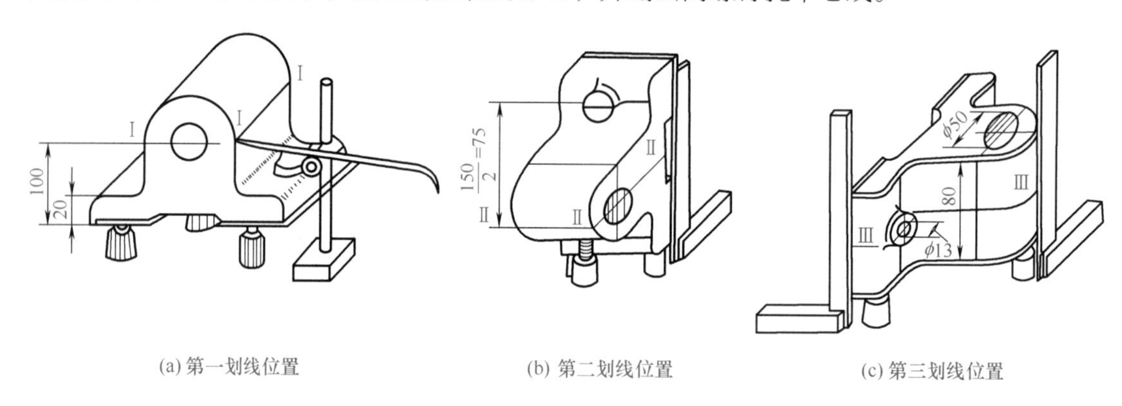

(a) 第一划线位置　(b) 第二划线位置　(c) 第三划线位置

图 2-4　轴承座的划线位置

第三划线位置：以轴承座某一端面为安放支承面，调节千斤顶，使轴承座底面加工线和基准线Ⅰ-Ⅰ垂直于平台，如图 2-4（c）所示，然后以两螺钉孔的中心（初定）为依据，试划两大端面加工线，如一端面出现余量不够，可适当调整螺孔中心位置（借料），当中心确定后即可划出Ⅲ-Ⅲ基准线和两大端面的加工线。

至此轴承座三个方向的线条（加工线）都可划出。可见轴承座三个尺寸方向上的基准分别为图中Ⅰ-Ⅰ、Ⅱ-Ⅱ、Ⅲ-Ⅲ。在实际划线时，基准线Ⅰ-Ⅰ、Ⅱ-Ⅱ、Ⅲ-Ⅲ及有关尺寸线如底面和两大端面的加工线在轴承座四周都要划出，这除了明确表示加工界线外，也为在机床上加工时找正位置提供方便。

上述划线完成经复验无误后在加工界线上打样冲眼。样冲眼必须打正，毛坯面要适当深些，已加工面或薄板件要浅些、稀些。精加工表面和软材料上可不打样冲眼。

四、常用划线方法

常用划线方法见表 2-9。

表 2-9　常用划线方法

名称	图示	步　骤
平行线 1	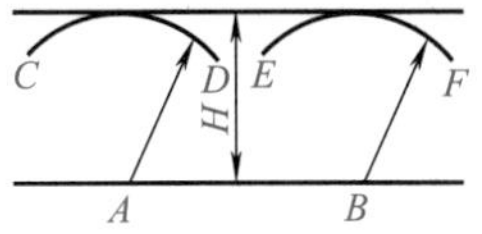	①在划好的直线上，取 A、B 两点 ②以 A、B 为圆心，由相同半径 R 划出两圆弧 ③用钢直尺作两圆弧的切线
平行线 2	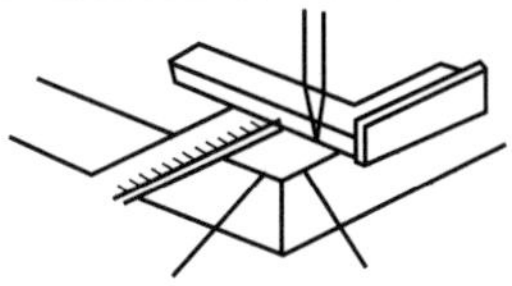	①用钢直尺和划针划出需要的距离 ②用 90° 角尺紧靠垂直面，另一边对正划出距离，用划针划出平行线
垂直线 1	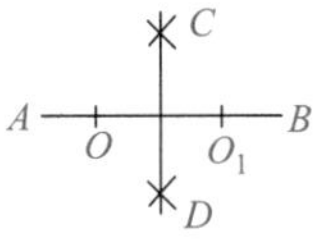	①在划好的直线上，取任意两点 O、O_1 为圆心，作圆弧交于上、下两点 C 和 D ②通过 C、D 连线，就是 AB 的垂直线
垂直线 2	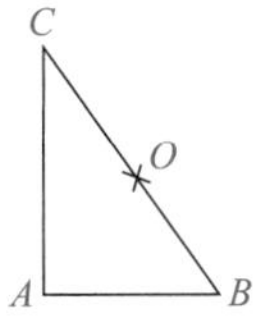	①划直线 AB ②分别以 A、B 为圆心，AB 为半径作弧，交于 O 点 ③再以 O 点为圆心，AB 为半径，在 BO 延长线上作弧，交于 C 点 ④ C 点与 A 点的连线，就是 AB 的垂直线
垂直线 3	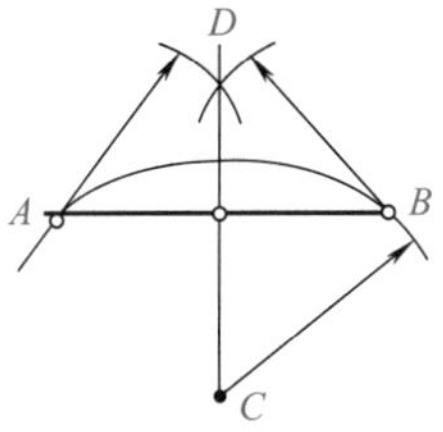	①以直线外 C 点为圆心，适当长度为半径，划弧同已知线交于 A 和 B 两点 ②用适当长度为半径，分别以 A 和 B 点为圆心，划弧交于 D 点 ③连接 C、D 的直线就是 AB 的垂线
二等分一条弧线	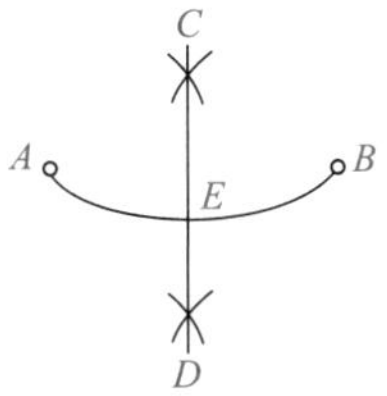	①分别以弧线两端点 A、B 为圆心，用大于 $\frac{1}{2}\overline{AB}$ 为半径划弧，交于 C、D 点 ②连接 CD，和弧 AB 相交于 E 点
二等分已知角	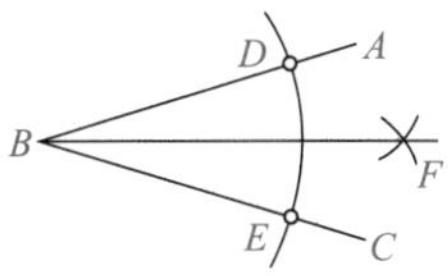	①以 $\angle ABC$ 的顶点为圆心，任意长度为半径，划弧与两边交于 D、E 两点 ②分别以 D、E 为圆心，大于 $\frac{1}{2}\overline{DE}$ 为半径划弧，交于 F 点 ③连接 BF
30° 和 60° 斜线	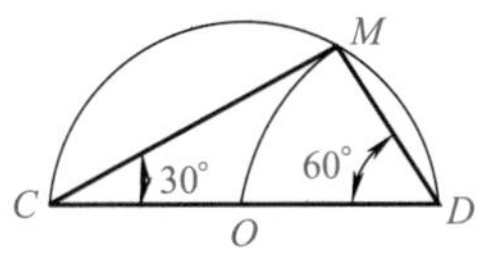	①以 CD 的中点 O 为圆心，$CD/2$ 为半径划半圆 ②以 D 为圆心，用同一半径划弧交于 M 点 ③连接 CM 和 DM，$\angle DCM$ 为 30°，$\angle CDM$ 为 60°

续表

名称	图示	步　骤
45°斜线	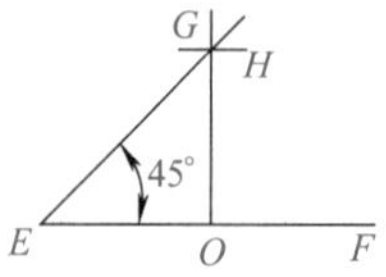	①划线段 *EF* 的垂线 *OG* ②以 *O* 为圆心，*OE* 为半径划弧，交 *OG* 于 *H* ③连接 *EH*，∠ *FEH* 为 45°
任意角度斜线	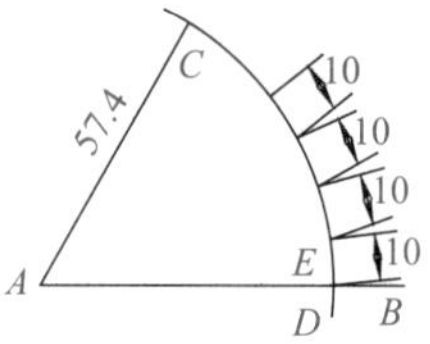	①作 $\overline{AB}$ ② *A* 为圆心，以 57.4 mm 长为半径作圆弧 *CD* ③在弧 *CD* 上截取 10mm，交于 *E* 点，∠ *EAD* 为 10°，每 1mm 弦长的对应角为 1°（近似） 使用中应先用常用角划法划出临近角度，再用此法划剩余角
圆的三等分	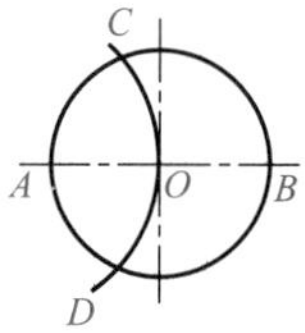	以 *A* 为圆心，*OA* 为半径划弧，交圆于 *C*、*D* 两点，*C*、*D*、*B* 即三等分点
圆的四等分	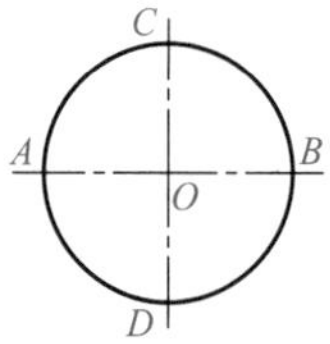	过圆心 *O* 作相互垂直的两条直线 *AB*、*CD*，交点为 *A*、*B*、*C*、*D*
圆的五等分	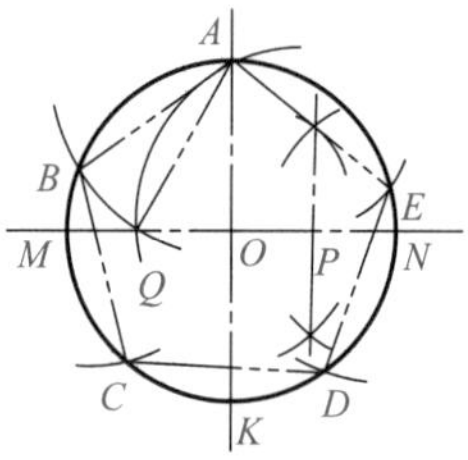	①过圆心 *O* 作垂直线 *AK*、*MN* ②平分 *ON* 得交点 *P* ③以 *P* 为圆心，*PA* 为半径划弧交 *OM* 于 *Q* 点 ④以 *AQ* 为半径，在圆周上截取点 *B*、*C*、*D*、*E* 及 *A*
圆的六等分	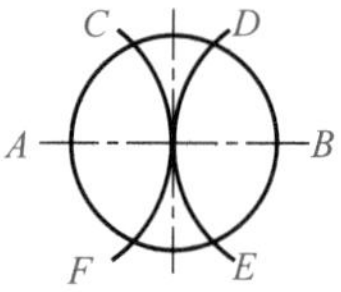	以圆的半径在圆周上连续截取 *A*、*B*、*C*、*D*、*E*、*F* 六等分点
半圆的任意等分	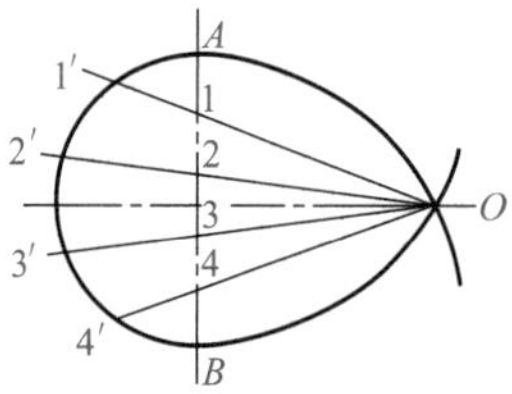	①把直径 *AB* 分 *N* 等分 ②分别以 *A*、*B* 为圆心，*AB* 为半径，划弧交于 *O* 点 ③从 *O* 点与 *AB* 线上等分点连线，并延长交半圆于 1′、2′、3′、4′ 各点
圆的任意等分	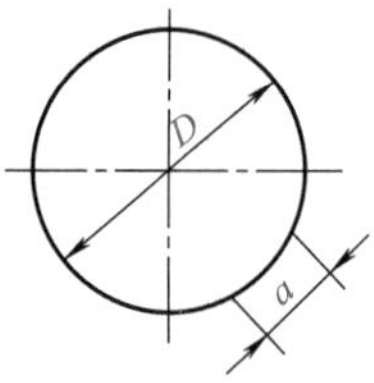	弦长 $a = KD$ 式中　*K*——*N* 等分的系数（见表 2-10） *D*——圆周直径

续表

名称	图示	步　　骤
求弧的圆心	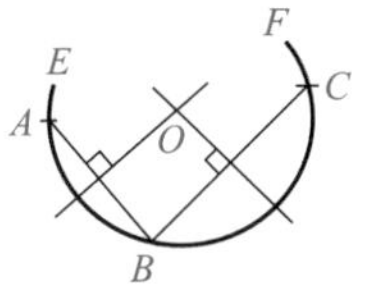	①在$\widehat{EF}$上任取A、B、C三点 ②作AB的垂直平分线 ③作BC的垂直平分线，交于O点，O为$\widehat{EF}$的圆心
作圆弧与两相交直线相切	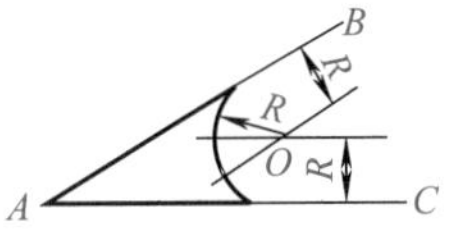	①在两相交直线的锐角∠BAC内侧，作与两直线相距为R的两条平行线，得交点O ②以O点为圆心、R为半径作圆弧即成
作圆弧与两圆内切	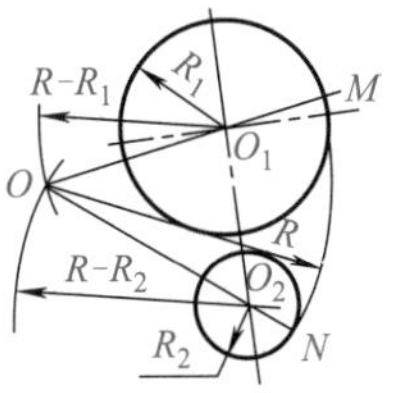	①分别以O_1和O_2为圆心，$R-R_1$和$R-R_2$为半径作弧交于O点 ②以O点为圆心，R为半径作圆弧即成
作圆弧与两圆外切	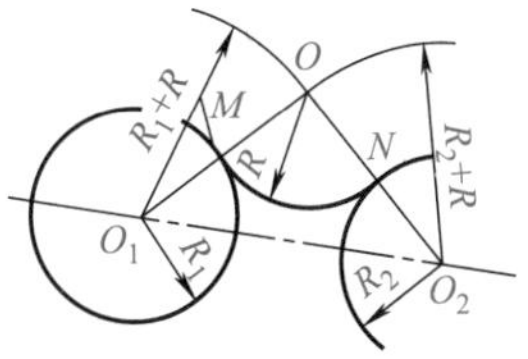	①分别以O_1和O_2为圆心，以R_1+R及R_2+R为半径作圆弧交于O点 ②连接O_1O交已知圆于M点，连接O_2O交已知圆于N点 ③以O点为圆心，R为半径作圆弧即成
把圆周五等分	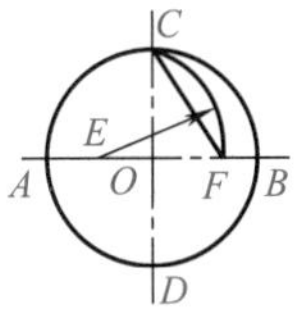	①过圆心O作直线$CD \perp AB$ ②取OA的中点E ③以E点为圆心，EC为半径作圆弧交AB于F点，CF即为圆五等分的长度
作正八边形	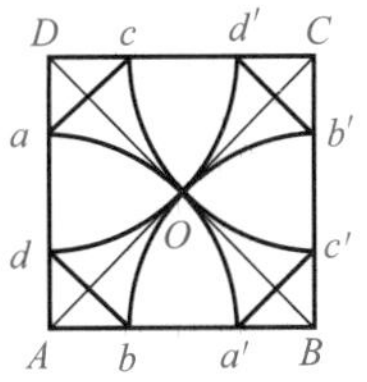	①作正方形$ABCD$的对角线AC和BD，交于O点 ②分别以A、B、C、D为圆心，AO、BO、CO、DO为半径作圆弧，交正方形于a、a'，b、b'，c、c'，d、d'共八个点 ③连接bd、ac、$d'b'$、$c'a'$即得正八边形
只有短轴的椭圆	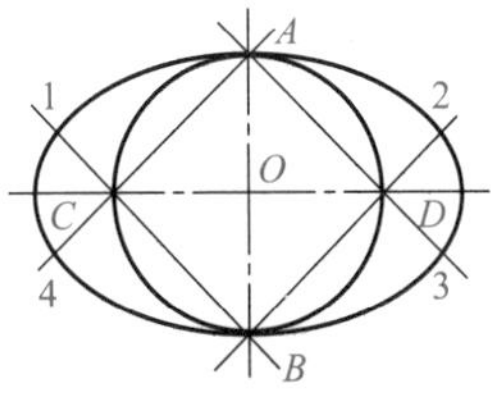	①以短轴AB的中点O为圆心，AO为半径划圆 ②过点O划AB的垂线交圆于C、D ③连接AC、AD、BC、BD并延长 ④分别以A、B点为圆心，AB为半径划弧$\widehat{12}$和$\widehat{34}$ ⑤分别以C、D点为圆心，$\overline{C1}$、$\overline{D2}$为半径，划弧连接1、4和2、3点
只有长轴的椭圆	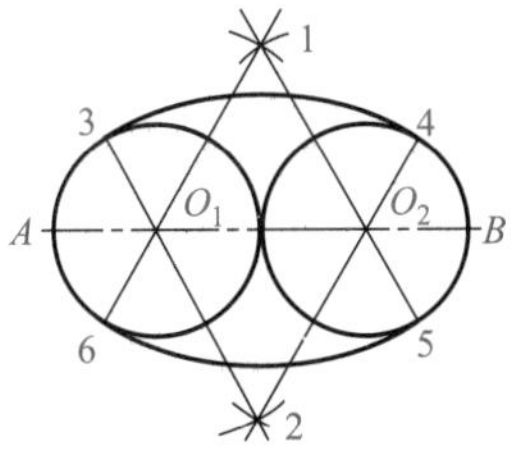	①将长轴AB四等分，得等分点O_1、O_2 ②以一等分长度为半径，分别以O_1、O_2为圆心划圆 ③以O_1到O_2的距离为半径，分别以O_1、O_2为圆心划弧交于1、2点 ④划1点与O_1的延长线，交圆于点6，同法得3、4、5点 ⑤分别以1、2为圆心，以$\overline{16}$或$\overline{23}$为半径，划弧连接5、6及3、4

续表

名称	图示	步　骤
卵圆形	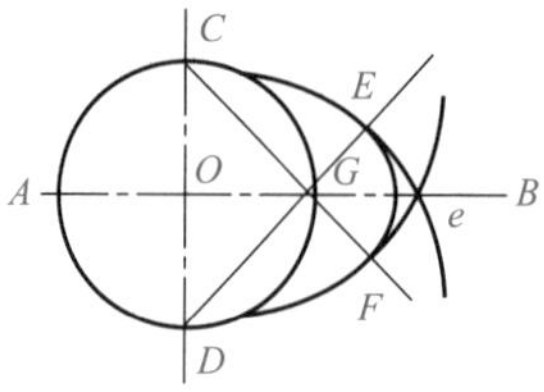	①作线段 CD 垂直 AB，相交于 O 点 ②以 O 点为圆心，OC 为半径作圆，交 AB 于 G 点 ③分别以 D、C 点为圆心，DC 为半径作弧交于 e 点 ④连接 DG、CG 并延长，分别交圆弧于 E、F 点 ⑤以 G 点为圆心、GE 为半径划弧，即得卵圆形
椭圆（用四心法）	已知：AB 为椭圆长轴 CD 为椭圆短轴 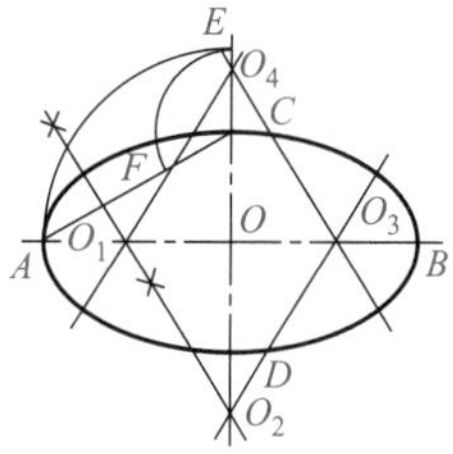	①划 AB 和 CD 相互垂直，交点为 O 点 ②连接 AC，并以 O 点为圆心、OA 为半径划圆弧，交 OC 的延长线于 E 点 ③以 C 点为圆心，CE 为半径划圆弧，交 AC 于 F 点 ④划 AF 的垂直平分线，交 AB 于 O_1，交 CD 延长线于 O_2，截取 O_1 和 O_2 对于 O 点的对称点 O_3 和 O_4 ⑤分别以 O_1、O_2 和 O_3、O_4 为圆心，O_1A、O_2C 和 O_3B、O_4D 为半径划出四段圆弧，圆滑连接后即得椭圆
椭圆（用同心圆法）	已知：AB 为椭圆长轴 CD 为椭圆短轴 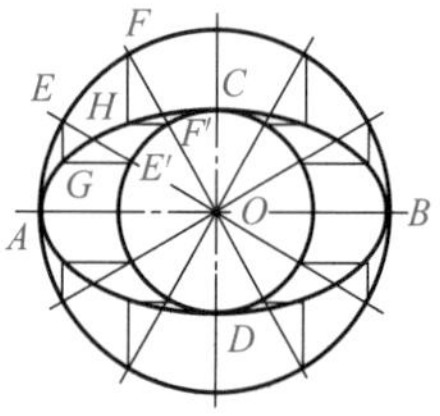	①以 O 点为圆心，分别用长、短轴 AB 和 CD 作直径划两个同心圆 ②通过 O 点相隔一定角度划一系列射线，与两圆相交得 E、E'、F、F'…交点 ③分别过 E、F…和 E'、F'…点，划 AB 和 CD 的平行线相交于 G、H…点 ④圆滑连接 A、G、H、C…点后即得椭圆
渐开线	已知：D 为基圆直径 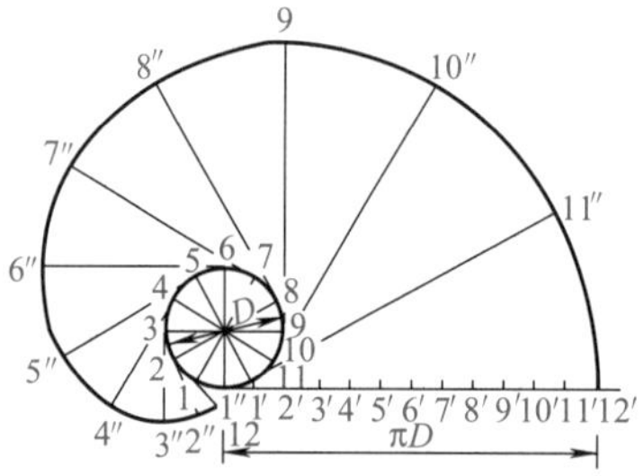	①以直径 D 划渐开线的基圆，并等分圆周（图上为 12 等分），得各等分点 1、2、3、…、12 ②从各等分点分别划基圆的切线 ③在切点 12 的切线上截取 $12\text{-}12' = \pi D$，并等分该线段得各等分点 1′、2′、3′、…、12′ ④在基圆各切线上依次截取线段，使其长度分别为 $1\text{-}1'' = 12\text{-}1'$，$2\text{-}2'' = 12\text{-}2'$，…，$11\text{-}11'' = 12\text{-}11'$ ⑤圆滑连接 12、1″、2″、…、12″ 各点即为已知基圆的渐开线
阿基米德螺旋线（等速运动曲线）	已知：R 为螺旋升量 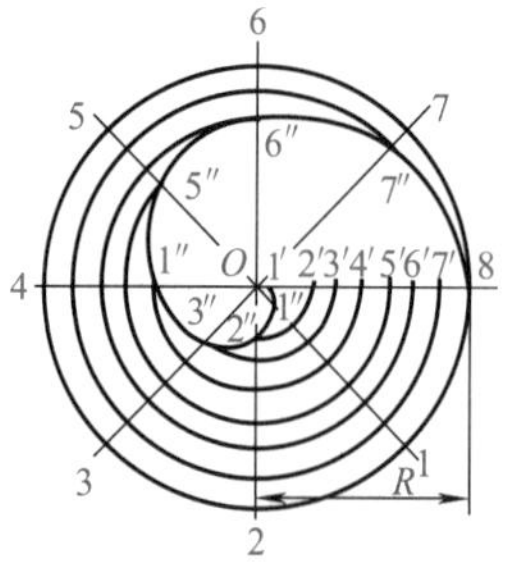	①过半径为 R 的圆的圆心 O 作若干等分线 $O1$、$O2$、$O3$、…、$O8$ 等分圆周（左图上为八等分） ②将 $O8$ 八等分，得各等分点 1′、2′、3′、…、8 ③过各等分点作同心圆与相应的等分线交于 1″、2″、3″、…、8 各点 ④圆滑连接各交点，即得阿基米德螺旋线

续表

名称	图示	步　骤
滚子从动杆移动凸轮划法	已知：$A8$ 为凸轮移动行程 AB 为从动杆移动行程 凸轮水平方向作往返等速直线运动；从动杆沿铅垂方向作简谐运动 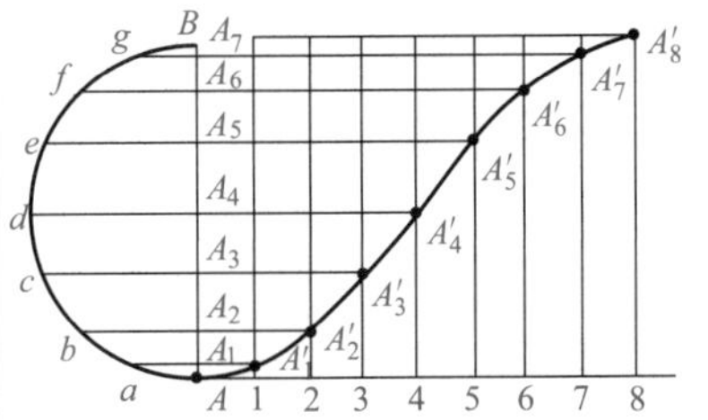	①划水平直线 $A8$，AB 垂直于 $A8$ ② $A8$ 分若干等分（左图中八等分，圆周 N 等分系数见表 2-10），得 A、1、2、…、8 各点，通过各点划垂线 ③划半圆 $\widehat{AB}$，把半圆等分成与凸轮相应的等分数，得点 A、a、b、…、g、B，过各点划水平线交于 AB，得 A、A_1、…、A_7、B 各点（按简谐运动的要求，将 AB 分段），各水平线继续延长，与各相应的垂直线交于 A、A_1'、A_2'、…、A_8' 点，用曲线板圆滑连接各点，得移动凸轮的理论轮廓线（也是尖端从动杆移动凸轮的实际轮廓线） ④以 A、A_1'、…、A_8' 各点为圆心，划滚子圆，切各滚子圆弧下边划包络线，即滚子从动杆移动凸轮的实际轮廓线 ⑤在包络线上打样冲眼
正齿轮渐开线齿形的近似划法	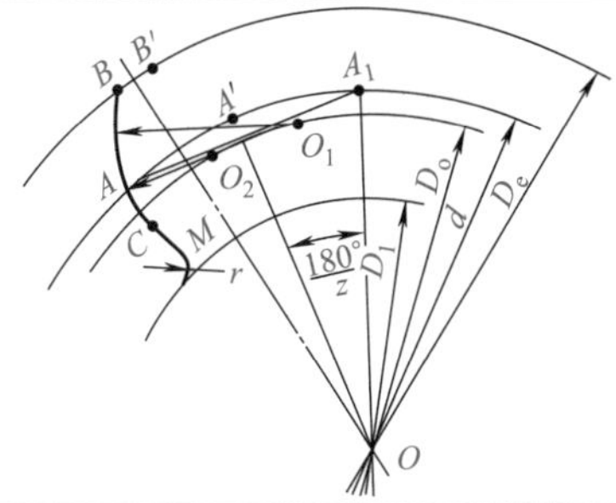	①以 O 为圆心，分别划分度圆、根圆、基圆，若划样板，还要划顶圆 ②在分度圆上，按周节所对弦长 $AA_1=d\sin\dfrac{180°}{z}$ 的尺寸等分分度圆 ③算出齿弧半径 R_1 和 R_2 $R_1 = b'm$，$R_2 = c'm$ 式中，b' 和 c' 的值可由表 2-11 查出

表 2-10　圆周 N 等分系数表

N	K	N	K	N	K	N	K
3	0.86603	13	0.23932	23	0.13617	33	0.09506
4	0.70711	14	0.22252	24	0.13053	34	0.09227
5	0.58779	15	0.20791	25	0.12533	35	0.08964
6	0.50000	16	0.19509	26	0.12054	36	0.08716
7	0.43388	17	0.18375	27	0.11609	37	0.08481
8	0.38268	18	0.17365	28	0.11196	38	0.08258
9	0.34202	19	0.16459	29	0.10812	39	0.08047
10	0.30902	20	0.15643	30	0.10453	40	0.07846
11	0.28173	21	0.14904	31	0.10117	41	0.07655
12	0.25882	22	0.14231	32	0.09802	42	0.07473

表 2-11　齿形 b'、c' 系数表（$\alpha = 20°$）

z	b'	c'	z	b'	c'	z	b'	c'
8	2.22	0.84	24	5.20	3.24	40	8.01	5.84
9	2.43	0.98	25	5.38	3.40	42	8.35	6.18
10	2.64	1.11	26	5.55	3.56	45	8.90	6.66
11	2.83	1.25	27	5.75	3.72	48	9.40	7.18
12	3.02	1.30	28	5.93	3.86	49	9.56	7.34
13	3.22	1.54	29	6.10	4.04	50	9.75	7.50
14	3.40	1.68	30	6.26	4.20	55	10.60	8.36
15	3.58	1.84	31	6.45	4.35	60	11.50	9.20
16	3.77	1.98	32	6.62	4.51	65	12.31	10.01
17	3.95	2.14	33	6.81	4.67	70	13.15	10.85
18	4.13	2.29	34	7.00	4.83	80	14.87	12.55
19	4.31	2.45	35	7.16	5.00	90	16.58	14.30
20	4.49	2.61	36	7.35	5.17	100	18.20	16.05
21	4.66	2.77	37	7.51	5.33	120	21.60	19.51
22	4.83	2.92	38	7.66	5.51	140	24.84	22.89
23	5.01	3.08	39	7.85	5.67			

五、分度头划线

分度头是铣床附件，是用来对工件进行分度的工具。钳工划线时可以使用分度头对较小的规则的圆形工件进行等分圆周和不等分圆周划线或划倾斜角度线等。其使用方便，精确度好。F11125 型万能分度头的外形及传动系统如图 2-5 所示。

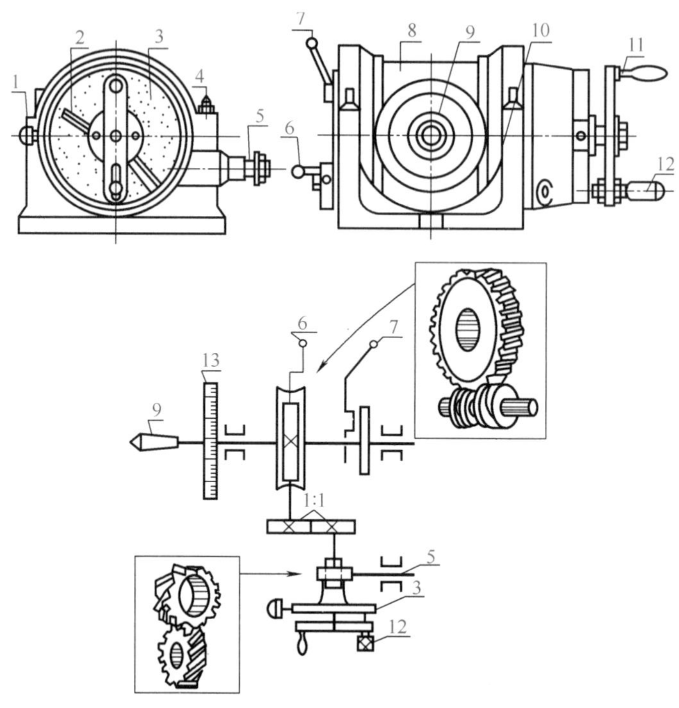

图 2-5　F11125 型万能分度头的外形和传动系统

1—分度盘紧固螺钉；2—分度叉；3—分度盘；4—螺母；5—交换齿轮轴；6—蜗杆脱落手柄；7—主轴锁紧手柄；8—回转体；9—主轴；10—基座；11—分度手柄；12—分度定位销；13—刻度盘

（1）分度头的主要附件及其功用（表 2-12）

表 2-12　分度头的主要附件及其功用说明

<table>
<tr><th>类别</th><th>说　明</th></tr>
<tr><td>分度盘</td><td>分度头有配一块分度盘的，也有配两块分度盘的。常用的 F11125 型万能分度头备有两块分度盘，正、反面都有数圈均布的孔圈，常用分度盘孔圈数见以下附表
附表　孔盘的孔圈数
<table>
<tr><th>盘块面</th><th>定数</th><th>盘 的 孔 圈 数</th></tr>
<tr><td>带一块盘</td><td>40</td><td>正面：24、25、28、30、34、37、38、39、41、42、43
反面：46、47、49、51、53、54、57、58、59、62、66</td></tr>
<tr><td>带两块盘</td><td>40</td><td>第一块正面：24、25、28、30、34、37
反面：38、39、41、42、43
第二块正面：46、47、49、51、53、54
反面：57、58、59、62、66</td></tr>
</table>
使用分度盘可以解决不是整转数的分度，进行一般的分度操作</td></tr>
<tr><td>分度叉</td><td>在分度时，为了避免每分度一次都要计孔数，可利用分度叉来计数，如图 2-6 所示。松开分度叉紧固螺钉，可任意调整两叉之间的孔数，为了防止摇动分度手柄时带动分度叉转动，用弹簧片将它压紧在分度盘上。分度叉两叉之间的实际孔数，应比所需的孔距数多一个孔，因为第一个孔是作起始孔而不计数的。图 2-6 所示是每分度一次摇过 5 个孔距的情况</td></tr>
</table>

续表

类别	说　明
三爪自定心卡盘	三爪自定心卡盘的结构如图 2-7 所示，它是通过连接盘安装在分度头主轴上，用来装夹工件，当扳手方榫插入小锥齿轮的方孔内转动时，小锥齿轮就带动大锥齿轮转动。大锥齿轮的背面有一平面螺纹，与三个卡爪上的牙齿啮合，因此当平面螺纹转动时，三个爪就能同步进出移动

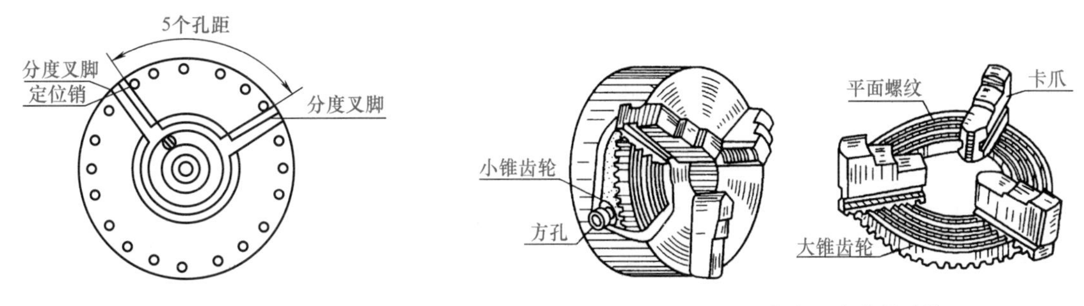

图 2-6　分度叉　　　　图 2-7　三爪自定心卡盘的结构

（2）分度方法

① 单式分度法。由分度头的传动系统可知，分度手柄转 40 转，主轴转 1 转，即传动比为 1 ∶ 40，“40”称为分度头的定数。各种型号的分度头，基本上都采用这个定数。

假设工件的等分数为 z，则每分度一次主轴需转过 $1/z$ 圈，而分度手柄需要转过的圈数设为 n。其单式分度法计算公式为：

$$\frac{1}{z} : n=1 : 40 \quad 即：n=\frac{40}{z}$$

式中　n——分度手柄的转数；

z——工件等分数；

40——分度头定数。

例如：在一工件轴上划出 12 等分线，求每划一条线后，分度头手柄的转数为：

$$n=\frac{40}{z}=\frac{40}{12}=3\frac{4}{12}=3\frac{8}{24}$$

即每划一条线后，分度头手柄摇过 3 圈，再在 24 个孔距的孔圈上转过 8 个孔距。

为减少计算，可依据所分等分数，直接查单式分度表，见表 2-13。

② 角度分度法。工件角度以“度”为单位时，其计算公式为：

$$n=\frac{\theta^\circ}{9^\circ}$$

工件角度以“分”为单位时，其计算公式为：

$$n=\frac{\theta'}{9\times60'}=\frac{\theta'}{540'}$$

工件角度以“秒”为单位时，其计算公式为：

$$n=\frac{\theta''}{9\times60\times60''}=\frac{\theta''}{32400''}$$

式中　n——分度头手柄的转数；
　　　θ——工件等分角度数值。

表 2-13　单式分度表（分度头定数 40）

工件等分数	分度盘孔数	手柄回转数	转过的孔距数	工件等分数	分度盘孔数	手柄回转数	转过的孔距数
2	任意	20	—	38	38	1	2
3	24	13	8	39	39	1	1
4	任意	10	—	40	任意	1	—
5	任意	8	—	41	41	—	40
6	24	6	16	42	42	—	40
7	28	5	20	43	43	—	40
8	任意	5	—	44	66	—	60
9	54	4	24	45	54	—	48
10	任意	4	—	46	46	—	40
11	66	3	42	47	47	—	40
12	24	3	8	48	24	—	20
13	39	3	3	49	49	—	40
14	28	2	24	50	25	—	20
15	24	2	16	51	51	—	40
16	24	2	12	52	39	—	30
17	34	2	12	53	53	—	40
18	54	2	12	54	54	—	40
19	38	2	4	55	66	—	48
20	任意	2	—	56	28	—	20
21	42	1	38	57	57	—	40
22	66	1	54	58	58	—	40
23	46	1	34	59	59	—	40
24	24	1	16	60	42	—	28
25	25	1	15	62	62	—	40
26	39	1	31	64	24	—	15
27	54	1	26	65	39	—	24
28	42	1	18	66	66	—	40
29	58	1	22	68	34	—	20
30	24	1	8	70	28	—	16
31	62	1	18	72	54	—	30
32	28	1	7	74	37	—	20
33	66	1	14	75	30	—	16
34	34	1	6	76	38	—	20
35	28	1	4	78	39	—	20
36	54	1	6	80	34	—	17
37	37	1	3				

例 1：在一工件轴上划两个键槽，其夹角为 77°，应如何分度？
解：把 77° 代入以“度”为单位的公式中：

$$n=\frac{77°}{9°}=8\frac{5}{9}=8\frac{30}{54}$$

即分度头手柄转过 8 圈后再在 54 个孔距孔圈上转过 30 个孔距。

例 2：在一工件轴上划两个键槽，其夹角为 7°21′30″，应如何分度？

解：先把 7°21′30″ 化成“秒”：

$$7°21'30'' = 26490''$$

把 26490″ 代入以“秒”为单位的公式中，得：

$$n=\frac{\theta''}{32400''}=\frac{26490''}{32400''}\approx 0.8176\approx\frac{54}{66}$$

角度分数表见表 2-14。

表 2-14　角度分数表（分度头定数 40）

分度头主轴转角			分度盘孔数	转过的孔距数	折合手柄转数	分度头主轴转角			分度盘孔数	转过的孔距数	折合手柄转数
(°)	(′)	(″)				(°)	(′)	(″)			
0	10	0	54	1	0.0185	4	40	0	54	28	0.5200
0	20	0	54	2	0.0370	4	50	0	54	29	0.5370
0	30	0	54	3	0.0556	5	0	0	54	30	0.5556
0	40	0	54	4	0.0741	5	10	0	54	31	0.5741
0	50	0	54	5	0.0926	5	20	0	54	32	0.5926
1	0	0	54	6	0.1111	5	30	0	54	33	0.6111
1	10	0	54	7	0.1296	5	40	0	54	34	0.6296
1	20	0	54	8	0.1481	5	50	0	54	35	0.6481
1	30	0	30	5	0.1667	6	0	0	30	20	0.6667
1	40	0	54	10	0.1852	6	10	0	54	37	0.6852
1	50	0	54	11	0.2037	6	20	0	54	38	0.7037
2	0	0	54	12	0.2222	6	30	0	54	39	0.7222
2	10	0	54	13	0.2407	6	40	0	54	40	0.7407
2	20	0	54	14	0.2593	6	50	0	54	41	0.7593
2	30	0	54	15	0.2778	7	0	0	54	42	0.7778
2	40	0	54	16	0.2963	7	10	0	54	43	0.7963
2	50	0	54	17	0.3148	7	20	0	54	44	0.8148
3	0	0	30	10	0.3333	7	30	0	30	25	0.8333
3	10	0	54	19	0.3519	7	40	0	54	46	0.8519
3	20	0	54	20	0.3704	7	50	0	54	47	0.8704
3	30	0	54	21	0.3889	8	0	0	54	48	0.8889
3	40	0	54	22	0.4074	8	10	0	54	49	0.9074
3	50	0	54	23	0.4259	8	20	0	54	50	0.9259
4	0	0	54	24	0.4444	8	30	0	54	51	0.9444
4	10	0	54	25	0.4630	8	40	0	54	52	0.9630
4	20	0	54	26	0.4814	8	50	0	54	53	0.9815
4	30	0	66	33	0.5000	9	0	0	—	—	1.0000

（3）等速凸轮运动曲线的划线

如图 2-8（a）所示，凸轮工作曲线 AB 为从 0°～270°的等速上升曲线，其升高量为 H = 40mm-31mm = 9mm；工作曲线 BA 为从 270°～360°的下降曲线，其 H 仍等于 9mm。划线前凸轮坯件除了外缘，其余部分均已加工至图样要求尺寸。其划线步骤如下：

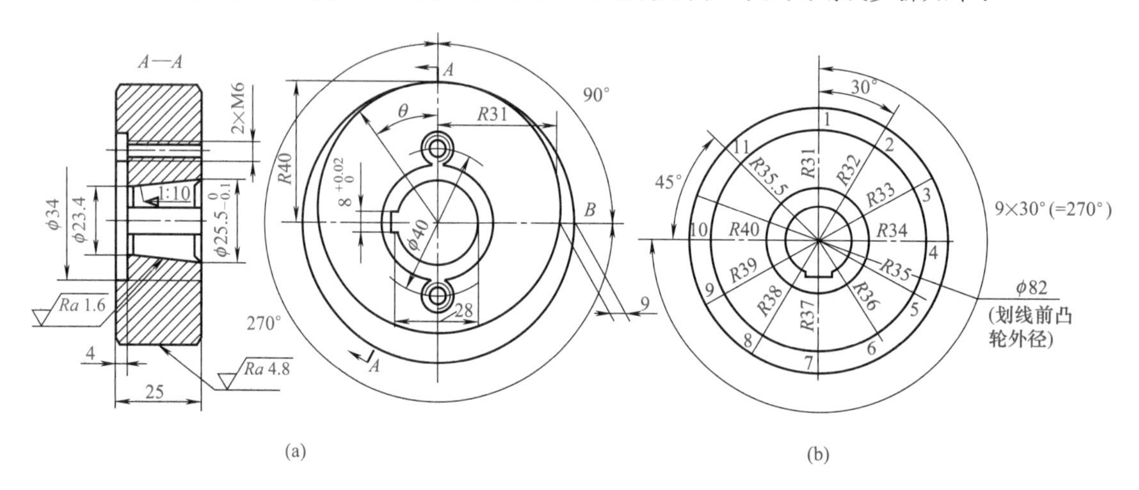

图 2-8　凸轮工作等速上升曲线

a. 以 ϕ25.5mm 锥孔为基准，配作 1 ∶ 10 锥度心轴。先将心轴装夹在分度头的三爪自定心卡盘上校正，然后将凸轮坯件装夹在心轴上，以键槽定向划出中心十字线（即定出 0 位）。

b. 凸轮工作曲线 AB 在 270°范围内升高量 H = 9mm。为计算方便，可将曲线分成 9 等分（或 18 等分），每等分为 30°（或 15°），每等分升高量 H = 1mm（或 0.5mm）。从 0 位起，当按分度头每转过 30°作射线时，其分度头手柄应摇过 $3\frac{22}{66}$（即摇过 3 转后在 66 板孔上再转过 22 孔），如图 2-8（b）中的 1，2，3，…共 10 条射线（即在 0°～270°范围内）。此外下降工作曲线 BA 按每等分 45°，将曲线分 2 等分（即分度头手柄再转过 5 转）；再划一条射线。

c. 凸轮工作曲线 AB 按 30°等分后，每等分升高量 H = 1mm。定距离时，先将工件的 0 位转至最高点，用高度游标卡尺在射线 1 上截取 R_1=31mm 得到第 1 点，然后将分度头转过 30°，在射线 2 上截取 R_2=32mm 得到第 2 点……依此类推，直至到射线 10 上截取 R_{10}=40mm 得到第 10 点，然后再转过 45° 在射线 11 上截取 R_{11}=35.5mm 得到第 11 点，如图 2-8（b）所示。

d. 取下工件，用曲线板逐点连接工作曲线，注意连线时应保证曲线的圆滑准确。在凸轮的加工线上冲出样冲孔，并在凸轮工作曲线的起始点做出标记。

六、划线时的找正与借料

（1）找正的目的和原则

利用工具（划规、90°角尺等）使工件上的有关表面处于合适的位置叫找正。这是因为：

a. 当毛坯上有不加工表面时，按不加工表面找正后，可使待加工表面与已加工表面之间保持尺寸均匀。

b. 若工件上有两个以上的不加工表面时，应选择其中面积较大、较重要或外观质量要求较高的面作为校正基准，并兼顾其他较次要的不加工表面。这样可使各不加工面之间厚度均匀，并使其形状误差反映到次要部位或不显著的部位上。

c. 当毛坯工件上没有不加工表面时，通过对各待加工表面自身位置的校正，能使各加工表面的加工余量得到合理均匀分布。

d. 对于有装配关系的非加工部位，应优先作为校正基准，以保证工件经加工后能顺利地进行装配。

（2）借料

对有些铸件或锻件毛坯，按划线基准进行划线时，会出现零件毛坯某些部位的加工余量不够。通过调整和试划，将各部位的加工余量重新分配，以保证各部位的加工表面均有足够的加工余量，使有误差的毛坯得以补救，这种用划线来补救的方法称为借料。对毛坯零件借料划线的步骤如下：

a. 测量毛坯件的各部尺寸，划出偏移部位及偏移量。

b. 根据毛坯偏移量，对照各表面加工余量，分析此毛坯是否能够划线，如确定能够划线，则应确定借料的方向及尺寸，划出基准线。

c. 按图样要求，以基准线为依据，划出其余所有的线。

d. 复查各表面的加工余量是否合理，如发现还有表面的加工余量不够，则应继续借料重新划线，直至各表面都有合适的加工余量为止。

如图 2-9 所示为箱体借料划线示意图，图 2-9（a）所示为某箱体铸件毛坯的实际尺寸，图 2-9（b）所示为箱体图样标注的尺寸（已略去其他视图及与借料无关的尺寸）。

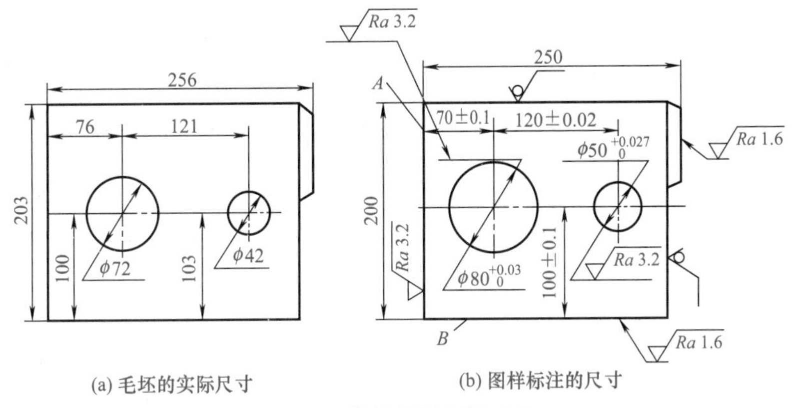

图 2-9　箱体借料划线示意

① 不采用借料分析各加工平面的余量。首先应选择两个相互垂直的平面 *A*、*B* 为划线基准（考虑各面余量均为 3mm）。

a. 大孔的划线中心与毛坯孔中心相差 4.24mm，如图 2-10（a）所示。

b. 小孔的划线中心与毛坯孔中心相差 4mm，如图 2-10（a）所示。

c. 如果不借料，以大孔毛坯中心为基准来划线，如图 2-10（b）所示，则底面与右侧面均无加工余量，此时小孔的单边余量最小处不到 0.9mm，很可能镗不圆。

d. 如果不借料，以小孔毛坯中心为基准来划线，如图 2-10（c）所示，则右侧面不但没有加工余量，还比图样尺寸小了 1mm，这时大孔的单边余量最小处不到 0.9mm，很可能镗不圆。

② 采用借料划线的尺寸分析（图 2-11 所示）。

a. 经借料后各平面加工余量分别为 4.5mm、2mm、1.5mm。

b. 将大孔中心往上借 2mm，往左借 1.5mm（孔的中心实际借偏约 2.5mm），大孔获得单边最小加工余量为 1.5mm。

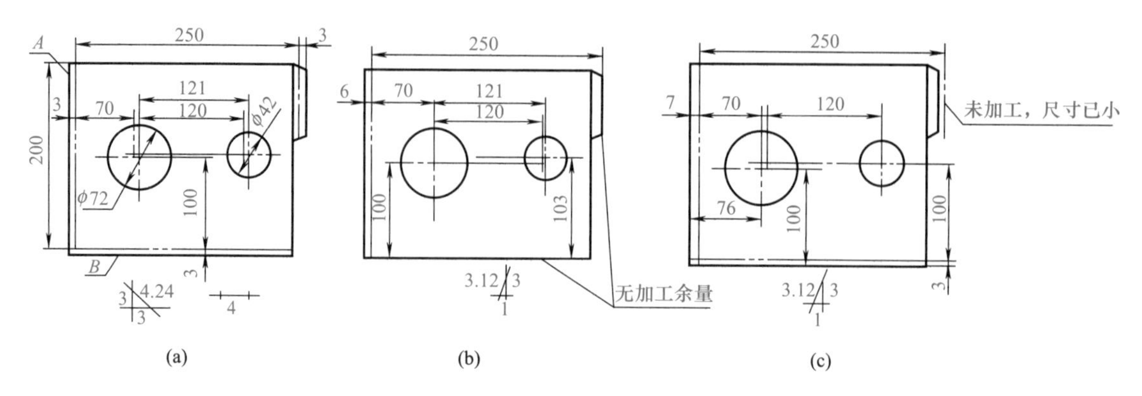

图 2-10　不借料时划线出现的情况

c. 将小孔中心往下借 1mm，往左借 2.5mm（孔的中心实际借偏约 2.7mm），小孔获得单边最小加工余量为 1.3mm。

应当指出，通过借料，高度尺寸比图样要求尺寸超出 1mm，但一般是允许的，否则应考虑其他方法借正。

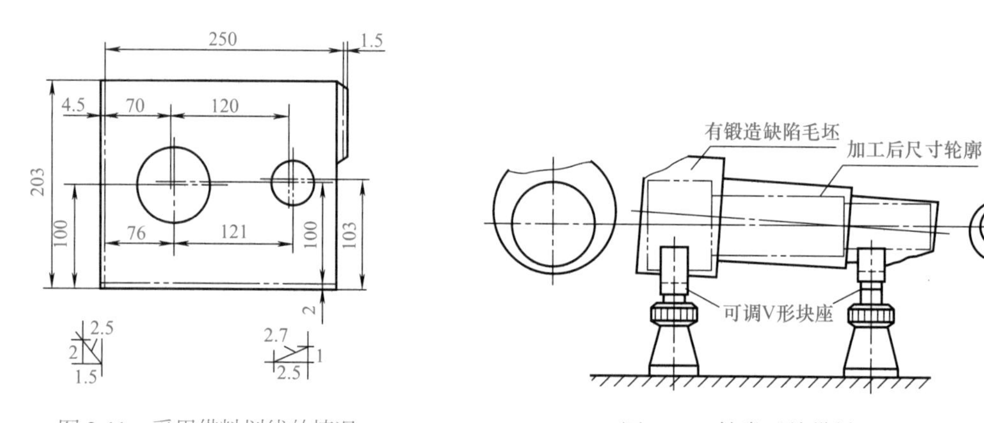

图 2-11　采用借料划线的情况

图 2-12　轴类零件借料

如图 2-12 所示是一件有锻造缺陷的轴（毛坯）。若按常规方法加工，则轴的大端、小端均有部分没有加工余量，若采用借料划线（轴类工件借料方法，应借调中心孔或外圆夹紧定位部位，使轴的两端外圆均有一定加工余量）进行校正后加工，即可补救锻造缺陷。

第二节　平面加工

平面加工的方法主要有锯削、錾削、锉削、刮削及研磨，下面介绍它们的常用刀具及加工工艺。

一、锯削

用锯对材料或工件进行切断或锯槽的加工方法称为锯削，用于锯断各种原材料或半成品，锯掉工件上多余部分或在工件上锯槽等。锯条安装的松紧程度要适当；工件的锯削部位装夹时，应尽量靠近钳口，防止振动；锯削薄壁管件，必须选用细齿锯条；锯薄板件，还要在其两侧夹木板，且锯条相对工件倾斜角应≤ 45°。

锯削有手锯和机锯两种，下面主要介绍手锯。

（1）手锯规格

手锯是对材料或工件进行分割和切割的锯削工具，它由锯弓和锯条组成。锯弓有固定式和可调式两种，如图 2-13 所示。锯条是直接锯割材料和工件的刀具，一般由渗碳钢冷轧制成，也可用碳素工具钢或合金钢制成，经热处理淬硬。锯条的规格按其长度和粗细的不同区分，长度是以锯条两端安装孔的中心距表示，常用的是 300mm；粗细是按照锯条每 25mm 长度内所包含的锯齿数，有 14、18、24 和 32 等几种。其规格和应用见表 2-15。

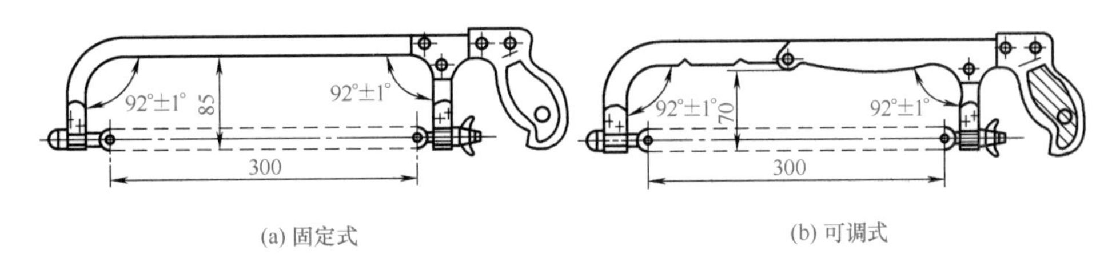

(a) 固定式　(b) 可调式

图 2-13　锯弓结构

表 2-15　锯条规格和应用

种类	每 25mm 长度内齿数	应　　用
粗	14 ～ 18	锯削铸铁、紫铜、软钢、黄铜、铝、人造胶质材料
中	22 ～ 24	锯削中等硬度钢、厚壁的钢管、铜管、硬度较高的轻金属、黄铜、较厚型材
中细	20 ～ 32	一般工厂中用
细	32	薄片金属、小型材、落壁钢管、硬度较高的金属

（2）锯齿的切削角度及锯路

锯条是手锯的切削部分。锯削时正确选用锯条是锯削操作中不容忽视的问题，要做到合理选用锯齿的切削角度及锯路，必须先了解以下几点：

a. 锯削时要达到较高的工作效率，同时使锯齿具有一定的强度。因此切削部分必须具有足够的容屑槽以及保证锯齿有较大的楔角。目前使用的锯条锯齿角度是：前角为 0°，楔角为 50°，后角为 40°。锯齿角度如图 2-14 所示。

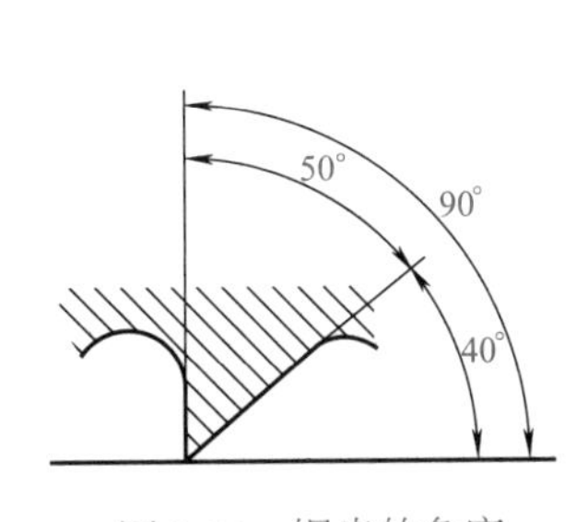

图 2-14　锯齿的角度

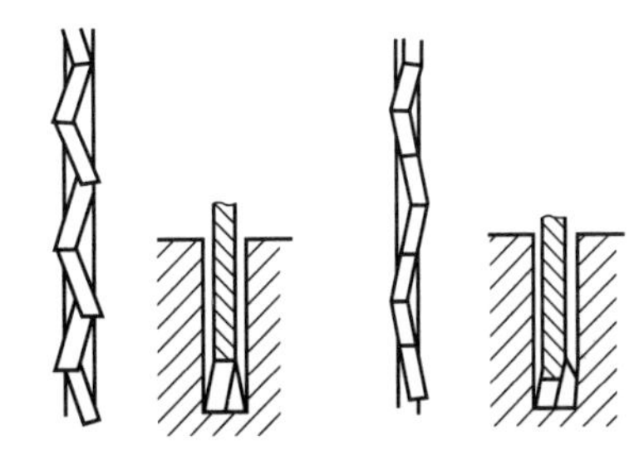
图 2-15　锯齿排列

b. 锯削时，锯入工件越深锯缝两边对锯条的摩擦阻力越大，甚至把锯条咬住。制造时将锯条上的锯齿按一定规律左右错开排列成一定的形状称为锯路。锯路有交叉形、波浪形等。锯齿排列如图 2-15 所示。锯条有了锯路，使工件的锯缝宽度大于锯条背部的厚度，锯条便不会被锯缝咬住，减少了锯条与锯缝的摩擦阻力，锯条不致摩擦过热而磨损加快。

锯削时锯齿的粗细应根据锯削材料的软硬和锯削面的厚薄来选择。粗齿锯条的容屑槽较大，适用于锯削软材料和锯削面较大的工件。因为此时每锯一次的切屑较多，粗齿的容屑槽大，就不至于产生堵塞而影响切削效率。细齿锯条适用于锯削硬材料，硬材料不易锯入，每锯一次的切屑较少，不致堵塞容屑槽，选用细齿锯条可使同时参加切削的齿数增加，从而使每齿的切削量减少，材料容易被切除，锯削比较省力，锯齿也不易磨损。

锯削面较小（薄）的工件，如锯割管子和薄板时，必须选用细齿锯条，否则锯齿很容易被钩住以致崩齿。

（3）锯条安装

手锯是在向前推进时进行切削的，所以安装锯条时要保证齿尖向前。如图 2-16 所示为锯条的安装方向。同时安装锯条时其紧松也要适当，过紧锯条受力大，锯削时稍有阻滞而产生弯折时，锯条很容易崩断；锯条安装得过松，锯条不但容易弯曲造成折断，而且锯缝易歪斜。锯条安装好后，还应检查锯条安装得是否歪斜、扭曲，因前后夹头的方榫与锯弓方孔有一定的间隙，如歪斜、扭曲，必须校正。

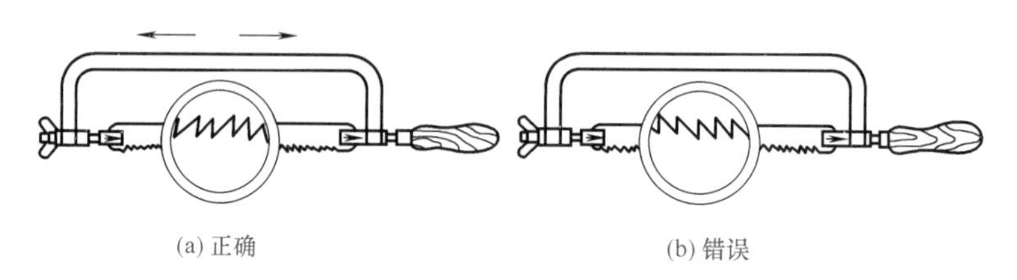

(a) 正确　　(b) 错误

图 2-16　锯条的安装方向

（4）锯削操作要点

a. 工件的夹持应当稳当牢固，不可有弹动。工件伸出部分要短，并将工件夹在虎钳的左面。

b. 压力、速度和往复长度锯削时，两手作用在手锯上的压力和锯条在工件上的往复速度，都将影响到锯削效率。确定锯削时的压力和速度，必须按照工件材料的性质来决定。

锯削硬材料时，因不易切入，压力应该大些，锯削软材料时，压力应小些。但不管何种材料，当向前推锯时，对手锯要加压力，向后拉时，不但不要加压力，还应把手锯微微抬起，以减少锯齿的磨损。每当锯削快结束时，压力应减小。钢锯的锯削速度以往复 20 ～ 40 次每分钟为宜。锯削软材料速度可快些，锯削硬材料速度应慢些。速度过快锯齿易磨损，过慢效率不高。锯削时，应使锯条全部长度都参加锯削，但不要碰撞到锯弓架的两端，这样锯条在锯削中的消耗平均分配于全部锯齿，从而延长锯条使用寿命，相反如只使用锯条中间一部分，将造成锯齿磨损不均匀，锯条使用寿命缩短。锯削时一般往复长度不应小于锯条长度的三分之二。

（5）锯削的基本方法

锯削的基本方法包括锯削时锯弓的运动方式和起锯方法。

① 锯弓的运动方式。锯弓的运动方式有两种，一种是直线往复运动，此方法适用于锯缝底面要求平直的槽子和薄型工件。另一种是摆动式，锯削时锯弓两端可自然上下摆动，这样可减少切削阻力，提高工作效率。

② 锯弓的起锯方法。起锯是锯削工作的开始，起锯质量的好坏直接影响锯削质量。起锯有近起锯和远起锯两种，如图 2-17 所示起锯方法，在实际操作中较多采用远起锯。锯削时，无论采用哪种起锯方法，其起锯角要小（α 不超过 15° 为宜），若起锯的角度太大，锯齿会钩住工件的棱边，造成锯齿崩裂。但起锯角也不能太小，起锯角太小，锯齿不易切入，锯条易滑动而锯伤工件表面。另外，起锯时压力要轻，同时可用拇指挡住锯条，使它正确地锯在所需的位置上，如图 2-17（d）所示表示用拇指挡住锯条起锯。

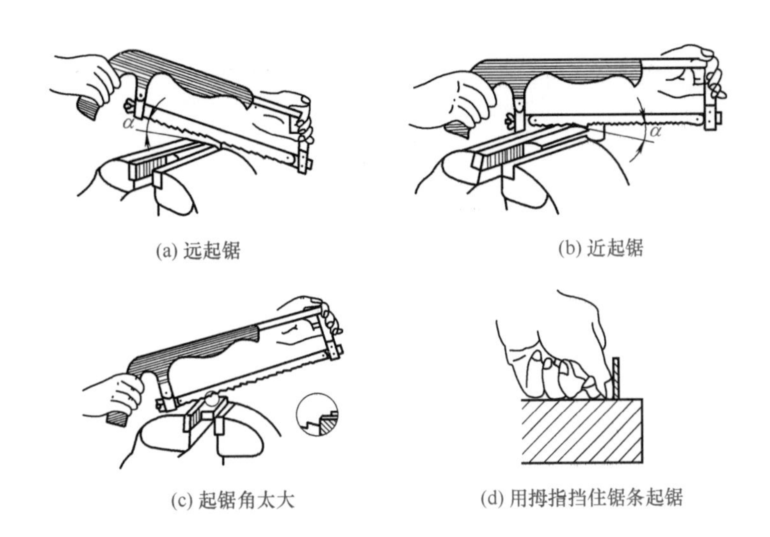

图 2-17　起锯方法

发现锯齿崩裂应立即停止锯削，取下锯条在砂轮上把崩齿的地方仔细磨光，并把崩齿后面几齿磨低些，如图 2-18 所示为锯齿崩裂的处理。从工件锯缝中清除断齿后继续锯削。

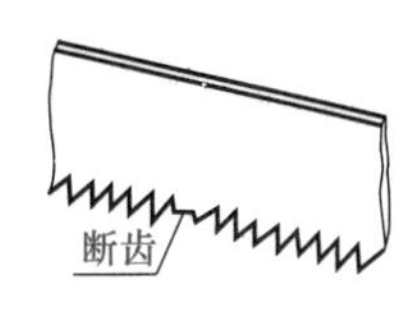

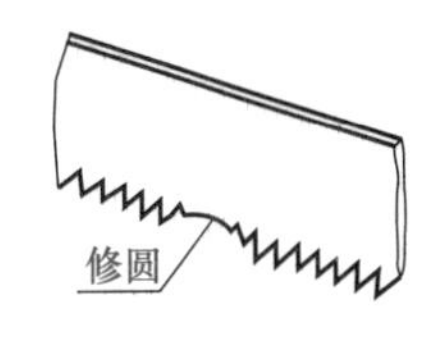

图 2-18　锯齿崩裂的处理

二、錾削

錾削一般用于不便机械加工的场合，如去除毛坯上的凸缘、毛刺、浇口、冒口以及分割材料，錾削平面、沟槽及异形油槽等。

（一）錾削工具的种类

錾削工具包括錾子和手锤两种。

（1）錾子

① 扁錾。扁錾分大扁錾和小扁錾两类，是常用的錾削刃具，如图 2-19 所示。扁錾尺寸参数及其用途见表 2-16 和表 2-17。

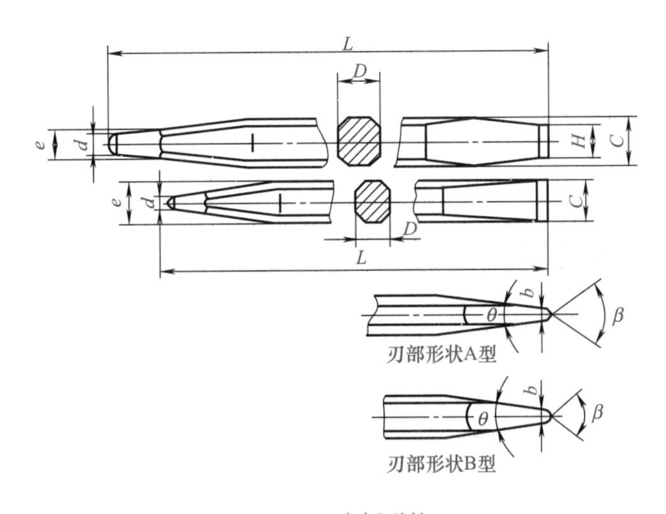

图 2-19　扁錾形状

表 2-16　小扁錾的选用

扁錾材料	扁錾各部分参数								用途	刃部形状
	L	D	C	e	b	d	β	θ		
	mm						(°)			
T8，T7A，65Mn	150	12	15	12	3.5	6	50	13	錾切铸件毛刺、飞边，切断薄钢板	B 型
W18Cr4V，W9Cr4V2	130	9	12	9	2.5	4	45	12	平面修整、棱角錾削	B 型
	120	6	8	5	2	3	40	10	小平面精錾或加工量极小的平面錾削	B 型
	100	6	7	4	2	2.5	40	10	极小平面的錾削、修整	B 型

注：小扁錾可用六棱钢锻制，錾身不锻，刃部和头部各参数可参照本表。

表 2-17　大扁錾的选用

工件材料（＜320HBS）	扁錾材料	扁錾各部分参数									主要用途	刃部形状
		L	D	C	e	H	b	d	β	θ		
		mm							(°)			
硬钢、硬铸铁	T8A，6SiMnW	200	15	20	15	17	4	8	65	18	錾断硬钢、錾削浇冒口	A 型
铸铁	T7A，T7，65Mn	180	14	18	14	15	3.5	7	55	16	錾削铸件	A 型
韧性钢件	T8A，T8Mn	170	13	17	13	15	3	7	55	15	型面錾削、棱角錾削	B 型
软钢、铜合金	W12Cr4VMo	160	12	16	12	14	2.5	6	50	12	圆钢錾削、型面錾削	B 型
铝、锌	W9Cr4V	140	12	15	12	13	2	5	45	10	圆钢錾削、型面凿削	B 型

注：大扁錾可用六棱钢锻制，錾身不锻，刃部和头部参数可参照本表。

② 圆扁錾。圆扁錾分凸凹圆弧錾刃，圆弧 R 可根据工件加工部位尺寸确定。圆扁錾形状如图 2-20 所示，其选用见表 2-18。

③ 三角錾。如图 2-21 所示，主要用在模具加工中，三角錾的选用见表 2-19。

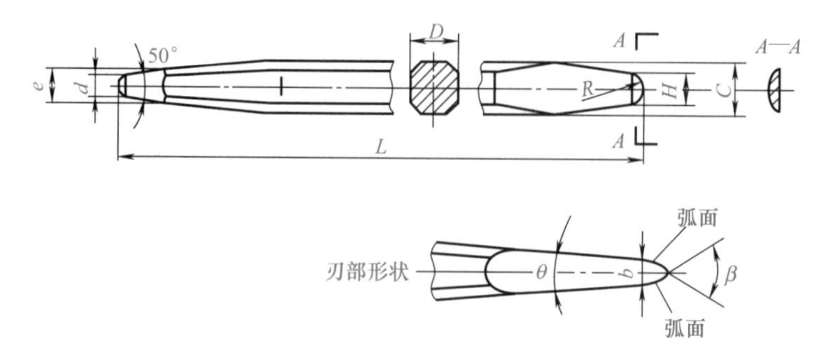

图 2-20　圆扁錾的形状

表 2-18 圆扁錾的选用

圆扁錾材料	圆扁錾各部位参数									用途
	L	D	C	e	H	b	d	β	θ	
	mm							(°)		
T7A，T8A	180	10	15	10	13	3.5	7	55	16	可錾曲线和圆孔，主要用于模具加工，各种圆弧面的修錾和加工量较小的粗錾削
W18Cr4V	160	9	12	8	10	2.5	6	50	12	
W9Cr4V2	130	8	10	7	8	2	5	50	10	

注：可用六棱钢或其他材料锻制，錾身不锻，刃部和头部各参数可参照本表。

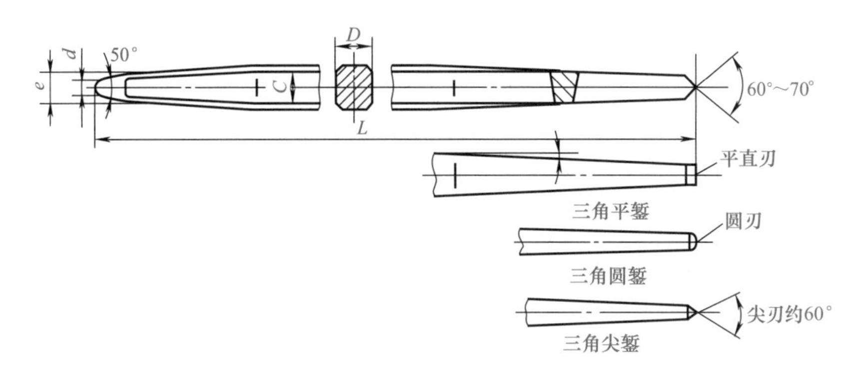

图 2-21 三角錾的形状

表 2-19 三角錾的选用

工件硬度（HBS）	三角錾材料	三角錾各部分参数 / mm					用途
		L	D	C	e	d	
< 320	W18Cr4V，W9Cr4V2	150	7	10	7	5	模具錾削及各种沟槽的挖凿
		140	6	9	6	4	
200 ～ 300		120	5	7	5	3	各种模具小沟槽刻制与修整
		100 ～ 120	5	5	5	2.5	主要用于金属雕錾

④ 尖錾。如图 2-22 所示，其刃较窄，一般在 2 ～ 10mm，刃部可根据需要，用砂轮磨成圆形、三角形等。尖錾的选用见表 2-20。

⑤ 油槽錾。油槽錾应用于錾削轴瓦和一些设备上的油槽等，油槽錾应根据所需加工油槽的形状、尺寸和轴瓦（指轴套类、不可开合的）直径进行磨削，其各部参考尺寸及外形如图 2-23 所示。

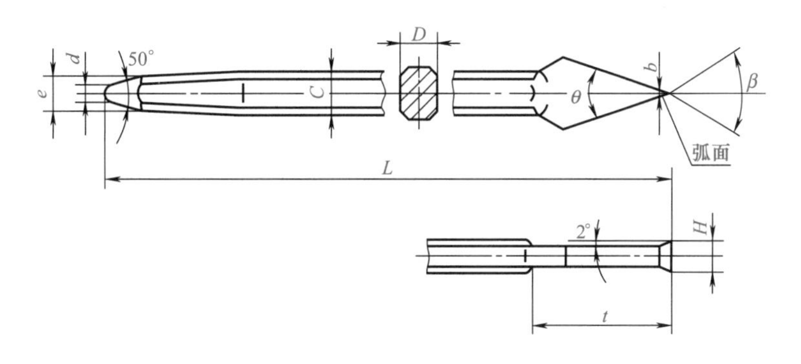

图 2-22 尖錾的形状

表 2-20　尖錾的选用

工件		尖錾材料	尖錾各部分参数										用途
材料	硬度（HBS）		L	D	C	e	H	$b/2$	d	t	β	θ	
			mm								（°）		
硬钢	< 320	T7A，T8A	200	12	15	12	8	2	6	50	60	20	开槽、凿口、挖凿
软钢	< 320	T8A，65Mn	180	10	13	10	6	1.5	5	45	60	18	
软钢、铸铁、铜合金	< 220	T7A，T8A，65Mn	170	10	13	10	5	1.5	5	45	55	18	
			160	9	12	9	5	1.5	4	40	55	15	
铜合金、铝合金		W18Cr4V，W9Cr4V2	130	6	8	6	4	1.25	4	25	50	15	

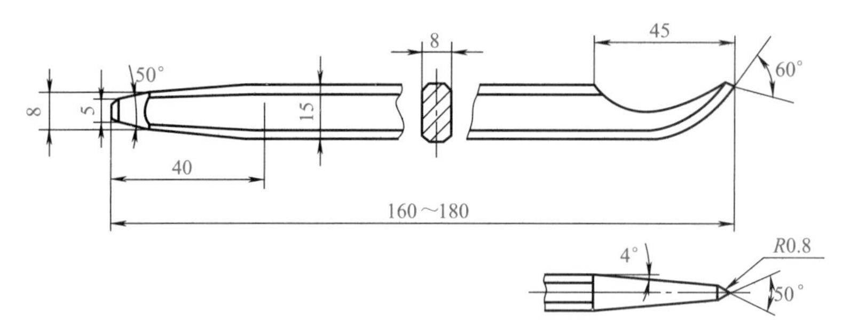

图 2-23　油槽錾的形状

油槽錾可以錾削机械设备不易加工的部位，是钳工比较常用的刃具。制作油槽錾时可选择以下几种材料：

a. 碳素工具钢：T8，T10 等。

b. 热扎弹簧钢：65 钢，65Mn 等。

c. 高速工具钢：9Mn2，9Mn2V，MnCrWV 等。

（2）手锤

钳工用手锤是由锤头和木柄两部分组成的（图 2-24）。锤柄装得不好，会直接影响操作。因此安装手锤时，要使锤柄中线与锤头中线垂直，装后打入锤楔，以防使用时锤头脱出发生意外。

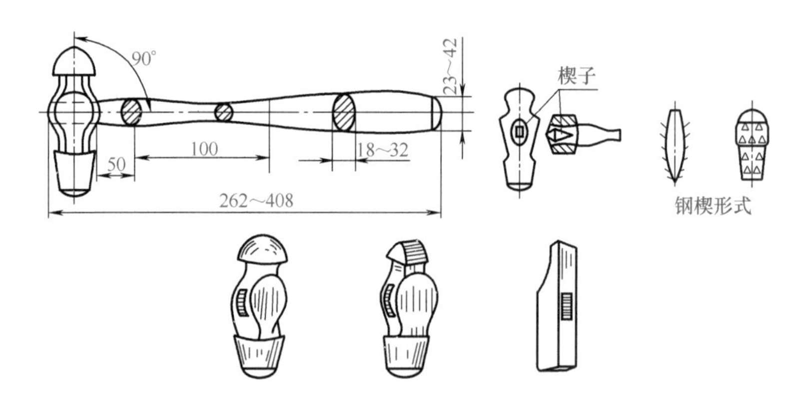

图 2-24　钳工用手锤的形式

钳工用的锤头一般用碳素工具钢或合金工具钢锻成。锤头两端经热处理淬硬，其规格有 0.25kg、0.5kg、1.5kg 等多种，锤子形状有圆头和方头两种。

（3）其他

除上述錾子外还有金属雕刻錾，主要用于雕刻各种金属模具的沟槽、凹字、凹的美术图形等。钢字錾主要用来刻钢字用，模具制造中也经常用到。

（二）錾子的刃磨与热处理

錾子的刃磨要求与热处理见表 2-21。

表 2-21 錾子的刃磨要求与热处理

类别		说明
錾子的刃磨要求		①錾子刃磨的一般顺序为：腮面→侧面→刃面→切削刃→錾顶头部 ②刃磨时，錾子的主体应保持基本平直，切削刃应与主体的中心轴线垂直，刃面、腮面应平整光滑，扁錾、圆扁錾、尖錾要保持对称，油槽錾、三角錾、弯头錾应保持左右对称 ③錾子刃磨时，錾子的刃口斜放在砂轮轮缘上，其位置应稍高于砂轮中心，且轻轻施加压力，并使錾子在砂轮全宽上左右移动，磨出所要求的楔角 ④刃磨錾子时，一定要勤蘸水，使錾子刃口部位始终保持冷却，对于碳素工具钢制作的錾子尤其需要，以免刃口退火。当发现錾子刃部变了颜色，表明錾子刃部已经退火，必须再经热处理淬硬后才能使用 ⑤錾子经过在砂轮上刃磨后，应在油石上再细磨一下刃面，使切削力更锐利、耐用。对于錾削精细工件的錾子尤其需要
热处理	加热	将粗磨后的錾子切削刃部，长约 20mm 左右，用电盐浴炉或乙炔焰加热到暗樱桃红颜色，在 750 ～ 780℃之间，要稍保温一段时间，使錾子刃部热透，温度均匀
	淬火	迅速地将錾子垂直地浸入水中约 5 ～ 6mm，待錾子伸出水面部分冷却到棕黑色（520 ～ 580℃）时，即从水中将錾子取出，利用上部未沾水部位的余热自行回火
	回火	仔细地观察刃部的颜色变化，錾子提出水面时呈灰白色，由于身部蓄热使刃部温度逐渐上升变黄→棕黄→紫→蓝，这时大约为 270 ～ 300℃
	冷却	当刃部回火部分出现黄中带紫，轻微带些蓝色斑点时，急速把錾子加热部分全部浸入水中冷却。錾子刃部的硬度一般要求为 53 ～ 56HRC，其余部分为 30 ～ 40HRC。淬火后的錾子，精磨后即可使用

（三）錾子楔角的选择及角度对錾削的影响

（1）錾子楔角的选择（表 2-22）

表 2-22 錾子楔角的选择

工件材料	低碳钢	中碳钢	铸铁、工具钢	有色金属
錾子楔角 /（°）	50 ～ 60	55 ～ 65	60 ～ 70	30 ～ 50

（2）錾削角度对錾削的影响（表 2-23）

表 2-23 錾削角度对錾削的影响

后角太大	β $\alpha_o>8^\circ$	后角太大，錾子极易切入材料深处，造成錾削困难、切削刃损坏
后角太小	β $\alpha_o<5^\circ$	后角太小，錾子的切削刃不易切入材料表面
楔角太大	$\beta>70^\circ$ α_o	錾子的楔角越大，强度越大，但切削的阻力也增大，不易切入工件，被切削的材料易光不易平

续表

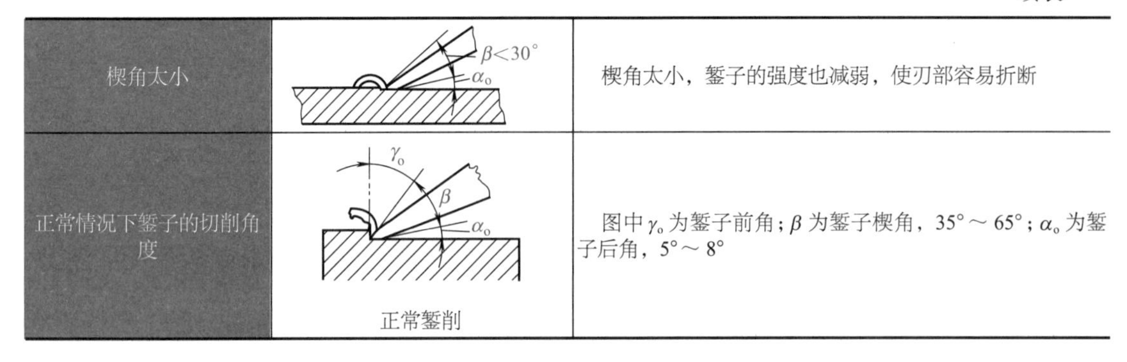

楔角太小	$\beta<30°$ α_o	楔角太小，錾子的强度也减弱，使刃部容易折断
正常情况下錾子的切削角度	γ_o β α_o 正常錾削	图中 γ_o 为錾子前角；β 为錾子楔角，35° ～ 65°；α_o 为錾子后角，5° ～ 8°

（四）錾削方法

錾子的使用要求和钳工常用錾削方法见表 2-24。

表 2-24　錾子的使用要求和钳工常用錾削方法

项目	说　明
錾子的使用要求	①錾子在切削过程中，要尽量使刃部都能加入切削，以免使切削力只集中在一点或一个部分上，造成崩刃 ②每次的切削用量不应过大，应根据錾子的尺寸大小、材料种类及工件的材料硬度等采用合适的切削用量 ③錾子在使用中刃部要保持锋利。使用过的錾子在重新刃磨时其主体几何尺寸应保持基本不变。刃部用到过于短时，应及时锻制修复 ④錾子在手里握得不要太紧，锤击方向应与錾子的主体轴线一致，不应斜击。錾子的头部经过长时间的锤击会产生蘑菇顶，应及时将它磨掉，以免飞刺飞出伤人 ⑤錾削硬金属或精细工件时，为了使錾子刃部保持持久锋利，錾削时可在刃部蘸些油，或设一个油盘，盘中放些油供使用
錾断	工件的錾断方法主要有两种：一种是在虎钳上錾断；另一种是在铁砧上錾断。这种方法主要用于下料和去除较大余量。要錾断的材料厚度与直径不能过大，一般板料在 4mm 以下，圆料直径在 13mm 以下
錾平面	平面的錾削要先划出尺寸界线。夹持工件时，界线应露在钳口上面。但不宜过高，如图 2-25 所示。一次不可錾的量太大，否则将会使工件损坏；如太薄，錾子将容易从工件表面滑脱。錾削平面主要用扁錾錾削，每次錾削量在 0.5 ～ 2mm，细錾时为 0.5mm 左右，并应为下一道工序留有余量，一般在 0.5 ～ 1mm。起錾可在工件中部或端部进行，錾削接近尽头时，应从另一端錾削余量部分。当平面宽度大于錾子时，先用尖錾在平面上錾出相隔 10 ～ 20mm 的平行槽，然后用扁錾将窄面錾去，如图 2-26 所示 (a) 正确　(b) 不正确 图 2-25　平面的錾削示意图 图 2-26　宽平面錾削示意图

续表

项目	说明
錾油槽	先在工件上划上油槽线路，按线路錾削油槽，錾子的宽度、刃部形状应与图样要求相一致，刃部要修磨得锋利。錾削时，錾削的方向应随着油槽曲线走，保持切削角度，用力均匀，使錾出的油槽光滑、深浅均匀，如图 2-27 所示，否则将难以保证油槽宽度、深度和表面粗糙度要求 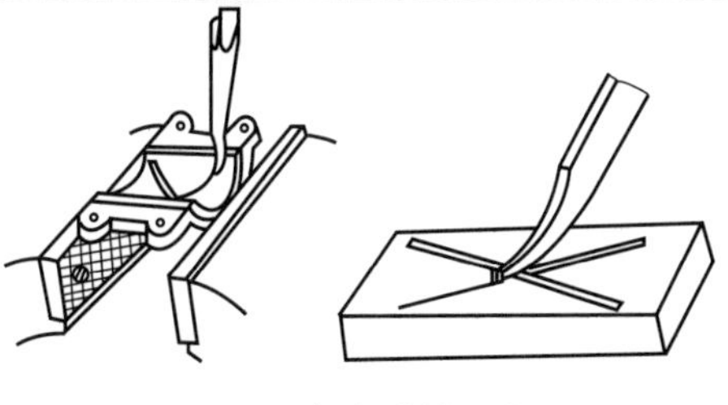 图 2-27　錾削油槽示意图
錾键槽	如图 2-28 所示。对于带圆弧的键槽，錾削时应先划出加工线，可在圆弧处钻出直径与深度和槽宽度与深度相等的盲孔，然后选择合适的尖錾，将键槽錾出。窄的键槽一次錾出即可，宽的键槽可分为两次或三次錾出。一般每次錾削用量为 0.5 ～ 1mm。錾键槽时应留有修整的余量 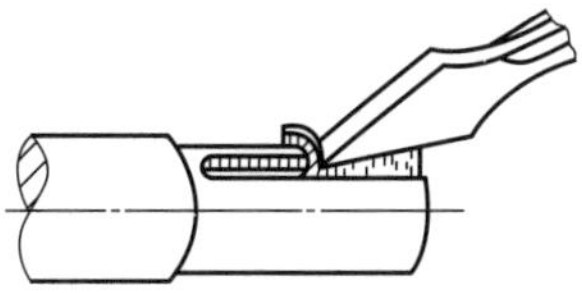 图 2-28　錾削键槽示意

（五）錾削产生废品的原因与防止方法

錾削产生废品的原因与防止方法见表 2-25。

表 2-25　錾削产生废品的原因与防止方法

类型	原　因	防止方法
工件变形	①立握錾，切断时工件下面垫得不平 ②刃口过厚，将工件挤变形 ③夹紧力过大，工件夹变形或夹伤	①放平工件，较大工件由一人夹持 ②修磨錾子刃口 ③较软金属应加钳口保护，夹紧力适当
工件表面不平	①錾子楔入工件 ②錾子刃口不锋利 ③錾子刃口崩伤 ④锤击力不够	①调好錾削角度 ②修磨錾子刃口 ③修磨錾子刃口 ④用力均匀，速度适当
錾伤工件	①錾掉边角 ②起錾时，錾子没有受力就用力錾削 ③錾子刃口忽上忽下 ④尺寸不对	①快到尽头时调头錾 ②起錾要稳，从角上起錾，用力要小 ③掌稳錾子，用力平稳均匀 ④划线时注意检查，錾削时要注意观察

三、锉削

用锉刀对工件表面进行切削加工，它的加工范围很广，可加工工件的表面、内孔、沟槽和各种复杂的外表面。使工件达到所要求的尺寸、形状和表面粗糙度，这种工作称为锉削，锉削的加工精度可达 0.01mm，表面粗糙度可达 0.8μm。

（一）钳工锉刀

锉刀是锉削的刀具。锉刀用高碳工具钢 T12 或 T13 制成，并经热处理淬硬，其硬度应在 62 ～ 67HRC。锉刀的规格一般用长度表示，如 150mm（6in）、200mm（8in），最短的为 100mm 锉刀，最长的为 400mm 锉刀。

（1）锉刀的类别及规格

① 常用钳工锉。钳工锉是钳工常用的锉刀，钳工锉按其断面形状又可分为齐头扁锉、矩形锉、三角锉、半圆锉和圆锉，以适应各种表面的锉削。钳工锉的断面形状如图 2-29 所示。其常用钳工锉的类型与规格见表 2-26。

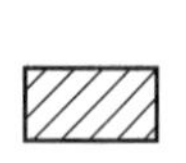
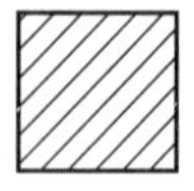

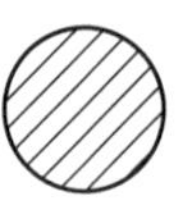

图 2-29　钳工锉断面形状

表 2-26　常用钳工锉的类型与规格

锉刀类型	规格 /mm								
	100	125	150	200	250	300	350	400	450
圆锉	3.5	4.5	5.5	7.0	9.0	11.0	14.0	18.0	—
半圆锉	12	14	16	20	24	28	32	36	—
齐头扁锉	12	14	16	20	24	28	32	36	40
三角锉	8.0	9.5	11.0	13.0	16.0	19.0	22.0	26.0	—
矩形锉	3.5	4.5	5.5	7.0	9.0	11.0	14.0	18.0	22

② 异形锉。异形锉是用来加工零件上特殊表面用的，有弯形和直形两种，如图 2-30 所示。

③ 整形锉。整形锉（图 2-31）以组锉体现较多，有 5 组支、7 组支、10 组支等，最多为 12 组支。但也有单只供货的形状特殊的特种锉，如菱形锉、刀形锉等。整形锉用于修整工件上细小部位，其规格见表 2-27。

(a) 断面不同的各种直形异形锉

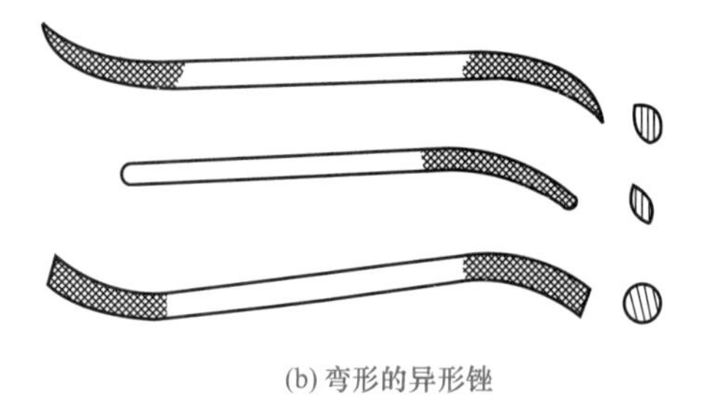

(b) 弯形的异形锉

图 2-30　异形锉类型

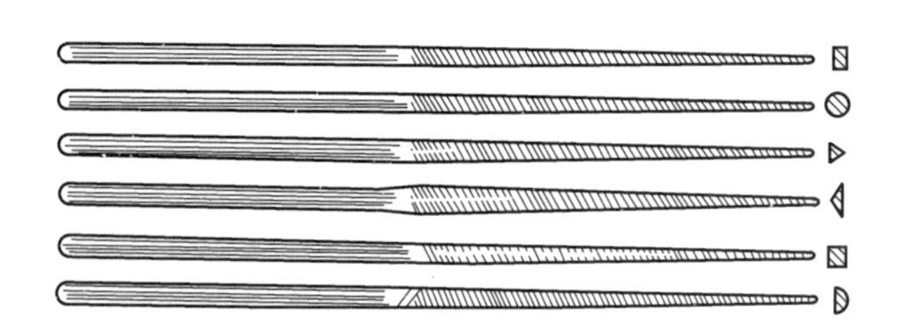

图 2-31　整形锉类型

表 2-27　整形锉规格

名　　称	尺寸 /mm			
	L	l	b 或 d	δ
齐头扁锉	100 ～ 180	40 ～ 85	2.8 ～ 9.2	0.6 ～ 2.0
尖头扁锉	100 ～ 180	40 ～ 85	2.8 ～ 9.2	0.6 ～ 2.0
半圆锉	100 ～ 180	40 ～ 85	2.9 ～ 8.5	0.9 ～ 2.9
三角锉	100 ～ 180	40 ～ 85	1.9 ～ 6.0	0.4 ～ 1.1
矩形锉	100 ～ 180	40 ～ 85	1.2 ～ 4.2	0.4 ～ 1.0
圆锉	100 ～ 180	40 ～ 85	1.4 ～ 4.9	—
单面三角锉	100 ～ 180	40 ～ 85	3.4 ～ 8.7	1.0 ～ 3.4
刀形锉	100 ～ 180	40 ～ 85	3.0 ～ 8.7	0.9 ～ 3.0
双半圆锉	100 ～ 180	40 ～ 85	2.6 ～ 7.8	1.0 ～ 3.4
椭圆锉	100 ～ 180	40 ～ 85	1.8 ～ 6.4	1.2 ～ 4.3
圆边扁锉	100 ～ 180	40 ～ 85	2.8 ～ 9.2	0.6 ～ 2.0
菱形锉	100 ～ 180	40 ～ 85	3.0 ～ 8.6	1.0 ～ 3.5

注：L—锉刀全长；l—锉刀有效长度；b—锉刀宽度；d—圆锉直径；δ—锉纹深度。

④ 人造金刚石整形锉。人造金刚石整形锉的规格与整形锉相似，有 5 支组、10 支组。它不是用锉纹切削，而是利用粘在周围的人造金刚砂切削（磨削），主要用于硬度较高件的整形加工，在模具制造时使用较多。

⑤ 钳工锉的锉纹参数见表 2-28。

表 2-28　钳工锉的锉纹参数

规格 /mm	主锉纹条数					辅锉纹条数
	锉纹号					
	1	2	3	4	5	
100	14	20	28	40	56	主锉纹条数的 75% ～ 95%
125	12	18	25	36	50	
150	11	16	22	32	45	
200	10	14	20	28	40	
250	9	12	18	25	36	
300	8	11	16	22	32	
350	7	10	14	20	—	
400	6	9	12	—	—	
450	5.5	8	11	—	—	
公差	±5%（其公差值不足 0.5 条时可圆整为 0.5 条）					±8%

规格 /mm	边锉纹条数	方锉纹斜角 λ		辅锉纹斜角 ω		边锉纹斜角 θ
		1 ～ 3 号锉纹	4 ～ 5 号锉纹	1 ～ 3 号锉纹	4 ～ 5 号锉纹	
100、125、150、200、250、300、350、400、450	主锉纺条数的 100% ～ 120%	65°	72°	45°	52°	90°
公差	±20%	±5°				±10°

（2）锉刀的类别与形式代号（表 2-29）

表 2-29　锉刀类别与形式代号

类别	类别代号	形式代号	形式	类别	类别代号	形式代号	形式
钳工锉	Q	01 02 03 04 05 06	齐头扁锉 尖头扁锉 半圆锉 三角锉 矩形锉 圆　锉	异形锉	Y	09 10	双半圆锉 椭圆锉
异形锉	Y	01 02 03 04 05 06 07 08	齐头扁锉 尖头扁锉 半圆锉 三角锉 矩形锉 圆　锉 单面三角锉 刀形锉	整形锉	Z	01 02 03 04 05 06 07 08 09 10 11 12	齐头扁锉 尖头扁锉 半圆锉 三角锉 矩形锉 圆 锉 单面三角锉 刀形锉 双半圆锉 椭圆锉 圆边扁锉 菱形锉

（3）锉刀的选用原则

① 锉刀的断面形状和长度要与工件锉削表面形状大小相适应。

② 根据工件材质选用。有色金属件应选用单齿纹锉刀，钢铁件应选用双齿纹锉刀，不得混用。

③ 锉刀的尺寸规格要根据工件的加工余量和工件的硬度选用，当工件的加工余量大、材质硬度高时选用大尺寸规格的锉刀，否则选用小规格的锉刀。根据工件加工余量、精度或表面粗糙度选择锉刀见表 2-30，锉刀齿纹粗细规格见表 2-31。

表 2-30 根据工件加工余量、精度或表面粗糙度选择锉刀

锉刀	适用条件		
	加工余量 /mm	尺寸精度 /mm	表面粗糙度 *Ra*/μm
粗齿锉	0.5 ～ 2.0	0.2 ～ 0.5	100 ～ 25
中齿锉	0.2 ～ 0.5	0.05 ～ 0.2	12.5 ～ 6.3
细齿锉	0.05 ～ 0.2	0.01 ～ 0.05	6.3 ～ 3.2

表 2-31 锉刀齿纹粗细规格

锉刀粗细	适用场合		
	锉削余量 /mm	尺寸精度 /mm	表面粗糙度 *Ra*/μm
1 号：粗齿锉，齿距为 0.83 ～ 2.3mm	0.5 ～ 1.0	0.20 ～ 0.50	100 ～ 25
2 号：中粗齿锉，齿距为 0.42 ～ 0.77mm	0.2 ～ 0.5	0.05 ～ 0.20	25 ～ 6.3
3 号：细齿锉，齿距为 0.25 ～ 0.33mm	0.1 ～ 0.3	0.02 ～ 0.05	12.5 ～ 3.2
4 号：双细齿锉，齿距为 0.2 ～ 0.25mm	0.1 ～ 0.2	0.01 ～ 0.02	6.3 ～ 1.6
5 号：油光锉，齿距为 0.16 ～ 0.2mm	0.1 以下	0.01	1.6 ～ 0.8

（二）锉刀的选用和保养

每种锉刀都有它适当的用途和不同的使用场合，只有合理地选用，才能充分发挥它的效能和不至于过早地丧失锉削能力。锉刀的选择，决定于工件锉削余量的大小、精度要求的高低、表面粗糙度的粗细和工件材料的性质。锉刀断面形状的选择，决定于工件锉削表面的形状，不同表面的锉削如图 2-32 所示。锉削软材料时，如果没有专用的单齿纹软材料锉刀，则选用粗锉刀。锉刀长度规格的选择，决定于工件锉削表面的大小。

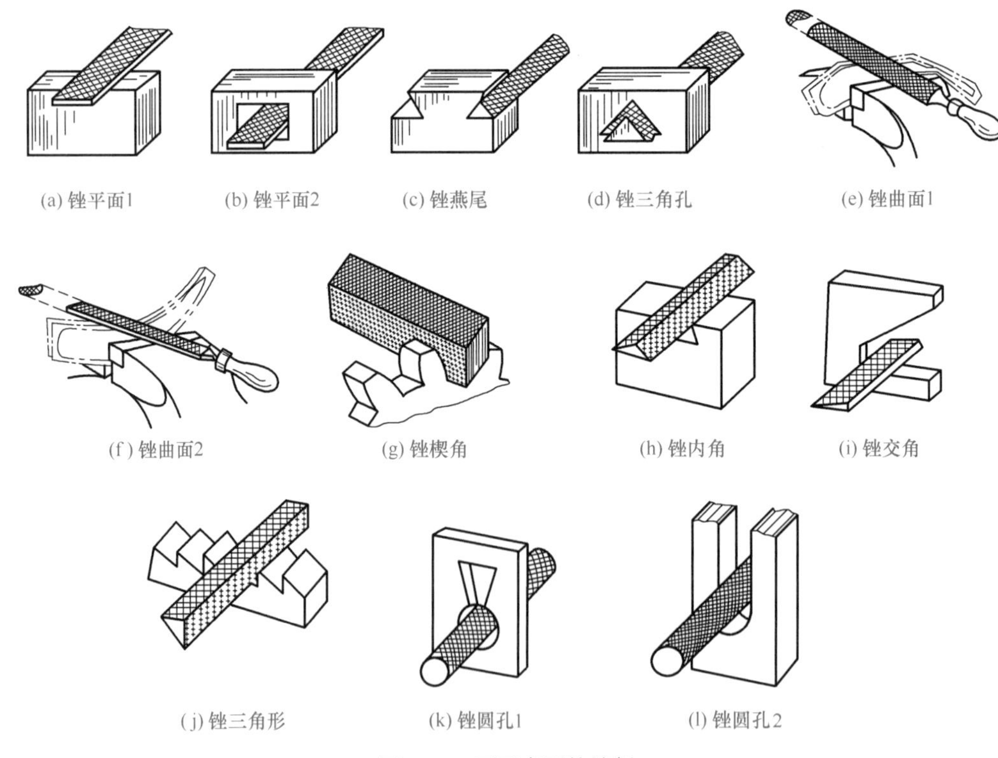

图 2-32 不同表面的锉削

合理选用锉刀是保证锉削质量、充分发挥锉刀效能的前提，正确使用和保养则是延长锉刀使用寿命的一个重要环节，因此使用锉刀时必须注意以下几点：

a. 不可用锉刀锉削毛坯的硬皮及淬硬的表面，否则锉纹很快磨损而丧失锉削能力。

b. 锉刀应选用一面，用钝后再用另一面。

c. 发现切屑嵌入纹槽内，应及时用铜丝刷，顺着齿纹方向将切屑刷去。

d. 锉刀的放置要合理，不能重叠堆放，以免损坏锉齿。

e. 不可用锉刀代替其他工具敲打或撬物。

（三）锉削方法

（1）锉刀的握法

正确握持锉刀有助于锉削质量的提高。因锉刀的种类较多，所以锉刀的握法还必须随着锉刀的大小、使用的地方不同而改变。较大锉刀的握法如图 2-33 所示。其握法是用右手握着锉刀柄，柄端顶住拇指根部的手掌，拇指放在锉刀柄上，其余手指由下而上的握着锉刀木柄，如图 2-33（a）所示。左手在锉刀上的放法有三种，如图 2-33（b）所示。两手结合起来握锉刀的姿势如图 2-33（c）所示。

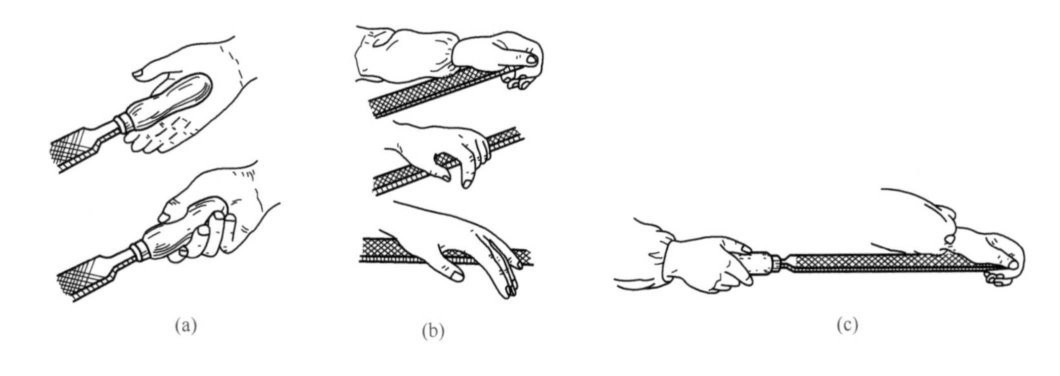

图 2-33　较大锉刀的握法

中、小型锉刀的握法如图 2-34 所示。握持中型锉刀时，右手的握法与握大锉刀一样，左手只需大拇指和食指轻轻地扶导，如图 2-34（a）所示。在使用较小锉刀时，为了避免锉刀弯曲，用左手的几个手指压在锉刀的中部，如图 2-34（b）所示。使用最小锉刀只用一只右手握住锉刀，食指放在上面，如图 2-34（c）所示。

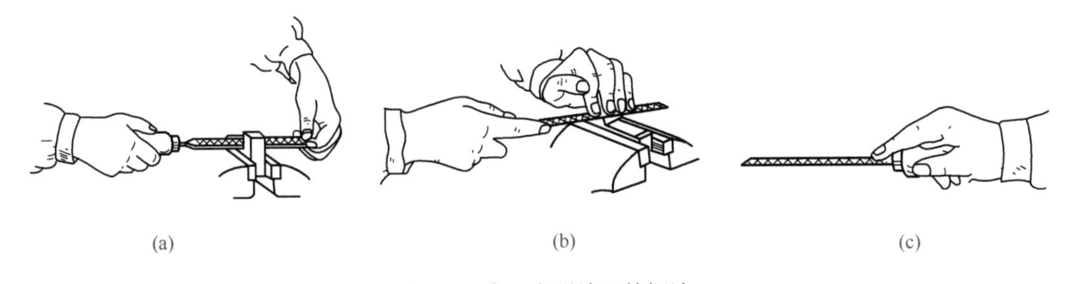

图 2-34　中、小型锉刀的握法

（2）锉削姿势

锉削姿势对一个钳工来说是十分重要的，只有姿势正确，才能做到既提高了锉削质量和锉削效率，又能减轻劳动强度。锉削时的姿势如图 2-35 所示，身体的重心落在左脚上，右膝要伸直，脚始终站稳不可移动，靠左膝的屈伸而做往复运动。开始锉削时身体要向前倾斜

10°左右，右肘尽可能缩到后方，如图 2-35（a）所示，当锉刀推出三分之一行程时身体前倾到 15°左右，使左膝稍弯曲，如图 2-35（b）所示。锉刀推出三分之二行程时，身体前倾到 18°左右，左右臂均向前伸出，如图 2-35（c）所示。锉刀推出全程时，身体随着锉刀的反作用力退回到 15°位置，如图 2-35（d）所示。行程结束后，把锉刀略提起，使手和身体回到最初位置，如图 2-35（a）所示。

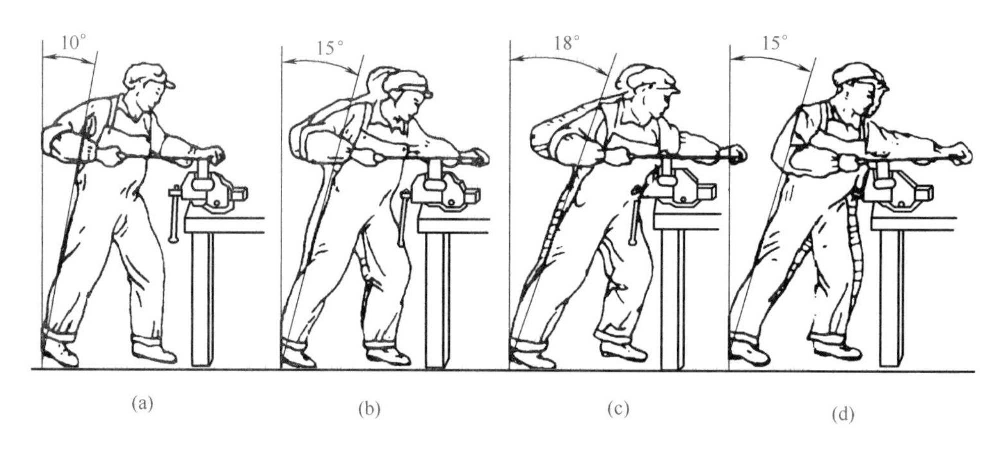

图 2-35 锉削时的姿势

为了保证锉削表面平直，锉削时必须掌握好锉削力的平衡。锉削力由水平推力和垂直压力两者合成，推力主要由右手控制，压力是由两手控制的。锉削时由于锉刀两端伸出工件的长度随时都在变化，因此两手对锉刀的压力大小也必须随着变化，如图 2-36 所示。开始锉削时左手压力要大，右手压力要小而推力大，如图 2-36（a）所示。随着锉刀向前的推进，左手压力减小，右手压力增大。当锉刀推进至中间时，两手压力相同，如图 2-36（b）所示。再继续推进锉刀时，左手压力逐渐减小，右手压力逐渐增加，如图 2-36（c）所示。锉刀回程时不加压力以减少锉纹的磨损，如图 2-36（d）所示。锉削时速度不宜太快，一般每分钟 30 ～ 60 次。

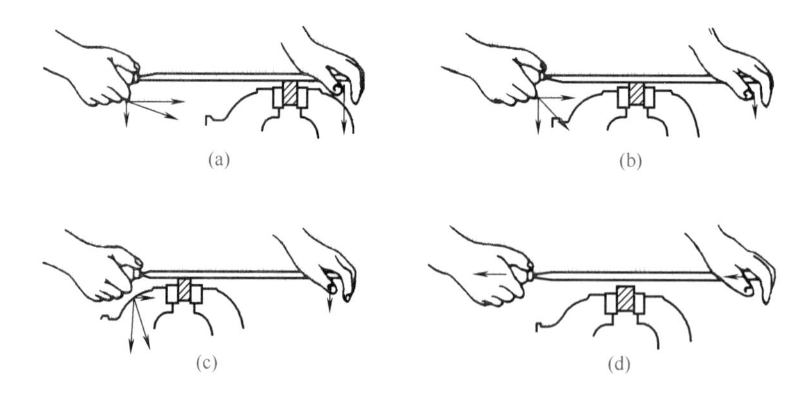

图 2-36 锉削力的平衡

（3）平面的锉削方法（表 2-32）

（4）通孔的锉削

锉通孔会有多种情况，因此要根据通孔的形状、余量和精度选择相应的锉刀。通孔主要有正方孔、长方孔和三角形通孔（表 2-33）。

表 2-32　平面的锉削方法

锉削方法	说　明	图示
顺向锉法	如右图所示，它是顺着同一方向对工件进行锉削，是最基本的锉削方法。用此方法锉削可得到正直的锉痕，比较整齐美观，适用于工件表面最后的锉光和锉削不大的平面	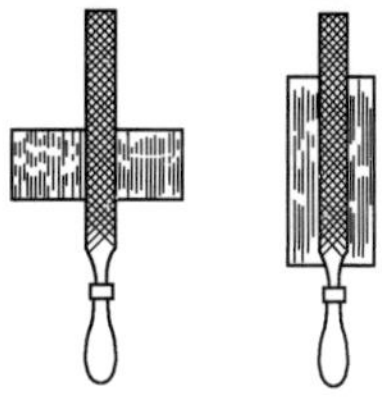
交叉锉法	如右图所示，它是从两个交叉方向对工件进行锉削。锉削时锉刀与工件的接触面增大，锉刀容易掌握平稳，锉削时还可从锉痕上反映出锉削面的高低情况，表面容易锉平，但锉痕不正直。所以当锉削余量较多时，可先采用交叉锉法，余量基本锉完时再改用顺向锉法，使锉削表面锉痕正直、美观	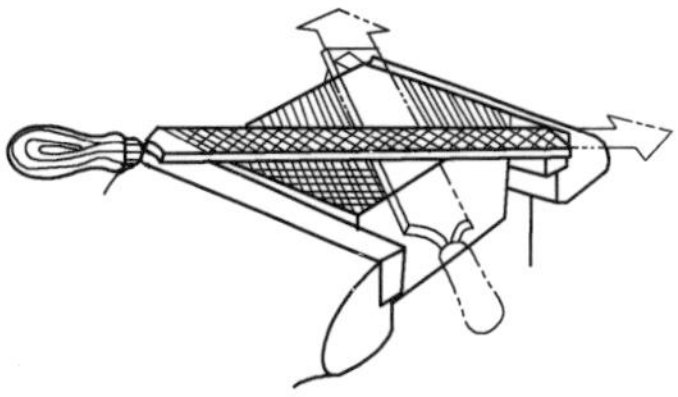
推锉法	如右图（a）所示，它是用两手对称地横握锉刀，用大拇指推动锉刀顺着工件长度方向进行锉削。推锉法适合于锉削狭长平面和修整尺寸时应用。锉削平面时，不管采用顺向锉还是交叉锉，当抽回锉刀时锉刀如下图（b）、（c）、（d）所示每次向旁边移动一些，这样可使整个加工面均匀地锉削	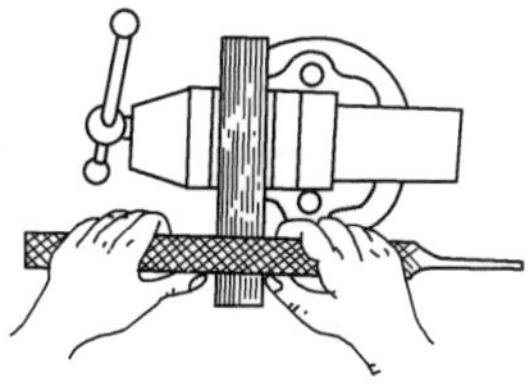 (a)
	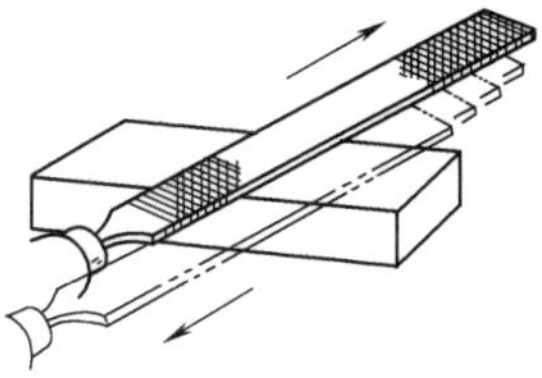 (b) 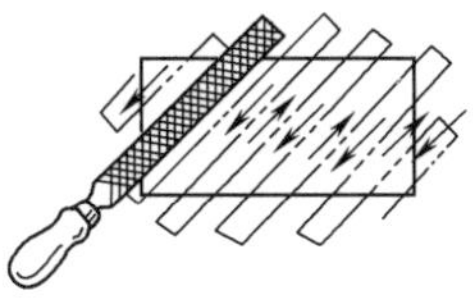　(c) 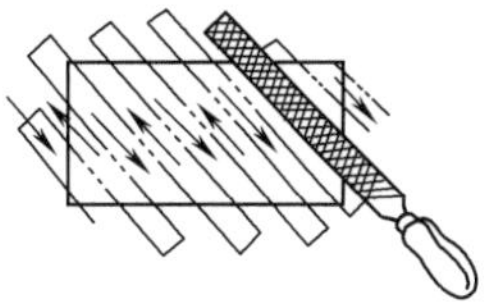　(d)	

表 2-33　通孔的锉削方法

锉削方法	说　明	图示
正方孔和长方孔的锉法	用方锉和扁锉采用直锉法进行锉削。关键是 90° 直角的锉削。锉削内直角时，要对方锉和小平锉加以修整，将其中一边在砂轮上进行修磨，使其与锉刀切削面小于 90°，一般在 75° ～ 80° 左右。使锉刀切削面能够清根，并碰不到与其垂直的面。原因在于 90° 角的锉刀面不能真正地锉出 90° 角的工件来：一是锉刀垂直精度不够；二是锉削时，同时锉两个面保证不了两面同时受力均匀。锉削时对正方孔和长方孔的检测，一般用 90° 直角尺和自制样板进行，也可采用自制的比锉削孔的尺寸小一些的样块，对所锉削的孔进行研磨，视其接触点的方法进行测量，如右图（a）、（b）所示	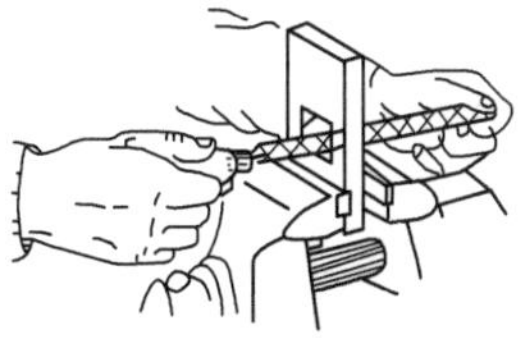 (a) 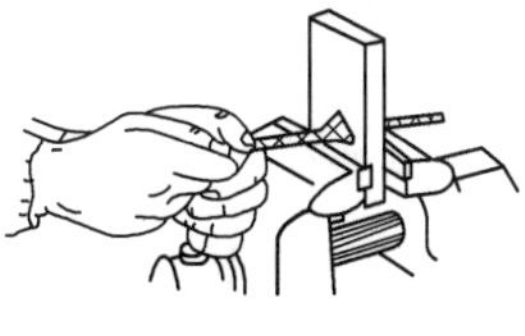 (b)

续表

锉削方法	说　明	图示
三角形通孔和菱形通孔的锉法	三角形通孔和菱形通孔的锉削方法与正方形通孔和长方形通孔锉法基本相同，只是使用的锉刀为三角锉和小平锉。一般情况下都需修磨锉刀的一个边。三角形锉刀要小于60°，菱形磨边外角角度应小于菱形的最小内角角度，如右图（a）、（b）所示	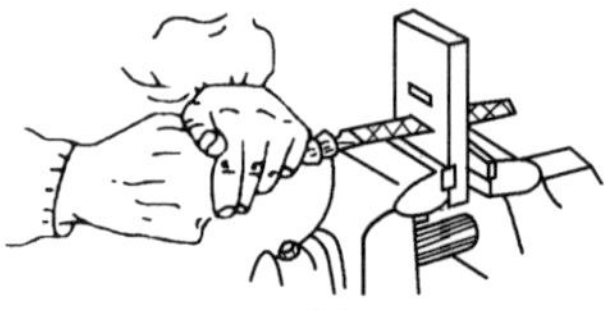 (a) 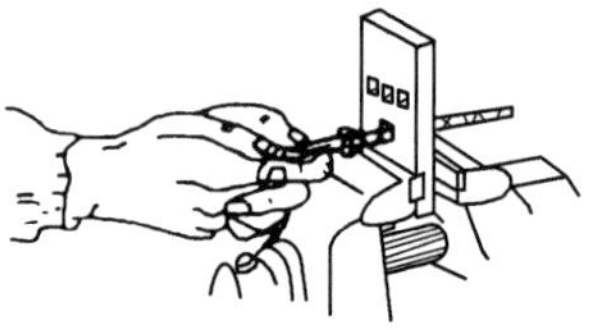 (b)

（5）曲面的锉削方法

曲面锉法分外圆弧面和内圆弧面两种锉法（表2-34）。

表2-34　曲面的锉削方法

锉削方法	说　明	图示
外圆弧面锉法	外圆弧面锉法如右图所示，当余量不大或对外圆弧面做修整时，一般采用锉刀顺着圆弧锉削的方法，如右图（a）所示，在锉刀做前进运动时，还应绕工件圆弧的中心做摆动。当锉削余量较大时，可采用横着圆弧锉的方法，如右图（b）所示，按圆弧要求锉成多棱形，然后再用顺着圆弧锉的方法，精锉成圆弧	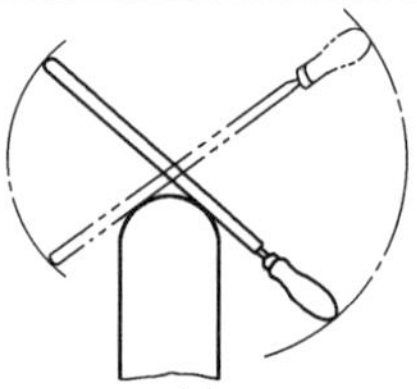 (a) 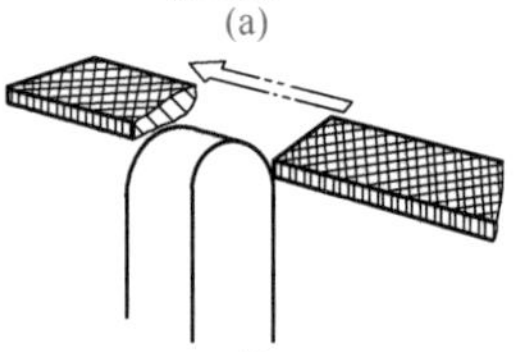 (b)
内圆弧面锉法	锉削内圆弧面时，锉刀要同时完成三个运动：前进运动；向左或向右的移动；绕锉刀中心线转动（按顺时针或逆时针方向转动约90°），三种运动须同时进行，才能锉好内圆弧面，如右图（c）所示。如不同时完成上述三种运动，如右图（a）、（b）所示，就不能锉出合格的内圆弧面	 (a) 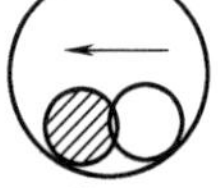　(b)  (c)

（四）锉削质量检测

锉削属于钳工细加工，因此，锉削中一定要进行质量检测，要按图样上的尺寸和技术要求进行。锉削的检测工作都是在锉削过程中进行的，以控制工件的尺寸及其他精度要求，其检测说明见表2-35。

四、刮削

用刮刀刮除工件表面薄层而达到精度要求的方法称为刮削。刮削加工属于精加工。它具有切削量小、切削力小、产生热量小、加工方便和装夹变形小等特点。通过刮削后的工件表面，不仅能获得很高的形位精度、尺寸精度、接触精度、传动精度，还能形成比较均匀的微浅凹坑，创造良好的存油条件。另外，通过刮削加工后的工件表面，由于多次反复地受到刮刀的推挤和压光作用，能使工件表面组织紧密，得到较细的表面粗糙度。鉴于以上特点和精度要求，利用一般机械加工手段难以达到，所以必须采用刮削的方法来进行加工。

表 2-35　锉削质量检测

<table>
<tr><th>检测项目</th><th>说　明</th><th>图示</th></tr>
<tr><td rowspan="2">检测平直度</td><td>检测平直度的方法有两种：一种是用刀口直尺或钢板尺以光隙法检测；另一种是采用研磨法检测。如右图（a）所示为用刀口直尺检测直线度，将工件擦净后用刀口直尺（或钢板尺）靠在工件平面上，如果刀口直尺与工件表面透光微弱均匀，则该平面是平直的；假如透光强弱不一，表明该表面高低不平，如右图（c）所示。检测时应在工件的横向、纵向和对角线方向多处进行，如右图（b）所示。钢板尺一般只在粗加工时使用。用这种方法也可对平面度进行测量</td><td>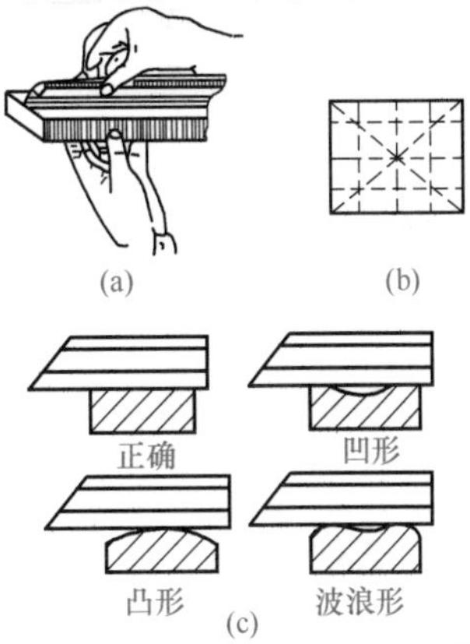
</td></tr>
<tr><td>如右图所示为研磨法检测平直度，在平板上涂丹粉（或蓝油），然后把锉削工件放在平板上，锉削面与平板面接触，均匀轻微地摩擦几下。如果锉削面着色均匀，说明平直了。其精度按研点的分布情况判断。呈灰亮色点是高处，有的没有着色是凹处，说明高低不平</td><td>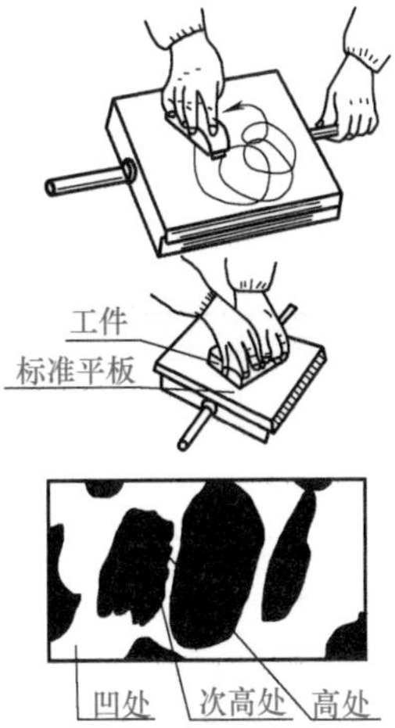
</td></tr>
<tr><td>检测垂直度</td><td>检测垂直度使用直角尺（又称弯尺），锉削时一般需采用光隙法，以基准面为基准，对其他所要求的测量面，有次序地检查，如右图所示，图上阴影部分为基准面</td><td>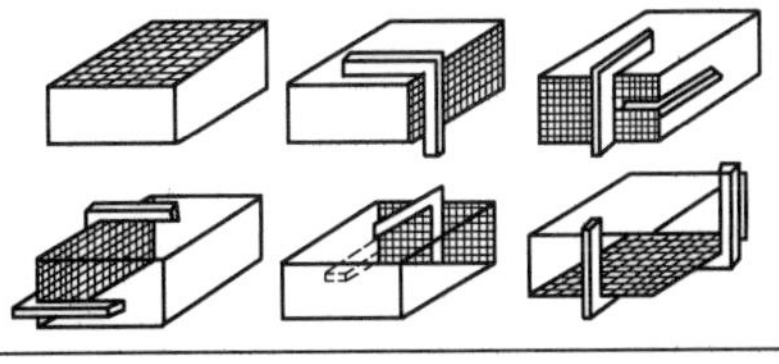</td></tr>
<tr><td>检测平行度与尺寸</td><td>平行度和工件各部位的尺寸，可用游标卡尺和千分尺进行测量，使用千分尺时，要根据工件的尺寸大小选用相应规格的千分尺，检测时在尺寸范围内不同的位置多测量几次，如右图所示</td><td>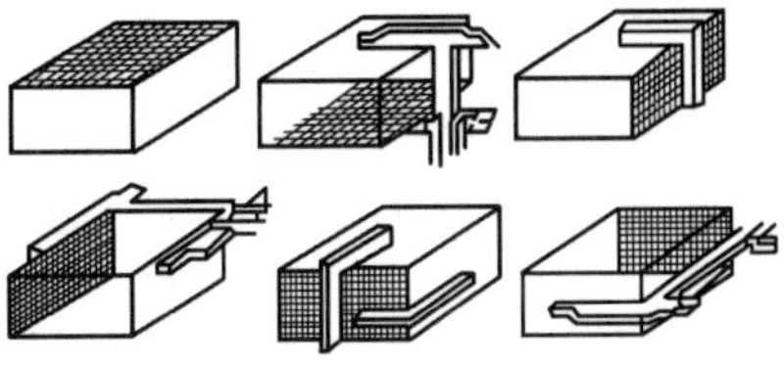</td></tr>
<tr><td>检测表面粗糙度</td><td>一般用眼睛直接观察，为鉴定准确，应使用表面粗糙度样规来比照检查。对于一些特殊部位、特殊的尺寸要求，一般是选择特定的量具，提前做出测量用样板、量规或辅助工装、工具，然后再对工件进行检测，如塞尺、半径样板规、百分表架等</td><td>—</td></tr>
</table>

（一）常见刮削的应用及刮削面种类

（1）常见刮削的应用（表 2-36）

表 2-36　常见刮削的应用举例

应用举例	刮削后的效果
密封性结构面	提高密封性能，防止气体和液体泄漏
机床装配几何精度	使各部件之间相互精度要求一致，保证机床工作精度
相互连接的结合面	增加连接刚性，传动件几何精度稳定，不易变形
相互运动的导轨副	有良好的接触率，承受压力大，耐磨性好，运动精度稳定
具有配合公差的面或孔	有良好的接触率，理想的配合精度，运动件精度稳定

（2）刮削面种类（表 2-37）

表 2-37　刮削面种类

种类		举　例
平面	单个平面	平板、平尺、工作台面等
	组合平面	平 V 形导轨面、燕尾槽导轨面、矩形导轨面等
曲面	圆柱面、圆锥面	圆孔、锥孔滑动轴承，圆柱导轨，锥形圆环导轨等
	球面	自位球面轴承、配合球面等
	成形面	齿条、蜗轮的齿面等

（二）刮削工具

（1）常用刮刀

刮刀用碳素工具钢或轴承钢锻制成形，刃磨后刀头淬火至 60HRC 左右，也可以在刀杆上镶嵌或焊接高速钢、硬质合金刀头。

根据刮削面形状的不同，刮刀可分为平面刮刀和曲面刮刀两大类。其刮刀的种类及用途见表 2-38。

表 2-38　刮刀的种类及用途

刮刀种类		图示	形式及用途
平面刮刀	手推刮刀	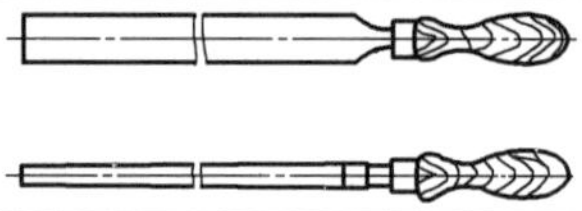	①粗刮刀：粗刮 ②细刮刀：细刮 ③精刮刀：精刮或刮花 ④小刮刀：小工件精制
	挺刮式刮刀	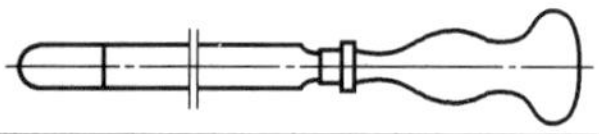	①大型：粗刮大平面 ②小型：细刮大平面
	拉刮刀	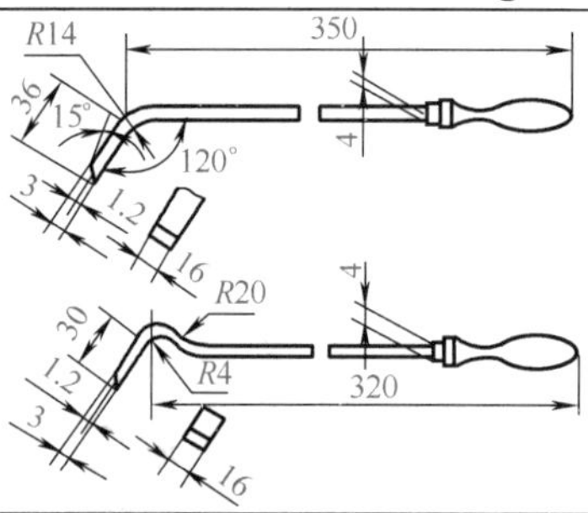 R14　350　36　15°　120°　4　3　1.2　16　R20　30　1.2　R4　320　3　16　4	刀体呈曲形，弹性较强，刮削出的工件表面光洁。常用于精刮和刮花，也可拉刮带有台阶的平面
	活头刮刀	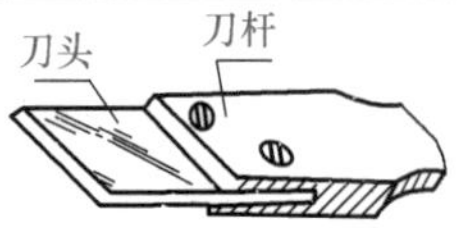 刀头　刀杆	刮削平面
	双刃刮花刀	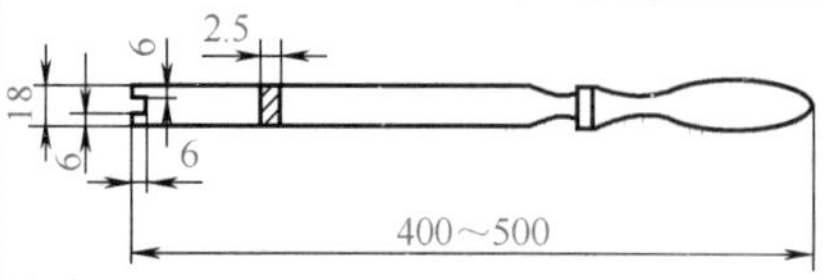 2.5　6　18　6　6　400～500	专用于刮削交叉花纹

续表

刮刀种类		图示	形式及用途
曲面刮刀	三角刮刀		常用三角锉刀改制，用于刮削各种曲面
	蛇头刮刀	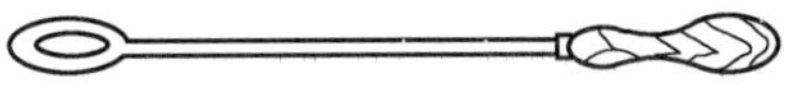	刀头部具有三个带圆弧形的切削刃，刀平面磨有凹槽，切削刃圆弧大小视工件的粗、精刮而定(粗刮刀圆弧的曲率半径大，精刮刀圆弧曲率半径小)。刮削时不易产生振痕，适用于精刮各种曲面
	匙形刮刀		刮软金属曲面，宜刮剖分式轴瓦
	半圆头刮刀		刮大直径内曲面
	柳叶刮刀	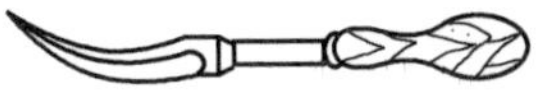	有两个切削刃，刀尖为精刮部分，后部为强力刮削部分。适用于刮对合轴承和铜套及刮余量不多的各种曲面

(2)基准工具

基准工具是用来推磨研点和检查刮面准确性的工具，常用基准工具及用途见表2-39。

表2-39 常用基准工具及用途

图示	工具类型	用途
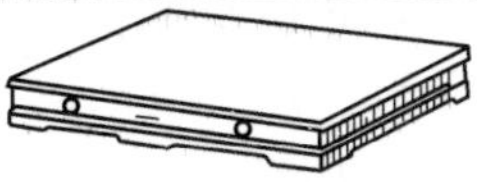	标准平板	检验宽平面
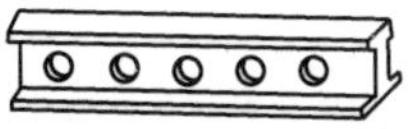	工形平尺	有双面和单面两种，检验及磨合狭长平面
	桥形平尺	检验导轨平面
	角度平尺	检验组合角度，如燕尾导轨
	直角板	检验垂直度
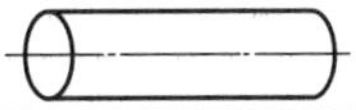	检棒	检验曲面，如内孔

(3)辅助工具

辅助工具类型及用途见表2-40。

表2-40 辅助工具类型及用途

图示	工具类型	用　途
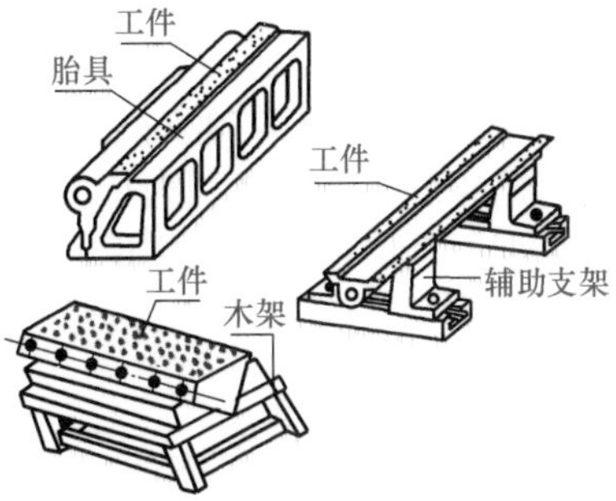 工件 胎具 工件 辅助支架 工件 木架	胎具支架	支承工件平稳、牢固

续表

图示	工具类型	用　途
	专用平板	用于刮削复杂导轨
	专用检具	刮削过程中用于检查误差

（三）刮刀的热处理与刃磨

刮刀一般采用碳素工具钢 T10A、T12A 或弹性较好的滚动轴承钢 GCr5 锻制而成。经热处理淬火和回火，其热处理过程可参照錾子的热处理方法，使刀头硬度达到 60HRC 左右。当刮削硬度较高的工件表面时，刀头可焊上硬质合金。根据不同的刮刀形状，刮刀的刃磨方法也不一样。

① 淬火后的刮刀，在砂轮上粗磨后，必须在油石上精磨。精磨时，楔角的大小，应根据粗、细、精刮的要求而定，如图 2-37 所示。粗刮刀 β_0 为 90° ～ 92.5°，切削刃必须平直；细刮刀 β_0 为 95° 左右，切削刃稍带圆弧；精刮刀成 β_0 为 97.5° 左右，切削刃圆弧半径比细刮刀小些。如用于刮削韧性材料，β_0 可磨成小于 90°，但这种刮刀只适用于粗刮。

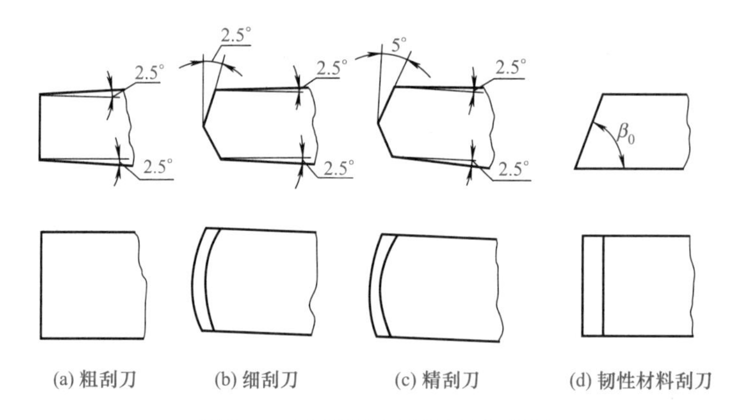

(a) 粗刮刀　(b) 细刮刀　(c) 精刮刀　(d) 韧性材料刮刀

图 2-37　平面刮刀头部形状和角度

② 三角刮刀在砂轮上粗磨后，还要在油石上再精磨。精磨时，在顺着油石长度方向来回移动的同时，还要依切削刃的弧形做上下摆动，磨至弧面光洁，切削刃锋利为止。

③ 蛇头刮刀刃磨时，蛇头刮刀两平面紧贴油石来回移动，两侧圆弧刃的刃磨与三角刮刀的磨法相同。

（四）刮削余量

由于每次的刮削量很少，因此要求留给刮削加工的余量不宜太大。一般约在 0.05 ～ 0.4mm 之间，具体数值根据工件刮削面积大小而定。刮削面积大，加工误差也大，所留余量应大些；反之，则余量可小些。合理的刮削余量见表 2-41。当工件刚度较差，容易变形时，刮削余量可取大些。

表 2-41　合理的刮削余量

平面的刮削余量					
平面宽度 /mm	平面长度 /mm				
	＞100 ～ 500	＞500 ～ 1000	＞1000 ～ 2000	＞2000 ～ 4000	＞4000 ～ 6000
≤ 100	0.10	0.15	0.20	0.25	0.30
＞100 ～ 500	0.15	0.20	0.25	0.30	0.40
＞500 ～ 1000	0.25	0.25	0.35	0.45	0.50

内孔的刮削余量			
孔径 /mm	孔长 /mm		
	≤ 100	＞100 ～ 200	＞200 ～ 300
≤ 80	0.04 ～ 0.06	0.06 ～ 0.09	0.09 ～ 0.12
＞80 ～ 120	0.07 ～ 0.10	0.10 ～ 0.13	0.13 ～ 0.16
＞120 ～ 180	0.10 ～ 0.13	0.13 ～ 0.16	0.16 ～ 0.19
＞180 ～ 260	0.13 ～ 0.16	0.16 ～ 0.19	0.19 ～ 0.22
＞260 ～ 360	0.16 ～ 0.19	0.19 ～ 0.22	0.22 ～ 0.25

（五）刮削用显示剂的种类及应用

为了了解刮削前工件误差的大小和位置，通常用显示剂来显示。显点时，必须用标准工具或与其相配合的工件，在其中间涂上一层有颜色的涂料，合在一起对研，凸起处就显示出点子，根据显点用刮刀刮去。所用的涂料叫做显示剂。刮削用显示剂的种类及应用见表 2-42。

表 2-42　刮削用显示剂的种类及应用

项目	说　明
显示剂的种类	①红丹粉分铅丹（原料为氧化铅，呈橘红色）和铁丹（原料为氧化铁，呈红褐色）两种，颗粒较细，用机械油调合后使用，广泛用于钢和铸铁工件上 ②蓝油是用普鲁士蓝粉和蓖麻油及适量机械油调合而成的，呈深蓝色。研点小而清晰，多用于精密工件和有色金属及其合金的工件上
显点方法及注意事项	显点应根据工件的不同形状和被刮面积的大小区别进行 ①中、小型工件的显点，一般是基准平板固定不动，工件被刮面在平板上推磨。如被刮面等于或稍大于基准平板面，则推磨时工件超出平板的部分不得大于工件长度 L 的 1/3，如图 2-38 所示。小于平板的工件推磨时最好不出头，否则其显点不能反映出真实的平面度误差 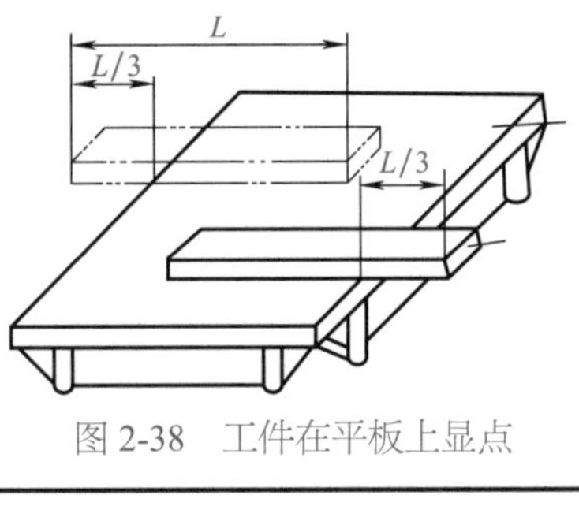 图 2-38　工件在平板上显点 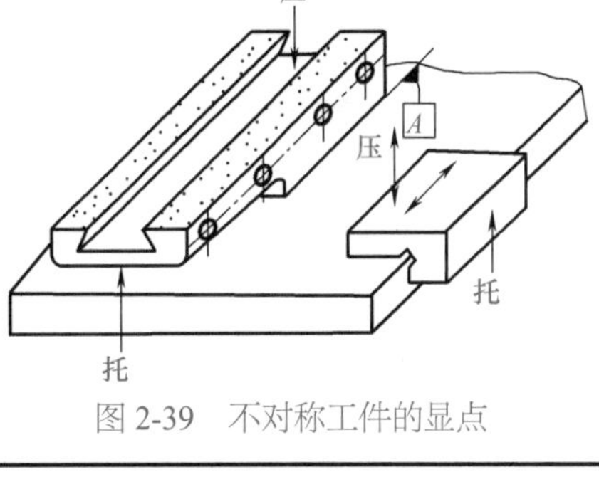　　图 2-39　不对称工件的显点

续表

项目	说　明
显点方法及注意事项	②大型工件的显点，一般是以平板在工件被刮面上推磨，采用水平仪与显点相结合来判断被刮面的误差。通过水平仪可以测出工件的高低不平状况，而刮削仍按照显点分轻重进行 ③重量不对称的工件显点，推研时应在工件某个部位托或压，如图 2-39 所示。但用力大小要适当、均匀。显点时还应注意，如两次显点有矛盾则说明用力不适当，分析原因及时纠正
显示剂的使用方法	显示剂一般涂在工件表面上，在工件表面显示的是红底黑点，没有闪光，容易看清。在调和显示剂时应注意：粗刮时，可调得稀些，这样在刀痕较多的工件表面上，便于涂抹，显示的研点也大。精刮时，应调得干些，涂在工件表面上，应该薄而均。这样显示出的点子细小，便于提高刮削精度

（六）刮削精度的检查

刮削精度包括尺寸精度、接触精度、形状和位置精度、表面粗糙度等。由于工件的工作要求不同，刮削精度的检查方法也有所不同。常用的检查方法有以下两种。

（1）以接触点的数目来表示

检查方法是将被刮面与校准工具或与其相配合的工件表面对研后，用边长为 25mm 的正方形框，罩在被刮面上，根据方框内研点数来决定刮削质量，如图 2-40。各种平面接触精度的接触点数见表 2-43。

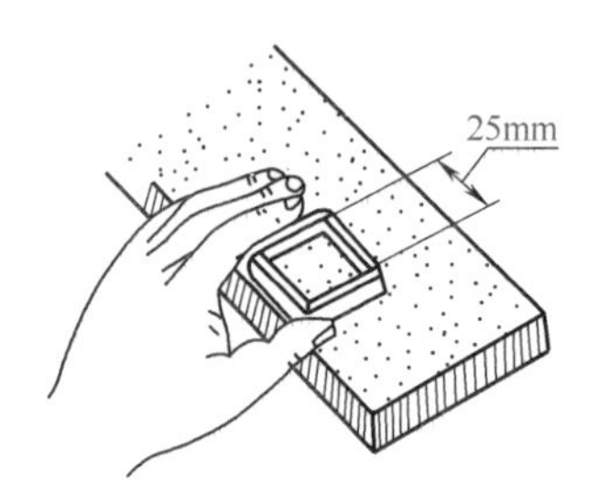

图 2-40　用方框检查接触点

表 2-43　各种平面接触精度的接触点数

平面种类	每边长为 25mm 正方形面积内的接触点数	应用举例
一般平面	2 ～ 5	较粗糙机件的固定结合面
	5 ～ 8	一般结合面
	8 ～ 12	机器台面，一般基准面、机床导向面、密封结合面
	12 ～ 16	机床导轨及导向面、工具基准面、量具接触面
精密平面	16 ～ 20	精密机床导轨、平尺
	20 ～ 25	1 级平板、精密量具
超精密平面	＞ 25	0 级平板、高精度机床导轨、精密量具

曲面刮削中，主要是对滑动轴承内孔的刮削。各种轴承不同精度的接触点数见表 2-44。

表 2-44　滑动轴承的接触点数

轴承直径 d/mm	机床或精密机械主轴轴承			锻压设备、通用机械的轴承		动力机械、冶金设备的轴承	
	高精度	精密	普通	重要	普通	重要	普通
	每边长为 25mm 的正方形面积内的接触点数						
≤ 120	25	20	16	12	8	8	5
＞ 120	—	16	10	8	6	6	2

（2）用允许的平面度误差和直线度误差来表示

工件平面大范围内的平面度误差，以及机床导轨面的直线度误差等，是用方框水平仪来进行检查的。同时，其接触精度应符合规定的技术要求。

（七）刮削方法

（1）平面刮削

平面刮削有手刮和挺刮两种方法。刮削步骤分为粗刮、细刮、精刮和刮花，其说明见表 2-45。

表 2-45　刮削步骤

步骤	说明
粗刮	当工件表面还留有较深的加工刀痕，或刮削余量较多的情况下，需要进行粗刮。粗刮的方法是用粗刮刀采用长刮法，刮削的刀迹连成长片，使刮削面上均匀地铲去一层较厚的金属，达到很快去除刀痕、锈斑或过多的余量。刮削方向一般应顺工件长度方向。有的刮削面有形位公差要求时，刮削前应先测量一下，根据具体状况，采用不同量的刮削，消除显著的形位公差不正确的状况，提高刮削效率。当粗刮到每边长为 25mm×25mm 的正方形面积内有 3 ～ 4 个研点，并且分布均匀，粗刮即结束
细刮	通过细刮可进一步提高刮削面的精度。细刮方法是用细刮刀，采用短刮法（刀迹长度约为切削刃的宽度）在刮削面上刮去稀疏的大块研点。随着研点的增多，刀迹逐步缩短。刮削方向应交错，但每刮一遍时，须保持一定方向，以消除原方向的刀迹。否则切削刃容易在上一遍刀迹上产生滑动，出现的研点会成条状，不能迅速达到精度要求。为了使研点很快增加，在研点少并且分布不均的情况下，在刮削研点时，应适当加大力度把研点和研点的周围部分刮去。这样当最高点刮去后，周围的次高点就容易显示出来。经过几遍刮削，次高点周围的研点又会很快显示出来，因而工作效率可提高。在刮削过程中，要防止刮刀倾斜而划出深痕 随着研点的逐渐增多，显示剂要涂布得薄而均匀。合研后显示出的研点发亮，称为硬点子，此处应该刮重些。如研点暗淡，称软点子，此处应该刮轻些。直至显示出的研点软硬均匀。在整个刮削面上，每边长为 25mm×25mm 的正方形面积内出现 12 ～ 15 个研点时，细刮即结束
精刮	在细刮的基础上，通过精刮增加研点并使工件刮削面符合精度要求。刮削方法是用精刮刀采用点刮法刮削。精刮时，要注意落刀要更加轻，起刀要迅速挑起。在每个研点上只刮一刀，不应重复，并始终交叉地进行刮削。当研点增多到每边长为 25mm×25mm 的正方形面积内有 20 点以上时，可将研点分为三类，分别对待。最大最亮的研点全部刮去；中等研点在其顶点刮去一小片；小研点留着不刮。这样连续刮几遍，待出现的点数达到要求即可。在刮到最后两三遍时，交叉刀迹大小应一致，排列应整齐，以增加刮削面的美观
刮花	刮花可使刮削面美观，滑动件之间造成良好的润滑条件。并且还可以根据花纹的消失多少来判断刮削面的磨损程度。常见的花纹种类如图 2-41 所示 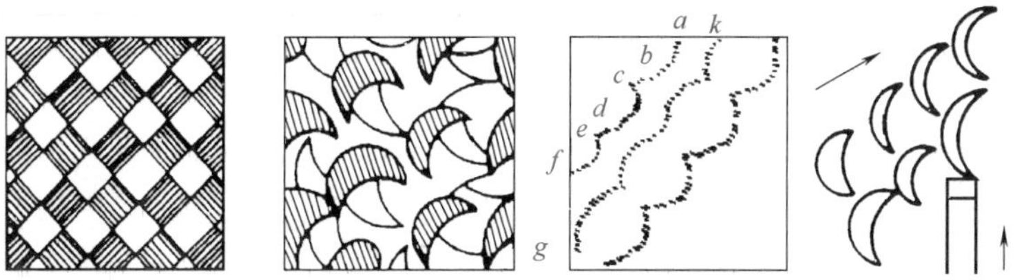 (a) 斜纹花纹　(b) 鱼鳞花纹　(c) 半月花纹　(d) 鱼鳞花纹的刮法 图 2-41　刮花的花纹 ①斜纹花纹，即小方块。是用精刮刀与工件边成 45° 角的方向刮成。花纹的大小按刮削精度和刮面大小而定 ②鱼鳞花纹的刮削方法，如图 2-41（d），先用刮刀的右边（或左边）与工件接触，再用左手把刮刀逐渐压平并同时逐渐向前推进，即随着左手在向下压的同时，还要把刮刀有规律地扭动一下。扭动结束即推动结束，立即起刀，这样就完成一个花纹。如此连续地推扭，就能刮出鱼鳞花纹来 ③半月花纹的刮削方法与鱼鳞花的刮法相似，所不同的是一行整齐的花纹要连续刮出，难度较大

（2）曲面刮削（表 2-46）

表 2-46　曲面刮削

项目	说明
内曲面刮削姿势	内曲面刮削姿势有两种，一种如图 2-42（a）所示，右手握刀柄，左手掌心向下四指在刀身中部横握，拇指抵着刀身，刮削时右手做圆弧运动，左手顺着曲面方向使刮刀做前推或后拉的螺旋形运动，刀迹与曲面轴心线成 45° 角交叉进行；另一种如图 2-42（b）所示，刮刀柄搁在右手臂上，右手掌心向上握在刀身前端，左手掌心向下握在刀身后端，刮削时左、右手的动作和刮刀的运动方向与上一种姿势一样

续表

项目		说明
内曲面刮削姿势		(a) (b) 图 2-42　内曲面刮削姿势　　图 2-43　外曲面刮削姿势 外曲面刮削姿势如图 2-43 所示，左手在前右手在后，双手握住平面刮刀的刀身，刮刀柄夹在右腋下，用右手来掌握刮削方向，左手加压或提起刮刀。刮削时，刮刀与外曲面倾斜约 30° 角，也应交叉刮削
内曲面刮削方法	研点方法	用标准轴（也称工艺轴）或与内曲面相配合的轴作为研点的工具，如图 2-44 所示。刮削有色金属（如青铜、巴氏合金）时，可选用蓝油作显示剂，精刮时可用蓝色或黑色油墨代替，使显点色泽分明。研点时将轴来回转动，不可沿轴线方向移动，精刮时转动角度要小
	刮削方法	曲面刮削时，刮刀的切削角度和用力方向如图 2-45 所示。用三角刮刀刮削时，应使刮刀粗刮时前角大些，精刮时前角小些；而圆头刮刀和蛇头刮刀刮削时和平面刮刀一样，是利用负前角进行切削。刮内曲面比刮平面困难得多，应经常刃磨刮刀，使其保持锋利，要避免因刮伤表面而造成返工，点子要刮准，刀迹应比刮平面时短小。对内曲面的尺寸精度更应严格控制，不可因留过多的刮削余量，而增加刮削工作量；也不能因余量过少。造成已刮削到尺寸要求但点子数太少，工件因不符合要求而报废
	内曲面的精度检验	内曲面刮削后的精度要求，也以单位面积内的接触点数表示，见表 2-43。但接触点应根据轴在轴承内的工作情况合理分布，以取得较好的工作效果。轴承两端研点数应多于中间部分，使两端支承轴颈平稳旋转；中间接触点稍为少些，有利于润滑和减少发热。在轴承圆周方向上，受力大的部位，应刮成较密的贴合点，以减少磨损，使轴承在负荷作用下，能较长时期地保持其几何精度

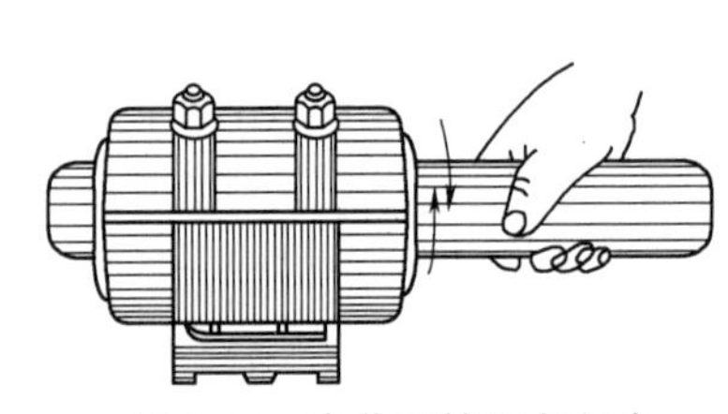

图 2-44　内曲面的研点方法

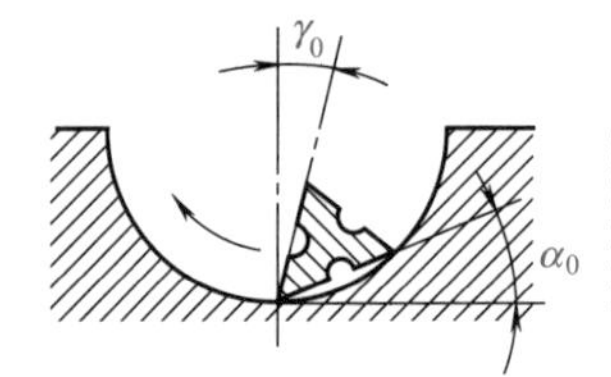

(a) 三角刮刀的切削角度

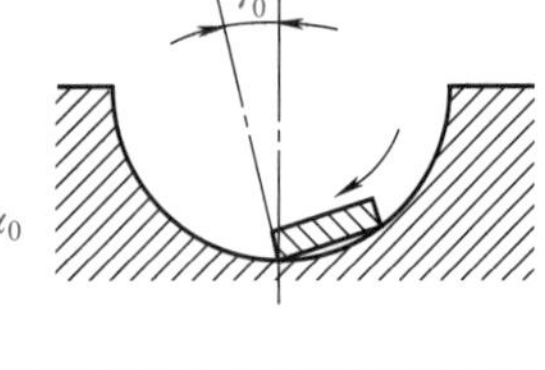

(b) 圆头和蛇头刮刀的切削角度

图 2-45　曲面刮削时的切削角度

（3）平行面和垂直面的刮削（表 2-47）

表 2-47　平行面和垂直面的刮削方法

项目	说明
平行面的刮削	先以标准平板的平面作为基准，粗、精刮工件的一个平面，达到规定的刮削点数和表面质量的要求，然后以此面作为基准，刮削对面平行面。粗刮平行面时，应先用百分表测量该面对基准面的平行度误差，如图 2-46 所示，来确定刮削部位和刮削量，并结合涂色显点进行刮削，以保证该面的平面度要求。在初步取得平面度和平行度要求的条件下，可进入细刮阶段，这时主要根据涂色显示点来确定刮削部位，同时仍需用百分表进行平行度测量，随时做必要的刮削修正，达到要求后可过渡到精刮阶段。这时主要按研点进行挑点精刮，以达到刮削点数和表面质量的要求，也应适当地用百分表测量，以控制平行度始终在所要求的范围内 图 2-46　用百分表测量平行度误差

续表

项目	说　明
垂直面的刮削	垂直面的刮削方法与平行面刮削相似，但刮削面和测量方法则有所不同。第一步也是用标准平板的平面作为基准，先粗、精刮基准面，再刮侧面垂直面。应选择较大的面作为基准面，再刮较小的垂直面，则能提高刮削效率。刮削垂直面时，在标准平板上以标准圆柱光隙法进行测量，如图 2-47 所示。粗刮时主要靠垂直度测量来确定其刮削部位，并结合涂色显点进行刮削来取得平面度要求。精刮时主要按研点进行挑点刮削，并适当地用 90° 圆柱角尺测量，以保证垂直度控制在所要求的范围内 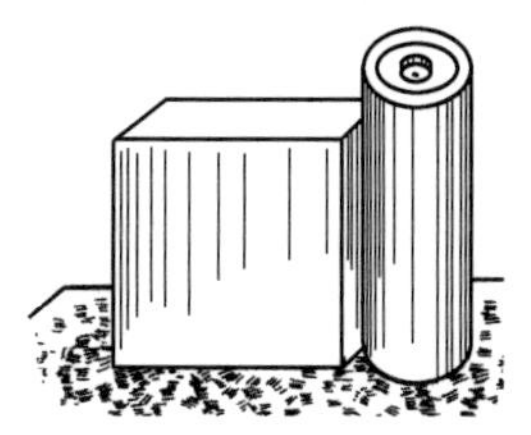 图 2-47　垂直度测量方法

（4）原始平板的刮削

平板是零件的精度检测、刮削和划线等常用的基准工具，对它的精度要求很高。刮削平板时，可以用标准平板作为基准，进行研点刮削。如果缺少相应的标准平板，则必须用三块平板按一定顺序进行互研互刮，逐步提高刮削精度，制成精密的平板。用这种方法刮成的平板称为原始平板。刮削原始平板可分正研刮和对角研刮两个方法进行，见表 2-48。

表 2-48　原始平板的刮削

项目	说　明
正研刮方法	将三块平板先单独分别进行粗刮，去除机械加工的刀痕和锈斑。然后将平板分别编为 A、B、C。按编号次序进行刮削，其刮削步骤如图 2-48 所示。 对刮　以A为基准刮C　对刮 1 A/B　2 A/C　3 B/C 以B为基准刮A　4 B/A　5 C/A　对刮 以C为基准刮B　6 C/B　7 A/B　对刮 （循环） 图 2-48　原始平板的刮削步骤 先将平板 A、B 合研对刮，使 A、B 平板贴合，再以 A 为基准刮 C，使之相互贴合，然后合研对刮 B 与 C 平板，两块平板的刮削量应尽可能相等，使 B 和 C 全部贴合，此时 B 和 C 平板的精度略有提高。以平板 B 为基准研刮平板 A，再将平板 C 与 A 合研对刮，使 C 和 A 平板的平面度进一步提高。以平板 C 为基准研刮平板 B，再将 A 与 B 平板合研对刮，这时 A 和 B 平板的平面度再次进一步提高。以后依次分别以平板 A、B、C，按上述三个顺序循环地进行刮削。循环次数愈多，则平板愈精密，直到在三块平板中任取两块对研，基本无明显凹凸，显点一致，每块平板的接触点都在 25mm × 25mm 方框内有 12 点时为止
对角研刮方法	在正研刮削后，往往会在平板对角部位上产生如图 2-49 所示的平面扭曲现象，而且三块高低位置相同，即同向扭曲。这种现象的产生是由于在正研时一块平板的高处（+）正好和另一块平板的低处（-）重合所造成。所以平板在正研刮削后，还必须进行对角研刮，直到三块平板相互之间，无论是正研、对角研、调头研，研点情况完全相同，接触点数符合要求为止

续表

项目	说明
对角研刮方法	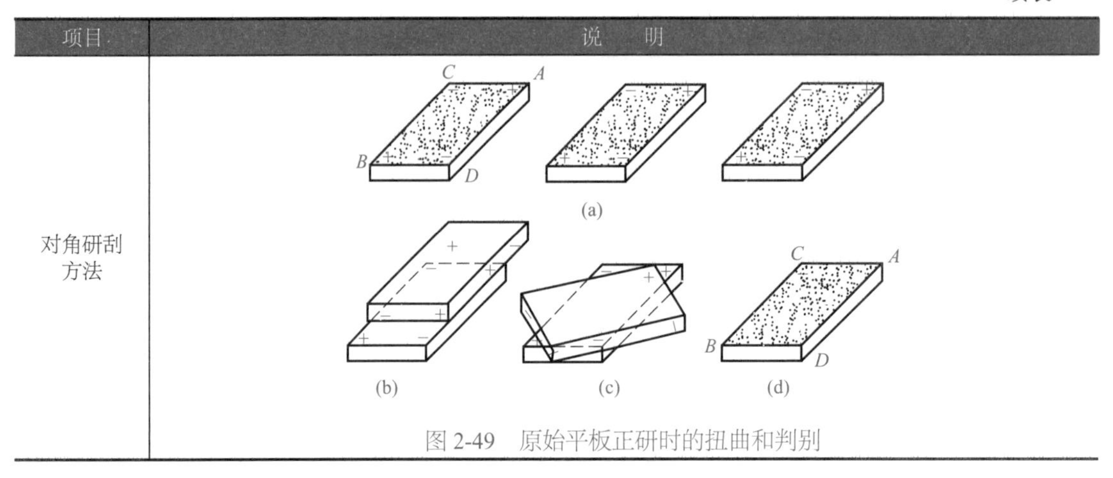图 2-49 原始平板正研时的扭曲和判别

（5）刮削面常见的缺陷及其产生原因（表 2-49）

表 2-49 刮削面常见的缺陷及其产生原因

主要缺陷	缺陷的特征	原因	防止方法
划道	刮削面上深浅不一的条槽	研点时，夹有沙粒、切屑等杂质或涂料不纯洁	注意清除涂料和工件表面的杂质
刀痕	落刀时的痕迹较重，刀迹深	落刀时的角度过大，落刀太重	落刀时应注意轻柔，平稳接触加工面
振痕	刮削面上出现有规则的波纹	刮削时向一个方向进行次数多，刀迹没有交叉	必须交叉进行刮削
		表面的阻力不均匀而引起刀刃弹动，造成有规律的波浪纹	必须调换方向成网状进行，反复几次可解决振痕
		刮刀楔角过小，前角过大	修正刮刀角度
深凹	刮削面上研点局部稀少或刀迹与研点高低相差太多	刮削时压力过大，用力不均，多次刀迹重叠	减轻压力，刮削时防止敲击
		刀刃弧形磨得太小	修正刀刃口弧形，必要时更换刮刀
撕纹	刮削面上有粗糙的条状刮削刀纹	刀刃口不光滑甚至有缺口、有细裂纹或淬火时金相组织粗大	刮刀刃口必须光滑完整
		刮削时未能将刮刀平稳地接触工件表面	操作时，刮刀要平稳地接触工件表面。硬材不易产生，软材易生毛刺，可蘸肥皂水或煤油刮削
刮削不精确	研点情况无规律地改变	推研点时，压力不均或工件伸出太长，出现假点	研点时应保持正确的推研方法
		校验工具本身不精确	检查校验工具
少点	研点变少	刮削时刀花太窄	将刮刀圆弧半径磨大，粗刮时刀花要宽
		刮刀未刮到点子上	刮刀一定要刮在研点上，而且要轻重有别
		一次没能将研点完全刮掉	将刮刀放平，削一遍研点
	局部没点	粗刮时局部刮亏，在没研点的地方不出点就转入了细刮	采用点刮法粗刮，直至在被刮面上消除局部点后再细刮
规律排列	研点出现有规律的排列	粗刮时，遍与遍之间交叉	采用点刮法粗刮，刀花不要长，交叉点刮数遍后至研点变成没规律的排列，再转入细刮
变形	在刮削过程中被刮工件变形	工件装卡不合理	检查装卡方法是否合理，力求使工件保持自由状态，但要平稳
		时效处理不好或工件本身结构不合理	刮削时掌握变化规律

五、研磨

用研磨工具和研磨剂，在一定压力下通过研具与工件做相对滑动，从工件表面上磨掉一层极薄的金属，以提高工件尺寸、形状精度，及降低表面粗糙度的精整加工方法称研磨。研磨精度可达 0.025μm，球体圆度可达 0.025μm，圆柱度可达 0.1μm，表面粗糙度可达 *Ra*0.01μm，并能使两个平面达到精密配合。研磨是加工精密零件，尤其是修理精密量具工作面的主要方法之一。

（一）研磨的分类、工艺特点及研磨轨迹的要求与作用

研磨的分类、工艺特点及研磨轨迹的要求与作用见表 2-50。

表 2-50　研磨的分类、工艺特点及研磨轨迹的要求与作用

分类	工艺特点	要求	作用
湿研磨（深敷法）	在研磨过程中不断添加充分的研磨剂。其特点为表面呈麻面亚光，加工效率高	使运动轨迹分布均匀	使工件表面具有相同而均匀的磨削量，提高质量
干研磨（压嵌法）	在研具表面上均匀嵌入一层研磨剂，在干燥情况下研磨。其特点为表面光泽美丽，加工精度高，只适用于平面研磨	研磨痕迹要紧密，排列要整齐	工件表面纹路细致，避免划痕
		轨迹应互相交错，避免同方向的平行轨迹	防止在工件表面出现重叠研磨，影响表面粗糙度

注：一般先用湿研磨，再用干研精加工。

（二）研具

研具是保证工件精度的重要因素，一方面把本身的几何形状复映给工件，另一方面又是研磨剂的载体。研具应满足以下技术条件：组织结构细致均匀，稳定性和耐磨性高，有较好的嵌存磨料的性能，工作面硬度稍软于工件表面等。研具质量应严格保证，在使用前应经技术测量和校准。

（1）常用研具材料及用途（表 2-51）

表 2-51　常用研具材料及用途

材料	用途
沥青	玻璃、水晶或其他透明材料的抛光
玻璃	精研或抛光
木、皮革	研磨软材
铜	粗研
铅	研磨软材及铜合金
低碳钢	粗研、小规格螺纹和窄小内腔
巴氏合金	研磨软材、铜合金轴瓦
球墨铸铁	常用研具
灰铸铁	常用研具，适于精细研磨，常用成分见表 2-52

表 2-52　灰铸铁研磨材料的成分

用于一般粗研磨的铸铁材料成分		用于精密研磨的铸铁材料成分	
碳	0.35% ～ 3.7%	碳	2.7% ～ 3.0%
锰	0.4% ～ 0.7%	锰	0.4% ～ 0.7%
锑	0.45% ～ 0.55%	锑	0.45% ～ 0.55%
硅	1.5% ～ 2.2%	硅	1.3% ～ 1.8%
磷	0.1% ～ 0.15%	磷	0.65% ～ 0.7%

（2）研具及应用

常用研具类型及应用见表 2-53。

表 2-53 常用研具类型及应用

类型	图示	应用
条 形	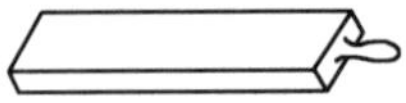	研磨小尺寸薄片工件的表面
板 形	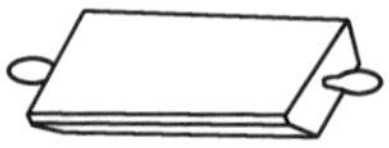	研磨块规、精密量具等表面
压砂平板	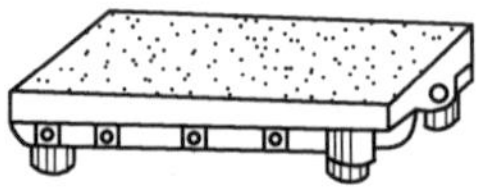	用于超精研磨，尺寸精度为 1μm 左右，*Ra* 为 0.015μm 以下的零件
异 形	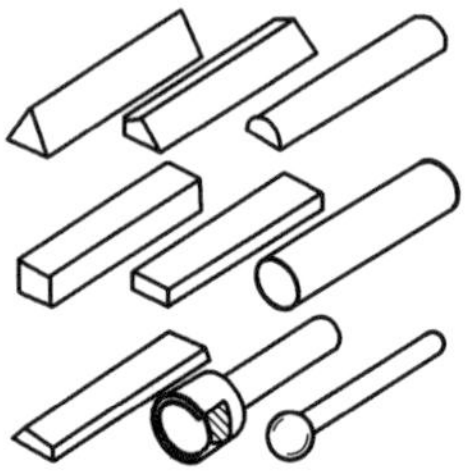	研磨各种异形工件
带槽条形		研磨平面导轨等狭长工件表面
角度条形	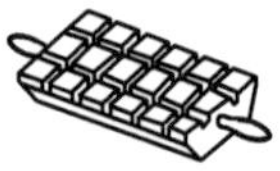	研磨 V 形导轨等有角度的工件表面
圆柱整体型	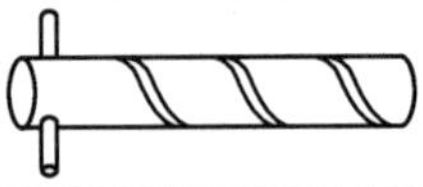	研磨单件圆柱形孔
圆锥整体型	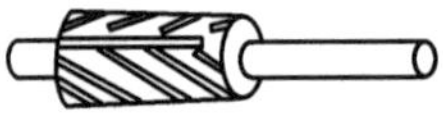	研磨单件圆锥孔
可调型	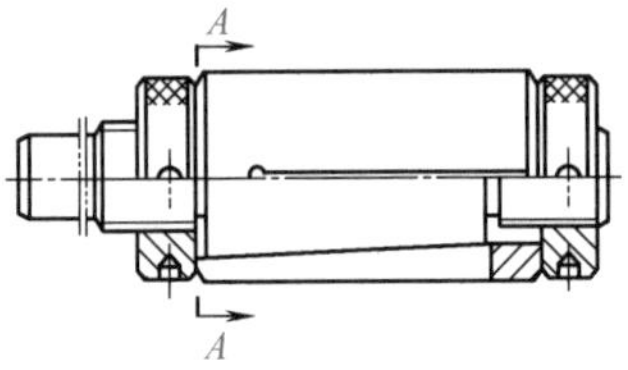 A A	多件组合结构，可在一定的尺寸范围内进行调整，用于研磨成批生产的工件
玻璃平板	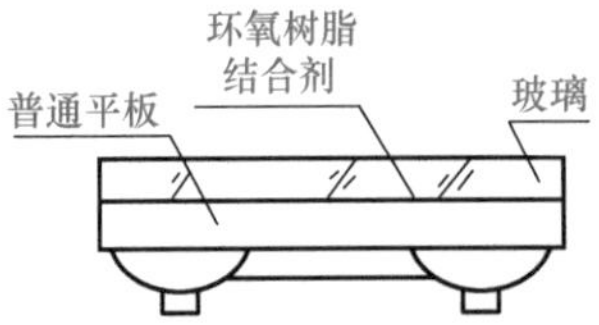 环氧树脂结合剂 普通平板 玻璃	用于研磨时不允许加研磨剂的零件。具有防锈能力
螺纹研磨棒	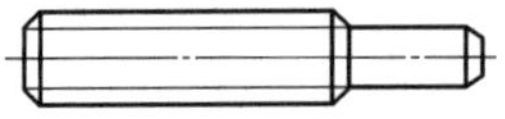	研磨外螺纹（内螺纹一般由电加工代替研磨）

（三）研磨剂

研磨剂是由磨料和研磨液调制而成的混合剂，磨料在研磨中起切削作用。

（1）磨料类型及适用范围（表 2-54）

表 2-54　磨料类型及适用范围

系列	代号	磨料名称	特性	适用范围
钢玉	GZ	棕刚玉（Al_2CO_3）	棕褐色。硬度高，韧性好，价格低廉	粗、精研磨钢、铸铁、黄铜
	GB	白刚玉（Al_2CO_3）	白色。硬度比棕刚玉高，韧性比棕刚玉差	精研磨淬火钢、高速钢、高碳钢及薄壁零件
	GG	铬刚玉（Al_2CO_3）	玫瑰红或紫红色。韧性比白刚玉好	研磨量具、仪表零件及低粗糙度表面
	GD	单晶刚玉（Al_2CO_3）	淡黄色或白色。硬度和韧性比白刚玉高	研磨不锈钢、高钒高速钢等强度高、韧性大的材料
碳化物	TH	黑碳化硅	黑色有光泽。硬度比白刚玉高，性脆而锋利，具有良好的导电性	研磨铸铁、黄铜、铝、耐火材料及非金属材料
	TL	绿碳化硅	绿色。硬度和脆性比黑碳化硅高，具有良好的导热性和导电性	研磨硬质合金、硬铬、宝石、陶瓷、玻璃等材料
	TP	碳化硼（B_4C）	灰黑色。硬度仅次于金刚石，耐磨性好	精研磨和抛光硬质合金、人造宝石等硬质材料
金刚石	JR	人造金刚石	无色透明或淡黄色、黄绿色或黑色。硬度高，比天然金刚石脆，表面粗糙	粗、精研磨硬质合金、人造宝石、半导体等高硬度脆性材料
	JT	天然金刚石	硬度最高，价格昂贵	
其他	—	氧化铁（Fe_2O_3）	红色至暗红色。比氧化铬软	精细研磨或抛光钢、铁、玻璃等材料
	—	氧化铬（Cr_2O_3）	深绿色，硬度高，切削力强	

（2）润滑剂

常用于研磨的润滑剂类型及作用见表 2-55。

表 2-55　常用于研磨的润滑剂类型及作用

类型	名称	作用
液 态	煤油	煤油润滑性能好，能粘吸研磨剂
	汽油	稀释性好，能使研磨剂均匀地粘吸于研具上
	机油、透平油	润滑性能好，粘吸性好
固 态	硬脂酸 石蜡 油酸 脂肪酸	能形成一层极薄的、较硬的润滑油膜

（3）粒度

磨料的颗粒尺寸见表 2-56。常用的研磨微粉见表 2-57。

（4）常用研磨剂的配比（表 2-58）

（四）研磨压力及研磨速度

研磨效率随研磨压力和研磨速度的提高而增大，选用正确的研磨压力和速度对研磨效果有明显的影响。

（1）研磨压力

一般粗研压力约 0.1 ～ 0.2MPa，精研压力约 0.01 ～ 0.05MPa。若压力过大，则可能将研磨剂颗粒压碎，使零件表面划痕加深，从而影响表面粗糙度。

表 2-56　磨料的颗粒尺寸

组别	粒度号数	颗粒尺寸 /μm	组别	粒度号数	颗粒尺寸 /μm
磨粒	12#	2000 ～ 1600	微粉	W65	63 ～ 50
	14#	1600 ～ 1250		W50	50 ～ 40
	16#	1250 ～ 1000		W40	40 ～ 28
	20#	1000 ～ 800		W28	28 ～ 20
	24#	800 ～ 630		W20	20 ～ 14
	30#	630 ～ 500		W14	14 ～ 10
	36#	500 ～ 400		W10	10 ～ 7
	46#	400 ～ 315		W7	7 ～ 5
	60#	315 ～ 250		W5	5 ～ 3.5
	70#	250 ～ 200		W3.5	3.5 ～ 2.5
	80#	200 ～ 160		W2.5	2.5 ～ 1.5
磨粉	100#	160 ～ 125		W1.5	1.5 ～ 1
	120#	125 ～ 100		W1	1 ～ 0.5
	150#	100 ～ 80		W0.5	0.5 ～更细
	180#	80 ～ 63			
	240#	63 ～ 50			
	280#	50 ～ 40			

表 2-57　常用的研磨微粉

研磨粉号数	应 用	可达到 *Ra*/μm	研磨粉号数	应 用	可达到 *Ra*/μm
100# ～ 280#	最初的研磨	—	W14 ～ W7	半精研磨	0.1 ～ 0.05
W65 ～ W20	粗研磨	0.2 ～ 0.1	W5 及以下	精研磨	0.05 ～ 0.012

表 2-58　常用研磨剂的配比

液态研磨剂		固态研磨剂	液态研磨剂		固态研磨剂
第一种	研磨粉：20g	氧化铬：60%	第二种	研磨粉：15g	金刚砂：40%（研磨粉）
		石蜡：22%		硬脂酸：8g	氧化铬：20%
	硬脂酸：0.5g	蜂蜡：4%		航空汽油：200mL	硬脂酸：25%
		硬脂酸：11%			电容器油：10%
	航空汽油：200mL	煤油：3%		煤油：15mL	煤油：5%

（2）研磨速度

粗研速度一般在 0.15 ～ 2.5m/s 之间，往复运动取 40 ～ 60 次 /min。精研速度不宜超过 0.5m/s，往复运动取 20 ～ 40 次 /min。若速度过高则会产生高热量引起表面退火，以及热膨胀太大而影响尺寸精度的控制，还会使表面有严重的磨粒划痕。

在研磨时，一般粗磨先用较高压力和较低的速度，而精磨则用较低压力和较高速度。

（五）常用研磨运动轨迹

（1）手工研磨运动轨迹类型、特点与应用范围（表 2-59）

表 2-59　手工研磨运动轨迹类型、特点与应用范围

轨迹	简图	特点及应用范围
直线形		几何精度高，易直线重叠。适用于狭长的粗糙度值高的台阶平面
摆动式直线形	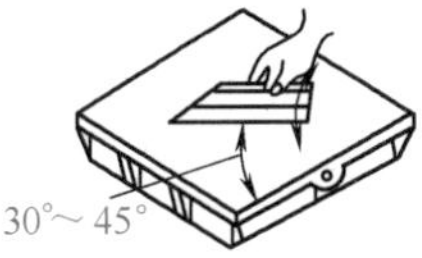 30°～45°	同时做左右摆动和直线往复运动，可获平直、光滑的效果。适用于双料面平尺或样板角尺等圆弧测量面
螺旋形	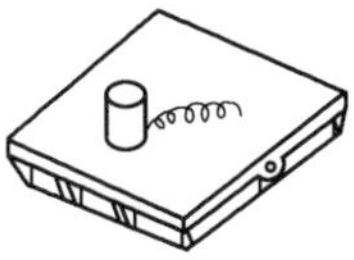	表面粗糙度值低，平面度精度高。适用于圆片或圆柱形工件的端面，如千分尺和卡尺
8 号形		使相互研磨的面保持均匀接触。适用于平板或小平面工件
配研	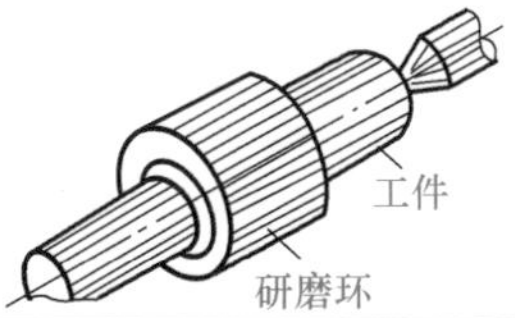 工件 研磨环	手握研具同时做轴向移动和转动。适用于圆柱和圆锥体工件

（2）机械研磨运动轨迹类型、特点及应用范围（表 2-60）

表 2-60　机械研磨运动轨迹类型、特点及应用范围

轨迹	简　图	特点及应用范围
直线往复	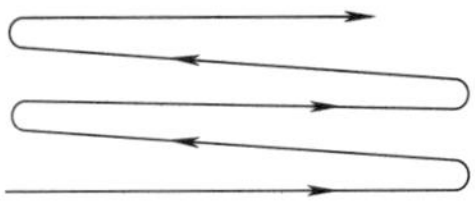	工件在平板上做平面平行运动，其研磨速度一致，研磨量均匀，运动较平稳，研磨行程的同一性较好。但研磨轨迹容易重复，平板磨损不一致。适用于加工底面狭长而高的工件
正弦曲线式		工件始终保持平面平行运动，主要是成形研磨。由于轨迹交错频繁，研磨表面粗糙度值比直线往复式有明显降低
内摆线式	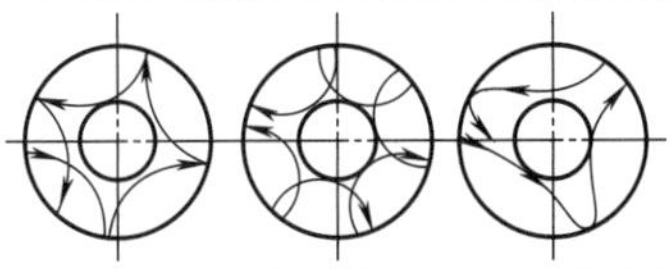	内、外摆线式轨迹适于研磨圆柱形工件端面，及底面为正方形或矩形、长宽比小于 2 ∶ 1 的扁平工件。这种轨迹的尺寸一致性好，平板磨损较均匀，故研磨质量好，效率较高，适用于大批生产
外摆线式	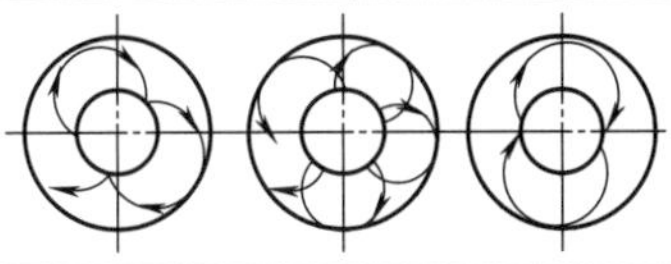	
周摆线式	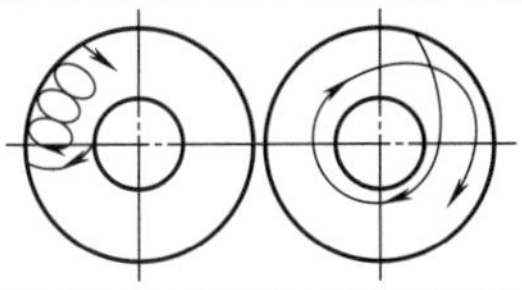	工件运动能走遍整个板面，结构简单，加工表面粗糙度值低。但因工件前导边始终不变换，且工件各点的行程不一致性较大，不易保持研磨盘的平面度。适用于加工扁平工件及圆柱工件的端面

（六）研磨工艺参数的选择

（1）平面研磨余量的选择（表 2-61）

表 2-61　平面研磨余量

平面长度 /mm	平面宽度 /mm		
	≤ 25	26 ～ 75	76 ～ 150
≤ 25	0.005 ～ 0.007	0.007 ～ 0.010	0.010 ～ 0.014
26 ～ 75	0.007 ～ 0.010	0.010 ～ 0.016	0.016 ～ 0.020
76 ～ 150	0.010 ～ 0.014	0.016 ～ 0.020	0.020 ～ 0.024
151 ～ 250	0.014 ～ 0.018	0.020 ～ 0.024	0.024 ～ 0.030

注：经过精磨的工件，手工研磨余量每面为 3 ～ 5μm，机械研磨余量每面为 5 ～ 10μm。

（2）外圆研磨余量的选择（表 2-62）

表 2-62　外圆研磨余量

直径 /mm	余量 /mm	直径 /mm	余量 /mm
≤ 10	0.005 ～ 0.008	51 ～ 80	0.008 ～ 0.012
11 ～ 18	0.006 ～ 0.008	81 ～ 120	0.010 ～ 0.014
19 ～ 30	0.007 ～ 0.010	121 ～ 180	0.012 ～ 0.016
31 ～ 50	0.008 ～ 0.010	181 ～ 260	0.015 ～ 0.020

注：经过精磨的工件，手工研磨余量为 3 ～ 8μm，机械研磨余量为 8 ～ 15μm。

（3）内孔研磨余量的选择（表 2-63）

表 2-63　内孔研磨余量

孔径 /mm	铸铁 /mm	钢 /mm
25 ～ 125	0.020 ～ 0.100	0.010 ～ 0.040
150 ～ 275	0.080 ～ 0.160	0.020 ～ 0.050
300 ～ 500	0.120 ～ 0.200	0.040 ～ 0.060

注：经过精磨的工件，手工研磨直径余量为 5 ～ 10μm。

（4）研磨速度的选择（表 2-64）

表 2-64　研磨速度的选择　单位：m/min

研磨类型	平面		外圆	内孔	其他
	单面	双面			
湿研	20 ～ 120	20 ～ 60	50 ～ 75	50 ～ 100	10 ～ 70
干研	10 ～ 30	10 ～ 15	10 ～ 25	10 ～ 20	2 ～ 8

注：工件材质软或精度要求高时，速度取小值；内孔指孔径范围 6 ～ 10mm。

（5）研磨压力的选择（表 2-65）

表 2-65　研磨压力的选择　单位：MPa

研磨类型	平 面	外 圆	内 孔*	其 他
湿 研	0.10 ～ 0.15	0.15 ～ 0.25	0.12 ～ 0.28	0.08 ～ 0.12
干 研	0.01 ～ 0.10	0.05 ～ 0.15	0.04 ～ 0.16	0.03 ～ 0.10

注：表中“*”孔径范围 5 ～ 20mm。

（七）研磨质量的检查

研磨质量的检查见表 2-66。

表 2-66 研磨质量的检查

简　图	检查内容	检查方法
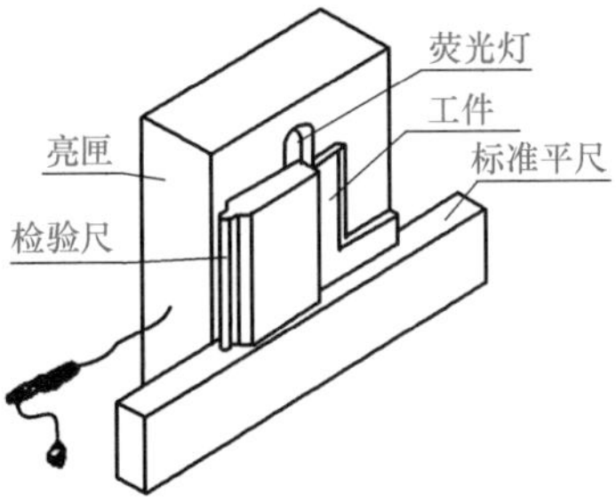	垂直度	用标准平尺和检验尺通过光隙法检查
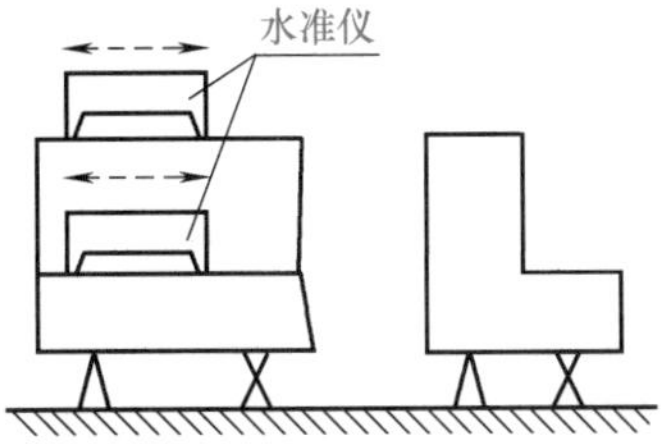	平行度	在精密平板上用比较仪检查
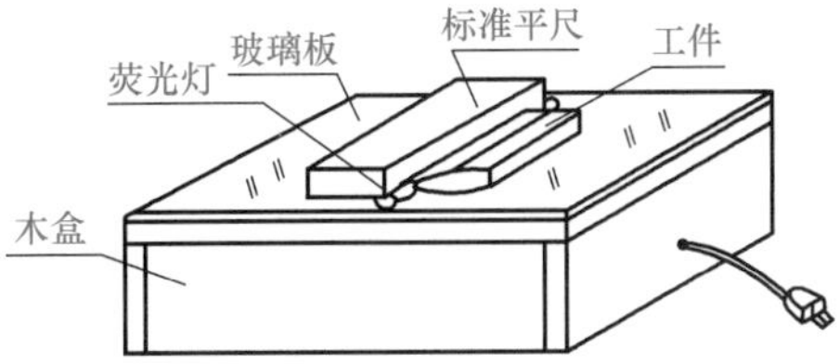	平面度	使检验部位与荧光灯的中心位置相对，通过光隙进行检查
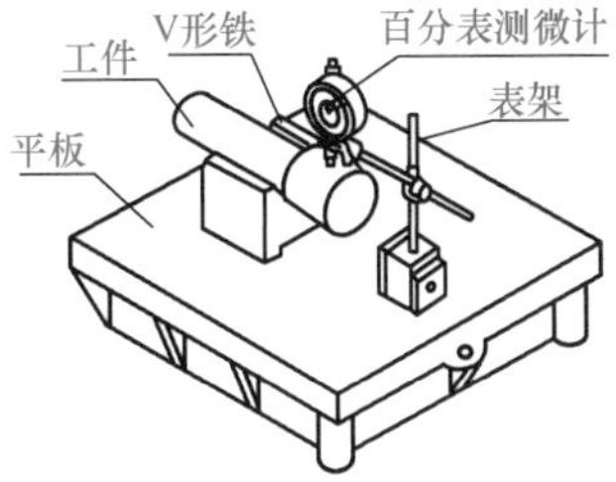	同轴度	通过百分表进行检查
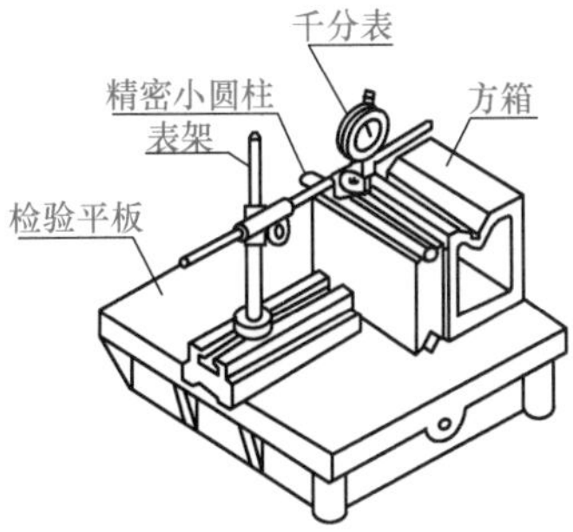	V 形槽	用精密小圆柱检查

（八）研磨方法

（1）平面研磨

平面研磨包括：一般平面、狭窄平面、双斜面平尺研磨等，具体说明见表 2-67。

表 2-67 平面研磨类型及说明

类型	说明
一般平面研磨	把工件需研磨的表面贴合在敷有磨料（可再加润滑油或硬脂酸）的研具上，沿研具的全部表面呈“8”字形轨迹运动，如图所示
狭窄平面研磨	用金属块制成“导靠”，用直线形轨迹研磨，如图（a）所示。如工件数量较多，可采用螺栓或 C 形夹头将几块工件夹在一起进行研磨，如图（b）所示 (a) 狭窄平面的研磨 (b) 多工件狭窄面的研磨
双斜面平尺研磨	双斜面平尺是高精度量具，平直度为：0.03mm/100mm。粗研磨时，用浸湿汽油的棉花束沾上 W20 ～ W10 的研磨粉，均匀涂敷在平板的工作面上，进行粗研磨。如果工作场地的温度高，需滴上适量的煤油，保持一定的湿润性

对于小规格的双斜面平尺，研磨时，用右手的三个手指捏持工件两侧非工作面中部，如图 2-50（a）所示，工件的纵向摆动与操作者的正面视线约 30° ～ 45°。大规格的双斜面平尺需用双手捏持，即根据上述方式用左、右手分别捏住工件两头的侧面，工件纵向摆动与操作者正面平行，如图 2-50（b）所示。

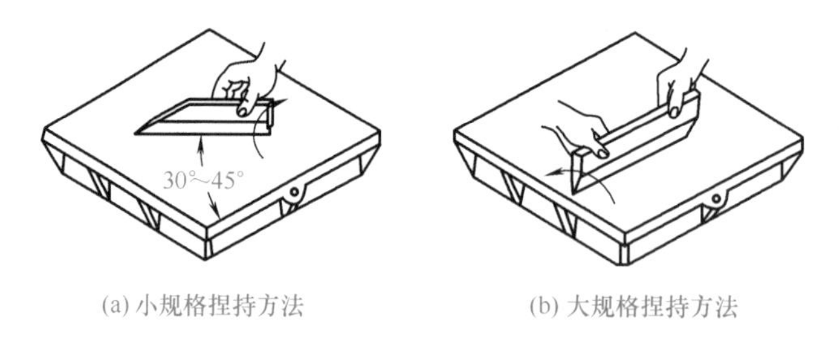

(a) 小规格捏持方法 (b) 大规格捏持方法

图 2-50 研磨双斜面平尺时手的捏持方法

双斜面平尺的研磨运动是沿其纵向移动和以其测量面为轴线做左右 30° 摆动相结合的运动形式。纵向移动的距离不宜过长。研磨时，掌握要平稳，应使接触面均匀地遍及平板的研磨面，并应注意尺口部位，相应地要多摆动研磨几次，使其达到技术要求。

经过粗研磨，要求双斜面平尺测量面的尺口部位的平直度和形状保持正确。精研磨时，其运动形式与粗研磨大致相同，但采用压砂平板，研磨粉选用 W5 左右，经过压嵌的细化作用，嵌入研具的研磨粉颗粒将随之减小，且更趋于均匀。

（2）V 形槽研磨

研磨 V 形槽只能使用专用研具沿 V 形槽做直线往复的研磨运动。研磨 V 形槽工件时，经常使用整体式的 V 形槽研具，亦可将平板侧面倒成锐角作为研具。研具的长度约大于工件长度的 1/3 ～ 1/2，宽度约为 V 形槽宽度的 1/4，厚度是 V 形槽深度的 2 ～ 3 倍，以保持足够的强度，便于操作。研磨时，应根据工件的几何形状和技术要求，首先将 V 形槽的一个侧面研磨平直，作为测量基准，见表 2-68。

表 2-68　V 形槽的研磨

研具形式	简　图	研磨方法
整体式研具	研具；工件；皮革或毛毡；台虎钳	将工件两侧垫皮革或毛毡，夹持在台虎钳或平口钳上，根据侧平面为基准测得钳的偏差，再侧重地施压研磨
用平板侧面作研具	平板；工件	将导板侧面制成锐角，将工件在平板上往复研磨，常用于单件或修理
用专用研具	工件；紧固螺钉；平板；调整螺钉；专用研具	把两块与 V 形槽角度相等的研具装在底板上，调整所需距离和高度误差，然后拧紧螺钉，即可进行研磨。此方法适用于成批生产

（3）圆柱体研磨（表 2-69）

表 2-69　圆柱体研磨方法

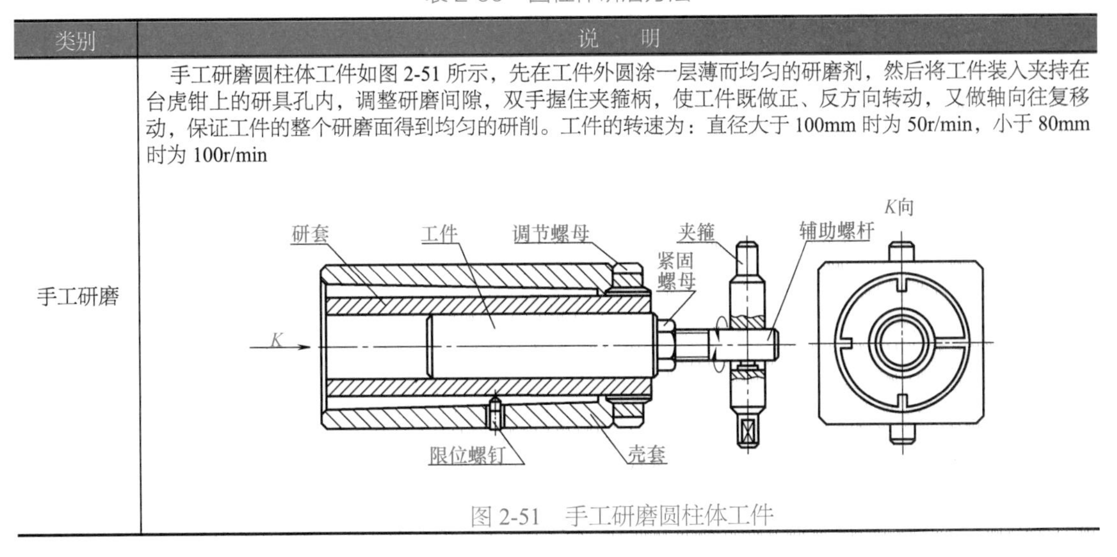

类别	说　明
手工研磨	手工研磨圆柱体工件如图 2-51 所示，先在工件外圆涂一层薄而均匀的研磨剂，然后将工件装入夹持在台虎钳上的研具孔内，调整研磨间隙，双手握住夹箍柄，使工件既做正、反方向转动，又做轴向往复移动，保证工件的整个研磨面得到均匀的研削。工件的转速为：直径大于 100mm 时为 50r/min，小于 80mm 时为 100r/min 图 2-51　手工研磨圆柱体工件

续表

<table>
<tr><th>类别</th><th>说　明</th></tr>
<tr><td>机床配合手工研磨</td><td>先把工件装夹在机床上，工件外圆涂一层薄而均匀的研磨剂，装上研套，调整研磨间隙，开动机床，手捏研套在工件全长上做往复移动，如图 2-52 所示
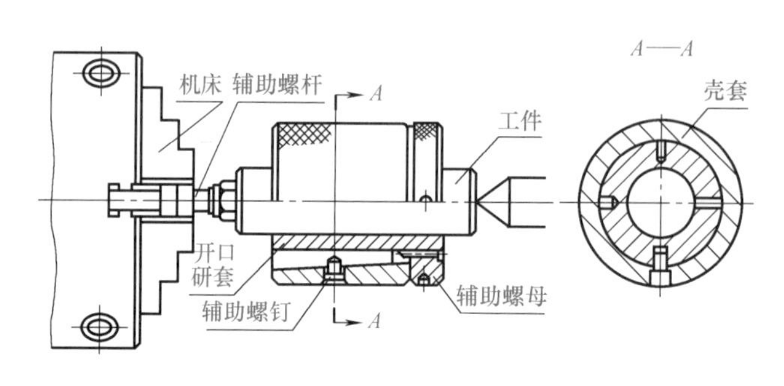

图 2-52　机床配合手工研磨圆柱体工件</td></tr>
<tr><td colspan="2">采用以上两种研磨方法，都应随时调整研具上的调节螺母，保持适当的研磨间隙。同时，不断地检查研磨质量，如发现工件有锥度，应将工件或研具调头装入，再调整间隙做校正性研磨。如锥度较大，应在尺寸大的部位涂敷研磨剂进行研磨，以消除锥度。手在工件上往复移动得太快或太慢都会影响质量，适当的速度使工件表面成 45°交叉网纹，如图 2-53 所示
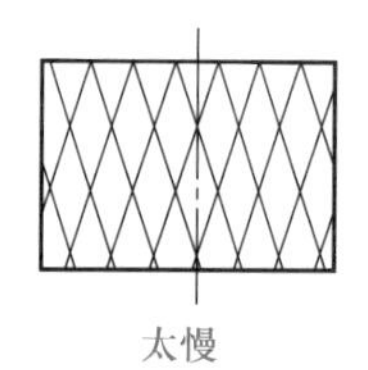

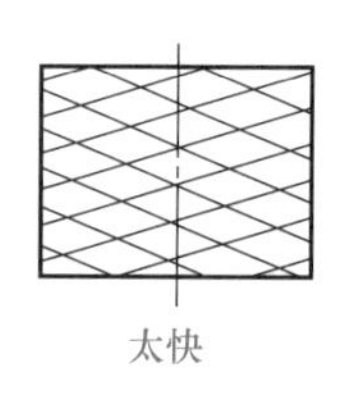

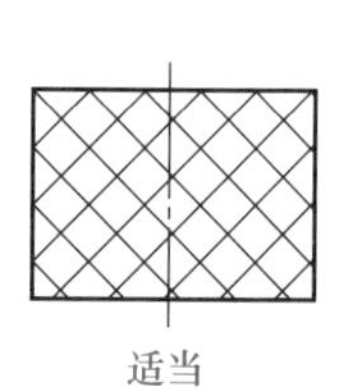

图 2-53　研磨速度形成的网纹</td></tr>
</table>

（4）圆锥体研磨

比较精密的圆锥孔，大多在磨削后再用研磨方法来保证质量。研磨前，先准备锥度研具，将研具装入车床卡盘或主轴锥孔内，校对研具中心使与机床主轴中心一致，然后捏持工件围绕研具试做轴向移动和径向转动，选择研具与工件锥面适当吻合时即可进行研磨。

研磨过程中，工件沿研具锥面旋转，并在每次重复上述动作时，按径向转过一个角度，连续几次后再做一次小距离的轴向进退运动，以保持研磨剂的均匀并加快研磨进度。如此，研磨 1 ～ 2min，即可抹去研垢，观察研痕。如工件表面研痕已基本一致，可用标准锥体或相配的锥体进行着色检查。如锥体上显色不理想，则在研具上着色显示部位涂上研磨剂，再进行研磨。由于在研磨中锥孔常会出现中凸现象，所以必须把研磨剂涂敷在研具相对锥孔中凸的部位。在精研时，应更换粒度小的研磨粉，并改用未做粗研的新研具以保证精度。较理想的是使用三根成套的压砂研具来交替使用。研磨锥体的速度应略低些，精研速度取 100 ～ 300r/min 甚至更低。

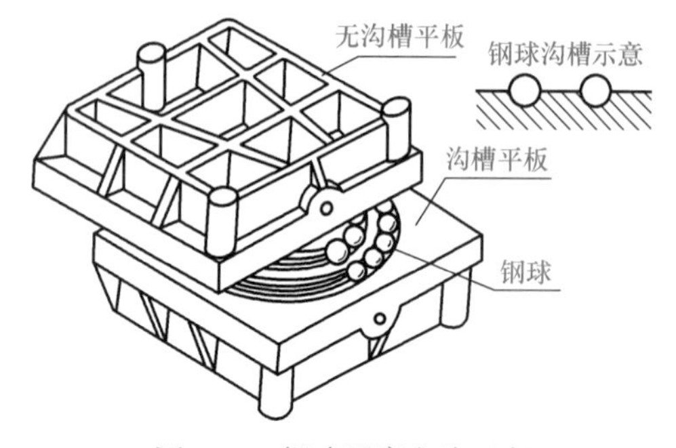

图 2-54　钢球研磨方法示意

（5）钢球研磨

在一般情况下，对钢球只做提高几何精度的研磨，如图 2-54 所示，在平板上车削数圈等深的 V 形或弧形沟槽。研磨钢球时，将有沟槽的平板平稳地放置在钳工台上，然后把研磨剂和钢球放入平板的沟槽内，上面覆一块无沟槽的平板，推动无沟槽平板做平面往复旋转运动来进行研磨。

在同一批钢球中，由于直径不一致，应将分选后直径较大和较小的钢球间隔对称地放入沟槽中，两块平板在研磨中保持平行，首先研磨的是大钢球，待大钢球接近或等于小钢球直径时，全部钢球即能得到均衡一致的研磨。

（6）软质材料和硬脆材料的研磨（表 2-70）

表 2-70　软质材料和硬脆材料的研磨方法

类别	说　明
铜轴瓦的研磨	轴瓦按使用场合和材料不同有好几类。铜瓦虽然含有合金元素，但仍较软，磨料容易嵌入工件表面。为避免磨粒残留在研磨过的工件表面上，选择研具材料的基本原则是要求硬度低于工件。如巴氏合金的硬度比铜低，金相组织比铜疏松，但结合力较好，这就构成了它一定的强度和稳定性，能够使磨料首先嵌入研具表面，适用于制作研磨铜瓦的研具。研磨铜瓦大都用氧化物磨料 金刚石研磨剂对铜和其他材料制件，无论是用于研磨还是抛光，都能收到极好的效果。但由于其价格较高，故在使用上受到一定限制
铝合金件的研磨	铝合金有与铜质相同的特点，但铝合金的韧性不及铜合金高。研磨铝合金工件轴与孔，可以用铅作研具，磨料仍可用一般的金刚砂
不锈钢工件的研磨	研磨不锈钢的关键，主要是选择磨料的问题。适用于研磨不锈钢的磨料有：单晶刚玉、微粒刚玉、锆刚玉 不锈钢工件在精研或抛光时，主要用金刚石磨料。精研时，一般都采用铸铁来制造研具
软质材料工件平面的研磨	研磨软质材料工件的平面，可采用压嵌法先将磨料压入研具，并在研磨中涂以保持湿润的研磨液，做 1 ～ 2 次遍及研具的研磨，而后用汽油洗涤研垢，再涂入研磨液继续研磨，可收到较好的效果
硬脆材料的研磨	硬质合金、玻璃、钻石、玛瑙及陶瓷等高硬材料的工件，无论粗研或半精研磨，均可采用碳化硼、碳硅硼和碳化硅磨料；精研或抛光时，可采用金刚石粉或金刚石研磨膏

（九）研磨缺陷的原因及防止方法

产生研磨缺陷的原因及防止方法见表 2-71。

表 2-71　产生研磨缺陷的原因及防止方法

缺陷	原因	防止方法
平面成凸状或孔口扩大	①研磨剂太厚	①研磨剂涂抹要适当
	②孔口或零边缘被挤出的研磨剂未擦去	②将被挤出的研磨剂擦去再研
	③研磨棒伸出孔口太长	③研磨棒伸出长度要适当
表面拉毛	研磨剂混入杂质或研具有毛刺	重视并做好清洁工作
表面粗糙	①磨料过粗	①正确选用研磨料
	②研磨液不当	②正确选用研磨液
	③研磨剂涂得太厚	③研磨剂涂得要适当
孔口椭圆形或有锥度	①研磨时没更换方向	①研磨时应交换方向
	②研磨时没有调头	②研磨时应调头研
	③研具有椭圆或锥度	③修整研具
薄形工件拱曲变形	①零件发热了仍继续研磨	①不使零件温度超过 50℃，发热后应暂停研磨
	②装夹不正确引起变形	②装夹要稳定，不要夹得太紧
孔的直线度不好，各段错位	研具与加工孔配合过松，轴向往复运动长短不一	调整配合间隙，专门修整某段孔壁，使用新研具光整孔壁全长
尺寸不精确	研磨工具不正确	选精度高的研磨工具

第三章
孔加工

第一节 钻　孔

一、孔加工设备及刀具

（一）钻床

钻床是指主要用钻头在工件上加工孔的机床。在钻床上可以完成钻孔、扩孔、铰孔、锪孔、攻螺纹等加工。常用的钻床有台式钻床、立式钻床和摇臂钻床三类（表 3-1）。

表 3-1　钻床类型

类别	说　明
台式钻床	台式钻床是一中小型的钻孔机械设备，一般为 V 带传动，塔轮变速可根据需要改变几种旋转速度，是钳工最常用的设备之一。一般可钻直径 13mm 以下的孔，但也有的台式钻床最大钻孔直径可达 20mm。这种钻床体积较大，使用不普遍
立式钻床	立式钻床结构如图 3-1 所示，由底座、立柱、主轴变速箱、电动机、主轴、自动进刀手柄和工作台等主要部分组成。最大钻孔直径有 25mm，35mm，40mm，50mm 几种规格，适于钻中型工件。它有自动进刀和变速机构，生产效率较高，并能得到较高的加工精度。立式钻床主轴转数和进给量有较大的变动范围，适用于不同材质的刀具，能进行钻孔、锪孔、铰孔和攻螺纹等加工
摇臂钻床	摇臂钻床最大钻孔直径有 35mm，50mm，75mm，80mm，100mm 几种规格，它适用于加工大型工件和多孔的工件，靠移动钻床的主轴来对准工件上孔的中心，使用起来非常方便。其结构主要由底座、立柱、摇臂、主轴变速箱、自动走刀箱、工作台等主要部分组成，如图 3-2 所示。其主轴变速箱能在摇臂上做大范围的移动，而摇臂又能回转 360°，所以摇臂钻能在很大范围内进行孔加工，并能自动升降和锁紧定位，它调速、进刀调整范围广，可用于钻孔、扩孔、锪孔、铰孔、镗孔、攻螺纹等多项加工
专用钻孔机床	专用钻孔机床（设备）可进行多孔同时加工，效率很高，精度高，并可用来进行自动化控制，在定型大批量生产中使用很广，与其他设备结合可进行综合加工

（二）钻孔手钻

钻孔分为手工钻孔和机械钻孔两种形式，但又都是借助于简单的或复杂的机具进行的。常用的钻孔机具有以下几种（表 3-2）。

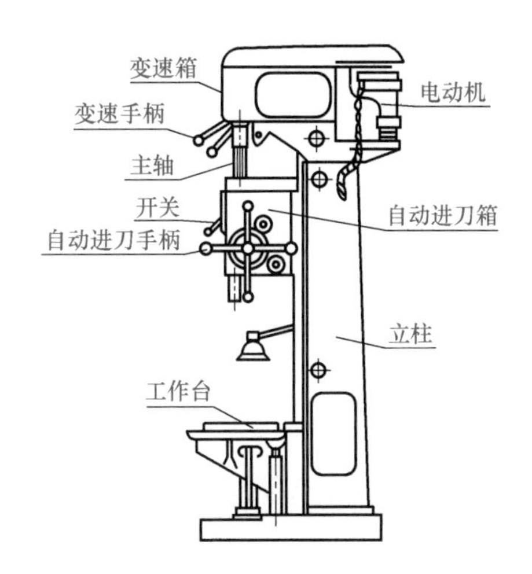

图 3-1　立式钻床结构

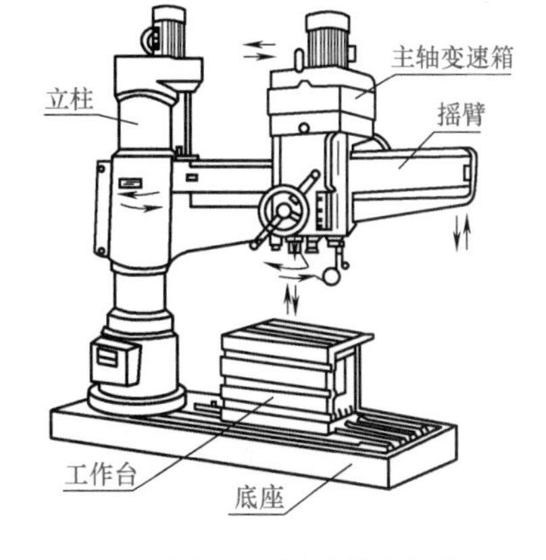

图 3-2　摇臂钻床结构

表 3-2　钻孔机具类型

类别	说　明
手电钻	手电钻种类较多，规格大小不等，其特点是携带方便，使用灵活，尤其在检修工作中使用广泛。电钻有单相（220V）的，按钻孔直径划分有 6mm 和 10mm 手握式电钻，13mm 和 19mm 手提式电钻；三相（380V）的钻孔直径有 13mm，19mm，23mm，32mm，48mm 等规格。使用手电钻必须注意安全，要严格按操作规程进行操作
手扳钻	如图 3-3 所示，手扳钻是以扳手为动力，用棘轮来传动的简单钻具，效率很低，很少使用，但在没有电源或机床加工不便的地方，以及孔径较大，数量很少的情况下可使用
手摇钻	如图 3-4 所示，以手为动力，在没有电源或没有其他钻孔机具且孔径较小的情况下使用。一般钻 12mm 以下孔，其效率低，工厂中应用不广泛

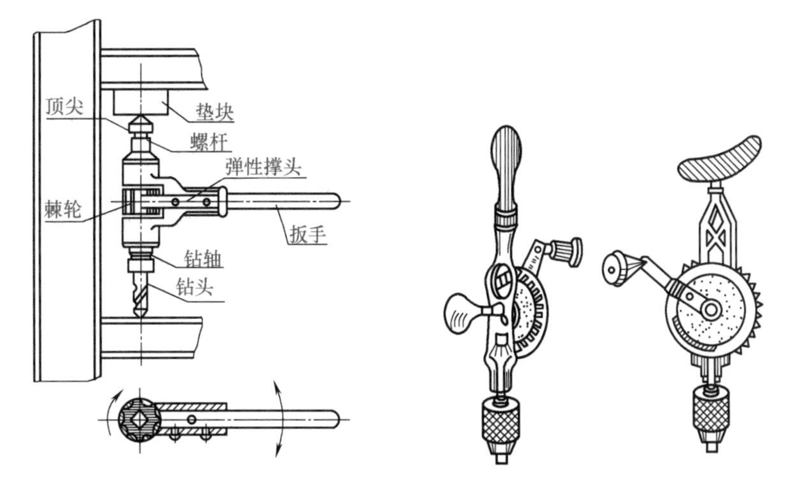

图 3-3　手板钻结构　　图 3-4　手摇钻的形式

（三）钻孔夹具

钻孔夹具可分为钻头夹具和工件夹具两类（表 3-3）。

（四）麻花钻

标准麻花钻是最常用的一种钻头。它由柄部、颈部和工作部分组成。如图 3-5 所示。

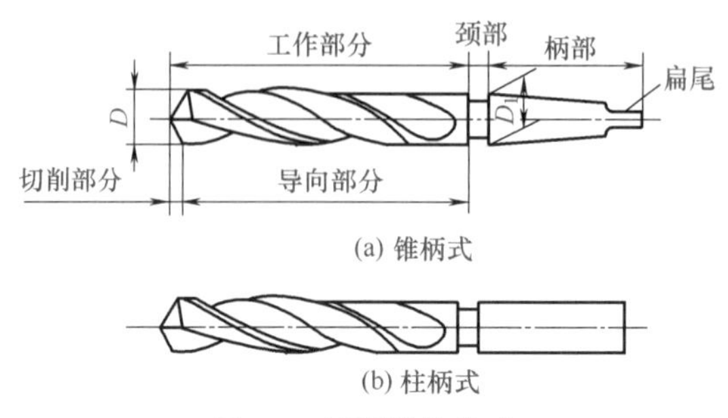

(a) 锥柄式

(b) 柱柄式

图 3-5　麻花钻的构成

表 3-3　钻孔夹具的类型

<table>
<tr><th colspan="2">类别</th><th>说　明</th></tr>
<tr><td rowspan="3">钻头夹具</td><td>钻夹头</td><td>用来装夹 13mm 以内直径的直孔钻头夹具（特殊情况还有较大一点的钻夹头）。其结构是在夹头的 3 个斜孔内装有带螺纹的夹爪，夹爪螺纹和装在夹头套筒的螺纹相啮合。旋转套筒，3 个爪同时张开或缩进，将钻头夹紧或松开</td></tr>
<tr><td>钻套（钻库）和楔铁</td><td>钻套是用来装夹锥柄钻头的夹具。由于钻头或钻夹头尾锥尺寸不同，为了适应钻床主轴锥孔，使用锥体钻套做过渡连接。钻套是由规定的尺寸组成的，小号钻套尾部可装入大一号钻套的锥孔内。可根据钻床主轴锥孔（或接杆锥孔）的标准锥度号（锥度尺寸）进行选择使用。制作的钻套为莫氏锥度，其规定了 1 ～ 6 标准锥度，供制作钻套使用（与钻头尾部锥度相同），可把几个钻套连接起来使用，也可选其中一个使用，钻套的规格详见以下附表
附表　标准钻套规格
<table><tr><td>钻套（莫氏锥度）</td><td>1</td><td>2</td><td>3</td><td>4</td><td>5</td></tr><tr><td>内 锥 /mm</td><td>1</td><td>2</td><td>3</td><td>4</td><td>5</td></tr><tr><td>外 锥 /mm</td><td>2</td><td>3</td><td>4</td><td>5</td><td>6</td></tr></table>当把几个钻套配接起来时，增加了装拆难度，同时也增加了主轴与钻头的同轴度误差，此时可采用特制钻套，如内锥号为 1 号，而外锥为 3 号的钻套或更大的号数，根据需要可按钻套的标准尺寸锥度自行配制不同内外锥号的钻套供使用，也可制成长杆形钻套直接与钻床主轴配合使用
楔铁是拆卸各种钻套的专用工具，使用时楔铁带圆弧面一侧要放在贴钻床主轴侧，否则会把钻床主轴（或钻套）上的长圆孔破坏。使用时要用手握住钻头或在钻头与工作台之间垫上木板，以防钻头落下时损坏钻头或工作台面，更要防止砸到脚</td></tr>
<tr><td>快换钻夹头</td><td>在钻床上加工工件，尤其是同一工件往往需要多次更换钻头、铰刀等刀具。加工不同直径的孔时，使用快换钻夹头，可以做到不停车换装刀具，既可提高加工精度，又大大地提高了生产效率。快换钻夹头的结构如图 3-6 所示。夹头体的锥柄部位装入钻床主轴的锥孔内。可换套可根据孔加工的需要制作多个，并预先装好所需用的刀具。可换钻套外圆有两个凹坑，钢球嵌入时便可传递动力。内孔与夹头体为间隙配合，当需要更换刀具时，不必停车，只需用手把滑套向上推，两粒钢球受离心力而飞出，贴于滑套端部大孔表面，此时另一只手就可把装有刀具的可换套取下，而把另一个可换套插入，并放下滑套，使两粒钢球复位，新的可换钻套与刀具安装完毕，即可开始钻削工作，弹簧环起限制滑套上下位置的作用
夹头体
弹簧环
可换套
钢球
滑套
图 3-6　快换钻夹头</td></tr>
<tr><td colspan="2">工件夹具</td><td>随着工件结构形状的变化，工件夹具有许多种，其中经常使用的有以下几种：
①使用手虎钳、平行夹板、台虎钳等工具夹持小工件和薄板件进行钻孔。一般钻直径 8mm 以下的孔时，可手持工件，工作比较方便，但一定要防止工件脱出把手划伤。不能拿住的工件必须采用上述夹具夹持工件进行钻孔
②在圆形工件上钻孔（圆周面上），应使用 V 形铁，钻大孔时，应配合使用压板组将工件在 V 形铁上压牢。钻圆柱形两端面的孔时，应使用卡盘，将工件夹紧，同时卡盘应压紧在固定工作台上进行孔的加工</td></tr>
</table>

续表

类别	说　明
工件夹具	③钻直径大的孔时，应使用T形螺母、压板、垫铁等将工件压紧在工作台上进行，或在钻头旋转方向上用一牢固的物体或螺栓等将工件靠住 ④利用弯板与专用工作台，将工件夹紧固定在弯板或工作台上后再钻孔 应根据被加工零件的大小、高宽、长度及工件的几何形状选择相应的夹紧工具

（1）柄部

麻花钻的柄部是钻头的夹持部分，用来传递钻孔时所需要的扭矩和轴向力。它有直柄和锥柄两种，直柄所能传递的扭矩比较小，其钻头直径在20mm以内，锥柄可以传递较大的扭矩。常用的钻头，一般直径大于13mm的都制成锥柄，其尾部采用莫氏锥度规格，见表3-4。

表3-4　莫氏锥度钻头直径与锥柄大端直径

莫氏锥柄号	1	2	3	4	5	6
大端直径 D_1/mm	12.240	17.980	24.051	31.542	44.731	63.760
钻头直径 D/mm	6～15.5	15.6～23.5	23.6～32.5	32.6～49.5	49.6～65	65.5～80

锥柄的扁尾用来增加传递扭矩，避免钻头在轴孔或钻套中打滑，并作为将钻头从主轴孔或钻套中退出之用。

（2）颈部

颈部作为制造钻头时供砂轮退刀之用，一般也用来刻印商标和规格。

（3）工作部分

工作部分由导向部分和切削部分组成。导向部分在切削过程中，能保持钻头正直的钻削方向和具有修光孔壁的作用。切削部分担任主要的切削工作，两条螺旋槽用来形成切削刃，并起排屑和输送冷却液的作用。钻头直径大于6～8mm时，时常制成焊接式的，其工作部分一般用高速钢（W18Cr4V）制作，淬硬至62～68HRC。其热硬性可达到550～600℃。柄部一般用45钢制作，淬硬至30～45HRC。

（4）标准麻花钻的规格

① 直柄钻头。直柄钻头最小的直径为0.25mm，最大的直径为20mm。常用直径为2～13mm之间的规格。基本上是每增加0.1mm为一种规格。其中还包括直径为2.05mm，2.15mm，2.25mm，2.65mm，3.15mm，3.75mm这几种规格。

② 锥柄钻头。锥柄钻头最小的直径为6mm，最大的直径可达100mm，其中最常用直径为12～50mm之间的钻头。其规格基本上每增加0.1mm为一种。但选用时应该注意在整数上加0.1mm的基本没有，如14.1mm、20.1mm等钻头。

（5）其他类型的麻花钻

①直柄类。粗柄小钻头均为细小钻头，直径规格为0.1～0.4mm，如0.11mm，0.12mm，…，0.38mm，0.39mm；镶硬合金直柄钻头规格为5～10mm。主要用于加工铸铁、硬橡胶、塑料等脆性材料。

② 锥柄类。锥柄长钻头规格为6～30mm，主要用于加工较深的孔；镶硬质合金锥柄钻头规格为6～30mm，主要用于加工铸铁、橡胶等脆性材料或高速切削加工用。

以上介绍的各类钻头，具体钻头直径尺寸可参照标准麻花钻的尺寸选用。

（6）标准麻花钻的几何参数

标准麻花钻的几何参数是指切削部位的几何参数。切削部分的螺旋槽表面称为前刀面，切削部分顶端两个曲面称为后刀面，它与工件的切削表面（即圆锥螺旋面的孔底）相对。钻头的棱边（刃带）是与已加工表面相对的表面，称为副后刀面。前刀面与后刀面的交线称为主切削刃（简称切削刃）。两个后刀面的交线称为横刃。前刀面与副后刀面的交线称为副切削刃。各部位的名称、代号如图 3-7 所示，其中的几何参数见表 3-5。

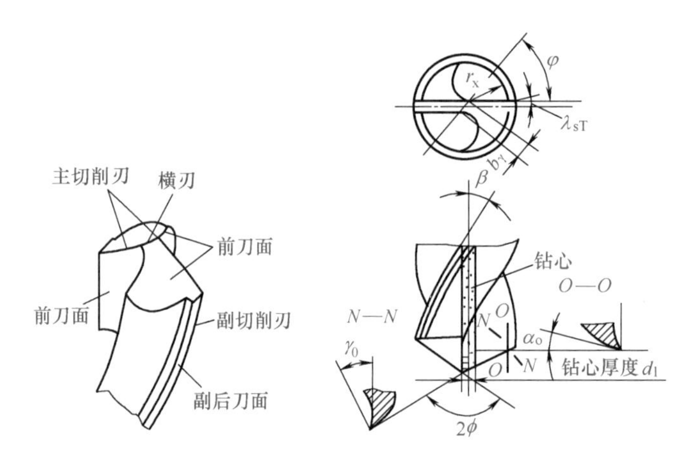

图 3-7　麻花钻的切削部位

表 3-5　麻花钻切削部位几何参数

要素	参数	特点
顶角 2φ	标准顶角 2φ=118° ±2° 钻一般金属时常用 2φ=100°～140° 钻非金属时常用 2φ= 50°～90° 对软的材料取小值，硬的取大值	减小顶角：轴向力小，耐磨性好，利于散热，但扭矩增大，排屑困难，适于脆性大、耐磨性好的材料 加大顶角：定心差，切削厚度增大，切削扭矩低，适于钻塑性大、强度高的材料
螺旋角 β	一般螺旋角 β=18°～32° 对软和韧性材料取大些，反之取小些，如钻紫铜和铝合金取 35°～40°，钻高强度钢和铸铁取 10°～15°，钻青铜和黄铜取 8°～12°	螺旋角即钻头轴向剖面内的前角，因此螺旋角越大，前角越大，切削刃越锋利，切削越省力，切屑容易排出。但螺旋角越大，切削刃强度及散热条件也越差。螺旋角的大小应根据不同材料来确定
前角 γ_0	γ_0（外缘）≈β γ_0（内刃）≈－30° γ_0（横刃）≈－54°～－60°	主切削刃上各点的前角变化很大，从外缘到钻心，由大逐渐变小，直至负值
后角 α_0	标准麻花钻在外缘处的后角数值如下： d_0＜15mm，α_0=11°～14° d_0=15～30mm，α_0=9°～12° d_0＞30mm，α_0=8°～11° d_0 为钻头直径	钻头上每一点的后角，从外缘到中心逐渐增大，后角越大，摩擦越小，切削力减小，但刃口的强度减弱
横刃斜角 φ	普通麻花钻的横刃斜角 φ=50°～55°，刃磨时，钻心处的后角越大，横刃斜角越小	横刃斜角与后角有关，后角大，斜角减小，横刃变长，横刃越长进给抗力越大，钻头不易定心
钻心厚度 d_1	标准麻花钻钻心厚度 d_1=（0.125～0.2）d_0	①钻心厚度由切削部分逐渐向尾部方向增厚 ②钻心厚度过大，虽强度增加，但容屑空间减小，横刃变长，切削时轴向力增大，其作用主要是为保持钻头有足够的强度和定心作用
刃倾角 λ_{sT}	主切削刃上任一点的端面刃倾角 λ_{sTx} 计算式为： $$\sin\lambda_{sTx}=\frac{d_1}{2r_x}$$ 式中，d_1 为钻心厚度，mm；r_x 为主切削刃上任一点的半径，mm	①主切削刃各点的端面，刃倾角外缘处最大（绝对值最小），近钻心处最小（绝对值最大） ②标准麻花钻主切削刃的刃倾角为负值，刃倾角影响着切削刃的强度、前角变化、切削力的分布及切屑流出的方向

（7）通用型麻花钻的几何角度（表 3-6）

表 3-6　通用型麻花钻的几何角度

钻头直径 d/mm	螺旋角 β/（°）	后角 α_0/（°）	钻头直径 d/mm	螺旋角 β/（°）	后角 α_0/（°）
0.10 ～ 0.28	19	28	3.40 ～ 4.70	27	16
0.29 ～ 0.35	20	28	4.80 ～ 6.70	28	16
0.36 ～ 0.49	20	26	6.80 ～ 7.50	29	16
0.50 ～ 0.70	22	24	7.60 ～ 8.50	29	14
0.72 ～ 0.98	23	24	8.60 ～ 18.0	30	12
1.00 ～ 1.95	24	22	18.25 ～ 23.0	30	10
2.00 ～ 2.65	25	20	23.25 ～ 100	30	8
2.70 ～ 3.30	26	18			

注：顶角 2ϕ 均为 118°，横刃斜角为 40°～ 60°。

（8）工件材料和麻花钻的几何角度（表 3-7）

表 3-7　工件材料和麻花钻的几何角度

钻削材料	钻头角度 /（°）			
	顶角 2ϕ	后角 α_0	横刃斜角	螺旋角 β
一般材料	116 ～ 118	12 ～ 15	45 ～ 55	20 ～ 32
一般硬材料	116 ～ 118	6 ～ 9	25 ～ 35	20 ～ 32
铝合金（通孔）	90 ～ 120	12	35 ～ 45	17 ～ 20
铝合金（深孔）	118 ～ 130	12	35 ～ 45	32 ～ 45
软黄铜和青铜	118	12 ～ 25	35 ～ 45	10 ～ 30
硬青铜	118	5 ～ 7	25 ～ 35	10 ～ 30
铜和铜合金	110 ～ 130	10 ～ 15	35 ～ 45	30 ～ 40
软铸铁	90 ～ 118	12 ～ 15	30 ～ 45	20 ～ 32
硬（冷）铸铁	118 ～ 135	5 ～ 7	25 ～ 35	20 ～ 32
调质钢	118 ～ 125	12 ～ 15	35 ～ 45	20 ～ 32
铸钢	118	12 ～ 15	35 ～ 45	20 ～ 32
锰钢（7% ～ 13% 锰）	150	10	25 ～ 35	20 ～ 32
高速钢（未淬火）	135	5 ～ 7	25 ～ 35	20 ～ 32
镍钢（250 ～ 400HBS）	135 ～ 150	5 ～ 7	25 ～ 35	20 ～ 32
木材	70	12	35 ～ 45	30 ～ 40
硬橡胶	60 ～ 90	12 ～ 15	35 ～ 45	10 ～ 20

（9）钻头的磨钝标准及耐用度（表 3-8、表 3-9）

表 3-8　钻头的磨钝标准

刀具材料	工件材料	钻头直径 /mm	
		≤ 20	＞ 20
		后刀面最大磨损限度 /mm	
高速钢	钢	0.4 ～ 0.8	0.8 ～ 1.0
	不锈钢、耐热钢	0.3 ～ 0.8	0.3 ～ 0.8
	钛合金	0.4 ～ 0.5	0.4 ～ 0.5
	铸铁	0.5 ～ 0.8	0.8 ～ 1.2
硬质合金	钢（扩钻）、铸铁	0.4 ～ 0.8	0.8 ～ 1.2
	淬硬钢	—	—

表 3-9　钻头（钻孔及扩钻）的耐用度

<table>
<tr><th rowspan="3">加工形式</th><th rowspan="3">刀具材料</th><th rowspan="3">加工材料</th><th colspan="8">刀具直径 d_0/mm</th></tr>
<tr><th>< 6</th><th>6 ～ 10</th><th>11 ～ 20</th><th>21 ～ 30</th><th>31 ～ 40</th><th>41 ～ 50</th><th>51 ～ 60</th><th>61 ～ 80</th></tr>
<tr><th colspan="8">刀具寿命/min</th></tr>
<tr><td rowspan="3">单刀加工</td><td rowspan="2">高速钢</td><td>结构钢及钢铸件</td><td>15</td><td>25</td><td>45</td><td>50</td><td>70</td><td>90</td><td>110</td><td>—</td></tr>
<tr><td>不锈钢及耐热钢</td><td>6</td><td>8</td><td>15</td><td>25</td><td>—</td><td>—</td><td>—</td><td>—</td></tr>
<tr><td>高速钢、硬质合金</td><td>铸铁、铜合金、铝合金</td><td>20</td><td>35</td><td>60</td><td>75</td><td>110</td><td>140</td><td>170</td><td>—</td></tr>
<tr><td rowspan="9">多刀加工</td><td colspan="10">刀具数量/个</td></tr>
<tr><td>3</td><td colspan="3">5</td><td colspan="2">8</td><td colspan="2">10</td><td colspan="2">≥ 15</td></tr>
<tr><td colspan="10">刀具寿命/min</td></tr>
<tr><td>50</td><td colspan="3">80</td><td colspan="2">100</td><td colspan="2">120</td><td colspan="2">140</td></tr>
<tr><td>80</td><td colspan="3">110</td><td colspan="2">140</td><td colspan="2">150</td><td colspan="2">170</td></tr>
<tr><td>100</td><td colspan="3">130</td><td colspan="2">170</td><td colspan="2">180</td><td colspan="2">200</td></tr>
<tr><td>120</td><td colspan="3">160</td><td colspan="2">200</td><td colspan="2">220</td><td colspan="2">250</td></tr>
<tr><td>150</td><td colspan="3">200</td><td colspan="2">240</td><td colspan="2">260</td><td colspan="2">300</td></tr>
</table>

注：进行多刀加工时，如刀头的直径大于 60mm，则随调整复杂程度的不同，刀具寿命取为 150 ～ 300min。

（10）标准麻花钻修磨

标准麻花钻修磨时应该注意以下几点：压力不宜过大，并要经常蘸水冷却，防止因过热退火而降低硬度；应随时检查麻花钻的几何角度；一般采用 46# ～ 80# 粒度、硬度为中软级（*k*、*l*）的氧化铝砂轮；精磨时选用 80# ～ 120# 粒度、中硬砂轮；砂轮旋转必须平稳，对跳动量大的砂轮必须进行调整。麻花钻各部位的修磨见表 3-10。

表 3-10　麻花钻各部位的修磨

部位	图示	说　明
修磨主切削刃	—	修磨主切削刃的目的是为了将磨钝或损坏的主切削刃磨锋利，同时将顶角与后角修磨到所要求的正确角度。其方法为：用手捏住钻头，将主切削刃摆平，钻头中心与砂轮面的夹角等于 1/2 顶角。刃磨时，使刃口接触砂轮，左手使钻头柄向下摆动，所摆动的角度即是钻头的后角。当向下摆动时右手捻动钻头绕自身的中线旋转，这样磨出的钻头，钻心处的后角会大些，有利于切削。磨好一条主切削刃后再磨另一条主切削刃。钻头磨好后，两条切削刃要对称
修磨横刃	(a) 修磨横刃的位置 (b) 修磨横刃后的钻头	修磨横刃的目的是要把横刃磨短，并使钻心处的前角增大，使钻头便于定位，减少轴向抗力，利于切削。钻头的切削性能好与坏，往往横刃部分起着很大作用。如果材料软，可多磨去一些，一般要把横刃磨短到原来的 1/3 ～ 1/5。但 5mm 直径以下的小直径钻头，不需要修磨横刃。修磨横刃的方法如：磨削点大致在砂轮水平中心面上，钻与砂轮的相对位置如左图（a）所示。钻头与砂轮侧面构成 15° 角（向左偏），与砂轮中心面构成 55° 角，刃磨时钻头刃背与砂轮圆角接触，磨削是由外部逐渐向钻心处移动，直至磨出内刃前角，如左图（b）所示。修磨中钻头略有转动，磨量由小到大，至钻心处时应保证内刃前角和内刃斜角。横刃长度要准确，磨时动作要轻，防止刃口退火或钻心过薄

续表

部位	图示	说　明
修磨前刀面	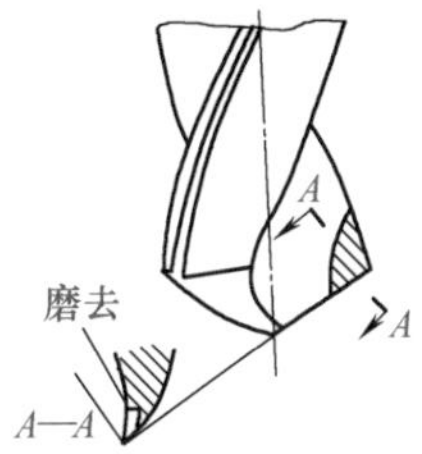 磨去 A A A—A	将主切削刃外径处的前刀面磨去一块，以减小该处的前角，适于大直径钻头加工硬材料时增加主切削刃外径处的强度和避免钻黄铜时“扎刀”
修磨棱边	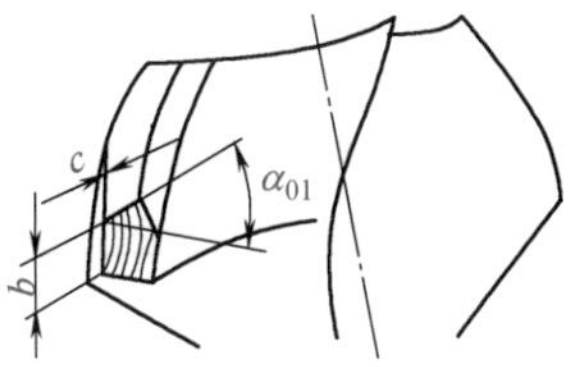 c α_{01} b	磨出副后角 α_{01}=6°～8°，c=0.1～0.3mm，b=1.5～4mm，可减少棱边与孔壁的摩擦，提高钻头的使用寿命，适用于钻较软材料和钻孔精度要求较高的大直径钻头
修磨顶角	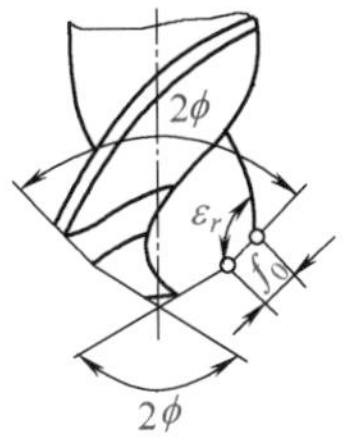 2ϕ ε_r f_0 2ϕ	磨出双重顶角 2ϕ=70°～75°，f_0=0.2D，可增大刀尖角 ε_r，改善刀尖处的散热条件，适于钻铸铁的较大直径的钻头
开分屑槽		在两个主后刀面上修磨出错开的分屑槽，有利于分屑、排屑，适于钻钢材料的大直径钻头
修磨平钻头	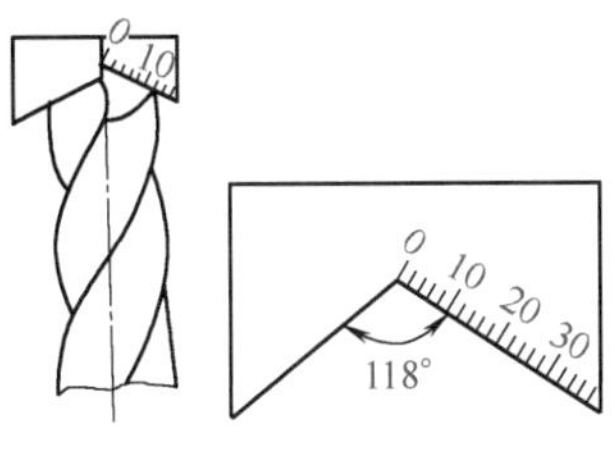 0 10 0 10 20 30 118°	修磨平钻头（又称薄板钻头）。在装配和检修工作中，常遇到在薄钢板、铝板、铜板等比较薄的板材上钻孔，又会遇到毛坯面上划平面或钻一些沉孔等加工。用普通钻钻孔，会出现孔不圆、孔口飞边、孔被撕破，甚至使薄板料变形，缠绕在钻头上有发生事故的可能，更不能划平面或钻沉孔。因此，必须把钻头磨成如左图所示的几何形状，通常称做平钻头。这种钻头切削时，钻心先切入工件定位中心，起钳制工件作用，然后两个锋利外尖（刃口）迅速切入工件，使工件孔外圆周部分切离。钻头修磨的特点是：主切削刃分外刃、圆弧刃、内刃三段，横刃变短、变尖、磨低，如果用于划平面或钻平沉孔，需将圆弧刃和外刃磨平并低于钻心。使用时，先划平面或钻沉孔，然后再将孔钻出

（11）群钻

① 标准群钻结构参数。群钻是利用标准麻花钻刃磨而成的新型钻头，生产率高，加工精度高，适应性强，寿命长。标准群钻主要用来对碳钢和合金钢进行钻削加工，是在标准麻花钻的基础上磨出月牙槽、磨短横刃和磨出单面分屑槽而形成的。其结构特点是有“三尖七刃两槽”。三尖是由于磨出的月牙槽，主切削刃形成三个尖；七刃是两条外直刃、两条内直刃、两条圆弧刃、一条横刃；两槽是月牙槽和单面分屑槽，如图 3-8 所示。

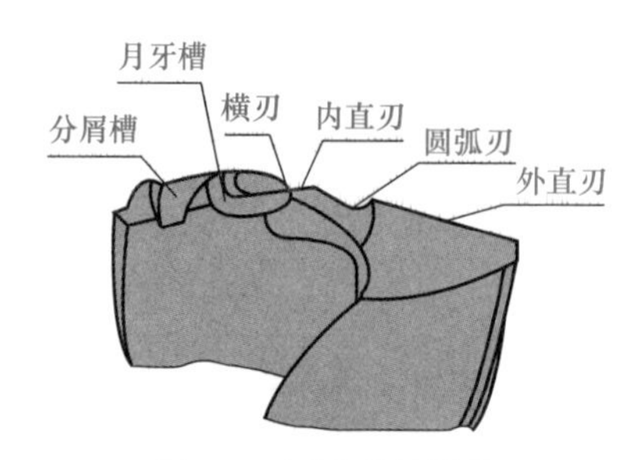

图 3-8　标准群钻结构

标准群钻切削部分形状和几何参数见表 3-11。

表 3-11　标准群钻切削部分形状和几何参数

钻头直径 D/mm	尖高 h/mm	圆弧半径 /mm	外刃长 /mm	槽距 l_1/mm	槽宽 l_2/mm	几何参数	几何形状
＞5～7	0.20	0.75	1.3	—	—	$2\phi\approx125°$ $2\phi'\approx135°$ $\varphi\approx65°$ $\tau\approx25°$ $\gamma_\tau\approx-15°$ $\alpha\approx10°\sim15°$ $\alpha_R\approx12°\sim18°$ $l\approx$（0.2～0.3）d $l_1\approx l/2.5\sim l/3$ $l_2\approx l/3$ $R\approx0.1d$ $h\approx0.04d$ $b\approx$（0.03～0.04）d（一般） $b\approx0.02$（铝合金） $c\approx1.5f$ d——钻头直径 f——直刃量	
＞7～10	0.28	1.0	1.9	—	—		
＞10～15	0.36	1.5	2.7	—	—		
＞15～20	0.55	1.5	5.5	1.4	2.7		
＞20～25	0.7	2	7	1.8	3.4		
＞25～30	0.85	2.5	8.5	2.2	4.2		
＞30～35	1	3	10	2.5	5		
＞35～40	1.15	3.5	11.5	2.9	5.8		

② 群钻的修磨方法见表 3-12。

表 3-12　群钻的修磨方法

修磨项目	方　法
磨月牙槽	即在麻花钻主后刀面上对称磨出两个月牙槽，形成凹形圆弧刃，把主切削刃分成三段，即外直刃、圆弧刃、内直刃。圆弧刃增大了靠近钻心处的前角，使切削省力。由于主切削刃被分成了几段，所以有利于分屑、排屑和断屑。钻削时圆弧刃在孔底切削出一道圆环筋，能起稳定钻头方向、限制钻头摆动、加强定心的作用。磨月牙槽还能降低钻尖高度，不仅使横刃锋利，还不影响钻尖强度
磨短横刃	磨短横刃后使横刃为原来的 1/7～1/5，同时使新内刃上前角增大，这样不仅减小了轴向力，改善了定心，还提高了钻头的切削性能
磨出单边分屑槽	即在一条外刃上磨出凹形分屑槽，有利于排屑和减小切削力

二、钻孔工艺参数

钻孔工艺参数见表 3-13。

表 3-13　钻孔工艺参数

钻孔直径 /mm	定孔直径 /mm	转速 /（r/min）	进给量 /（r/mm）
38	19～23	200～250	0.3～0.5
51	19～23	100～150	0.3～0.5
60	19～23	60～100	0.3～0.5
76	19～23	60～100	0.3～0.5

三、钻孔的切削用量

切削用量就是切削速度、进给量和切削深度的总称。正确地选择切削用量，是为了保证加工表面粗糙度和精度，保证钻头的合理耐用度的前提下，最大限度地提高生产率，同时又不允许超过机床功率和机床、刀具、夹具的强度及刚度。

（1）钻孔切削用量（表 3-14）

表 3-14 钻孔切削用量公式

名 称	计算公式	式中代号意义
切削速度 v/（m/min）	$v=\frac{\pi d_0 n}{1000}$	d_0 为钻头直径，mm n 为钻头转速，r/min
进给量 s/（mm/r）	$s=\frac{s_{min}}{n}$	s_{min} 为钻头进给速度，mm/min
钻削深度 a_p/（mm）	钻孔时 $a_p=\frac{d_m}{2}$ 扩孔时 $a_p=\frac{d_m-d_v}{2}$	d_m 为钻孔（或扩孔）后直径，mm d_v 为扩孔前直径，mm
钻削效率 w/（mm/min）	$w=\frac{1}{4}\pi d_0^2 sn$	d_0 为钻头直径，mm n 为主轴转速，r/min s 为进给量，mm/r

钻孔时的进给量 s 是钻头每转一周向下移动的距离，钻削深度 a_p 等于钻头半径，即 $a_p=\frac{d_m}{2}$。由于钻削深度已由钻头直径所决定，所以只需选择切削速度和进给量。

在选择钻孔切削用量时应考虑在允许范围内，尽量选择较大的进给量。当受到表面粗糙度和钻头刚度限制时，再考虑选择较大的切削速度。具体选择时，应根据钻头直径、工件材料、表面粗糙度等几方面因素，确定合理的切削用量。

（2）钻钢料的切削用量（表 3-15）及钻铸铁材料的切削用量（表 3-16）

（3）精孔钻的钻削用量（表 3-17）

四、钻孔质量分析及钻孔时切削液的选用

（1）钻孔质量分析

钻削钢的材料的精度一般为 IT13 ～ IT10，表面粗糙度为 Ra200μm；扩孔精度可达 IT10 ～ IT9，表面粗糙度为 Ra10 ～ 0.63μm。

深孔钻削不同孔距精度所用的加工方法见表 3-18。不同工步的加工精度见表 3-19。

（2）钻孔时切削液的选用

由于钻孔一般都属于粗加工，所以冷却润滑的目的以冷却为主，即主要是提高钻头的切削能力和耐用度。钻孔时切削液的选用见表 3-20。

五、钻孔方法

（1）一般件的钻孔方法

① 先把已划完线的孔中心冲眼，冲大一些。应注意保持冲完的冲眼与原冲眼中心一致，使钻头容易定位，不偏离中心，然后用钻头钻一浅坑，检查钻出的锥坑与所划的圆加工线或证明线是否同心，否则及时纠正。然后再将孔完全钻出。

② 钻通孔时，当孔要钻透前，手动进给的要减小压力，采用自动进给的最好改为手动进给或减小走刀量，以防止钻头刚钻穿工件时，轴向力突然减少，使钻头以很大的进给量自动切入造成钻头折断或钻孔质量降低等情况的发生。钻盲孔时，应调整好钻床上深度标尺挡块，或实际测量钻出孔的深度，控制钻孔深度的准确性。

表 3-15　钻钢料的切削用量

加工材料			深径比 L/D	切削用量	直径 D/mm								
碳钢（10，15，20，35，40，45，50 等）	合金钢（40Cr，38CrSi，60Mn，35CrMo，18CrMnTi 等）	其他钢			8	10	12	16	20	25	30	35	40 ~ 60
正火 < 207HB 或 R_m < 600MPa	< 143HB 或 R_m < 500MPa	易切钢	≤ 3	进给量 s/mm • r^{-1}	0.24	0.32	0.4	0.5	0.6	0.67	0.75	0.81	0.9
				切削速度 v/m • min^{-1}	24	24	24	25	25	25	26	26	26
				转速 n/r • min^{-1}	950	760	640	500	400	320	275	235	—
			3 ~ 8	进给量 s/mm • r^{-1}	0.2	0.26	0.32	0.38	0.48	0.55	0.6	0.67	0.75
				切削速度 v/m • min^{-1}	19	19	19	20	20	20	21	21	21
				转速 n/r • min^{-1}	750	600	500	390	300	240	220	190	—
170 ~ 229HB 或 R_m=600 ~ 800MPa	143 ~ 207HB 或 R_m=500 ~ 700MPa	碳素工具钢、铸钢	≤ 3	进给量 s/mm • r^{-1}	0.2	0.28	0.35	0.4	0.5	0.56	0.62	0.69	0.75
				切削速度 v/m • min^{-1}	20	20	20	21	21	21	22	22	22
				转速 n/r • min^{-1}	800	640	530	420	335	270	230	200	—
			3 ~ 8	进给量 s/mm • r^{-1}	0.17	0.22	0.28	0.32	0.4	0.45	0.5	0.56	0.62
				切削速度 v/m • min^{-1}	16	16	16	17	17	17	18	18	18
				转速 n/r • min^{-1}	640	510	420	335	270	220	190	165	—
229 ~ 285HB 或 R_m=800 ~ 1000MPa	207 ~ 255HB 或 R_m=700 ~ 900MPa	合金工具钢，易切不锈钢，合金铸钢	≤ 3	进给量 s/mm • r^{-1}	0.17	0.22	0.28	0.32	0.4	0.45	0.5	0.56	0.62
				切削速度 v/m • min^{-1}	16	16	16	17	17	17	18	18	18
				转速 n/r • min^{-1}	640	510	420	335	270	220	190	165	—
			3 ~ 8	进给量 s/mm • r^{-1}	0.13	0.18	0.22	0.26	0.32	0.36	0.4	0.45	0.5
				切削速度 v/m • min^{-1}	13	13	13	13.5	13.5	13.5	14	14	14
				转速 n/r • min^{-1}	520	420	350	270	220	170	150	125	—
285 ~ 321HB 或 R_m=1000 ~ 1200MPa	255 ~ 302HB 或 R_m=900 ~ 1100MPa	奥氏体不锈钢	≤ 3	进给量 s/mm • r^{-1}	0.13	0.18	0.22	0.26	0.32	0.36	0.4	0.45	0.5
				切削速度 v/m • min^{-1}	12	12	12	12.5	12.5	12.5	13	13	13
				转速 n/r • min^{-1}	480	380	320	250	200	160	140	120	—
			3 ~ 8	进给量 s/mm • r^{-1}	0.12	0.15	0.18	0.22	0.26	0.3	0.32	0.38	0.41
				切削速度 v/m • min^{-1}	11	11	11	11.5	11.5	11.5	12	12	12
				转速 n/r • min^{-1}	440	350	290	230	185	145	125	110	—

注：1. 钻头平均耐用度 90min。

2. 当钻床和刀具刚度低、钻孔精度要求高和钻削条件不好时，应适当降低进给量 s。

表 3-16　钻铸铁材料的切削用量

加工材料		深径比	切削用量	直径 D/mm								
灰铸铁	可锻铸铁或锰铸铁			8	10	12	16	20	25	30	35	40 ～ 60
143 ～ 229HB HT100 HT150	KTH300-06 KTH330-08 KTH350-10 KTH370-12	≤ 3	进给量 s/mm · r^{-1}	0.3	0.4	0.5	0.6	0.75	0.81	0.9	1	1.1
			切削速度 v/m · min^{-1}	20	20	20	21	21	21	22	22	22
			转速 n/r · min^{-1}	800	640	530	420	335	270	230	200	—
		3 ～ 8	进给量 s/mm · r^{-1}	0.24	0.32	0.4	0.5	0.6	0.67	0.75	0.81	0.9
			切削速度 v/m · min^{-1}	16	16	16	17	17	17	18	18	18
			转速 n/r · min^{-1}	640	510	420	335	270	220	190	165	—
170 ～ 269HB HT200 HT250 HT300 HT350	KTZ450-06 KTZ550-04 KTZ650-02 KTZ700-02 锰铸铁	≤ 3	进给量 s/mm · r^{-1}	0.24	0.32	0.4	0.5	0.6	0.67	0.75	0.81	0.9
			切削速度 v/m · min^{-1}	16	16	16	17	17	17	18	18	18
			转速 n/r · min^{-1}	640	510	420	335	270	220	190	165	—
		3 ～ 8	进给量 s/mm · r^{-1}	0.2	0.26	0.32	0.38	0.48	0.55	0.6	0.67	0.75
			切削速度 v/m · min^{-1}	13	13	13	14	14	14	15	15	15
			转速 n/r · min^{-1}	520	420	350	270	220	170	150	125	—

表 3-17　精孔钻的钻削用量

工件材料	钻孔余量 /mm	钻头转速 /r · min^{-1}	进给量 /r · mm^{-1}	切削液
铸铁	0.5 ～ 0.8	210 ～ 230	0.05 ～ 0.1	5% ～ 8% 乳化油水溶液
中碳钢	0.5 ～ 1.0	100 ～ 120	0.08 ～ 0.15	机油

表 3-18　深孔钻削不同孔距精度所用的加工方法

孔距精度 /mm	加工方法	适用范围
±（0.25 ～ 0.5）	划线找正、配合测量与简易钻模	各类钻床的单件小批生产
±（0.1 ～ 0.25）	用十字工作台靠粗尺读数定位 用普通钻模板或组合夹具配合快换夹头 盘、套类工件可用通用分度夹具 采用多轴头配以钻夹具或采用多轴钻床	各类钻床的单件小批生产 立钻和摇臂钻的中小批生产 立钻和台钻的中小批生产 立钻的大批生产
±（0.03 ～ 0.1）	利用坐标工作台、百分表、量块、专用对刀装置或采用坐标、数控钻床	单件小批生产
	采用专用夹具	大批、大量生产

表 3-19　不同工步的加工精度

工序	孔径精度	表面粗糙度 Ra/μm
钻、铰	IT8 ～ IT9	3.2 ～ 1.6
钻、扩、铰	IT7 ～ IT8	1.6 ～ 0.8
钻、扩、粗铰、精铰	IT7 ～ IT8	0.8 ～ 0.4
钻、镗、铰	IT7 ～ IT8	1.6 ～ 0.8
钻、粗镗、精镗、铰	IT7 ～ IT8	0.8 ～ 0.4
镗、铰	IT8 ～ IT9	3.2 ～ 1.6
粗镗、精镗、铰	IT7 ～ IT8	0.8 ～ 0.4

表 3-20　钻孔时切削液的选用

加工材料	切削液
铸铁	不加
不锈钢	食醋
紫铜、黄铜、青铜	① 5% ～ 8% 乳化液加煤油的混合液 ②菜油

续表

加工材料	切削液
碳钢、结构钢、铸铁、可锻铸铁	① 3% ～ 5% 乳化液 ②机油
工具钢	①机油和菜油的混合液 ② 3% ～ 5% 乳化液
合金钢	①硫化油 ② 3% ～ 5% 乳化液
纯铝、铝合金	粗加工用 5% ～ 8% 乳化液或用肥皂水；精钻孔时，用煤油加机油
镁合金	4% 的盐水
硬橡胶	①清水 ②煤油
硬质板、塑料、电木、胶木板、赛璐珞	通风冷却
有机玻璃	① 10% ～ 15% 乳化剂 ②煤油 ③柴油
石料	清水

③ 钻 1mm 以下的小直径孔时，由于钻头过细，刚性较差、强度较弱，螺旋槽较窄不易排屑，钻头容易折断，对此钻孔时要注意，开始钻进时进给力要小，防止钻头弯曲和滑移。钻削过程中要及时排屑，并添加切削液，进给力应小而平稳，在没有微动进给的钻床上钻微孔，应设微调装置，同时在钻小孔时，要选择精度较高的钻床并应选择较高的速度进行钻孔。

④ 钻深孔时，一般钻到钻头直径 3 倍深度需将钻头提出排屑，以后每进一定深度，钻头均匀提出排屑，以免钻头因切屑阻塞而折断。

⑤ 对于钻孔深度超过钻头长度或更深些的深孔，这时可使用直柄或锥柄长钻头，及加长杆钻头钻孔。这几种钻头可外购或自制，一般都采用自制加长杆钻头的方法。如自制长钻头，在钻头与接杆、接杆与钻尾的连接部，强度要足够，外圆要修光，接口部位尺寸不得超过钻头尺寸，避免使用时易断。对于一些特殊的深孔，如某些长轴的中心透孔的加工，一般都要在专用设备或机床上进行加工。

⑥ 一般钻 30mm 以上孔径的孔要分两次或三次钻削，先用较小直径的钻头钻出中心孔，深度应大于钻头直径（如果钻透效果更好），再用 0.5 ～ 0.7 倍孔径的钻头钻孔，然后再用所需孔径的钻头钻孔，这样可以减小轴向力，保护机床，同时可以提高钻孔质量。

（2）在薄板上开大孔

当需要在薄板上开大孔时，一是受钻床所限，二是没有这样大的钻头，因此都采用刀杆切割方法加工大孔（也称划大孔）。

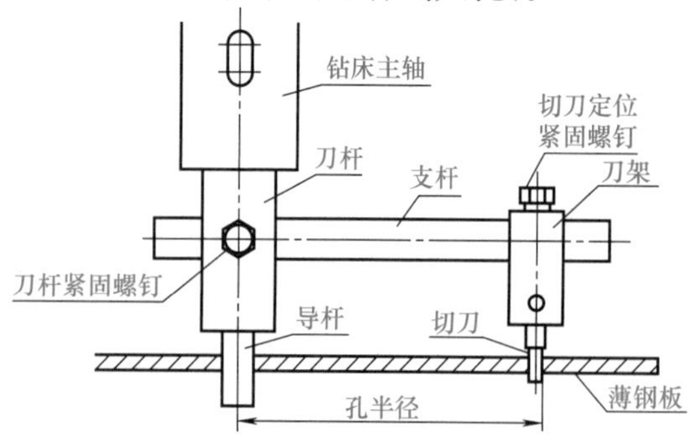

图 3-9 用刀杆在薄板上开大孔示意

如图 3-9 所示，刀具自制，按刀杆端部导向部位直径尺寸，在工件中心上先钻出一孔，将导杆插入孔内，把刀架上的切刀调到大孔的尺寸，固定后进行开孔。开孔前应将板料压紧，采用慢转速，进刀量要小，使刀在板料上切削，当工件即将切透时，应及时停止进刀，防止损坏刀头，未切透部分可用手锤敲下来。制作刀杆时要注意，工件孔径大，刀杆的直径一定要相对加大，使刀杆有足够的强度。

（3）钻孔距有精度要求的平行孔

按精度要求先钻出一孔，然后用小钻头钻第二孔，深度为 0.5 ～ 1mm（可选用中心钻钻小孔），然后用卡尺测量并计算出孔距。如超出要求，则修正小孔中心，直到达到要求后，再将孔按尺寸钻出。

（4）在圆柱形工件上钻孔的方法

① 精度要求较高的孔，要使用定心工具找正，将定心工具装在钻具上并找正。一般情况下可使用钢板尺找正。

② 按定心工具 90° 顶角部分找正 V 形铁并压紧固定。将工件置于 V 形铁内，换下定心工具装上钻头，用直角尺校正轴的中心线，使其与台面垂直，并压紧工件。

③ 试钻、纠正孔位，正确后方可钻削。

（5）在斜面上钻孔

① 钻孔前用铣刀在斜面上铣出一个平台或用凿子在斜面上凿出一个小平面。利用工作台或垫铁将工件固定，并使铣出或凿出的小平面与钻床床面平行。然后再将孔钻出。

② 可用圆弧刃多能钻直接在斜面上将孔钻到一定深度，再换钻头将孔钻出。圆弧刃多能钻可自行磨制，如图 3-10 所示。这种钻头类似于棒铣刀，圆弧刃上各点均成相同后角（6° ～ 10°），横刃经过修磨，钻头长度要短，以增强刚度，一般用短钻头改制。钻孔时虽然单面受力，由于刃呈弧形，钻头所受的径向力小些，改善了偏切受力情况。钻孔时应选择低转速手动进给。

③ 可采用垫块将斜度垫成水平，或使用与钻床配套的有调整角度的工作台，将斜度调整成水平。先钻出一个浅窝坑后，再逐渐把工件转到倾斜位置钻孔。

④ 使用专用工装或钻模定位钻孔。

其中，③④两种方法只对一部分工件可用。

（6）钻半圆孔（或缺圆孔）

如图 3-11 所示，在工件上钻半圆孔，可用与工件材料相同的物体与工件并在一起，夹在平口钳上。也可用工装将其夹紧，或采用点焊的方法焊接在一起（钻孔后将焊口凿开），找出中心后钻孔，分开后即是要钻的半圆孔。钻缺圆孔，是将与工件相同的材料嵌入工件内，与工件合在一起钻孔，然后拆开。

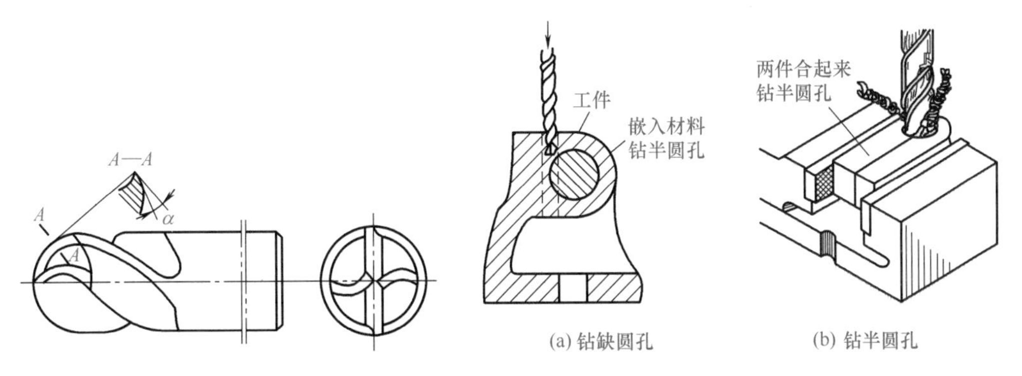

图 3-10　圆弧刃多能钻的磨制示意

图 3-11　钻半圆孔方法

（7）模具钻孔

如图 3-12 所示，在批量生产或小批量生产中，对于工件上的孔，可制作专用钻孔模具进行钻孔，这样既可省去划线工序，又大大地提高了孔的尺寸精度，提高了产品质量和生产效率。模具钻孔在现代生产中得到了广泛的应用。由于工作内容不同，钻孔用的模具也不同，钻孔模具要根据工件的具体结构设计制造。

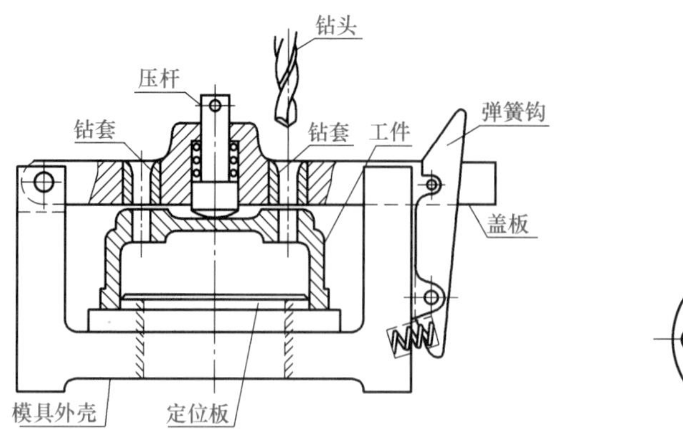

图 3-12　模具钻孔

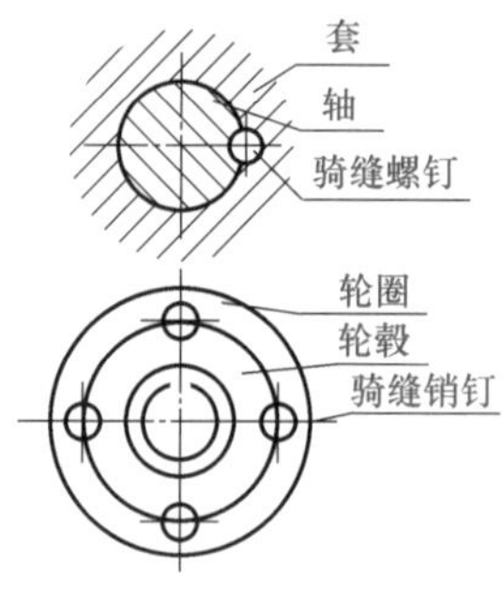

图 3-13　钻骑缝孔方法

（8）钻骑缝孔

在连接件上钻骑缝孔，如轮圈与轮毂、轴承套与座等，连接部位缝隙处装骑缝螺钉或销钉，此时尽量用短的钻头，钻头伸出钻夹头外面的长度要尽量短，钻头的横刃也要尽量磨窄，以增加钻头刚度，加强定心作用，减少偏斜现象。如两配合件的材料不相同，则钻孔的样冲眼应打在略偏于硬材料一边，以防止钻孔偏向软材料一边。钻骑缝孔方法如图 3-13 所示。

六、麻花钻钻孔中常见问题及对策

麻花钻钻孔中常见问题及对策见表 3-21。

表 3-21　麻花钻钻孔中常见问题及对策

问题	产生原因	对策
孔径增大、误差大	①钻头左、右切削刃不对称，摆差大	①刃磨时保证钻头左、右切削刃对称，摆差在允许范围内
	②钻头横刃太长	②修磨横刃，减小横刃长度
	③钻头刃口崩刃	③及时发现崩刃情况，并更换钻头
	④钻头刃带上有积屑瘤	④将刃带上的积屑瘤用油石修整到合格
	⑤钻头弯曲	⑤校直或更换
	⑥进给量太大	⑥降低进给量
	⑦钻床主轴摆差大或松动	⑦及时调整和维修钻床
孔径小	①钻头刃带严重磨损	①更换合格的钻头
	②钻出的孔不圆	②见下一项
钻孔时产生振动或不圆	①钻头后角太大	①减小钻头后角
	②无导向套或导向套与钻头配合间隙过大	②钻杆伸出过长时必须有导向套，采用合适间隙的导向套或先打中心孔再钻孔
	③钻头左、右切削刃不对称，摆差大	③刃磨时保证钻头左、右切削刃对称，摆差在允许范围内
	④主轴轴承松动	④调整或更换轴承
	⑤工件夹紧不牢	⑤改进夹具与定位装置
	⑥工件表面不平整，有气孔砂眼	⑥更换合格毛坯
	⑦工件内部有制品、交叉孔	⑦改变工序顺序或更换工件
孔位超差，孔歪斜	①钻头的钻尖已磨钝	①重磨钻头
	②钻头左、右切削刃不对称，摆差大	②刃磨时保证钻头左、右切削刃对称，摆差在允许范围内
	③钻头横刃太长	③修磨横刃，减小横刃长度

续表

问题	产生原因	对策
孔位超差，孔歪斜	④钻头与导向套配合间隙过大	④采用合适间隙的导向套
	⑤主轴与导向套轴线不同轴，或与工作台面不垂直	⑤校正机床夹具位置，检查钻床主轴的垂直度
	⑥钻头在切削时振动	⑥先打中心孔再钻孔，采用导向套或改为工件回转的方式
	⑦工件表面不平整，有气孔砂眼	⑦更换合格毛坯
	⑧工件内部有缺口、交叉孔	⑧改变工序顺序或改变工件结构
	⑨导向套底端面与工作表面间的距离远，导向套长度短	⑨加长导向套长度
	⑩工件夹紧不牢：a. 工件表面倾斜；b. 进给量不均匀	⑩改进夹具与定位装置：a. 正确定位安装；b. 使进给量均匀
孔壁表面粗糙	①钻头不锋利	①将钻头磨锋利
	②后角太大	②采用适当后角
	③进给量太大	③减少进给量
	④切削液供给不足，或性能差	④加大切削液流量，选择性能好的切削液
	⑤切屑堵塞钻头的螺旋槽	⑤采用断屑措施或采用分级进给方式
	⑥夹具刚性不够	⑥改进夹具
	⑦工件材料硬度过低	⑦增加热处理工序，适当提高工件硬度
钻头折断	①切削用量选择不当	①减少进给量和切削速度
	②钻头崩刃	②出现崩刃情况要及时发现，当加工较硬的钢件时，后角要适当减小
	③钻头横刃太长	③修磨横刃，减小横刃长度
	④钻头刃带严重磨损呈正锥形	④及时更换钻头，刃磨时将磨损部分全部磨掉
	⑤导向套底端面与工件表面间距离太近，排屑困难	⑤加大导向套与工件间的距离
	⑥切削液供应不足	⑥切削液喷嘴对准加工孔口，加大切削液流量
	⑦切屑堵塞钻头的螺旋槽，或卷在钻头上，切削液不能进入孔内	⑦减小切削速度、进给量；采用断屑措施或采用分级进给方式，使钻头退出数次
	⑧导向套磨损成倒锥形，退刀时，钻屑夹在钻头与导向套之间	⑧及时更换导向套
	⑨快速行程终了位置距工件太近，快速行程转向工件进给时误差大	⑨增加工作行程距离
	⑩孔钻通时，由于进给阻力迅速下降而进给量突然增加	⑩修磨钻头顶角，尽可能降低钻孔轴向力，孔将要钻通时改为手动进给，并控制进给量
	⑪工件或夹具刚性不足，钻通时弹性恢复，使进给量突然增加	⑪减少机床、工件、夹具的弹性变形；改进夹紧定位；增加工件、夹具刚性；增加二次进给
	⑫进给丝杠磨损，动力头重锤重量不足。动力液压缸反压力不足，致使孔钻通时，动力头自动下落，使进给量增大	⑫及时维修机床，增加动力头重锤重量；增加二次进给
	⑬钻铸件时遇到缩孔	⑬对可能有缩孔的铸件减少进给量
	⑭锥柄扁尾折断	⑭更换钻头，并注意擦净锥柄油污
钻头寿命低	①同“钻头折断”中前七项	①同“钻头折断”中相应项
	②钻头切削部分几何形状与所加工的材料不适应	②加工铜件时，钻头选用较小后角，避免钻头自动钻入工件，使进给量突然增加；加工低碳钢时，适当增大后角；加工较硬钢材时，采用双重钻头顶角，开分屑槽或修磨横刃等
	③其他	③改用新型适用的高速钢（铝高速钢、钴高速钢）钻头，或采用涂层刀具，消除加工件的夹砂、硬点等

第二节 扩 孔

扩孔是用扩孔钻对工件上已有孔进行扩大加工，其进给量一般为钻孔的 1.5 ～ 2 倍，切削速度约为钻孔的 1/2；加工质量较高，一般公差等级可达 IT10 ～ IT9，表面粗糙度可达 *Ra*12.5 ～ 3.2μm。

用麻花钻扩孔，扩孔前钻孔直径为 0.5 ～ 0.7 倍的要求孔径，用扩孔钻扩孔，扩孔前钻孔直径为 0.9 倍的要求孔径。

一、扩孔钻类型、规格范围及扩孔的工艺规范

（1）扩孔钻类型、规格范围及标准代号（表 3-22）

表 3-22 扩孔钻类型、规格范围及标准代号

类型	规格范围 * *d*/mm（推荐值）	标准代号	图 示
直柄扩孔钻	3 ～ 19.7	GB/T 4256—2004	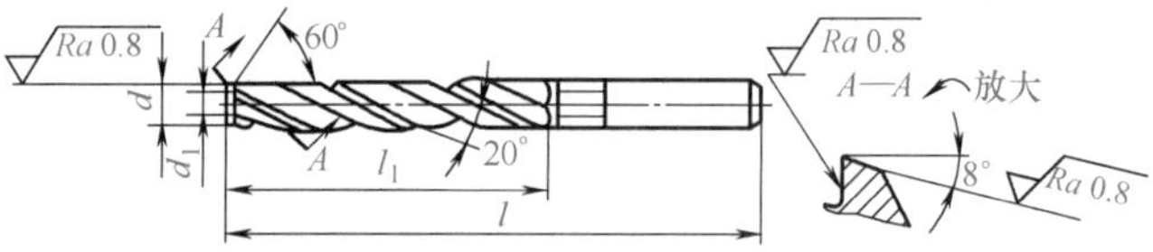
莫氏锥柄扩孔钻	7.8 ～ 50	GB/T 4256—2004	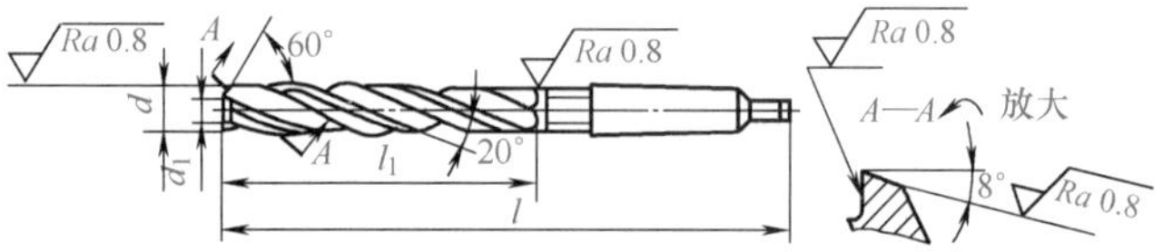
套式扩孔钻	25 ～ 100	—	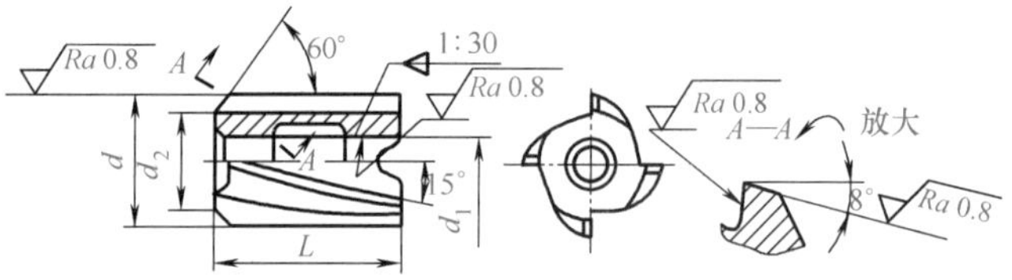

注：* 直径 *d* “推荐值” 系常备的扩孔钻规格，用户有特殊需要时也可供应 “分级范围” 内的任一直径的扩孔钻。直径 $d \leqslant 6$mm 的扩孔钻可制成反顶尖。

（2）扩孔的工艺规范（表 3-23）

表 3-23 扩孔的工艺规范

扩孔直径 /mm	定位直径 /mm	转速 /（r/min）	进给量 /（r/mm）
48 ～ 54	19 ～ 23	70 ～ 118	0.2 ～ 0.5
64 ～ 81	32	70 ～ 118	0.2 ～ 0.5
84 ～ 108	64	40 ～ 60	0.2 ～ 0.5
113 ～ 134	100	40	0.2 ～ 0.5

二、扩孔钻的切削用量

扩孔钻的切削用量见表 3-24。

表 3-24 扩孔钻的切削用量

D_0	碳结构钢 R_m=650MPa 加切削液							灰铸铁（195HBW）						
	f	d=10mm		d=15mm		d=20mm		f	d=10mm		d=15mm		d=20mm	
		v	n	v	n	v	n		v	n	v	n	v	n
25	≤0.2	45.7	581	48.8	621	—	—	0.2	43.9	559	45.7	581	—	—
	0.3	37.3	474	39.9	507	—	—	0.3	37.3	475	38.8	495	—	—
	0.4	32.3	411	34.5	439	—	—	0.4	33.2	423	34.6	441	—	—
	0.5	28.8	368	30.9	392	—	—	0.6	28.3	360	29.5	375	—	—
	0.6	26.3	336	28.1	359	—	—	0.8	25.2	320	26.3	334	—	—
	0.8	22.8	290	24.4	310	—	—	1.0	23.1	294	24	305	—	—
	1.0	20.4	260	21.8	278	—	—	1.2	21.4	272	22.3	284	—	—
	1.2	18.6	237	19.9	254	—	—	1.4	20.1	256	21	267	—	—
	—	—	—	—	—	—	—	1.6	19.1	243	19.8	253	—	—
30	f	d=10mm		d=15mm		d=20mm		f	d=10mm		d=15mm		d=20mm	
		v	n	v	n	v	n		v	n	v	n	v	n
	≤0.2	46.4	491	49.1	520	53.5	566	0.2	44.6	473	45.9	487	47.8	507
	0.3	37.8	401	40.1	425	43.4	461	0.3	37.9	402	39.1	414	40.7	437
	0.4	33.8	348	34.7	368	37.6	400	0.4	33.8	359	34.8	369	36.2	384
	0.5	29.3	312	31.1	329	33.6	357	0.6	28.7	305	29.5	314	30.8	327
	0.6	26.8	284	28.3	301	30.7	326	0.8	25.6	271	26.3	279	27.5	291
	0.8	23.1	246	24.6	261	26.6	282	1.0	23.4	248	24.1	256	25.1	266
	1.0	20.7	219	22	233	23.9	252	1.2	21.8	231	22.4	238	23.3	247
	1.2	19	200	20	213	21.7	231	1.4	20.5	217	21.2	223	22	233
	—	—	—	—	—	—	—	1.6	19.4	206	20	212	20.8	221
40	f	d=15mm		d=20mm		d=30mm		f	d=15mm		d=20mm		d=30mm	
		v	n	v	n	v	n		v	n	v	n	v	n
	≤0.2	43.4	346	48.6	387	55.8	444	0.3	38.2	304	39.1	311	41.9	334
	0.3	35.5	282	39.7	316	45.6	363	0.4	34.1	271	34.8	277	37.4	297
	0.4	30.7	245	34.4	273	39.5	314	0.6	28.9	231	29.6	236	31.8	253
	0.5	27.5	219	30.7	245	35.2	281	0.8	25.8	206	26.4	210	28.3	225
	0.6	25.1	199	28	223	32.2	256	1.0	23.6	188	24.1	192	25.9	206
	0.8	21.7	173	24.3	193	27.9	223	1.2	22	174	22.4	179	24	191
	1.0	19.4	155	21.7	173	25	198	1.4	20.6	165	21.1	168	22.6	180
	1.2	17.7	142	19.8	158	22.8	182	1.6	19.6	156	20	159	21.4	171
	—	—	—	—	—	—	—	1.8	18.7	149	19	152	20.5	163
50	f	d=10mm		d=15mm		d=20mm		f	d=10mm		d=15mm		d=20mm	
		v	n	v	n	v	n		v	n	v	n	v	n
	0.2	46.6	296	50.6	321	58	369	0.3	38.4	245	40.1	255	12.9	273
	0.3	38.1	242	11.3	263	47.4	302	0.4	34.3	218	35.7	227	38.3	244
	0.4	32.9	210	35.8	228	41	262	0.6	29.1	185	30.3	193	32.5	207
	0.5	29.5	188	32	204	36.8	234	0.8	26	166	27.1	172	29	184
	0.6	26.9	171	29.2	186	33.6	214	1.0	23.8	151	24.7	158	26.5	169
	0.8	23.3	149	25.3	161	29	185	1.2	22.1	141	23	147	24.7	157
	1.0	20.8	133	22.6	144	26	166	1.4	20.7	133	21.6	138	23.1	148
	1.2	19	123	20.6	132	23.7	151	1.6	19.7	125	20.5	131	22	140
	1.4	17.6	112	19.5	122	22	140	1.8	18.8	119	19.6	125	20.9	134

续表

D_0	碳结构钢 R_m=650MPa 加切削液							灰铸铁（195HBW）						
	f	d=30mm		d=40mm		d=50mm		f	d=30mm		d=40mm		d=50mm	
		v	n	v	n	v	n		v	n	v	n	v	n
60	0.3	39.3	208	42.6	220	49.1	261	0.4	35	186	36.4	193	39.1	207
	0.4	34.1	180	36.9	196	42.5	225	0.6	29.7	158	31	165	33.2	176
	0.5	30.4	162	33	175	38	202	0.8	26.5	141	27.6	147	29.6	157
	0.6	27.8	148	30.2	160	34.7	184	1.0	24.2	129	25.3	134	27.1	143
	0.8	24.1	128	26.1	139	30.1	159	1.2	22.5	119	23.5	125	25.2	134
	1.0	21.5	114	23.3	124	26.9	142	1.4	21.2	112	22.1	117	23.7	125
	1.2	19.7	104	21.4	113	24.6	130	1.6	20.1	107	20.9	111	22.4	119
	1.4	18.2	96	19.8	105	22.7	120	1.8	19.1	101	19.9	106	21.4	113
	1.6	17.1	90	18.4	98	21.3	113	2.0	18.4	98	19.1	101	20.5	109

注：f 为进给量，mm/r；v 为切削速度，m/min；n 为轴转速，r/min；D_0 为扩孔钻直径，mm；d 为工件底孔直径，mm。

三、高速工具钢扩孔钻加工结构钢及灰铸铁时的切削速度

（1）高速钢扩孔钻加工结构钢时的切削速度

高速钢扩孔钻加工结构碳钢（R_m=650MPa）时的切削速度见表 3-25。

表 3-25　高速钢扩孔钻加工结构碳钢（R_m=650MPa）时的切削速度

f（mm/r）	d_0=15mm 整体 a_p=1.0mm	d_0=20mm 整体 a_p=1.5mm	d_0=25mm 整体 a_p=1.5mm	d_0=25mm 套式 a_p=1.5mm	d_0=30mm 整体 a_p=1.5mm	d_0=30mm 套式 a_p=1.5mm	d_0=35mm 整体 a_p=1.5mm
0.3	34.0	38.0	29.7	26.5	—	—	—
0.4	29.4	32.1	25.7	22.9	27.1	24.2	25.2
0.5	26.3	28.7	23.0	20.5	24.3	21.7	22.5
0.6	24.0	26.2	21.0	18.7	22.1	19.8	20.5
0.7	22.2	24.2	19.4	17.3	20.5	18.3	19.0
0.8	—	22.7	18.2	16.2	19.2	17.1	17.8
0.9	—	21.4	17.1	15.3	18.1	16.1	16.8
1.0	—	20.3	16.2	14.5	17.2	15.3	15.9
1.2	—	—	14.8	13.2	15.6	14.0	14.5
1.4	—	—	—	—	14.5	12.9	13.4
1.6	—	—	—	—	—	—	12.6
f（mm/r）	d_0=35mm 套式 a_p=1.5mm	d_0=40mm 整体 a_p=2.0mm	d_0=40mm 套式 a_p=2.0mm	d_0=50mm 套式 a_p=2.5mm	d_0=60mm 套式 a_p=3.0mm	d_0=70mm 套式 a_p=3.5mm	d_0=80mm 套式 a_p=4.0mm
0.4	22.4	24.7	—	—	—	—	—
0.5	20.1	22.1	19.7	18.5	17.6	—	—
0.6	18.3	20.2	18.0	16.9	16.1	15.5	14.4
0.7	17.0	18.7	16.7	15.6	14.9	14.3	13.4
0.8	15.9	17.5	15.6	14.6	13.9	13.4	12.5
1.0	14.2	15.6	14.0	13.1	12.5	12.0	11.1

续表

f/（mm/r）	d_0=35mm 套式 a_p=1.5mm	d_0=40mm 整体 a_p=2.0mm	d_0=40mm 套式 a_p=2.0mm	d_0=50mm 套式 a_p=2.5mm	d_0=60mm 套式 a_p=3.0mm	d_0=70mm 套式 a_p=3.5mm	d_0=80mm 套式 a_p=4.0mm
1.2	13.0	14.3	12.7	12.0	11.4	10.9	10.2
1.4	12.0	13.2	11.8	11.1	10.5	10.1	9.4
1.6	11.2	12.3	11.0	10.4	9.9	9.5	8.8
1.8	—	—	—	9.8	9.3	8.9	8.3
2.0	—	—	—	9.3	8.8	8.5	7.9
2.2	—	—	—	—	8.4	8.1	7.5
2.4	—	—	—	—	—	7.7	7.2

（2）高速钢扩孔钻加工灰铸铁时的切削速度

高速钢扩孔钻加工灰铸铁（190HBW）时的切削速度见表3-26。

表3-26　高速钢扩孔钻加工灰铸铁（190HBW）时的切削速度

f/（mm/r）	d_0=15mm 整体 a_p=1.0mm	d_0=20mm 整体 a_p=1.5mm	d_0=25mm 整体 a_p=1.5mm	d_0=25mm 套式 a_p=1.5mm	d_0=30mm 整体 a_p=1.5mm	d_0=30mm 套式 a_p=1.5mm	d_0=35mm 整体 a_p=1.5mm
0.3	33.1	35.1	—	—	—	—	—
0.4	29.5	31.3	29.4	26.4	—	—	—
0.5	27.0	28.6	26.9	24.1	28.0	23.7	—
0.6	25.1	26.6	25.0	22.4	26.0	23.2	25.7
0.8	22.4	23.7	22.3	20.0	23.0	20.7	22.9
1.0	20.5	21.7	20.4	18.3	21.2	19.0	20.9
1.2	19.0	20.1	19.0	17.0	19.7	17.6	19.5
1.4	—	18.9	17.8	16.0	18.5	16.6	18.3
1.6	—	17.9	16.9	15.1	17.5	15.7	17.3
1.8	—	—	16.1	14.4	16.7	15.0	16.5
2.0	—	—	—	—	16.0	14.4	15.9
2.4	—	—	—	—	—	—	14.7
2.8	—	—	—	—	—	—	—
f/（mm/r）	d_0=35mm 套式 a_p=1.5mm	d_0=40mm 整体 a_p=2.0mm	d_0=40mm 套式 a_p=2.0mm	d_0=50mm 套式 a_p=2.5mm	d_0=60mm 套式 a_p=3.0mm	d_0=70mm 套式 a_p=3.5mm	d_0=80mm 套式 a_p=4.0mm
0.6	23.0	25.6	23.0	—	—	—	—
0.8	20.5	22.8	20.5	20.3	20.1	—	—
1.0	18.7	20.9	18.7	18.5	18.4	18.3	18.2
1.2	17.4	19.4	17.4	17.2	17.1	17.0	16.9
1.4	16.4	18.3	16.4	16.2	16.1	16.0	15.9
1.6	15.5	17.3	15.5	15.4	15.2	15.2	15.1
2.0	14.2	15.8	14.2	14.0	13.9	13.9	13.8
2.4	12.4	14.7	13.2	13.1	13.0	12.9	12.8
2.8	—	13.8	12.4	12.3	12.2	12.1	12.1
3.2	—	—	—	11.6	11.6	11.5	11.4
3.6	—	—	—	—	11.0	11.0	10.9
4.0	—	—	—	—	—	10.5	10.5

四、扩孔钻的磨钝标准和耐用度

扩孔钻的磨钝标准和耐用度见表 3-27 及表 3-28。

表 3-27　扩孔钻的磨钝标准

<table>
<tr><th rowspan="3">刀具材料</th><th rowspan="3">加工材料</th><th colspan="2">直径 d_0/mm</th></tr>
<tr><th>≤ 20</th><th>＞ 20</th></tr>
<tr><th colspan="2">后刀面最大磨损限度 /mm</th></tr>
<tr><td rowspan="4">高速钢</td><td>钢</td><td>0.4 ～ 0.8</td><td>0.4 ～ 0.8</td></tr>
<tr><td>不锈钢、耐热钢</td><td colspan="2">—</td></tr>
<tr><td>钛合金</td><td colspan="2">—</td></tr>
<tr><td>铸铁</td><td>0.6 ～ 0.9</td><td>0.9 ～ 1.4</td></tr>
<tr><td rowspan="2">硬质合金</td><td>钢（扩孔钻）、铸铁</td><td>0.6 ～ 0.8</td><td>0.8 ～ 1.4</td></tr>
<tr><td>淬硬钢</td><td colspan="2">0.5 ～ 0.7</td></tr>
</table>

表 3-28　扩孔钻（扩孔）的耐用度

<table>
<tr><th rowspan="3">加工形式</th><th rowspan="3">加工材料</th><th rowspan="3">刀具材料</th><th colspan="8">刀具直径 d_0/mm</th></tr>
<tr><th>＜ 6</th><th>6 ～ 10</th><th>11 ～ 20</th><th>21 ～ 30</th><th>31 ～ 40</th><th>41 ～ 50</th><th>51 ～ 60</th><th>61 ～ 80</th></tr>
<tr><th colspan="8">刀具寿命 T/min</th></tr>
<tr><td>单刀加工</td><td>结构钢及铸钢，铸铁、铜合金及铝合金</td><td>高速钢、硬质合金</td><td>—</td><td>—</td><td>30</td><td>40</td><td>50</td><td>60</td><td>80</td><td>100</td></tr>
</table>

<table>
<tr><td rowspan="8">多刀加工</td><td colspan="5">刀具数量</td></tr>
<tr><td>3</td><td>5</td><td>8</td><td>10</td><td>≥ 15</td></tr>
<tr><td colspan="5">刀具寿命 T/min</td></tr>
<tr><td>50</td><td>80</td><td>100</td><td>120</td><td>140</td></tr>
<tr><td>80</td><td>110</td><td>140</td><td>150</td><td>170</td></tr>
<tr><td>100</td><td>130</td><td>170</td><td>180</td><td>200</td></tr>
<tr><td>120</td><td>160</td><td>200</td><td>220</td><td>250</td></tr>
<tr><td>150</td><td>200</td><td>240</td><td>260</td><td>300</td></tr>
</table>

注：进行多刀加工时，如扩孔钻及刀头的直径大于 60mm，则随调整复杂程度的不同，刀具寿命取为 T=150 ～ 300min。

五、扩孔方法

（1）用麻花钻扩孔

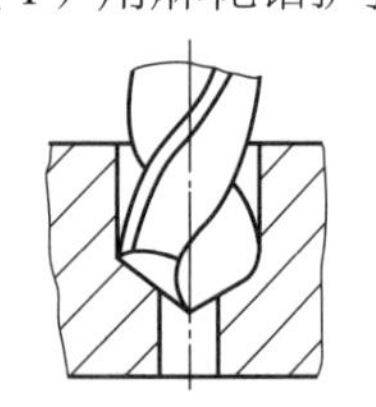

图 3-14　麻花钻扩孔的结构示意

在实际生产中，常用经修磨的麻花钻当扩孔钻使用。在实心材料上钻孔，如果孔径较大，不能用麻花钻一次钻出，常用直径较小的麻花钻预钻一孔，然后用大直径的麻花钻进行扩孔，如图 3-14 所示。

在预钻孔上扩孔的麻花钻，几何参数与钻孔时基本相同。由于扩孔时避免了麻花钻横刃切削的不良影响，可适当提高切削用量。同时，由于吃刀深度减小，使切屑容易排出，因此扩孔后，孔的表面粗糙度也有一定的提高。用麻花钻扩孔时，扩孔前的钻孔直径为孔径的 0.5 ～ 0.7 倍，扩孔时的切削速度约为钻孔的 1/2，进给量约为钻孔的 1.5 ～ 2 倍。

（2）用扩孔钻扩孔

扩孔钻的切削条件要比麻花钻头好。由于它的切削刃较多，因此扩孔时切削比较平稳，导向作用好，不易产生偏移。但为提高扩孔的精度，还应注意以下几点：

① 钻孔后，在不改变工件和机床主轴相对位置的情况下，立即换上扩孔钻，进行扩孔，这样可使钻头与扩孔钻的中心重合，使切削均匀平稳保证加工质量。

② 扩孔前先用镗刀镗出一段直径与扩孔钻相同的导向孔，如图 3-15 所示，这样可使扩孔钻在一开始就有较好的导向，而不致随原有不正确的孔偏斜。这种方法多用于在铸孔、锻孔上进行扩孔。

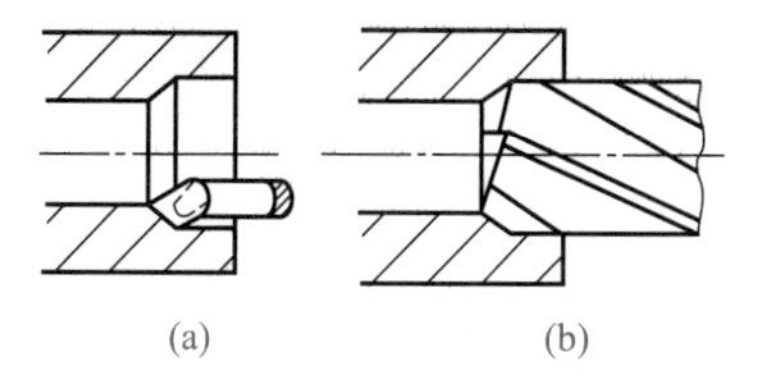

图 3-15　扩孔前的镗孔

③ 可采用钻套为导向进行扩孔。套式扩孔钻使用前先装在具有 1 ∶ 30 锥度的专用刀杆上，刀杆的尾部具有莫氏自锁圆锥如图 3-16 所示。

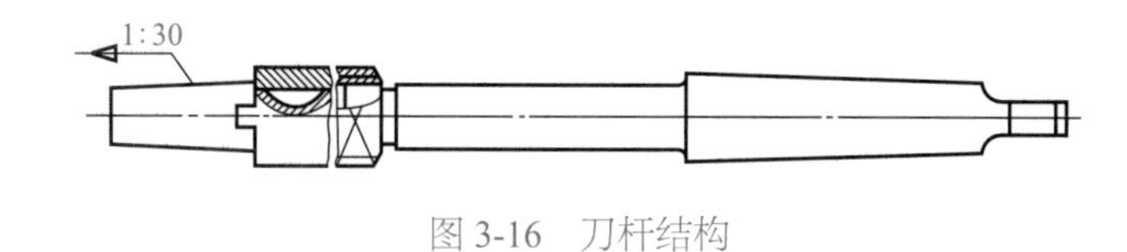

图 3-16　刀杆结构

六、扩孔钻扩孔中常见问题及对策

扩孔钻扩孔中常见问题及对策见表 3-29。

表 3-29　扩孔钻扩孔中常见问题及对策

问题	产生原因	对　策
孔径增大	①扩孔钻切削刃摆差大	①刃磨时保证摆差在允许范围内
	②扩孔钻刃口崩刃	②及时发现崩刃情况，更换刀具
	③扩孔钻刃带上有切屑瘤	③将刃带上的切屑瘤用油石修整到合格
	④安装扩孔钻时，锥柄表面有油污，或锥面有磕、碰伤	④安装扩孔钻前必须将扩孔钻锥柄及机床主轴锥孔内部油污擦干净，用油石修光锥面磕、碰伤处
孔表面粗糙	①切削用量过大	①适当降低切削用量
	②切削液供给不足	②切削液喷嘴对准加工孔口，加大切削液流量
	③扩孔钻过度磨损	③定期更换扩孔钻；刃磨时把磨损区全部磨去
孔位置精度超差	①导向套配合间隙大	①位置公差要求较高时，导向套与刀具配合要精密
	②主轴与导向套同轴度误差大	②校正机床与导向套位置
	③主轴轴承松动	③调整主轴轴承间隙
定程切削精度不够	①主轴轴向间隙太大	①调整主轴上的螺母，消除轴向间隙
	②切削定程装置的滚轮拨叉机构损坏或离合器调整不当	②检查修复损坏零件，调整离合器，使撞块与滚轮相碰时，离合器能立即脱开
钻孔轴线倾斜	①主轴移动轴线与立柱导轨不平行	①检查其平行度，若主轴套移动中心线与立柱导轨平行度超差，则应修刮进给箱导轨面
	②主轴回转中心线与工作台面不垂直	②检查其垂直度，若主轴套移动中心线对工作台面的垂直度超差，则应修刮工作台面导轨
钻孔时振摆	①进给箱或下部工作台锁紧不牢固	①锁紧进给箱或下部工作台
	②导套与主轴套磨损严重	②更换导套和主轴套
	③钻杆弯曲变形或轴承损坏	③校正钻杆或更换轴承

第三节　锪　孔

一、锪孔钻的种类与用途

锪孔钻的种类与用途见表 3-30。

表 3-30　锪孔钻的种类与用途

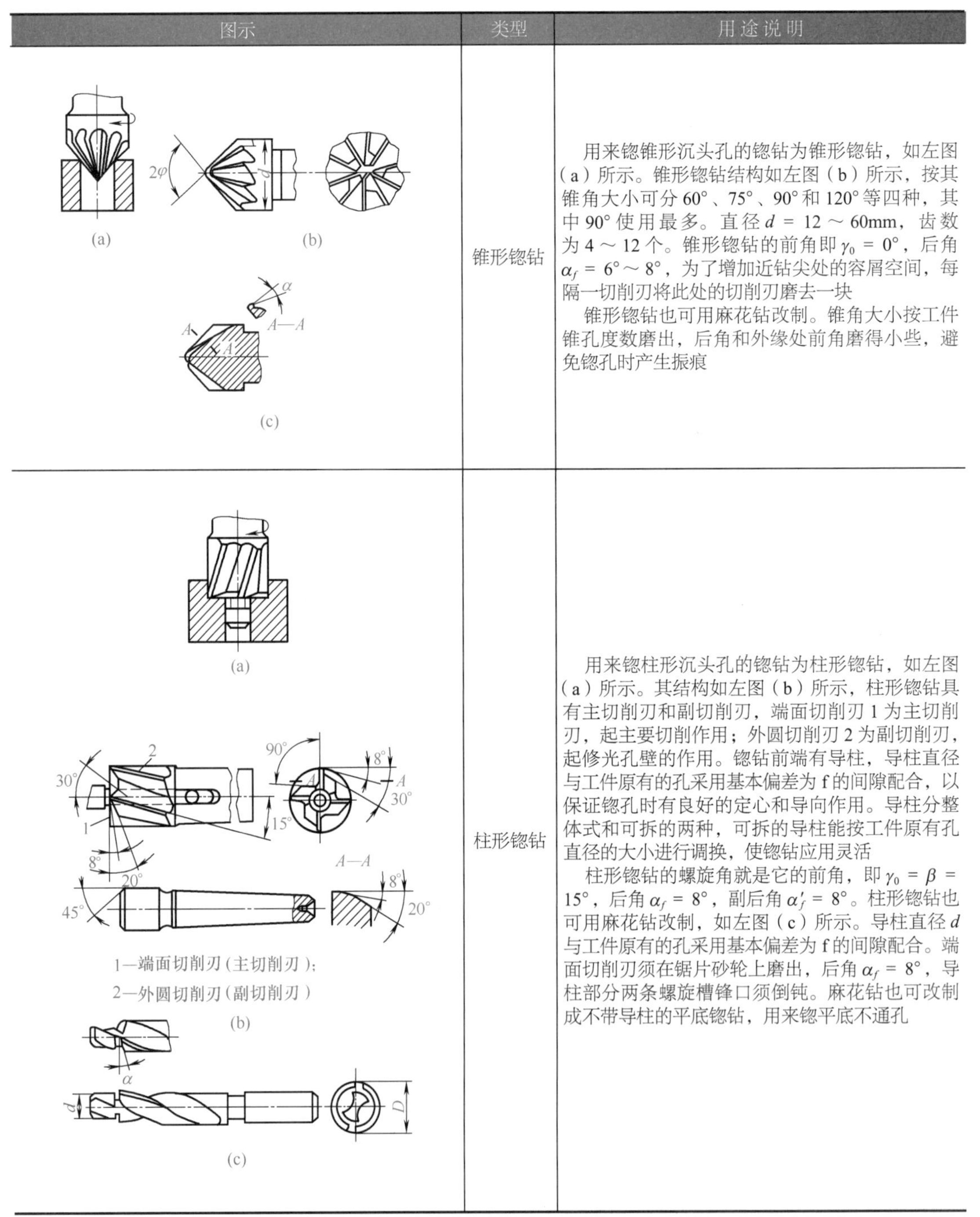

图示	类型	用途说明
(a)　(b) (c)	锥形锪钻	用来锪锥形沉头孔的锪钻为锥形锪钻，如左图（a）所示。锥形锪钻结构如左图（b）所示，按其锥角大小可分 60°、75°、90° 和 120° 等四种，其中 90° 使用最多。直径 d = 12 ～ 60mm，齿数为 4 ～ 12 个。锥形锪钻的前角即 γ_0 = 0°，后角 α_f = 6° ～ 8°，为了增加近钻尖处的容屑空间，每隔一切削刃将此处的切削刃磨去一块 锥形锪钻也可用麻花钻改制。锥角大小按工件锥孔度数磨出，后角和外缘处前角磨得小些，避免锪孔时产生振痕
(a) 1—端面切削刃（主切削刃）； 2—外圆切削刃（副切削刃） (b) (c)	柱形锪钻	用来锪柱形沉头孔的锪钻为柱形锪钻，如左图（a）所示。其结构如左图（b）所示，柱形锪钻具有主切削刃和副切削刃，端面切削刃 1 为主切削刃，起主要切削作用；外圆切削刃 2 为副切削刃，起修光孔壁的作用。锪钻前端有导柱，导柱直径与工件原有的孔采用基本偏差为 f 的间隙配合，以保证锪孔时有良好的定心和导向作用。导柱分整体式和可拆的两种，可拆的导柱能按工件原有孔直径的大小进行调换，使锪钻应用灵活 柱形锪钻的螺旋角就是它的前角，即 $\gamma_0 = \beta$ = 15°，后角 α_f = 8°，副后角 α_f' = 8°。柱形锪钻也可用麻花钻改制，如左图（c）所示。导柱直径 d 与工件原有的孔采用基本偏差为 f 的间隙配合。端面切削刃须在锯片砂轮上磨出，后角 α_f = 8°，导柱部分两条螺旋槽锋口须倒钝。麻花钻也可改制成不带导柱的平底锪钻，用来锪平底不通孔

续表

图示	类型	用途说明
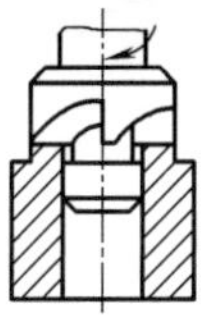 (a) 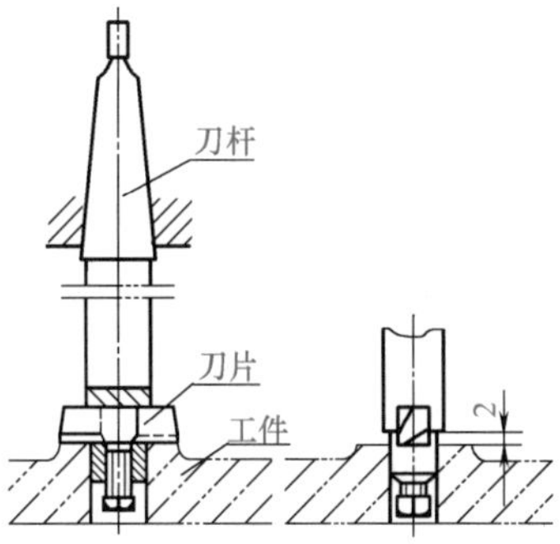 刀杆 刀片 工件 2 (b)	端面锪钻	用来锪平孔端面的锪钻称为端面锪钻。端面锪钻有多齿形端面锪钻，如左图（a）所示。其端面刀齿为切削刃，前端导柱用来定心、导向，以保证加工后的端面与孔中心线垂直。简易的端面锪钻如左图（b）所示。刀杆与工件孔配合端的直径采用基本偏差为 f 的间隙配合，保证良好的导向作用。刀杆上的方孔要尺寸准确，与刀片采用基本偏差为 h 的间隙配合，并且保证刀片装入后，切削刃与刀杆轴线垂直。前角由工件材料决定，锪铸铁时 $\gamma_0 = 5° \sim 10°$；锪钢件时 $\gamma_0 = 15° \sim 25°$，后角 $\alpha_0 = 6° \sim 8°$，副后角 $\alpha_f' = 4° \sim 6°$
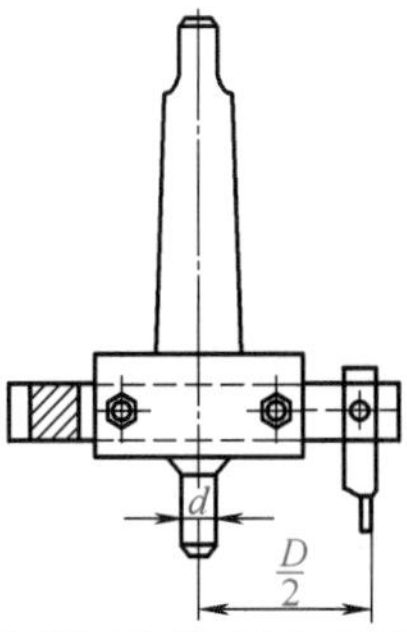 d $\frac{D}{2}$	薄板上锪大孔的套料锪钻	用来在薄板上加工直径很大的孔，在无法冲孔及没有大钻头时用套料锪钻。使用方法为： ①刀杆在方槽中可移动，以调节锪孔直径 ②锪孔前先在工件上钻一与定心圆柱相配有直径 d 的孔 ③锪孔时工件要压紧，孔下面垫空 ④锪穿时进给量要很小

二、锪孔速度的选择

锪孔速度的选择见表 3-31。

表 3-31　锪孔速度的选择

工件材料	铸铁	钢件	有色金属
切削速度 /（m/min）	8 ～ 12	8 ～ 14	25

三、高速工具钢及硬质合金锪钻加工的切削用量

高速钢及硬质合金锪钻加工的切削用量见表 3-32。

表 3-32　高速钢及硬质合金锪钻加工的切削用量

加工材料	高速钢锪钻		硬质合金锪钻	
	进给量 f/（mm/r）	切削速度 v/（m/min）	进给量 f/（mm/r）	切削速度 v/（m/min）
铝	0.13 ～ 0.38	120 ～ 245	0.15 ～ 0.30	15 ～ 245
黄铜	0.13 ～ 0.25	45 ～ 90	0.15 ～ 0.30	120 ～ 210

续表

加工材料	高速钢锪钻		硬质合金锪钻	
	进给量 f/（mm/r）	切削速度 v/（m/min）	进给量 f/（mm/r）	切削速度 v/（m/min）
软铸铁	0.13 ～ 0.18	37 ～ 43	0.15 ～ 0.30	90 ～ 107
软钢	0.08 ～ 0.13	23 ～ 26	0.10 ～ 0.20	75 ～ 90
合金钢及工具钢	0.08 ～ 0.13	12 ～ 24	0.10 ～ 0.20	55 ～ 60

四、锪孔工作要点及锪孔时产生问题及预防方法

（1）锪孔工作要点

锪孔方法与钻孔方法基本相同，但锪孔时刀具容易振动，特别是使用麻花钻改制的锪钻，使所锪端面或锥面产生振痕，影响到锪削质量，故锪孔时应注意以下几点：

① 锪孔的切削用量。由于锪孔的切削面积小，锪钻的切削刃多，所以进给量为钻孔的 2 ～ 3 倍，切削速度为钻孔的 1/3 ～ 1/2。

② 用麻花钻改制锪钻时，后角和外缘处前角适当减小，以防止扎刀。两切削刃要对称，保持切削平稳。尽量选用较短钻头改制，减少振动。

③ 锪钻的刀杆和刀片装夹要牢固，工件夹持稳定。

④ 锪钢件时，要在导柱和切削表面加机油或牛油润滑。

（2）锪孔时产生的问题及预防方法（表 3-33）

表 3-33　锪孔时产生的问题及预防方法

产生的问题	预防方法
孔径变大	切削刃磨削对称
锪材质较软工件出现孔刀	外缘的切削刃前角磨小
钻头改磨的锪钻锪孔振动	选取较短的钻头改磨
装配结构锪钻锪孔时振动	装夹牢靠
锪钢件时锪钻易磨损	在切削面加机油或润滑脂
手动进给时，用力过大损坏锪钻	压力均匀

第四节　铰　　孔

一、铰刀结构、分类及特点

如图 3-17 所示为整体圆柱铰刀，其主要用来铰削标准系列的孔。它由工作部分、颈部和柄部三个部分组成。工作部分主要起切削和校准作用，校准处直径有倒锥度，而柄部则用于被夹具夹持，有直柄和锥柄之分。

（1）铰刀分类

铰刀有圆柱形和圆锥形两种，前者比较常用。

① 按使用情况来分，有手用铰刀和机用铰刀，机用铰刀又可分为直柄和锥柄（手用的都是直柄型）。

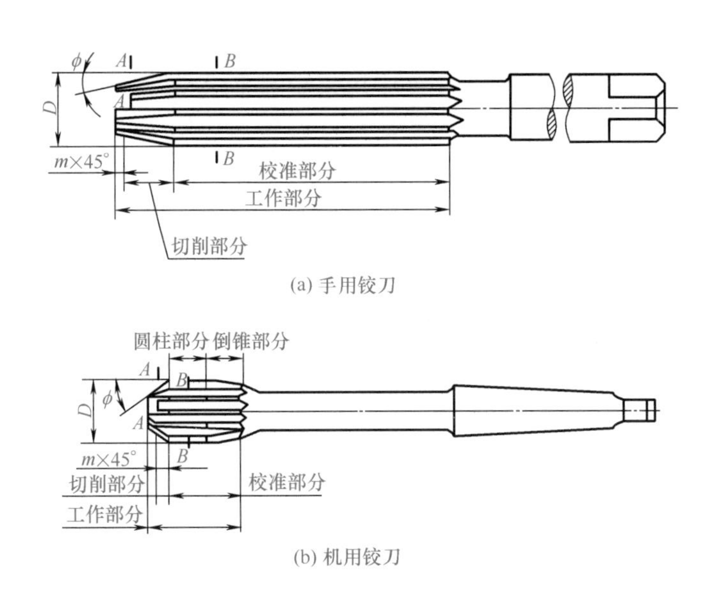

图 3-17 整体圆柱铰刀的结构

② 按用途来分，铰刀可分整体圆柱铰刀（铰削标准直径系列的孔）、可调节的手用铰刀（在单件生产和修配工作中需要铰削少量的非标准孔）、锥铰刀（用于铰削圆锥孔）、螺纹槽手用铰刀（铰削有键槽孔）及硬质合金机用铰刀（用于高速铰削和铰削硬材料）。

铰刀的容屑槽有直槽和螺旋槽之分。手用铰刀一般材质为合金工具钢，机用铰刀材料为高速钢。

（2）锥铰刀

锥铰刀用来铰削圆锥孔的铰刀，如图 3-18 所示。常用的锥铰刀有以下四种。

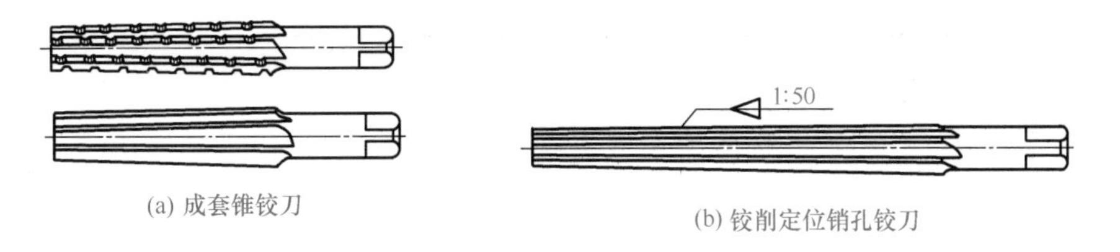

图 3-18 锥铰刀的种类

① 1∶10 锥铰刀是用来铰削联轴器上与锥销配合的锥孔。

② 莫氏锥铰刀是用来铰削 0 ～ 6 号莫氏锥孔。

③ 1∶30 锥铰刀是用来铰削套式刀具上的锥孔。

④ 1∶50 锥铰刀是用来铰削定位销孔。

1∶10 锥孔和莫氏锥孔的锥度较大，为了铰孔省力，这类铰刀一般制成二至三把一套，其中一把精铰刀，其余是粗铰刀，如图 3-18（a）所示是二把一套的锥铰刀。粗铰刀的切削刃上开有螺旋形分布的分屑槽，以减轻切削负荷。对尺寸较小的圆锥孔，铰孔前可按小端直径钻出圆柱孔，然后再用圆锥铰刀铰削即可。对尺寸和深度较大或锥度较大的圆锥孔，铰孔前的底孔应钻成阶梯孔，如图 3-19 所示。阶梯孔的最小直径按锥铰刀小端直径确定，其余各段直径可根据锥度公式推算。

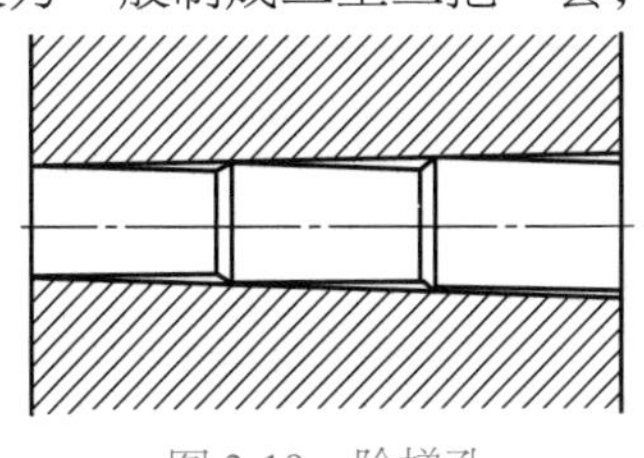

图 3-19 阶梯孔

（3）可调节手铰刀

可调节手铰刀在单件生产和修配工作中用来铰削非标准孔。其结构如图 3-20 所示。可调节手铰刀由刀体、刀齿条及调节螺母等组成。刀体上开有六条斜底直槽，具有相同斜度的刀齿条嵌在槽内，并用两端螺母压紧，固定刀齿条。调节两端螺母可使刀齿条在槽中沿斜槽移动，从而改变铰刀直径。标准可调节手铰刀，其直径范围为 6 ～ 54mm。可调节手铰刀刀体用 45 钢制作，直径小于或等于 12.75mm 的刀齿条，用合金工具钢制作；直径大于 12.75mm 的刀齿条，用高速钢制作。

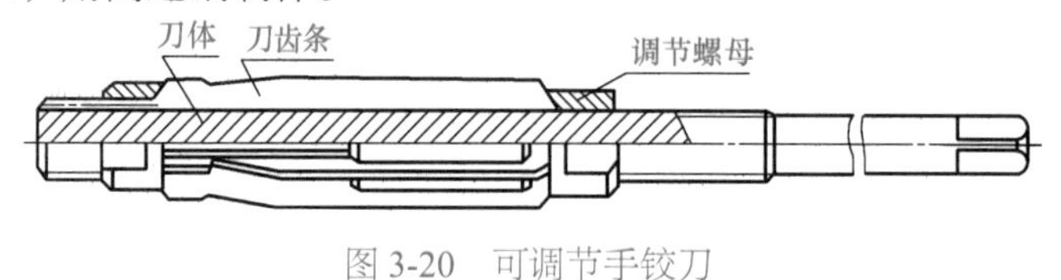

图 3-20　可调节手铰刀

（4）螺旋槽手铰刀

螺旋槽手铰刀用来铰削带有键槽的圆柱孔。用普通铰刀铰削带有键槽的孔时，切削刃易被键槽边勾住，造成铰孔质量的降低或无法铰削。螺旋槽铰刀的切削刃沿螺旋线分布，如图 3-21 所示。铰削时，多条切削刃同时与键槽边产生点的接触，切削刃不会被键槽边勾住，铰削阻力沿圆周均匀分布，铰削平稳，铰出的孔光洁。铰刀螺旋槽方向一般是左旋，可避免铰削时因铰刀顺时针转动而产生自动旋进的现象；左旋的切削刃还能将铰下的切屑推出孔外。

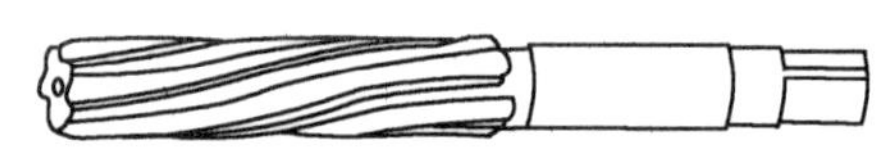

图 3-21　螺旋槽手铰刀

二、铰刀号数及精度

标准铰刀按直径公差分为一号、二号、三号，其对应的精度等级见表 3-34。

表 3-34　铰刀号数及精度等级

铰刀号数	未研磨的精度	研磨的精度
一号	H8 ～ H9	N7、M7、K7、J7
二号	H10	H7
三号	H11	H8

三、铰削余量的选择

正确选择铰削余量，既能保证加工孔的精度，又能提高铰刀的使用寿命。铰削余量应依据加工孔径的大小、精度、表面粗糙度、材料的软硬、上道工序的加工质量和铰刀类型等多种因素进行选择。对铰削精度要求较高的孔，必须经过扩孔或粗铰孔工序后进行精铰孔，这样才能保证铰孔的质量。一般铰削余量的选择见表 3-35。

表 3-35　铰削余量

铰孔直径 /mm	<5	5 ～ 20	21 ～ 32	33 ～ 50	51 ～ 70
铰削余量 /mm	0.1 ～ 0.2	0.2 ～ 0.3	0.3	0.5	0.8

四、铰削时切削液及机铰时切削速度和进给量的选择

（1）铰削时切削液的选择

铰削的切屑一般都很细碎，容易黏附在切削刃上，甚至夹在孔壁与校准部分棱边之间，

将已加工表面拉毛。铰削过程中，热量积累过多也将引起工件和铰刀的变形或孔径扩大。因此铰削时必须采用适当的切削液，以减少摩擦和散发热量，同时将切屑及时冲掉。切削液的选择见表 3-36。

表 3-36　铰削时的切削液

工件材料	切削液
铸铁	①不用 ②煤油，但要引起孔径缩小（最大缩小量：0.02 ～ 0.04mm） ③低浓度乳化液
铝	煤油
钢	①体积分数 10% ～ 20% 乳化液 ②铰孔要求较高时，可采用体积分数为 30% 菜油加 70% 乳化液 ③高精度铰削时，可用菜油、柴油、猪油
铜	乳化液

（2）机铰时切削速度和进给量的选择（表 3-37）

表 3-37　机铰时切削速度和进给量的选择

铰刀材料	工件材料	切削速度 /（m/min）	进给量 /（mm ／ r）
高速钢	钢	4 ～ 8	0.2 ～ 2.6
	铸铁	10	0.4 ～ 5.0
	铜、铝	8 ～ 12	1.0 ～ 6.4
硬质合金	淬火钢	8 ～ 12	0.25 ～ 0.5
	未淬火钢	8 ～ 12	0.35 ～ 1.2
	铸铁	10 ～ 14	0.9 ～ 2.2

五、铰孔工作要点及注意的事项

铰孔工作要点及注意的事项见表 3-38。

表 3-38　铰孔工作要点及注意的事项

项目		说　明
铰孔工作要点	手工铰孔	①手工铰孔 ②工作装夹位置正确 ③铰刀平衡转动，均匀进给 ④铰刀不反转，不停歇在同一位置 ⑤经常清除切屑 ⑥铰刀缓慢进入孔内，仔细退到孔外
	机动铰孔	①严格保证钻床主轴、铰刀轴线、工件孔轴线三者同轴度 ②先手动进给引导铰刀，后机动进给铰削 ③铰不通孔，应经常退铰刀 ④铰通孔，铰刀校准部分不全部铰出 ⑤铰削时有足够切削液 ⑥铰孔完毕，应不停车退出铰刀
铰孔注意事项	手工铰孔应注意的事项	①工件装夹位置要正确，应使铰刀的中心线与孔的中心线重合。对薄壁工件夹紧力不要过大，以免将孔夹扁，铰削后产生变形。在铰削过程中，两手用力要平衡，旋转铰手的速度要均匀，铰手不得摆动，以保持铰削的稳定性，避免将孔径扩大或将孔口铰成喇叭形。铰削进给时，不要用过大的力压铰手，而应随着铰刀的旋转轻轻地对铰手加压，使铰刀缓慢地引伸进入孔内，并均匀进给，以保证孔的加工质量 ②注意变换铰刀每次停歇的位置，以消除铰刀在同一处停歇所造成的振痕。铰刀不能反转，即使退刀时也不能反转，即要按铰削方向，边旋转边向上提起铰刀。铰刀反转会使切屑卡在孔壁和后面之间，将孔壁刮毛。同时，铰刀也容易磨损，甚至造成崩刃

续表

项目		说明
铰孔注意事项	手工铰孔应注意的事项	③铰削钢料工件时，切屑碎末容易黏附在刀齿上，应经常清除。铰削过程中，如果铰刀被切屑卡住时，不能用力扳转铰手，以防损坏铰刀。应想办法将铰刀退出，清除切屑后，再加切削液，继续铰削
	机动铰孔应注意的事项	①必须保证钻床主轴、铰刀和工件孔三者的同轴度。当孔精度要求较高时，应采用浮动式铰刀夹头装夹铰刀，以调整铰刀的轴线位置 常用浮动式铰刀夹头有两种。如图 3-22 所示是一种比较简单的浮动式铰刀夹头，图中只有销轴与夹头体为间隙配合，装锥柄铰刀的套筒只能在此轴转动方向有浮动范围。所以铰刀轴心线的调整受到一定限制，只适用于轴心线偏差不大的工件采用。如图 3-23 所示为万向浮动式铰刀夹头，图中套筒上端为球面，与垫块零件以点接触，这样，在销轴与夹具体配合间隙许可的范围内，铰刀的浮动范围得到扩大，所以铰刀可以在任意方向调整铰刀轴心线的偏差。这种铰刀夹头适用于要求精度较高孔的加工使用 图 3-22 浮动式铰刀夹头　　图 3-23 万向浮动式铰刀夹头 ②开始铰削时先采用手动进给，当铰刀切削部分进入孔内以后，再改用自动进给。铰削盲孔时，应经常退刀，清除刀齿和孔内的切屑，以防切屑刮伤孔壁。铰削通孔时，铰刀校准部分不能全部铰出头，以免将孔的出口处刮坏 ③在铰削过程中，必须注入足够的切削液，以清除切屑和降低切削温度。铰孔完毕，应不停车退出铰刀，以免停车退出时拉伤孔壁

六、铰刀的修磨

铰刀在使用中可以通过手工修磨，保持和提高其良好的切削性能。具体修磨方法如下：

① 研磨或修磨后的铰刀，为了使切削刃顺利地过渡到校准部分，必须用油石仔细地将过渡处的尖角修成小圆弧，并要求各齿圆弧大小一致，以免因圆弧不一致而产生径向偏摆。

② 铰刀刃口有毛刺或粘结切屑瘤时，要用油石研掉。

③ 切削刃后面磨损不严重时，可用油石沿切削刃垂直方向轻轻研磨，加以修光，如图 3-24 所示。若要将铰刀刃带宽度磨窄，也可用上述方法将刃带研出 1° 左右的小斜面（图 3-25），并保持需要的刃带宽度。但研磨后面时，不能将油石沿切削刃方向推动（图 3-26），这样很可能将刀齿刃口磨圆，从而降低其切削性能。

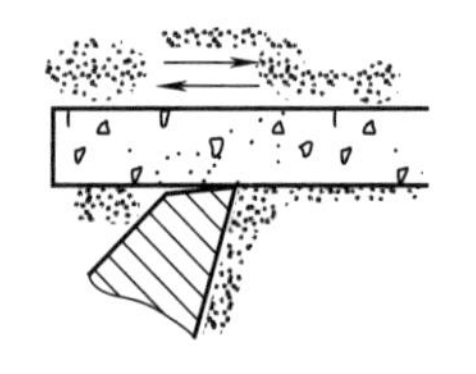

图 3-24　切削刃后面的研磨

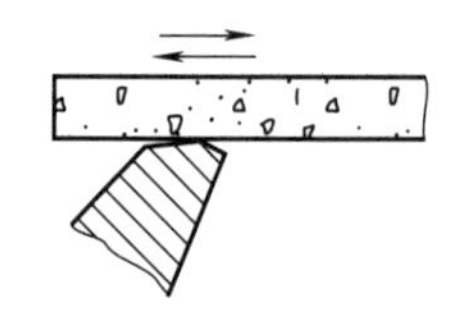

图 3-25　修订磨铰刀刃带

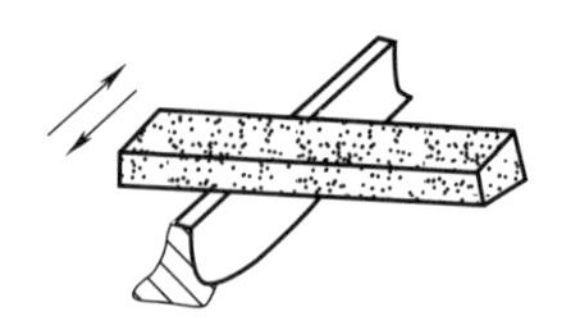

图 3-26　错误的研磨方法

④ 当刀齿前面需要研磨时，应将油石紧贴在前面上，沿齿槽方向轻轻推动进行研磨，但应特别注意不要研坏刃口。

⑤ 铰刀在研磨时，切勿将刃口研凹，必须保持铰刀原有的几何形状。

七、铰孔方法

（1）铰刀直径的确定及铰刀的研磨

铰刀的直径和公差直接影响被加工孔的尺寸精度。在确定铰刀的直径和公差时，应考虑被加工孔的公差、铰孔时的扩张或收缩量、铰刀使用时的磨损量，以及铰刀本身的制造公差等。

铰孔后孔径可能缩小，其缩小因素很多，目前对收缩量的大小尚无统一规定。一般对铰刀直径的确定多采用经验数值。铰削基准孔时铰刀公差可按下式确定：

$$es = \frac{2}{3}IT\left(上偏差=\frac{2}{3}被加工孔公差\right)$$

$$ei = \frac{1}{3}IT\left(下偏差=\frac{1}{3}被加工孔公差\right)$$

若工件被加工孔的尺寸为 $\phi16\ _{0}^{+0.027}$mm，求所用铰刀的直径尺寸。那么，铰刀直径的基本尺寸应为 ϕ16mm。铰刀公差：

$$上偏差\ es = \frac{2}{3}IT = \frac{2}{3}\times 0.027 = 0.018(mm)$$

$$下偏差\ ei = \frac{1}{3}IT = \frac{1}{3}\times 0.027 = 0.009(mm)$$

因此，所选用铰刀尺寸应为 $\phi16\ _{+0.009}^{+0.018}$mm。新的标准圆柱铰刀，直径上留有研磨余量，而且棱边的表面粗糙度也较差，所以铰削标准公差等级为 IT8 以上的孔时，先要将铰刀直径研磨到所需要的尺寸精度。研磨铰刀的方法有以下几种：

① 径向调整式研磨工具，如图 3-27 所示。它是由壳套、研套和调整螺钉组成的。孔径尺寸用精镗或由待研的铰刀铰出，研套上铣出开口斜槽，由调整螺钉控制研套弹性变形，进行研磨以达到要求的尺寸。径向调整式研磨工具制造方便，但研套的孔径尺寸不易调成一致，所以研磨的精度不高。

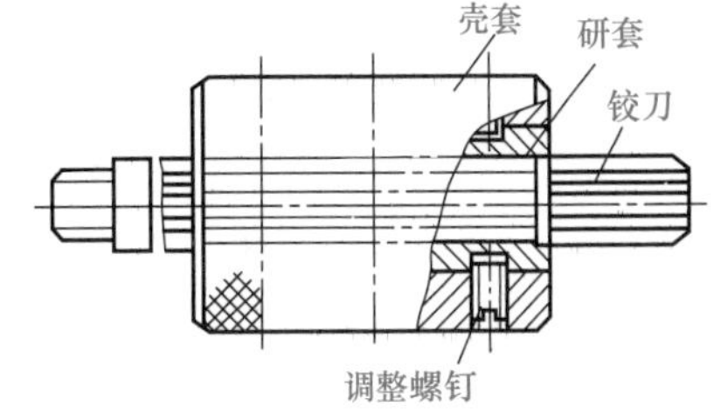

图 3-27　径向调整式研磨工具结构

② 轴向调整式研磨工具，如图 3-28 所示。它是由壳体、研套、调整螺母和限位螺钉组成的。研套和壳套以圆锥配合。研套沿轴向铣有开口直槽，这样可依靠弹性变形改变孔径的尺寸。研套外圆上还铣有直槽，在限位螺钉的控制下，只能做轴向移动而不能转动。当旋动两端的调整螺母，研套在轴向移动的同时可使研套的孔径得到调整。轴向调整式研磨工具的研套孔径胀缩均匀、准确，能使尺寸公差控制在很小的范围内，所以适用于研磨精密铰刀。

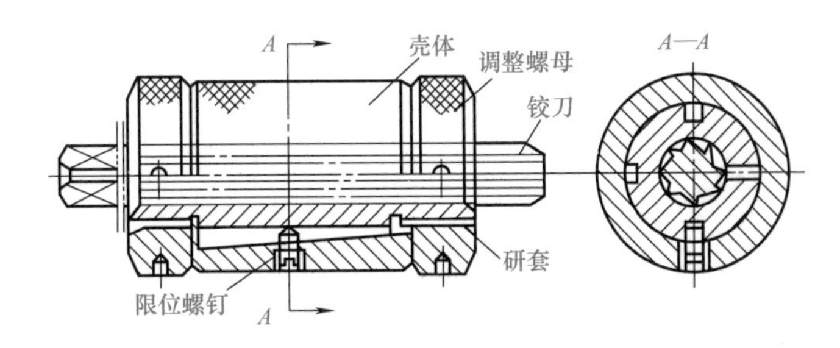

图 3-28　轴向调整式研磨工具结构

③ 整体式研磨工具。它是由铸铁棒经加工后，孔径尺寸最后由待研的铰刀铰出。这种研具制造简单，但没有调整量，只适用于研磨单件生产精度要求不高的铰刀。

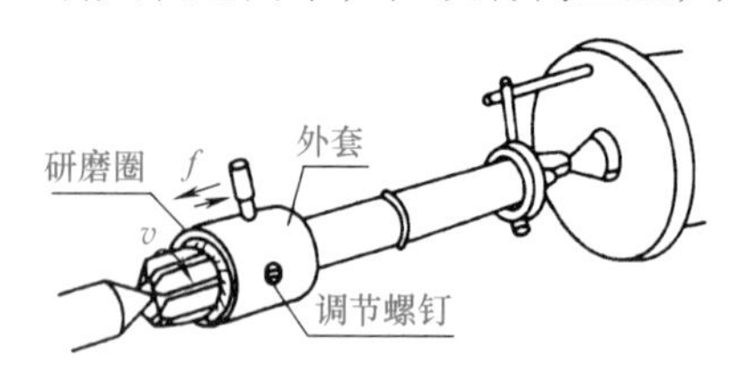

图 3-29 铰刀的研磨

无论采用哪种研具，研磨方法都相同。铰刀用两顶尖和拨盘装夹在车床上。研磨时铰刀由拨盘带动旋转，如图 3-29 所示，旋转方向要与铰削方向相反，转速以 40 ～ 60r/min 为宜。研具套在铰刀的工作部分上，将研套孔的尺寸调整到能在铰刀上自由滑动和转动为宜。研磨剂放置得要均匀。研磨时，用手握住研具做轴向均匀的往复移动。研磨过程中要随时注意检查，及时清除铰刀沟槽中的研垢，并重新换上研磨剂再研磨。

（2）圆锥孔的铰削

① 铰削尺寸较小的圆锥孔。先按照圆锥孔小端直径并留铰削余量钻出圆柱孔，孔口按圆锥孔大端直径锪出 45° 的倒角，然后用圆锥铰刀铰削。在铰削过程中一定要及时用精密配锥（或圆锥销）试深控制尺寸，如图 3-30 所示。

② 铰削尺寸较大的圆锥孔。铰孔前先将工件钻出阶梯孔，如图 3-31 所示。1 ∶ 50 的圆锥孔可钻两节阶梯孔。1 ∶ 10 圆锥孔、1 ∶ 30 圆锥孔、莫氏锥孔、圆锥管螺纹底孔可钻三节阶梯孔。阶梯孔的最小直径按锥孔小端直径确定，并留有铰削余量。其余各段直径可根据锥度计算公式算得。

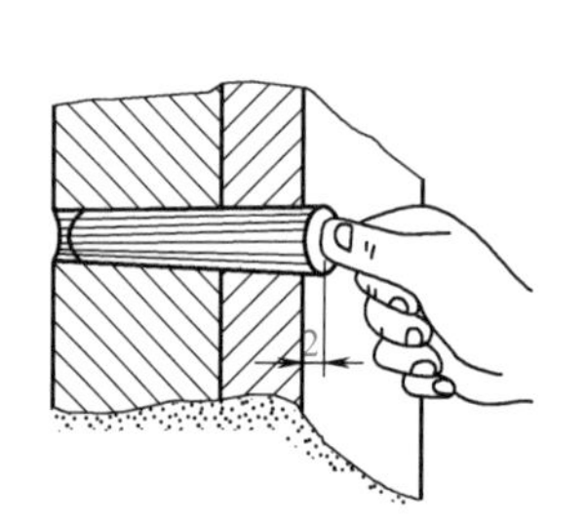

图 3-30 用圆锥销检查铰孔尺寸

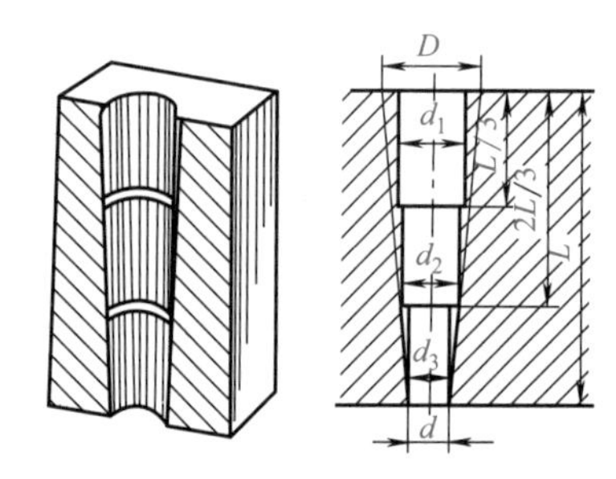

图 3-31 预钻阶梯孔的尺寸

八、铰孔中常见问题及对策

铰孔中常见问题及对策见表 3-39。

表 3-39 铰孔中常见问题及对策

问题	原 因	对 策
孔壁表面粗糙度值超差	①铰孔余量太大或太小	①选留适当余量
	②进给量太大或太小	②选适当进给量
	③切削刃不锋利或前、后面粗糙度高	③修磨前、后面
	④未用切削液或选择不当	④选择合适的切削液
	⑤铰刀退出时反转	⑤铰刀退出也应顺转
	⑥切削速度过高，产生刀瘤	⑥降低切削速度
	⑦切屑积聚过多	⑦及时清除切屑
	⑧刀刃上有崩裂、缺口	⑧重新刃磨或更换铰刀
孔呈多角形	①铰削余量太大，铰刀振动	①分粗、精两次铰孔
	②铰削前底孔不圆	②铰前先扩孔
	③孔口端面不平或太硬	③锪平孔端面

续表

问题	原　因	对　策
孔径扩大	①铰刀与孔中心不重合	①采用浮动夹头或快换夹头
	②手铰孔时两手用力不均	②注意两手用力平衡
	③铰铸铁孔未加注煤油	③加注煤油
	④铰锥孔铰得过深	④及时用锥度规检验
	⑤进给量与加工余量过大	⑤减小进给量或加工余量
孔径收缩	①铰刀磨损直径变小	①修磨前刀面或更换新铰刀
	②铰刀钝刃	②重磨铰刀
	③铰铸铁加注煤油	③不加煤油
喇叭口	①切削锥角太大，铰削余量太大	①减小切削锥角和余量
	②刀刃径向跳大	②重新安装铰刀
	③钻床主轴中心与铰孔中心不重合	③重新装夹
	④手铰时，铰刀不正或用车不平衡	④保证铰刀与孔端面垂直

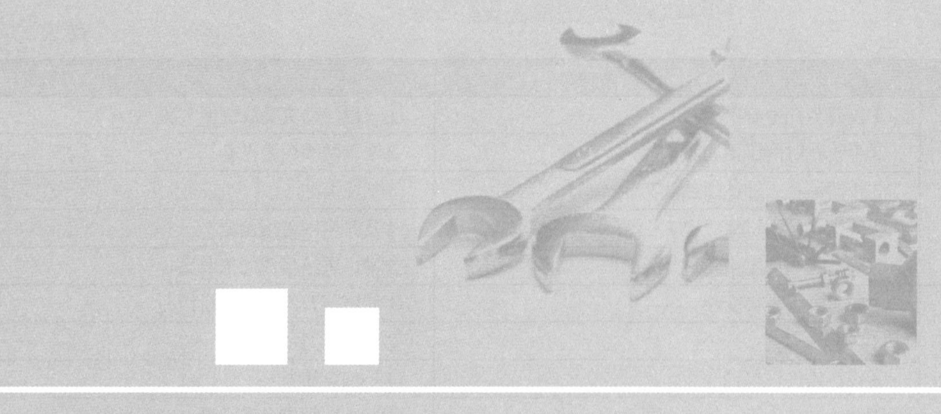

第四章
矫正和弯曲

第一节 矫 正

矫正是消除材料或制件的弯曲、扭曲、波浪形和凹凸不平等缺陷的一种加工方法。根据矫正时材料的温度可分为冷矫和热矫两种：前者是在常温下进行的，适用于变形较小、塑性较好的钢材；后者是将钢材加热到 700 ～ 1000℃进行的，适用于变形严重、塑性较差的钢材。根据作用外力的来源与性质可分为手工矫正、机械矫正和火焰矫正三种。

一、常用手工矫正

手工矫正的矫正力小，劳动强度大，效率低，所以适用于尺寸较小、塑性较好的钢材。

（1）薄板

薄板材料的矫正方法见表 4-1。

表 4-1 薄板材料的矫正方法

变形形式	图示	说　明
中间凸起	平台	矫正时锤击板的四周，由凸起的周围开始，逐渐向四周锤击，越往边锤击的密度应越大，锤击力也越重，使薄板四周的纤维伸长。矫正薄钢板，可选用手锤或木锤；矫正合金钢板，应用木锤或紫铜锤。若薄板表面相邻处有几个凸起处，则应先在凸起的交界处轻轻锤击，使若干个凸起处合并成一个，然后再锤击四周而展平
边缘波浪形		矫正时应从四周向中间逐步锤击，且锤击点的密度应向中间逐渐增加，锤击力也越重，使中间处的纤维伸长而矫平

续表

变形形式	图示	说　明
纵向波浪形	拍板	用拍板抽打，只适用于初矫。此法也适用于有色金属变形的矫正
不规则变形		薄板发生扭曲等不规则变形（如对角翘起），则应沿另一没有翘起的对角线进行锤击，使其延伸而矫平

（2）厚板

由于厚板的钢性较好，可直接垂击凸处，使凸处的纤维受压缩短而矫平。

（3）扁钢

① 立弯。如图 4-1（a）所示，当扁钢在厚度方向弯曲时，应将扁钢的凸处向上，锤击凸处就可以矫平。当扁钢在宽度方向弯曲时，说明扁钢的内层纤维比外层短，所以用锤依次锤击扁钢的内层，在内层的三角形区域内进行锤击，如图 4-1（b）所示使其延伸而矫平。

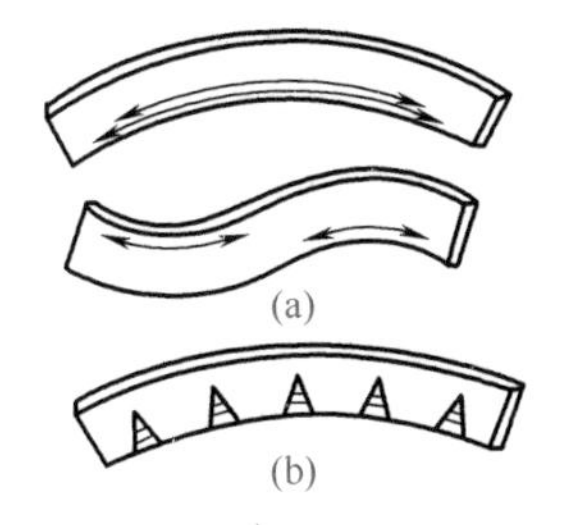

图 4-1　扁钢立弯变形矫正

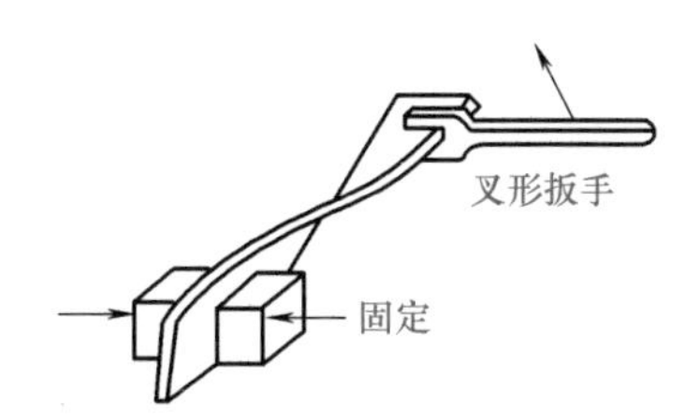

图 4-2　扁钢扭曲变形矫正

② 扭曲。如图 4-2 所示，将扁钢的一端用虎钳夹住，用叉形扳手夹持另一端反方向扭转，扭曲变形消除后，再用锤击法矫平。扭曲轻微时，也可以直接用锤击矫正。锤击时将扁钢斜置于平台上，使平的部分搁置在台面上，而扭曲翘起的部分伸出平台之外，用锤锤击稍离平台边外向上翘起的部分，锤击点离台边的距离约为板厚的 2 倍，慢慢使工件往平台移动，然后翻转 180° 再进行同样的矫正，直至矫平。

（4）圆钢或钢管

如图 4-3 所示为圆钢或钢管材料弧弯变形，矫正时，应使凸处向上，用锤锤击凸处，使其反向弯曲而矫直。对于外形要求较高的圆钢，矫正时可选用合适的摔锤置于圆钢的凸处，然后锤击摔锤的顶部。

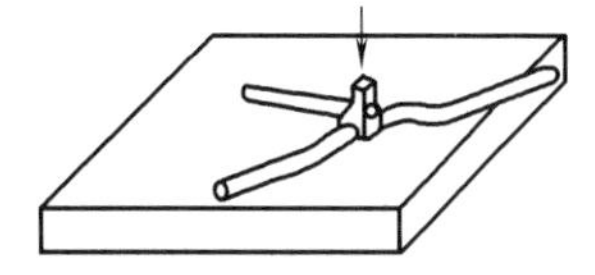

图 4-3　圆钢或钢管材料弧弯变形

（5）角钢

角钢变形矫正方法见表 4-2。

（6）槽钢

槽钢变形矫正方法见表 4-3。

（7）工字钢及罩壳

① 工字钢旁弯变形矫正。用弯轨器矫正弯曲处凸部，如图 4-4 所示。

② 罩壳焊后尺寸变大矫正。锤击焊缝，使焊缝伸长而实现矫正，如图 4-5 所示。

表 4-2　角钢变形矫正方法

类别	图示	说明
角钢外弯变形矫正	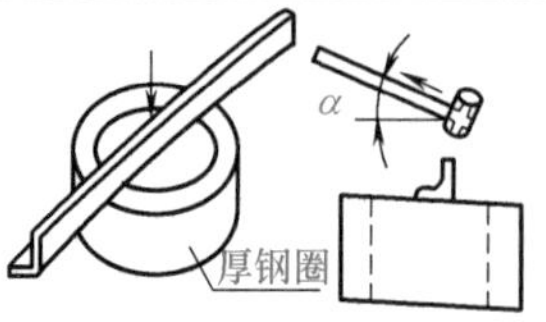 厚钢圈　α	角钢应平放在钢圈上，锤击时为了不致使角钢翻转，锤柄应稍微抬高或放低 5° 左右。在锤击的瞬间，除用力打击外，还捎带有向内拉（锤柄后手抬高时）或向外推的力（锤柄后手放低时），具体视锤击者所站立的位置而定
角钢内弯变形矫正	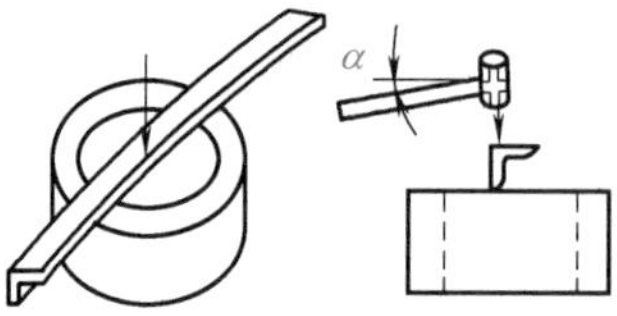 α	将角钢背面朝上立放，然后锤击矫正。同样，为了不使角钢打翻，锤击时锤柄后手高度也应略做调整（约 5°），并在打击瞬间捎带拉或推
角钢扭曲变形矫正	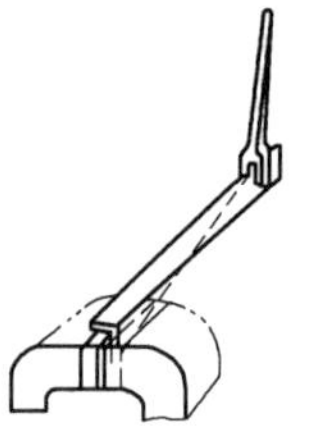	将角钢一端用虎钳夹持，用扳手夹持另一端并做反向扭转。待扭曲变形消除后，再用锤击进行修整（也可以采用矫正扁钢扭曲的锤击法来矫正）
角钢角变形矫正	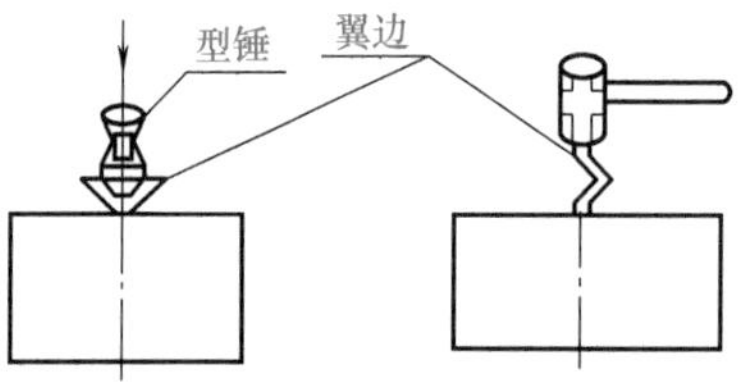 型锤　翼边	角钢角变形方法，具体操作方法如下： ①锤击翼边或用型锤扩张翼边 ②角钢角变形小于 90° 时，应将角钢仰放于平台上，然后在角钢的内侧垫上型锤后锤击，使其角度扩大 ③角钢的角变形大于 90° 时，应将其置于 V 形槽铁内，用大锤打击外倾部分；或将角钢边斜立于平台上，用大锤锤击，使其夹角变小
复合变形	—	角钢同时出现几种变形时，应先矫正变形较大的部位，然后矫正变形较小的部位，如角钢既有弯曲又有扭曲变形，应先矫正扭曲，再矫正弯曲

表 4-3　槽钢变形矫正方法

类别	图示	说明
弯曲矫正	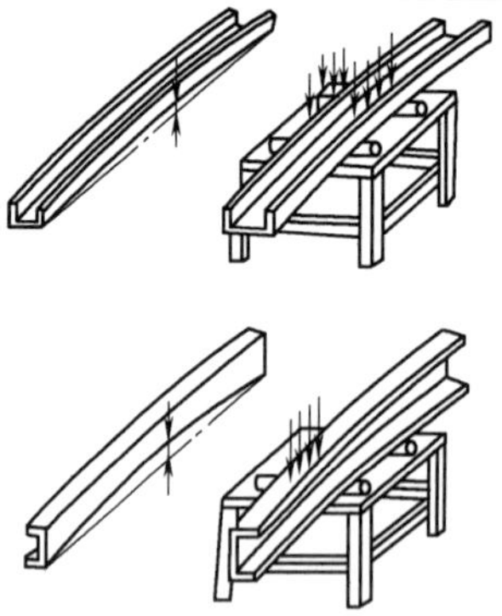	矫正槽钢立弯（腹板方向弯曲）时，可将槽钢置于用两根平行圆钢组成的简易矫正台上，并使凸部向上，用大锤锤击（锤击点应选择在腹板处）。矫正槽钢旁弯（翼板方向弯曲）时，可同样用大锤锤击翼板材
扭曲变形矫正	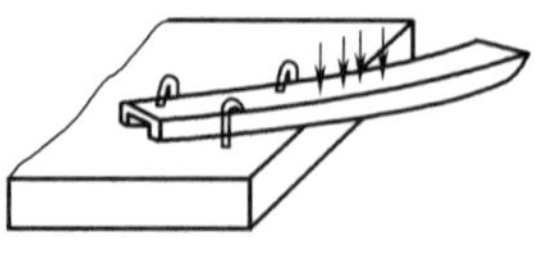	一般扭曲可用冷矫，扭曲严重时需加热矫。矫正时可将槽钢斜置在平台上，使扭曲翘起的部分伸出平台外，然后用大锤或卡子将槽钢压住，锤击伸出平台部分翘起的一边，边锤击边使槽钢向平台移动，再调头进行同样的锤击，直至矫直

续表

类别	图示	说明
翼板变形矫正	(a) (b) (c)	槽钢翼板有局部变形时，可用一个锤子垂直抵住［左图（a）］或横向抵住［左图（b）］翼板凸起部位，用另一个锤子锤击翼板凸处。当翼板有局部凹陷时，也可将翼板平放［左图（c）］锤击凸起处，直接矫平

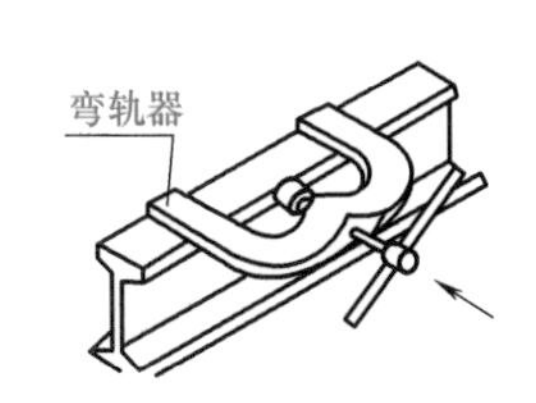

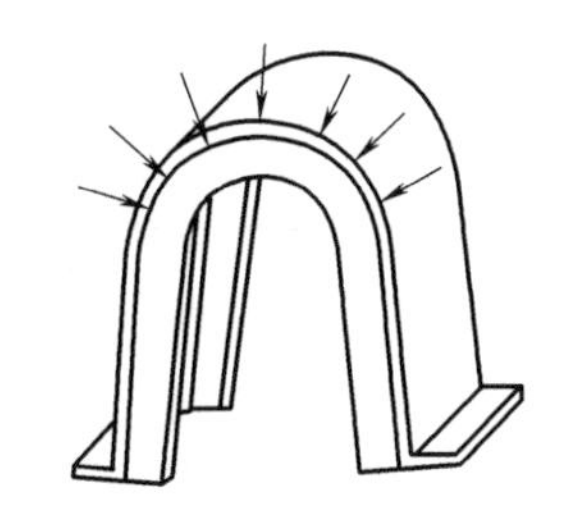

图 4-4　工字钢旁弯变形矫正　　图 4-5　罩壳焊后尺寸变大矫正

二、机械矫正

钢材或制件的机械矫正是在外力作用下使材质产生过量的塑性变形，以达到平直的目的，它适用于尺寸较大、塑性较好的钢材制件。当钢材变形既有扭曲又有弯曲时，应先矫正扭曲后矫正弯曲；当槽钢变形既有旁弯又有上拱时，应先矫正上拱后矫正旁弯。

（1）机械矫正方法及适用范围（表 4-4）

表 4-4　钢材或制件的机械矫正方法及适用范围

矫正方法	图示	适用范围
用平板机矫正	δ	薄板弯曲及波浪形变形
	δ	中厚板弯曲
用拉伸机矫正		薄板、型钢的扭曲，管材、扁钢和线材的弯曲
用压力机矫正	方钢　垫板　平台	板材、管子和型钢的局部矫正
		型钢扭曲的矫正

续表

矫正方法	图示	适用范围
用压力机矫正	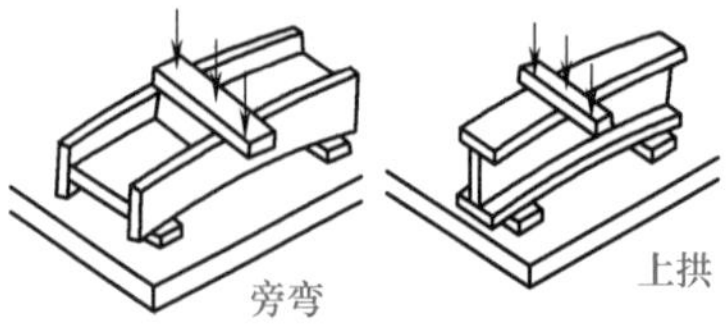 旁弯　上拱	工字钢、箱形梁的旁弯和上拱
	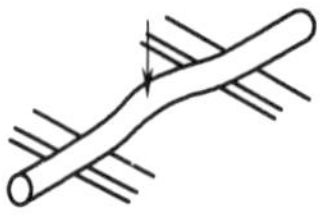	钢管、圆钢的弯曲
用多辊矫正机矫正		薄壁管和圆钢
	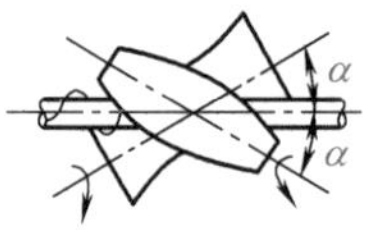 α　α	厚壁管和圆钢
用撑直机矫正		圆钢的弯曲
	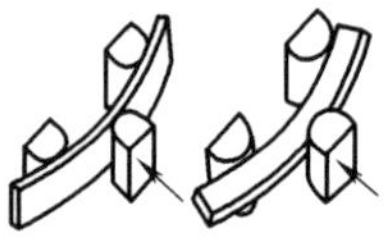	较长而窄的钢板弯曲及旁弯
		槽钢、工字钢等上拱及旁弯的矫正
用卷板机矫正	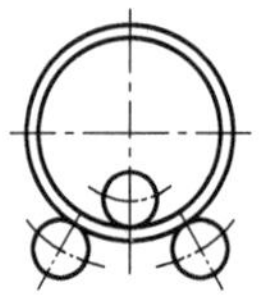	钢板拼接在焊缝处凹凸等缺陷矫正
用型钢矫正机矫正	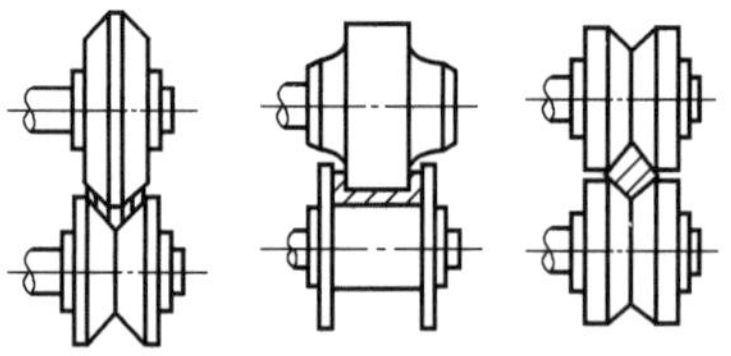	角钢、槽钢和方钢的弯曲变形矫正

（2）其他常用机械矫正法（表 4-5）

表 4-5　其他常用机械矫正法

矫正方法	说　明
用液压机矫正厚板	厚板矫正可用液压机进行。在工件凸起处施加压力，使材料内应力超过屈服极限，产生塑性变形，从而纠正原有变形。但应适当采用此方法，因为在矫正时材料由塑性变形而获得平整，但在卸载后还是有些部分会发生弹性恢复，如图 4-6 所示

续表

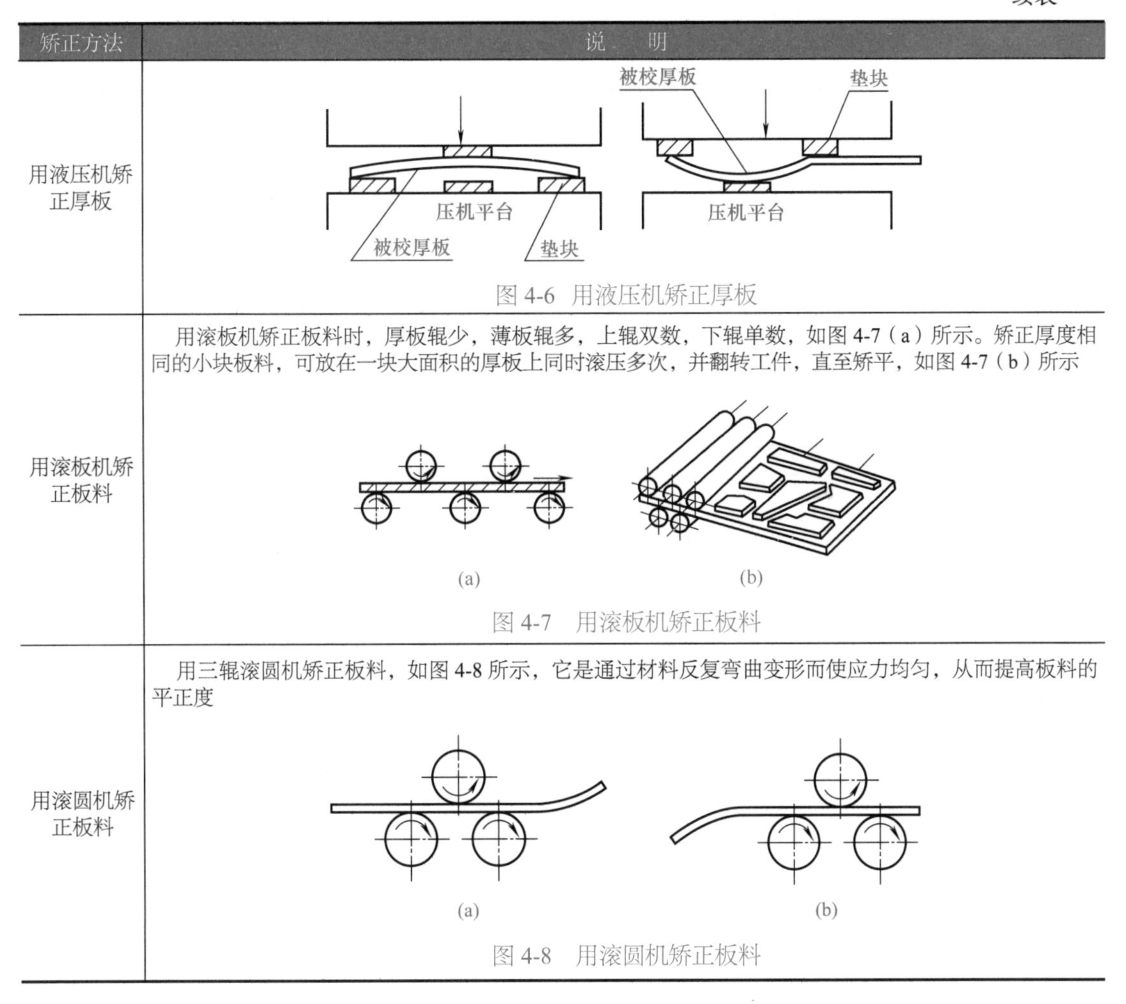

矫正方法	说　明
用液压机矫正厚板	图 4-6　用液压机矫正厚板
用滚板机矫正板料	用滚板机矫正板料时，厚板辊少，薄板辊多，上辊双数，下辊单数，如图 4-7（a）所示。矫正厚度相同的小块板料，可放在一块大面积的厚板上同时滚压多次，并翻转工件，直至矫平，如图 4-7（b）所示 图 4-7　用滚板机矫正板料
用滚圆机矫正板料	用三辊滚圆机矫正板料，如图 4-8 所示，它是通过材料反复弯曲变形而使应力均匀，从而提高板料的平正度 图 4-8　用滚圆机矫正板料

三、火焰矫正

钢材或制件的火焰矫正是利用火焰对材质局部加热时，被加热处金属由于膨胀受阻而产生压缩塑性变形，使较长的金属纤维冷却后缩短达到矫正的目的，它适用于变形严重、塑性变形好的材料。加热温度随材质不同，低碳钢和普通低合金结构钢制件采用 600 ～ 800℃的加热温度，厚钢板和变形较小的可取 600 ～ 700℃，严禁在 300 ～ 500℃时矫正，以防脆裂。

（1）钢材表面颜色及其相应温度（表 4-6）

表 4-6　钢材表面颜色及其相应温度（在暗处观察）

颜色	温度 /℃	颜色	温度 /℃
深褐红色	550 ～ 580	亮樱红色	830 ～ 900
褐红色	580 ～ 650	橘黄色	900 ～ 1050
暗樱红色	650 ～ 730	暗黄色	1050 ～ 1150
深樱红色	730 ～ 770	亮黄色	1150 ～ 1250
樱红色	770 ～ 800	白黄色	1250 ～ 1300
浅樱红色	800 ～ 830		

（2）火焰加热方式及适用范围（表 4-7）

表 4-7　火焰加热方式及适用范围

加热方式	适用范围	操作注意事项
点状加热	薄板凹凸不平、钢管弯曲等矫正	变形大，加热点距小，加热点直径适当大些，板薄，加热温度低些；反之，则点距大些，点径小些，板厚温度高些
线状加热	中厚板的弯曲，T 字梁、工字梁焊后角变形等矫正	一般加热线宽为板厚的 0.5 ～ 2 倍，加热深度为板厚的 1/3 ～ 1/2
三角加热	变形严重、刚性较大的构件变形的矫正	加热高度与底部宽为型材高度的 1/5 ～ 2/3

点状加热有关参数见表 4-8。

表 4-8　点状加热有关参数

板厚 /mm	加热点直径 /mm	加热点间距 /mm	加热温度 /℃
≤ 3	8 ～ 10	50	300 ～ 500
＞ 4	＞ 10	100	500 ～ 700

（3）几种常见的钢制件的火焰矫正方法及说明（表 4-9）

表 4-9　几种常见的钢制件的火焰矫正方法及说明

类别		图示	说明
薄钢板	中间凸起变形矫正方法	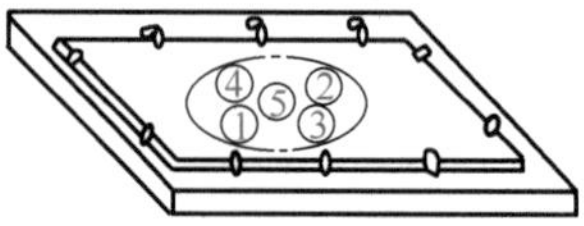 (a) 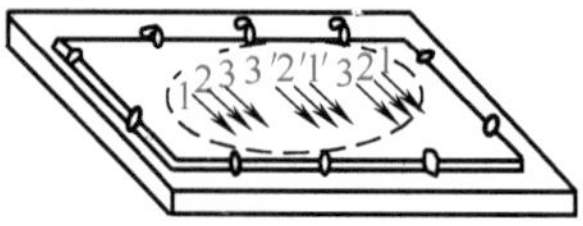 (b)	中间凸起较小，用点状加热，加热顺序如左图（a）中数字所示。中间凸起较大，用线状加热，加热顺序从两侧向中间围拢，如左图（b）中数字所示
	边缘呈波浪形变形矫正	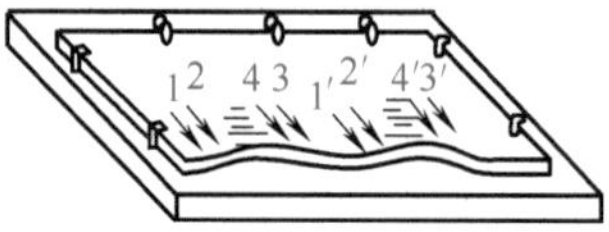	波浪形变形，用线状加热，如左图所示，加热顺序从两侧向凸起处围拢。如一次加热不能矫平则进行二次矫正
	局部弯曲变形矫正	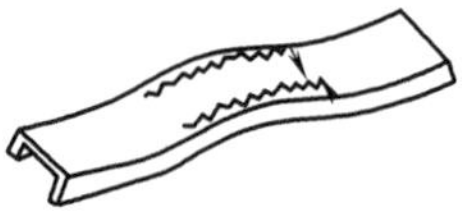	在两翼板处同时向一个方向做线状加热，如左图所示，加热宽度按变形程度大小而定
型钢	拱变形矫正	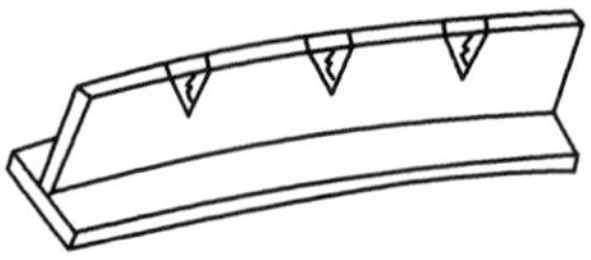	在垂直立板凸起处进行三角形状加热矫正，如左图所示
	旁弯变形矫正	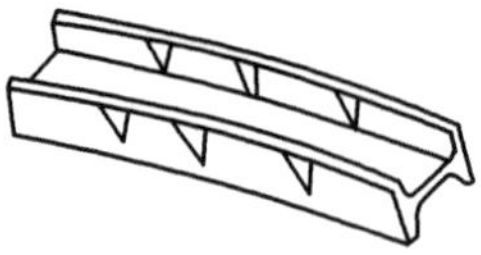	在翼板凸起处进行三角形状加热矫正，如左图所示

续表

类别		图示	说明
型钢	钢管局部弯曲		在钢管凸起处进行点状加热，加热速度要快，如左图所示
焊接梁	角变形矫正	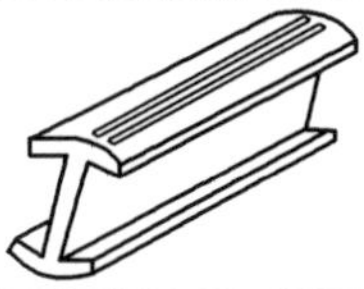	在凸起处进行线状加热，若板厚，可在两条焊缝背面同时加热矫正，如左图所示
	上拱变形矫正	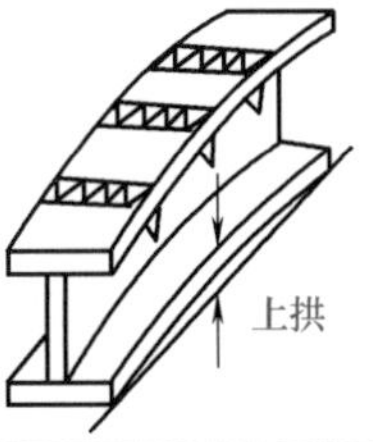 上拱	在上拱翼板上用线状加热，在腹板上用三角形状加热矫正，如左图所示
	旁弯变形矫正	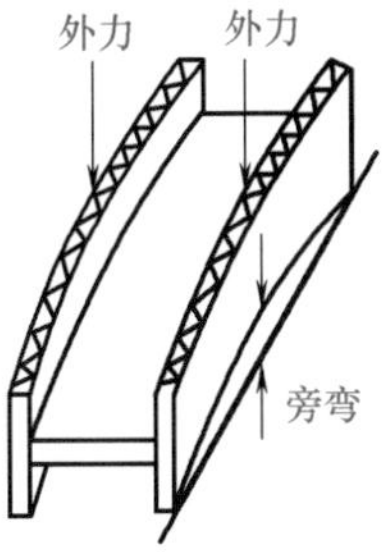 外力 外力 旁弯	在两翼板凸起处同时进行线状加热，并附加外力矫正，如左图所示

四、矫正偏差

矫正后的工件一般应符合下列要求。

（1）平板表面翘曲度（表4-10）

表4-10　平板表面翘曲度

平板厚度 /mm	3～5	6～8	9～11	≥12
允许翘曲度 /（mm/m）	≤3.0	≤2.5	≤2.0	≤1.5

（2）钢材矫正后的允许偏差（表4-11）

表4-11　钢材矫正后的允许偏差

偏差名称		图　示	允许偏差
钢板	局部平面度	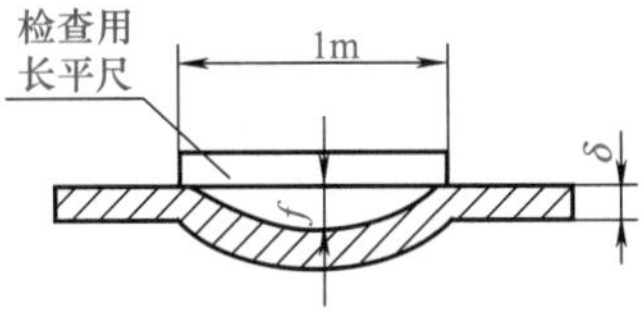 检查用长平尺 1m δ f	在1m范围内： $\delta \leqslant 14$，$f \leqslant 2$ $\delta > 14$，$f \leqslant 1$
角钢	局部波状及平面度	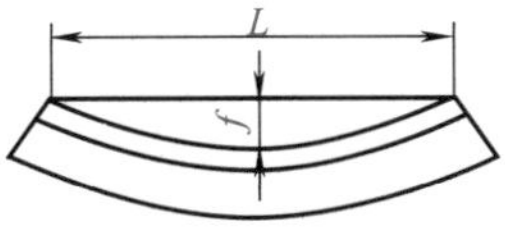 L f	全长直线度 $f \leqslant 0.001L$，且局部波状及平面度在1m长度内不超过2mm

续表

偏差名称		图示	允许偏差
角钢	局部波状及平面度	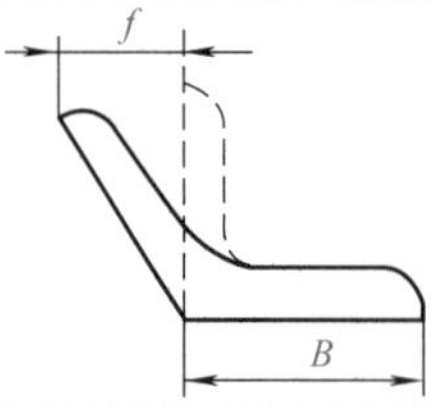	$f < 0.01B$，但不大于1.5mm（不等边角钢按长腿宽度计算），且局部波状及平面度在1m长度内不超过2mm
槽钢和工字钢	直线度	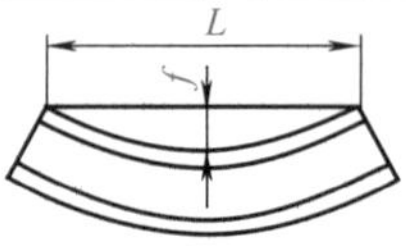	全长直线度$f < 0.0015L$，且局部波状及平面度在1m长度内不超过2mm
	歪扭	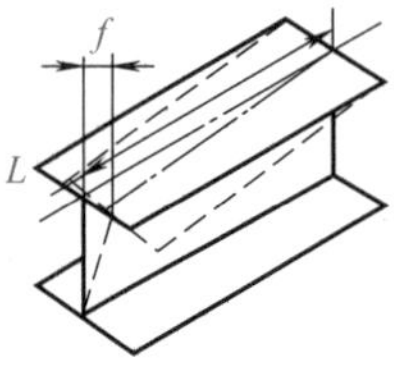	歪扭： $L < 1$m，$f < 3$mm $L > 1$m，$f < 5$mm 用局部波状及平面度在1m长度内不超过2mm
		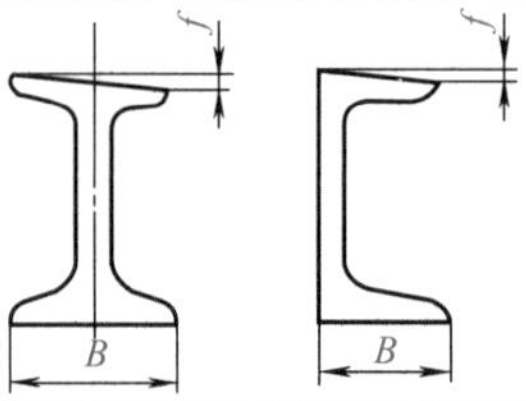	$f \leqslant 0.01B$，且局部波状及平面度在1m长度内不超过2mm

第二节　弯　曲

弯曲就是将板材、管材和型材等钢材制件弯成所需形状的加工方法。弯形是使材料产生塑性变形，因此只有塑性好的材料才能进行弯形。

一、板材弯曲机械结构

板材弯曲机械结构分对称三轴辊、不对称三轴辊和四轴辊。具体特点说明见表4-12。

表4-12　板材弯曲机械结构

类别	图示	说明
对称三轴辊	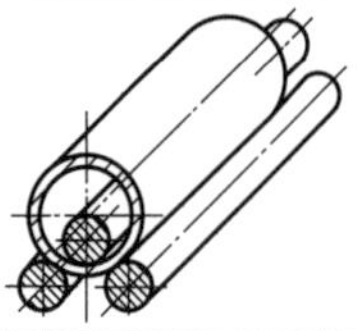	结构简单，重量轻，维修方便，两下轴辊距离小，成形较准确，但有较大的剩余直边
不对称三轴辊	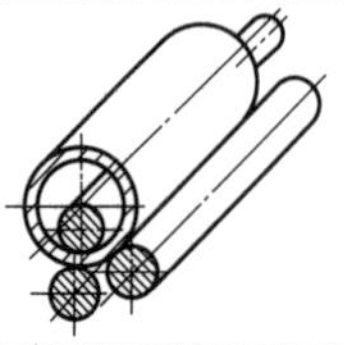	结构简单，剩余直边小，不必预弯剩余直边，但板料需要调头卷弯，操作麻烦。轴辊排列不对称，受力大，卷弯能力小

续表

类别	图示	说明
四轴辊	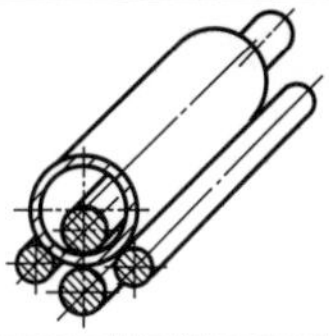	板材对中方便，能一次性完成卷弯工作。但结构复杂，两侧轴辊相距较远，操作技术不易掌握

二、板材弯曲参数

（1）板材卷弯和垂直距离计算

板材卷弯一般要经多次进给滚弯才能达到所需要的弯曲半径，因此每次上下轴辊的压下量一般为 5 ～ 10mm，卷弯前，可根据所需弯制板材的弯曲半径计算出上下轴辊的相对位置，以便控制卷弯终了时上轴辊的位置。轴辊垂直距离计算见表 4-13。

表 4-13　轴辊垂直距离计算

类别	图示	说明
三轴辊上、下辊相对位置 h	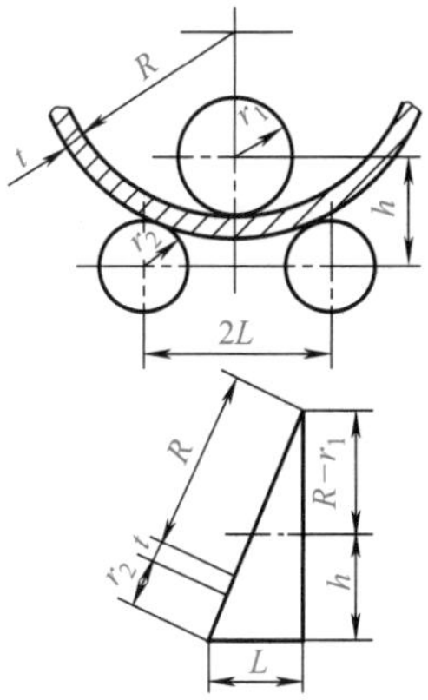 R, r_1, t, h, r_2, 2L, R, $R-r_1$, r_2, t, h, L	三轴辊上、下辊相对位置 h，其计算公式如下： $h=\sqrt{(r_2+t+R)^2-L^2}-(R-r_1)$ 式中　t——工件厚度，mm； h——上、下轴辊的垂直距离，mm； r_1——上轴辊的半径，mm； r_2——下轴辊的半径，mm； R——工件弯曲半径，mm； L——两下轴辊中心距的 1/2，mm
四轴辊下、侧辊相对位置 h	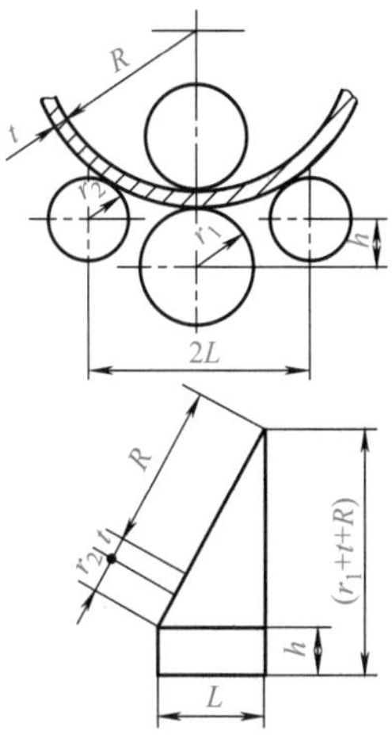 R, t, r_2, r_1, h, 2L, R, r_2, t, (r_1+t+R), h, L	四轴辊下、侧辊相对位置 h，其计算公式如下： $h=r_1+R+t-\sqrt{(r_2+t+R)^2-L^2}$ 式中　t——工件厚度，mm； R——工件弯曲半径，mm； h——下、侧轴辊的垂直距离，mm； r_1——下轴辊的半径，mm； r_2——侧轴辊的半径，mm； L——两侧轴辊中心距的 1/2，mm

（2）最小弯曲半径

板材弯曲时，弯曲半径越小，则外层材料的拉应力越大，为防止材料出现裂纹或拉断，必须对弯曲半径加以限制，使板材最外层材料接近拉裂时的弯曲半径称为最小弯曲半径，因此在一般情况下，板材实际弯曲半径应大于最小弯曲半径。常用板材的最小弯曲半径见表 4-14。

表 4-14 常用板材最小弯曲半径

材料厚度 /mm	材料				
	低碳钢	硬铝 LY2	铝	紫铜	黄铜
	最小弯曲半径 /mm				
0.3	0.5	1.0	0.5	0.3	0.4
0.4	0.5	1.5	0.5	0.4	0.5
0.5	0.6	1.5	0.5	0.5	0.5
0.6	0.8	1.8	0.6	0.6	0.6
0.8	1.0	2.4	1.0	0.8	0.8
1.0	1.2	3.0	1.0	1.0	1.0
1.2	1.5	3.6	1.2	1.2	1.2
1.5	1.8	4.5	1.5	1.5	1.5
2.0	2.5	6.5	2.0	1.5	2.0
2.5	3.5	9.0	2.5	2.0	2.5
3.0	5.5	11.0	3.0	2.5	3.5
4.0	9.0	16.0	4.0	3.5	4.5
5.0	13.0	19.5	5.5	4.0	5.5
6.0	15.5	22.0	6.5	5.0	6.5

（3）板材的压弯力

压弯是利用压力机的模具对板材施加外力，使其弯成一定角度或一定形状的加工方法。压弯方式及经验公式见表 4-15。

表 4-15 压弯方式及经验公式

压弯方式	图示	计算公式
单角自由压弯		$F_{自}=\frac{0.6Bt^{2}BR_{m}}{R+t}$
单角校正压弯		$F_{校}=gA$
双角自由压弯		$F_{自}=\frac{0.7Bt^{2}BR_{m}}{R+t}$
双角校正压弯		$F_{校}=gA$
曲面自由压弯		$F_{自}=\frac{t^{2}BR_{m}}{L}$

式中 B——板材宽度，mm；
t——材料厚度，mm；
R——压弯件的内弯半径，mm；
R_m——材料的抗拉强度，MPa；
A——压弯件被校正部分投影面，mm^2；
F——压弯力，N；
g——单位校正压力，MPa，见表 4-16

表 4-16　单位校正压力 g

材料	材料厚度 /mm			
	<1	1 ～ 3	3 ～ 6	6 ～ 10
铝	15 ～ 20	20 ～ 30	30 ～ 40	40 ～ 50
黄铜	20 ～ 30	30 ～ 40	40 ～ 60	60 ～ 80
10 ～ 20 钢	30 ～ 40	40 ～ 60	60 ～ 80	80 ～ 100
25 ～ 30 钢	40 ～ 50	50 ～ 70	70 ～ 100	100 ～ 120

（4）常用钢材的热卷温度

冷卷板材会产生回弹，为了减少回弹量，有时采用热卷。板材加热温度可取钢材正火温度的上限或略高些。常用钢材的热卷温度见表 4-17。

表 4-17　常用钢材的热卷温度

材料牌号	加热温度 /℃	终卷温度 /℃
Q235、15、20g、22g	900 ～ 1050	700
16Mn、16MnRE、15MnV、15MnVR	900 ～ 1050	750
18MnMoNb	1000 ～ 1050	800
15MnV	950 ～ 980	800
Cr5Mo、12CrMo、15CrMo	950 ～ 1000	750
12CrMoV、1Cr18Ni9Ti	1000 ～ 1050	800
0Cr13、1Cr13	1000 ～ 1100	850

（5）板材展开长度

板材弯曲时，若弯曲半径 R 与厚度 t 之比大于 4，则中性层位于板厚中间位置，即中性层重合；若小于或等于 4，则中性层位于板厚的内侧，它随变形程度而定。中性层位置可用下列公式计算：

$$R_0 = R + x_0 t$$

式中　R_0——中性层弯曲半径，mm；

R——板材内层弯曲半径，mm；

t——板材厚度，mm；

x_0——板材中性层位置的移动系数，见表 4-18。

表 4-18　板材中性层位置的移动系数

R/t	0.1	0.25	0.5	1.0	2.0	3.0	4.0	>4.0
x_0	0.32	0.35	0.38	0.42	0.455	0.47	0.475	0.5

几种常见板材制件的展开长度计算见表 4-19。

表 4-19　几种常见板材制件的展开长度计算

压弯方式	图示	计算公式
折角		$L = A + B + C + D + nKt$

续表

压弯方式	图示	计算公式
直角弯曲	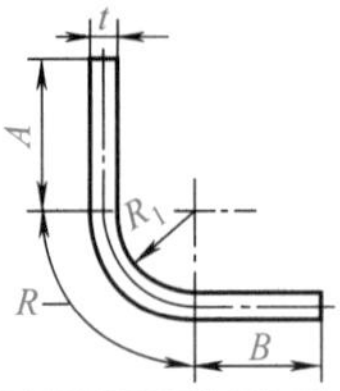	$L=A+B+\frac{\pi(R_1+x_0t)}{2}$
椭圆筒体	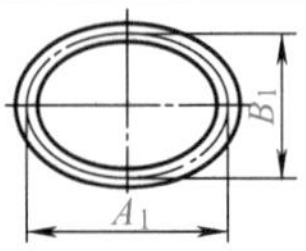	$L=\pi\frac{A_1+B_1}{2}$
任意弯曲	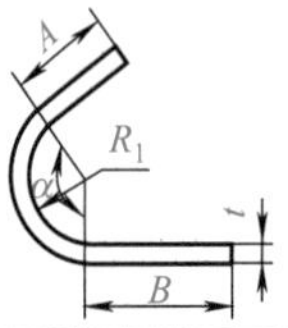	$L=A+B+\frac{\pi\alpha}{180}(R_1+x_0t)$
圆筒体	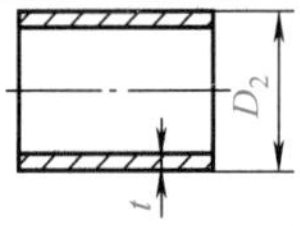	$L=\pi(D_2-t)$
平立混合弯曲	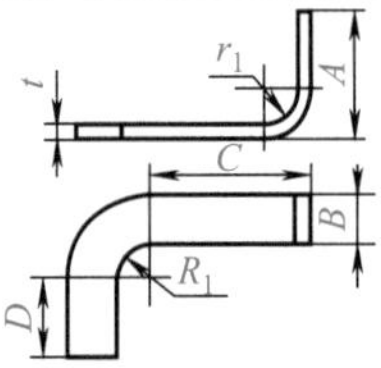	$L=A+C+D-2(r_1+t)+\frac{\pi}{2}\left(R_1+r_1+\frac{B+t}{2}\right)$

式中 L——板材展开长度，mm；
A、B、C、D——直线长度，mm；
t——板材厚度，mm；
n——弯角数目（弯曲半径＜0.3t，即折角）；
K——系数。一般 n=1 时 K=0.5，n＞1 时 K=0.25；
R_1、r_1——弯曲半径；
D_2——圆筒外径；
α——弯曲角度；
A_1、B_1——椭圆中性层长、短轴

三、常用型材、管材最小弯形半径的计算公式

常用型材、管材最小弯形半径的计算公式见表 4-20。

表 4-20　常用型材、管材最小弯形半径的计算公式

图示	材料	弯形方式	计算公式
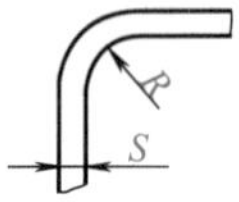	碳钢板	热	$R_{min}=S$
		冷	$R_{min}=2.5S$
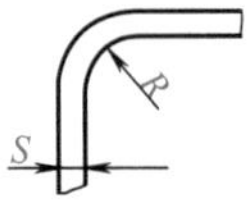	不锈钢钢板	热	$R_{min}=S$
		冷	$R_{min}=(2\sim2.5)S$

续表

图示	材料	弯形方式	计算公式
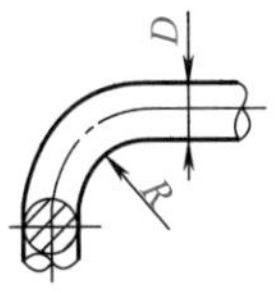	不锈钢圆钢	热	$R_{min}=D$
		冷	$R_{min}=(2\sim2.5)D$
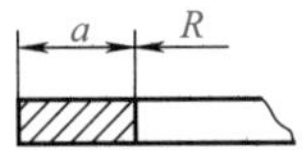	扁钢	热	$R_{min}=3a$
		冷	$R_{min}=12a$
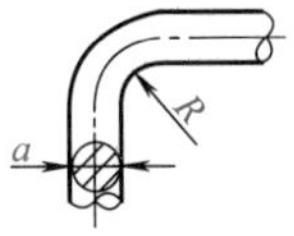	圆钢	热	$R_{min}=2.5a$
		冷	$R_{min}=a$
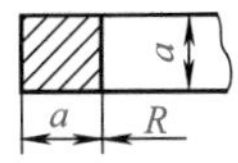	方钢	热	$R_{min}=2.5a$
		冷	$R_{min}=a$
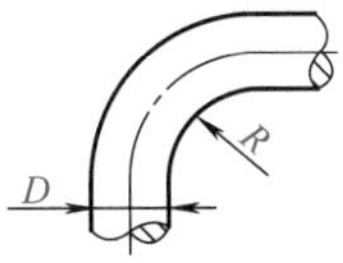	不锈耐酸钢管	充沙加热	$R_{min}=3.5D$
		气焊嘴加热	弯曲一侧有折纹 $R_{min}=2.5D$
		不充沙冷弯	专门弯管机上弯形 $R_{min}=4D$
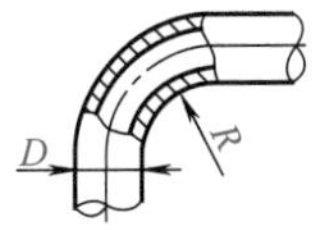	无缝钢管	冷	$D<20$mm，$R\approx2D$
		冷	$D>20$mm，$R\approx3D$

四、弯曲方法

弯形分为冷弯和热弯两种。冷弯是指材料在常温下进行的弯形，它适合于材料厚度＜5mm的钢材。热弯是指材料在预热后进行的弯形。按加工方法，板材弯形分为手工弯形和机械弯形两种。

（1）板材手工弯形

板材手工弯形方法见表4-21。

表4-21　板材手工弯形方法

类别	说　明
卷边	在板料的一端划出两条卷边线，$L=2.5d$ 和 $L_1=(1/4\sim1/3)L$，然后如图4-9所示的步骤进行弯形 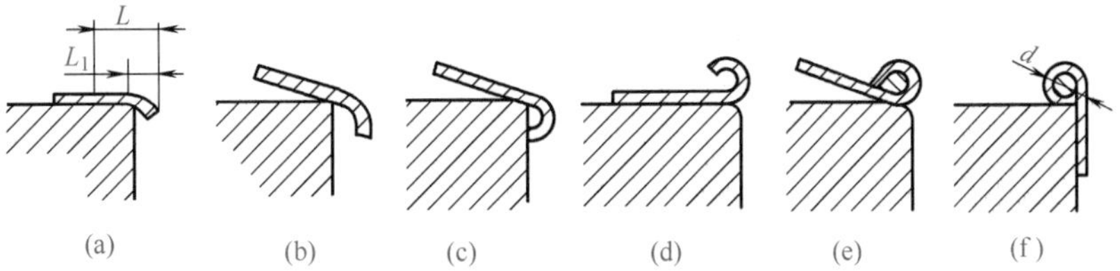 (a)　(b)　(c)　(d)　(e)　(f) 图4-9　薄板料卷边方法

续表

类别	说明
卷边	①把板料放到平台上，露出 L_1 长并弯成90°，如图4-9（a）所示 ②边向外伸料边弯曲，直到 L 长为止，如图4-9（b）（c）所示 ③翻转板料，敲打卷边向里扣，如图4-9（d）所示 ④将合适的铁丝放入卷边内，边放边锤扣，如图4-9（e）所示 ⑤翻转板料，接口靠紧平台缘角，轻敲接口咬紧，如图4-9（f）所示
咬缝	咬缝基本类型有五种，如图4-10所示，与弯形操作方法基本相同，下料留出咬缝量（缝宽 × 扣数）。操作时应根据咬缝种类留余量，决不可以搞平均。一弯一翻做好扣，二板扣合再压紧，边部敲凹防松脱，如图4-11所示  (a) 站缝单扣　(b)站缝双扣　(c) 卧缝挂扣　(d) 卧缝单扣　(e) 卧缝双扣 图4-10　咬缝的类型 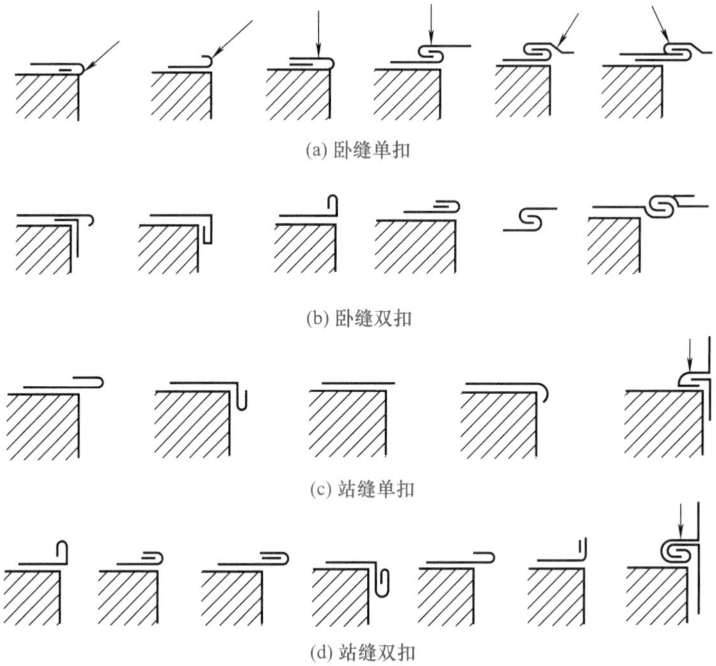 (a) 卧缝单扣 (b) 卧缝双扣 (c) 站缝单扣 (d) 站缝双扣 图4-11　咬缝操作过程
弯直角工件	如果工件形状简单、尺寸不大，而且能在台虎钳上夹持，应在台虎钳上弯制直角，如图4-12所示 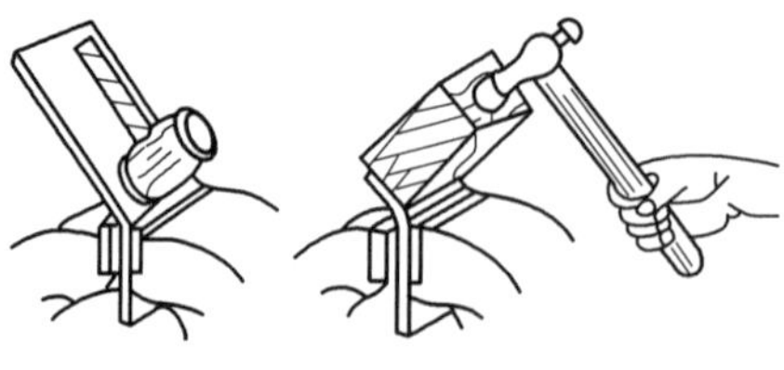 (a) 用锤子直接弯形　(b) 用垫块间接弯 图4-12　料直角弯形方法 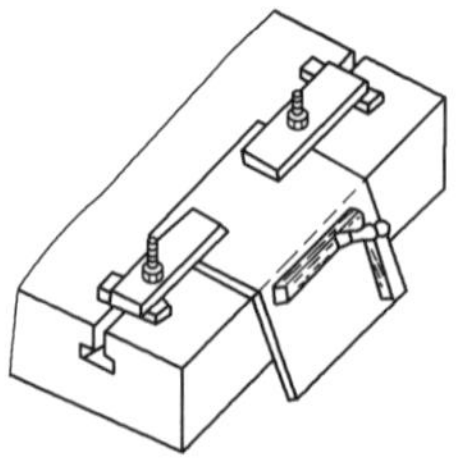　　图4-13　较大板料弯形方法

续表

类别	说　明
弯直角工件	先在弯曲部位划好线，线与钳口对齐夹持工件，两边要与钳口垂直。用木锤在靠近弯曲部位的全长上簪轻敲打，直到打到直角为止，如图 4-12（a）所示。如弯曲线以上部分较短时，可用硬木块垫在弯曲处再敲打，弯成直角，如图 4-12（b）所示 当加工工件弯曲部位的长度大于钳口长度，而且工件两端又较长，无法在台虎钳上夹持时，可将一边用压板压紧在有 T 形槽的平板上，用木锤或垫上方木条锤击弯曲处如图 4-13 所示，使其逐渐弯成直角
弯多直角形工件	如图 4-14 所示的工件，可用木垫或金属垫作辅助工具。将板料按划线夹入台虎钳的两块角衬内，弯成 4 角，如图 4-14（a）所示。再用衬垫①弯成 *B* 角，如图 4-14（b）所示。最后用衬垫②弯成 *C* 角，如图 4-14（c）所示 (a)　(b)　(c) 图 4-14　多直角形工件弯形方法
弯圆弧形工件	方法①：先在材料上划好弯曲处位置线，按线夹在台虎钳的两块角铁衬垫里；用方头锤子的窄头锤击，如图 4-15（a）（b）（c）三步初步弯曲成形；最后在半圆模上修整圆弧至合格，如图 4-15（d）所示 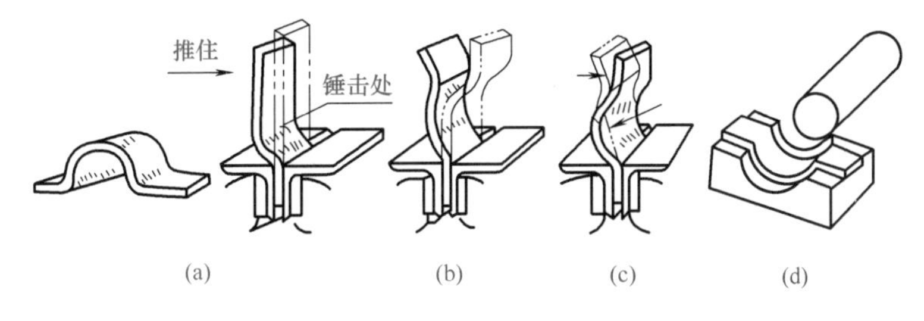 图 4-15　圆弧形工件弯形方法① 方法②：先划出圆弧中心线 *R* 和两端转角弯曲线 *Q*，如图 4-16（a）所示；沿圆弧中心线 *R* 将板料夹紧在钳口上弯形，如图 4-16（b）所示；将心轴的轴线方向与板料弯形线 *Q* 对正，并夹紧在钳口上，应使钳口作用点 *P* 与心轴圆心 *O* 在一直线上，并使心轴的上表面略高于钳口平面，把 *a* 脚沿心轴弯形，使其紧贴在心轴表面上，如图 4-16（c）所示；翻转板料，重复上述操作过程，把 *b* 脚沿心轴弯形，最后使 *a*、*b* 脚平行，如图 4-16（d）所示 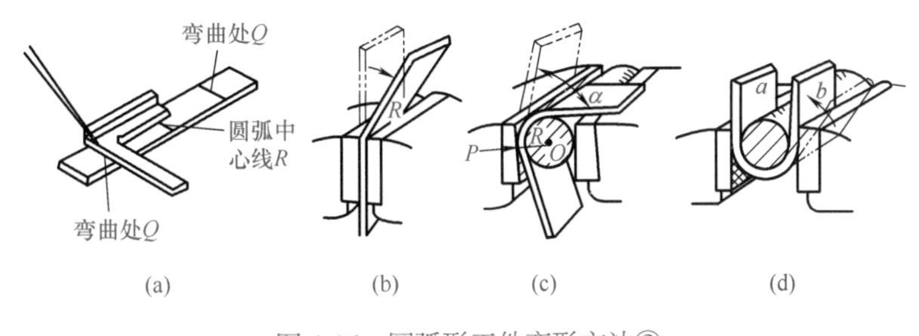 图 4-16　圆弧形工件弯形方法②

类别	说　明
弯圆弧和角度结合的工件	先在板料上划弯形线，如图 4-17（a）所示，并加工好两端的圆弧和孔；再按划线将工件夹在台虎钳的衬垫内，如图 4-17（b）所示，先分别弯好两端 A、B 两处；最后在圆钢上弯工件的圆弧，如图 4-17（c）所示 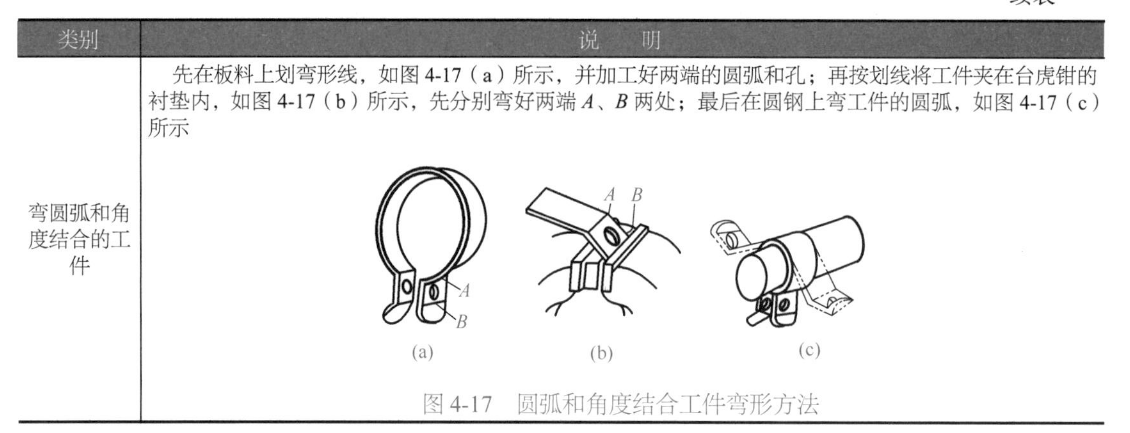 图 4-17　圆弧和角度结合工件弯形方法

（2）板材机械弯形

① 压弯。板材机械压弯方法见表 4-22。

表 4-22　板材机械压弯方法

类别	图示	说明
V 形自由弯曲		如左图所示，凸模圆角半径（$R_{工}$）很小，工件圆角半径在弯曲时自然形成，调节凸模下死点位置，可以得到不同的弯曲角度及曲率半径。模具通用性强。这种弯曲变形程度较小，回弹量大，故质量不易控制。适用于精度要求不高的大中型工件的小批量生产
V 形接触弯曲	(a) (b)	凸模角度等于或稍小于凹模角度（2°～3°）。弯曲时凸模到下死点位置时，应使弯曲件的弯曲角度 α 刚好与凹模的角度吻合，此时工件圆角半径等于自由弯曲半径。由于材料力学性能不稳定，厚度会有偏差，故工件精度不太高（介于自由弯曲和校正弯曲之间），但弯曲力比校正弯曲小。模具寿命长，如左图（a）所示。如左图（b）所示方法主要用于厚度、宽度都较大的弯曲件。用衬有强力橡胶的弯曲模，可以减少薄板弯曲时由于厚度不均等引起的弯曲角度误差
V 形校正弯曲		V 形校正弯曲如左图所示。凸模在下死点时与工件、凹模全部接触，并施加很大压力使材料内部应力增加，提高塑性变形程度，因而提高了弯曲精度。由于校正压力很大，故适用于厚度及宽度较小的工件。为了避免压力机下死点位置不准，引起机床超载而损坏，不宜使用曲柄压力机。$P_{校}$=80～120MPa

续表

类别	图示	说明
U 形件弯曲	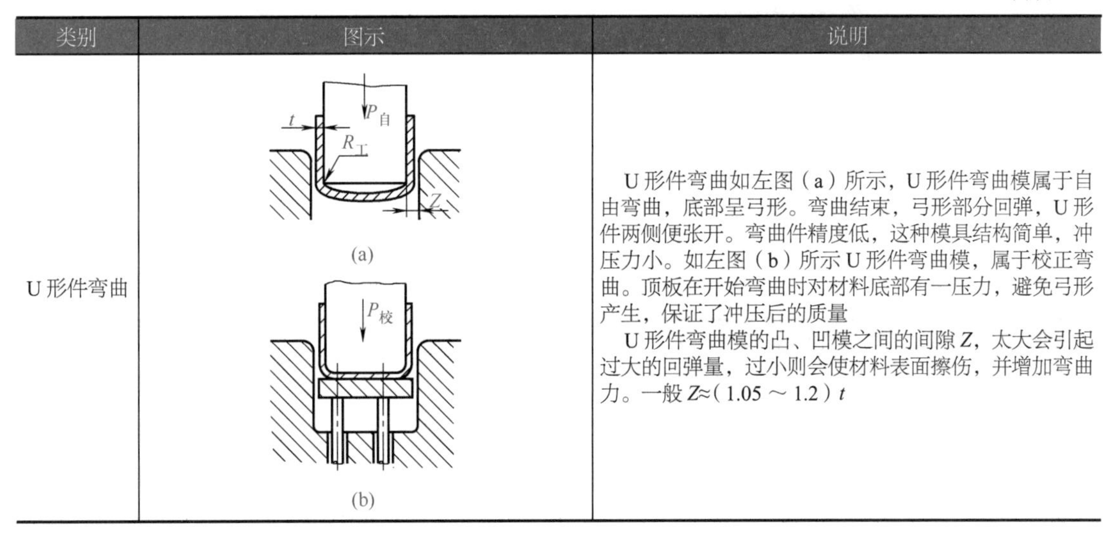	U 形件弯曲如左图（a）所示，U 形件弯曲模属于自由弯曲，底部呈弓形。弯曲结束，弓形部分回弹，U 形件两侧便张开。弯曲件精度低，这种模具结构简单，冲压力小。如左图（b）所示 U 形件弯曲模，属于校正弯曲。顶板在开始弯曲时对材料底部有一压力，避免弓形产生，保证了冲压后的质量 U 形件弯曲模的凸、凹模之间的间隙 Z，太大会引起过大的回弹量，过小则会使材料表面擦伤，并增加弯曲力。一般 $Z≈(1.05 \sim 1.2)t$

② 滚弯。板材放置在一组（一般为三支）旋转的辊轴之间，由于辊轴对板材的压力和摩擦力，使板材在辊轴间通过的同时产生了弯曲变形。滚弯属于自由弯曲，因此回弹量较大，一次辊压难以达到精度要求。但可多次滚压，并调节 H，可使工件弯曲半径达到一定精度。特点是不需要特殊的工具和模具，通用性大，对称型三辊轴滚圆机使用时，工件两端有 $a/2$ 长的一段未受到弯曲，如图 4-18（a）所示，因此必须在滚弯前用压弯法将两端压出圆弧形。不对称三辊卷板机可以使直线部分减至最小，但弯曲力要大得多，且不能在一次滚压中将两端都滚弯，如图 4-18（b）所示。厚度较薄及圆筒直径较大时，可将板料端部垫上已有一定曲率半径圆弧的厚垫板一起滚压，使其二端先滚出圆弧，如图 4-18（c）所示。

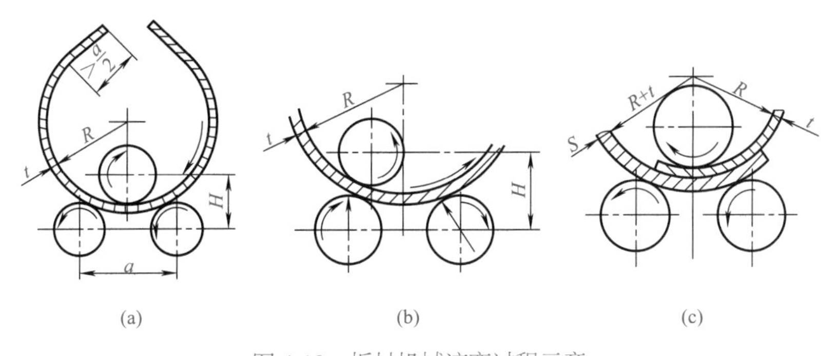

图 4-18　板材机械滚弯过程示意

③ 折弯。折弯是在折板机上进行的，主要用于长度较长，弯曲角较小的薄板件，如图 4-19 所示。控制折板的旋转角度及调换上压板的头部镶块，可以弯曲不同角度及不同弯曲半径的零件。

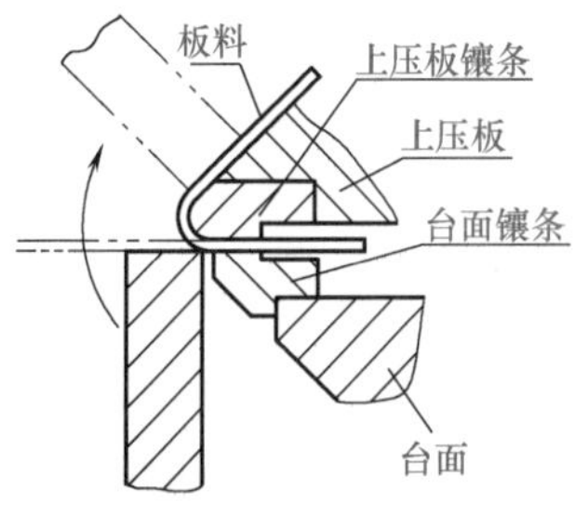

图 4-19　折弯示意

（3）管子弯形

管子弯形分冷弯与热弯两种。直径在 12mm 以下的管子可采用冷弯方法，而直径在 12mm 以上的管子则采用热弯。但弯管的最小弯曲半径，必须大于管子直径的 4 倍。管子直径＞10mm 时，在弯形前，必须在管内灌满填充材料，见表 4-23，两端用木塞塞紧（图 4-20）。对于有焊缝的管子，弯形时须将焊缝放在中性层的位置上（图 4-21），以免弯形时焊缝裂开。

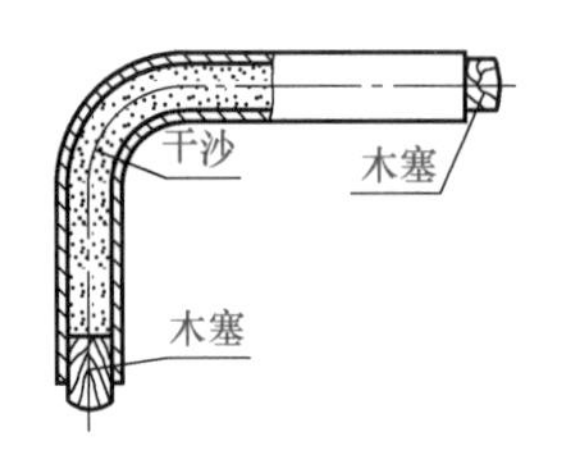

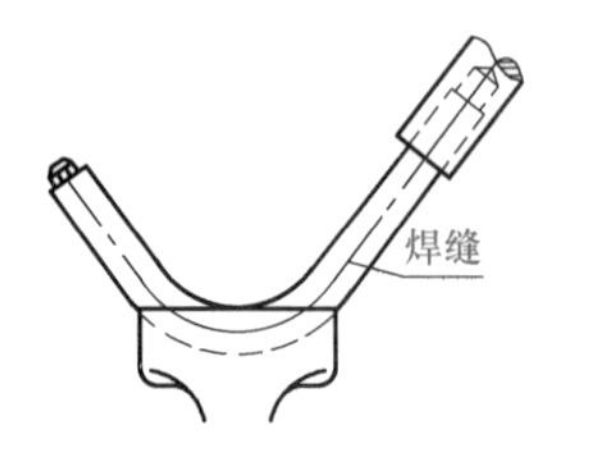

图 4-20　管内灌沙及两端塞上木塞　　图 4-21　管子弯形时焊缝位置

表 4-23　弯曲管子时管内填充材料的选择

管子材料	管内填充材料	弯曲管子条件
钢管	普通黄沙	将黄沙充分烘炒干燥后，填入管内，热弯或冷弯
普通纯铜管、黄铜管	铅或松香	将铜管退火后，再填充冷弯。应注意：铅在热熔时，要严防滴水，以免溅伤
薄壁纯铜管、黄铜管	水	将铜管退火后灌水冰冻冷弯
塑料管	细黄沙（也可不填充）	温热软化后迅速弯曲

① 手工冷弯管子

a. 对直径较小的铜管手工弯形时，应将铜管退火后，用手边弯边整形，修整弯形产生的扁圆形状，使弯形圆弧光滑圆整，如图 4-22 所示。切记不可一下子弯很大的弯曲度，这样不易修整产生的变形。

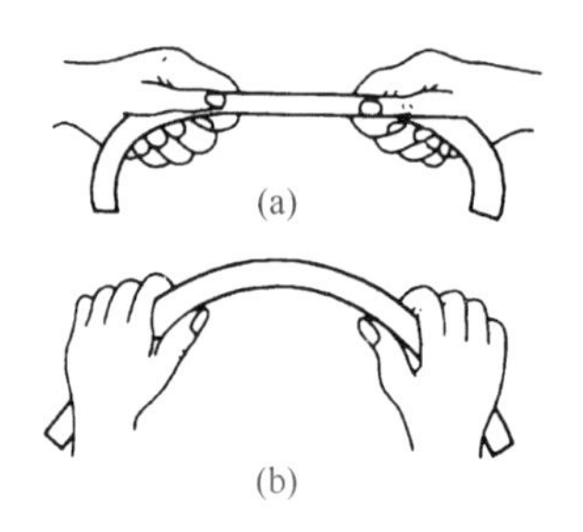

图 4-22　手工冷弯小直径铜管示意

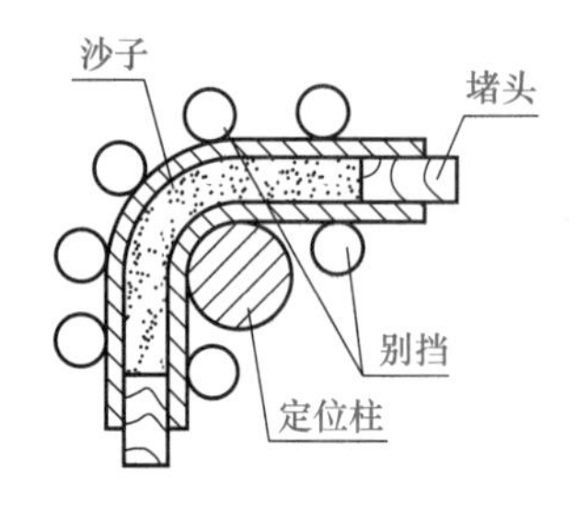

图 4-23　钢管弯形示意

b. 钢管弯形（图 4-23）时，首先应将管子装沙、封堵，并根据弯曲半径先固定定位柱，然后再固定别挡。

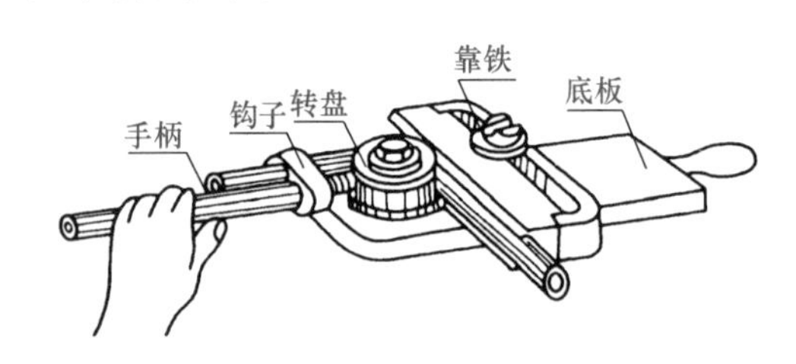

图 4-24　弯管工具结构

应逐步弯形，将管子一个别挡一个别挡别进来，用铜锤锤打弯曲高处，也要锤打弯曲的侧面，以纠正弯形时产生的扁圆形状。热弯直径较大管子时，可在管子弯曲处加热后，采用这种方法弯形。

② 用弯管工具冷弯管子。冷弯小直径油管一般在弯管工具（图 4-24）上进行。弯管工具由底板、转盘、靠铁、钩子和手柄等组成。转盘圆周上和靠铁侧面上有圆弧槽，圆弧槽按所弯的油管直径（最大直径可达 12mm）而定，当转盘和靠铁的位置固定后（两者均可转动，靠铁不可移动）即可使用。使用时，将油管插入转盘和靠铁的圆弧槽中，钩子钩住管子，按所需的弯曲位置扳动手柄，使管子跟随手柄弯到所需角度。

（4）型材弯曲

① 手工弯曲。型材的手工弯形方法基本相同，角钢分为外弯和内弯两种。角钢内弯时，由于弯形和弯力较大，除小型角钢用冷弯外，多数采用热弯。对碳钢加热温度不超过 1050℃，以避免温度过高而烧坏。角钢外弯时，由于外侧受到严重拉伸，应在角钢的弯曲处进行局部加热，如图 4-25 所示中阴影部分。

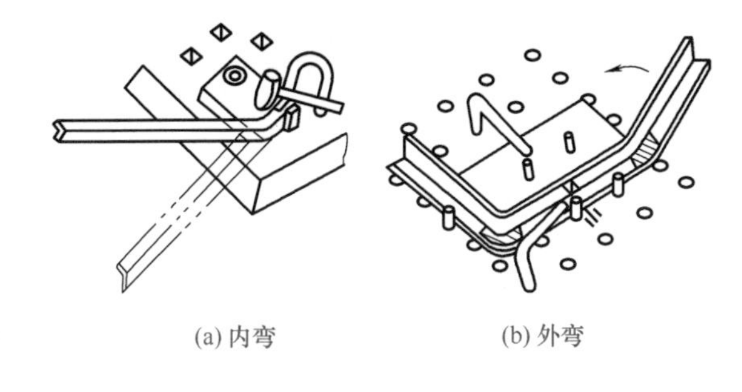

图 4-25 角钢手工弯曲形式

② 机械弯曲

a. 卷弯。如图 4-26 所示，型材可在专用的弯曲机上弯形，其工作部分有 3 ～ 4 个辊轮，辊轮轴线一般垂直，两个辊轮为主动辊，由电动机带动，另一个为从动辊，调节从动辊位置，可获得所需弯曲度。型材弯形时，断面被辊轮卡住，以防止弯形时起皱，只要变换辊轮就可弯曲圆、方、扁钢等多种型材。内弯角钢圈时，如图 4-27（a）所示，在三辊卷板机的上辊筒上，加装 1 个与型材断面相吻合的钢套滚轮，按圆筒卷制的方法卷弯。外弯角钢圈时，如图 4-27（b）所示，在三辊卷板机的下辊筒上加装 2 个与型材断面相吻合的钢套滚轮，按圆筒卷制的方法卷弯。

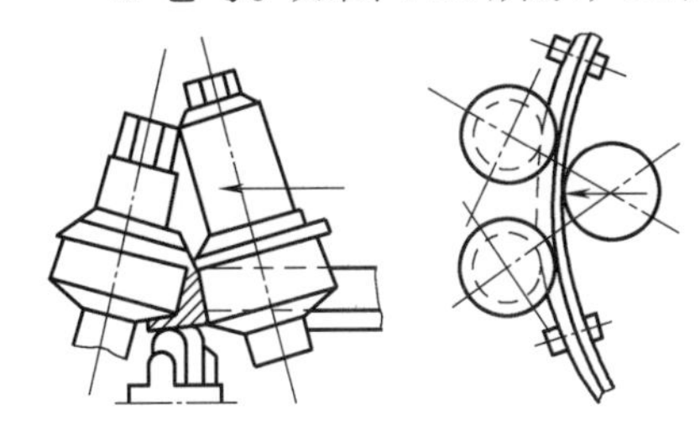

图 4-26 在专用的弯曲机上弯形示意

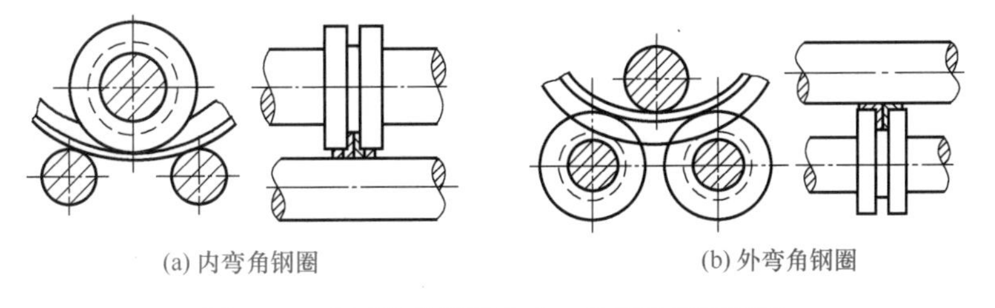

图 4-27 在三辊卷板机上内、外弯角钢圈示意

b. 回弯。将型材的一端固定在弯曲模上，如图 4-28（a）所示，弯曲模旋转时，型材沿模具发生弯曲。如槽钢回弯时，弯曲模具与槽钢外形的凹槽一样，为防止槽钢弯形时翼缘的变形，可利用压紧螺杆，将槽钢的一端压紧在弯曲模上，如图 4-28（b）所示，当弯曲模由电动机带动旋转时，槽钢便绕模子发生弯曲，控制弯曲模的旋转角度，便能弯成各种形状。

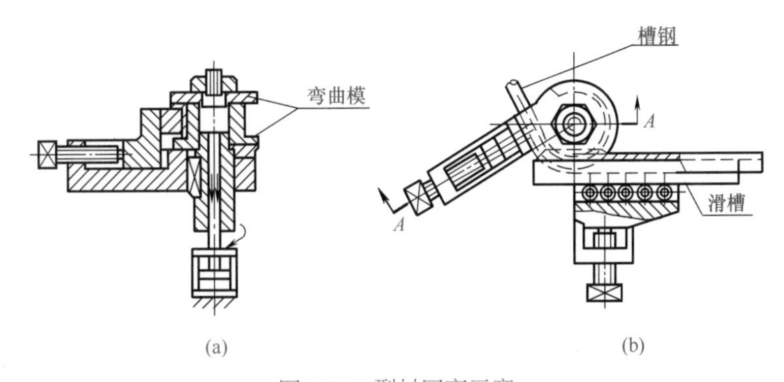

图 4-28 型材回弯示意

第五章 攻螺纹和套螺纹

第一节 攻 螺 纹

一、攻螺纹工具

（1）丝锥

丝锥的结构如图5-1所示，主要由工作部分和柄部组成，工作部分包括切削部分和校准部分。切削部分制成锥形，有锋利的切削刃，起主要切削作用。校准部分用来修光和校准已切出的螺纹。

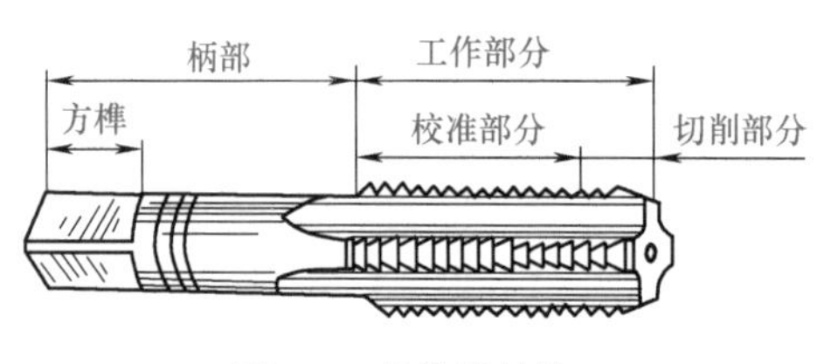

图5-1 丝锥的结构

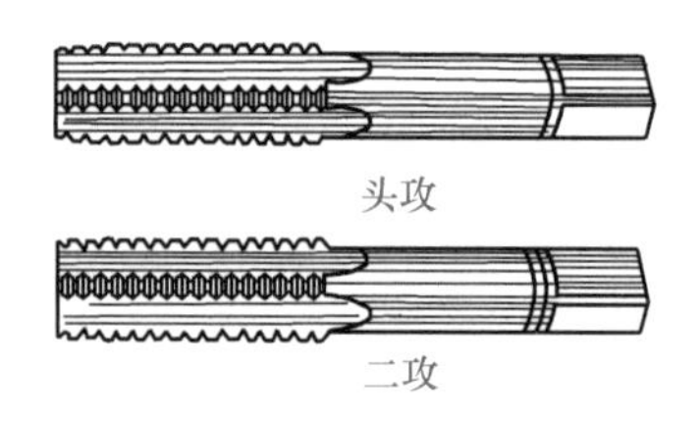

图5-2 手用丝锥

常用的丝锥有手用丝锥、机用丝锥和管螺纹丝锥。手用丝锥一般由两支组成一套，分头攻和二攻，如图5-2所示。头攻丝锥斜角小，攻螺纹时便于切入，校准部分直径较二攻丝锥稍小，先用头攻丝锥切除大部分余量，再用二攻丝锥。加工至标准螺纹尺寸并起修光作用。为了提高效率，攻直径较小的螺纹可用一只丝锥加工成形，称为一次攻。机用丝锥使用时装在机床上进行攻螺纹。管螺纹丝锥用于攻管螺纹，有圆柱形和圆锥形两种。

（2）铰杠

手攻螺纹时，用铰杠作为夹持手用丝锥的工具。有普通铰杠和T形铰杠两类。普通铰杠如图5-3所示，分固定式铰杠和活络式铰杠两种，固定式铰杠常用在攻M5以下的螺纹，活络式铰杠可以调节方孔大小，使用范围较广。T形铰杠主要用来攻制工件凸台旁的螺孔或机体内部的螺孔，也分固定式和活络式两种，如图5-4所示。

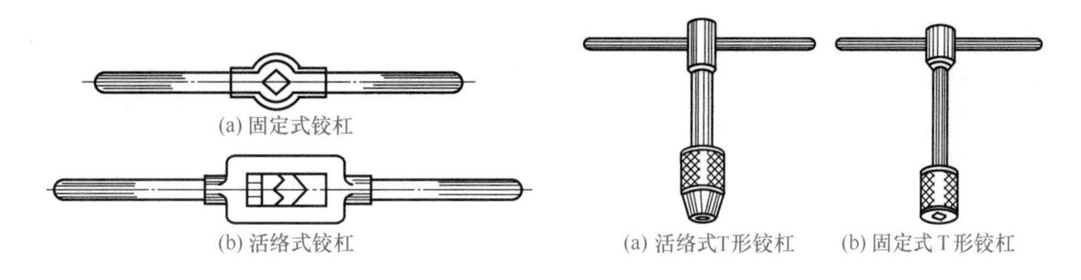

图 5-3　普通铰杠

图 5-4　T 形铰杠

（3）机用攻螺纹夹头

机用攻螺纹夹头在钻床上攻螺纹时，要用攻螺纹夹头夹持丝锥，攻螺纹夹头能起安全保护作用，防止丝锥在负荷过大或攻不通孔到底时被折断。机用攻螺纹夹头的种类和结构形式较多，如图 5-5 所示为用摩擦片传动的一种机用攻螺纹夹头。使用时将锥柄装在钻床的主轴孔中，使夹头体通过摩擦片带动中心轴旋转。摩擦力的大小，可由调节螺母调节，调节后用螺钉紧固。中心轴下端有孔，可装夹带有丝锥的可换套。可换套可根据需要准备几只，事先装好需用的几个丝锥。当需更换丝锥时，松开左旋螺纹锥套，取下可换套，另换一只装上，再将左旋螺纹锥套旋紧。可换套靠钢球卡住而固定，由中心轴带动旋转进行攻螺纹。如攻螺纹时负荷过大，超过丝锥所能承受的转矩时，摩擦片会打滑，中心轴停止转动，避免丝锥折断。

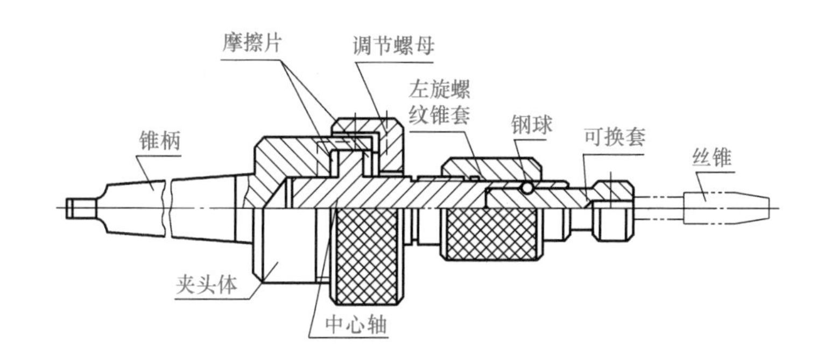

图 5-5　机用攻螺纹夹头

二、攻螺纹前底孔直径的确定及钻头的选择

攻螺纹时，丝锥主要作用是切削金属，但也有挤压金属的作用，被挤出的金属嵌到丝锥的牙间，甚至会将丝锥轧住而拆断，这种现象对于韧性材料尤为显著，因此底孔直径应比螺纹小径略大，但不能太大，否则因攻出的螺纹太浅而不能使用。攻螺纹底孔直径可用下列经验公式计算：

$$\text{韧性材料：}D = d - P$$

$$\text{脆性材料：}D = d - 1.1P$$

式中　D——底孔直径，mm；

d——螺纹大径，mm；

P——螺距，mm。

钳工所用各种攻螺纹的钻底孔钻头直径如下。

（1）普通螺纹钻底孔钻头直径（表 5-1）

表 5-1　普通螺纹钻底孔钻头直径

螺纹大径 *D* /mm	螺距 *t*/mm	钻头直径 *d*/mm		螺纹大径 *D* /mm	螺距 *t* /mm	钻头直径 *d*/mm	
		铸铁、青铜、黄铜	钢、可锻铸铁、紫铜、层压板			铸铁、青铜、黄铜	钢、可锻铸铁、紫铜、层压板
2	0.4	1.6	1.6	14	2	11.8	12
	0.25	1.75	1.75		1.5	12.4	12.5
2.5	0.45	2.05	2.05		1	12.9	13
	0.35	2.15	2.15	16	2	13.8	14
3	0.5	2.5	2.5		1.5	14.4	14.5
	0.35	2.65	2.65		1	14.9	15
4	0.7	3.3	3.3	18	2.5	15.3	15.5
	0.5	3.5	3.5		2	15.8	16
5	0.8	4.1	4.2		1.5	16.4	16.5
	0.5	4.5	4.5		1	16.9	17
6	1	4.9	5	20	2.5	17.3	17.5
	0.75	5.2	5.2		2	17.8	18
8	1.25	6.6	6.7		1.5	18.4	18.5
	1	6.9	7		1	18.9	19
	0.75	7.1	7.2	22	2.5	19.3	19.5
10	1.5	8.4	8.5		2	19.8	20
	1.25	8.6	8.7		1.5	20.4	20.5
	1	8.9	9		1	20.9	21
	0.75	9.1	9.2	24	3	20.7	21
12	1.75	10.1	10.2		2	21.8	22
	1.5	10.4	10.5		1.5	22.4	22.5
	1.25	10.6	10.7		1	22.9	23
	1	10.9	11				

（2）英寸制螺纹钻底孔钻头直径（表 5-2）

表 5-2　英寸制螺纹钻底孔钻头直径

螺纹大径 *D* /in	每英寸牙数 *Z*	钻头直径 *d*/mm		螺纹大径 *D* /in	每英寸牙数 *Z*	钻头直径 *d*/mm	
		铸铁、青铜、黄铜	钢、可锻铸铁、紫铜、层压板			铸铁、青铜、黄铜	钢、可锻铸铁、紫铜、层压板
$\frac{3}{16}$	24	3.8	3.9	$\frac{5}{8}$	11	13.6	13.8
$\frac{1}{4}$	20	5.1	5.2	$\frac{3}{4}$	10	16.6	16.8
$\frac{5}{16}$	18	6.6	6.7	$\frac{7}{8}$	9	19.6	19.7
$\frac{3}{8}$	16	8	8.1	1	8	22.3	22.5
$\frac{1}{2}$	12	10.6	10.7	$1\frac{1}{8}$	7	25	25.2

续表

螺纹大径 D /in	每英寸牙数 Z	钻头直径 d/mm		螺纹大径 D /in	每英寸牙数 Z	钻头直径 d/mm	
		铸铁、青铜、黄铜	钢、可锻铸铁、紫铜、层压板			铸铁、青铜、黄铜	钢、可锻铸铁、紫铜、层压板
$1\frac{1}{4}$	7	28.2	28.4	$1\frac{3}{4}$	5	39.5	39.7
$1\frac{1}{2}$	6	34	34.2	2	$4\frac{1}{2}$	45.3	45.6

注：1in=25.4mm。

（3）圆锥管螺纹钻底孔钻头直径（表 5-3）

表 5-3　圆锥管螺纹钻底孔钻头直径

55°圆锥管螺纹			60°圆锥管螺纹		
公称直径 D/in	每英寸牙数 Z	钻头直径 d/mm	公称直径 D/in	每英寸牙数 Z	钻头直径 d/mm
$\frac{1}{8}$	28	8.4	$\frac{1}{8}$	27	8.6
$\frac{1}{4}$	19	11.2	$\frac{1}{4}$	13	11.1
$\frac{3}{8}$	19	14.7	$\frac{3}{8}$	18	14.5
$\frac{1}{2}$	14	18.3	$\frac{1}{2}$	14	17.9
$\frac{3}{4}$	14	23.6	$\frac{3}{4}$	14	23.2
1	11	29.7	1	$11\frac{1}{2}$	29.2
$1\frac{1}{4}$	11	38.3	$1\frac{1}{4}$	$11\frac{1}{2}$	37.9
$1\frac{1}{2}$	11	44.1	$1\frac{1}{2}$	$11\frac{1}{2}$	43.9
2	11	55.8	2	$11\frac{1}{2}$	56

注：1in=25.4mm。

（4）圆柱管螺纹钻底孔钻头直径

圆柱管螺纹钻底孔钻头直径见表 5-4。

（5）普通螺纹攻螺纹前底孔直径

底孔直径也可查表确定，常用普通螺纹在攻螺纹前钻底孔的直径参见表 5-5。

表 5-4　圆柱管螺纹钻底孔钻头直径

公称直径 D/in	每英寸牙数 Z	钻头直径 d/mm	公称直径 D/in	每英寸牙数 Z	钻头直径 d/mm
$\frac{1}{8}$	28	8.8	1	11	30.6
$\frac{1}{4}$	19	11.7	$1\frac{1}{4}$	11	39.2
$\frac{3}{8}$	19	15.2	$1\frac{3}{8}$	11	41.6
$\frac{1}{2}$	14	18.9	$1\frac{1}{2}$	11	45.1
$\frac{3}{4}$	14	24.4			

注：1in=25.4mm。

表 5-5　普通螺纹在攻螺纹前钻底孔直径

螺纹大径 /mm	螺距 /mm	底孔直径 /mm	
		铸铁	钢
3	0.5	2.5	2.5
	0.35	2.6	2.7
4	0.7	3.3	3.3
	0.5	3.5	3.5
5	0.8	4.1	4.2
	0.5	4.5	4.5
6	1	4.9	5
	0.75	5.2	5.2
8	1.25	6.6	6.7
	1	6.9	7
10	1.5	8.4	8.5
	1.25	8.6	8.7
12	1.75	10.1	10.2
	1.5	10.4	10.5
16	2	13.8	14
	1.5	14.4	14.5
18	2.5	15.3	15.5
	2	15.8	16
20	2.5	17.3	17.5
	2	17.8	18
22	2.5	19.3	19.5
	2	19.8	20
24	3	20.7	21
	2	21.8	22

攻不通孔螺纹时，由于丝锥切削部分不能切出完整的螺纹，所以钻孔深度要大于所需的螺纹深度，一般约为螺纹大径的 0.7 倍。

$$L = l + 0.7D$$

式中　L——钻孔深度，mm；

l——需要的螺纹深度，mm；

D——螺纹大径，mm。

三、攻螺纹切削液的选择

钳工在攻螺纹时，所用工件材料必须选用相应的切削液。具体选择见表 5-6。

表 5-6　切削液的选择

工件材料	切削液
结构钢、合金钢	硫化油；乳化液
耐热钢	① 60% 硫化油 +25% 煤油 +15% 脂肪酸 ② 30% 硫化油 +13% 煤油 +8% 脂肪酸 +1% 氯化钡 +45% 水 ③ 硫化油 +（15% ～ 20%）四氯化碳
灰铸铁	75% 煤油 +25% 植物油；乳化液；煤油
铜合金	煤油 + 矿物油；全系统消耗用油；硫化油
铝及合金	① 85% 煤油 +15% 亚麻油 ② 50% 煤油 +50% 全系统消耗用油 ③ 煤油；松节油；极压乳化液

注：表内含量百分数均为质量分数。

四、攻螺纹时应注意的事项

（1）手工攻螺纹

① 攻螺纹前工件的装夹位置要正确，应尽量使螺孔中心线置于水平或垂直位置，其目的是攻螺纹时便于判断丝锥是否垂直于工件平面。

② 攻螺纹前螺纹底孔的孔口要倒角，通孔螺纹两端孔口都要倒角。这样可以使丝锥容易切入，并防止攻螺纹后螺纹出孔口处崩裂。

③ 在开始攻螺纹时，要尽量把丝锥放正；然后用手压住丝锥使其切人孔中；当切入 1 ～ 2 圈时，再仔细观察和校正丝锥位置，一般在切入 3 ～ 4 圈螺纹时，丝锥的位置应正确，这时应停止对丝锥施加压力，只须平稳地转动绞杠攻螺纹即可。

④ 扳转绞杠要两手用力平衡，切忌用力过猛和左右晃动，防止牙型撕裂和螺孔扩大。

⑤ 攻螺纹时，每扳转绞杠 1/2 ～ 1 圈，就应倒转 1/2 圈，使切屑碎断后容易排除。对塑性材料，攻螺纹时应经常保持足够的切削液。攻不通孔螺纹时，要经常退出丝锥，清除孔中的切屑，尤其当将要攻到孔底时，更应及时清除切屑，以免丝锥被轧住。攻通孔螺纹时，丝锥校准部分不应全部攻出头，否则会扩大或损坏孔口螺纹。

⑥ 在攻螺纹过程中，换用另一支丝锥时，应先用手将丝锥旋入已攻出的螺孔中，直到用手旋不动时，再用绞杠攻螺纹。

⑦ 丝锥退出时，应先用绞杠平稳地反向转动；当能用手直接旋动丝锥时，应停止使用绞杠，以防绞杠带动丝锥退出时产生摇摆和振动，损坏螺纹的表面。

（2）机动攻螺纹

机动攻螺纹要保持丝锥与螺孔的同轴度要求。当丝锥即将进入螺纹底孔时，进刀要慢，以防丝锥与螺孔发出撞击。在丝锥切削部分开始攻螺纹时，应在钻床进刀手柄上施加均匀的压力，帮助丝锥切入工件，当切削部分全部切入工件时，应立即停止对进刀手柄施加压力，而靠丝锥螺纹自然进给攻螺纹。机动攻通孔螺纹时，丝锥的校准部分不能全部攻出头，否则在反转退出丝锥时，会使螺纹产生烂牙。

五、取出折断在螺孔中丝锥的方法

当丝锥折断在螺孔后，应根据具体情况进行分析，然后采取合适方法取出断丝锥。

（1）断丝锥截面高于螺孔

当断丝锥的截面高于螺孔孔口或稍低于孔口时，可用中心冲或狭錾对准丝锥容屑槽前面，于攻螺纹相反方向轻轻敲击，在敲击前必须将容屑槽内的切屑清除。在轻轻敲击时力的方向一定要在水平切线方向。并经常改变敲击位置，防止丝锥偏斜，使断丝锥逐渐顺利退出，如图 5-6 所示。在敲击时要小心，避免因孔口损坏，使断丝锥难以退出。

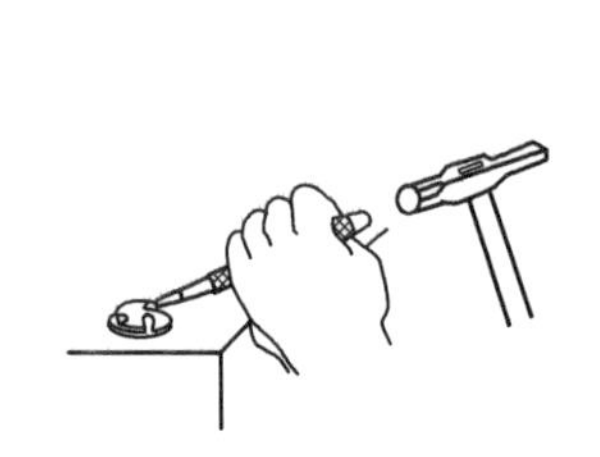

图 5-6　取出断丝锥方法之一

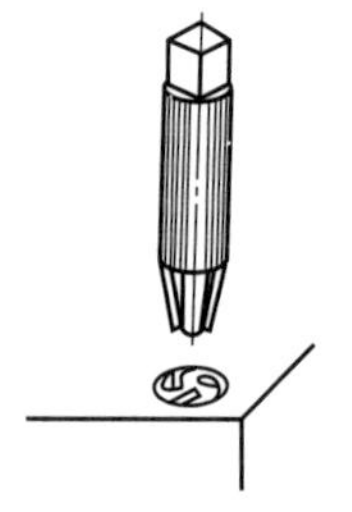

图 5-7　取出断丝锥方法之二

（2）断丝锥截面低于螺孔

当断丝锥的截面埋在螺孔中较深时，须用如图 5-7 所示的专用工具，这种工具通常要钳工自制，取与螺孔孔径相同或略小的圆钢一段，材料可用 45 钢，一端锉方，另一端钻直径比丝锥根部直径稍大的孔，用细齿锯条锯开三条基本相等的槽，然后用整形锉修整，使此工具能嵌入丝锥槽内，再将它加热后在油中淬火。取断丝锥前也应把丝锥槽内切屑除净，加入润滑油，把工具插入断丝锥内，上面用铰杠固定，绕攻螺纹方向相反的一面轻轻转动，若感到紧时，仍需与攻螺纹一样，倒转一些再顺转，顺转一些再倒转，用力要恰当，以免将工具折断。

（3）断丝锥与螺孔结合牢固

当断丝锥与螺孔结合十分牢固，用上述方法不能取出时，可用以下几种方法：

① 在断丝锥上焊接一根弯管，或在断丝锥上小心地堆焊出一定厚度的金属，并使其露出表面，再用锉刀锉出两个平行面，然后用扳手旋出。

② 用电火花加工，慢慢地将断丝锥熔蚀掉，这种方法效率低，并且螺孔容易损伤，加工后，必须用丝锥回攻。

③ 用乙炔火焰加热使丝锥退火，然后用钻头钻去断丝锥。再用丝锥攻螺纹。

六、攻螺纹的切削速度和方法

（1）攻螺纹时丝锥的切削速度（表 5-7）

表 5-7　攻螺纹时丝锥的切削速度

螺孔材料	切削速度 /（m/min）	螺孔材料	切削速度 /（m/min）
一般钢材	6 ～ 15	不锈钢	2 ～ 7
调质钢或硬钢	5 ～ 10	铸铁	8 ～ 10

（2）攻螺纹的方法（表 5-8）

表 5-8　攻螺纹的方法

项目	说　明
准备工作	攻螺纹前孔口必须倒角，通孔螺纹两端都要倒角，倒角处直径可略大于螺纹大径。这样可使丝锥开始切削时容易切入，并可防止孔口出现挤压出的凸边，螺纹攻穿时，最后一牙不易崩裂
用头攻丝锥起攻	起攻时，把装在铰杠上的头攻丝锥插入孔内，使丝锥与工件表面垂直，右手握住铰杠中间，加适当压，左手配合做顺时针方向转动，如下图（a）所示，当丝锥攻入 1 ～ 2 圈后，用 90° 角尺检查是否垂直，如下图（b）所示，并不断借正至要求。然后两手平稳地继续旋转铰杠，这时不需再加压力。要经常倒转 1/4 ～ 1/2 圈，使切屑碎断容易排出，如下图（c）所示，避免因切屑阻塞而卡住丝锥 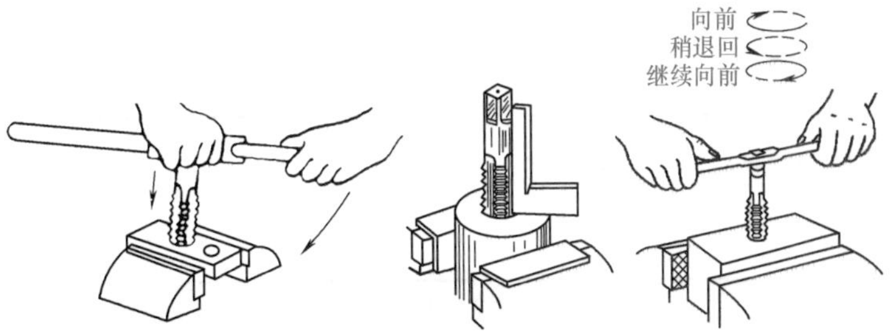 向前 稍退回 继续向前 (a) 用头攻丝锥起攻　(b) 检查丝锥垂直度　(c) 攻螺纹方法
用二攻丝锥攻螺纹	先用手将二攻丝锥旋入到不能旋进时，再装上铰杠继续攻螺纹，这样可避免损坏已攻出的螺纹和防止乱牙。当发现丝锥已钝切削困难时，应更换新丝锥
攻不通孔	攻不通孔时可在丝锥上做好深度标记，并经常退出丝锥，清除留在孔内的切屑。否则会因切屑堵塞引起丝锥折断或攻出的螺纹达不到深度要求
攻钢件的螺孔	攻钢件螺纹孔时可用机械油润滑，以减少切削阻力和提高螺孔的表面质量；攻铸铁件螺孔时，可加煤油润滑

七、攻螺纹中常见问题

（1）攻螺纹中常见问题、原因及预防方法（表 5-9）

表 5-9　攻螺纹中常见问题、原因及预防方法

问题	原因	预防方法
烂牙或乱牙	①螺纹底孔直径太小，丝锥攻不进，孔口烂牙	①检查底孔直径，把底孔扩大后再攻螺纹
	②手攻时，绞杠掌握不正，丝锥左右摇摆，造成孔口烂牙	②两手握住绞杠用力要均匀，不得左右摇摆
	③机攻时，丝锥校准部分全部攻出头，退出时造成烂牙	③机攻时，丝锥校准部分不能全部攻出头
	④初锥攻螺纹位置不正，二锥、三锥强行纠正	④当初锥攻入 1 ～ 2 圈后，如有歪斜，应及时纠正
	⑤二锥、三锥与初锥不重合而强行攻削	⑤换用二锥、三锥时，应先用手将其旋入，再用绞杠攻制
	⑥丝锥没有经常倒转，切屑堵塞把螺纹啃伤	⑥丝锥每旋进 1 ～ 2 圈要倒转 0.5 圈，使切屑折断后排出
	⑦攻不通孔螺纹时，丝锥到底后仍继续扳旋丝锥	⑦攻制不通孔螺纹时，要在丝锥上做出深度标记
	⑧用绞杠带着退出丝锥	⑧能用手直接旋动丝锥时，应停止使用绞杠
	⑨丝锥刀齿上粘有积屑瘤	⑨用油石进行修磨
	⑩没有选用合适的切削液	⑩重新选用合适的切削液
	⑪丝锥切削部分全部切入后仍施加轴向压力	⑪丝锥切削部分全部切入后，应停止施加压力
螺纹歪斜	①手攻时，丝锥位置不正	①目测或用角尺等工具检查
	②机攻时，丝锥与螺纹底孔不同轴	②钻底孔后不改变工件位置，直接攻制螺纹

续表

问题	原因	预防方法
螺纹牙深不够	①攻螺纹前底孔直径过大	①正确计算底孔直径，并正确钻孔
	②丝锥磨损	②修磨丝锥
螺纹表面粗糙度过大	①丝锥前、后面粗糙度大	①重新修磨丝锥
	②丝锥前、后角太小	②重新刃磨丝锥
	③丝锥磨钝	③修磨丝锥
	④丝锥刀齿上粘有积屑瘤	④用油石进行修磨
	⑤没有选用合适的切削液	⑤重新选用合适的切削液
	⑥切屑拉伤螺纹表面	⑥经常倒转丝锥，折断切屑；采用左旋容屑槽

（2）丝锥损坏原因及防止方法（表 5-10）

表 5-10　丝锥损坏原因及防止方法

损坏形式	产生原因	防止方法
丝锥崩牙	①工件材料硬度过高，或有夹杂物	①攻螺纹前，检查底孔表面质量和清理砂眼、夹渣、铁豆等杂物；攻螺纹速度要慢
	②切屑堵塞，使丝锥在孔中挤死	②攻螺纹时丝锥要经常倒转，保证断屑和退出清理切屑
	③丝锥在孔出口处单边受力过大	③先应清理出口处，使其完整，攻到出口处前，机攻要改为手攻，速度要慢，用力较小
丝锥断在孔中	①绞杠选择不当，手柄太长或用力不匀，用力过大	①正确选择绞杠，用力均匀而平稳，发现异常要检查原因，不能蛮干
	②丝锥位置不正，单边受力过大或强行纠正	②一定让丝锥和孔端面垂直；不宜强行攻螺纹
	③材料过硬，丝锥又钝	③修磨丝锥，适应工件材料
	④切屑堵塞，断屑和排屑刃不良，使丝锥在孔中挤死	④经常倒转，保证断屑；修磨刃倾角，以利排屑；孔尽量深些
	⑤底孔直径太小	⑤正确选择底孔直径
	⑥攻不通孔时，丝锥已攻到底了，仍用力攻削	⑥应根据深度在丝锥上做标记，或机攻时采用安全卡头
	⑦工件材料过硬而又黏	⑦对材料做适当处理，以改善其切削性能；采用锋利的丝锥

第二节　套　螺　纹

一、套螺纹用板牙类型及工具

（1）圆板牙

圆板牙的结构如图 5-8 所示，也由切削部分和校准部分组成。切削部分是锥角为 2φ 的锥形部分，中间一段为校准部分，也是导向部分。外圆上有四个锥坑和一条 V 形槽，下面两个锥坑的轴线与板牙直径方向一致，靠铰杠上的两个紧定螺钉顶紧，将来套螺纹时传递转矩。当板牙磨损，套出的螺纹尺寸变大超出允差范围时，可用锯片砂轮沿板牙 V 形槽磨出一条通槽，将板牙架上另两个紧定螺钉，拧紧顶入圆板牙上两个偏心的锥坑内，使板牙的螺纹中径变小。调整时，应使用标准样件进行尺寸校核。

（2）四方及六方板牙

如图 5-9 所示，使用时用四方扳手或六方扳手，手动套螺纹。用于工作位置较窄的现场修理工作。

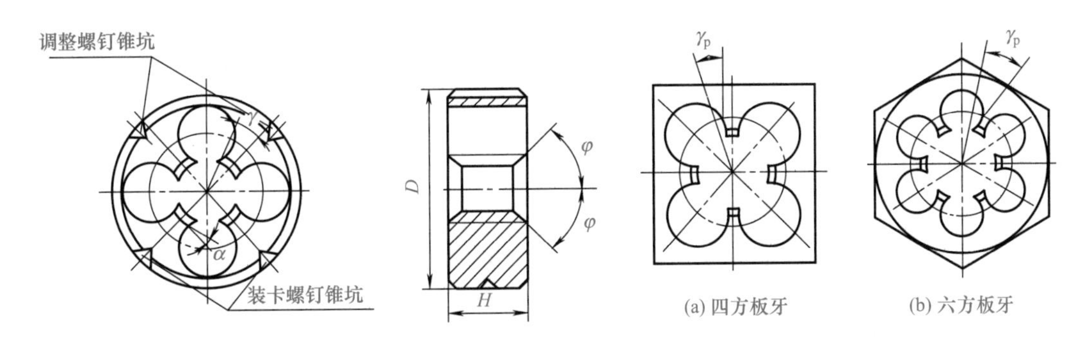

图 5-8　圆板牙　　　　图 5-9　板牙结构

（3）管形板牙

如图 5-10 所示，用于六角车床和自动车床。

（4）钳工板牙

如图 5-11 所示，钳工板牙由两块拼成，用于钳工修配工作。

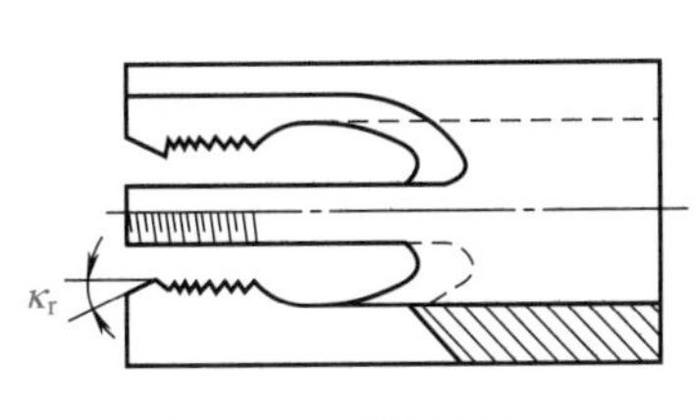

图 5-10　管形板牙

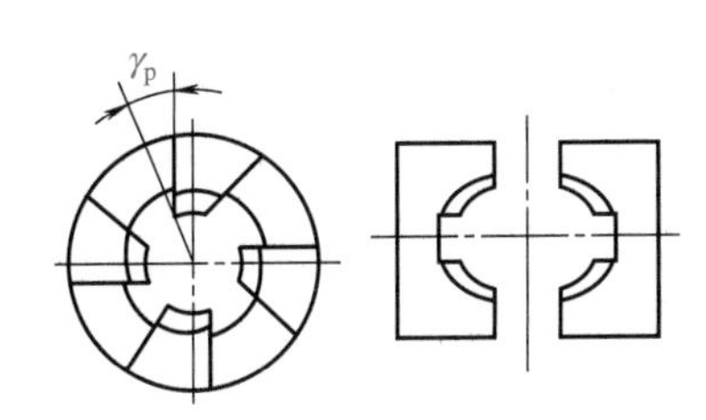

图 5-11　钳工板牙

（5）板牙架

板牙架的结构如图 5-12 所示，在圆周上共有五个螺钉，下面两个紧定螺钉用来固定圆板牙，上面两侧紧定螺钉可使板牙尺寸缩小，中间螺钉可顶在板牙 V 形槽内，使板牙尺寸增大。

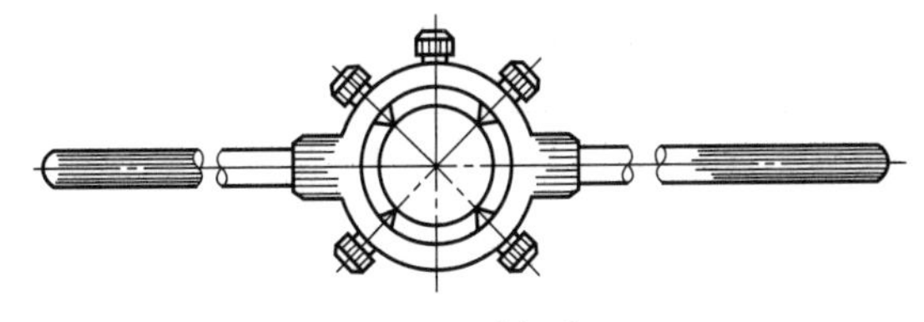

图 5-12　板牙架

二、套螺纹方法

（1）套螺纹圆杆直径的确定

圆杆直径要小于螺纹大径，可用下列公式计算：

$$d_{杆} = d - 0.13P$$

式中　$d_{杆}$——圆杆直径，mm；

d——螺纹大径，mm；

P——螺距，mm。

套螺纹时圆杆直径尺寸可查表 5-11。

表 5-11　套螺纹时圆杆直径尺寸

公制螺纹				英制螺纹			管螺纹		
螺纹代号	螺距/mm	螺杆直径/mm		螺纹直径/in	螺杆直径/mm		螺纹直径/in	管子外径/mm	
		最小直径	最大直径		最小直径	最大直径		最小直径	最大直径
M6	1	5.8	5.9	$\frac{1}{4}$	5.9	6	$\frac{1}{8}$	9.4	9.5
M8	1.25	7.8	7.9	$\frac{5}{16}$	7.4	7.6	$\frac{1}{4}$	12.7	13
M10	1.5	9.75	9.85	$\frac{3}{8}$	9	9.2	$\frac{3}{8}$	16.2	16.5
M12	1.75	11.75	11.9	$\frac{1}{2}$	12	12.2	$\frac{1}{2}$	20.5	20.8
M14	2	13.7	13.85	—	—	—	$\frac{5}{8}$	22.5	22.8
M16	2	15.7	15.85	$\frac{5}{8}$	15.2	15.4	$\frac{3}{4}$	26	26.3
M18	2.5	17.7	17.85	—	—	—	$\frac{7}{8}$	29.8	30.1
M20	2.5	19.7	19.85	$\frac{3}{4}$	18.3	18.5	1	32.8	33.1
M22	2.5	21.7	21.8	$\frac{7}{8}$	21.4	21.6	$1\frac{1}{8}$	37.4	37.7
M24	3	23.65	23.8	1	24.5	24.8	$1\frac{1}{4}$	41.4	41.7
M27	3	26.65	26.8	$1\frac{1}{4}$	30.7	31	$1\frac{1}{2}$	43.8	44.1
M30	3.5	29.6	29.8	—	—	—	$1\frac{3}{8}$	47.3	47.6
M36	4	35.66	35.83	$1\frac{1}{2}$	37.1	37.3	—	—	—

注：1in=25.4mm。

为了使板牙起套时，容易切入工件并作正确引导，圆杆端部要倒成圆锥半角为15°～20°的圆锥体，如图 5-13 所示，锥体的小端直径要比螺纹的小径略小，使切出的螺纹端部避免出现锋口和卷边。

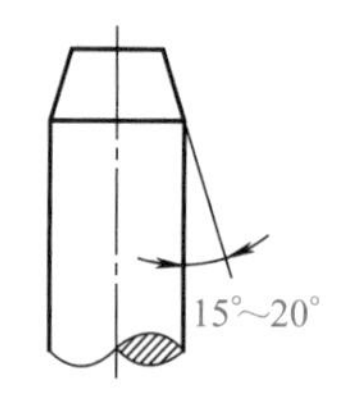

图 5-13　套螺纹时圆角的倒角

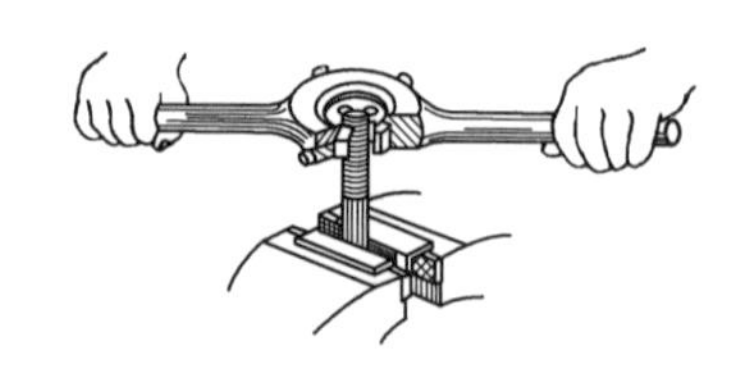

图 5-14　圆杆的夹持方法

（2）圆杆的夹持方法

套螺纹时的切削力矩较大，若用台虎钳直接装夹圆杆，易使圆杆表面受到损伤，一般用V形夹块或厚铜片衬垫，如图5-14所示，才能保证夹紧可靠。

（3）套螺纹操作

开始套螺纹时，应使板牙端面与圆杆垂直，如图5-15所示，然后右手握住板牙架中部适当加压，并沿顺时针方向转动，使切削刃切入工件。板牙切入圆杆1～2牙后，检查是否垂直，并及时纠正，继续往下套时不必再加压力。套螺纹过程中，应经常倒转板牙，以便断屑。在钢件上套螺纹时，要加切削液，以提高螺纹的表面质量和延长板牙寿命，一般采用较浓的乳化液或机械油。

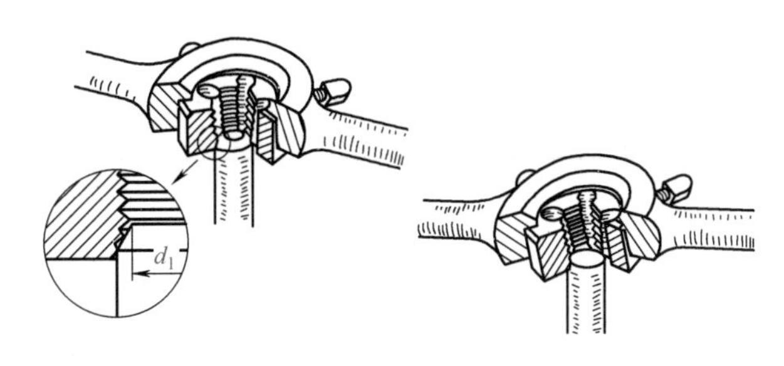

图5-15 套螺纹操作

（4）套螺纹时的注意事项

① 为了便于板牙切削部分切入工件并作正确的引导，在工件圆杆端部应有15°～20°的倒角。

② 板牙端面与圆杆轴线应保持垂直。为了防止圆杆夹持偏斜和夹出痕迹，圆杆应装夹在用硬木制成的V形钳口或软金属制成的衬垫中。

③ 在开始起套螺纹时，用一只手掌按住圆板牙中心，沿圆杆轴线施加压力，并转动板牙绞杠；另一只手配合顺向切进，转动要慢，压力要大。

④ 当圆板牙切入圆杆1～2圈时，应目测检查和校正圆板牙的位置；当圆板牙切入圆杆3～4圈时，应停止施加压力，让板牙依靠螺纹自然引进，以免损坏螺纹和板牙。

⑤ 在套螺纹过程中也应经常倒转1/4～1/2圈，以防切屑过长。

⑥ 套螺纹应适当加注切削液，以降低切削阻力，提高螺纹质量，延长板牙寿命。切削液的选择可参照表5-6。

三、套螺纹常见问题及防止方法

套螺纹常见问题及防止方法见表5-12。

表5-12 套螺纹常见问题及防止方法

问题	产生原因	防止方法
烂牙或乱牙	①对低碳钢等塑性好的材料套螺纹时，未加切削液，板牙把工件上螺纹粘去一块	①对塑性材料套螺纹时，一定要加合适的切削液
	②套螺纹时，板牙一直不倒转，切屑堵塞而啃坏螺纹	②板牙一定要倒转，以断裂切屑
	③圆杆直径太大	③圆杆直径要确定合适
	④板牙歪斜太多，在借正时造成烂牙	④板牙端面要与圆杆轴线垂直，并经常检查，及时纠正

续表

问题	产生原因	防止方法
螺纹一边深一边浅	①圆杆端部倒角不好，使板牙不能保持与圆杆轴线垂直	①圆杆端部要按要求倒角，不能歪斜
	②绞杠用力不均匀，左右晃动，不能保持板牙端面与圆杆轴线垂直	②套螺纹时，两手用力要均匀和平稳，并经常检查垂直情况，及时纠正
螺纹中径太小	①绞杠经常摆动，多次借正而造成螺纹中径变小	①绞杠要握稳，不能晃动
	②板牙切入圆杆后，还用力加压	②板牙切入后，只要均匀使板牙旋转即可，不能再加力下压
	③调节不宜，尺寸变小	③应用标准螺杆调整尺寸，不要盲目调节
牙深不够	①圆杆直径太小	①圆杆直径应按要求确定控制尺寸公差
	②板牙调节不宜，直径过大	②应用标准螺杆调整尺寸，不要盲目调节
螺纹表面粗糙	①切削液未加注或选用不当	①应选用适当切削液，并经常加注
	②刀切削刃上粘有积屑瘤	②去除积屑瘤，使切削刃锋利

第六章

典型机构的装配

第一节　装配工艺规程

一、装配工艺规程的基本知识

构成机器（或产品）的最小单元称为零件。若干个零件结合成机器的一部分，无论其结合形式和方法如何，都称为部件。

直接进入机器（或产品）装配的部件称为组件；直接进入组件装配的部件称一级分组件；直接进入一级分组件装配的部件称为二级分组件；以此类推。机器愈复杂，分组件的级数也愈多。任何级的分组件都由若干低一级的分组件和若干零件组成，但最低级的分组件则只是由若干个单独零件所组成。

可以单独进行装配的部件称为装配单元。任何一个制品，一般都能分成若干个装配单元。在制订装配工艺规程时，每个装配单元通常可作为一道装配工序。每一道工序的装配都必须有基准零件或基准部件，它们是装配工作的基础，部件装配或总装配是从这里开始的。它的作用是连接需要装在一起的零件或部件，并决定这些部件之间正确的相互位置或相对位置。

在装配工艺规程的文件中，常用装配单元系统图来表示装配单元的装配先后顺序，这种图能简明直观地反映出产品的装配顺序。如图 6-1 所示是某制品的装配单元系统图，图中每一零件、分组件或组件都用长方格表示。

装配单元系统图的编制方法如下：在纸上画一条横线，在横线的左端画上代表基准零件（或部件）的长方格，在横线的右端画上代表制品的长方格。除基准零件之外，把所有直接进入制品装配的零件，按照装入顺序画在横线的上面。除了基准组件或基准分组件外，把所有构成制品的组件按顺序画在横线的下面。

如果制品的装配单元系统图用一根横线安排不下，则可转移至与此线平行的第二条、第三条线上。新产品较复杂时，给出的装配单元系统图则既复杂又庞大。为了便于应用，这时可编制装配单元系统分图。这种系统分图按产品的装配和组件的装配分别绘制，此时，图中只包括直接装入的零件和部件。

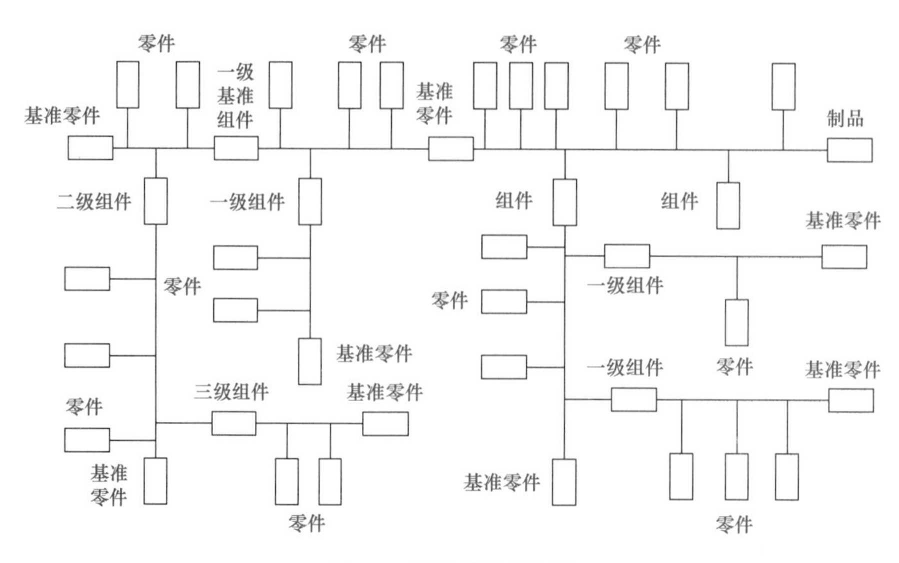

图 6-1　装配单元系统图

二、装配工艺规程的内容和编写方法

（1）编制装配工艺规程和所需的原始资料

产品的装配工艺规程是在一定的生产条件下，用来指导产品的装配工作。因而装配工艺规程的编制，也必须依照产品的特点和要求以及工厂生产规模来制订。编制装配工艺规程时，需要下列的原始资料：

① 产品的总装配图和部件装配图以及主要零件工作图；

② 零件明细表；

③ 产品验收技术条件；

④ 产品的生产规模。

产品的结构，在很大程度上决定了产品的装配程序和方法。分析总装配图、部件装配图及零件工作图，可以深入了解产品的结构和工作性能，同时了解产品中各零件的工作条件以及它们相互间的配合要求。分析装配图还可以发现产品装配工艺性是否合理，从而给设计者提出改进意见。

零件明细表中列有零件名称、件数、材料等，可以帮助分析产品结构，同时也是制订工艺文件的重要原始资料。

产品的验收技术条件是产品的质量标准和验收依据，也是编制装配工艺规程的主要依据。为了达到验收条件规定的技术要求，还必须对较小的装配单元提出一定的技术要求，才能达到整个产品的技术要求。生产规模基本上决定了装配的组织形式，在很大程度上决定了所需的装配工具和合理的装配方法。

（2）装配工艺规程的内容

装配工艺规程是装配工作的指导性文件，是工人进行装配工作的依据，它必须具备下列内容：

① 规定所有的零件和部件的装配顺序；

② 对所有的装配单元和零件，规定出既能保证装配精度，又是生产率最高和最经济的装配方法；

③ 划分工序，确定装配工序内容；

④ 决定必需的工人技术等级和工时定额；

⑤ 选择完整的装配工作所必需的工夹具及装配用的设备；

⑥ 确定验收方法和装配技术条件。

（3）编制装配工艺规程的步骤

掌握了充足的原始资料以后，就可以着手编制装配工艺规程。编制步骤见表 6-1。

表 6-1　编制装配工艺规程的步骤

步骤	说　明
分析装配图	理解产品的结构特点，确定装配方法
决定装配的组织形式	根据工厂的生产规模和产品的结构特点，即可决定装配的组织形式
定装配顺序	装配顺序基本上是由产品的结构和装配组织形式决定的。产品的装配总是从基准件开始，从零件到部件，从部件到产品；从内到外，从下到上，以不影响下道工序的进行为原则，有次序地进行
划分工序	在划分工序时要考虑以下两点： ①在采用流水线装配形式时，整个装配工艺过程划分为多少道工序，必须取决于装配节奏的长短 ②组件的重要部分，在装配工序完成后必须加以检查，以保证质量。在重要而又复杂的装配工序中，不易用文字明确表达时，还必须画出部件局部的指导性装配图
选择工艺设备	根据产品的结构特点和生产规模，应尽可能选用相应的最先进的装配工具和设备
确定检查方法	检查方法应根据产品的结构特点和生产规模来选择，要尽可能选用先进的检查方法
确定工人技术等级和工时定额	工人技术等级和工时定额一般都根据工厂的实际经验和统计资料及现场实际情况来确定
编写工艺文件	装配工艺技术文件主要是装配工艺卡（有时需编制更详细的装配工序卡），它包含着完成装配工艺过程所必需的一切资料

最后应特别指出，编制的装配工艺规程，在保证装配质量的前提下，必须是生产率最高而又是最经济的。所以它必须根据实际条件，尽量采用当今最先进的技术。

三、减速器的装配工艺分析

如图 6-2 所示为蜗轮与锥齿轮减速器，它具有结构紧凑、工作平稳、噪声小、传动比大等特点。减速器的运动由联轴器传来，经蜗杆轴传至蜗轮。蜗轮安装在装有锥齿轮、调整垫圈的轴上。蜗轮的运动借助于轴上的平键传给锥齿轮副，最后由安装在锥齿轮轴上的圆柱齿轮传出。

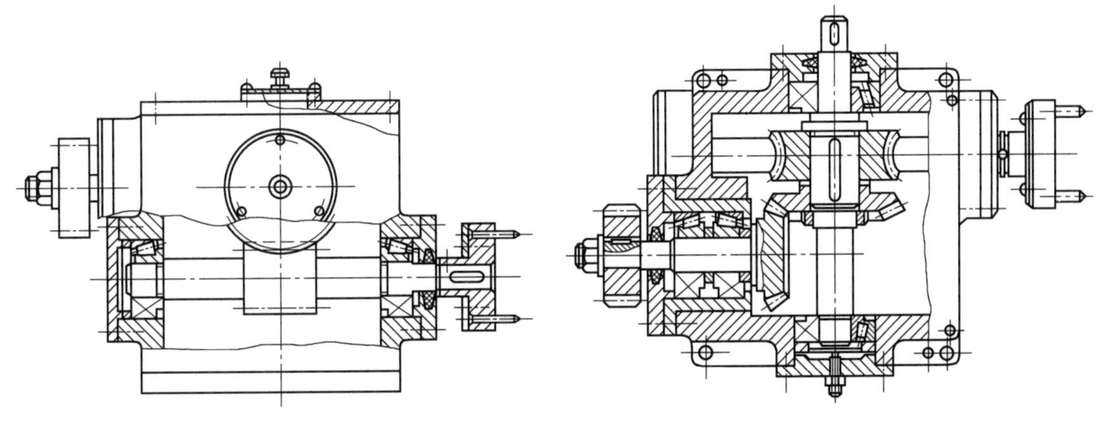

图 6-2　蜗轮与锥齿轮减速器装配图

（1）减速器的装配技术要求

减速器装配后应达到下列要求：

① 件和组件必须正确安装在规定的位置上，不得装入图样未规定的垫圈、衬套之类的零件。

② 固定连接件必须保证将零件或组件牢固地连接在一起。

③ 旋转机构必须能灵活地转动，轴承间隙合适，润滑良好，润滑油不得有渗漏现象。

④ 各轴线之间应有正确的相对位置。

⑤ 啮合零件，如蜗轮副、齿轮副必须符合图样规定的技术要求。

（2）减速器的装配工艺过程

装配的主要工作是：零件的清洗、整形和补充加工，零件的预装、组装和调整等。现以减速器为例来说明部件装配的全过程，具体说明见表 6-2。

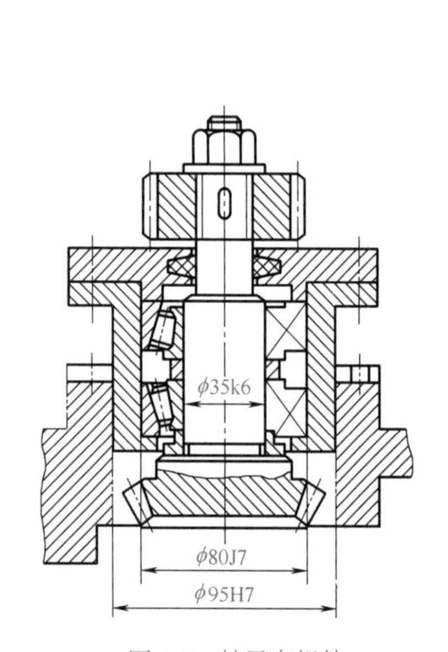

图 6-3　轴承套组件

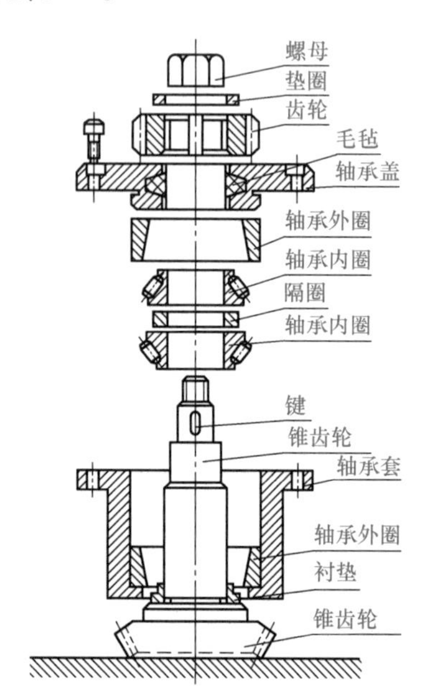

图 6-4　轴承套组件装配示意图

表 6-2　减速器的装配工艺过程

类别	说　　明
零件的清洗、整形和补充加工	为了保证部件的装配质量，在装配前必须对所要装的零件进行清洗、整形和补充加工 ① 零件的清洗主要是清除零件表面的防锈油、灰尘、切屑等污物 ② 零件的整形主要是修锉箱盖、轴承盖等铸件的不加工面，使其外形与箱体结合部外形一致。同时，修锉零件上的锐角、毛刺、碰撞而产生的印痕等 ③ 装配时进行的补充加工，主要是配钻、配攻和配铰箱体与箱盖、轴承盖与箱体等的连接螺孔、销孔等
零件的预装	零件的预装又叫试装。为了保证装配工作顺利进行，某些相配零件应先试装，待配合达到要求后再拆下。在试装过程中有时需进行修锉、刮削、调整等工作
组件的装配分析	由减速器装配图可以看出，其中蜗杆轴、蜗轮轴和锥齿轮轴及轴上的有关零件，虽然它们是独立的三个部分，然而从装配角度看，除带锥齿轮轴的轴承套组件外，其余两根轴及轴上所有的零件，都不能单独进行装配。现以轴承套组件为例来介绍组件的装配方法 轴承套组件（图 6-3）之所以能单独进行装配，是因为该组件装入箱体部分的所有零件尺寸都小于箱体孔。也就是说，在不影响装配的前提下，应尽量将零件先组合成分组件。如图 6-4 所示为轴承套组件的装配示意图，其中装配基准是锥齿轮
减速器总装配与调整	在完成减速器各组件的装配后，即可进行总装配工作。减速器的总装配是从基准零件——箱体开始的。根据该减速器的结构特点，采取先装蜗杆，后装蜗轮的装配顺序 ①装配蜗杆。将蜗杆组件（蜗杆与两端轴承内圈的组合）首先装入箱体，然后从箱体孔的两端装入两轴承外圈，再装上轴承盖组件，并用螺钉拧紧。这时可轻敲蜗杆轴端，使右端轴承消除间隙并贴紧轴承盖；再装入调整垫圈和轴承盖，并测量间隙，以便测定垫圈厚度；最后将上述零件装入，用螺钉拧紧。为使蜗杆装配后保持 0.01 ～ 0.02mm 的轴向间隙，可用百分表在轴的伸出端进行检查

续表

<table>
<tr><th>类别</th><th>说　明</th></tr>
<tr><td>减速器总装配与调整</td><td>

②将蜗轮轴及轴上零件装入箱体。这项工作是该减速器装配的关键，装配后应达到：蜗轮轮齿对称；平面与蜗杆轴线重合，以保证轮齿正确啮合；锥齿轮的轴向位置正确，以保证与另一锥齿轮的正确啮合。从图 6-5 中可知：蜗轮轴向位置由轴承盖的预留调整量来控制，锥齿轮的轴向位置由调整垫圈的厚度控制。装配工作应分为两步

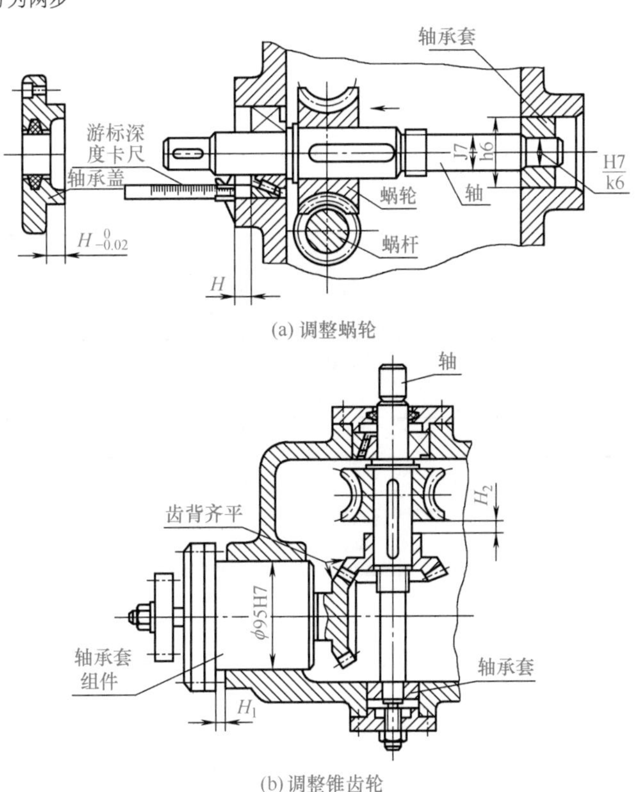

(a) 调整蜗轮

(b) 调整锥齿轮

图 6-5　减速器总装调整示意

a. 预装。先将大端轴承内圈装入蜗轮轴的大端，通过箱体孔，装上蜗轮、轴承外圈和轴承套（代替小端轴承，以便于拆卸），如图 6-5（a）所示。移动轴，在蜗轮与蜗杆能正确啮合的位置，测得尺寸 H，并调整轴承的台肩尺寸（$H_{-0.02}^{\ 0}$）。再按图 6-5（b）所示，将各有关零部件装入（后装轴承套组件），调整两锥齿轮位置使其正确啮合，分别测得 H_1 和 H_2，并调整好垫圈尺寸，然后卸下各零件

b. 最后装配。先从大轴承孔方向将蜗轮轴装入，同时依次将键、蜗轮、垫圈、锥齿轮、带翅垫圈和圆螺母装在轴上。从箱体轴承孔两端分别装入轴承和轴承盖，用螺钉拧紧并调好间隙。装好后用手转动蜗杆应灵活无阻滞。再将轴承盖组件与调整垫圈一起装入箱体，并用螺钉紧固

③安装联轴器及箱盖组件

④清理内腔，注入润滑油，盖上箱盖，连上电动机，并用手盘动联轴器试转。一切符合要求后接上电源空转试车，试车时，运转 30min 左右后观察运转情况。此时，轴承的温度不能超过规定要求，齿轮无明显噪声，以及符合装配后的各项技术要求

</td></tr>
</table>

（3）减速器工艺规程的编制

在工厂中，常用装配工艺卡指导产品的装配工作。现将上例减速器的总装和其中轴承套组件的装配工艺卡列于表 6-3 和表 6-4 中。

四、装配尺寸链的基本知识

（1）装配精度

产品的装配过程不是简单地将有关零件连接起来的过程。每一步装配工作都应满足预定

的装配要求，即应达到一定的装配精度。一般产品装配精度包括零件、部件间距离精度（如齿轮与箱壁轴向间隙）、相互位置精度（如平行度、垂直度等）、相对运动精度（如车床溜板移动对主轴的平行度）、配合精度（间隙或过盈）及接触精度等。

（2）装配尺寸链的基本概念

产品中某些零件相互位置的正确关系，是由零件尺寸和制造精度所确定的，即零件精度直接影响装配精度。例如，齿轮孔与轴配合间隙 A_{Δ} 的大小，与孔径 A_1 及轴径 A_2 的大小有关，如图 6-6（a）所示；又如齿轮端面和箱内壁凸台端面配合间隙 B_{Δ} 的大小，与箱内壁凸台端面距离尺寸 B_1、齿轮宽度 B_2 及垫圈厚度 B_3 的大小有关，如图 6-6（b）所示；再如机床床鞍和导轨之间配合间隙 C_{Δ} 的大小，与尺寸 C_1、C_2 及 C_3 的大小有关，如图 6-6（c）所示。

表 6-3　轴承套组件装配工艺卡

（轴承套组件装配图）			装配技术要求				
			①组装时，各装入零件应符合图样要求 ②组装后锥齿轮应转动灵活，无轴向窜动				
工厂		装配工艺卡	产品型号	部件名称		装配图号	
				轴承套			
车间名称		工段　　班组	工序数量	部件数		净重	
装配车间			4	1			
工序号	工步号	装配内容	设备	工艺装备		工人技术等级	工序时间
				名称	编号		
010	10	分组件装配：锥齿轮与衬垫的装配以锥齿轮轴为基准，将衬套套装在轴上					
020	10	分组件装配：轴承盖与毛毡的装配将已剪好的毛毡塞入轴承盖槽内		锥度芯轴			
030		分组件装配：轴承套与轴承外圈的装配	压力机	塞规、卡板			
	10	①用专用量具分别检查轴承套孔及轴承外圈尺寸					
	20	②在配合面上涂上机油					
	30	③以轴承套为基准，将轴承外圈压入孔内至底面					
040		轴承套组件装配	压力机				
	10	①以锥齿轮组件为基准，将轴承套分组件套装在轴上					
	20	②在配合面上加油，将轴承内圈压装在轴上，并紧贴衬垫					
	30	③套上隔圈，将另一轴承内圈压装在轴上，直至与隔圈接触					
	40	④将另一轴承外圈涂上油，轻压至轴承套内					
	50	⑤装入轴承盖分组件，调整端面的高度，使轴承间隙符合要求后，拧紧三个螺钉					
	60	⑥安装平键，套装齿轮、垫圈，拧紧螺母，注意配合面加油					
	70	⑦检查锥齿轮转动的灵活性及轴向窜动					
						共　页	
编号	日期	签章	编制	审核	批准	第　页	

表 6-4 减速器总装配工艺卡

（减速器总装配图）				装配技术要求 ①零、组件必须正确安装，不得装入图样未规定垫圈 ②固定连接件必须保证将零、组件紧固在一起 ③旋转机构必须转动灵活，轴承间隙合适 ④啮合零件的啮合必须符合图样要求 ⑤各轴线之间应有正确的相对位置			
工厂	装配工艺卡			产品型号	部件名称		装配图号
					减速器		
车间名称	工段		班组	工序数量	部件数		净重
装配车间				5	1		
工序号	工步号	装配内容	设备	工艺装备 名称	工艺装备 编号	工人技术等级	工序时间
010	10	①将蜗杆组件装入箱体	压力机	卡规、塞规、百分表、表座			
	20	②用专用量具分别检查箱体孔和轴承外圈尺寸					
	30	③从箱体孔两端装入轴承外圈					
	40	④装上右端轴承盖组件，并用螺钉拧紧，轻敲蜗杆轴端，使右端轴承消除间隙					
	50	⑤装入调整垫圈和左端轴承盖，并用百分表测量间隙确定垫圈厚度，最后将上述零件装入，用螺钉拧紧。保证蜗杆轴向间隙为 0.01 ～ 0.02mm					
020		试装：	压力机	卡规、塞规、游标深度卡尺、内径千分尺、塞尺			
	10	①用专用量具测量轴承、轴等相配零件的外圈及孔尺寸					
	20	②将轴承装入蜗轮轴两端					
	30	③将蜗轮轴通过箱体孔，装上蜗轮、锥齿轮、轴承外圈、轴承套、轴承盖组件					
	40	④移动蜗轮轴，调整蜗杆与蜗轮正确啮合位置，测量轴承端面至孔端面距离 H，并调整轴承盖台肩尺寸（$H_{-0.02}^{0}$）					
	50	⑤装上蜗轮轴两端轴承盖，并用螺钉拧紧					
	60	⑥装入轴承套组件，调整两锥齿轮正确的啮合位置（使齿背齐平）					
	70	⑦分别测量轴承套肩面与孔端面的距离 H_1，以及锥齿轮端面与蜗轮端面的距离 H_2，并调好垫圈尺寸，然后卸下各零件					
030		最后装配：	压力机				
	10	①从大轴孔方向装入蜗轮轴，同时依次将键、蜗轮、垫圈、锥齿轮、带翅垫圈和圆螺母装在轴上。然后在箱体轴承孔两端分别装入滚动轴承及轴承盖，用螺钉拧紧并调好间隙，装好后，用手转动蜗杆时，应灵活无阻滞现象					
	20	②将轴承套组件与调整垫圈一起装入箱体，并用螺钉紧固					
040	10	安装联轴器及箱盖零件					
050		运转试验：					
		清理内腔，注入润滑油，连上电动机，接上电源，进行空转试车。运转 30min 左右后，要求齿轮无明显噪声，轴承温度不超过规定要求以及符合装配后各项技术要求					
						共 页	
编号	日期	签章	编制	审核	批准	第 页	

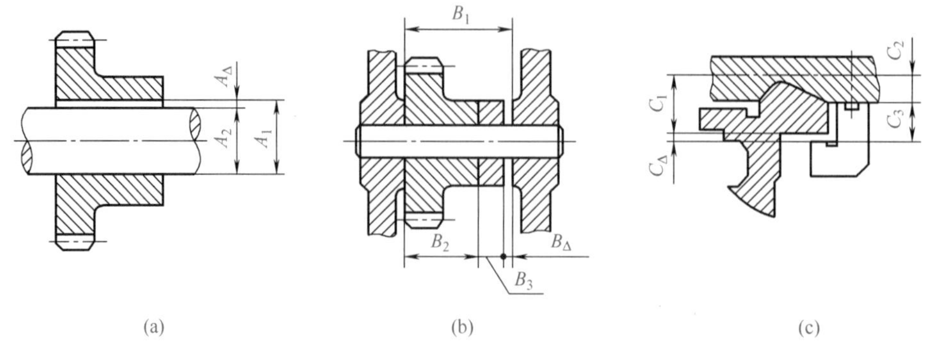

图 6-6　装配尺寸链

如果把这些影响某一装配精度的有关尺寸彼此按顺序连接起来，可构成一个封闭外形。图 6-7（a）中，设计图样上标注的设计尺寸为 A_1、A_0，钻孔时若以侧面为定位基准，则 A_2 及 A_1 为钻孔时工艺尺寸（或工序尺寸），A_0 则变为加工过程中最后形成的尺寸。此时，A_1、A_2、A_0 将形成封闭外形，如图 6-7（b）所示。

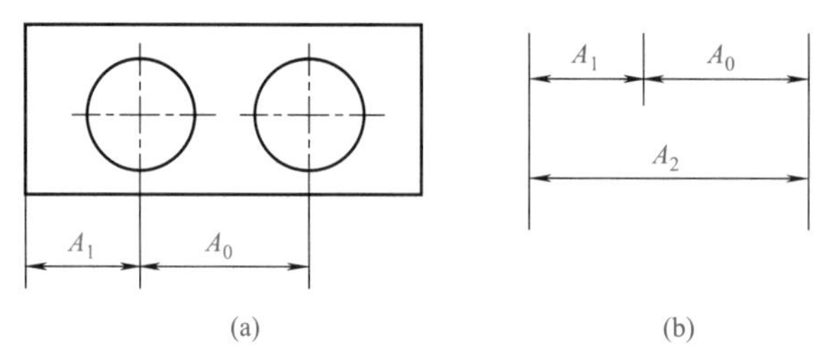

图 6-7　工艺尺寸链形式

① 尺寸链概念。在机器装配或零件加工过程中，由相互连接的尺寸形成的封闭尺寸组，称为尺寸链。尺寸链按其功能分为设计尺寸链和工艺尺寸链，见表 6-5。

表 6-5　尺寸链分类

类别	说　　明
设计尺寸链	组成尺寸全部为设计尺寸所形成的尺寸链。设计尺寸链又分以下两种： a. 装配尺寸链：全部组成尺寸为不同零件设计尺寸所形成的尺寸链 b. 零件尺寸链：全部组成尺寸为同一零件的设计尺寸所形成的尺寸链
工艺尺寸链	组成尺寸全部为同一零件的工艺尺寸所形成的尺寸链。工艺尺寸是指遵加工要求而形成的尺寸，如工序尺寸、定位尺寸等

② 装配尺寸链简图。装配尺寸链可在装配图中找出。为了简便明了，通常不绘出该装配部分的具体结构，也不必按严格的比例，只是依次绘出各有关尺寸，排列成封闭外形即可。图 6-6 所示的三种情况，其尺寸链简图如图 6-8 所示。绘制尺寸链简图时，应由装配要求的尺寸首先画起，然后依次绘出与该项要求有关联的各个尺寸。

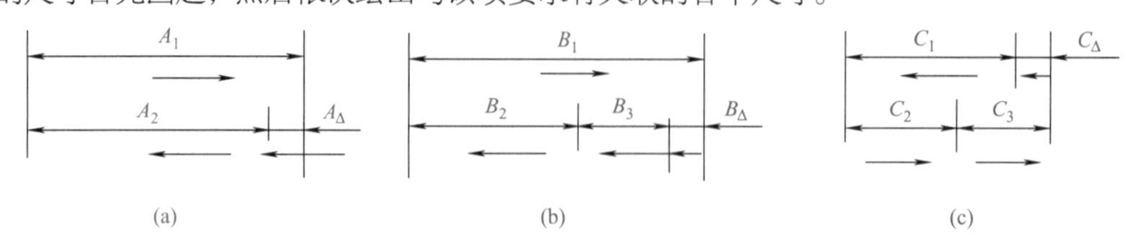

图 6-8　尺寸链简图

③ 尺寸链的环。构成尺寸链的每一个尺寸都称为尺寸链的“环”，每个尺寸链至少应有四个环，见表 6-6。

表 6-6　尺寸链的环

类别	说　明
封闭环	在零件加工或机器装配过程中，最后自然形成（间接获得）的尺寸，称为封闭环。一个尺寸链只有一个封闭环，如上述中的 A_Δ、B_Δ、C_Δ 等。装配尺寸链中，封闭环即装配技术要求
组成环	尺寸链中除封闭环以外的其余尺寸均称为组成环。同一尺寸链中的组成环，用同一字母表示，如上例中的 A_1、A_2、A_3、B_1、B_2、B_3、C_1、C_2、C_3 等
增环	在其他组成环不变的条件下，当某组成环增大时，封闭环随之增大，那么该组成环称为增环，如图 6-8 中，A_1、B_1、C_2、C_3 为增环。增环用符号 $\overrightarrow{A_1}$、$\overrightarrow{B_1}$、$\overrightarrow{C_2}$、$\overrightarrow{C_3}$ 表示
减环	在其他组成环不变的条件下，当某组成环增大时，封闭环随之减小，那么该组成环称为减环，如图 6-8 中，A_2、B_2、B_3、C_1 为减环。减环用符号 $\overleftarrow{A_2}$、$\overleftarrow{B_2}$、$\overleftarrow{B_3}$、$\overleftarrow{C_1}$ 表示

为了检查尺寸链的封闭性，在尺寸链图上，假设一个旋转方向，绕其轮廓（顺时针方向或逆时针方向）由任一环的基面出发，看看最后是否能以相反的方向回到这一基面。同时，将这些环按环绕时所指的方向不同可以区分是增环还是减环。所指方向与封闭环相反的为增环；所指方向与封闭环相同的为减环，如图 6-8 所示。

④ 封闭环极限尺寸及公差。由尺寸链简图可以看出，封闭环的基本尺寸 = 所有增环基本尺寸之和 − 所有减环基本尺寸之和，即：

$$A_\Delta = \sum^{m} \overrightarrow{A_i} - \sum^{n} \overleftarrow{A_i}$$

式中　m——增环的数目；

n——减环的数目。

由此可得出封闭环极限尺寸与各组成环极限尺寸的关系。

当所有增环都为最大极限尺寸，而减环都为最小极限尺寸时，则封闭环为最大极限尺寸，可用下式表示：

$$A_{\Delta\max} = \sum^{m} \overrightarrow{A}_{i\max} - \sum^{n} \overleftarrow{A}_{i\min}$$

式中　$A_{\Delta\max}$——封闭环最大极限尺寸；

$\overrightarrow{A}_{i\max}$——第 i 个增环最大极限尺寸；

$\overleftarrow{A}_{i\min}$——第 i 个减环最小极限尺寸。

⑤ 当所有增环都为最小极限尺寸，而减环都为最大极限尺寸时，则封闭环为最小极限尺寸，可用下式表示：

$$A_{\Delta\min} = \sum^{m} \overrightarrow{A}_{i\min} - \sum^{n} \overleftarrow{A}_{i\max}$$

式中　$A_{\Delta\min}$——封闭环最小极限尺寸；

$\overrightarrow{A}_{i\min}$——第 i 个增环最小极限尺寸；

$\overleftarrow{A}_{i\max}$——第 i 个减环最大极限尺寸。

将两式相减，可得封闭环公差为：

$$\delta_\Delta = \sum^{m+n} \delta_i$$

式中 δ_Δ——封闭环公差；

δ_i——某组成环公差。

上式表明，封闭环的公差等于各组成环的公差之和。

（3）装配精度与零件制造精度间的关系

由于封闭环公差之和等于组成环公差之和，所以零件的制造公差直接影响装配精度。提高被装配零件的加工要求，需提高成本。但如果在装配时采取一定的工艺措施，如装配时对工件进行测量、挑选，对某一装配件进行修配，调整装配件位置等，即使零件制造精度较低，也能确保优良的装配精度。因此零件精度是保证装配精度的基础，而装配精度并不完全取决于零件精度。

在长期的装配实践中，为合理解决装配精度与零件制造精度的关系，创造了不同装配方法。其中，装配精度完全依赖于零件制造精度的装配方法是完全互换法，精度不完全取决于零件制造精度的装配方法有选配法、修配法和调整法。

（4）完全互换法解尺寸链

在采用完全互换装配法装配尺寸时，尺寸链中各环按规定公差加工后，不需经修理、选择和调整，就能保证其封闭环的预定精度。实现按完全互换法解尺寸链的工艺计算步骤如下。

例： 如图 6-8（b）所示的装配单元，为了使齿轮能正常工作，要求装配后齿轮端面和机体孔端面之间具有 0.1 ～ 0.3mm 的轴向间隙。已知各环基本尺寸为 B_1=80mm，B_2=60mm，B_3=20mm，试用完全互换法解此尺寸链。

解： ① 绘出尺寸链简图 [如图 6-8（b）所示]，确定 B_Δ 为封闭环。

② 计算封闭环基本尺寸。

$$B_\Delta=B_1-(B_2+B_3)=80-(60+20)=0$$

③ 确定各组成环公差及极限尺寸。

封闭环公差：$\delta_\Delta=0.30-0.10=0.20$（mm）

根据 $\delta_\Delta=\sum^{m+n}\delta_i=\delta_1+\delta_2+\delta_3=0.20$（mm），考虑到各组成环尺寸的加工难易程度，合理分配各环尺寸公差：

$$\delta_1=0.10\text{mm}，\delta_2=0.06\text{mm}，\delta_3=0.14\text{mm}$$

因 B_1 为增环，B_2、B_3 为减环，故取 $B_1=80^{+0.10}_{0}$mm，$B_2=60^{0}_{-0.06}$mm，则 B_3 的极限尺寸可按下式计算：

$$B_{3max}=B_{1min}-(B_{2max}+B_{\Delta min})=80-(60+0.1)=19.9(\text{mm})$$

$$B_{3min}=B_{1max}-(B_{2min}+B_{\Delta max})=80.1-(59.94+0.3)=19.86(\text{mm})$$

即 $B_3=20^{-0.10}_{-0.14}$mm

也就是说，当尺寸链各环如果按上述计算所得的极限尺寸来制造，则在装配时，不需要任何选择和修整，就能确保预定的装配技术要求。

第二节 旋转体的平衡

一、平衡的基本知识

在使用的很多机械中含有大量的做旋转运动的零部件。例如：各种传动轴、电动机、汽轮机转子、水泵叶轮、柴油机（压缩机）曲轴、传动带轮、风机叶轮、砂轮等，甚至日常生活用到的录音机、电唱机中的旋转机件。这些做旋转运动的零部件，称为旋转体。

旋转体在理想状态下，旋转时和不旋转时对轴承或轴产生的压力是一样的，这样的旋转体就是平衡的旋转体。但是在工程中的各种旋转体，往往由于材料密度不均匀或毛坯缺陷，加工和装配时的误差和运行过程中的磨损、变形，甚至设计时就具有非对称的几何形状等，使得旋转体在旋转时，旋转体上每个微小质点产生的离心力不能相互抵消，使重心与旋转中心发生偏移，旋转零部件在高速旋转时，将产生很大的离心力。轴上由于受到此离心力的影响，使旋转体两端的轴承受到一个周期性变化的干扰力。这种周期性的干扰力是使机器产生振动的重要原因。另外，噪声也会增大，轴承负荷也加重。特别是机器的振动，对任何一种机械都是有害的，可使零件易磨损、疲劳，使机器使用寿命缩短或导致严重事故。所以旋转体进行平衡调整是一项非常重要的工作。

（1）离心力

如前所述，由于各种原因，旋转体的重心和旋转体的旋转中心往往发生偏移。因为重心的偏移，使旋转零部件在运转时产生一个离心力。这个离心力究竟有多大现举例如下。

例：当一旋转零件在离旋转中心50mm处有50N的偏重时，如果此旋转体转速为1400r/min，其离心力为：

$$F=\frac{W}{g}e\left(\frac{\pi n}{30}\right)^2=\frac{50\text{N}}{9.81\text{m/s}^2}\times0.05\text{m}\times\left(\frac{3.14\times1400\text{r/min}}{30\text{s}}\right)^2=5470\text{N}$$

式中　F——离心力，N；

W——旋转零件的偏重，N；

g——重力加速度，g=9.81m/s^2；

e——质量偏心距，m；

n——每分钟转速，r/min。

由以上例子可见，旋转体因偏重而产生的离心力是很大的，这个离心力将使轴承在径向上附加一个交变的径向力 F_a 和 F_b，如图 6-9 所示。故轴承容易磨损，以致机器发生剧烈振动，从而降低机器的使用寿命，严重时机器将会完全损坏。

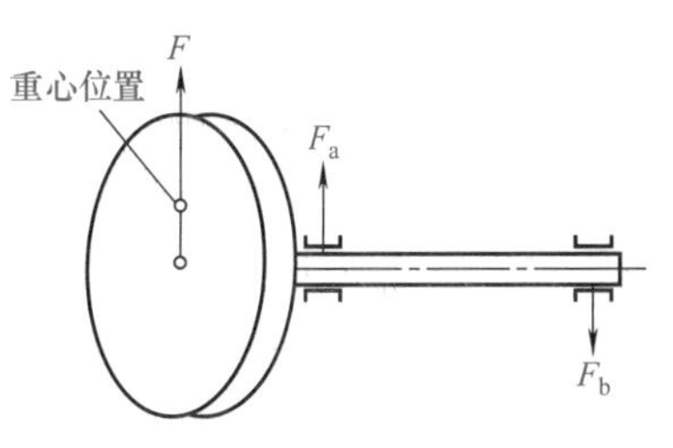

图 6-9　旋转体的不平衡

（2）不平衡情况

旋转体上有不平衡量是客观存在的。这个不平衡量所产生的离心力，或几个不平衡量产生的离心力的合力，通过旋转体的重心，或者说偏重而产生的离心力 F 在轴线一侧的旋转体旋转时只会使轴弯曲，在径向截面上其不平衡量产生的力矩使旋转体产生垂直于轴线方向的振动，如图 6-10（a）所示，这种不平衡称为静不平衡。

旋转体上不平衡量所产生的离心力，如果形成力偶，则旋转体在旋转时不仅会产生垂直于旋转轴轴线方向的振动，还要使轴线产生倾斜的振动。通俗地讲将使旋转体产生摆动，如图 6-10（b）所示，这种不平衡称为动不平衡。

如图 6-10（c）所示旋转体偏心距 e 不相等，重心也不在通过轴线的同一平面内，旋转体既是静不平衡，又是动不平衡，这种叫动静混合不平衡。根据力学原理，静不平衡由 F_{1A} 和 F_{2A} 的离心力组成；动不平衡由 F_{1B} 和 F_{2B} 组成。可见动不平衡的旋转体一般都同时存在静不平衡。

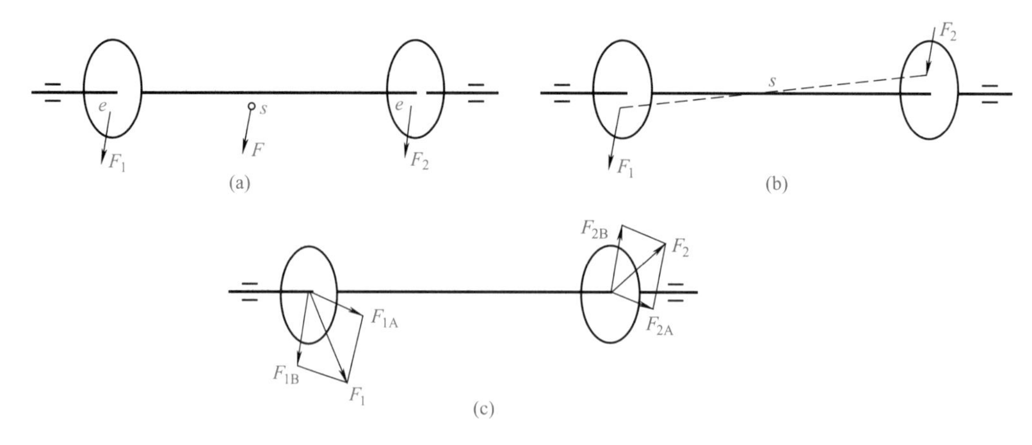

图 6-10 旋转体不平衡形式

旋转体上不平衡量的分布是复杂的，也是无规律的，但它们最终产生的影响，总是属于静不平衡和动不平衡这两种。

二、静平衡和动平衡

（1）静平衡

凡是可以在一些专用工装上，不需要旋转的状态下测定旋转件不平衡所在的方位，同时又能确定平衡力应加的位置和大小，这种找平衡的方法称为静平衡。找静平衡时一般是先判定不平衡重力的方位，然后在其相反方向上选择一个适当的位置，加上一定的平衡力（或去掉一定的重力）来平衡。当旋转件转数低于 20 转时，除非图样有特殊要求，一般情况下不需做平衡。

通常找静平衡都是在工装上进行的，常用的是平行导轨式的平衡架。导轨的断面有平刀形和梯形等，由于顶部接触面不能变动，所以必须具有顶部宽度各不相同的导轨才能满足不同重量的旋转件找平衡的要求。在这种平衡架上进行平衡工作时，若旋转零件的轴颈与导轨间的滚动摩擦因数愈小，则平衡工作的精度愈高。因此，为了减小摩擦因数，导轨的工作面应淬硬，而且要磨光至 1.6μm 以下，导轨工作面宽度应尽可能做得窄些，窄到不会在轴颈表面上刻出凹痕为限。一般导轨面的宽度 b 可由下式计算：

$$b=1.5\sqrt{G}$$

式中 b——导轨面宽度，mm；

G——被平衡零件的重力，N 或 kgf。

在实际工作中可按表 6-7 选用 b。

表 6-7 导轨面宽度

G/kgf	50	100	150	200	250	300	350	400
b/mm	3.35	4.75	5.80	6.70	7.50	8.90	—	—

注：1kgf=9.8N。

平行导轨的长度不能小于轴颈周长或芯轴周长的 3 倍，平行导轨两工作表面水平度和平行度误差不得大于 0.04mm/m，并应有足够刚度，如图 6-11 所示为静平衡装置。

除平行导轨式平衡架，还有滚轮式平衡架和圆盘式平衡架，其平衡方法与平行导轨式平衡架基本相同，但是其被平衡零件不能滚动，而是就地旋转。这种工装较平行导轨式的平衡精度低，但对于一些重量较大，超过 1000kg 以上的旋转件、平衡件或两端轴颈不相等的件，用这种工装，既方便又好用，如图 6-12 与图 6-13 所示。

对于有些平衡精度要求低，而又无工装的旋转件，也可用自身组装的滚动轴承和箱体进行平衡工作。做旋转件的静平衡，通常按表 6-8 列出的几个方面进行。

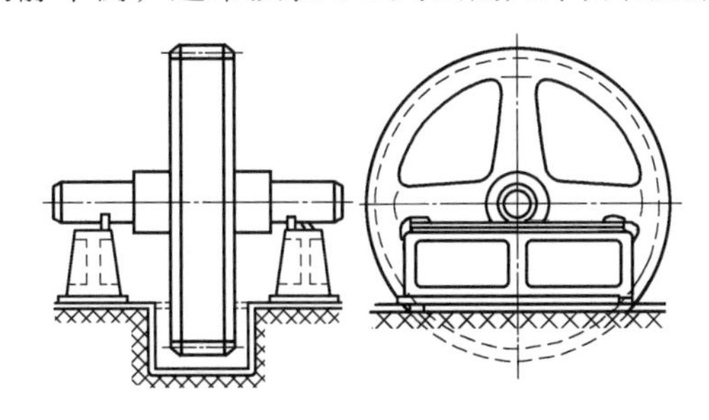

图 6-11　静平衡装置

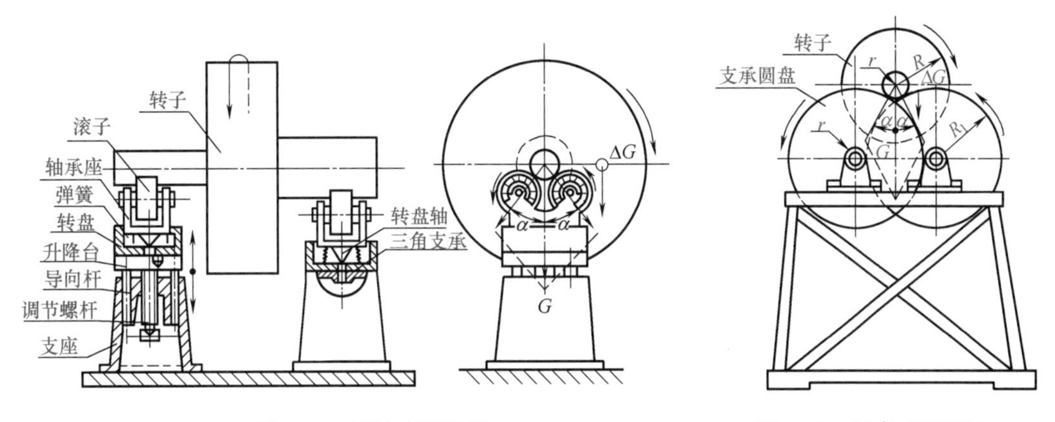

图 6-12　滚轮式平衡架　　　图 6-13　圆盘式平衡架

表 6-8　做旋转件的静平衡

类别	说　明
测定被平衡零件的方位	首先让被平衡零件在平衡工装上自由滚动数次，若最后一次是顺时针方向旋转，则零件的重心一定位于垂直中心线的右侧（因摩擦阻力关系），此时在零件的最低点处用白粉笔做一标记。然后让零件自由滚动，最后一次滚摆是在逆时针方向完成，则被平衡零件重心一定位于垂直中心线的左侧，同样再用白粉笔作一记号，那么两次记号的中心就是偏重的方位
确定平衡重的大小	首先将零件的偏重方位转到水平位置，并且在对面选择适当的一点加上适当的试重。选择加试重点时应该考虑到这一点的部位，将来是否能进行加配重和减重，并且在试重加上后，仍能保持水平位置或轻微摆动。然后再将零件反转 180°，使其偏重和试重重新处于水平位置，调整试重的重点，使其保持水平位置，反复几次，试重确定不变后，将试重取下称重量，这就确定了平衡重的重力。按所称重量加以配重或者减重，平衡工作就完成了 加试重的最简单办法，是用黄泥或者选择磁铁。但对于大的零部件，偏重较大的在粗找平衡时，可以估算一下，选择较偏重的钢料作为配重，将其临时固定上，然后在其试重块上加减重量，进行平衡工作 找旋转件的平衡，可以采取加重或减重的办法，具体采取何种方法，应视平衡零件的具体情况和有关要求确定。采取减重方法，就是在偏重处去除与试重相等重量的金属，可采用钻孔或用机床加工掉多余的金属。加重就是将与试重块相等重量的金属，采取焊接或螺栓紧固等方法，将配重固定在试重块位置上。但要注意，不论采取何种方法，都要保证配重块永不松动或滑落下来。像螺栓紧固，要将螺母端面与本体焊牢固
平衡重量	检测静平衡（单面平衡）的许用不平衡力矩为 $M=eG$ 式中　M——许用不平衡力矩，N·cm； e——许用偏心距，cm； G——转子重力，N。

续表

类别	说明
平衡重量	许用不平衡力矩为做静平衡时的依据，只要不超出其规定的数值，相对来说，就视为所做的旋转件的静平衡已经平衡了。一般情况下设计图样或有关技术要求已将许用不平衡力矩给出，但有些零部件图中未做规定，但根据其使用性能应该做静平衡，也应由技术人员根据各行业的通用技术标准，计算出该件的许用不平衡力矩，在工艺上做出规定。知道了许用不平衡力矩，再测出加重部位至旋转中心的距离，就可以算出所加重力的允许偏差了，可按下式计算： $$G_1=\frac{M}{r_1}$$ 式中 G_1——允许的偏差量，N； M——许用不平衡力矩，N·cm； r_1——加重（去重）部位中心至平衡件中心半径，cm。 有些图样已直接给出平衡件中心到加重（去重）中心 r_1 值和允许的偏差量。如某件需在 47cm 处做静平衡，不得大于 2N

（2）动平衡

动平衡调整按照被平衡旋转体的性质，可分为刚性旋转体的平衡和柔性旋转体的平衡。刚性旋转体是假设组成旋转体的材料是绝对刚性的（事实上是不存在的），这样就可以简化很多问题。动平衡调整的力学分析就是以刚性旋转体为对象。如图 6-14 所示为一根刚性旋转体，假定它存在两个不平衡质量 m_1、m_2。当旋转体旋转时，它们产生的离心力分别为 F_1、F_2。F_1 和 F_2 都应垂直于旋转体的中心线，但不在同一纵向平面中。如图 6-15 所示，F_1 处于 B_1 平面上，F_2 处于 B_2 平面上。为了平衡这两个力，可在旋转体上选择两个与轴线垂直的横断面Ⅰ和Ⅱ作为动平衡校正面，将离心力 F_1 和 F_2 分别分解到Ⅰ平面和Ⅱ平面上，如图 6-15 所示。

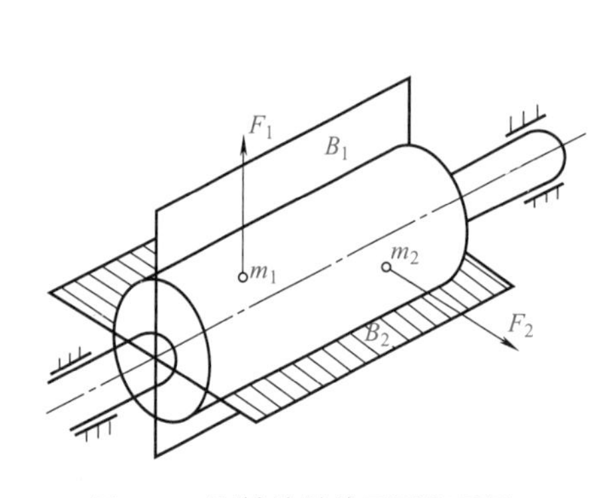

图 6-14 刚性旋转体不平衡质量

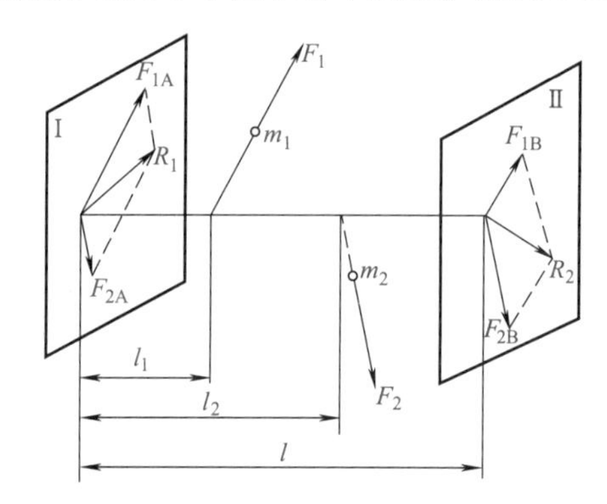

图 6-15 不平衡重量离心力的分解

根据静力学原理，它们应满足如下的联立方程

$$F_1=F_{1A}+F_{1B}$$

$$F_{1A}l_1=F_{1B}(l-l_1)$$

$$F_2=F_{2A}+F_{2B}$$

$$F_{2A}l_2=F_{2B}(l-l_2)$$

此由解得：

$$F_{1A}=\left(l-\frac{l_1}{l}\right)F_1$$

$$F_{1B}=\frac{l_1}{l}F_1$$

$$F_{2B}=\frac{l_2}{l}F_2$$

$$F_{2A}=\left(l-\frac{l_2}{l}\right)F_2$$

这里 F_{1A}、F_{1B} 与 F_1 同在一个纵向平面内，F_{2A}、F_{2B} 与 F_2 同在一个纵向平面内。在Ⅰ平面内将 F_{1A}、F_{2A} 合成，得合力 R_1，在Ⅱ平面内将 F_{1B}、F_{2B} 合成得 R_2。对刚性旋转体来说，作用在Ⅰ、Ⅱ面上的两个合力 R_1、R_2，与不平衡量的离心力 F_1、F_2 是等效的。由此可知，如果在 R_1 和 R_2 两力的对侧加上平衡重量 G_1、G_2，使它们产生的离心力分别为 $-R_1$、$-R_2$，那么，旋转体就能获得动平衡。同理，可以在 R_1、R_2 方向上减去相同的重量，也能使旋转体获得动平衡。

从以上分析可得结论：对任何不平衡的刚性旋转体，都可将其不平衡力分解到两个任意选定的与轴线垂直的平衡校正面上，因此，只需在两个校正面上进行平衡校正，就能使任意不平衡的刚性旋转体获得动平衡。

三、平衡精度

平衡精度是指转子（旋转体）从原来的不平衡状态，经过平衡调整后所达到的平衡优良程度，也就是转子经过平衡调整后是达不到绝对平衡的，总存在一些剩余不平衡量。平衡精度就是指这个剩余不平衡量允许的大小值。由于机器的结构特点，使用要求和工作条件等的不同，故其平衡精度要求也不同。所以实际做法是，只能在保证经济运转的前提下，规定某一种机器的合理平衡精度。

（1）平衡精度的表示方法

平衡精度一般有以下两种表示方法。

① 许用剩余不平衡力矩 M：

$$M=TR=We$$

式中　T ——剩余不平衡量，g；

R ——剩余不平衡量所在的半径，mm；

W ——旋转体质量，g；

e ——旋转体重心偏心距，mm。

表 6-9 所列为几种不同旋转体的许用不平衡力矩，从表 6-9 可知，用剩余不平衡力矩来表示平衡精度时，由于质量大的旋转体不平衡引起的振动要比质量小的旋转体引起的振动小，故对质量小的旋转体的平衡精度要求高些。

表 6-9　几种不同旋转体的许用不平衡力矩

序号	旋转体名称	质量 m/kg	工作转速 n/（r/min）	旋转体外形尺寸 /mm	许用不平衡力矩 M/g·cm
1	10000m^3/h 制氧透平压缩机转子	1853	6000	$\phi1000\times3170$	370
2	D300-31 型离心鼓风机转子	273	6000	$\phi590\times1730$	30
3	35ZP 型轴流式增压器转子	26	19500	$\phi301\times730$	5

续表

序号	旋转体名称	质量 m/kg	工作转速 n/（r/min）	旋转体外形尺寸 /mm	许用不平衡力矩 M/g·cm
4	5GP 型径流式增压器转子	1	80000	$\phi120\times220$	0.1

② 许用偏心速度 v_e。因旋转体的重心偏离旋转中心，故偏心速度就是指旋转体在重心的振动速度，即为：

$$v_e = \frac{e\omega}{1000}$$

$$\omega = \frac{\pi n}{30}$$

式中 v_e——偏心速度，mm/s；

e——偏心距，μm；

ω——旋转体角速度，r/min；

n——转速，r/min。

表 6-10 所列为一些典型旋转体的平衡精度等级及其应用，以供参考。

表 6-10　平衡精度等级及其应用

动平衡精度	精度代号	精密数值范围 /（mm/s）	转子类型举例	工作转速范围 n/（r/min）
一级	G0.4	0.16 ～ 0.4	精密磨床转子，陀螺转子	—
二级	G1.0	0.4 ～ 1.0	特殊要求的小型电机转子，磨床驱动件	1500 ～ 30000
三级	G2.5	1.0 ～ 2.5	汽轮机，燃气轮机，增压器转子，机床主轴	600 ～ 30000
四级	G6.3	2.5 ～ 6.3	电机，水轮机转子，机床等一般转动部件	＜ 30000
五级	G16	6.3 ～ 16	螺旋桨，传动轴，多缸发动机曲轴	＜ 15000
六级	G40	16 ～ 40	火车轮轴，变速箱轴	＜ 6000
七级	G100	40 ～ 100	多缸和高速发动机曲轴，汽车发动机整机	＜ 3000
八级	G250	100 ～ 250	高速四缸柴油机曲轴驱动件	＜ 3000
九级	G630	250 ～ 630	弹性支承船用柴油机，曲轴驱动件	＜ 1000
十级	G1600	630 ～ 1600	大型四冲程柴油机曲轴驱动件	＜ 1000
十一级	G4000	1600 ～ 4000	单数气缸低速船用柴油机曲轴驱动件	＜ 600

（2）平衡精度等级

许用偏心速度其标准规定：按国际标准化组织推荐的，以重心 C 点在旋转时的线速度为平衡精度的等级，记为平衡精度等级 G，单位为 mm/s。并以 G 的大小作为精度标号，精度等级之间的公比为 2.5，共分为 G4000、G1600、G630、G250、G100、G40、G16、G6.3、G2.5、G1.0、G0.4 十一级。G0.4 为最高，G4000 为最低。在具体应用时，对机械的旋转精度和使用寿命等要求越高，其平衡精度等级也高。另外，对于单面平衡的旋转体来说，其许用值取表 6-10 中的数值；若双面平衡的旋转体，当轴向对称或近似对称时，取表中数值的 1/2。当轴向不对称时，则根据转子重量沿轴向的分布情况来决定许用值的分配。

从平衡精度 $G=e\omega$ 来看，若已知 G、e 或 ω 中的两个参数，则很容易得出第三个参数来。

例如，某一旋转体规定平衡精度等级为 *G*2.5，则表示平衡后的许用偏心速度为 2.5mm/s。

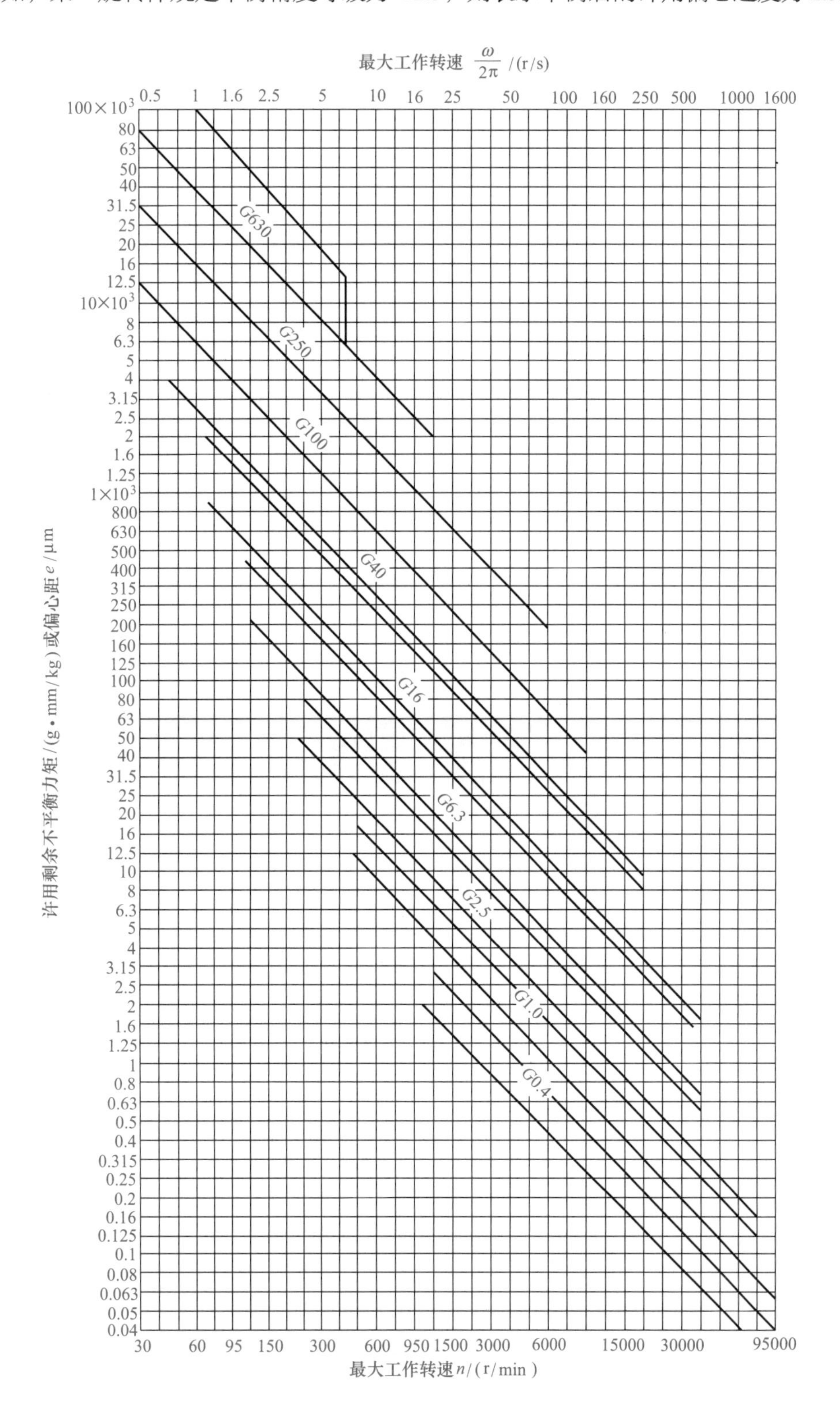

图 6-16 平衡精度 *G* 与转速 *ω* 及偏心距 *e* 的关系

又例如某一旋转体质量为1000kg，转速为10000r/min，平衡精度等级规定$G1.0$，则平衡及允许的偏心距e为：

$$e=\frac{1000v_e}{\omega}=\frac{1000\times1\times60}{2\pi\times10000}\mu m=0.95\mu m$$

其剩余不平衡力矩为：

$$M=TR=We=1000kg\times0.95\mu m=950g\cdot mm$$

假定此旋转体两个动平衡校正面在轴向是与旋转体的重心等距的，则每一校正面上允许的不平衡力矩可取$M/2$=475g·mm，这相当于在半径475mm处允许的剩余不平衡量为1g。

例：某一电动机转子的平衡精度为$G6.3$，转子最高转速为n=3000r/min，质量为5kg，平衡后的不平衡量为80g·mm，问是否达到要求？

解：由$v_e=e\omega/1000$，得

$$e=\frac{1000v_e}{\omega}=\frac{1000\times6.3}{3000\times3.14/30}\mu m=20\mu m$$

由$TR=We$，得

$$e=TR/W=\frac{80g\cdot mm}{5kg}=16\mu m$$

如图6-16所示，在给定转速下$G6.3$的范围为2.3～9.2μm，故表明平衡是达到所需要的精度等级的。

第三节　螺纹连接

一、螺纹连接的种类及装配要求

（1）螺纹连接的种类

螺纹连接是一种可拆卸的固定连接。它具有结构简单、连接可靠、装拆方便等优点，所以在固定连接中应用广泛。螺纹连接可分为普通螺纹连接和特殊螺纹连接两大类。常用的螺纹连接件由螺钉或螺栓构成，称为普通螺纹连接。如图6-17所示为普通螺纹连接的种类及其形式。

用于螺纹连接的螺母种类很多，常用的有：六角螺母、带槽六角螺母、方螺母、圆螺母、蝶形螺母等，如图6-18所示。

螺钉头部形状除六角形外，还有内六角圆柱头、圆柱头、半圆头、沉头、十字槽等形状，如图6-19所示。

（2）螺纹连接的装配要求

① 螺栓不应有歪斜或弯曲现象，螺母应与被连接件接触良好。

② 被连接件平面要有一定的紧固力，受力均匀，连接牢固。

③ 拧紧力矩或预紧力的大小要根据装配要求确定，一般紧固螺纹连接无预紧力要求，可由装配者按经验控制。一般预紧力要求不严的紧固螺纹拧紧力矩值可参照表6-11，涂密封胶的螺塞可参照表6-12所列拧紧力矩值。

④ 在多点螺纹连接中，应根据被连接件形状和螺栓的分布情况，按一定顺序逐次（一般2～3次）拧紧螺母，如图6-20所示。如有定位销，拧紧要从定位销附近开始。

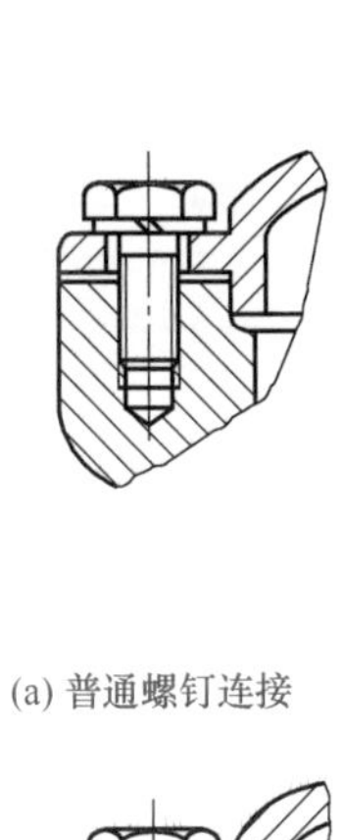

(a) 普通螺钉连接

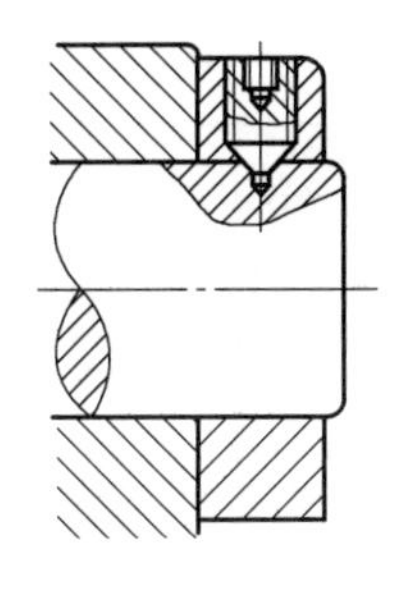

(b) 紧定螺钉连接

(c) 地脚螺栓连接

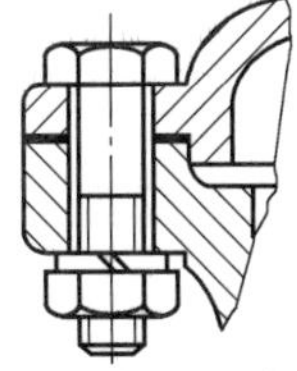

(d) 普通螺栓连接

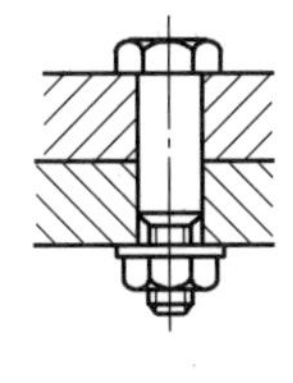

(e) 紧配螺栓连接

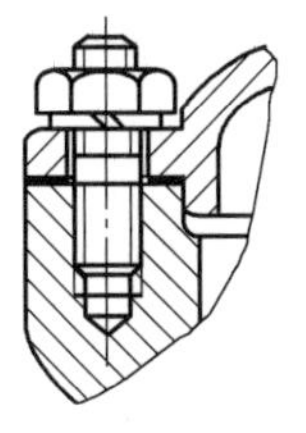

(f) 双头螺柱连接

图 6-17　普通螺纹连接的种类及形式

(a) 六角螺母

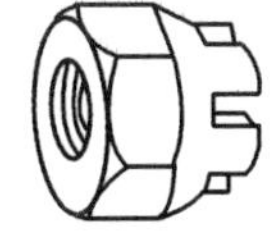

(b) 带槽六角螺母

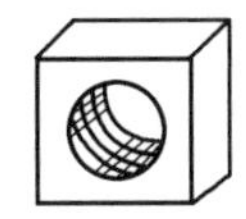

(c) 方螺母

(d) 圆螺母

(e) 蝶形螺母

图 6-18　螺母的种类

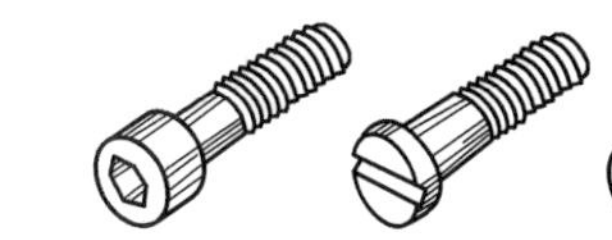

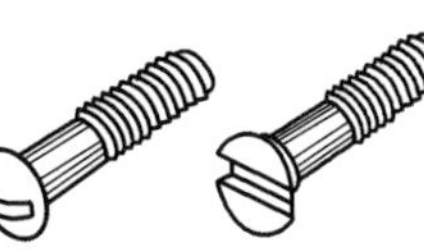

(a)内六角圆柱头　(b) 圆柱头　(c) 半圆头　(d) 沉头　(e) 十字槽

图 6-19　普通螺钉头部形状

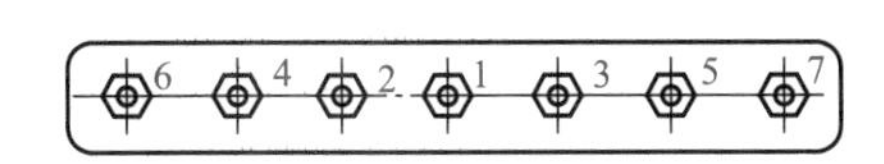

(a) 直线单排型

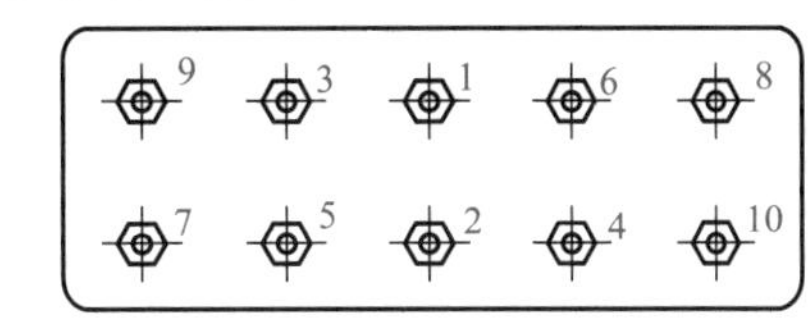

(b) 平行双排型

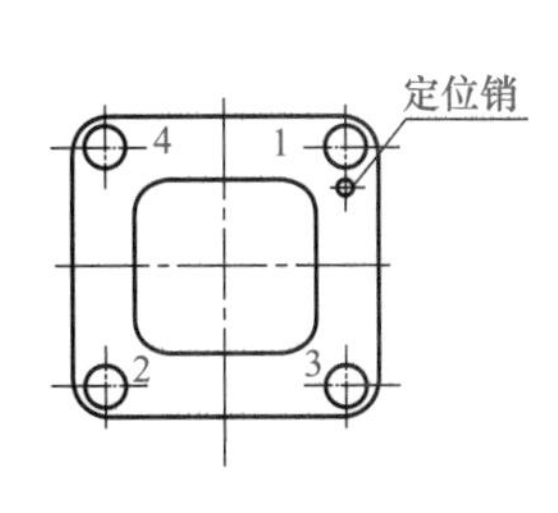

(c) 方框型

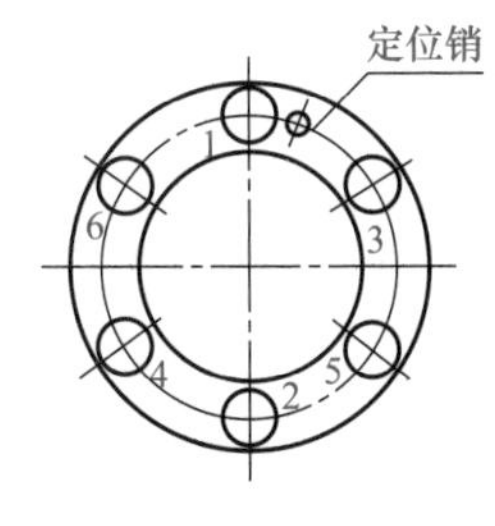

(d) 圆环型

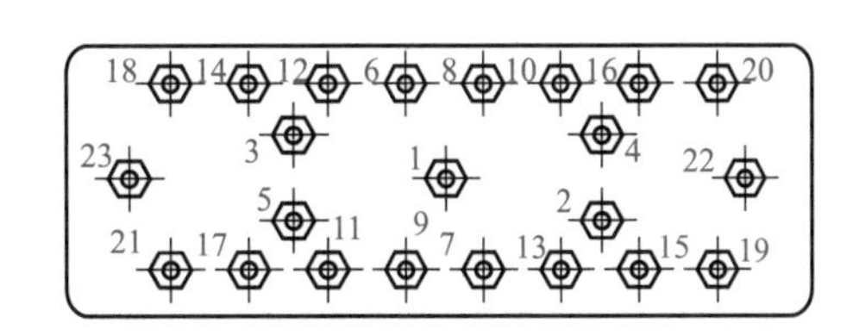

(e) 多孔型

图 6-20　螺纹连接拧紧顺序

表 6-11　一般螺纹拧紧力矩

螺纹直径 d/mm	螺纹强度级别				螺纹直径 d/mm	螺纹强度级别			
	4.6	5.6	6.8	10.9		4.6	5.6	6.8	10.9
	许用拧紧力矩 /（N・m）					许用拧紧力矩 /（N・m）			
6	3.5	4.6	5.2	11.6	22	190	256	290	640
8	8.4	11.2	12.6	28.1	24	240	325	366	810
10	16.7	22.3	25	56	27	360	480	540	1190
12	29	39	44	97	30	480	650	730	1620
14	46	62	70	150	36	850	1130	1270	2820
16	72	96	109	240	42	1350	1810	2030	4520
18	110	133	149	330	48	2030	2710	3050	6770
20	140	188	212	470	—	—	—	—	—

表 6-12　涂密封胶的螺塞拧紧力矩

螺纹直径 d/in	拧紧力矩 /（N・m）	螺纹直径 d/in	拧紧力矩 /（N・m）
3/8	15±2	3/4	26±4
1/2	23±3	1	45±4

注：1in=25.4mm。

（3）有规定预紧力螺纹连接装配方法（表 6-13）

表 6-13　有规定预紧力螺纹连接装配方法

类别	说　明
力矩控制法	用定力矩扳手（手动、电动、气动、液压）控制，即拧紧螺母达到一定拧紧力矩后，可指示出拧紧力矩的数值或到达预先设定的拧紧力矩时发出信号或自行终止拧紧。如图 6-21 所示为手动指针式扭力扳手，在工作时，扳手杆和刻度板一起向旋转的方向弯曲，因此指针尖就在刻度板上指出拧紧力矩的大小。力矩控制法的缺点是接触面的摩擦因数及材料弹性系数对力矩值有较大影响，误差大。优点是使用方便，力矩值便于校准
图示	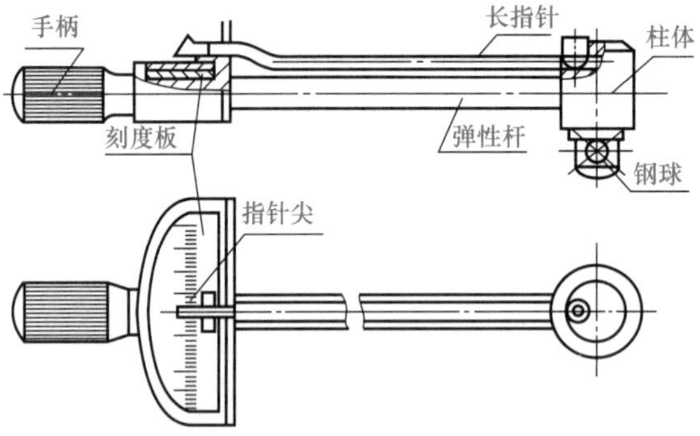 图 6-21　手动指针式扭力扳手 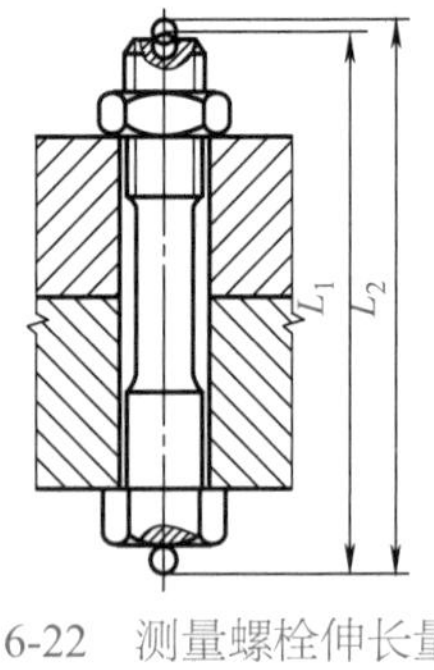　　图 6-22　测量螺栓伸长量
力矩 - 转角控制法	先将螺母拧至一定起始力矩（消除结合面间隙），再将螺母转过一固定角度后，扳手停转。由于起始拧紧力矩值小，摩擦因数对其影响也较小。因此，拧紧力矩值的精度较高。但在拧紧时必须计量力矩和转角两个参数，而且参数需事先进行试验和分析确定
控制螺栓伸长法（液压拉伸法）	如图 6-22 所示，螺母拧紧前，螺栓的原始长度为 L_1，按规定的拧紧力矩拧紧后，螺栓的长度为 L_2，测定 L_1 和 L_2，根据螺栓的伸长量，可以确定拧紧力矩是否准确 这种方法常用于大型螺栓，螺栓材料一般采用中碳钢或合金钢。用液压拉伸器使螺栓达到规定的伸长量，以控制预紧力，螺栓不承受附加力矩，误差较小

二、螺纹连接件的装配

（1）螺钉和螺母的装配要求

① 螺钉或螺母与零件接触的表面要光洁、平整，否则将会影响连接的可靠性。

② 拧紧成组的螺母或螺钉时，要按一定的顺序进行，并做到分几次逐步拧紧，否则会使被连接件产生松紧不均匀和不规则的变形。例如拧紧长方形分布的成组螺母时，应从中间的螺母开始，依次向两边对称地扩展；在拧紧方形或圆形分布的成组螺母时，必须对称地进行，可参照如图 6-20 所示次序。

③ 当用螺钉固定时，所装零件或部件上的螺栓孔与机体上的螺孔不相重合。有时孔距有误差或角度有误差。当误差不太大时用丝锥回攻借正，不得将螺钉强行拧入，否则将损坏螺钉或螺孔，影响装配质量。用丝锥回攻时，应先拧紧两个或两个以上螺钉，使所装配零件或部件不会偏移，若装配时有精度要求，则应进行测量，达到要求后，再用丝锥依次回攻螺孔。如果误差较大无法用丝锥回攻时，若零件允许修整，则可将零件或部件在铣床上用立铣刀将螺栓孔铣成腰形孔，但事先必须做好距离和方向的标记，以免铣错。

（2）双头螺柱的装配要求

① 双头螺柱与机体螺纹的连接必须紧固，在装拆螺母过程中，螺栓不能有任何松动现象，否则容易损坏螺孔。

② 双头螺柱的轴线必须与机体表面垂直，通常用 90° 角尺检验或目测判断，当稍有偏差时，可采用锤击螺栓校正或用丝锥回攻来校正螺孔；若偏差较大时，则不得强行校正，以免影响连接的可靠性。装入双头螺柱时，必须加润滑油，以免拧入时产生螺纹拉毛现象，同时可以防锈，为以后拆卸更换时提供方便。双头螺柱的装拆可参照如图 6-23 所示的几种方法。

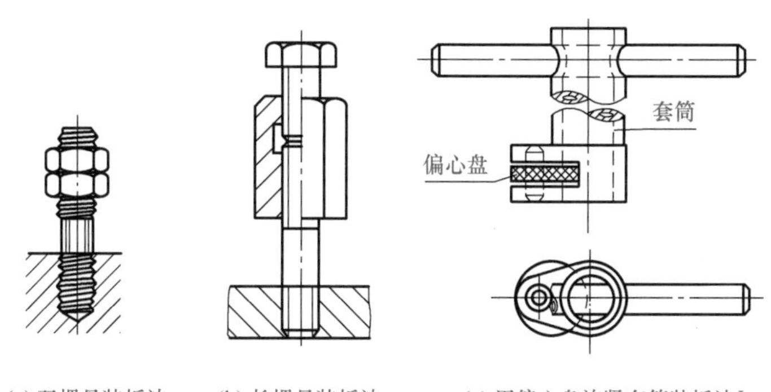

(a) 双螺母装拆法　(b) 长螺母装拆法　(c) 用偏心盘旋紧套筒装拆法Ⅰ

(d) 用偏心盘旋紧套筒装拆法Ⅱ

图 6-23　双头螺柱装拆方法

如图 6-23（a）所示为双螺母装拆法。先将两个螺母相互锁紧在双头螺柱上，拧紧时可扳动上面一个螺母，拆卸时则须扳动下面一个螺母。如图 6-23（b）所示为长螺母装拆法，使用时先将长螺母旋在双头螺柱上，然后拧紧顶端止动螺钉，装拆时只要扳动长螺母，即可使双头螺柱旋紧。装配后应先将止动螺钉回松，然后再旋出长螺母。如 6-23（c）、（d）所示，为用带有偏心盘的旋紧套筒装配双头螺柱。偏心盘的圆周上有滚花，当套筒套入双头螺柱后，依旋紧方向转动手柄，偏心盘即可楔紧双头螺柱的外圆，而将它旋入螺孔中。回松时，将手柄倒转，偏心盘即自行松开，故套筒便可方便地取出。

（3）螺纹连接的防松装置

作紧固用的螺纹连接，一般都具有自锁性，但当工作中有振动或冲击时，必须采用防松装置，以防止螺钉和螺母回松。常见的防松装置见表 6-14。

表 6-14 螺纹连接的防松装置

防松方法	简图	说明
紧定螺钉防松	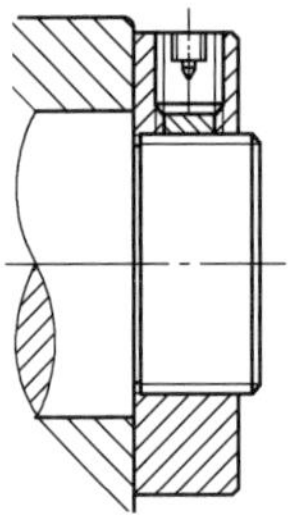	用紧定螺钉防松，如左图所示。装上紧定螺钉，拧紧紧定螺钉即可防止螺纹回松。为了防止紧定螺钉损坏轴上螺纹，装配时需在螺钉前端装入塑料或铜质保护块，避免紧定螺钉与螺纹直接接触
锁紧螺母防松	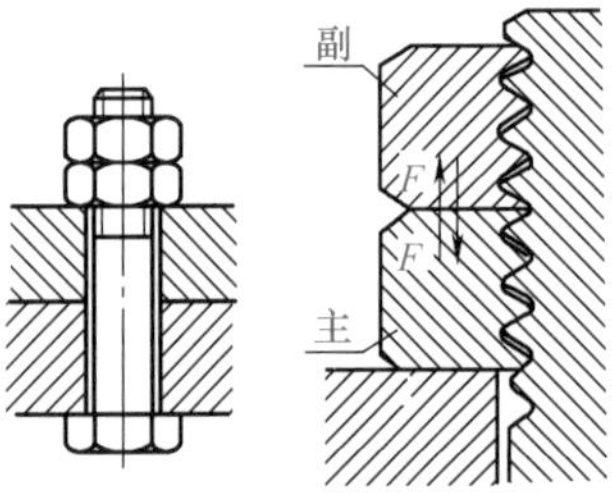 副 F F 主	用锁紧螺母防松，如左图所示。装配时先将主螺母拧紧至预定位置，然后再拧紧副螺母锁紧，依靠两螺母之间产生的摩擦力来达到防松的目的
开口销与带槽螺母防松	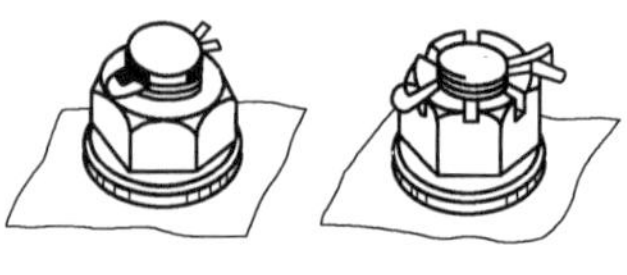 (a) 用开口销与带槽螺母防松 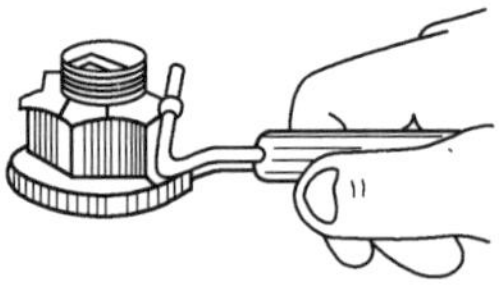 (b) 拆卸开口销工具	用开口销与带槽螺母防松，如左图（a）所示。装配时将带槽螺母拧紧后，用开口销穿入螺栓上销孔内，拔开开口处，便可将螺母直接锁在螺栓上。这种装置防松可靠，但螺栓上的销孔位置不易与螺母最佳锁紧槽口吻合。拆卸开口销时，很容易把圆头部分夹坏，用左图（b）所示的拆卸工具就可避免损坏开口销
弹簧垫圈防松	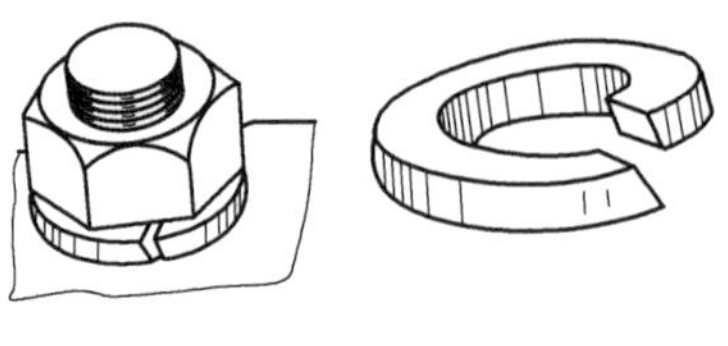	用弹簧垫圈防松，如左图所示。装配时将弹簧垫圈放在螺母下，当拧紧螺母时，垫圈受压，由于垫圈的弹性作用把螺母顶住，从而在螺纹间产生附加摩擦力。同时弹簧垫圈斜口的尖端抵住螺母和支承面，也有利于防止回松。这种装置容易刮伤螺母和支承面，因此不宜多次拆装

续表

防松方法	简图	说明
止动垫圈防松	(a) 圆螺母止动垫圈 (b) 带耳止动垫圈	用止动垫圈防松，如左图（a）所示。圆螺母止动垫圈防松装置，在装配时先把垫圈的内翅插入螺杆的槽内，然后拧紧螺母，再把外翅弯入圆螺母槽内。如左图（b）所示的带耳止动垫圈可以防止六角螺母回松。当拧紧螺母后，将垫圈的耳边弯折，使其与零件及螺母的侧面贴紧，以防止螺母回松
串联钢丝防松	(a) 成对螺钉 (b) 成组螺钉 (c) 用钢丝钳拉紧	用串联钢丝防松，如左图所示。对成对或成组的螺钉或螺母，可用钢丝穿过螺钉头部的小孔，利用钢丝的牵制作用来防止回松。它适用于布置紧凑的成组螺纹连接。装配时须用钢丝钳或尖嘴钳拉紧钢丝，钢丝穿绕的方向必须与螺纹旋紧的方向相同。如左图（b）所示用虚线所示的钢丝穿绕方向是错误的，因为螺母并未被牵制住，仍有回松的余地

第四节　铆　　接

利用铆钉连接两个或两个以上的零件或构件为一个整体，这种连接方法称为铆接，如图 6-24 所示。铆接时，将铆钉插入两个工件（或两个以上的工件）的孔内，并把铆钉头紧贴着工件表面，然后将铆钉杆的一端镦粗而成铆合头，这样就把两个工件（或两个以上的工件）相互连接起来。

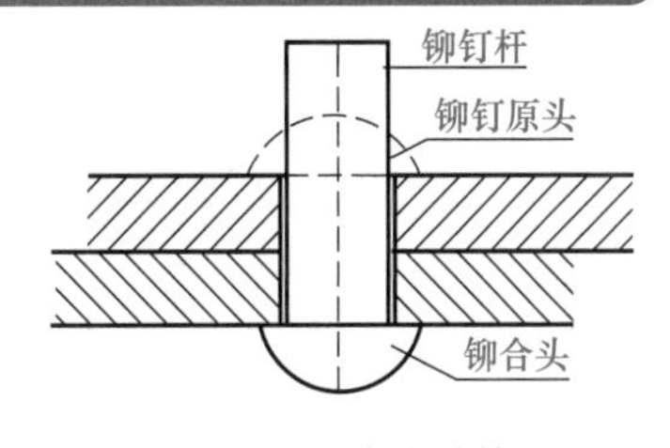

图 6-24　铆接结构

一、铆接种类

（1）按其使用的要求不同分类

铆接的种类按其使用的要求不同分类，可分为以下两种：

① 活动铆接（或称铰链铆接）。接合部位是相互转动的，如各种手用钳、剪刀、圆规、卡钳、铰链等的铆接。

② 固定铆接。接合的部位是固定不动的，这种铆接按用途和要求不同，又可分为以下三种。

a. 强固铆接用于结构需要有足够的强度，承受强大作用力的地方，如叶轮体与叶片、桥梁、车辆和起重机等。

b. 紧密铆接用于低压容器装置，这种铆接不能承受大的压力，只能承受小的均匀压力。紧密铆接对其接缝处要求非常严密，如气筒、水箱、油罐等。这种铆接的铆钉小而排列密，铆缝中常夹有橡胶或其他填料，以防气体或液体的渗漏。

c. 强密铆接用于能承受很大的压力、接缝非常严密的高压容器装置，即使在一定的压力下，液体或气体也保持不渗漏，如蒸汽锅炉、压缩空气罐及其他高压容器的铆接都属这一类。

（2）按铆接的方法不同分类

按铆接的方法不同分类可分为冷铆、热铆和混合铆三种，见表 6-15。

表 6-15　铆接的方法分类

类别	说　　明
冷铆	铆接时，铆钉不需加热，直接镦出铆合头。因此铆钉的材料必须具有较高的延展性。直径在 8mm 以下钢制铆钉都可以用冷铆方法进行铆接
热铆	把铆钉全部加热到一定程度，然后再铆接。铆钉受热后延展性好，容易成形，并且在冷却后铆钉杆收缩，更加大了结合强度。在热铆时要把孔径放大 0.5 ～ 1mm，使铆钉在热态时容易插入。直径大于 8mm 的钢铆钉大多用热铆
混合铆	在铆接时，不把铆钉全部加热，只把铆钉的铆合头端加热。对很长的铆钉，一般采用这种方法，铆钉杆不会弯曲

二、铆接形式

铆接的基本形式是由零件相互结合的位置所决定的，主要有以下三种，见表 6-16。

表 6-16　铆接的基本形式

类别	说　　明
搭接	它是铆接最简单的连接形式，如图 6-25（a）所示。当两块板铆接后，要求在一个平面上时，应先把一块板先折边，然后再搭接
对接	将两块板置于同一平面，在上面覆有盖板，用铆钉铆合。这种连接分为单盖板和双盖板两种，如图 6-25（b）所示
角接	它是两块钢板互相垂直或组成一定角度的连接。在角接处覆以角钢，用铆钉铆合。按要求不同，角接处可覆以单根或两根角钢，如图 6-25（c）所示

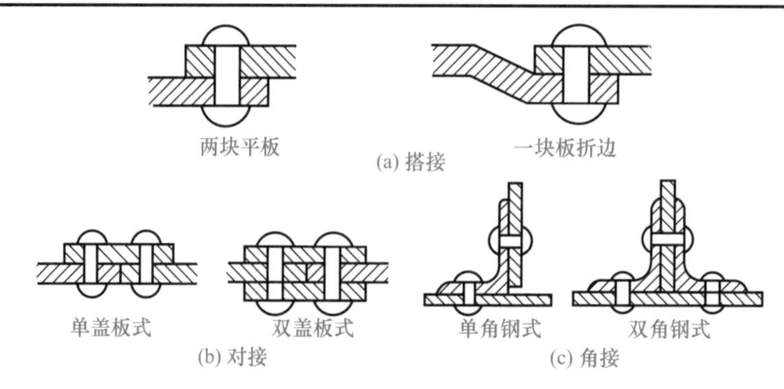

图 6-25　铆接的形式

三、铆接工具

手工铆接时常用的工具有以下几种，见表 6-17。

表 6-17　手工铆接时常用的工具

类别	说　明
手锤	铆接用的手锤有圆头手锤和方头手锤两种，其大小由铆钉直径大小决定，钳工常用的手锤一般为 0.25 ～ 1kg 的圆头手锤
压紧冲头	用于将铆合板料相互压紧与贴合，如图 6-26（a）所示。其使用方法是：当铆钉穿入材料的铆钉孔后，将压紧冲头有孔的一端套在铆钉圆杆上，用手锤敲击冲头的另一端，使板料互相压紧贴合
罩模和顶模	用于铆接半圆头铆钉和铆标牌用铆钉，如图 6-26（b）、（c）所示。其工作部分多数都制成半圆形的凹球面，也可制成凹形，用于铆接平头铆钉。罩模和顶模的区别在于柄部，罩模的柄是圆柱形的，而顶模的柄部制有扁身，以便在台虎钳上夹持稳固，铆接方便

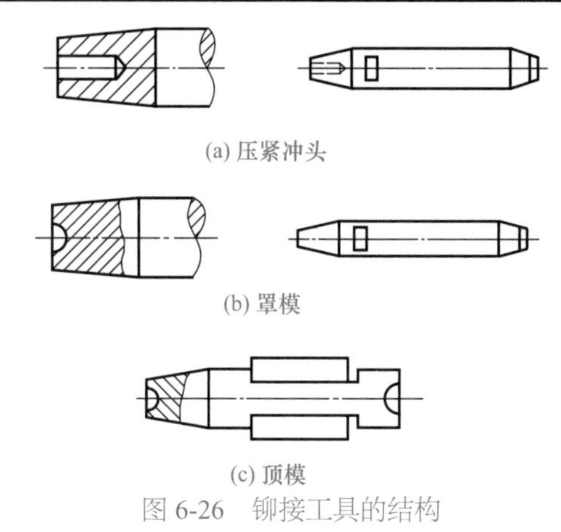

(a) 压紧冲头

(b) 罩模

(c) 顶模

图 6-26　铆接工具的结构

四、铆钉的确定

（1）铆钉

按形状不同，铆钉可分为平头、半圆头、沉头、半圆沉头和皮带铆钉等几种。各种铆钉的形状和用途见表 6-18。按材料不同，铆钉又分为钢质、铜质、铝质等几种，钢质铆钉应具有较高的韧性和延展性。

表 6-18　铆钉的名称、形状与用途

图形	铆钉名称	用　途
	半圆头铆钉	多用于强固接缝或强密接缝处，如钢结构的屋架、桥架、车辆、船舶及起重机连接部件的铆接
	平锥头铆钉	
	平头铆钉	常用于一般无特殊要求的铁皮箱、防护罩及其结合件的铆接中
	半圆沉头铆钉	常用于薄板、皮革、帆布、木材、塑料等允许表面有微小凸起的铆接中
	沉头铆钉	用于制品的表面要求平整、不允许有外露的铆接
	空心铆钉	用于铆接处有空心要求的地方，如电气组件的铆接或用于受剪切力不大的地方
	抽芯铆钉	各有沉头和扁圆头两种形式，具有铆接效率高、工艺简单等特点，适用于单面与盲面的薄板和型钢与型钢的连接

续表

图形	铆钉名称	用　　途
	击芯铆钉	各有沉头和扁圆头两种形式，具有铆接效率高、工艺简单等特点，适用于单面与盲面的薄板和型钢与型钢的连接

（2）铆钉直径的确定

铆钉直径的大小和被铆合的板料厚度有关，其直径一般为板厚的1.8倍。在实际生产中，铆钉直径也可根据板料厚度参考表6-19选定。

表6-19　铆钉直径的选择

板料厚度/mm	1.5	2.0	2.5	3.0	3.5	4.0	4.5	5.0
铆钉直径/mm	2.5	2.5～3.0	3.0～3.5	3.5	3.5～4.0	4.0～4.5	4.5～5.0	5.0～6.0
板料厚度/mm	5.5	6.0	6.0～8.0	8.0～10	10～12	12～16	16～24	24～30
铆钉直径/mm	5.0～6.0	6.0～8.0	8.0～10	10～11	11	14	17	20
板料厚度/mm	30～38	38～46	46～54	54～62	62～70	70～76	76～82	
铆钉直径/mm	23	26	29	32	35	38	41	

（3）铆钉长度的确定

铆钉的长度对铆接的质量有较大的影响。铆钉的圆杆长度除铆合板料的厚度外，还有留作铆合头的部分，其长度必须足够。通常半圆头铆钉伸出部分的长度，应为铆钉直径的1.25～1.5倍，沉头铆钉的伸出部分应为铆钉直径的0.8～1.2倍。当铆合头的质量要求比较高时，伸出部分的长度应通过试铆来确定，尤其是铆合件数量比较大时，更应如此。

在实际生产中，铆钉圆杆长度，也可以用下列的计算公式来计算。因铆钉种类不同，计算公式区别如下：

半圆头铆钉：$L=S+(1.25\sim1.5)d$

沉头铆钉：$L=S+(0.8\sim1.2)d$

击芯铆钉：$L=S+(2\sim3)d$

抽芯铆钉：$L=S+(3\sim6)d$

式中　d——铆钉直径，mm；

L——铆钉圆杆长度，mm；

S——铆接件板料的总厚度，mm。

（4）铆接时工件通孔的确定

铆接时被铆合板料上（工件上）的通孔直径，对铆接质量也有较大的影响。通孔直径加工小了，铆钉插入困难，通孔直径加工大了，铆合后工件会产生松动，尤其是在铆钉杆比较长的时候，会造成铆合后铆钉杆在孔内产生弯曲。合适的铆钉通孔直径，可参照表6-20中的数值进行选取。

表6-20　铆钉通孔直径与沉孔直径

铆钉直径		2	2.5	3	3.5	4	5	6	7	8	10	11.5	13	16	19	22
通孔直径/mm	精配	2.1	2.6	3.1	3.6	4.1	5.2	6.2	7.2	8.2	10.5	12	13.5	16.5	20	23
	中等装配	—	—	—	—	4.2	5.5	6.5	7.5	8.5	10.5	12	13.5	16.5	20	23
	粗配	2.2	2.7	3.4	3.9	4.5	5.8	6.8	7.8	8.8	11	12.5	14	17	21	24
用于沉头钢铆钉	大端直径 D/mm	4	5	6	7	8	10	11.2	12.6	14.4	16	18.5	20.5	24.5	30	35
	沉孔角度 α/(°)	90									75			60		

五、铆钉的铆接及拆卸方法

（1）铆接方法

钳工常用的铆接方法多为冷铆，在常温下用手工直接镦出铆合头来。其铆接操作方法见表6-21。

表6-21　铆接操作方法

类别	说　明
半圆头铆钉的铆接	如图6-27所示。首先使工件彼此贴合→按图样给出的尺寸划线钻孔→孔口倒角→将铆钉插入孔内→用压紧冲头压紧板料，如图6-27（a）所示→镦出铆钉伸出部分，如图6-27（b）所示→初步铆打成形，如图6-27（c）所示→最后用罩模修整，如图6-27（d）所示。如果采用圆钢料作为铆钉，应同时将钢料两头均匀镦粗，初步铆打成形并用罩模修磨两端铆合头 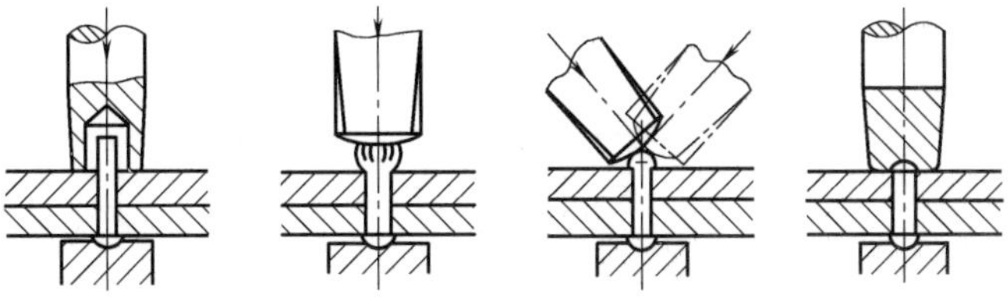 (a) 压紧板料　(b) 镦粗铆钉　(c) 铆打成形　(d) 修整 图6-27　半圆头铆钉的铆接方法
沉头铆钉的铆接	沉头铆钉的铆接过程如图6-28所示，一种是用成品沉头铆钉铆接，另一种是用圆钢按铆钉长度的确定方法，留出两端铆合头部分后截断作为铆钉。使用这两种铆钉时，铆接方法相同。用截断的圆钢作为铆钉的铆接过程，前四个步骤与半圆头铆钉的铆接相同：在正中镦粗面1和面2→铆面2→铆面1→最后修平高出的部分。如果用成品铆钉（一端已有沉头），只需将铆合头一端的材料，经铆打填平沉头座即可 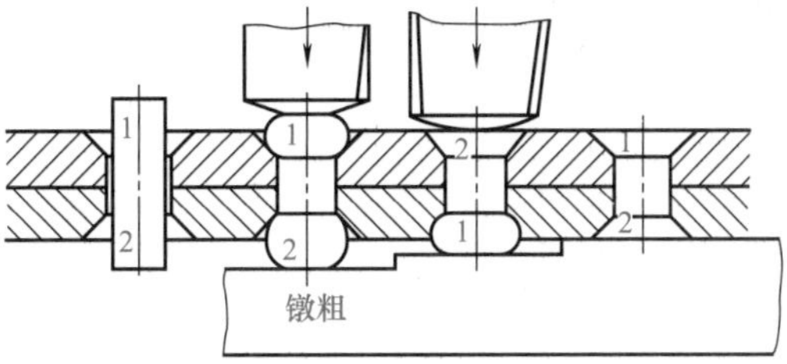 镦粗 图6-28　沉头铆钉的铆接
空心铆钉的铆接	空心铆钉的铆接如图6-29所示。把板料互相贴合、划线、钻孔并在孔口倒角，将铆钉插入后，先用样冲（或类似的冲头）冲压一下，使铆钉孔口张开与工件孔口贴紧，再用特制冲头使翻开的铆钉孔口贴平于工件孔口 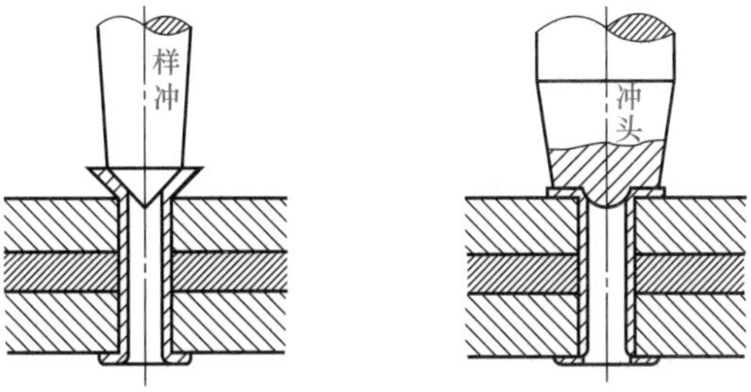 样冲　冲头 图6-29　空心铆钉的铆接
抽芯铆钉的铆接	把板料贴合，经划线、钻孔、孔口倒角后，将抽芯铆钉插入孔内，并将伸出铆钉头的钉芯部分插入拉铆枪头部孔内，启动拉铆枪，钉芯被抽出，钉芯头部凸缘将伸出板料的铆钉杆部头端膨胀成铆合头，钉芯即在钉芯头部的凹槽处断开而被抽出，如图6-30所示。这种铆钉由于使用简便、易于操作、快速铆合的特点，使用越来越广泛

续表

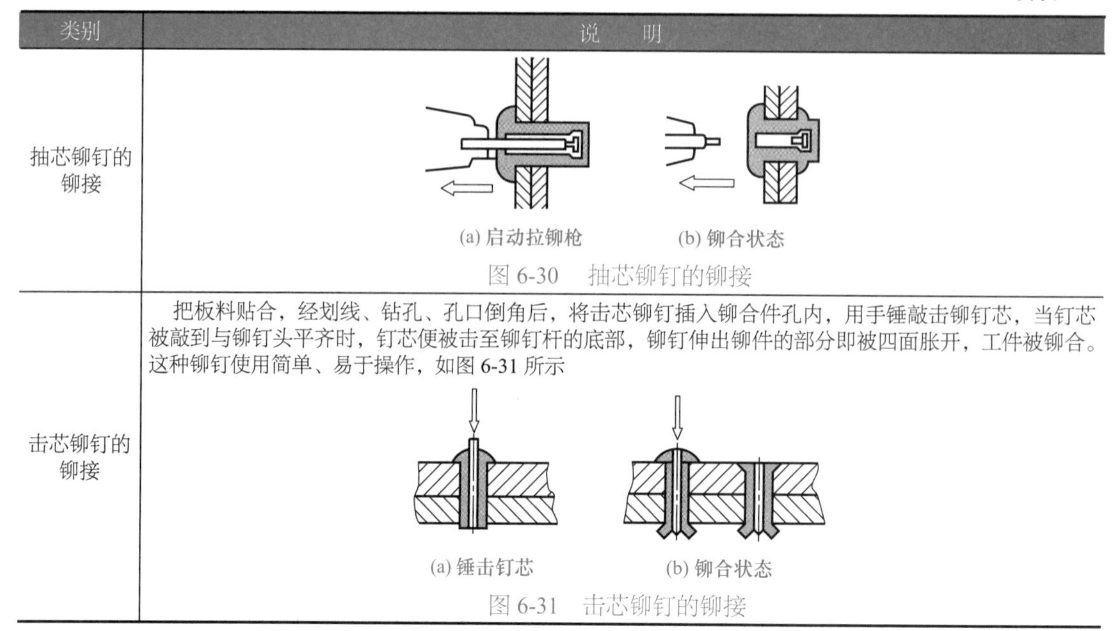

类别	说明
抽芯铆钉的铆接	(a) 启动拉铆枪　(b) 铆合状态 图 6-30　抽芯铆钉的铆接
击芯铆钉的铆接	把板料贴合，经划线、钻孔、孔口倒角后，将击芯铆钉插入铆合件孔内，用手锤敲击铆钉芯，当钉芯被敲到与铆钉头平齐时，钉芯便被击至铆钉杆的底部，铆钉伸出铆件的部分即被四面胀开，工件被铆合。这种铆钉使用简单、易于操作，如图 6-31 所示 (a) 锤击钉芯　(b) 铆合状态 图 6-31　击芯铆钉的铆接

（2）铆钉的拆卸方法

① 半圆头铆钉的拆卸。直径小的铆钉，可用凿子、砂轮或锉刀将一端铆钉头修平，再用小于铆钉直径的冲子，将铆钉冲出。直径大的铆钉，可用上述方法在铆钉半圆头上加工出一个小平面，然后用样冲冲出中心，再用小于铆钉直径 1mm 的钻头将铆钉头钻掉，用小于孔径的冲头冲出铆钉，如图 6-32 所示。

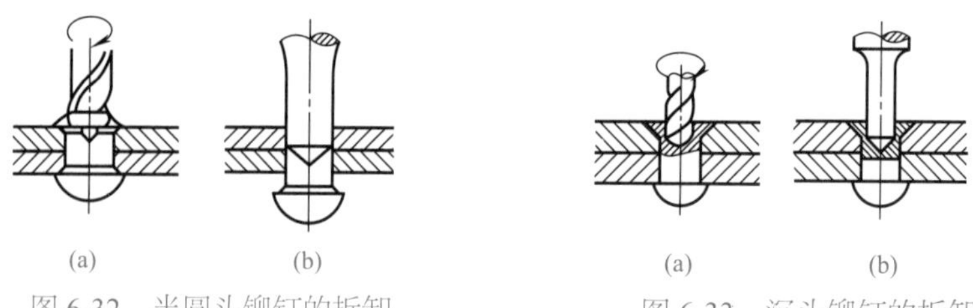

图 6-32　半圆头铆钉的拆卸　　图 6-33　沉头铆钉的拆卸

② 沉头铆钉的拆卸。拆卸沉头铆钉时，可用样冲在铆钉头上冲个中心孔，再用小于铆钉直径 1mm 的钻头将铆钉头钻掉，然后用小于孔径的冲头将铆钉冲出，如图 6-33 所示。

③ 抽芯铆钉的拆卸。如图 6-34 所示，用与铆钉杆直径相同的钻头，对准钉芯孔扩孔，直至铆钉头掉落，然后用冲子将铆钉冲出。

④ 击芯铆钉的拆卸。如图 6-35 所示，用冲钉冲击钉芯，再用与铆钉杆直径相同的钻头，钻掉铆钉基体。如果铆件比较薄，可直接用冲头将铆钉冲掉。

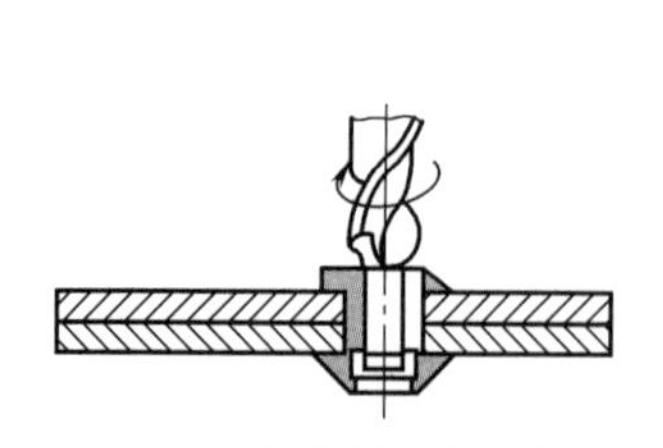

图 6-34　抽芯铆钉的拆卸

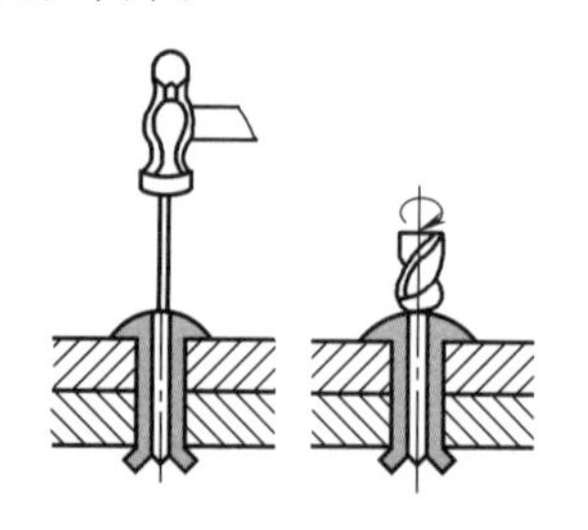

图 6-35　击芯铆钉的拆卸

六、铆接废品产生的原因和防止方法

铆接废品产生的原因和防止方法见表 6-22。

表 6-22 铆接废品产生的原因和防止方法

废品形式	产生原因	防止方法
铆件销位	①铆钉孔太长	①应正确计算铆钉长度
	②铆钉孔歪斜，铆钉孔移位	②钻孔时应垂直于工件，铆钉孔对正后再铆接
	③铆合头镦粗时，冲头与罩模不垂直	③铆接时，锤击方向应垂直于工件
铆合头偏斜、不光亮或有凹痕	①罩模工作面粗糙不光	①罩模工作面应打磨光亮
	②锤击时，罩模弹出铆合头	②铆合时，不要连续锤击，锤击力应适当
	③罩模与铆钉头没有对准就锤击	③铆合时应将罩模与铆合头对准
铆合头不完整	铆钉太短	应正确计算铆钉杆的长度
铆合头没填满	①铆钉太短	①铆钉长度应适当
	②铆钉直径太细	②铆钉直径应适当
	③铆钉孔钻大	③正确计算选用铆钉通孔的直径
铆合头没贴紧工件	①铆钉孔直径太小或铆钉直径太大	①正确计算孔径与铆钉的直径
	②孔口没有倒角	②孔口应有倒角
工件上有凹痕	①锤击时，罩模歪斜	①铆合时，罩模应垂直于工件
	②罩模孔大或深	②罩模大小应与铆合头相符
铆钉杆在孔内弯曲	①铆钉孔太大	①应正确计算孔径
	②铆钉杆直径太小	②应选用尺寸相符的标准铆钉
工件之间有间隙	①工件板料不平整	①铆接的板料应平整
	②板料没压紧	②铆钉插入孔后应用压紧冲头将板料压紧

第五节　键　连　接

键是用来连接轴和轴上零件，使其周向固定以传递转矩的一种机械零件。齿轮、带轮、联轴器等与轴多用键来连接，它具有结构简单、工作可靠、装拆方便等优点，因此获得了广泛的应用。根据结构特点和用途的不同，键连接可分为松键连接、紧键和切向键连接、花键连接三大类。

一、松键连接装配

松键连接所用的键有普通平键、半圆键、导向平键和滑键，它们的共同点是靠键的侧面来传递转矩，只能对轴上的零件做周向固定，不能承受轴向力。如需轴向固定，则需附加定位环、紧定螺钉等定位零件。松键连接的对中性好，在高速及精密的连接中应用较多。键与轴槽和轮毂的配合性质，一般取决于机构的工作要求，键可以固定在轴上或轮毂上，而与另一相配件能相对滑动，也可以固定在轴上或轮上，并以键的极限尺寸为基准，改变轴槽、轮毂槽的极限尺寸得到不同的配合要求。

（1）普通平键和半圆键

如图 6-36 所示为普通平键和半圆键。与轴和轮毂均为静连接，键的两侧面与键槽必须配合精确，即键与轴槽配合采用 $\frac{JZ}{h8}$，而键与轮毂槽配合采用 $\frac{H8}{h8}$，其中 JZ 的偏差见表 6-23。

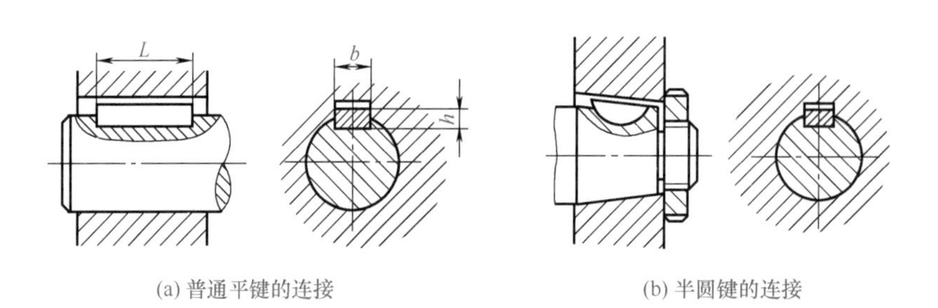

(a) 普通平键的连接　　(b) 半圆键的连接

图 6-36　普通平键和半圆键

表 6-23　轴槽宽度偏差（JZ）

键宽和槽宽的尺寸 b/mm		1～3	＞3～6	＞6～10	＞10～18	＞18～30	＞30～50	＞50～80	＞80～120
轴槽宽度偏差 JZ/μm	上偏差	—							
	下偏差	−35	−40	−45	−50	−55	−65	−75	−90

注：JZ 是专门为键槽规定的公差值。

（2）导向平键

如图 6-37 所示为导向平键。键固定在轴槽上，键与轮毂相对滑动，因此键与滑动件的键槽两侧面应达到精确的间隙配合 $\frac{F9}{h8}$，而键与轴槽的配合则采用 $\frac{JZ}{h8}$，即两侧面须配合紧密，没有松动现象。导向平键比滑动的孔长，为了保证连接的可靠性，还需用螺钉将键紧固在轴上。

（3）滑键连接的装配

如图 6-38 所示为滑键连接的装配。其作用与导向平键相同，适用于轴向运动较长的场合。滑键固定在轮槽中（过渡配合），键与轴槽两侧面为间隙配合 $\frac{F9}{h8}$，以保证工作时能正常滑动。

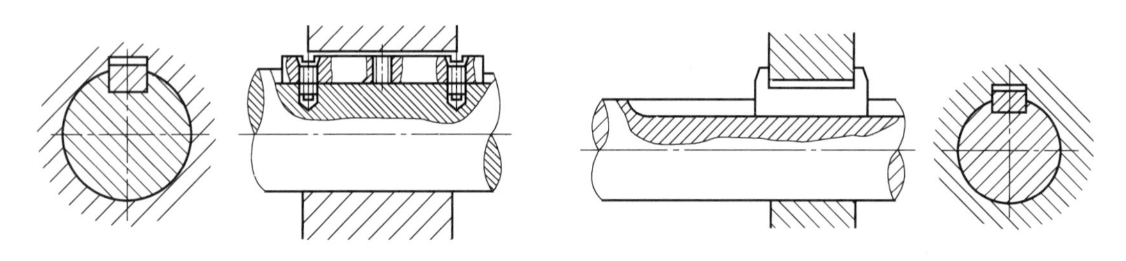

图 6-37　导向平键的连接　　图 6-38　滑键的连接

（4）松键连接的装配

松键连接的装配主要以锉削为主，对于普通平键和半圆键锉削装配时，两侧面应存有一定的过盈，键顶面和轮毂槽之间须留有一定的间隙。键底面与轴槽底面贴合，对导向平键和滑键要求键与滑动件的键槽侧面是间隙配合，而与非滑动件的键槽侧面之间的配合为过盈配合，必须紧密，没有松动现象。导向平键的沉头螺钉要紧固牢靠，点铆防松。

（5）松键联接的装配步骤

① 首先，清理键和键槽上的毛刺，检查键的平直度、键槽对轴心线的对称度和歪斜

程度。

② 用键头与轴槽试配，对于普通平键和导向平键应能使键紧紧地嵌在轴槽中，滑键应嵌在轮毂槽中。

③ 锉配键长。键头与轴槽间应有 0.1mm 左右的间隙。

④ 最后，配合面涂机械油，用铜棒或手锤加垫铁将键敲打入轴槽中。

二、紧键和切向键连接装配

（1）紧键连接装配

紧键连接主要指楔键连接。楔键连接分为普通楔键和钩头楔键两种。在键的上表面和与它相接触的轮毂槽底面，均有 1 ∶ 100 的斜度，键侧与键槽间有一定的间隙。装配时将键打入，形成紧键连接，传递转矩和承受单向轴向力。紧键连接的对中性较差，故多用于对中性要求不高，转速较低的场合。如图 6-39 所示是普通楔键连接形式，如图 6-40 所示是钩头楔键连接形式。

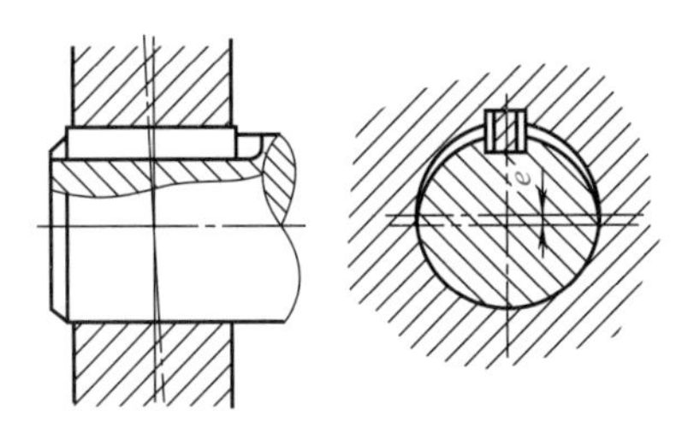

图 6-39　普通楔键连接

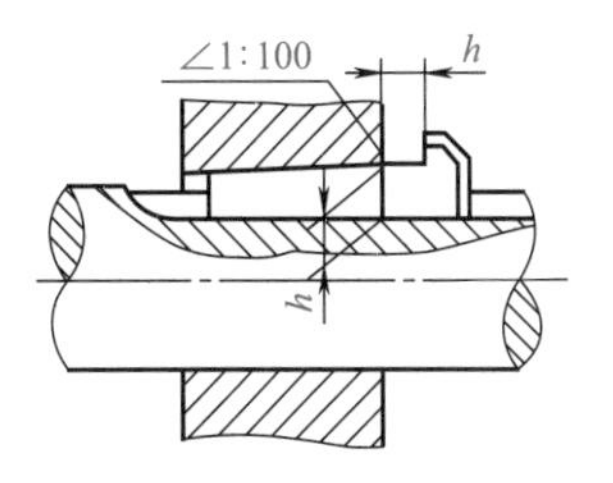

图 6-40　钩头楔键连接

紧键连接装配要点如下：

① 键的斜度要与轮毂槽的斜度一致（装配时应用涂色检查斜面接触情况），否则套件会发生歪斜。

② 键的上下工作表面与轴槽、轮槽的底部应贴紧，而两侧面要留有一定间隙。

③ 对于钩头楔键，不能使钩头紧贴套件的端面，必须留出一定的距离，以便拆卸。

（2）切向键连接装配

如图 6-41 所示为切向键连接装配，切向键有普通型切向键和强力型切削键两种类型。

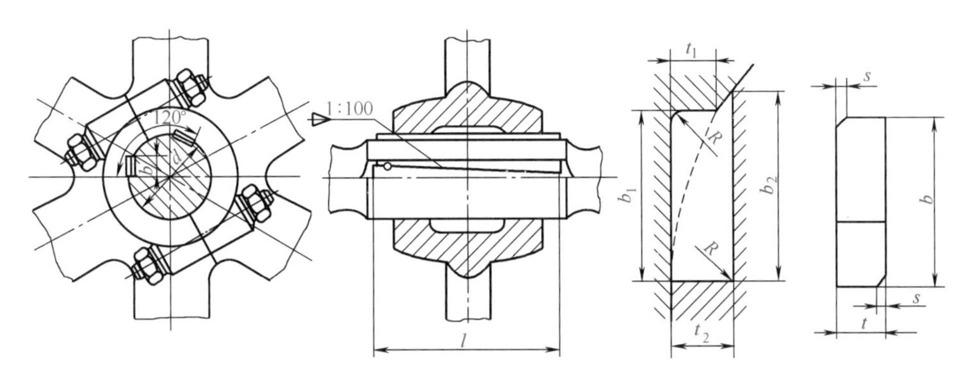

图 6-41　切向键连接装配示意

切向键连接装配要点为：

① 一对切向键在装配之后的相互位置应用销或其他适当的方法确定。

② 长度 l 按实际结构确定，建议一般比轮毂厚度长 10% ～ 15%。

③ 一对切向键在装配时，在 1 ∶ 100 的两斜面之间，以及键的两工作面与轴槽和轮毂槽的工作面之间都必须紧密结合。

④ 当出现交变冲击载荷时，轴径从 100mm 起，推荐选用强力切向键。

⑤ 两副切向键如果 120° 安装有困难时，也可以 180° 安装。

三、花键连接装配

花键轴的种类较多，按齿廓的形状可分为矩形齿、梯形齿、渐开线齿和三角形齿等。花键的定心方式有三种，见表 6-24。矩形齿花键轴由于加工方便，强度较高，而且易于对正，所以应用较广。

表 6-24　花键的定心方式

定心方式	图示	特点及用途
小径定心	轮毂 轴 d	小径定心是矩形花键连接最精密的方法，定心精度高。多用于机床行业
大径定心	轮毂 轴 D	大径定心的矩形花键连接加工方便，定心精度较高，可用于汽车、拖拉机和机床等行业
齿形定心	s p	齿形定心方式用于渐开线花键。在受载情况下能自动定心，可使多数齿同时接触。有平齿根和圆齿根两种，圆齿根有利于降低齿根的应力集中。适用于载荷较大的汽车、拖拉机变速箱轴等

花键连接按工作方式不同，可分为静连接和动连接两种。其连接装配要点为：

① 静连接花键装配时，花键孔与花键轴允许有少量过盈，装配时可用铜棒轻轻敲入，但不得过紧，否则会拉伤配合表面。过盈较大的配合，可将套件加热至 80 ～ 120℃后进行装配。

② 动连接花键装配时，花键孔在花键轴上应滑动自如，没有阻滞现象，但不能过松。应保证精确的间隙配合。

第六节　销　连　接

销连接在机械中除起连接作用外，还可以起定位作用和保险作用，如图 6-42 所示。销子的结构简单，连接可靠，装拆方便，在各种机械中应用很广。各种销大多用 30 钢、45 钢制成，其形状和尺寸已标准化，销孔的加工大多是采用铰刀加工。

一、销的类型

（1）圆柱销

圆柱销依靠少量过盈固定在孔中，用以固定零件，传递动力或作定位元件。圆柱销的种类及应用范围见表 6-25。

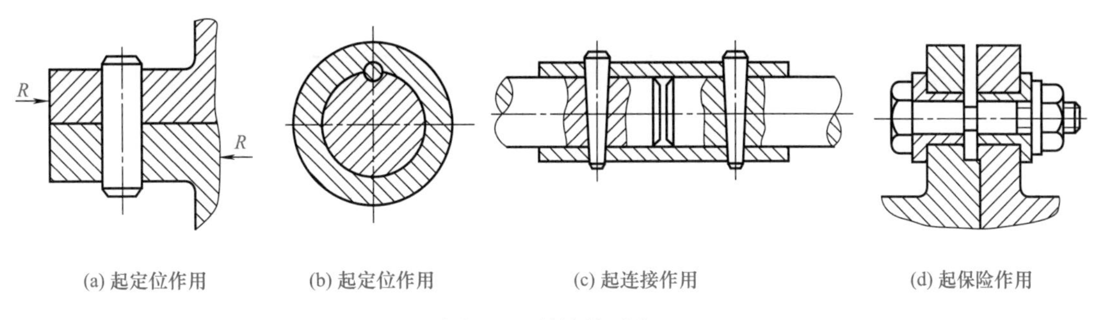

(a) 起定位作用　(b) 起定位作用　(c) 起连接作用　(d) 起保险作用

图 6-42　销连接示意

表 6-25　圆柱销种类及应用范围

种类	结构图式	应用范围
普通圆柱销（GB/T 119.1—2000）		直径公差带有 u8、m6、h8 和 h11 四种，以满足不同使用要求。主要用于定位，也可用于连接
内螺纹圆柱销（GB/T 120.1—2000）		直径公差带只有 m6 一种内螺纹供拆卸用，有 A、B 两型，B 型有通气平面用于盲孔
螺纹圆柱销（GB/T 878—2007）		直径的公差带较大，定位精度低。用于精度要求不高的场合
弹性圆柱销（GB/T 879—2018）		具有弹性，装入销孔后与孔壁压紧，不易松脱，销孔精度要求较低，互换性好，可多次装拆。刚性较差，适用于有冲击、振动的场合，但不适于高精度定位

（2）圆锥销

圆锥销有 1 ∶ 50 的锥度，靠过盈与铰制孔结合，安装方便，可多次装拆。定位精度比圆柱销高，受横向力时能自锁，但受力不及圆柱销均匀。圆锥销的种类及应用范围见表 6-26。

表 6-26　圆锥销种类及应用范围

种类	结构图式	应用范围
普通圆锥销（GB/T 117—2000）	1:50	主要用于定位，也可用于固定零件，传递动力。多用于经常装拆的场合
内螺纹圆锥销（GB/T 118—2000）	1:50	螺纹供拆卸用。内螺纹圆锥销用于盲孔
螺尾圆锥销（GB/T 881—2000）	1:50	螺纹供拆卸用。用于拆卸困难的场合
开尾圆锥销	1:50	开尾圆锥销打入销孔后，末端可稍张开，以防止松脱，用于有冲击、振动的场合

（3）槽销

沿销体母线碾压或模锻三条不同形状和深度的沟槽，打入销孔与孔壁压紧，不易松脱，能承受振动和变载荷。销孔不需铰光，可多次装拆。槽销的种类及应用范围见表 6-27。

表 6-27　槽销的种类及应用范围

种类	结构图式	应用范围
直槽销	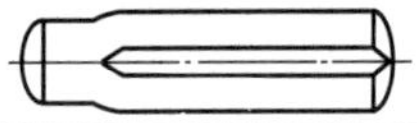	全长具有平行槽，端部有导杆和倒角两种，销与孔壁间压力分布较均匀。用于有严重振动和冲击载荷的场合
中心槽销	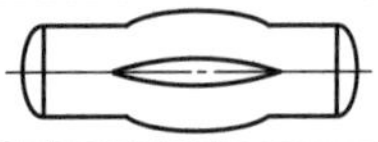	销的中部有短槽，槽长有 1/2 全长和 1/3 全长两种。用作心轴，将带毂的零件固定在短槽处
锥槽销	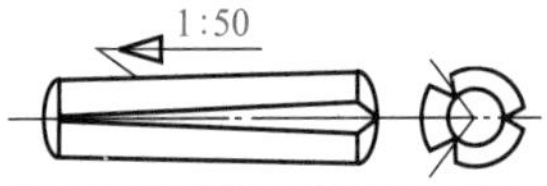 1:50	沟槽成楔形，有全长和半长两种，作用与圆锥销相似，销与孔壁间压力分布不均，应用范围与圆锥销相同
半长倒锥槽销	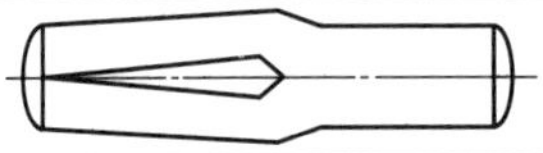	半长为圆柱销，半长为倒锥槽销。用作轴杆
有头槽销	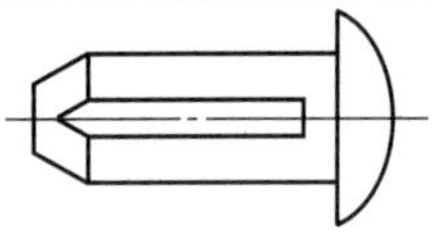	有圆头和沉头两种。可代替螺钉，抽芯铆钉，用以紧定标牌、管夹子等

（4）其他

其他几种销的特点及应用范围见表 6-28。

表 6-28　其他销的特点及应用范围

种类	结构图式	特点及应用范围
销轴	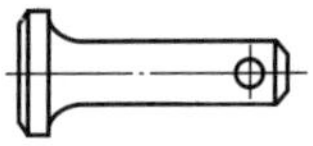	用开口销锁定，拆卸方便，用于铰接
带孔销		用开口销锁定，拆卸方便，用于铰接
开口销	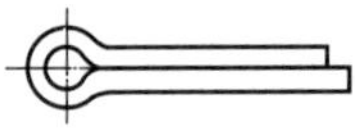	工作可靠拆卸方便。用于锁定其他紧固件（如槽形螺母，销轴等）
	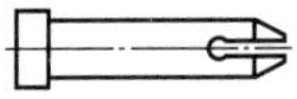	用于尺寸较大处
安全销	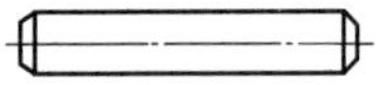	结构简单、形式多样。必要时可在销上切出圆槽。为防止断销时损坏孔壁，可在孔内加销套。用于传动装置和机器的过载保护，如安全联轴器等的过载剪断元件

二、销连接装配

（1）圆柱销连接装配

① 圆柱销与销孔的配合全靠少量的过盈，以保证连接或定位的紧固性和准确性。故一经拆卸失去过盈就必须调换。

② 圆柱销装配时，为保证两销孔的中心重合，一般都将两销孔同时进行钻铰，其表面粗糙度值要求在 *Ra*1.6μm 或更小。

③ 装配时在销子上涂油，用铜棒垫在销子端面上，把销子打入孔中。也可用 C 形夹头把销子压入孔内，如图 6-43 所示，压入法销子不会变形，工件间不会移动。

（2）圆锥销连接装配

① 圆锥销以小端直径和长度表示其规格。

② 装配时，被连接或定位的两销孔也应同时钻铰，但必须控制好孔径大小。一般用试装法测定，即能用手将圆锥销塞入孔内 80% 左右为宜，如图 6-44 所示。

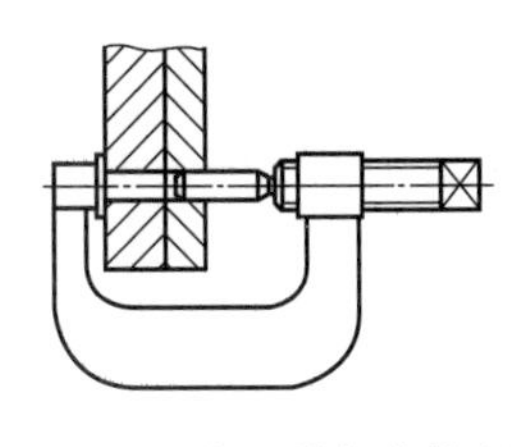
图 6-43　用 C 形夹头装配

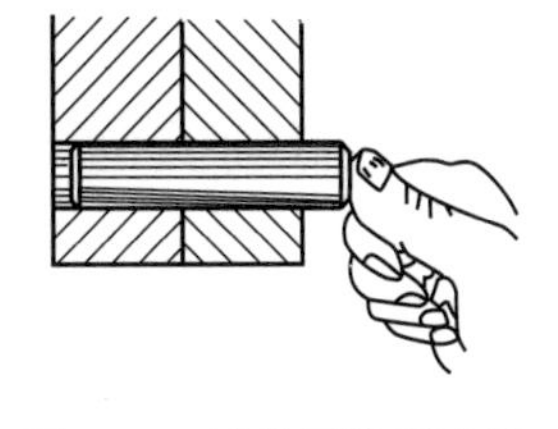
图 6-44　试装圆锥销方法

③ 销子装配时用铜锤打入。锥销的大端可稍露出或平于被连接件表面。锥销的小端应平于或缩进被连接件表面。

第七节　过盈连接

过盈连接是依靠包容件（孔）和被包容件（轴）配合后的过盈值，来达到紧固连接的目的。过盈连接装配后，由于材料的弹性，在包容件和被包容件结合面间产生压力和摩擦力来传递转矩、轴向力或两者复合载荷，如图 6-45 所示。这种连接的结构简单，同轴度高，承载能力大，并能承受冲击载荷。但对结合面加工精度要求较高，装配不便。

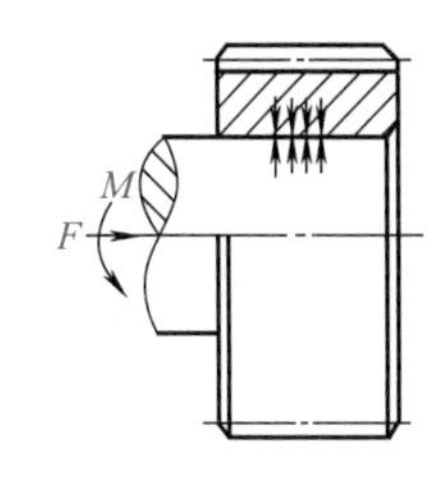

图 6-45　过盈连接

过盈连接的结合面多为圆柱面，也有圆锥结合面。连接的方法有压入装配、温差装配，以及具有可拆性的液压套装。在连接过程中，包容件与被包容件要清洁，相对位置要准确，实际过盈量必须符合要求。

一、压入法

圆柱面过盈连接的过盈量或尺寸较小时，一般用压入法装配。

（1）压入法的装配工艺要点及应用范围（表 6-29）

表 6-29　压入法的装配工艺要点及应用范围

装配方式	设备工具	装配工艺要点	特点及应用
敲击压入	锤子或重物敲击	①压入过程应保持连续，不宜太快。压入速度常用 2 ～ 4mm/s，不宜超过 10mm/s，并需准确控制压入行程 ②薄壁或配合面较长的连接件，最好垂直压入，以防变形 ③对于细长的薄壁件，应特别注意检查其过盈量和形位偏差 ④配合面应涂润滑油 ⑤压入配合后，被包容件的内孔有一定收缩。如内孔尺寸有严格要求，可预先加大或装配后重新加工	简便，但导向性不易控制，易出现歪斜。适用于配合要求低、长度短的零件装配，如销、短轴等。多用于单件生产
工具压入	螺旋式、杠杆式、气动式压入工具		导向性比冲击压入好，生产率较高。适用于小尺寸连接件的装配，如套筒和一般要求的滚动轴承等。多用于中小批生产
压力机压入	齿条式、螺旋式、杠杆式气动压力机或液压机		压力范围为 10 ～ 10000kN。配合夹具使用，可提高导正性。适用于轻、中型静配合的连接件，如齿圈、轮毂等。成批生产中广泛采用

（2）压入法常用工具设备

压入法常用工具设备有锤子、螺旋压力机、专用螺旋的 C 形夹头、齿条压力机、气动杠杆压力机等。

二、温差法

采用温差法装配时，可加热胀大包容件或冷却收缩被包容件，也可同时加热包容件和冷却被包容件，以形成装配间隙。由于这个装配间隙可使零件配合面保持原来状态，而且配合面的粗糙度不影响其结合强度，因此连接的承载能力比用压入法装配大。

温差法的装配工艺要点及应用范围见表 6-30。

表 6-30　温差法的装配工艺要点及应用范围

<table>
<tr><th>方法</th><th>装配方式</th><th>设备工具</th><th>装配工艺要点</th><th>特点及应用</th></tr>
<tr><td rowspan="4">热胀法</td><td>火焰加热</td><td>喷灯、氧乙炔、丙烷加热器、炭炉</td><td rowspan="4">①包容件因加热而胀大，使过盈量消失，并有一定间隙。根据具体条件，选取合适的装配间隙。一般取 $0.001d \sim 0.002d$（d 为配合直径）。包容件重量轻，旋合长度短，配合直径大，操作比较熟练，可选小些；反之，则应选大些
②采用热胀法时，实际尺寸不易测量，可按下列公式计算温度来控制。装配时间要短，以防因温度变化而使间隙消失，出现“咬死”现象。工件加热温度计算式：
$$t=\frac{\delta+\Delta}{\alpha d}+t_0$$
式中　t——工件加热温度，℃；
δ——实际过盈量，mm；
Δ——热配合间隙（0.001 ～ 0.002mm）；
t_0——环境温度，℃；
α——包容件线胀系数，1/℃；
d——包容件孔径，mm
③用热油槽加热时，加热温度应比所用油的闪点低 20 ～ 30℃。加热一般结构钢时，不应高于 400℃，加热和温升应均匀
④较大尺寸的包容件经热胀配合，其轴向尺寸均有收缩。收缩量与包容件的轴向厚度和配合面过盈量有关</td><td>加热温度＜ 350℃。使用加热器，热量集中，易于控制，操作简便。适用于局部加热中等或大型连接件</td></tr>
<tr><td>介质加热</td><td>沸水槽、蒸汽加热槽、热油槽</td><td>沸水槽加热温度 80 ～ 100℃，蒸汽槽可达 120℃，热油槽 90 ～ 320℃，均可使连接件去污干净，热胀均匀。适用于过盈量较小的连接件，如滚动轴承、连杆衬套等</td></tr>
<tr><td>电阻和辐射加热</td><td>电阻炉、红外线辐射加热箱</td><td>加热温度可达 400℃以上，热胀均匀，表面洁净，加热温度易自动控制。适用于中、小型连接件成批生产</td></tr>
<tr><td>感应加热</td><td>感应加热器</td><td>加热温度可达 400℃以上，加热时间短，调节温度方便，热效率高。适用于采用特重型和重型静配合的中、大型连接件</td></tr>
<tr><td rowspan="3">冷缩法</td><td>干冰冷缩</td><td>干冰冷缩装配（或以酒精、丙酮、汽油为介质）</td><td rowspan="3">①被包容件冷缩时的实际尺寸不易测量，一般按冷缩温度控制冷缩量
②冷却至液氮温度时，一般不需测量。当冷缩装置中液氮表面层无明显的翻腾蒸发现象时，被包容件即已冷却至接近液氮温度
③小型被包容件浸入液氮冷却时，冷却时间约 15min，套装时间应很短，以保证装配间隙消失前套装完毕
④须防止冻伤</td><td>可冷至 −78℃，操作简便。适用于过盈量小的小型连接件和薄壁衬套等</td></tr>
<tr><td>低温箱冷缩</td><td>各种类型低温箱</td><td>可冷至 −40 ～ −140℃，冷缩均匀，表面洁净，冷缩温度易自动控制，生产率高。适用于配合面精度较高的连接件，以及在热态下工作的薄壁套筒件</td></tr>
<tr><td>液氮冷缩</td><td>移动或固定式液氮槽</td><td>可冷至 −195℃，冷缩时间短，生产率高。适用于过盈量较大的连接件</td></tr>
</table>

三、圆锥面过盈连接装配方法

圆锥面过盈连接是利用轴和孔产生相对轴向位移互相压紧而达到过盈连接的目的。它的特点是压合距离短、装拆方便，装拆时配合面不易擦伤，可用于多次装拆的场合，但其配合的表面加工困难。常用的装配方法有两种。

（1）用螺母压紧圆锥面的过盈连接（图 6-46）

这种连接拧紧螺母可使结合面压紧形成过盈结合，多用于轴端连接。结合面的锥度小时，所需轴向力小，但不易拆卸；锥度大时拆卸方便，但所需轴向力大。通常锥度可取（1 ∶ 30）～（1 ∶ 8）。

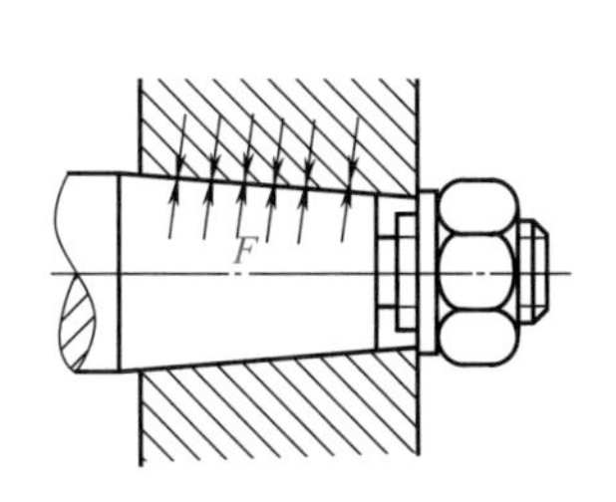

图 6-46　螺母压紧圆锥面的过盈连接

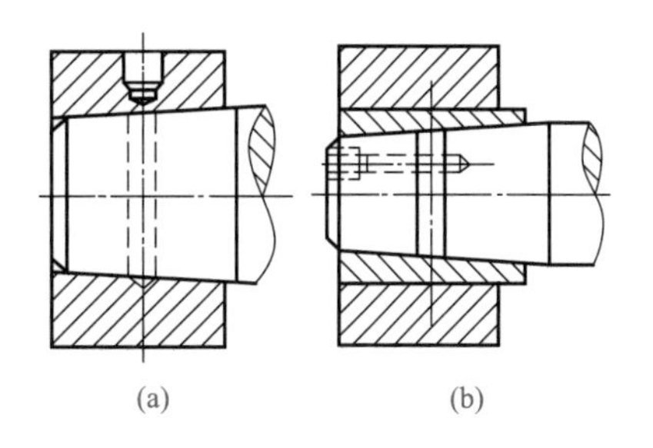

图 6-47　液压装拆圆锥面的过盈连接

（2）液压装拆圆锥面的过盈连接

这种方法是利用高压油装配，装配时用高压液压泵将油包容件［图 6-47（a）］或被包容件［图 6-47（b）］上的油孔和油槽压入结合面间，使包容件内径胀大，被包容件外径缩小；同时，施加一定的轴向力，使孔轴相互压紧。当压紧到预定的轴向位置后，排出高压油，即可形成过盈结合。同样，这种连接也可利用高压油拆卸。

液压套装工艺要求严格，配合面的接触要均匀，面积应大于 80%。装配工艺要点及应用范围见表 6-31。

表 6-31　液压装拆法工艺要点及应用范围

设备和工具	装配工艺要点	特点应用范围
高压液压泵、增压器等液压附件	①对于圆锥面连接件，应严格控制压入行程 ②开始压入时，压入速度应很小 ③到行程后，先消除径向油压，后去轴向油压 ④拆卸时，油压比套装时低 ⑤套装时，配合面干净并涂轻质润滑油	油压常达 150 ～ 200MPa，操作工艺要求严格。套装后，可以拆卸。适于过盈量较大的大、中型连接件，尤其是定位要求严格的零件

第八节　滑动及滚动轴承的装配

一、滑动轴承的装配

（1）滑动轴承的分类

滑动轴承可按承载方向、润滑剂种类、轴瓦材料、轴瓦结构等分类。滑动轴承按承载方向又分径向（向心）滑动轴承、推力（轴向）滑动轴承及特殊滑动轴承等。具体分类见表 6-32。

表 6-32　滑动轴承的分类

类别		说明
径向滑动轴承分类	整体轴承	由一整块材料中间制孔而成，多以铸铁或铸钢等富有抗蚀性、高强度的材料制成，磨损后无法调整，须加衬套（比轴的材料软）。多用于压力较小或低速度之处，其传动功率在 7.35kW 以下
	对合轴承	将轴承座及衬套制成上、下两半，衬套磨损后可作左、右两方向调整。价廉且耐用，拆装均便利，为应用最多的滑动轴承，常用于中型机械，如汽车曲轴、车床主轴
	四部轴承	衬套磨损后可作上、下、左、右四个方向调整。常用于大型机械，如蒸汽机、发电机、电动机之主轴，其轴颈必须时时保持于固定位置
推力滑动轴承分类	端轴承	装于轴的端部，为使轴承易于校正或磨损后易于换装，通常在轴的下端放置两个或两个以上垫片。一般用于转动速率小、制造成本较低的机械上
	环轴承	装于轴的中间任何需要部位的轴承。可承受双向高速集中负荷的轴向推力，并须应用自动润滑装置
特殊滑动轴承分类	无油轴承	应用于不可有污染之转轴，如食品机械等
	多孔轴承	用粉末冶金法制成，其小孔约占轴承的 25%。一般用于轴径小、负荷轻的轴承
	宝石轴承	利用人工宝石作为轴向推力支承面的轴承。用于需回转精确的钟表及计测器上
按润滑剂种类分		按润滑剂种类可分为油润滑轴承、脂润滑轴承、水润滑轴承、气体轴承、固体润滑轴承、磁流体轴承和电磁轴承
按轴瓦材料分		按轴瓦材料可分为青铜轴承、铸铁轴承、塑料轴承、宝石轴承、粉末冶金轴承、自润滑轴承和含油轴承等
按轴瓦结构分		按轴瓦结构可分为圆轴承、椭圆轴承、阶梯面轴承、可倾瓦轴承和箔轴承等

（2）轴承安装前的准备（表 6-33）

表 6-33　轴承安装前的准备

类别	说明
检验轴承型号、尺寸	检验轴承型号、尺寸是否符合安装要求，并根据轴承的结构特点和与之配合的各个零部件，选择好适当的装配方法，准备好安装时用的工具和量具。常用的安装工具有手锤、铜棒、套筒、专用垫板、螺纹夹具、压力机等，量具有游标卡尺、千分尺、千分表等
检验轴承装配表面	安装前应对轴颈、轴承座壳体孔的表面、台肩端面及连接零件（如衬套、垫圈）等的配合表面，进行仔细检验，清除锈蚀层和轴承装配表面及其连接零件上的附着物
轴承的清洗	轴承必须经过彻底清洗才能安装使用（对两面带防尘盖或密封圈的轴承以及涂有防锈、润滑两用油脂的轴承除外）。其方法是：凡用防锈油封存的轴承，可用汽油或煤油清洗。凡用防锈油脂的轴承，可先用 10 号机油或变压器油加热熔解清洗（油温不得超过 100℃），把轴承浸入油，待防锈油脂熔化取出冷却后，再用汽油或煤油清洗 注意：对内、外圈可分离的轴承，不要把外圈互相调换弄错；对调心球和调心滚子轴承，不得任意把轴承上的滚动体取出混放。对过盈量较大的中、大型轴承，装前必须加热（两面带有防尘盖或密封圈的轴承除外）；对于紧配合的轻金属轴承座壳体孔（如铝轴承座），因硬度很低，为预防轴承外圈压入时轴承座壳体孔的表面被划伤、拉毛，亦应加热安装。加热的方法，一般是将轴承或分离型轴承套圈，放入盛有洁净机油的油箱里（要避免油中沉淀杂质进入轴承），使机油淹没轴承，均匀加热。温度达到 80 ～ 90℃时，取出擦净，趁热安装。对清洗好的轴承，填加润滑剂后，应放在装配台上待用，注意保持清洁。挪动轴承时，应用净布将轴承包起
清洗质量检验	检验时，可先用干净的塞尺将少量剩余的油刮出，涂于拇指上，用食指来回慢慢搓研，确定轴承是否清洗干净。最后将轴承拿在手上，捏住内圈，拨动外圈水平旋转（大型轴承可放在装配台上，内圈垫上垫片，外圈悬空，压紧内圈，转动外圈），以旋转灵活、无阻滞、无跳动为合格
其他零件清洁	对于轴和轴承座壳体孔及其他零件，可先用汽油或煤油清洗，用干布擦净并涂以少量的油。凡铸件上有型砂的要彻底清除；凡与轴承配合的零部件上有毛刺尖角的必须去掉
安装轴承	安装轴承时，应将轴承套圈的打字面朝外摆放和安装

（3）滑动轴承润滑剂的选择（表 6-34）

表 6-34　滑动轴承润滑剂的选择

<table>
<tr><th>种类</th><th>工作条件</th><th colspan="2">选择原则</th></tr>
<tr><td rowspan="4">润滑油</td><td>压力大或冲击、变载等</td><td colspan="2">选用黏度较高的润滑油</td></tr>
<tr><td>滑动速度高</td><td colspan="2">因容易形成油膜，为减少功耗，应选用黏度较低的润滑油</td></tr>
<tr><td>摩擦工作面粗糙或未经跑合</td><td colspan="2">选用黏度较高的润滑油</td></tr>
<tr><td>轴承工作温度较高</td><td colspan="2">选用黏度较高的润滑油，反之，应选用黏度较低、凝点较低的润滑油</td></tr>
<tr><td rowspan="3">润滑脂</td><td>轴承工作温度在 55 ～ 77℃以下</td><td rowspan="3">相对滑动速度低于 1 ～ 2m/s 或不易注油的场合</td><td>选用钙脂润滑</td></tr>
<tr><td>轴承工作温度最高达 120℃（无水条件下）</td><td>选用钠脂润滑</td></tr>
<tr><td>工作环境潮湿，轴承的工作温度为 –20 ～ 120℃</td><td>选用锂脂润滑</td></tr>
</table>

（4）滑动轴承装配

滑动轴承装配技术要求与装配要点见表 6-35。

表 6-35　滑动轴承装配技术要求与装配要点

<table>
<tr><th>类别</th><th>说　明</th></tr>
<tr><td>装配技术要求</td><td>滑动轴承装配的主要技术要求是：轴颈与轴承配合表面达到规定的单位面积接触点数；配合间隙符合规定要求，以保证工作时得到良好的润滑；润滑油通道畅通，孔口位置正确
普通的向心滑动轴承有整体、对开和锥形表面三种结构形式。整体式结构简单，轴套与轴承座用过盈配合连接，轴套内孔分为光滑圆柱孔和带油槽圆柱孔两种形式；轴套与轴颈之间的间隙不能调整，机构安装和拆卸时必须沿轴向移动轴或轴承，很不方便。对开式轴承，其轴瓦与轴颈之间的间隙可以调整，安装简单，维修方便。锥形表面轴承的轴套有外柱内锥与外锥内柱两种结构，轴套与轴颈之间的间隙通过轴与轴套的轴向相对位移调整</td></tr>
<tr><td>整体式轴承装配要点</td><td>①轴套压装前，应清洁配合表面并涂润滑油。有油孔的轴套压装前应与轴承座上的油孔周向位置对齐，小带凸肩的轴套压入轴承座后应与座孔端面齐平
②根据尺寸和过盈量大小采用压装法、加热法或冷装法，将轴承装入壳体孔内。压装轴套可用锤子敲入或用压力机压入，但均应注意防止轴套歪斜。常用的压装方法有三种，如图 6-48 所示
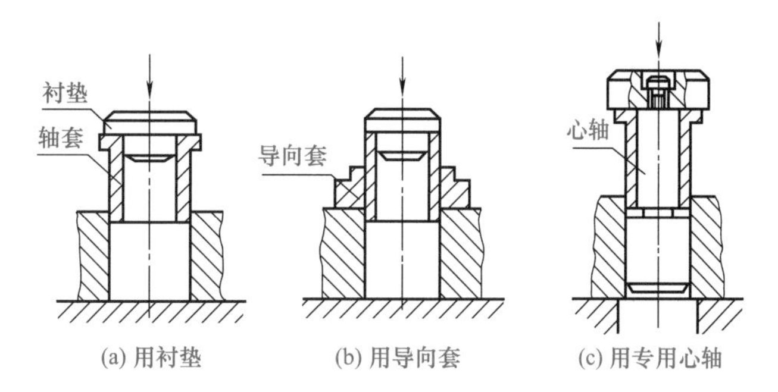

(a) 用衬垫　(b) 用导向套　(c) 用专用心轴
图 6-48　压入轴套的方法示意
使用衬垫压入是在轴套上垫以衬垫，用锤子直接将其敲入轴承座。衬垫的作用主要是避免击伤轴套。这种方法简单，但容易发生轴套歪斜。使用导向套压入是在使用衬垫的同时采用导向套，由导向套控制压入方向，防止轴套歪斜。使用专用导向芯轴，主要用于薄壁轴套的压装。如果轴承有油孔，应与壳体上油孔对准。轴承装入后还要定位，当钻骑缝螺纹底孔时，应该用钻模板，否则钻头会向硬度较低的轴承方向偏移
③轴承孔校正。由于装入壳体后轴承内孔会收缩，所以通常应加大轴承内孔尺寸，使轴承装入后，内孔与轴颈之间能保证适当的间隙（也有在制造轴承时，内孔留有精铰余量，以保证配合间隙的）。届时要充分注意铰刀的导向，以免造成轴承内孔轴线偏斜</td></tr>
</table>

续表

类别	说明
整体式轴承装配要点	④轴套孔壁的修正。轴套压入后，其内孔容易发生变形（尺寸变小，圆度、圆柱度误差增大等），此外箱体（机体）两端轴承的轴套孔的同轴度误差也会增大。因此，应检查轴承与轴的配合情况，并根据轴套与轴颈之间规定的间隙和单位面积接触点数的要求进行修正，直至达到规定要求。轴套孔壁修正常采用铰孔、刮削或滚压等方法
剖分式轴承装配要点	剖分式向心滑动轴承如图 6-49 所示，主要用在重载大中型机器上，其材料主要为巴氏合金，少数情况下采用铜基轴承合金。在装配时，一般都采用刮削的方法来满足其精度要求。 ①轴瓦与瓦座和瓦盖的接触要求。受力轴瓦的瓦背与瓦座接触面积应大于 70%，其接触范围角 α 应大于 150°；不受力轴瓦与瓦盖的接触面积应大于 60%，接触范围角 α 应大于 120°。两者的接触面分布要均匀，允许有间隙的尺寸 b 均不应大于 0.05mm，如图 6-50 所示 轴承盖 上轴瓦 调整垫片 螺母 螺栓 H 轴承座 下轴瓦 图 6-49　剖分式向心滑动轴承结构 b b α 图 6-50　轴瓦的接触要求 ②如达不到上述要求，应以瓦座与瓦盖为基准，涂以红丹粉检查接触情况，用细锉锉削瓦背进行修研，接触斑点密度达到 3 ～ 4 点 /25mm² 即可 ③轴瓦与瓦座、瓦盖装配时，固定滑动轴承的固定销（或螺钉）端头应埋入轴承体内 2 ～ 3mm，两半瓦合缝处垫片应与瓦口面的形状相同，其宽度应小于轴承内侧 1mm，垫片应平整无棱刺，瓦口两端垫片厚度应一致。瓦座、瓦盖的连接螺栓应紧固且受力均匀。所有件应清洗干净 ④上、下轴瓦的结合面接触要良好。无论在加工过程或装配组合时，均需用 0.05mm 塞尺从外侧塞入检查，其塞入深度不得大于接合面宽度的 1/3，否则应进行配研 ⑤同组加工的上、下轴瓦，应按加工时所做标记装在同一轴承孔内。上、下轴瓦两端方向应同组合加工时一致 ⑥内孔刮研后，应保证装入轴瓦中零件的平行度、直线度、中心距等达到图样要求；与相关轴颈接触良好 ⑦要在上、下轴瓦接触角 α 以外的部分刮出楔，楔形在瓦口处最大，逐渐过渡到零 ⑧上、下轴瓦刮研后，装入瓦口垫入片组，轴瓦内径与轴颈的间隙应符合图样要求，达到间隙配合公差中间值或接近上限值。若图样未规定，顶隙 C 按下列公式计算： C=0.001D+0.05（mm） 式中　D——轴瓦内孔直径，mm

二、滚动轴承的装配

（1）滚动轴承的分类

滚动轴承的类型繁多，可以从不同角度进行分类。

按滚动体的形状不同可分为球轴承和滚子轴承。球形滚动体与内、外圈是点接触，运转时摩擦损耗小，承载能力和抗冲击能力弱；滚子滚动体与内、外圈是线接触，承载能力和抗冲击能力强，但运转时摩擦损耗大。按滚动体的列数，滚动轴承又分为单列、双列及多列。

滚动轴承的滚动体和外圈滚道接触点的法线与轴承半径方向的夹角 α 称为轴承公称接触角。按轴承所承受的载荷方向或公称接触角的不同，滚动轴承可分为向芯轴承和推力轴承，前者的公称接触角 0° ≤ α ≤ 45°（α=0° 者为径向接触轴承，如圆柱滚子轴承、深沟球轴承，它主要用于承受径向载荷，但也能承受少量的轴向载荷；0° < α ≤ 45° 者为向心角接触轴承，如角接触球轴承及圆锥滚子轴承，它能同时承受径向载荷和单向的轴向载荷）。后者的公称接触角为 45° < α ≤ 90°（α=90° 者为轴向接触轴承，只能用于承受轴向载荷；45° < α ≤ 90° 者为推力角接触轴承，主要承受大的轴向载荷，也能承受不大的径向载荷）。

（2）滚动轴承的配合选择

滚动轴承装配的主要技术要求是：保证轴承内圈与轴颈、轴承外圈与轴承座孔的正确配合；径向、轴向游隙符合要求；转动灵活，噪声和温升值符合规定要求。

选择配合的依据是：通常循环载荷、摆动载荷采用过盈配合；局部载荷除使用上有特殊要求外，一般不宜采用过盈配合。当轴承套圈承受摆动载荷而且是重负荷时，内、外圈均应采用过盈配合（但有时外圈可稍松一点，能在轴承座壳体孔内做轴向游动）；当轴承套圈承受摆动载荷且载荷较轻时，可采用比过盈配合稍松一些的配合。选择配合时，应考虑轴承装置部分的温度差、胀缩量。温度差大时，选择轴与内圈的配合过盈量应大些。

对轴承有较高旋转精度要求时，应避免采用间隙配合。对轴承壳体孔，与轴承外圈配合时不宜采用过盈配合，也不应使外圈在壳体孔内转动。对于安装有薄壁壳体孔、轻金属壳体孔或空心轴上的轴承，应采用比厚壁壳体孔、铸铁壳体孔或实心轴更紧的配合。对重型机械，轴承宜采用间隙配合。当需要采用过盈配合时，可选用分离型轴承、内圈带锥孔和带紧定套或退卸套轴承。

当要求轴承的一个套圈在运转中能轴向游动时，轴承外圈与轴承座壳体孔应采用松配合。由于轴承的内、外圈较薄，装配时加压容易变形，因此，应使用铜质或软钢装配套筒垫在内、外圈上，如图 6-51 所示。如果轴承内圈与轴颈配合的过盈量较大，可将轴承放入有网格的油箱中加热后装配；小型轴承则可用挂钩挂在油中加热。

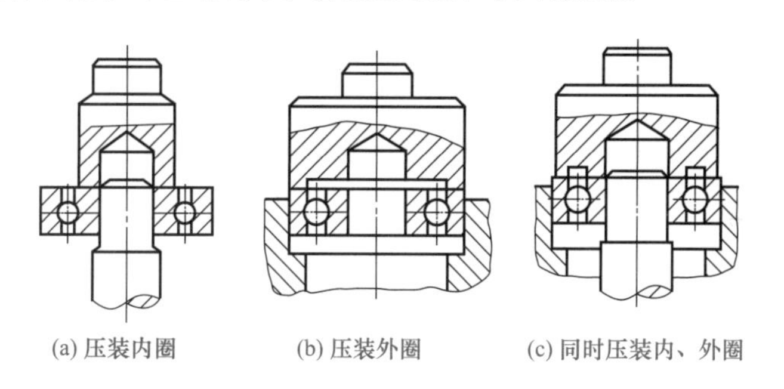

图 6-51　滚动轴承的压装

（3）滚动轴承游隙和预紧的调整

① 滚动轴承游隙的测量与调整。滚动轴承的内圈、外圈与滚动体间留有间隙 Δ，由此产生的相对移动量为游隙。沿轴向相对位移量为轴向游隙 u_a，沿径向相对位移量为径向游隙 u_r。u_a 与 u_r 成正比，如圆锥轴承 u_a=（2 ～ 2.5）u_r，故轴向游隙调好后，u_r 也相应调好了。滚动轴承的轴向游隙见表 6-36。游隙测量与调整方法见表 6-37。

表 6-36　滚动轴承的轴向游隙

圆锥滚子轴承的轴向游隙 /mm				
系列	轴的直径 /mm			
	≤ 30	＞ 30 ～ 50	＞ 50 ～ 80	＞ 80 ～ 120
轻系列	0.03 ～ 0.10	0.04 ～ 0.11	0.05 ～ 0.13	0.06 ～ 0.15
中系列及重系列	0.04 ～ 0.11	0.05 ～ 0.13	0.06 ～ 0.15	0.07 ～ 0.18

续表

角接触球轴承的轴向游隙 /mm				
系列	轴的直径 /mm			
	≤ 30	＞ 30 ～ 50	＞ 50 ～ 80	＞ 80 ～ 120
轻系列	0.02 ～ 0.06	0.03 ～ 0.09	0.04 ～ 0.10	0.05 ～ 0.12
中系列及重系列	0.03 ～ 0.09	0.04 ～ 0.10	0.05 ～ 0.12	0.06 ～ 0.15
双列角接触球滚动轴承的轴向游隙 /mm				
系列	轴的直径 /mm			
	≤ 30	＞ 30 ～ 50	＞ 50 ～ 80	＞ 80 ～ 120
轻系列	0.03 ～ 0.08	0.04 ～ 0.10	0.05 ～ 0.12	0.06 ～ 0.15
中系列及重系列	0.05 ～ 0.11	0.06 ～ 0.12	0.07 ～ 0.14	0.10 ～ 0.18

表 6-37　游隙测量与调整方法

轴承类型	调整方法
圆锥滚子轴承	①螺钉调整游隙。先松螺母，拧紧螺钉，抵紧盖板，然后反向旋转少许。如螺钉的螺距为 1mm，则转 1/10 转，得 0.1mm 的 u_a ②垫片调整游隙。先松螺钉，抽原有垫片，压紧盖，同时缓慢转轴承游隙为零。用塞尺测缝隙 K 再加 u_a，得垫片厚度，换垫片再拧紧螺钉
锥形孔轴承	拧紧螺母使锥形孔内圈向轴颈大端移动，内圈胀大，游隙减少。反向则增大
向心推力轴承	先调内垫环厚度差，再调弹簧力大小，磨窄成对轴承内、外端面，用垫圈调整轴承的轴向间隙时，垫圈厚度 a 可按下式确定： $a=a_1+u_2$ 式中　a_1——消除轴承间隙后，端盖与体端面的缝隙； u_2——规定的轴向游隙 测量 a_1 时，必须先使端面与中心线的垂直度取互成 120° 三点的平均值，垫圈的平行度应小于 0.03。成对安装时，用不等厚度的内外间隔套来控制轴承的轴向间隙。这种方法获得的轴承游隙比较精确，且可在部件装配前进行调整，有利于提高工作效率
	用锁紧螺母调整轴承的轴向间隙时，先旋紧螺母以消除间隙，然后再松开一定角度 α，使轴承得到规定的间隙，α 按下式计算： $\alpha=360° \times (u_a/t)$ 式中　u_a——规定轴向游隙； t——螺距 例如螺距为 1.5mm，轴承正常运转所需要的间隙为 0.15mm，那么调整螺栓所需要旋转角为 $\alpha=360° \times (0.15/1.5)=36°$。即这时把调整螺栓反转 36°，轴承就获得 0.15mm 的轴向间隙，然后用止动垫片加以固定即可 此法一般用于内径与轴颈过盈量较小的情况

② 预紧的方法见表 6-38。

表 6-38　实现轴向预紧的方法

预紧方法	说明
采用成对向心推力球轴承	用于成批生产及精度要求较高的轴承部件
在成对安装的轴承外圈或内圈之间置以衬垫	成对组合的轴承并排安装在部件内时采用，应用不同厚度的衬垫能得到不同的预紧力
在成对安装的轴承内圈和外圈中间配置不同厚度的间隙套	为提高成对组合轴的刚性，两轴承有一定的轴向距离时采用。改变内外间隔套的厚度，能得到不同的预紧力
利用经常作用于轴承外圈的弹簧	不受轴承磨损和轴向热变形的影响，能保持一定的预紧力。预紧力大小靠弹簧调整
用螺母或带螺纹的端盖使轴承内外圈做相对轴的位移	调整螺母轴向位置，即可得到所需要的预紧力

注：径向预紧是利用锥孔轴承在其配合锥颈上做轴向位移使内圈胀大来实现的。

（4）滚动轴承润滑剂的选择

部分机器设备推荐选用的滚动轴承润滑剂见表 6-39。

表 6-39　部分机器设备推荐选用的滚动轴承润滑剂

机器类型		轴承参数		润滑剂		换油时间/kh
		D/mm	使用温度/℃	脂	油黏度/cSt	
电动机	小型或中型	22～24	50	钠脂	—	1.0～2.0
	大型	＞240	50～80	锂脂	—	0.5～1.0
	牵引电机	62～240	80～120	钠脂或锂脂	—	100～250
矿车轴箱		62～240	50	钠脂	—	10～15
搅拌机		＞62	120	—	200	3～4
鼓风机	中功率	62～240	50	锂脂	40～75	1.0～1.5
	大功率	＞240	50			3.0～4.0
压气机		62～240	50～80 80～120	钠脂或锂脂	40～75	0.5～1.0 3.0
离心机		62～240	50	锂脂	—	0.5～1.0
绳轮		＞240	50	钠脂	—	2.0
输送机滚子		22～62 ＞62	50 50～80	锂脂 钠脂	—	5.0 0.5～1.0
粉碎机		＞240	50	锂脂		1.0～1.5
球磨机		＞240	50～80	—	40～75	5.0
振动筛		62～240	50～80	钠脂或锂脂	—	0.2～0.25
振动式碾压机		＞62	50～80	钠脂	—	0.1～0.2
回转炉支承辊		＞240 ＜240	50 50	锂脂 钠脂	—	1.5
机床		62～240	50	—	12～65	0.8～1.5
木工机械		22～62	50	钠脂或锂脂	—	0.15～0.2
铣床、刨床		62～240	50	钠脂或锂脂	—	0.3～0.5
排锯机		62～240	50～80	钠脂或锂脂	—	2.0～3.0

注：$1cSt=1mm^2/s$。

（5）滚动轴承的装配作业要点

① 深沟球轴承。品种规格多，数量大，应用广泛。安装方法比较简单，应重点考虑配合选择（轴承内圈以过盈配合装到轴颈上后，会引起直径扩大而游隙减小）。其内圈与轴颈的配合过盈量可按下式计算：

$$\Delta d = \frac{d+3}{d}\left(0.025\sqrt{\frac{d}{B}}R + 0.015d\Delta T\right)$$

式中　Δd——轴承内径与轴颈之间的过盈量，μm；

d——轴承内径，mm；

B——轴承宽度，mm；

R——轴承径向载荷，N；

ΔT——轴承内部与壳体孔周围之间的温度差，一般取 5～10℃。

② 圆锥滚子轴承。内、外圈分开安装，内圈、保持架和滚动体装在轴颈上，外圈装在轴承座孔中。轴承的游隙通过调整内、外圈的轴向相对位置控制。常用的调整方法有用垫圈调整，用螺钉、凸缘垫片调整和用螺纹圆环调整三种，如图 6-52 所示。

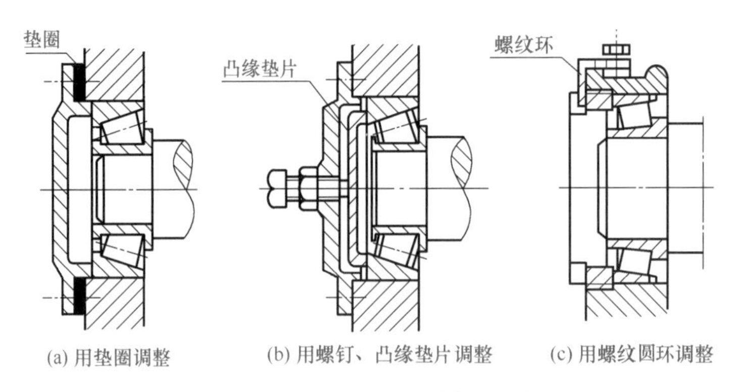

图 6-52　圆锥滚子轴承的间隙调整

圆锥滚子轴承多为成对安装，应重点注意选择安装配合，调整轴向游隙，进行试运转和检测温度。圆锥滚子轴承的外圈与轴承座壳体孔不宜采用过盈配合，内圈与轴颈的配合也不宜过紧，要求在安装中使用螺母调整时应能使其产生较灵活的轴向位移。圆锥滚子轴承的轴向游隙，可用轴颈上的调整螺母、调整垫片和轴承座内的螺纹，或用预紧弹簧等方法进行调整。其大小与轴承安装时的布置、轴承间的距离、轴与轴承座的材料有关，可根据工作条件确定。对于高载荷、高转速的圆锥滚子轴承，调整游隙时，必须考虑温升对轴向游隙的影响，要适当调整得大一点。对于低转速和承受振动的轴承，应采取无游隙安装，或施加预载荷安装，使滚子和滚道产生良好接触，载荷均匀分布。调整后，轴向游隙的大小用千分表检验。方法是先将千分表固定在机身或轴承座上，使千分表触头顶住轴的光洁表面，沿轴向左右推轴，表针的最大摆动量即为轴向游隙值。

在圆锥滚子轴承安装和每次调整游隙后，均应进行试运转和检测温度。方法是先低速运转 2 ～ 8min，再中速试转 2h，然后逐级提至高速。每级转速试运转不得少于 30min，温升率每小时不能超过 5℃，最后的稳定温度不得超过 70℃。必须使圆锥滚子与内圈大挡边接触良好。

③ 推力角接触球轴承。可承受径向和单向轴向载荷，通常成对使用在转速较高、回转精度要求较高的场合，如机床主轴、蜗轮减速器等。为了提高轴承的刚度和回转精度，常在装配时给轴承内、外圈预紧，使轴承内、外圈产生轴向相对位移，消除轴承的游隙，使滚动体与内、外圈滚道产生初始的接触弹性变形。但预紧力不能过大，否则会使轴承磨损和发热增加，显著降低其寿命。预紧方法有：用两个长度不等的间隔套筒分别抵住成对轴承的内、外圈；将成对轴承的内圈或外圈的宽度磨窄，如图 6-53 所示。为了获得一定的预紧力，事先必须测出轴承在给定预紧力作用下内、外圈的相对偏移量，据此确定间隔套筒的尺寸，或内、外圈宽度的磨窄量。

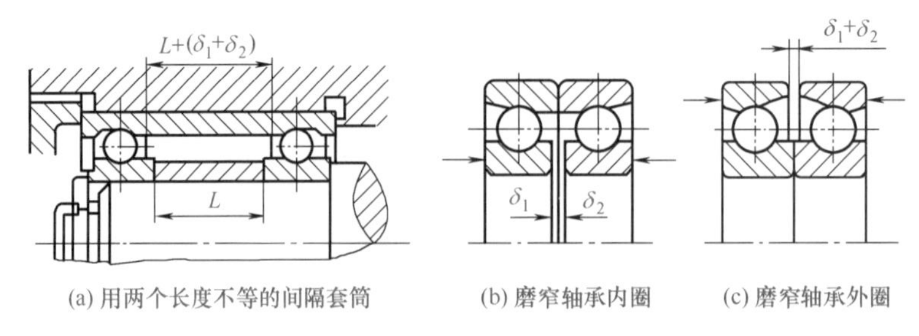

图 6-53　推力角接触球轴承的预紧方法

④ 推力球轴承。只能承受轴向载荷，且不宜高速工作。装配时，内径较小的紧圈与轴

颈过盈配合并紧靠轴肩，以保证与轴颈无相对运动，内径较大的松圈则紧靠在轴承座孔的端面上，不能装反。轴圈与轴多采用过渡配合，座圈与轴多采用动配合，且常常成对安装。同时在安装中，还应注意检验其轴向游隙，以及与轴一起转动的轴圈和轴中心线的垂直度。

⑤ 满装滚针轴承。安装满装滚针轴承，通常利用辅助套筒进行。辅助辊、辅助套筒的外径应比轴直径小 0.1 ～ 0.3mm。安装时，先将轴承外圈内表面涂以润滑脂，靠紧内表面贴放滚针（放入最后一根滚针时应留有间隙），接着把代替轴颈或轴承内圈的辅助辊或辅助套筒推入外圈孔内，并使其端面对准安装轴端面（或已安装在轴上的轴承内圈端面），然后用压力机或手锤施加压力。这样，辅助辊或辅助套筒托住滚针不使滚针掉出，轴颈以其自身的倒角将滚针掀起，随着滚针轴承在轴颈上向里缓缓移动，辅助辊或辅助套筒便慢慢退出，直至装到工作位置。另一种方法是将辅助套筒外径涂一薄层润滑油，套入轴承外圈，使辅助套筒和轴承外圈构成一个环形孔，然后再于环形孔中装滚针。装完滚针之后，用工作轴将辅助套筒推出即可。

对于无内圈或无外圈的滚针轴承，在安装时，可先将轴或壳体孔的滚动表面涂一薄层润滑脂，并把滚针依次紧贴于安装部位的润滑脂上。贴放最后一根滚针时应留有间隙（在滚针轴承的圆周上以 0.5mm 为宜），千万不能硬挤或者少装。对于只有冲压外圈的滚针轴承，最好不用手锤敲打，而使用压力机压入，以免外圈产生局部变形。

⑥ 圆锥孔轴承。多为内径呈圆锥孔的调心球轴承、圆柱滚子轴承和调心滚子轴承，可以直接安装在有锥度的轴颈上，也可以利用有锥面的紧定套或退卸套，安装在圆柱形的轴颈上。圆锥孔轴承的配合一般较为紧密，安装后均需测量径向游隙，因为圆锥孔轴承的配合松紧程度，完全是靠轴承安装前后的径向游隙减小量保证的。径向游隙的测量方法：对不可分离型的调心球、调心滚子轴承，采用塞尺测量。为保证内圈的两个滚道不致倾斜，应在其两列滚子处分别测量。对于小型调心滚子轴承，当径向游隙很小、无法用塞尺测量时，可用测量轴承在锥面上的轴向位移来代替；如果轴向位移也不能测量，则轴承应在轴承座壳体外安装，然后再压入轴承座孔。压入后用手拨动外圈能顺利转动即可。对可分离型的圆柱滚子轴承的径向游隙，则用外径千分尺测量，即用测量内圈装在轴颈上之后的膨胀量来代替。

常见的安装方法有三种：直接安装在锥形轴颈上，对于中小型轴承，可以使用安装套筒，或使用锁紧螺母和钩形扳手将轴承推向锥面；安装在带有锥面的退卸套上，可采取类似上述办法，用锁紧螺母压入，退卸套位于轴颈和轴承内径之间；安装在紧定套上，用紧定螺母把轴承推上紧定套的锥面。

圆锥孔双列圆柱滚子轴承多用于机床主轴，如 NN3020K（原代号 3182120）轴承。其安装方法与圆锥孔调心滚子轴承基本相同，配合的松紧程度靠安装前后轴承的径向游隙减小量实现。游隙要靠两轴承内、外隔圈的厚度调整。确定两轴承内、外隔圈厚度差的常用方法有测量法、感觉法和弹簧预加载荷法，测量法和感觉法如下。

测量法：先将轴承放在圆座体上，上压一个铁块（预加载荷），使轴承消除间隙，钢球与滚道产生一定的弹性变形，然后用百分表测量轴承内、外圈端面的尺寸差。当轴承为背对背安装时，应对两个轴承都测量宽端面一边的内、外圈尺寸差 ΔK_1；当轴承为面对面安装时，应对两个轴承都测量窄端面一边的内外圈尺寸差 ΔK_2；当轴承为串联排列时，则对一个轴承测量其宽端面一边的内外圈尺寸差，对另一个轴承测量其窄端面一边内外圈尺寸差。测量尺寸时，每个轴承测量三次，间隔 120° 测一次，最后取其平均值。

感觉法有三种：将外隔圈圆柱面按 120° 分别钻三个直径为 2 ～ 3mm 的小孔，并将成对的两面依其安装方式（背对背、面对面或串联排序）加入内外隔圈，轴承上部压一个等于预加载荷的铁块，然后用 ϕ1.5mm 左右的小棒，顺次通过三个小孔触动内隔圈，检查内外隔圈在两端面间的阻力，凭手感觉，内外隔圈阻力应相似，否则可在研磨平板上研磨阻力稍大的一个，隔套的两端面平行度控制在 0.002mm 以内；以左手中指和食指压紧两套轴承（约等于 50N 预加载荷），消除其全部间隙，右手指分别拨动内、外隔圈，确定阻力是否相似，若不一致，同上述方法处理；用双手的拇指和食指捏紧两套轴承，消除其全部间隙，用一手中指伸入轴承内孔，拨动原先放偏的内隔圈，检查其阻力与外圈是否相似。

（6）滚动轴承装配注意事项

① 必须配好内外隔圈厚度，隔圈两面的平行度不应超过 0.002mm。轴承必须选配。每组轴承的内径差、外径差均应在 0.002 ～ 0.003mm，并应与壳体孔保持 0.004 ～ 0.008mm，与轴颈保持 0.0025 ～ 0.005mm 的间隙。在实际安装中，应以双手拇指将轴承能刚刚推入的配合最好。

② 轴承座孔和轴颈的圆度、壳体孔两端的同轴度以及轴颈的径向跳动不应超过 0.003mm。

③ 与轴承套圈端面接触的零件端面应涂色检查，接触面积不得低于 80%。

④ 必须定向安装。即将全部轴承内圈径向跳动的最高点对准轴颈径向跳动的最低点，轴承外圈径向跳动的最高点装在壳体孔内时要成一直线。

⑤ 安装时不允许在轴承上钻孔、刻槽、倒角、车端面。

⑥ 安装时不允许用手锤直接敲打轴承套圈。轴承的基准端面朝内紧靠轴肩安装（深沟球轴承、调心球轴承、圆柱滚子轴承、调心滚子轴承和滚针轴承的无字端面是基准面；角接触球轴承和圆锥滚子轴承的有字端面是基准面）。

⑦ 安装时压力应加在有安装过盈配合的套圈端面上（装在轴上时，压力应加在轴承内圈端面上；装入轴承座孔内时，压力应加在轴承外圈端面上）。不允许通过滚动体和保持架传递压力。

⑧ 安装内圈为紧配合、外圈为滑配合的轴承时，对不可分离型者，应先将轴承装于轴上，再将轴连同轴承一起装入轴承座壳体孔内；对可分离型者，内、外圈可分别单独安装。

⑨ 安装时轴和轴承孔的中心线必须重合。如安装不正、需重新安装时，必须通过内圈端面，将轴承拉出。

（7）滚动轴承装配方法（表 6-40）

表 6-40　滚动轴承装配方法

方法	说明
锤击法	当轴承内圈为紧配合、外圈为较松配合时，将铜棒紧贴轴承内圈端面，用锤直接敲击铜棒，将轴承徐徐装到轴上。轴承内圈较大时，可用铜棒沿轴承内圈端面周围均匀用力敲击。当轴承外圈为紧配合、内圈为较松配合时，可用手锤敲击紧贴轴承外圈端面的铜棒，把轴承压入轴承座中，最后装到轴上
套筒安装法	将软金属套筒直接压在轴承端面上（轴承装在轴上时压住内圈端面；装在壳体孔内时压外圈端面），手锤敲击力要均匀地分布在轴承整个套圈端面上，最好能与压力机配合使用。若轴承安装在轴上，套筒内径应略大于轴颈 1 ～ 4mm，外径略小于轴承内圈挡边直径，或以套筒厚度为准，其厚度应制成等于轴承内圈厚度的 2/3 ～ 4/5，且套筒两端应平整并与筒身垂直。若轴承安装在座孔内，套筒外径应略小于轴承外径 如机件不大，可置于台钳上安装（钳口垫以铜片或铝片）。如机件较大，应放在木架上安装。先将轴承装到轴上，再安装套筒，用手锤均匀敲击套筒慢慢装合。当套筒端盖为平顶时，手锤应沿其圆周依次均匀敲击。若轴承的内、外圈与轴和轴承座孔均为紧配合时，可将套筒的一端端面制成双环，或用单环套筒下加圆盘安装轴承。安装时，将双环套筒或圆盘紧贴轴承内、外圈端面，用压力机加压或手锤敲击，把轴承压到轴上和轴承座孔中（这种安装方法仅适用于安装保持架不凸出套圈端面的轴承）
压入法	此法适用于过盈量较大的轴承，用杠杆式、螺旋式压入机或用液压机安装。应注意使压力机机杆中心线与套筒和轴承的中心线重合，保证所加压力位于中心
温差法	安装过盈量或尺寸较大的轴承时，可将轴承加热至 80 ～ 90℃（或将轴冷冻至 -80℃），10min 后用铜棒、套筒和手锤安装。当油温达到规定温度，应迅速将轴承从油液中取出，趁热装于轴上。必要时，可用安装工具在轴承内圈端面上稍加一点压力。轴承装于轴上后，必须立即压住内圈，直到冷却为止。此法适用于精密部件、过盈量大、批量大的装配

（8）轴承安装后的检验（表 6-41）

表 6-41　轴承安装后的检验

项目	说明
安装位置	首先检验运转零件与固定零件是否相碰，润滑油能否畅通地流入轴承，密封装置与轴向紧固装置安装是否正确
径向游隙	除安装带预过盈的轴承外，都应检验径向游隙。深沟球轴承可用手转动检验，以平稳灵活、无振动、无左右摆动为好。圆柱滚子和调心滚子轴承可用塞尺检验，塞尺插入深度应大于滚子长度的 1/2。无法用塞尺测量时，可测量轴承在轴向的移动量，来代替径向游隙的减小量。通常情况下，如轴承内圈为圆锥孔，则在圆锥面上的轴向移动量大约是径向游隙缩小量的 15 倍 角接触球轴承、圆锥滚子轴承安装后的径向游隙不合格是可以调整的，而深沟球轴承、调心球轴承、圆柱滚子轴承、调心滚子轴承等在制造时已按标准规定调好，安装后不合格则不能再调整，若径向装配游隙太小，则说明轴承的配合选择不当，或装配部位加工不正确。此时必须将轴承卸下，查明原因，消除故障后重新安装。当然轴承游隙过大也不行
轴承与轴肩的紧密程度	过盈配合安装的轴承必须靠紧轴肩。可用灯光法或厚薄规检验法检验。如果轴承以过盈配合安装在轴承座孔内，轴承外圈被壳体孔挡肩固定时，其外圈端面与壳体孔挡肩端面是否靠紧，也可用厚薄规检验
对推力轴承还应检验轴圈和轴中心线的垂直度	方法是将千分表固定于箱壳端面，使表的触头顶在轴承轴圈滚道上，边转动轴承，边观察千分表指针，若指针偏摆，说明轴圈和轴中心线不垂直。箱壳孔较深时，亦可用加长的千分表头检验 推力轴承安装正确时，其座圈能自动适应滚动体的滚动。由于轴圈与座圈的区别不很明显，装配中应避免搞错。此外，推力轴承的座圈与轴承座孔之间还应留有 0.2 ～ 0.5mm 的间隙，用以补偿零件加工、安装不精确造成的误差，当运转中轴承套圈中心偏移时，此间隙可确保其自动调整，避免碰触摩擦，使其正常运转
试运转	试运转中，要检验轴承的噪声、温升、振动是否符合要求。一般轴承工作温度应低于 90℃

第九节　传动机构的装配

一、带传动机构的装配

带传动是常用的一种机械传动，它是依靠张紧在带轮上的带（或称传动带）与带轮之间的摩擦力或啮合，来传递运动和动力的。与齿轮传动相比，带传动具有工作平稳、噪声小、结构简单、不需要润滑、缓冲吸振、制造容易以及能过载保护，并能适应两轴中心距较大的传动等优点。因此得到了广泛应用。但其缺点是传动比不准确，传动效率低，带的寿命短。

根据带的截面形状不同，带传动可分为 V 带传动［图 6-54（a）］、平带传动［图 6-54（b）］、同步带传动［图 6-54（c）］、多楔带传动等。V 带传动是以一条或数条 V 带和 V 带轮组成的摩擦传动。V 带安装在相应轮槽内，以其两侧面与轮槽接触，而不与槽底接触，如

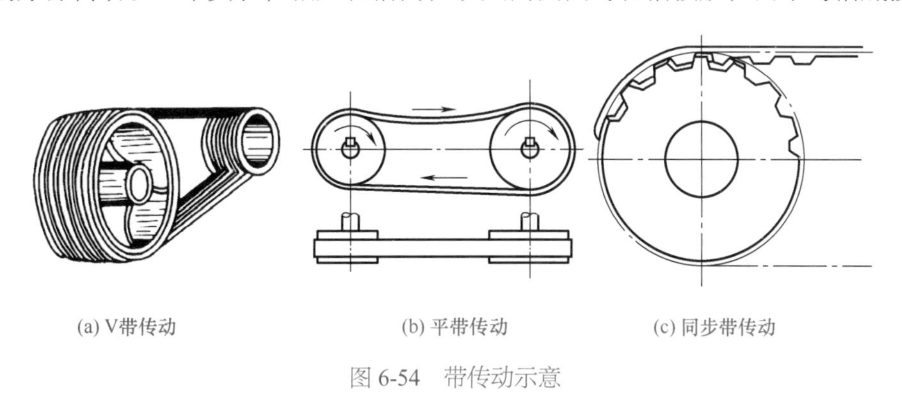

(a) V带传动　(b) 平带传动　(c) 同步带传动

图 6-54　带传动示意

图 6-55 所示。在同样初拉力的作用下，其摩擦力是平带传动的 3 倍左右。因此 V 带传动的应用比平带传动广泛。如图 6-54（c）所示为同步带传动，其特点是传动能力强，不打滑，能保证同步运转，但成本较高，近年来在机械传动中应用逐渐增多。本节主要介绍 V 带传动的装配工艺。

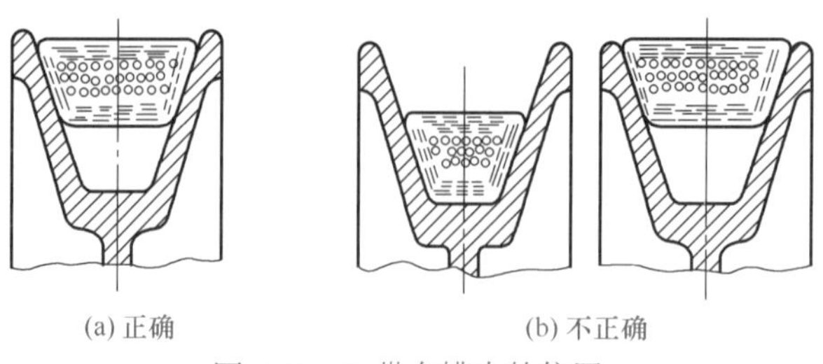

(a) 正确　　(b) 不正确

图 6-55　V 带在槽中的位置

（1）带传动机构的装配技术要求（表 6-42）

表 6-42　带传动机构的装配技术要求

项目	说明
表面粗糙度	带轮轮槽工作面的表面粗糙度要适当，过细易使传动带打滑，过粗则传动带工作时易发热而加剧磨损。其表面粗糙度值一般取 $Ra3.2\mu m$，轮槽的棱边要倒圆或倒钝
安装精度	带轮在轴上的安装精度，通常不低于下述规定：带轮的径向圆跳动公差和端面圆跳动公差为 0.2 ～ 0.4mm；安装后两轮槽的对称平面与带轮轴线垂直度误差为 ±30′，两带轮轴线应相互平行，相应轮槽的对称平面应重合，其误差不超过 ±20′
包角	带在带轮上的包角不能太小。因为当张紧力一定时，包角越大，摩擦力也越大，如图 6-56 所示。对 V 带来说，其小带轮包角不能小于 120°，否则也容易打滑 图 6-56　张紧力的检查
张紧力	带的张紧力对其传动能力、寿命和轴向压力都有很大影响。张紧力不足，传递载荷的能力降低，效率也低，且会使小带轮急剧发热，加快带的磨损；张紧力过大则也会使带的寿命降低，轴和轴承上的载荷增大，轴承发热与加速磨损。因此适当的张紧力是保证带传动能正常工作的重要因素

（2）带轮的装配

带轮孔和轴的连接，一般采用过渡配合（H7/k6），这种配合有少量过盈，对同轴度要求较高。为了传递较大的转矩，需用键和紧固件等进行周向固定和轴向固定，如图 6-57 所示为带轮与轴的几种连接方式。

安装带轮前，必须按轴和轮毂孔的键槽来修配键，然后清理安装面并涂上润滑油。把带轮装在轴上时，通常采用木锤锤击，螺旋压力机或油压机压装。由于带轮通常用铸铁制造，故当用锤击法装配时，应避免锤击轮缘，锤击点尽量靠近轴心。带轮的装拆也可用如图 6-58（a）所示的顶拔器。对于在轴上空转的带轮，是先在压力机上将轴套或滚动轴承压在轮毂孔中，然后再将带轮装到轴上，如图 6-58（b）所示。

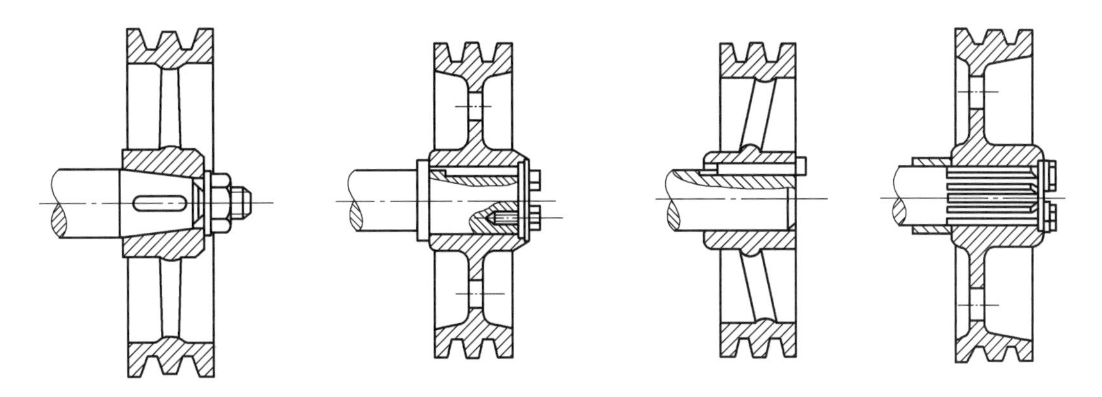

(a) 圆锥轴颈螺母固定　(b) 圆柱轴颈，同轴肩隔套及挡圈固定　(c) 圆柱轴颈，用楔键连接　(d) 圆柱轴颈挡圈固定

图 6-57　带轮与轴的装配方法

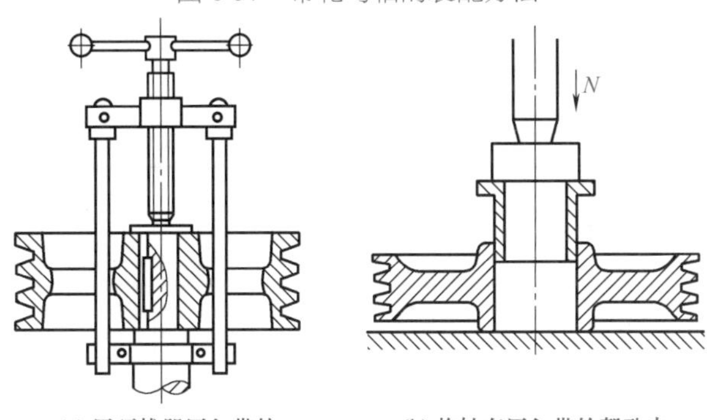

(a) 用顶拔器压入带轮　(b) 将轴套压入带轮毂孔内

图 6-58　用压紧法装配带轮

由于带轮的拆卸比装入难些，故在装配过程中，应注意测量带轮在轴上安装位置的正确性，如图 6-59 所示，即用刻线盘或百分表检查带轮的径向和端面圆跳动量。并且还要经常用平尺或拉线法测量两带轮相互位置的正确性，如图 6-60 所示，以免返工。

（3）V 带的装配

首先将两带轮的中心距调小，然后将 V 带先套在小带轮上，再将 V 带旋进大带轮（不要用带有刃口锋利的金属工具硬性将 V 带拨入轮槽，以免损伤带）。装好的 V 带应如图 6-54（a）所示，而不应陷没到槽底或凸在轮槽外，见图 6-55（b）。V 带不宜在阳光下暴晒，特别要防止矿物质、酸、碱等与带接触，以免变质。

（4）张紧力的控制

在带传动机构中，都有调整张紧力的拉紧装置。拉紧装置的形式很多，其基本原理都是改变两轴中心距以调整拉力的大小。在调整张紧力时，可在带与带轮的切边 BC 中点处，见图 6-56，加一个垂直于带边的载荷 W（一般可用弹簧秤挂上重物），通过测量带产生的下垂度（挠度）y 来判断实际的张紧力是否符合要求，有经验的钳工也可用手感来判断紧边的张紧力是否恰当。应当注意的是，传动带工作一段时间后，会产生永久性变形，从而使张紧力会不断降低。为此在安装新带时，最初的张紧力应为正常张紧力的 1.5 倍，这样才能保证传递所要求的功率。

通常规定所需的张紧力 F_0，应在规定的测量载荷 W 作用下，使切边长 t 每增加 100mm 产生 1.6mm 挠度，即：

$$y=\frac{1.6}{100}t$$

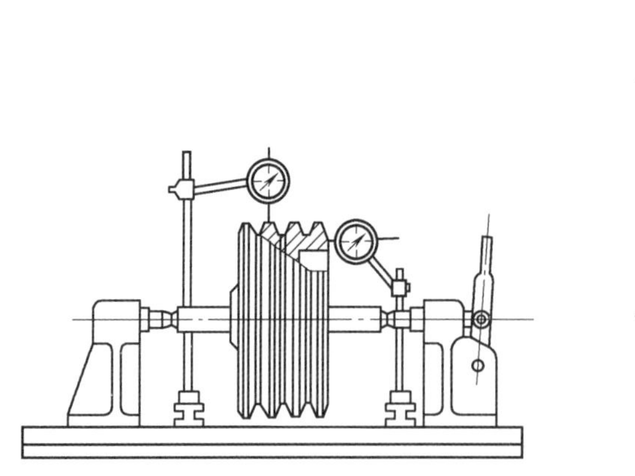

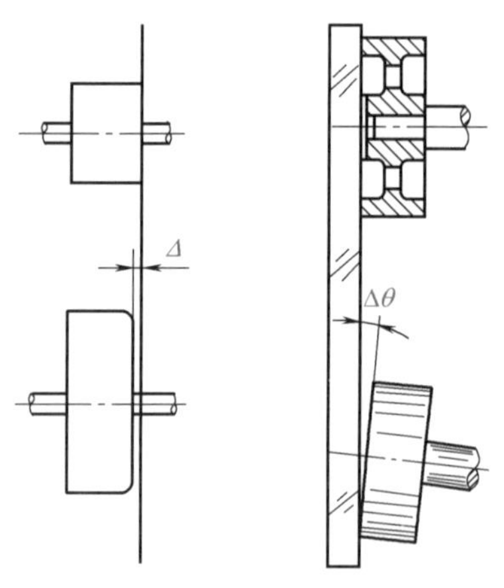

图 6-59　带轮圆跳动量的检查　　图 6-60　带轮相互位置正确性的检查

测量载荷 W 的大小与 V 带型号、小带轮直径及带速有关，推荐按表 6-43 选取。

表 6-43　测定张紧力所需的测量载荷

带型		Z		A		B		C		D		E	
小带轮直径 /mm		50 ～ 100	＞ 100	75 ～ 140	＞ 140	125 ～ 200	＞ 200	200 ～ 400	＞ 400	355 ～ 600	＞ 600	500 ～ 800	＞ 800
带速 / $m \cdot s^{-1}$	0 ～ 10	5 ～ 7	7 ～ 10	9.5 ～ 14	14 ～ 21	18.5 ～ 28	28 ～ 42	36 ～ 54	54 ～ 85	74 ～ 108	108 ～ 162	145 ～ 217	217 ～ 325
	10 ～ 20	4.2 ～ 6	6 ～ 8.5	8 ～ 12	12 ～ 18	15 ～ 22	22 ～ 33	30 ～ 45	45 ～ 70	62 ～ 94	94 ～ 140	124 ～ 186	186 ～ 280
	20 ～ 30	3.5 ～ 5.5	5.5 ～ 7	6.5 ～ 10	10 ～ 15	12.5 ～ 18	18 ～ 27	25 ～ 38	38 ～ 56	50 ～ 75	75 ～ 108	100 ～ 150	150 ～ 225

例：V 带传动采用 B 型带，小带轮直径为 130mm，带速为 8m/s，两带轮切点间距离为 300mm。检查其张紧力的测量载荷应为多少？允许挠度应为多少？

解：根据表 6-43，B 型带的测量载荷 W=20N/ 根，挠度：

$$y=\frac{1.6}{100}t=\frac{1.6}{100}\times 300=4.8(\text{mm})$$

若实测挠度大于计算值，说明张紧力小于规定值；反之，实测挠度小于计算值时，说明张紧力大于规定值。两种情况都需对张紧力作进一步调整。

在带传动机构中都有调整张紧力的张紧机构，如图 6-61 所示。张紧力的调整方法是靠改变两带轮的中心距来调节张紧力，或用张紧轮张紧。

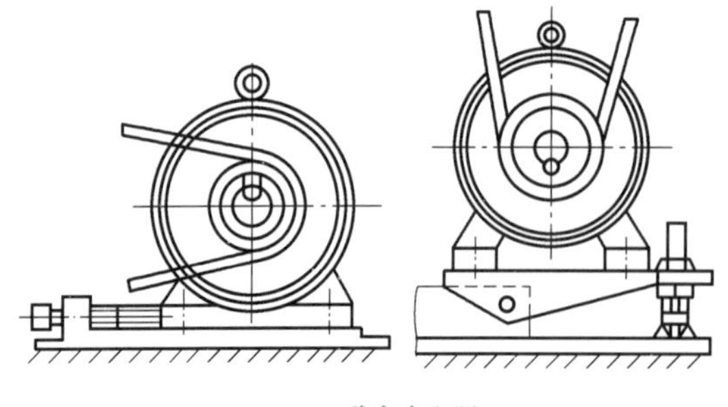

(a) 改变中心距　　(b) 用张紧轮张紧

图 6-61　张紧力调整

二、链传动机构的装配

（1）链传动机构的分类、特点及装配技术要求（表 6-44）

表 6-44　链传动机构的分类、特点及装配技术要求

<table>
<tr><th colspan="2">项目</th><th>说明</th></tr>
<tr><td colspan="2">链传动机构的分类</td><td>按用途不同，链可分为传动链、起重链和曳引链三种。常用的传动链可分为套筒滚子链和齿形链（图 6-62）两种。滚子链由外链板、内链板、销轴、套筒和滚子等主要零件组成，如图 6-63 所示。其结构已经标准化，滚子链分 A、B 两系列。我国滚子链以 A 系列为主，设计时应选用 A 系列；B 系列则主要供进口设备维修和出口用。链传动一般适用于传递功率小于 100kW，传动比 $i \leqslant 7$，链速 $v \leqslant 15\text{m/s}$ 的场合 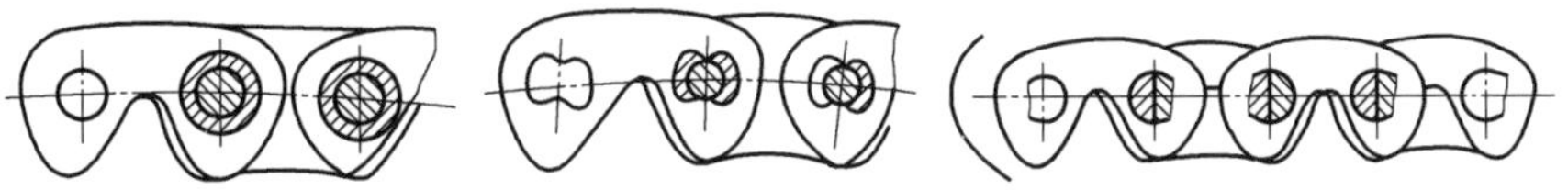
(a) 圆销式　(b) 轴瓦式　(c) 滚柱式
图 6-62　齿形链类型 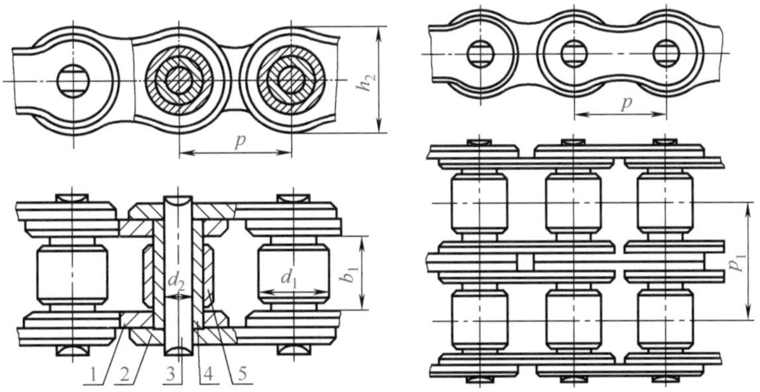
图 6-63　滚子链结构
1—内链板；2—外链板；3—销轴；4—套筒；5—滚子</td></tr>
<tr><td colspan="2">链传动机构的特点</td><td>如图 6-64 所示，链传动是以链条为中间挠性件的啮合传动。它由装在平行轴上的主、从动链轮和绕在链轮上的链条所组成，并通过链和链轮的啮合来传递运动和动力
链传动是啮合传动，既能保证准确的平均传动比，又能满足远距离传动要求，特别适合在温度变化大和灰尘较多的地方工作。在机床、农业机械、矿山机械、纺织机械以及石油化工等机械中均有应用 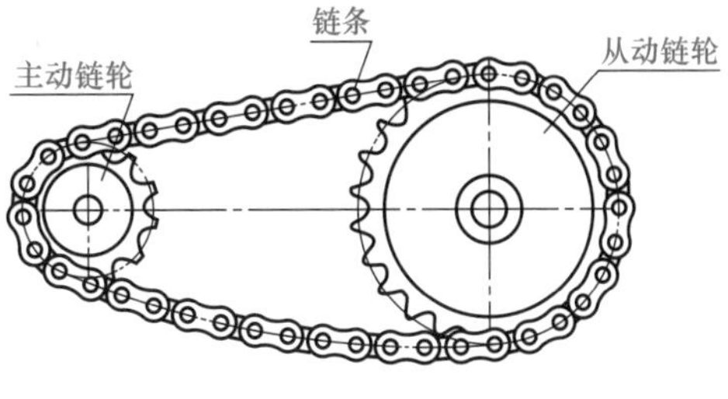
图 6-64　链传动示意</td></tr>
<tr><td rowspan="2">装配技术要求</td><td>链轮的两轴线必须平行</td><td>两轴线不平行将加剧链条和链轮的磨损，降低传动平稳性和使噪声增加。两轴线的平行度可用量具检查，如图 6-65 所示，通过测量 A、B 两尺寸来检查其误差</td></tr>
<tr><td>链轮之间的轴向偏移必须在要求范围内</td><td>偏移量 a 根据中心距大小而定，一般当中心距小于 500mm 时允许偏移量为 1mm；当中心距大于 500mm 时允许偏移量为 2mm。检查可用直尺法，如图 6-65 所示，在中心距较大时采用拉线法 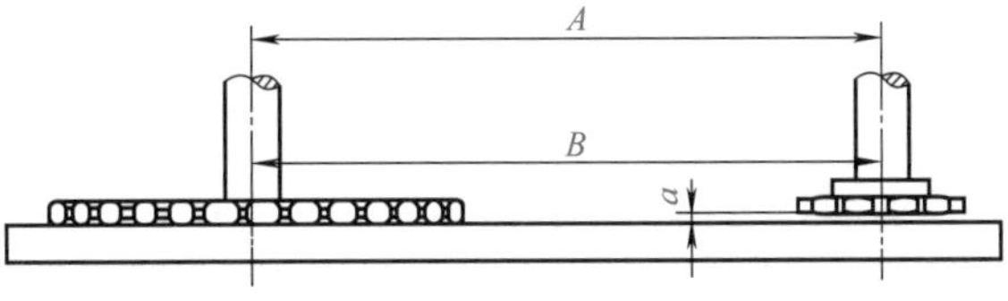
图 6-65　链轮两轴线平行度和轴向偏移的检查</td></tr>
</table>

<table>
<tr><th colspan="2">项目</th><th>说明</th></tr>
<tr><td rowspan="2">装配技术要求</td><td>跳动量要求</td><td>链轮在轴上固定之后，跳动量必须符合要求，其允差见附表。对于精确的链传动，链轮的径向跳动量要求可高些。链轮跳动量可用划针盘或百分表进行检查

附表　链轮的允许跳动量
<table>
<tr><th rowspan="2">序号</th><th rowspan="2">链轮直径 /mm</th><th colspan="2">套筒滚子链的链轮跳动量</th><th rowspan="2">检查链轮的跳动量</th></tr>
<tr><th>径 向 /mm</th><th>端面 /mm</th></tr>
<tr><td>1</td><td>100 以下</td><td>0.25</td><td>0.3</td><td rowspan="5">a
δ</td></tr>
<tr><td>2</td><td>100 ～ 200</td><td>0.5</td><td>0.5</td></tr>
<tr><td>3</td><td>200 ～ 300</td><td>0.75</td><td>0.8</td></tr>
<tr><td>4</td><td>300 ～ 400</td><td>1.0</td><td>1.0</td></tr>
<tr><td>5</td><td>400 以上</td><td>1.2</td><td>1.5</td></tr>
</table></td></tr>
<tr><td>链的下垂度应适当</td><td>如果链传动是水平的或稍微倾斜的（在 45° 以内），可取下垂度 f 等于 2%L，倾斜度增大时，就要减少下垂度。在垂直传动中 f 应小于或等于 0.2%L，其目的是为了减少链传动的振动和脱链现象。检查下垂度的方法如图 6-66 所示</td></tr>
</table>

（2）链传动机构的装配

链轮的装配方法与带轮的装配基本相同。链轮在轴上的固定方法有：用键连接后再用紧定螺钉固定，如图 6-67（a）所示；用圆锥销连接，如图 6-67（b）所示。

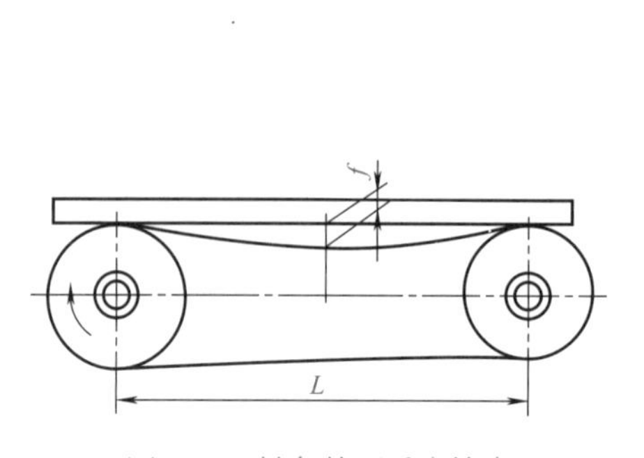

图 6-66　链条的下垂度检查

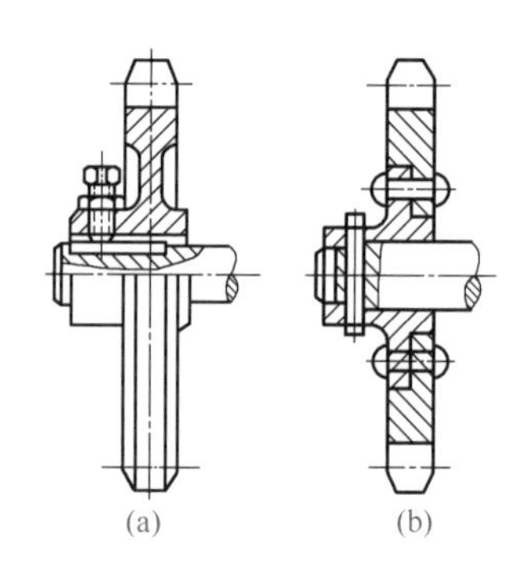

图 6-67　链轮的固定方式

套筒滚子链的接头形式如图 6-68 所示。除了链条的接头链节外，各链节都是不可分离的。链条的长度用链节数表示，为了使链条连成环形时，正好是外链板与内链板相连接，所以链节数最好为偶数。接头链节有两种形式。当链节数为偶数时，采用连接链节，其形状与外链节［图 6-68（a）］一样，只是链节一侧的外链板与销轴为间隙配合，接头处可用弹簧锁片或开口销等止锁件固定，如图 6-68（b）、（c）所示。一般前者用于小节距，后者用于大节距。用弹簧卡片时，必须使其开口端的方向与链的速度方向相反，以免运动中受到碰撞而脱落。当链节数为奇数时，可采用过渡链节，如图 6-68（d）所示。由于过渡链节的链板受拉力时有附加弯矩的作用，所以强度仅为通常链节的 80% 左右，因此应尽量避免使用奇数链节。但这种过渡链节的柔性较好，具有缓和冲击和吸收振动的作用。

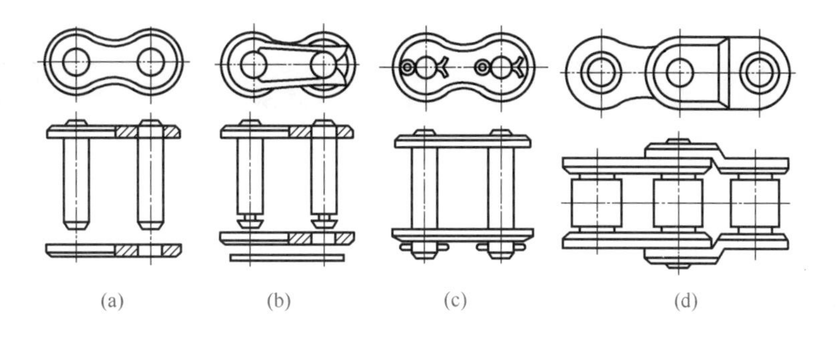

图 6-68　套筒滚子链的接头形式

对于链条两端的接合，如果结构上允许在链轮装好后再装链条（例如两轴中心距可调节且链轮在轴端时），则链条的接头可预先进行连接；如果结构不允许链条预先将接头连接好时，则必须在套到链轮上以后再进行连接，此时常需采用专用的拉紧工具，如图 6-69（a）所示。齿形链条则都必须先套在链轮上，再用拉紧工具拉紧后，进行连接，如图 6-69（b）所示。

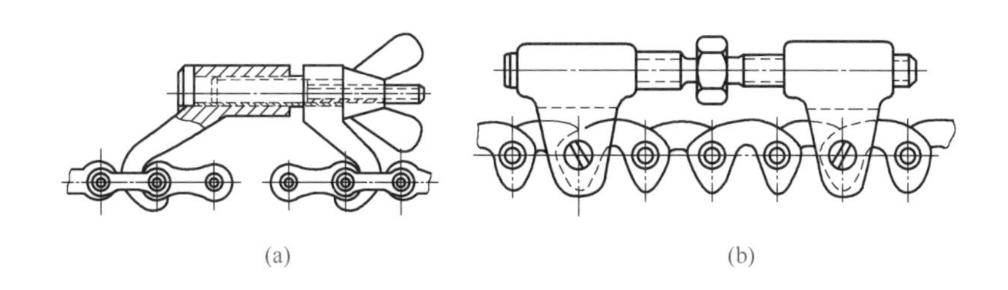

图 6-69　拉紧链条的工具

三、齿轮传动机构的装配

齿轮传动是机械传动中最重要的、最为广泛的一种传动形式。齿轮传动可用来传递运动和转矩，改变转速的大小和方向，与齿条配合时，可把转动变为移动。

（1）齿轮传动的优缺点及分类（表 6-45）

表 6-45　齿轮传动的优缺点及分类

项目	说明
主要优点	齿轮传动的主要优点是：传动效率高，工作可靠，寿命长，传动比准确，结构紧凑；适用的速度和传递的功率范围大；可实现平行轴、相交轴和交错轴之间的传动
主要缺点	主要缺点是：制造精度要求高，故成本也高；精度低时噪声大；无过载保护作用，不如带传动平稳；不宜用于轴间距离大的传动；以及制造装配要求高等
分类	按两齿轮轴线的相对位置及齿线的形状，齿轮传动可分为以下三种： ①平行轴齿轮传动。包括直齿轮传动、平行轴斜齿轮传动、人字齿轮传动、齿轮齿条传动和内齿轮传动等 ②相交轴齿轮传动。包括直齿锥齿轮传动、斜齿锥齿轮传动和曲线齿锥齿轮传动等 ③交错轴齿轮传动。包括交错轴斜齿轮传动和准双曲面齿轮传动

（2）齿轮传动的精度（表 6-46）

表 6-46　齿轮传动的精度

项目		说明
齿轮的加工精度	重要性	加工齿轮时，由于种种原因，使加工出来的齿轮总是存在不同程度的误差。制造误差大了，精度就低，它将直接影响齿轮的传动质量和承载能力；而精度要求过高，将给加工带来困难。根据齿轮使用的要求，对齿轮传动精度提出下列四个方面的要求
	传递运动的准确性	要求齿轮在一转范围内，其最大转角误差限制在一定范围内，从而使齿轮副的传动比变化小，保证传递运动准确
	传动平稳性	要求齿轮副的瞬时传动比变动小。齿轮在一转中，这种瞬时传动比变动是多次重复出现的，一般把它看成“高频”传动比变动，它是引起齿轮噪声和振动的主要因素
	齿面承载的均匀性	齿轮在传动中要求工作齿面接触良好，承载均匀，以免载荷集中于局部区域而引起应力集中，造成局部磨损，从而影响使用寿命
	齿轮副侧隙的合理性	齿轮副的非工作面间要求有一定的间隙，用以储存润滑油，补偿齿轮的制造误差、装配误差、受热膨胀及受力后的弹性变形等。这样可以防止齿轮在传动时发生卡死或齿面烧蚀现象。但侧隙也是引起齿轮正反转的回程误差及冲击的不利因素 对于不同用途和不同工作条件的齿轮副，其主要的使用要求是不同的。例如：分度或读数机构中的齿轮副，其特点是模数小转速低，主要的要求是传递运动的准确性，对传动平稳性也有一定要求，而对齿面受载均匀性的要求较为次要；当需要正反转可逆传动时，侧隙要小些，以减少其回程误差。机床和汽车变速箱等都属于中等圆周速度、中等载荷的传动齿轮，以传动平稳性、减少噪声为主；在重型机械上传递动力的低速重载传动齿轮，以齿面承载均匀性为主，侧隙也应足够大，而对传动准确性则要求不高。然而汽轮机减速器等高速重载传动齿轮，则上述要求均较高
齿轮的精度等级		根据相关标准规定，对齿轮及齿轮副规定 12 个精度，其中 1 级精度最高，其余各级精度依次递降，12 级精度最低，齿轮副中两个齿轮的精度等级一般取成相同，也可不同。若齿轮副中两个齿轮的精度等级不同，则按其中精度较低者确定齿轮副的精度等级。目前 1、2 级精度的加工工艺水平和测量手段尚难以达到，属于待发展级的精度等级；3 ～ 5 级属精密等级；6 ～ 8 级属中等精度等级，常用于机床中；9 ～ 12 级为低精度等级。标准以 6 级为基础级，规定了每个精度等级的公差和极限偏差 齿轮的传动精度，按照要限制的各项公差和极限偏差，分为三个公差组。即：第Ⅰ组为运动精度，影响传递运动的准确性，用限制齿圈径向圆跳动公差、公法线长度变动公差等来保证；第Ⅱ组为工作平稳性精度，影响传递运动的平稳性、噪声和振动，一般用限制齿距和基节极限偏差以及切向和径向综合公差等来保证；第Ⅲ组为接触精度，影响齿面载荷分布的均匀性，一般用限制齿向公差、接触线公差等来保证。这三个组的精度指标，按使用要求的不同，允许采用相同的精度等级，也允许采用不同的精度等级。由于评定指标项目繁多，制造厂不可能也不必要对各公差组中的所有项目全部进行测量。标准规定在第Ⅰ、Ⅱ、Ⅲ公差组中各选 1 ～ 2 项指标作为三个检验组，再选第四检验组来考核侧隙的大小
齿轮副的侧隙		装配好的齿轮副，若固定其中一个齿轮，另一个齿轮能转过的节圆弧长的最大值，称为圆周侧隙。所谓法向侧隙是当两齿轮工作齿面互相接触时，其非工作齿面间的最短距离。齿轮副的侧隙要求应根据工作条件，用最大极限侧隙 j_{nmax}（或 j_{tmax}）与最小极限侧隙 j_{nmin}（或 j_{tmin}）来规定。侧隙实际上是通过选择适当的中心距偏差、齿厚极限偏差（或公法线平均长度偏差）等来保证。标准中规定了 14 种齿厚（或公法线长度）极限偏差，代号分别为 C、D、E、F、G、H、J、K、L、M、N、P、R、S，其偏差值依次递增。在齿轮零件工作图上应标注齿轮的精度等级和齿厚偏差代号（或齿厚偏差数值）
齿轮副的接触精度		齿轮副的接触精度是用齿轮副的接触斑点和接触位置来评定的。所谓接触斑点就是装配好的齿轮副，在轻微的制动下，运转后齿面上分布的接触痕迹。接触痕迹的大小是以在齿面展开图上用百分比来计算的，见表 6-47 和表 6-48。接触斑点的分布位置应趋近齿面中部。齿顶和两端部棱边处不允许接触

表 6-47　齿轮副的接触斑点

类别	精度等级											
	1	2	3	4	5	6	7	8	9	10	11	12
	接触斑点 /%											
按高度不少于	65	65	65	60	55（45）	50（40）	45（35）	40（30）	30	25	20	15
按长度不少于	95	95	95	90	80	70	60	50	40	30	30	30

注：括号内数值，用于轴向重合度 ε_β ＞ 0.8 的斜齿轮。

表 6-48　接触斑点百分比的计算

图示	接触痕迹方向	定　义	计算公式
	沿齿长方向	接触痕迹的长度 b''（扣除超过模数值的断开部分 c）与工作长度 b' 之比的百分数	$\frac{b''-c}{b'}\times100\%$
	沿齿高方向	接触痕迹的平均高度 h'' 与工作高度 h' 之比的百分数	$\frac{h''}{h'}\times100\%$

（3）齿轮装配技术要求

对各种齿轮传动机构的基本技术要求是：传递运动准确，传递平稳均匀，冲击振动和噪声小，承载能力强以及使用寿命长等。为了达到上述要求，除齿轮和箱体、轴等必须分别达到规定的尺寸和技术要求外，还必须保证装配质量。齿轮传动机构的装配技术要求见表 6-49。

表 6-49　齿轮传动机构的装配技术要求

项目	说明
配合	齿轮孔与轴的配合要满足使用要求。例如，对固定连接齿轮不得有偏心和歪斜现象；对滑移齿轮不应有咬死或阻滞现象；对空套在轴上的齿轮，不得有晃动现象
中心距和侧隙	保证齿轮有准确的安装中心距和适当的侧隙。侧隙过小，齿轮传动不灵活，热胀时会卡齿，从而加剧齿面磨损；侧隙过大，换向时空行程大，易产生冲击和振动
齿面接触精度	保证齿面有一定的接触斑点和正确的接触位置，这两者是有互相联系的，接触位置不正确同时也反映了两啮合齿轮的相互位置误差
齿轮定位	变换机构应保证齿轮准确的定位，其错位量不得超过规定值
平衡	对转速较高的大齿轮，一般应在装配到轴上后再做动平衡检查，以免振动过大

（4）圆柱齿轮机构的装配

装配圆柱齿轮传动机构，一般是先把齿轮装在轴上，再把齿轮轴部件装入箱体中。

① 齿轮与轴的装配。齿轮是在轴上进行工作的，轴上安装齿轮（或其他零件）的部位应光洁并符合图样要求。齿轮在轴上可以空转、滑移或与轴固定连接，如图 6-70 所示是常见的几种结合方法。

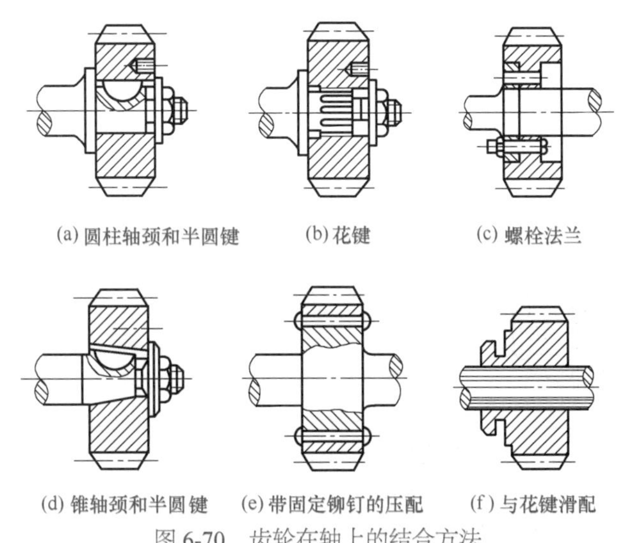

(a) 圆柱轴颈和半圆键　(b) 花键　(c) 螺栓法兰

(d) 锥轴颈和半圆键　(e) 带固定铆钉的压配　(f) 与花键滑配

图 6-70　齿轮在轴上的结合方法

在轴上空转或滑移的齿轮，与轴为间隙配合，装配后的精度主要取决于零件本身的加工精度，这类齿轮的装配比较方便。装配后，齿轮在轴上不得有晃动现象。在轴上固定的齿轮，通常与轴有少量过盈的配合（多数为过渡配合），装配时需加一定外力。压装时，要避免齿轮歪斜和产生变形。若配合的过盈量不大，可用手工工具敲击压装，过盈量较大的，可用压力机压装。在轴上安装的齿轮，常见的装配误差是：齿轮的偏心、歪斜和端面未贴紧轴肩，如图 6-71 所示。

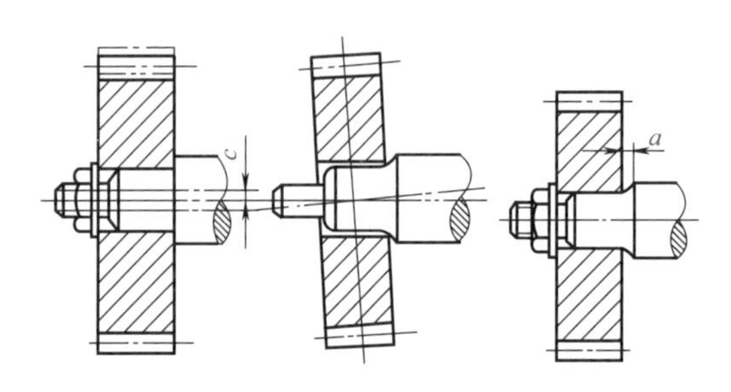

(a) 径向圆跳动误差　(b) 端面圆跳动误差　(c) 未靠紧轴肩误差

图 6-71　齿轮在轴上的安装误差

精度要求高的齿轮传动机构，在压装后需要检验其径向圆跳动和端面圆跳动误差。测量径向圆跳动误差的方法如图 6-72 所示。将齿轮轴支持在 V 形架或两顶尖上，使轴和平板平行，把圆柱规放在齿轮的轮齿间，将百分表测量头抵在圆柱规上，从百分表上得出一个读数。然后转动齿轮，每隔 3 ～ 4 个轮齿再重复进行一次测量，百分表最大读数与最小读数之差就是齿轮分度圆上的径向圆跳动误差。检查端面圆跳动误差，可以用顶尖将轴顶在中间，使百分表测量头抵在齿轮端面上，如图 6-73 所示。在齿轮轴旋转一周范围内，百分表的最大读数与最小读数之差为齿轮端面圆跳动误差。

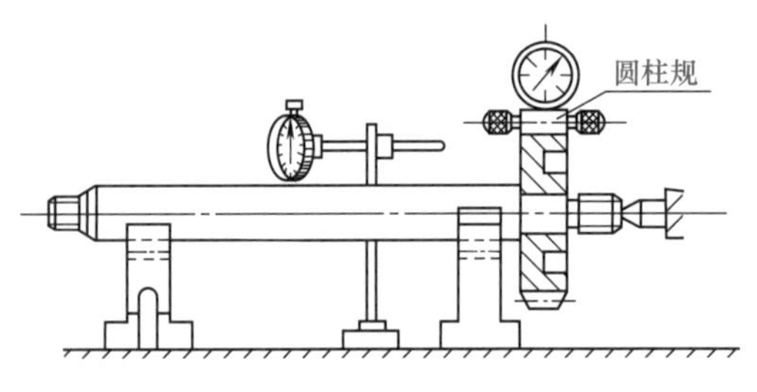

图 6-72　齿轮径向圆跳动误差的检查

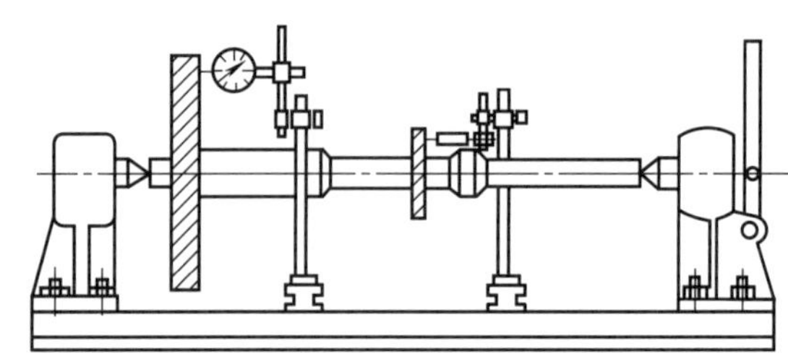

图 6-73　齿轮端面圆跳动误差的检查

这里还要指出，安装在非剖分式箱体内的传动齿轮，将齿轮先装在轴上后，不便或不能安装在箱体中时，齿轮与轴的装配是在装入箱体的过程中同时进行的，装配方法与上面的类似。齿轮与轴为锥面结合时（如图 6-74 所示），常用于定心精度较高的场合。装配前，用涂色法检查内外锥面的接触情况，贴合不良的可用三角刮刀进行修正。装配后，轴端与齿轮端面应有一定的间隙 Δ。

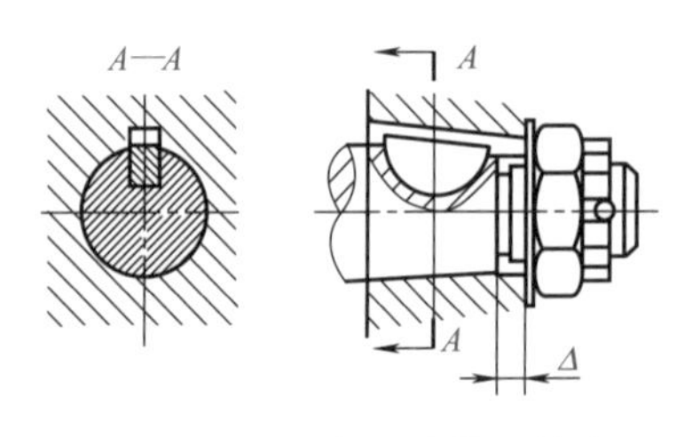

图 6-74　齿轮与轴为锥面结合

② 将齿轮轴部件装入箱体。将齿轮轴部件装入箱体，是一个极为重要的工序，装配的方式应根据轴在箱体中的结构特点而定。为了保证质量，装配前应检验箱体的主要部位是否达到规定的技术要求。检验内容主要有：孔和平面尺寸精度及几何形状精度；孔和平面的表面粗糙度及外观质量；孔和平面的相互位置精

度。前两项检验比较简单，本节只介绍孔和平面的相互位置精度的检验方法，见表 6-50。

表 6-50　孔和平面的相互位置精度的检验方法

<table>
<tr><th colspan="2">项目</th><th>说明</th></tr>
<tr><td colspan="2">同轴线孔的同轴度误差的检验</td><td>在成批生产中，用专用检验芯棒检验，若芯棒能自由地推入几个孔中，表明孔的同轴度误差在规定的范围之内。对精度要求不很高的孔，为减少专用检验芯棒数量，可用几副不同外径的检验套配合检验，如图 6-75 所示。若要确定同轴度误差值，可用检验芯棒及百分表检验，如图 6-76 所示。在两孔中装入专用套，将芯棒插入套中，再将百分表固定在芯棒上，转动芯棒即可测出同轴度误差值
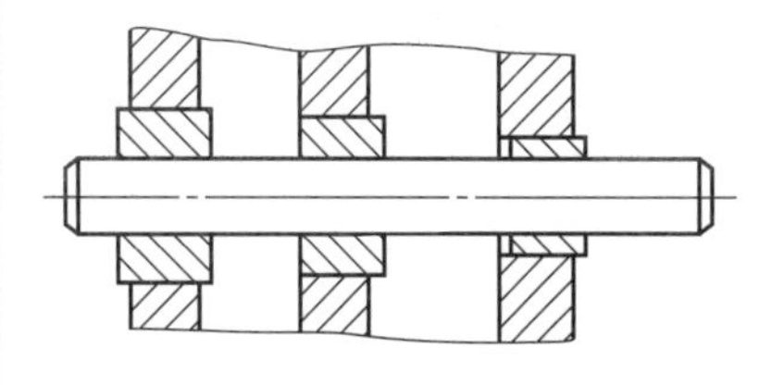
图 6-75　用通用芯棒检验孔的同轴误差
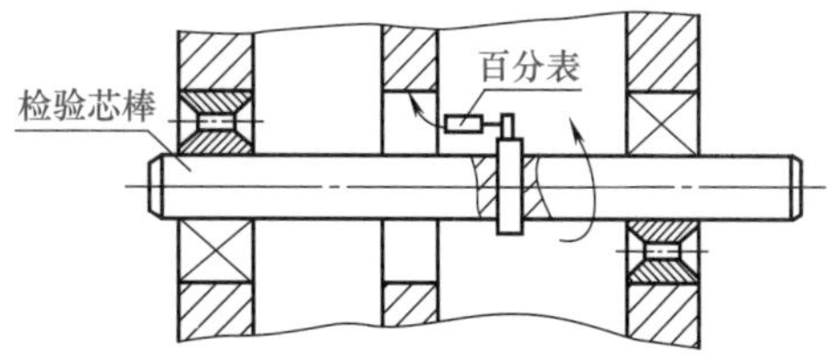

图 6-76　用芯棒和百分表检验同轴孔</td></tr>
<tr><td rowspan="3">孔距精度和孔系相互位置精度的检验</td><td>孔距的检验</td><td>如图 6-77（a）所示，孔距常用千分尺或游标卡尺测得 L_1 或 L_2、d_1 及 d_2 的实际尺寸，再计算出实际的孔距 A：
$$A=L_1+\left(\frac{d_1}{2}+\frac{d_2}{2}\right) \text{或} A=L_2-\left(\frac{d_1}{2}+\frac{d_2}{2}\right)$$
也可用如图 6-77（b）所示方法检验孔距：
$$A=\frac{M_1+M_2}{2}+\frac{d_1+d_2}{2}$$
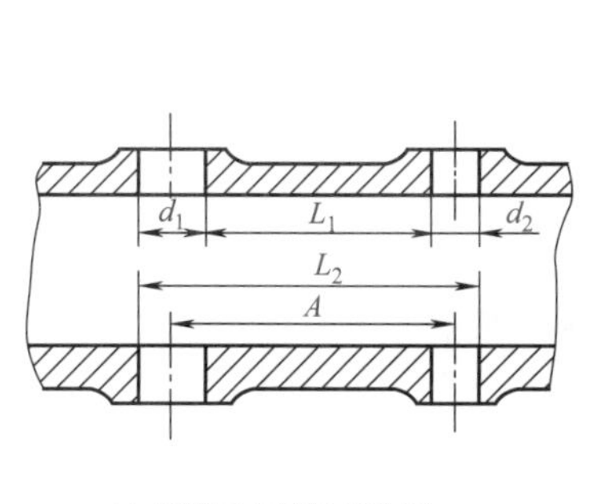

(a) 用游标卡尺测量孔距
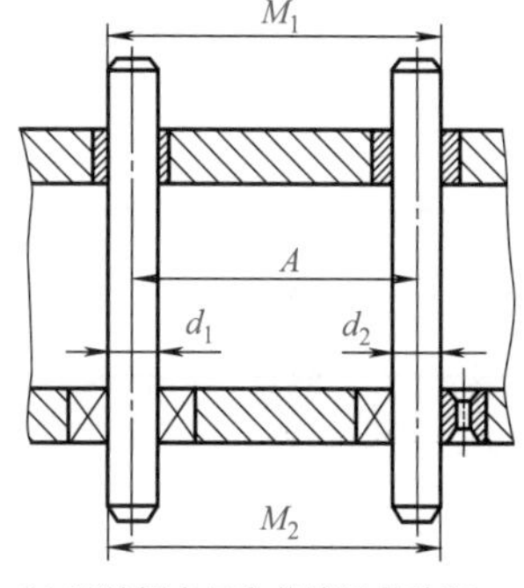

(b) 用游标卡尺和芯棒测量孔距
图 6-77　孔距精度检验</td></tr>
<tr><td>孔系（轴系）平行度误差的检验</td><td>如图 6-77（b）所示，分别测量芯棒两端的尺寸 M_1 和 M_2，其差值（M_1–M_2）就是两轴孔轴线在所测长度内的平行度误差</td></tr>
<tr><td>轴线与基面的尺寸精度和平行度误差的检验</td><td>箱体基面用等高垫块支承在平板上，将芯棒插入孔中，如图 6-78 所示。用高度游标卡尺或量块和百分表测量芯棒两端尺寸 h_1 和 h_2，则轴线与基面的距离为：
$$h=\frac{h_1+h_2}{2}+\frac{d}{2}-a$$
平行度误差为：
$$\Delta=h_1-h_2$$
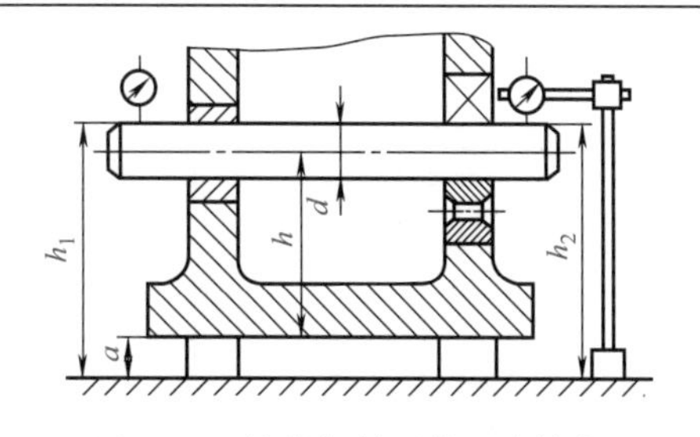

图 6-78　轴线与基面的尺寸精度及平行度误差的检验</td></tr>
</table>

项目		说明
孔距精度和孔系相互位置精度的检验	轴线与孔端面垂直度误差的检验	将带有检验圆盘的芯棒插入孔中，用涂色法或塞尺可检验轴线与孔端面的垂直度误差，如图 6-79（a）所示，也可用如图 6-79（b）所示的方法进行检验。芯棒转动一周，百分表指示的最大值与最小值之差，即为端面对轴心线的垂直度误差 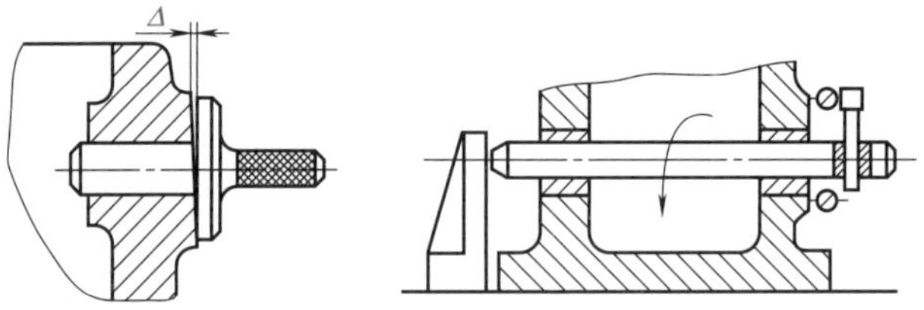 Δ (a) (b) 图 6-79　轴线与孔端面垂直度误差的检验
接触精度的检验和调整		齿轮轴部件装入箱体后，要检验齿轮副的啮合质量，它包括检查齿的接触斑点和测量侧隙的大小。一般齿轮副接触斑点的分布位置和大小，可按表 6-47 和表 6-48 规定选取。为了提高接触精度，通常是以轴承为调整环节，通过刮削轴瓦或微量调节轴承支座的位置，对轴线平行度误差进行调整，使接触精度达到规定要求。渐开线圆柱齿轮接触斑点常见的问题、产生原因及其调整方法如图 6-80 所示及表 6-51。当接触斑点的位置正确但面积太小时，可在齿面上加研磨剂使两轮转动进行研磨，以达到足够的接触斑点百分比要求 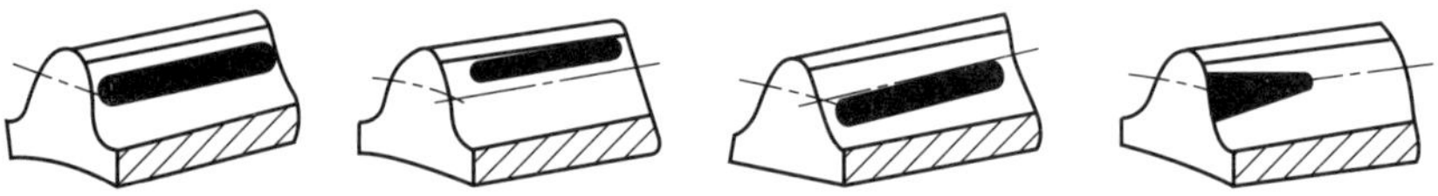 (a) 正确的　(b) 中心距太大　(c) 中心距太小　(d) 中心距歪斜 图 6-80　圆柱齿轮的接触斑点的位置

表 6-51　渐开线圆柱齿轮接触斑点常见问题、产生原因及调整方法

接触斑点	原因分析	调整方法
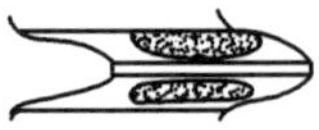 正常接触	—	—
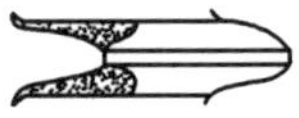 同向偏接触	两齿轮轴线不平行	在允许范围内，刮削轴瓦或调整轴承座
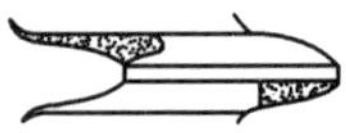 异向偏接触	两齿轮轴线歪斜或有偏差	在允许范围内，刮削轴瓦，调整轴承座，或修整有齿向偏差的轮齿
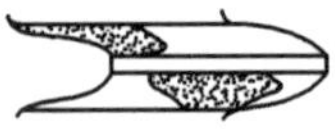 单面偏接触	两齿轮轴轴线不平行，并同时歪斜	在允许的范围内，修刮轴瓦或调整轴承座

续表

接触斑点	原因分析	调整方法
接触区由一边逐渐移至另一边，周期为大齿轮或小齿轮齿数	大齿轮或小齿轮基准端面与回转中心线不垂直	偏差在允许范围时，修整有偏差齿轮的表面
齿顶接触	齿轮轴线中心距大或齿轮加工原始齿形位移偏差（铣齿偏深）或齿轮毛坯顶圆径偏小	在可能的情况下，调整齿轮轴线，减小中心距，否则修整齿顶
齿根接触	齿轮轴线中心距小，或齿轮加工有原始齿形位移偏差（铣齿偏浅）或齿轮毛坯顶圆直径偏大	在可能的情况下，调整轴线，加大中心距，否则修整齿面
接触区由齿顶逐渐移向齿根，周期为大齿轮或小齿轮齿数	齿圈径向跳动	偏差在允许范围时，修整有偏差的齿轮齿面
不规则接触（有时齿面点接触，有时在端面边线上接触）	齿面有毛刺或有碰伤隆起	去除毛刺，修整
不规则接触或个别齿不好	齿面有毛刺，碰伤，隆起或个别齿加工有偏差	去除毛刺，修整有碰伤或有偏差的轮齿

③ 测量齿轮副侧隙的方法

a. 用压熔断丝检验。如图 6-81（a）所示，在齿面沿齿长两端并垂直于齿长方向，放置两条熔断丝，宽齿放 3 ～ 4 条。熔断丝的直径不宜大于齿轮副规定的最小极限侧隙的 4 倍。经滚动齿轮挤压后，测量熔断丝最薄处的厚度，即为齿轮副的侧隙。

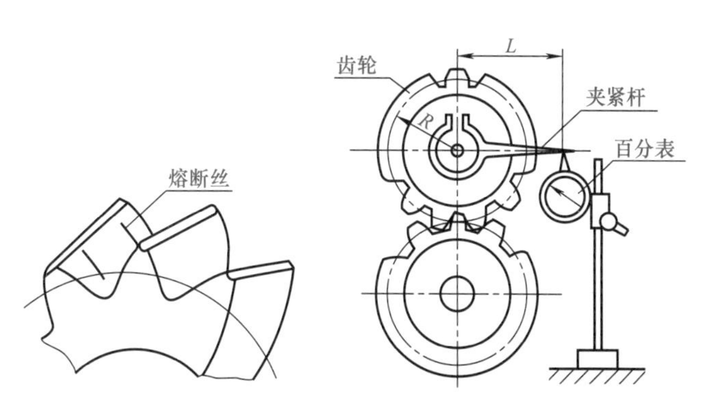

(a) 用压熔断丝检验侧隙　　(b) 检验小模数齿轮啮合中的侧隙

图 6-81　测量齿轮副侧隙的方法

b. 用百分表检验。检验小模数齿轮副的侧隙时，可采用图 6-81（b）所示的装置。检验时将一个齿轮固定，在另一个齿轮上装上夹紧杆，然后倒顺转动与百分表测量头相接触的齿轮，得到表针摆动的读数 C。根据分度圆半径 R 及测量点的中心距 L，可求出侧隙：

$$j_n = C\frac{R}{L}$$

齿轮副侧隙能否符合要求，在剔除齿轮加工因素外，与中心距误差密切相关。侧隙还会同时影响接触精度，因此，一般要与接触精度结合起来调整中心距，使侧隙符合要求。

（5）圆锥齿轮机构的装配

装配锥齿轮传动机构的顺序与装配圆柱齿轮传动机构相似，如锥齿轮在轴上的安装方法基本都与圆柱齿轮大同小异；但锥齿轮一般是传递互相垂直两轴之间的运动，故在两齿轮轴的轴向定位和侧隙的调整以及箱体检验等方面，各有不同的特点，下面分别叙述。

① 箱体检验。主要是检验两孔轴线的垂直度误差，可分两种情况。第一种：轴线在同一平面内垂直相交的两孔垂直度误差可按图 6-82（a）所示的方法检验。将百分表装在芯棒 2 上，为了防止芯棒轴向窜动，芯棒上应加定位套，旋转芯棒 2，在 0° 和 180° 的两个位置上百分表的读数差，即为两孔在 L 长度内的垂直度误差。如图 6-82（b）所示为两孔轴线相交的检验，将芯棒 2 的测量端做成叉形槽，芯棒 1 的测量端按垂直度公差做成两个阶梯形，即过端与止端。检验时，若过端能通过叉形槽而止端不能通过，则垂直度合格，否则即为超差；第二种：轴线不在同一平面内相互垂直但不相交的两孔垂直度误差可用 6-82（c）所示的方法检验。箱体用 4 个千斤顶支承在平板，用 90° 角尺找正，将检验芯棒 2 调整成垂直位置。此时，测量芯棒 1 对平板的平行度误差，即为两孔轴线的垂直度误差。

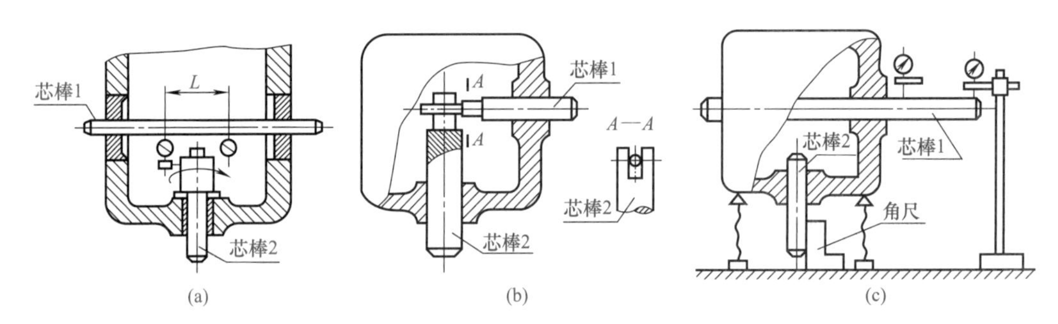

图 6-82　垂直两孔轴线的检验

② 两锥齿轮轴向位置的确定。当一对锥齿轮啮合传动时，必须使两齿轮分度圆锥相切，两锥顶重合。装配时以此来确定小齿轮的轴向位置；或者说这个位置是以“安装距离”x［小齿轮基准面至大齿轮轴的距离，如图 6-83（a）所示］来确定的。若小齿轮轴与大齿轮轴不相交时，小齿轮的轴向定位同样也以“安装距离”为依据，用专用量规测量如图 6-83（b）所示。若大齿轮尚未装好，则可用工艺轴代替，然后按侧隙要求决定大齿轮的轴向位置。

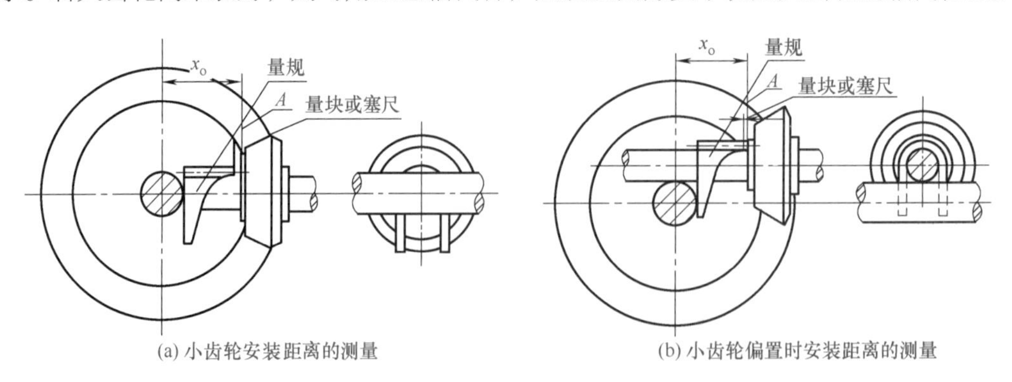

图 6-83　小齿轮轴向定位

用背锥面作基准的锥齿轮，装配时将背锥面对成平齐，用来保证两齿轮正确的装配位置。也可以使两个齿轮沿着各自的轴线方向移动，一直移到其假想锥体顶点重合为止，如图6-84所示。在轴向位置调整好以后，通常用调整垫圈厚度的方法，将齿轮的位置固定。

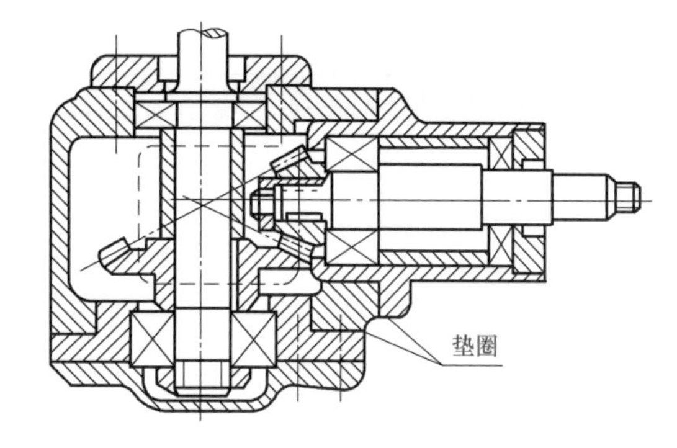

图6-84　锥齿轮的轴向调整

③ 锥齿轮啮合质量的检查与调整。锥齿轮传动的啮合质量检查，应包括侧隙的检验和接触斑点的检验。锥齿轮啮合质量的检查与调整见表6-52。

表6-52　锥齿轮啮合质量的检查与调整

项目	说明
侧隙的检验和调整	法向侧隙公差种类与最小侧隙种类的对应关系如图6-85所示。锥齿轮副的最小法向侧隙分为六种：a、b、c、d、e和h。a为侧隙值最大，依次递减，一直到h为零。最小法向侧隙种类与精度等级无关。法向侧隙公差有5种：A、B、C、D和H 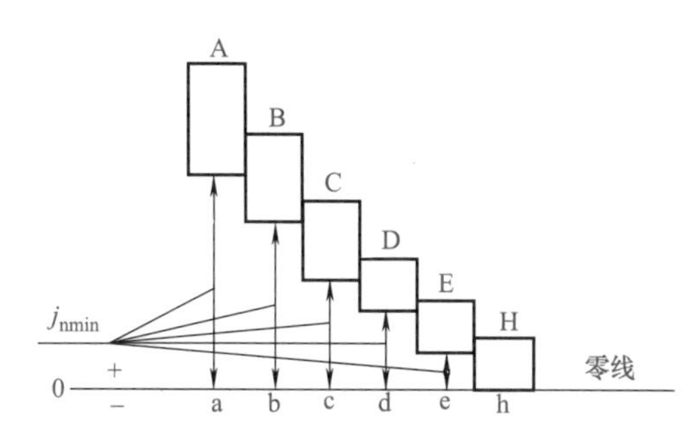 图6-85　锥齿轮副的侧隙种类 在锥齿轮工作图上应标注齿轮的精度等级和最小法向侧隙种类，还应标注法向侧隙公差种类的数字及代号 锥齿轮侧隙的检验方法与圆柱齿轮基本相同，也可用百分表测定，如图6-86所示。测定时，齿轮副按规定的位置装好，固定其中一个齿轮，测量非工作齿面间的最短距离（以齿宽中点处计量），即为法向侧隙值。直齿锥齿轮的法向侧隙j_n与齿轮轴向调整量x（图6-87）的近似关系为：  图6-86　用百分表检验侧隙 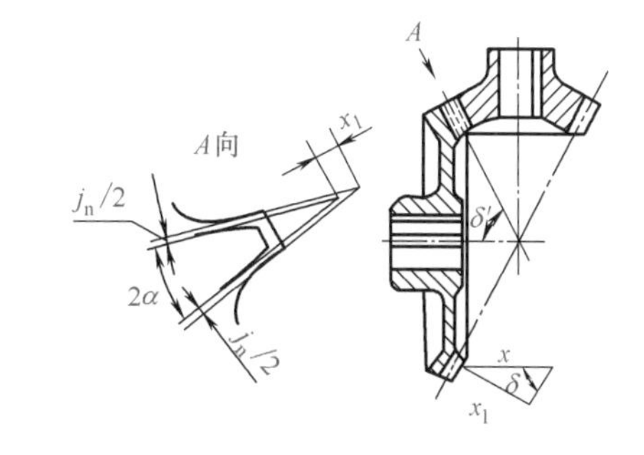 图6-87　直齿锥齿轮轴向调整量与侧隙的近似关系 $$j_n=2x\sin\alpha\sin\delta'$$ 式中　α——齿形角，(°)； δ'——节锥角，(°)； x——齿轮轴向调整量，mm

续表

项目	说明
接触斑点的检验与调整	用涂色法检查锥齿面接触斑点时，与圆柱齿轮的检查方法相似，就是将显示剂涂在主动齿轮上，来回转动齿轮，根据从动齿轮齿面上的斑点痕迹形状、位置和大小来判断啮合质量。一般对齿面修形的齿轮，在齿面大端、小端和齿顶边缘处，不允许出现接触斑点。斑点痕迹大小（百分比）与齿轮的精度等级有关，见以下附表。对于工作载荷较大的锥齿轮副，其接触斑点应满足下列要求，即轻载荷时，斑点应略移向小端；而受重载荷时，接触斑点应从小端移向大端，且斑点的长度和高度均增大，以免大端区应力集中

附表　锥齿轮副啮合接触斑点大小与精度等级的关系

图例	痕迹方向	痕迹百分比确定	精度等级			
			4～5	6～7	8～9	10～12
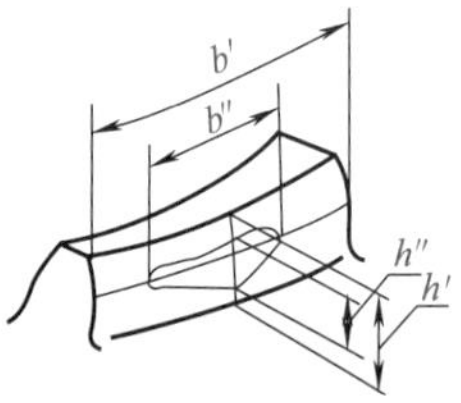 b′ b″ h″ h′	沿齿长方向	$\frac{b''}{b'}\times100\%$	60～80	50～70	35～65	25～55
	沿齿高方向	$\frac{h''}{h'}\times100\%$	65～85	55～75	40～70	30～60

注：表中数值范围用于齿面修形的齿轮。对于非修形齿轮其接触斑点不小于其平均值。

如果接触斑点不符合上述要求时，则可参照表6-53分析原因，再有针对性地进行调整。一般在测量达不到要求时，要调整大齿轮，而当接触的斑点达不到要求时，可调整小齿轮

表6-53　锥齿轮接触斑点及其调整方法

接触斑点	齿轮种类	现象及原因	调整方法
 正常接触(中部偏小端接触)	直齿及其他锥齿轮	在轻微负荷下，接触区在齿宽中部，略宽于齿宽的一半，稍近于小端，在小齿轮齿面上较高，大齿轮上较低，但都不到齿顶	—
 低接触 高接触 高低接触	直齿锥齿轮	小齿轮接触区太高，大齿轮太低。由于小齿轮轴向定位有误差	小齿轮沿轴向移出，如侧隙过大，可将大齿轮沿轴向移动
		小齿轮接触太低，大齿轮太高，原因同上，但误差方向相反	小齿轮沿轴向移进，如侧隙过小，则将大齿轮沿轴向移出
		在同一齿的一侧接触区高，另一侧低，如小齿轮定位正确且侧隙正常，则为加工不良所致	装配无法调整，需调换零件。若只做单向传动，可按上面两种方法调整，可考虑另一齿侧的接触情况
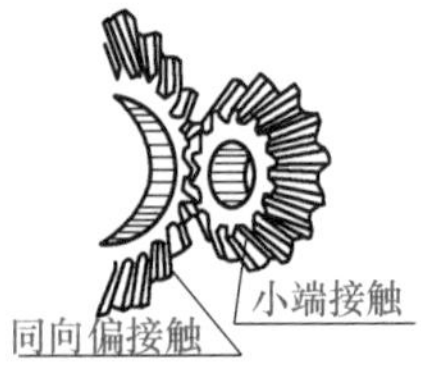 小端接触 同向偏接触	直齿锥齿轮	两齿轮的齿侧同在小端接触。由于轴线交角太大	不能用一般方法调整，必要时修刮轴瓦
		同在大端接触，由于轴线交角太小	—
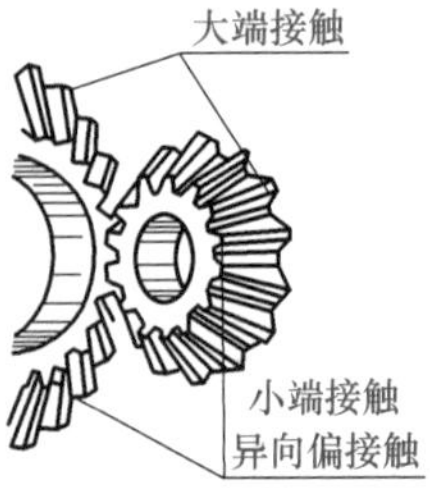 大端接触 小端接触 异向偏接触	直齿锥齿轮	大小齿轮在齿的一侧接触于大端，另一侧接触于小端。由于两轴心线有偏移	应检查零件加工误差，必要时修刮轴瓦

（6）齿轮传动机构装配后的跑合

一般动力传动齿轮副，不要求有很高的运动精度及工作平稳性，但要求有较高的接触精度和较小的噪声。若加工后达不到接触精度要求时，可在装配后进行跑合。

齿轮传动机构装配后的跑合见表 6-54。

表 6-54　齿轮传动机构装配后的跑合

类别	说明
加载跑合	在齿轮副的输出轴上加一力矩，使齿轮接触表面互相磨合（需要时加磨料），以增大接触面积，改善啮合质量
电火花跑合	在接触区内通过脉冲放电，把先接触部分的金属去掉，以后使接触面积扩大，直至达到要求为止，此法比加载跑合省时 齿轮副跑合后，必须进行彻底清洗

四、蜗杆传动机构的装配

蜗杆传动是传递空间交错轴之间运动和转矩的一种机构，在绝大多数情况下，两轴在空间是互相垂直的，轴交角为 90°，如图 6-88 所示。它具有结构紧凑、传动比大（动力传动中，一般单级传动比 i=8 ～ 80，在分度传动中，i 可达 1000）、传动平稳、噪声低、可以自锁等特点。主要缺点是在制造精度和传动比相同的条件下，传动效率比齿轮传动低，工作时发热大，需要有良好的润滑。

图 6-88　蜗杆传动机构

（1）蜗杆传动的精度

按国家相关标准规定有 12 个精度等级，第 1 级精度最高，第 12 级精度最低。其规定蜗杆传动的侧隙共分八种：a、b、c、d、e、f、g 和 h。最小法向侧隙值以 a 为最大，其他依次减小，一直到 h 为零。应根据工作条件和使用要求来选择传动的侧隙种类。各种侧隙的最小法向侧隙 j_{nmin} 值见表 6-55。蜗杆副的接触斑点要求符合表 6-56 的规定。

表 6-55　蜗杆传动的最小法向侧隙值（μm）

序号	传动中心距 /mm	侧隙种类							
		h	g	f	e	d	c	b	a
1	≤ 30	0	9	13	21	33	52	84	130
2	＞ 30 ～ 50	0	11	16	25	39	62	100	160
3	＞ 50 ～ 80	0	13	19	30	46	74	120	190
4	＞ 80 ～ 120	0	15	22	35	54	87	140	220
5	＞ 120 ～ 180	0	18	25	40	63	100	160	250
6	＞ 180 ～ 250	0	20	29	46	72	115	185	290
7	＞ 250 ～ 315	0	23	32	52	81	130	210	320
8	＞ 315 ～ 400	0	25	36	57	89	140	230	360
9	＞ 400 ～ 500	0	27	40	63	97	155	250	400
10	＞ 500 ～ 630	0	30	44	70	110	175	280	440
11	＞ 630 ～ 800	0	35	50	80	125	200	320	500
12	＞ 800 ～ 1000	0	40	56	90	140	230	360	560

注：传动的最小圆周侧隙 $j_{min} \approx j_{nmin}/(\cos\gamma'\cos\alpha_n)$，$\gamma'$ 为蜗杆节圆柱量程角，α_n 为蜗杆法向齿形角。

表 6-56　蜗杆副的接触斑点要求

图例	精度等级	接触面积 /%		接触形状	接触位置
		沿齿高≥	沿齿长≥		
	1 和 2	75	70	痕迹在齿高方向无断缺，不允许呈带状条纹	痕迹分布位置趋近于齿面中部，允许略偏于啮合端。在齿顶和啮入、啮出端的棱边处不允许接触
	3 和 4	70	65		
	5 和 6	65	60		
	7 和 8	55	50	不做要求	痕迹应偏于啮合端但不允许在齿顶和啮入、啮出端的棱边接触
	9 和 10	45	40		
	11 和 12	30	30		

（2）蜗杆传动机构箱体的装前检验

为了确保蜗杆传动机构的装配要求，在蜗杆、蜗轮装配前，先要对蜗杆孔轴线与蜗轮孔轴线的中心距误差和垂直度误差进行检验。检验箱体孔中心距时，可按图 6-89 所示的方法进行测量。测量时，分别将测量芯棒 1 和 2 插入箱体孔中。箱体用三个千斤顶支承在平板上，调整千斤顶，使其中一个芯棒与平板平行（用百分表在该芯棒两端最高点上检验），再用两组量块以相对测量法，测量两芯棒至平板的距离，即可算出中心距 a。测量轴线间的垂直度误差，可采用如图 6-90 所示的检验工具。检验时将芯棒 1 和 2 分别插入箱体孔中，在芯棒 2 的一端套一百分表摆杆，用螺钉固定，旋转芯棒 2，百分表上的读数差，即是轴线的垂直度误差。

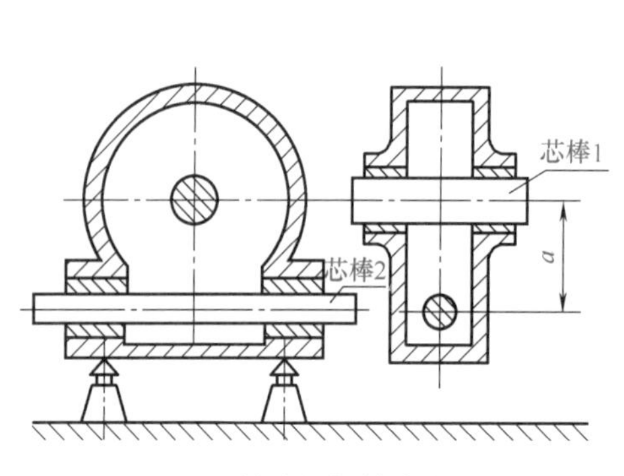

图 6-89　检验蜗杆箱中心距

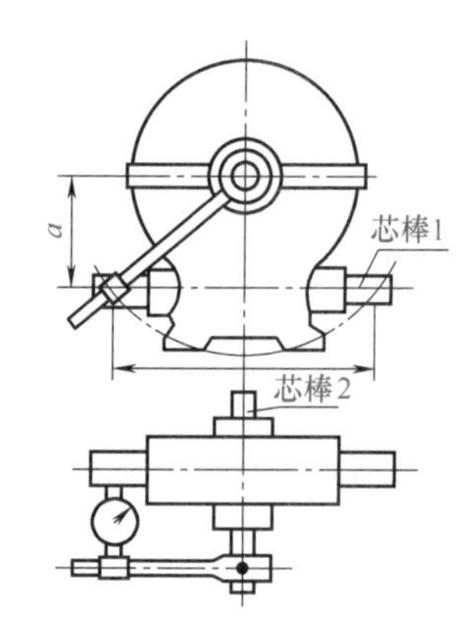

图 6-90　检验蜗杆箱轴线垂直度误差

（3）蜗杆机构的装配

蜗杆传动机构的装配顺序，按其结构特点的不同，有的应先装蜗轮，后装蜗杆；有的则相反。一般情况下，装配工作是从装配蜗轮开始的，其步骤如下：

a. 将蜗轮齿圈压装在轮毂上，并用螺钉加以紧固。

b. 将蜗轮装在轴上，安装和检验方法与圆柱齿轮相同。

c. 把蜗轮轴装入箱体，然后再装蜗杆。一般蜗杆轴心线的位置，是由箱体安装孔所确定的，因此蜗轮的轴向位置可通过改变调整垫圈厚度或其他方式进行调整。

d. 将蜗轮、蜗杆装入蜗杆箱后，首先要用涂色法来检验蜗杆与蜗轮的相互位置，以及啮合的接触斑点。将红丹粉涂在蜗杆螺旋面上，给蜗轮以轻微阻尼，转动蜗杆。根据蜗轮轮齿上的痕迹判断啮合质量。正确的接触斑点位置应在中部稍偏蜗杆旋出方向，如图6-91（a）所示。对于如图6-91（b）、（c）所示的情况，则应调整蜗轮的轴向位置（如改变垫片厚度等）。

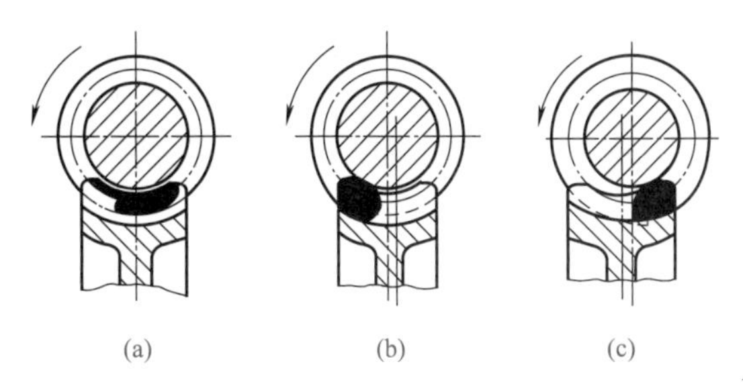

图6-91　蜗轮齿面上的接触斑点

对于不同用途的蜗杆传动机构，在装配时，要加以区别对待。例如用于分度机构中的蜗杆传动，应以提高其运动精度为主，以尽量减小传动副在运动中的空程角度（即减小侧隙）；而用于传递动力的蜗杆传动机构，则以提高其接触精度为主，使之增加耐磨性能和传递较大的转矩。装配蜗杆传动过程中，可能产生的三种误差：蜗杆轴线与蜗轮轴线的交角误差、中心距误差、蜗轮对称中间平面与蜗杆轴线的偏移，如图6-92所示。

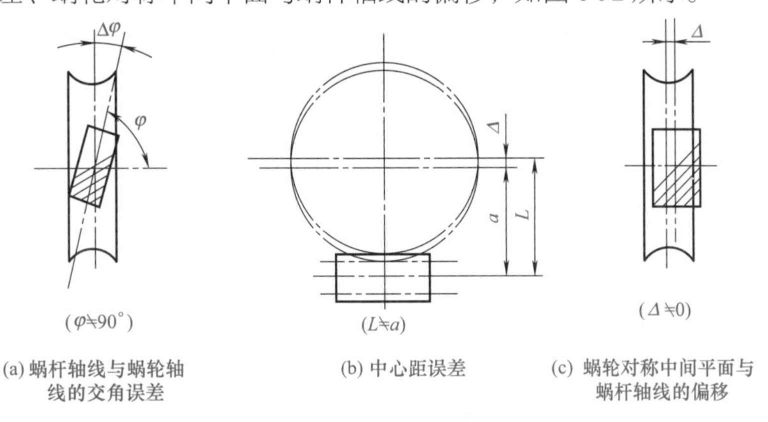

(a) 蜗杆轴线与蜗轮轴线的交角误差　(b) 中心距误差　(c) 蜗轮对称中间平面与蜗杆轴线的偏移

图6-92　蜗杆传动机构的不正确啮合情况

（4）蜗轮、蜗杆装配时的齿侧隙检验

由于蜗轮、蜗杆的中心距调整不了，所以齿侧间隙的大小主要靠蜗轮、蜗杆机械加工的精度来保障。影响其加工精度的因素很多（尤其是蜗轮的加工），批量生产的工厂，在刀具、机床精度、加工技术上都掌握了一定的经验和规律，能保证产品的加工精度和质量。初次加工蜗轮时，吃刀深度应取其最大下偏差，从加工上保证有足够的齿侧间隙，否则，可能要将蜗轮经返修后才能装配。对蜗轮、蜗杆装配后侧隙的检验，可按如下方法进行：

对不太重要的蜗杆传动机构，有经验的钳工是用手转动蜗杆，根据蜗杆空程量来判断间隙的大小，一般要求较高的蜗杆传动机构，要用百分表进行测量。

直接测量法，如图6-93（a）所示，在蜗杆轴上，固定一个带量角器的刻度盘，百分表

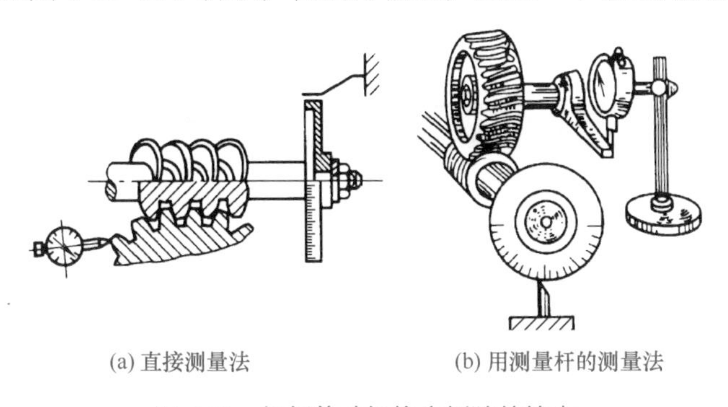
(a) 直接测量法　(b) 用测量杆的测量法

图6-93　蜗杆传动机构齿侧隙的检查

测头顶在蜗轮齿面上，手转蜗杆，在百分表指针不动的情况下，用刻度盘相对于固定指针的最大转角判断侧隙的大小。如百分表直接与蜗轮齿面接触有困难时，可在蜗轮轴上装一测量杆，如图 6-93（b）所示。空程角与侧隙可用下面经验公式进行换算。

$$C = \frac{Z_1 m\alpha}{7.3}$$

式中　C——齿侧隙，μm；

Z_1——蜗杆头数；

m——模数，mm；

α——空程角，（′）。

不同结合形式蜗轮、蜗杆啮合时的齿侧隙要求见表 6-57。

表 6-57　不同结合形式蜗轮、蜗杆啮合时的齿侧隙　　单位：mm

结合形式	偏差代号	中心距						
		≤ 40	＞ 40 ～ 80	＞ 80 ～ 160	＞ 160 ～ 320	＞ 320 ～ 630	＞ 630 ～ 1250	＞ 1250
D	C_n	0	0	0	0	0	0	0
D_b		0.020	0.048	0.065	0.095	0.170	0.190	0.260
D_c		0.055	0.095	0.130	0.190	0.260	0.380	0.530
D_e		0.110	0.190	0.260	0.380	0.530	0.750	—

第十节　机床导轨的装配

一、机床导轨的结构类型和精度要求

（1）机床导轨的结构类型

根据导轨的导向运动走向，机床导轨可以分为直线运动导轨和旋转运动导轨两类。根据运动部件与导轨间的摩擦情况，分为滑动导轨、滚动导轨和静压导轨。以直线运动的滑动导轨应用最为广泛。

直线运动滑动导轨按它的截面形状可分为三角形、矩形、燕尾形和圆柱形四种。为了提高运动部件的导向性和运动的平稳性，导轨一般都是由两条轨道所组成。两条导轨根据截面组合形状不同，常用形式有五种，见表 6-58。

表 6-58　不同截面形状导轨适用范围

截面形状		特点与适用范围
双三角形导轨	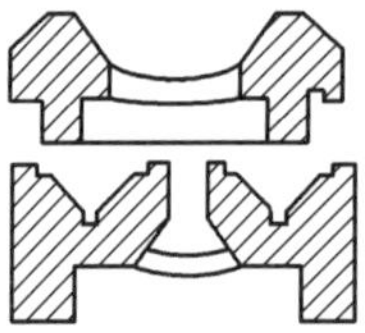	三角形导轨有磨损后自动下沉补偿的特点，它的导向性磨损后仍能保持很好。适用于精度较高的机床，如丝杠车床、齿轮机床等

续表

截面形状		特点与适用范围
三角形 - 矩形导轨		它既具有三角形导轨优良的导向性，又具有平面导轨承载力强的优点，精度较高，便于制造，应用范围较广，如车床、磨床等
双矩形导轨	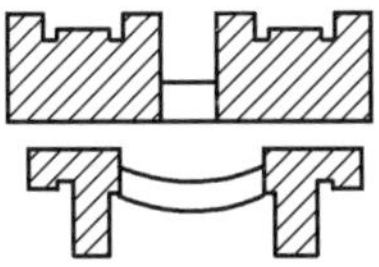	具有承载能力强、润滑条件好、摩擦因数比三角形导轨小，便于制造等优点，缺点是导向性差。一般适用于普通精度机床或重型机床，如重型车床、龙门铣床等
燕尾 - 矩形单面组合导轨		具有承载力强、调整方便、可承受一定侧向力矩等特点。适用于龙门刨床横梁、立柱导轨
燕尾导轨	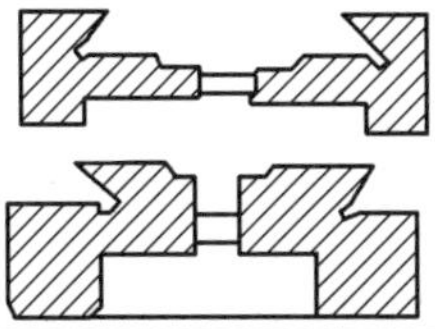	具有可承受侧向力矩、间隙调整方便等特点。导轨接触面小，刚性与导向性较差，用于一般精度机床，如牛头刨床、插床和车床刀架导轨

（2）导轨的精度要求（表 6-59）

表 6-59　导轨的精度要求

项目	说明
导轨的几何精度	导轨的几何精度，由每条导轨本身的几何精度以及两条导轨间的平行度或垂直度组成 通常讲的导轨直线度，是指两个方向允差的综合。导轨直线度有两种表示法： ①用导轨在 1m 长范围内的直线度允差表示 ②用导轨全长范围内的直线度允差表示 机床的精度等级不同，导轨直线度误差值也不同，一般精度机床导轨的直线度允差值为（0.015 ～ 0.02mm）/1000mm 两导轨面间的平行度：它反映出两导轨上的运动部件沿导轨长度方向运动时，横向所测出的倾斜误差。例如：车床溜板箱（或测量板桥）沿导轨移动时测量出横向（与移动方向相垂直）高低不同数值，反映出车床前后导轨的倾斜量，这种前后导轨不平行、前头高后导轨低称为导轨的扭曲。随着机床精度不同，这个允差值也不同，一般精度导轨的平行度按横向延长为 1m 时的允差计算，其数值为（0.02 ～ 0.05mm）/1000mm 导轨的垂直度：机床导轨的结合形式很多，除车床两导轨平行以外，像龙门铣床上横梁导轨与立柱导轨、立柱导轨与铣床工作台导轨面间，都有一定垂直度要求
导轨的接触精度	为了保证机床运动部件的导向精度，使导轨与运动部件有足够的刚度，防止因工件加工余量不均和切削力变化引起机床、刀具的振动，导轨配合面必须接触良好。其接触程度可以用接触点多少来衡量，接触点越多机床接触精度越高。接触点的检验常用涂色法检查。即导轨在涂色互研后数一下 25mm×25mm 面积内的接触点，来确定其接触精度（磨削过的表面以接触面大小为指标）。刮研后的导轨表面的接触点数应不低于附表 1 所规定数值

附表 1　刮研后导轨表面的接触点数

机床类别	导轨宽度 /mm		
	≤ 250	＞ 250	镶条、压板
	接触点数		
高精度机床	20	—	12
精密机床	16	12	10
普通机床	10	6	6

续表

项目	说明
导轨表面的粗糙度	导轨表面的粗糙度与其接触精度有密切的关系，因此，机床的导轨面均要求较低的粗糙度。经刮研过的导轨表面粗糙度应在 *Ra*1.6μm 以内，而磨削和精刨过的导轨表面粗糙度应在 *Ra*0.8μm 以内，具体情况见附表 2

附表 2　滑动导轨表面粗糙度

机床类别		表面粗糙度 *Ra*/μm	
		支承导轨	动导轨
普通机床	中小型	0.8	1.6
	大型	1.6 ～ 0.8	1.6
精密机床		0.8 ～ 0.2	1.6 ～ 0.8

二、机床导轨的刮削和检查

（一）刮削导轨的一般原则

采用合理的刮削步骤，不仅能提高刮削质量，而且能显著提高刮削效率。刮削时应遵循以下基本原则。

① 首先要选择刮削时的基准导轨。通常是以较长和重要的支承导轨作为基准导轨。如车床床身溜板用导轨、立式钻床立柱导轨等。

② 先刮基准导轨，再根据基准导轨刮削与其相配的另一导轨。刮削时，基准导轨必须进行精度检验，而相配的导轨只需进行配刮，达到接触要求即可，不做单独的精度检验。

③ 对于组合导轨上各个表面的刮削次序，应在保证质量的前提下，以减少刮削工作量和测量方便为原则进行合理安排。如应先刮大表面，后刮小表面；应先刮刚度较好的表面，后刮刚度差的表面。

④ 刮削导轨时，一般都应将工件放在调整垫铁上，以便调整导轨的水平或垂直位置，保证刮削时的精度稳定和测量方便。

⑤ 工件上如果有其他已加工的平面或孔时，为保证与被刮导轨面之间的位置精度，应以这些平面或孔为基准来刮削导轨表面。

（二）导轨的刮削方法

刮削机床导轨是要使几条互相关联的导轨面，通过刮削达到所要求的精度，为此应选择比较合理的刮削方法。导轨的刮削方法见表 6-60。

表 6-60　导轨的刮削方法

项目	说明	
普通车床床身导轨的刮削	如图 6-94 所示为车床床身导轨。其中导轨面 4、5、6 为溜板用导轨，1、2、3 为尾架用导轨，7、8 为压板用导轨 刮削前，首先选择基准导轨。应选择工作量最大、精度要求最高、最主要和最难刮的溜板用导轨面 5、6 为基准 刮削步骤如下： ①刮削基准面 5 和 6。刮削前应检查这两个面在精刨后的直线度实际误差。然后综合考虑刮削方法。先用校准平尺研点刮削平面 5，再用角度平尺校研、刮削平面 6，并用水平仪测量基准导轨面的直线度，直至直线度、接触点数和表面粗糙度均符合要求为止	图 6-94　车床床身导轨 1 ～ 3—尾架用导轨；4 ～ 6—溜板用导轨；7，8—压板用导轨

续表

项目	说明
普通车床床身导轨的刮削	②刮平面 4。以已刮好的 5、6 为基准，用平尺研点刮削平面 4，此时不但要保证平面 4 本身的直线度，而且还要刮准对基准导轨的平行度。检查时，将百分表座放在与基准导轨吻合的垫铁上，表头触及被测面 4，移动垫铁，在导轨全长上进行测量，便可测出平行度。如图 6-95（a）所示 ③刮削尾架用平面 1。检查方法如图 6-95（b）所示，直至平面 1 达到自身的精度和对平面 4 的平行度要求 ④刮削导轨面 2、3。刮削方法与刮平面 5、6 相同，必须保证自身的精度，同时要达到对基准导轨 5、6 和平面 1 的平行度要求。检查方法如图 6-95（c）所示 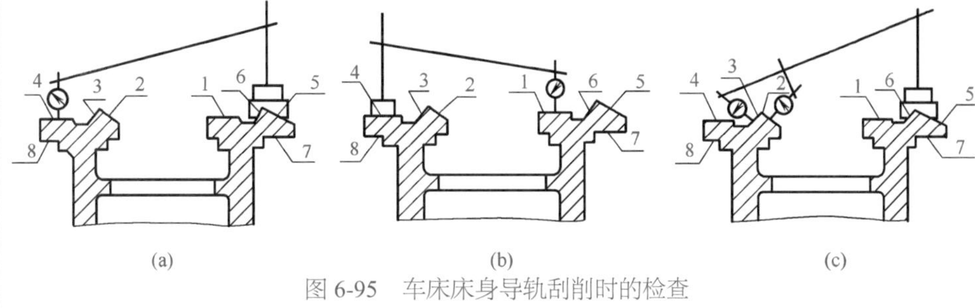 图 6-95　车床床身导轨刮削时的检查 1 ～ 3—尾架用导轨面；4 ～ 6—溜板用导轨面；7，8—压板用导轨面
双矩形导轨的刮削	双矩形导轨的形状如图 6-96 所示。刮削时不能采用逐条刮削的方法，这样会使两条导轨之间不平行（扭曲）。正确的刮削方法是用标准平板对两条导轨同时进行刮削，使两条导轨的自身精度和平行度要求同时达到，这样工作效率较高。此时标准平板的宽度应大于或等于床身导轨的宽度 *B*，长度则等于或稍小于导轨长度 *L* 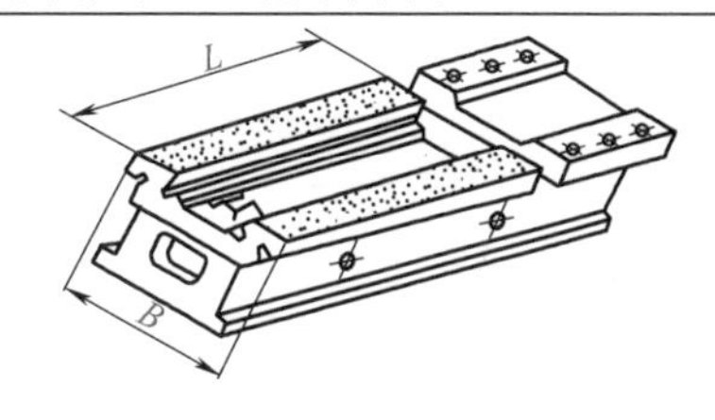 图 6-96　双矩形导轨
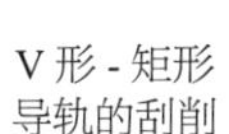 V 形 - 矩形导轨的刮削	其结构形状如图 6-97（a）所示。这种导轨的刮削方法有两种：一种是按相配的工作台进行研刮（工作台导轨面已刮好或磨好）；另一种是用标准工具进行研刮，如图 6-97（b）所示。用组合平板研刮时，*A*、*B*、*C* 三面可同时显点刮好，只需进行直线度检查即可。用图 6-97（c）所示的 V 形平尺研刮时，应先刮好 V 形导轨的 *A*、*B* 两面，以保证自身的直线度要求，然后以 V 形导轨为基准刮削平面 *C* 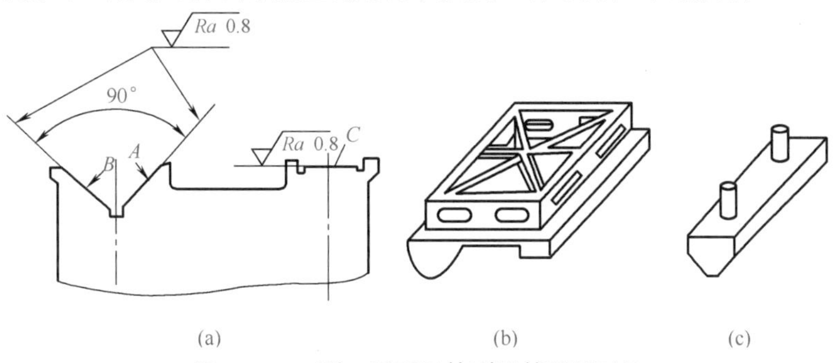 图 6-97　V 形、平面导轨副及其配研工具
燕尾形导轨的刮削	一般采取成对交替配刮的方法进行。如图 6-98 所示，*A* 为支承导轨，*B* 为动导轨。刮削时，先将动导轨平面 3、6 按标准平板刮削到所要求精度，这样容易保证两个平面的精度。然后以此两平面为基准，刮研支承导轨面 1、8 并达到精度要求。接着再按 α=55° 的角度直尺研刮斜面 2（或斜面 7），刮好斜面 2 后，在刮斜面 7 时，不但要达到接触精度，还要边刮边检查平行度，直至斜面 7 与斜面 2 的平行度符合要求为止。最后分别研刮动导轨的斜面 4、5。由于动导轨与支承导轨的燕尾面之间有镶条，其中一个燕尾面有斜度（图中斜面 5）。楔形镶条是在按平板粗刮后，放入斜面 5 与 7 之间配刮完成的 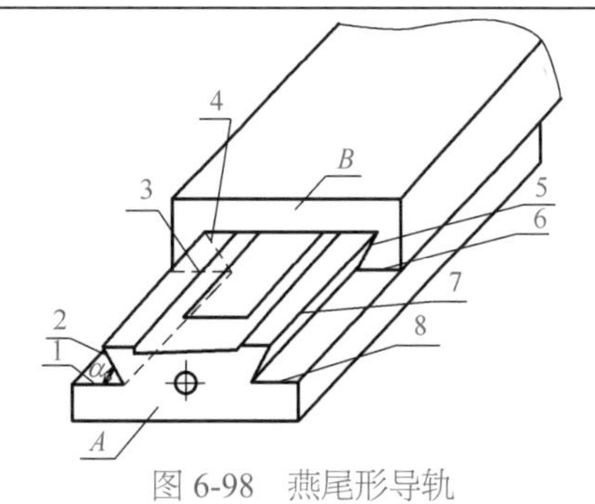 图 6-98　燕尾形导轨

（三）导轨的几何精度检验

机床导轨几何精度的检验方法很多，按检验原理可分为线值测量和角值测量两种，其说明见表 6-61。

表 6-61　机床导轨几何精度按检验原理的检查方法

方法	说明
线值测量法	将两个重锤绷紧的钢丝沿导轨长度方向放在导轨面上，用读数放大镜观测钢丝与导轨面间各处间隙值，根据所读数值确定机床导轨的直线度。这种方法由于受放大镜倍数与目测准确度限制，其测量精度比较低
角值测量法	将测量仪器放在机床导轨上，机床导轨上如出现直线度误差，就会使量仪平板发生角度变化（平板因导轨不平直发生的倾斜），这个角度变化可转换成直线度误差。这种方法，随着量仪平板的加长，可以将被测导轨直线度很小的误差，变成角度变化，所以测量精度比较高

（1）导轨直线度检验（角值法）

常用仪器有方框水平仪和光学准直仪。

① 用方框水平仪测量导轨直线度。如使用 200mm × 200mm 精度为 0.02/1000mm 的方框水平仪，检测 1600mm 长车床导轨直线度误差，具体步骤见表 6-62。

表 6-62　用方框水平仪测量导轨直线度

步骤	说明
调整水平仪	将被测导轨放在可调垫铁上，调整垫铁使水平仪从导轨一端移动到另一端，水平仪气泡始终在刻线范围内
分段测量	根据方框水平仪的边长（200mm）将导轨分成 8 段，每段测量一次。其读数分别为：+1、+2、+1、0、−1、−1、0、−0.5
画误差曲线图	根据上面所测每段读数绘制误差曲线图。图的横坐标为导轨的长度 1600mm，按测量分段长度 200mm 分度。纵坐标是框式水平仪的气泡刻度值，按每格为 1 分度，将每测量段所读数值对应点记录在坐标图上，按顺序将这些点连成线，所得曲线即机床导轨直线度误差曲线，如图 6-99 所示 这个误差曲线图有两个用途：一是可根据图上首、末点（0 与 1600）连线 *PP* 得出理论刮削直线，用这条直线制订刮削方案；二是从图上可以直观看出导轨各段高低点位置，其最大凸出点在机床导轨 600 ～ 800mm 处，最大值为 3.5 格（水平仪气泡格数）即图上 *m* 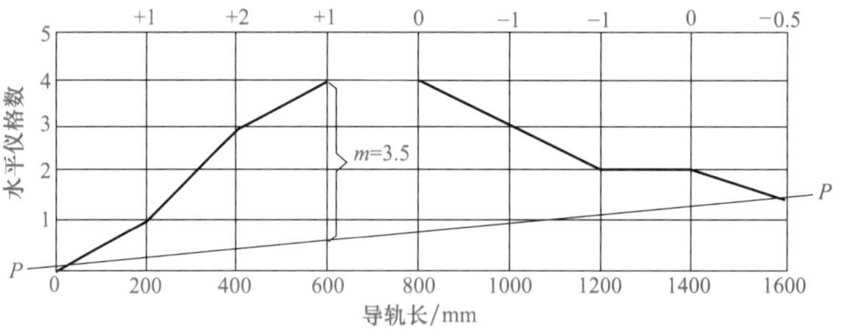 图 6-99　机床导轨直线度误差曲线
计算导轨直线度误差	绘制的误差曲线图只能反映出机床导轨什么地方高，什么地方低，读的数值是水平仪气泡刻度数，究竟其直线度误差是多少，可用公式计算： $\delta=mil$ 式中　δ——直线度误差值，mm； m——误差曲线上最大误差（气泡格数）； i——水平仪精度，x/1000mm； l——每段测量长度（水平仪长），mm。 将数值代入： $\delta=3.5\times(0.02/1000)\times200=0.014$（mm） 计算结果表明：被测 1600mm 车床导轨的直线度误差值为 0.014mm

② 用光学准直仪测量机床导轨的直线度误差。用光学准直仪可检测机床导轨在垂直平面内和水平平面内的直线度误差。仪器组成如图 6-100 所示。

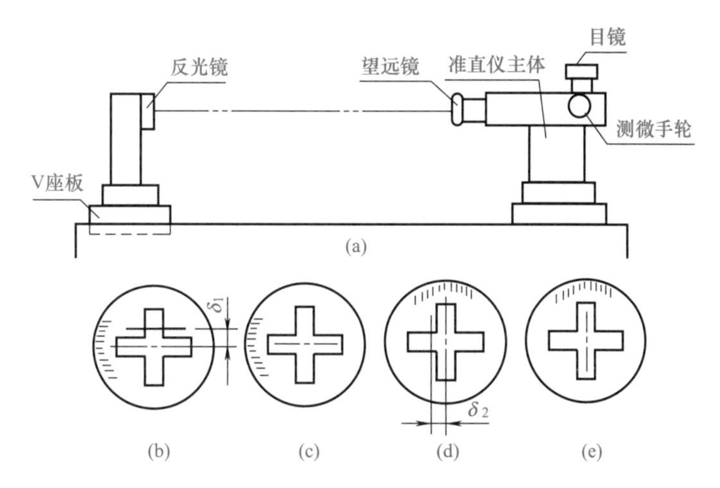

图 6-100 光学准直仪检测与目镜标尺图

光学准直仪的调整与使用如表 6-63 所示。

表 6-63 光学准直仪的调整与使用

项目	说明
仪器的安放与调整	在被测导轨两端分别安放准直仪主体与反光镜两部分。先调整准直仪目镜工作范围，使反光镜（与 V 座板）在导轨全长范围内移动时，反光束均在目镜刻度范围内。如有偏斜可通过在反光镜与 V 座板之间加纸垫的方法调整过来
按反光镜 V 座板长度分段测量导轨的直线度误差	开始检查时，将反光镜垫铁移至导轨起始位置，转动手轮，使目镜中指示的黑线在亮“十”字像中间，记下手轮的刻度值，然后每隔 200mm 移动反光镜一次，并记下手轮刻度数值，直至测完导轨全长。手轮刻度每格代表 1μm 或 1.5μm，这样就将导轨每段的直线度误差直接测量出来，根据记下的各段数值便可用作图法或计算法求出导轨的直线度误差 导轨在垂直平面内与水平平面内的直线度测量时，只需将光学准直仪目镜部分转 90° 即可，两种测法相同

例： 被测床身导轨长 2m，用规格为 0.005/1000mm 的光学平直仪每隔 200mm 检查一次。测得读数（格）依次为：28、31、31、34、36、39、39、39、41、42。

解： ①作图法。因各原始读数偏大，应简化读数。即将各原始读数分别减去第一个读数 28 后得出一组以“0”为基准的读数：0、3、3、6、8、11、11、11、13、14。换算到实际数值（mm）为：0、0.003、0.003、0.006、0.008、0.011、0.011、0.011、0.013、0.014。取实际数值为纵坐标，各测量段为横坐标，画出误差曲线图，如图 6-101 所示。由图可知导轨全长内的直线度误差为 0.02mm，并呈中凹。

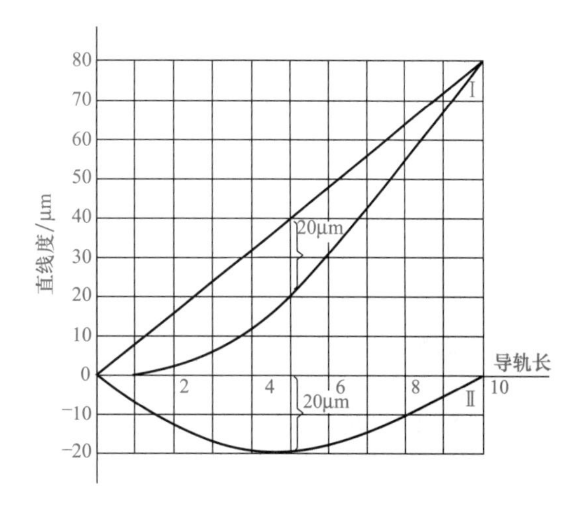

图 6-101 导轨误差曲线

② 计算法在生产现场采用作图法不方便时，可用计算法直接算出导轨的直线度差值。

计算步骤如下：

a. 简化各原始读数。

b. 求各简化读数的平均值。

c. 将各简化读数分别减去平均值。

d. 各数值逐项累积，找出两个极限值的代数差，并乘以光学平直仪的刻度示值和 V 形垫铁宽度，即可求出导轨全长内的直线度。

上述各值及计算过程列于表 6-64 中。

表 6-64　床身导轨直线度计算

原始读数	28	31	31	34	36	39	39	39	41	42
简化读数	0	3	3	6	8	11	11	11	13	14
平均值	$\frac{0+3+3+6+8+11+11+11+13+14}{10}=8$									
减平均值	−8	−5	−5	−2	0	3	3	3	5	6
逐项累积	−8	−13	−18	−20	−20	−17	−14	−11	−6	0

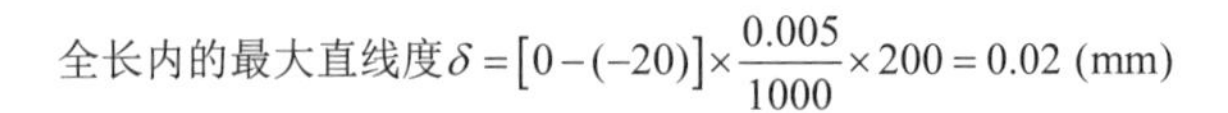

全长内的最大直线度 $\delta=[0-(-20)]\times\frac{0.005}{1000}\times200=0.02\ (\mathrm{mm})$

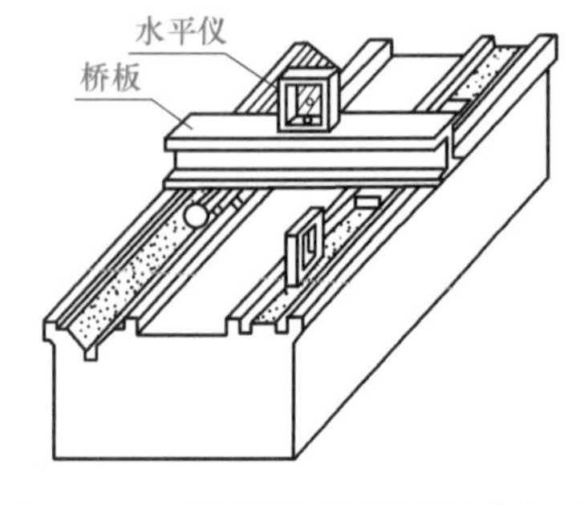

图 6-102　两导轨面间平行度的检验

（2）两导轨面间平行度的检验

通常用框式水平仪检查两导轨面间的平行度。具体做法如下。

将测量用的标准桥板用标准垫块（圆形或 V 形等）水平架在两被测导轨之间，把框式水平仪垂直于导轨方向放在桥板上，如图 6-102 所示。让桥板沿导轨方向移动，分段读出水平仪气泡移动的格数，在导轨全长范围内所读最大数（格）与最小数（格）之差，即被测两导轨面间的平行度误差。

例如被测车床导轨为 2000mm 长，所用水平仪刻度值为 0.02/1000mm，测量桥板为 250mm 长。所测数据见表 6-65。

表 6-65　水平仪各段读数与误差表

测量长度 /mm	0 ～ 250	250 ～ 500	500 ～ 750	750 ～ 1000	1000 ～ 1250	1250 ～ 1500	1500 ～ 1750	1750 ～ 2000
水平仪格数	+0.2	+0.3	+0.2	0	+0.1	−0.1	−0.2	−0.4
误差值	$+\frac{0.004}{1000}$	$+\frac{0.006}{1000}$	$+\frac{0.004}{1000}$	0	$+\frac{0.002}{1000}$	$-\frac{0.002}{1000}$	$-\frac{0.004}{1000}$	$-\frac{0.008}{1000}$

从表中可以看出：在被测导轨 250 ～ 500mm 处误差值为 +0.006/1000（mm），1750 ～ 2000mm 处误差值为 −0.008/1000（mm）。这两处导轨面间平行度相差最大，其差值为

$$\frac{0.006}{1000}-\left(-\frac{0.008}{1000}\right)=\frac{0.014}{1000}\ (\text{mm})$$

0.014/1000（mm）即2000mm车床两导轨面间在全长范围内的平行度误差。

（3）导轨面间的垂直度检验

机床上两互相垂直导轨面间的垂直度误差，可以用框式水平仪检验，也可用水平仪与方框角尺配合检验。导轨面间的垂直度检验方法见表6-66。

表6-66 导轨面间的垂直度检验方法

方法	说明
用方框角尺和百分表检验两导轨的垂直度	用方框角尺和百分表检验两导轨的垂直度，如图6-103所示，两块百分表分别安放在互相垂直两导轨的V形滑块上。先用纵向导轨的V形滑块上百分表找正方框角尺，让它一个测量面平行于纵向导轨。再用横向导轨上V形滑块、百分表测量横向导轨与方框角尺另一面（与纵导轨垂直）的误差
用水平仪检验导轨间垂直度	这种方法多用于小型导轨的检验。先将检验平台调整好水平，把被测导轨一基准面放在平台上，将平台上板靠在垂直导轨面上，用C形卡绷住。用方框水平仪底面（带气泡刻度面）测量与平台平等导轨面的平等度，记下刻度数值。然后再用方框水平仪侧面（与底面相垂直）测量垂直导轨与其平等度，记下刻度数值。这两个数值比较即得出两导轨的垂直度误差

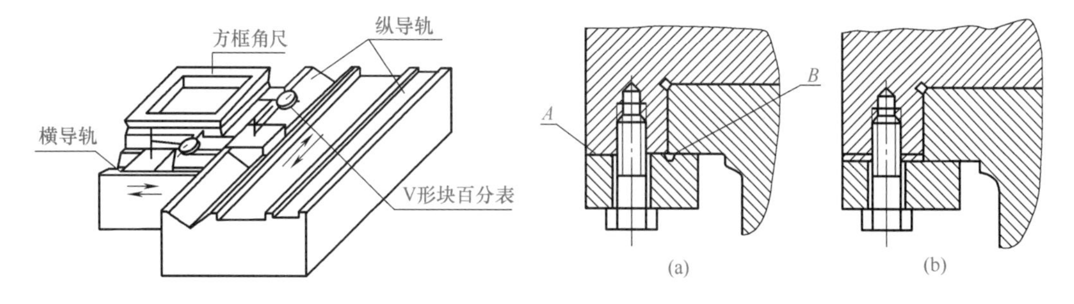

图6-103 用方框角尺、百分表检验两导轨的垂直度

图6-104 用压板调整间隙

三、机床导轨的修整

导轨的维修方法很多，除了机械加工和刮研方法以外，还有导轨的调整与补偿法。机床导轨的修整方法见表6-67。

表6-67 机床导轨的修整方法

项目		说明
滑动导轨间隙的调整	用压板调整间隙	用刮削或磨削压板*A*或*B*结合面来调整导轨间隙。此法调整麻烦，还需多次拆装才能调整好，如图6-104（a）所示。利用改变压板与导轨之间垫片厚度来调整间隙。此法调整起来比较方便，但结合面的接触刚度较差，如图6-104（b）所示
	用镶条调整间隙	这种方法是利用改变镶条在导轨与配合件间的位置来调整间隙的具体方法有两类，如图6-105所示。用平镶条调整间隙，如图6-105（a）、（b）、（c）所示，前两种是，松开锁紧螺母，旋动螺钉横向压紧平镶条，间隙调合适后，旋紧螺钉的锁母来紧固所调位置。后一种是：先松悬挂螺钉，后调间隙，调法同前，调完再旋紧悬挂螺钉即可。此法优点是平镶条好制造，缺点是螺钉顶端受力，使镶条容易变形，镶条导轨接触面受力不均 用楔形镶条调整间隙，如图6-105（d）、（e）、（f）所示。从图中看到：这三种结构都是用旋转螺钉（有锁母的应松开）带动楔形镶条轴向移动来调整间隙的。调完后应旋紧锁母，防止间隙变动。此法镶条加工稍困难，但导轨配合面接触均匀，接触刚性好，调整简便

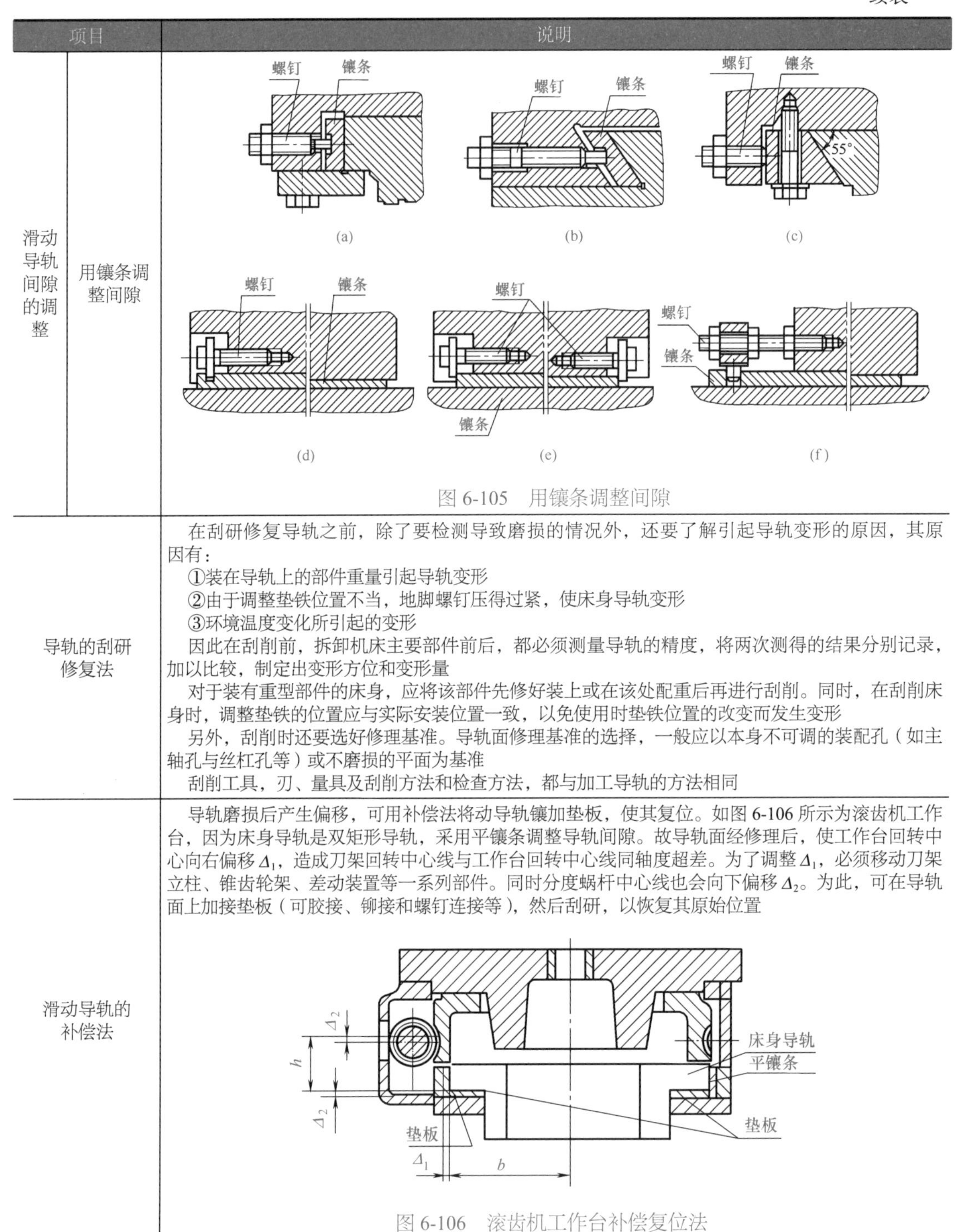

项目		说明
滑动导轨间隙的调整	用镶条调整间隙	图 6-105　用镶条调整间隙
导轨的刮研修复法		在刮研修复导轨之前，除了要检测导致磨损的情况外，还要了解引起导轨变形的原因，其原因有： ①装在导轨上的部件重量引起导轨变形 ②由于调整垫铁位置不当，地脚螺钉压得过紧，使床身导轨变形 ③环境温度变化所引起的变形 因此在刮削前，拆卸机床主要部件前后，都必须测量导轨的精度，将两次测得的结果分别记录，加以比较，制定出变形方位和变形量 对于装有重型部件的床身，应将该部件先修好装上或在该处配重后再进行刮削。同时，在刮削床身时，调整垫铁的位置应与实际安装位置一致，以免使用时垫铁位置的改变而发生变形 另外，刮削时还要选好修理基准。导轨面修理基准的选择，一般应以本身不可调的装配孔（如主轴孔与丝杠孔等）或不磨损的平面为基准 刮削工具，刃、量具及刮削方法和检查方法，都与加工导轨的方法相同
滑动导轨的补偿法		导轨磨损后产生偏移，可用补偿法将动导轨镶加垫板，使其复位。如图 6-106 所示为滚齿机工作台，因为床身导轨是双矩形导轨，采用平镶条调整导轨间隙。故导轨面经修理后，使工作台回转中心向右偏移 Δ_1，造成刀架回转中心线与工作台回转中心线同轴度超差。为了调整 Δ_1，必须移动刀架立柱、锥齿轮架、差动装置等一系列部件。同时分度蜗杆中心线也会向下偏移 Δ_2。为此，可在导轨面上加接垫板（可胶接、铆接和螺钉连接等），然后刮研，以恢复其原始位置 图 6-106　滚齿机工作台补偿复位法

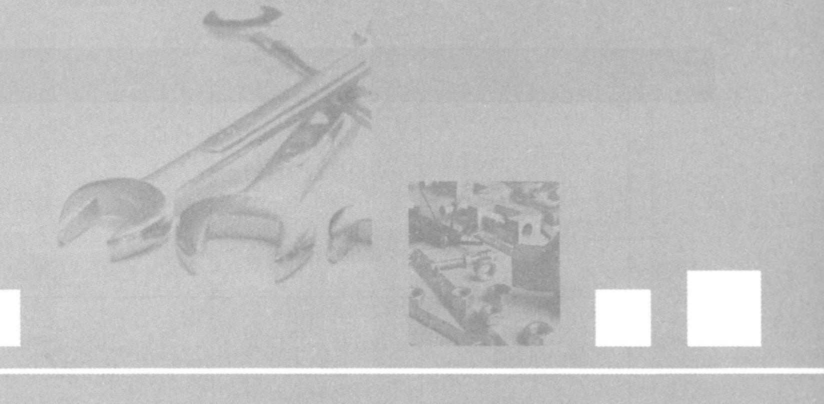

第七章
模具钳工

第一节　冲压模具结构与装配

一、冲裁模典型结构

（一）基本结构组成

冲裁模结构的组成及部分作用见表 7-1，冲裁模具的结构是多种多样的，并不是所有的冲裁模都包含这些零件，作用相同的零件其形式也是不尽相同的。

表 7-1　冲裁模结构的组成及部分作用

零件种类		零件名称	零件作用
辅助零件	紧固零件	螺钉 销钉	紧固、连接各零件，圆柱销起稳固定位作用
	支承固定零件	上、下模座 模柄 固定板 垫板	连接固定工作零件，使之成为完整的模具结构，并将上、下模固定在压力机上
	导向零件	导柱 导套 导板	保证上模对下模的位置正确，以保证冲压精度
	缓冲零件	弹簧 橡胶	利用弹力起卸退料作用
工艺零件	工作零件	凸模 凹模 凸凹模	实现冲裁变形，使板料正确分离，保证冲裁件尺寸和形状。工作零件将直接影响冲裁件的质量，影响冲裁力、卸料力和模具寿命

续表

零件种类		零件名称	零件作用
工艺零件	定位零件	挡料销 定位钉、定位板 导料板、导料销 导正销 侧压板 侧刃、侧刃挡块 承料板	保证条料或毛坯在模具中位置正确
	卸、压料零件	卸料板 顶件板、推件板 压料板 废料切刀	将卡在凹模孔内或箍在凸模上的制件或废料脱卸下来。拉伸模压力边圈主要起防止失稳起皱的作用

（二）冲裁模典型结构

冲裁模的结构形式很多，按工序组合方式可分为复合冲裁模、单工序冲裁模、级进冲裁模。

（1）复合冲裁模

复合冲裁模是指在压力机的一次行程中，同时完成落料与冲孔等多个分离工序的冲裁模。复合模的主要结构特征是有一个既为落料凸模又为冲孔凹模的凸凹模。在设计凸凹模时，必须注意孔与孔间及孔与外缘间的最小壁厚问题。复合冲裁模结构紧凑，生产率高，冲裁件内孔与外形的相对位置精度容易保证。复合模的缺点是结构复杂，制造精度要求高，制造周期长、成本高。复合模主要适用于大批量生产、精度要求较高的冲裁件。

按照凹模的位置不同，复合模可有倒装和正装两种形式。生产中大多采用倒装复合模。正装复合模见表 7-2、倒装复合模见表 7-3。

表 7-2　正装复合模

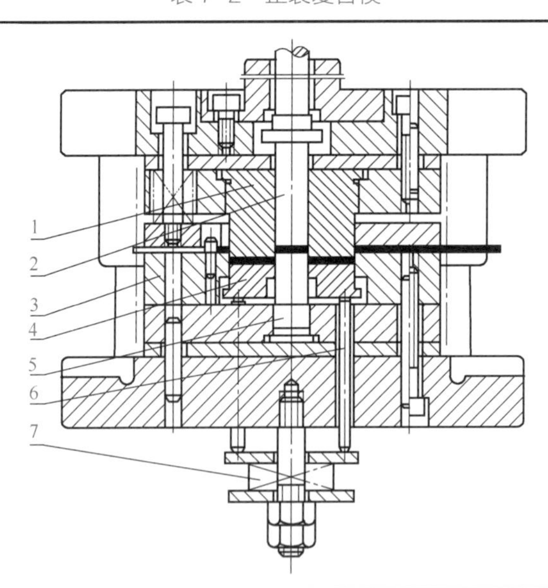

零件名称	图号	特点及应用
凸凹模	1	冲裁时冲孔的废料落在下模工作面上，清除麻烦，尤其孔数较多时。故一般很少采用 冲出的零件制品较平整，尺寸精度较高，适于平直度要求较高、材料较薄的零件冲裁
推件杆	2	
凹模	3	

续表

零件名称	图号	特点及应用
顶件块	4	冲裁时冲孔的废料落在下模工作面上，清除麻烦，尤其孔数较多时。故一般很少采用 冲出的零件制品较平整，尺寸精度较高，适于平直度要求较高、材料较薄的零件冲裁
凸模	5	
顶杆	6	
弹顶器	7	

表 7-3　倒装复合模

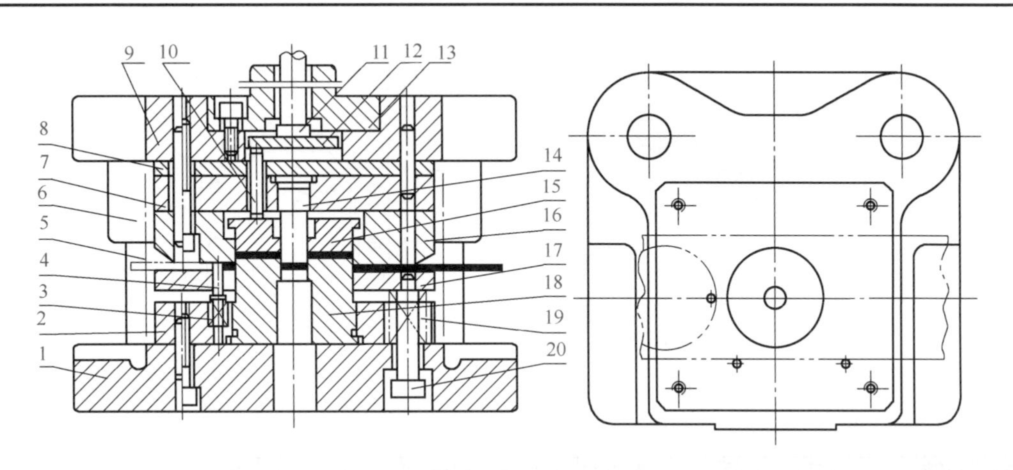

零件种类	零件名称	图号	特点及应用
工作零件	凸模 凹模 凸凹模	14 16 18	倒装复合模即落料凹模和冲孔凸模装在上模，凸凹模装在下模。这套模具采用弹性卸料和刚性推料装置。冲孔废料由凸凹模孔直接漏下，余料由卸料板从凸凹模上卸下，冲出的工件位于凹模孔内，利用压力机的打杆装置进行推件，动作可靠，便于操作。但采用刚性推料装置工件的平直度不高，若要得到平直度较高的工件，则可以考虑采用弹性推件装置，即在上模内设置弹性元件 条料的定位靠活动挡（导）料销来完成，由于采用弹性挡料装置，故凹模上不必加工出让位孔。但是这种挡料装置工作可靠性较差
卸料零件	卸料板 推件块 推杆 推板 打料杆	17 15 10 12 11	
定位零件	活动挡料销	4	
导向零件	导柱 导套	5 6	
支承固定零件	上模座 下模座 模柄 凸凹模固定 凸模固定板 垫板	9 1 13 2 7 8	
其他零件	弹簧 卸料螺钉	3、19 20	

（2）单工序冲裁模

单工序冲裁模是指在压力机的一次行程中，只完成一道工序的冲裁模。

① 切边模。切边模的工作原理与落料模相似，由于切边模的冲裁对象多是拉深加工后的半成品，所以切边模要解决半成品在模具上如何定位、取放件方便以及废料的清除问题。水平切边模见表 7-4，凸缘拉深件的垂直切边模见表 7-5。

表 7-4　水平切边模

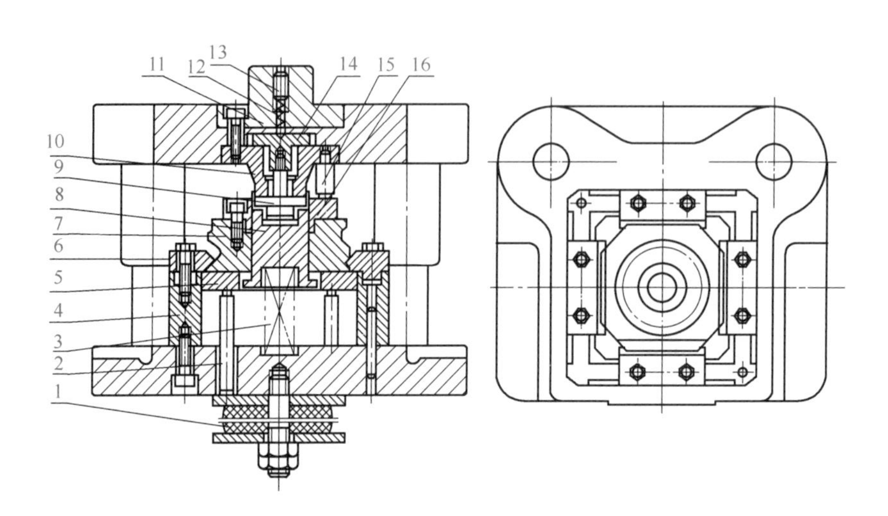

零件种类	零件名称	图号	特点及应用
工作零件	凸模 凹模	10 16	水平切边模，主要用于切除空心件的口部余边。工作时将毛坯放在顶料芯上（顶料芯兼作定位），上模下行，带动活动芯及凸模插入毛坯内，随即限位柱压住凹模，凹模则固定在四边均有凸轮槽的滑块上，凸轮槽与四边的斜楔相接触。当限位柱下压凹模时，凹模及毛坯将一起一方面向下运动，另一方面先后向水平的四个方向逐渐移动。而凸模并不做水平移动，从而将毛坯的余边切除。冲裁间隙是由限位柱控制的 活动芯及滑座是随凹模一起做水平移动的，为保证在不工作时，活动芯与凸模同心，便于插入毛坯内，在滑座的上端面中心位置做一凹坑，并与弹簧压紧的钢珠配合，使活动芯在切边完毕后能正确复位，保持在中心位置，凹模及滑块的回升则是靠弹顶器的作用。水平切边模结构较复杂，制造不方便，但切出的工件口部质量较好。水平切边模还可以利用斜楔作用撑开活动凸模，从而将空心件的口部切齐
顶料零件	顶料芯	8	
定位零件	活动芯	9	
支承固定零件	定位圈 滑板 斜楔 滑块 限位柱	4 5 6 7 15	
其他零件	弹顶器 顶杆 弹簧 钢珠 螺钉 滑座	1 2 3、12 11 13 14	

表 7-5　垂直切边模

图示	零件种类	零件名称	图号	特点及应用
	工作零件	凸模 凹模	3 8	该模具采用倒装式结构。毛坯由定位块定位，经切边而成的工件由刚性推件装置推出，废料由切刀切断而卸下，清除方便。废料切刀的刃口应低于凸模刃口 3 ～ 5 倍的料厚，以免工作时凹模啃伤切刀刃口 该模具结构较简单，操作方便。如在下模不采用废料切刀，也可采用弹性卸料装置，但需同时排除工件和废料，操作较不方便
	卸料零件	推件块 打料杆 废料切刀	6 11 2	
	定位零件	定位块	7	
	导向零件	导柱 导套	4 5	
	支承固定零件	上模座 下模座 模柄 挡板	9 1 12 10	

② 斜楔式水平冲孔模见表 7-6。

表 7-6　斜楔式水平冲孔模

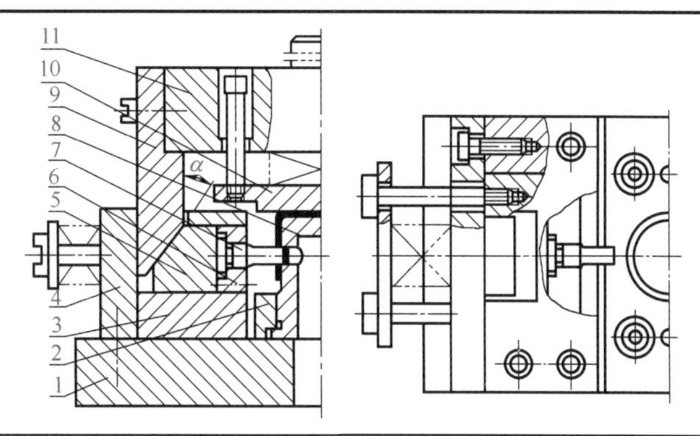

零件种类	零件名称	图号	特点及应用
工作零件	凸模 凹模	7 8	斜楔式水平冲孔模，可以对拉深件壁部两侧同时冲孔。该模具的最大特点是依靠斜楔把压力机滑块的垂直运动变为滑块的水平运动，从而带动凸模在水平方向上进行冲孔。斜楔的工作角度 α 以 40° ～ 50° 为宜，一般取 40°；若需要较大冲裁力，α 也可用 30°；若需要较大工作行程；α 也可增大到 60°。为保证冲孔位置的准确，凹模又起定位作用，并且压料板在冲孔之前就把毛坯压紧。凸模与凹模的对准是依靠滑块在导滑槽内滑动来保证的，滑块复位靠弹簧（或橡胶）完成，也可靠斜楔的另一工作斜面来完成 斜楔式水平冲孔模的侧推力小，结构较复杂，轮廓尺寸较大。如果安装了多个斜楔，可以同时冲多个孔，生产效率相对较高。这种模具主要用于生产批量较大的空心件或弯曲件的侧壁冲孔或冲槽
定位零件	压料板	10	
导向零件	上模座 下模座 凸模固定板 凹模固定板 支座	11 1 6 2 4	
支承固定零件	滑块 导滑槽 斜楔	5 3 9	

③ 悬臂式冲孔模见表 7-7。

表 7-7　悬臂式冲孔模

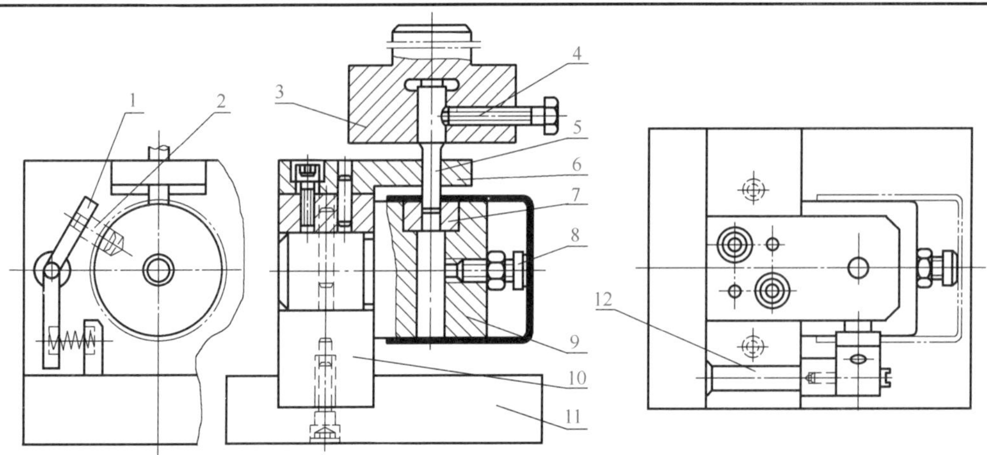

零件种类	零件名称	图号	特点及应用
工作零件	凸模 凹模	5 7	这是一套对拉深件壁部冲孔的模具。模具的最大特点是凹模装在悬臂的凹模体上，凸模靠导板导向，凸模与上模座用螺钉紧定，更换较不方便。此图是单冲形式，拉深件壁部有六个等分孔，分别由六次行程冲出。冲完第一个孔后，将毛坯逆时针转动，当定位销插入已冲孔的孔后，接着冲第二孔，依次用同样方法冲其他孔 这种模具结构紧凑，重量轻，但生产率较低，如果孔数较多，孔距累积误差会较大。因此这种冲孔模主要用于小批量或成批生产，孔距要求不高的小型空心件的侧壁冲孔或冲槽 为提高生产率，也可采用上下对冲形式，即一次行程可同时冲出空心件壁部的两个相对的孔
定位零件	定位螺钉 定位销	8 2	
导向零件	导板	6	
支承固定零件	上模座 螺钉 底座 凹模体 支架 摇臂 摇臂支架	3 4 11 9 10 1 12	

④ 导板式冲裁模见表 7-8。

表 7-8　导板式冲裁模

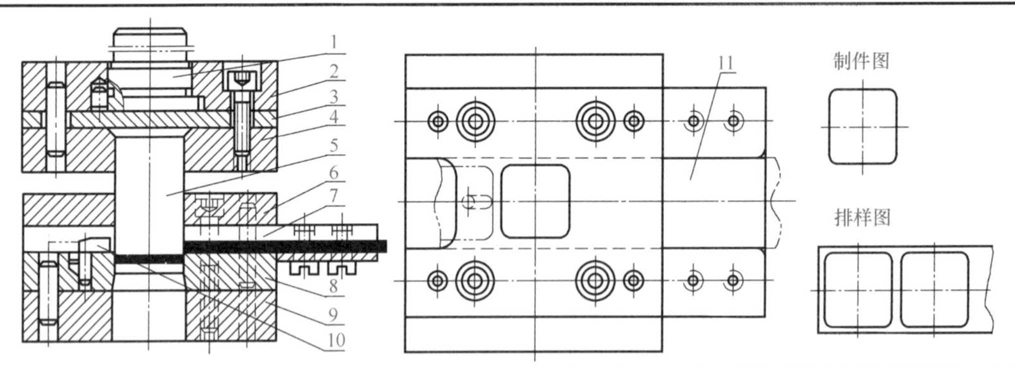

零件种类	零件名称	图号	特点及应用
工作零件	凸模 凹模	5 8	导板主要为凸模导向，二者为间隙配合，配合间隙必须小于冲裁间隙，一般采用 H7/h6。冲裁过程要求凸模与导板始终不分开，以保证导向精度。同时导板还起卸料作用
定位零件	挡料销 导料板 承料板	10 7 11	

续表

零件种类	零件名称	图号	特点及应用
导向零件	导板	6	导板式卸料模结构简单，安装容易，安全性好。但由于导板与凸模配合精度要求高，制造时常需要采用配合加工，特别是冲裁间隙小时，导向精度不易保证，另外要求冲压设备行程要小（一般不大于 20mm），以保证工作时凸模始终不脱离导板 此类模具主要适用于冲裁材料较厚（$t \geqslant 0.5$mm）、形状不太复杂、精度要求不高的中小型工件
支承固定零件	垫板 固定板 上模座 下模座 模柄	3 4 2 9 1	

⑤ 导柱式冲裁模见表 7-9。

表 7-9　导柱式冲裁模

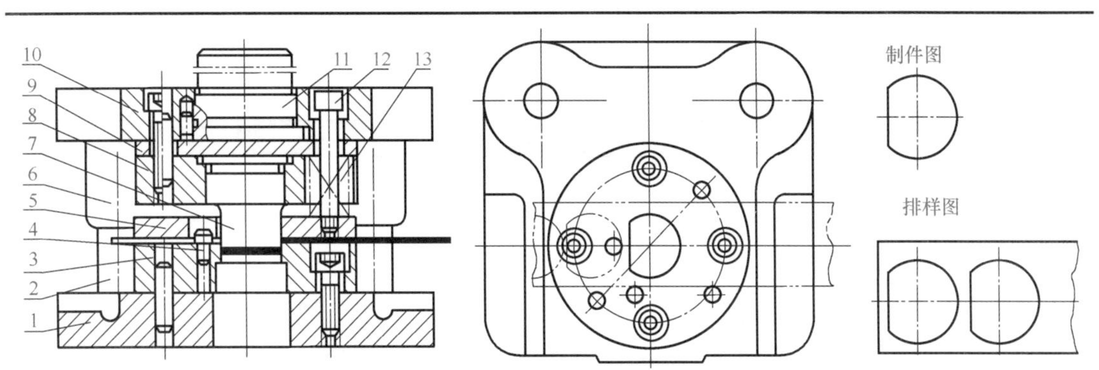

零件种类	零件名称	图号	特点及应用
工作零件	凸模 凹模	7 3	这套模具采用弹性卸料装置和下出料方式的正装结构。该模具由导柱和导套配合作冲模导向，在凸、凹模进行冲裁之前，导柱首先进入导套，导正凸模进入凹模，保证冲裁间隙均匀。冲裁时，条料沿导料销送至挡料销，卸料板将条料放在凹模的平面上，提高了冲裁质量；冲裁后，凸模回复，卸料板将紧箍在凸模上的材料卸下，工件则卡在凹模内，由下次冲裁时一个推一个从下模座漏料孔落下 导柱式落料模导向精度高、寿命长，安装使用方便。其缺点是轮廓尺寸较大，制造工艺复杂、成本较高。此类模具广泛用于生产批量较大、精度要求较高的零件冲裁。大多数落料模都采用这种形式。如果工件尺寸较大，从漏料孔自然下落有困难时，可以考虑采用正装弹性顶料装置或倒装式结构。若是冲孔模，则要解决半成品毛坯在模具上如何定位，以及取放件方便的问题
定位零件	挡（导）料销	4	
导向零件	导柱 导套	2 6	
卸料零件	卸料板	5	
支承固定零件	垫板 固定板 上模座 下模座 模柄	9 8 10 1 11	
其他零件	卸料螺钉 弹簧	12 13	

（3）级进冲裁模

级进冲裁模又称连续冲裁模，整个工件的冲制是在连续过程中逐步完成的。级进冲裁是工序集中的工艺方法，是在条料的送料方向上按一定的顺序布置两个或两个以上的工位，按一定的程序在压力机的一次行程中，同时完成两道或两道以上的冲压工序。压力机的每一个行程，都有一个制品冲出。级进模不但可以完成冲裁工序，还可以完成成形工序，甚至装配工序，许多需要多工序冲压的复杂冲压件可以在一副模具上完全成形，实现高速自动冲压。采用级进模生产制品，效率高，操作方便，安全可靠，适于制品零件的大批量生产。其缺点是模具结构复杂，制造加工困难，模具成本较高。

在级进模中，由于工位数较多，排样设计及条料或带料的定位问题就显得十分重要，因而级进模除了应具有普通模具的一般结构外，还应根据要求设置始用挡料销、侧压装置、侧刃及导正销等零部件。导正销定距的冲孔落料级进模见表 7-10，侧刃定距的冲孔落料级进模见表 7-11。

表 7-10 导正销定距的冲孔落料级进模

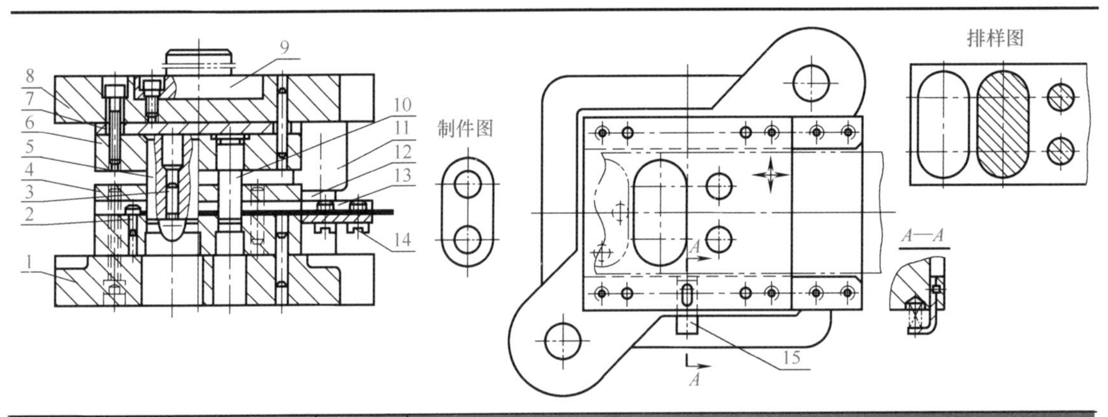

零件种类	零件名称	图号	特点及应用
工作零件	凸模 凹模	5、10	冲裁时条料自右向左推进，初始挡料销用于首件定位。第一个冲压行程，导套 11 冲孔。第二次冲压送料时，由挡料销作粗定位，由装在落料凸模固定板 6 上的两个导正销插入已冲好的孔进行精定位，落料凸模落料，冲孔凸模又冲出第二个孔。导正销与插入孔的配合应略有间隙，与落料凸模的配合为 H7/r6。以后每一次冲压行程，就冲出一个零件制品。这种定距方式多用于冲件上有孔、精度要求低于 IT12 级的厚料冲裁，且要求孔径和落料凸模不能太小
定位零件	挡料销 导正销 导料板 承料板 初始挡料销	2 3 13 14 15	
卸料零件	卸料板	4	
导向零件	导柱 导套	12 11	
支承固定零件	上模座 下模座 模柄 凸模固定板 垫板	8 1 9 6 7	

表 7-11 侧刃定距的冲孔落料级进模

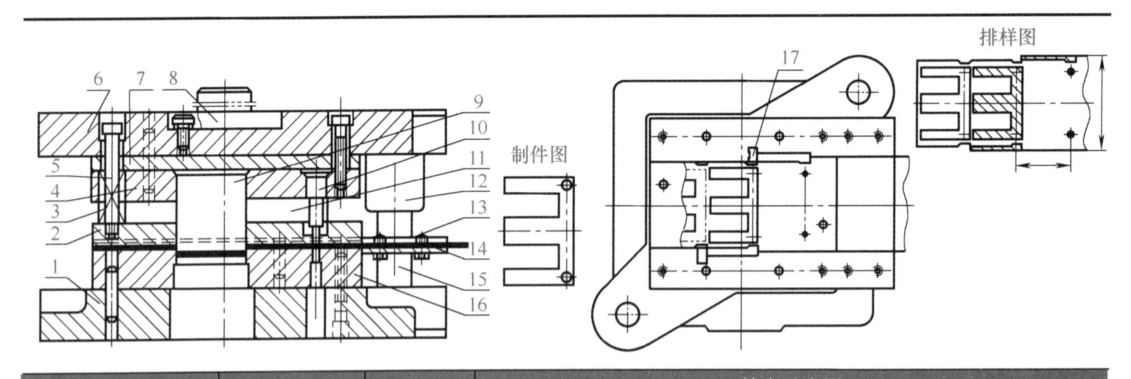

零件种类	零件名称	图号	特点及应用
工作零件	凸模 凹模	9、10 16	侧刃是特殊功用的凸模，在每次冲压行程中，沿条料的边缘冲切出长度等于送料步距的缺口，并以此缺口来控制条料送进的距离。侧刃一般采用两个，并前后对角排列。这种定距方式定距精度高、可靠，且生产效率较高，多用于精度要求较高的落料冲裁。但冲压材料的利用率较低
定位零件	导料板 承料板 侧刃 挡块	13 14 11 17	

续表

零件种类	零件名称	图号	特点及应用
卸料零件	卸料板	2	在实际生产中，对于精度要求较高的冲压件或较多工位的级进模，常采用既有侧刃（粗定位）又有导正销（精定位）的定位方式
导向零件	导柱 导套	15 12	
支承固定零件	上模座 下模座 模柄 凸模固定板 垫板	6 1 8 4 7	
其他零件	弹簧 卸料螺钉	3 5	

二、弯曲模典型结构

弯曲模结构的组成、部分作用及各类典型模的结构见表 7-12。

表 7-12　弯曲模结构的组成、部分作用及各类典型模的结构

模具类型		特点说明	图示
圆筒件弯曲模	一次弯曲	采用摆动式凹模结构。这种方法生产效率高，但筒形件上都未得到校正，回弹较大	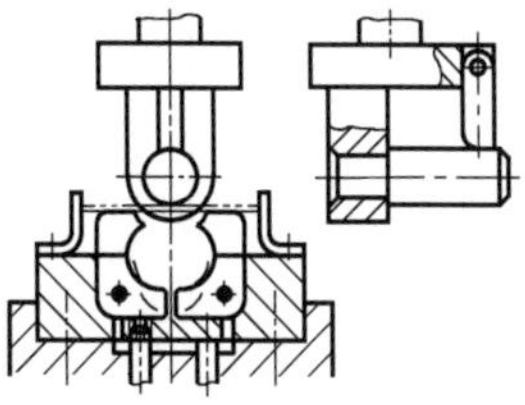
	二次弯曲	先将坯料弯成右图（a）所示波浪形，然后再利用右图（b）所示模具弯成圆筒形。主要用于直径大于 20mm 的小圆筒形件。波浪形状由三等分圆弧组成，尺寸需经实验修正	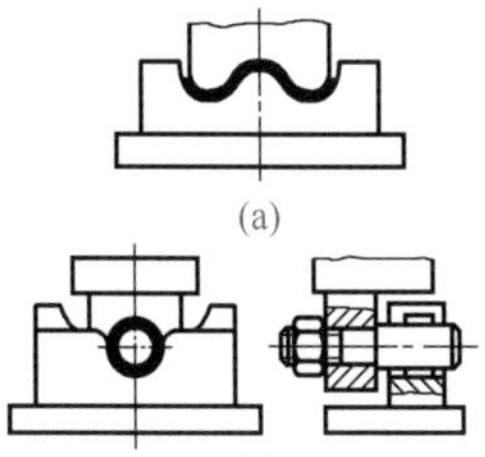 (a) (b)
		先将坯料弯成右图（c）所示 U 形，然后再利用右图（d）所示模具弯成圆筒形。主要用于直径小于 5mm 的小圆筒形件	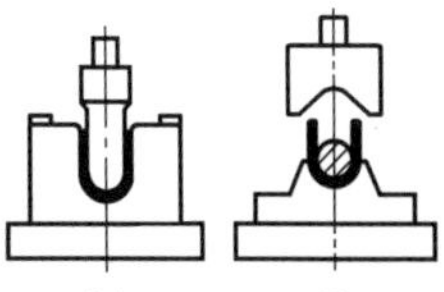 (c) (d)
U 形件弯曲模	一般结构	U 形弯曲模的典型结构，凸模回升时，工件一般不会包在凸模上，但工件回弹较大。若采取相应的减小回弹措施，也可收到很好的效果。若校正力较大时，工件有可能贴附在凸模上，此时需设计卸料装置	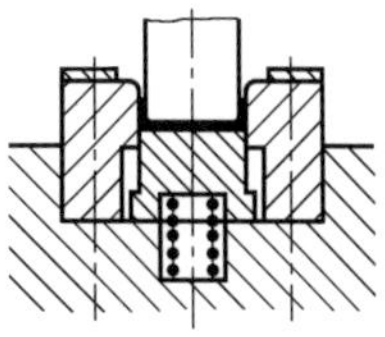

续表

模具类型		特点说明	图示
U形件弯曲模	闭角弯曲	弯曲角小于90° 的U形弯曲模。采用活动凹模镶块结构，应用较广泛。弯曲角小于90° 的U形弯曲模也可应用斜楔机构，将垂直方向的冲压力转变为水平方向，从而实现弯曲（图略）	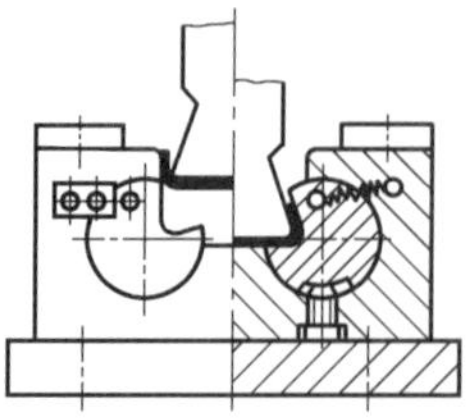
Z形件弯曲模	简单结构	没有压料装置，弯曲时坯料容易滑动，只适用于精度要求不高的弯曲件	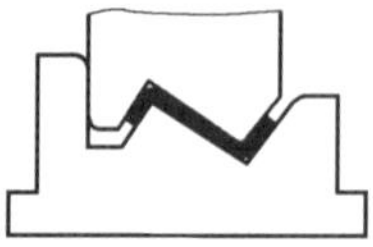
		能有效防止坯料的偏移。适用于弯曲角大于90° 的Z形件弯曲模	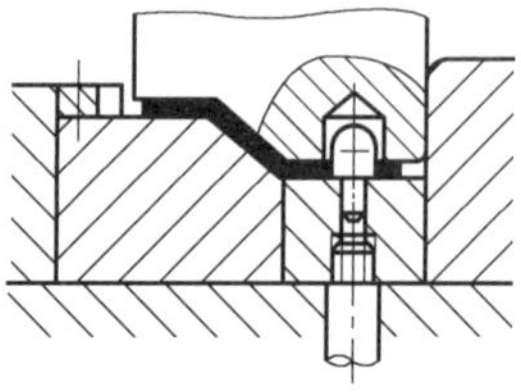
	常见结构	压柱与上模座是可分离的。弯曲结束时，压柱与上模座相碰，整个工件得到校正。当折弯边较长时，可将工件位置倾斜20°～30°，弯曲结束时，整个工件会得到更为有效的校正	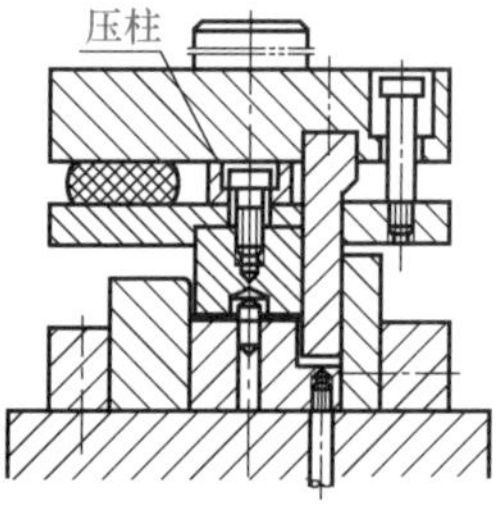 压柱
V形件弯曲模	V形弯曲模	沿弯曲件的角分线方向弯曲。该模具结构简单，费用低，安装调整方便，对材料厚度分差要求不严，工件回弹较小，平面度较好，是一种用途广泛、具有代表性的弯曲模	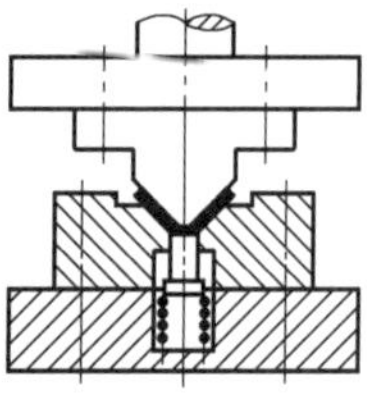
	L形弯曲模	用于弯曲件的两直边长度相差较大的单角弯曲。但工件回弹较大	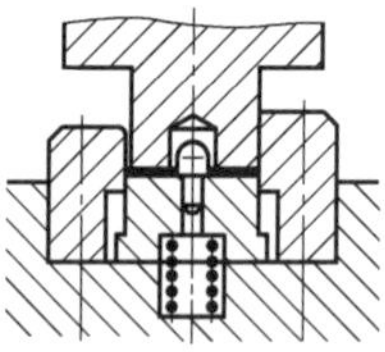
		此结构为带有校正作用的L形弯曲模，可以减小回弹。工作面的倾斜角一般取1° ～5°	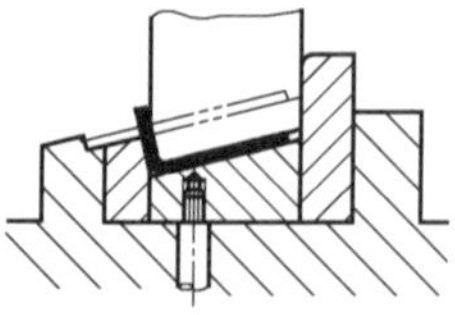

续表

模具类型		特点说明	图示
四角弯曲模	一次弯曲	复合弯曲的结构形式。先将坯料弯成右图（a）所示U形，上模继续下行，弯成右图（b）所示弯曲件。缺点是模具结构复杂	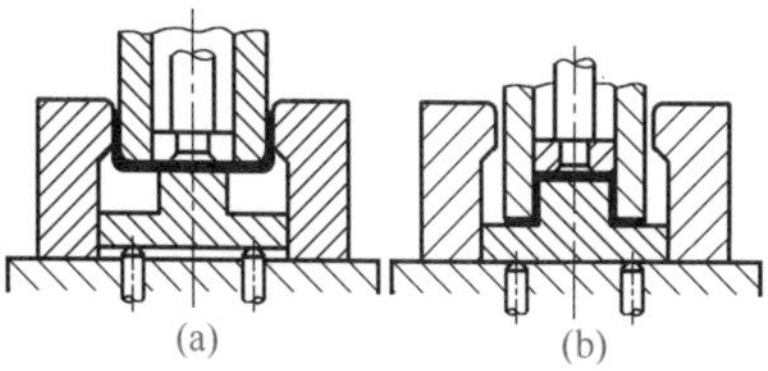 (a) (b)
		模具结构简单，一次弯曲成形，但弯曲侧壁容易擦伤和变薄。只适用于直壁较小、弯曲圆角半径较大的情况	
	二次弯曲	两副模具弯曲成形，弯曲件质量容易保证，但应注意第二次弯曲时凹模的强度问题	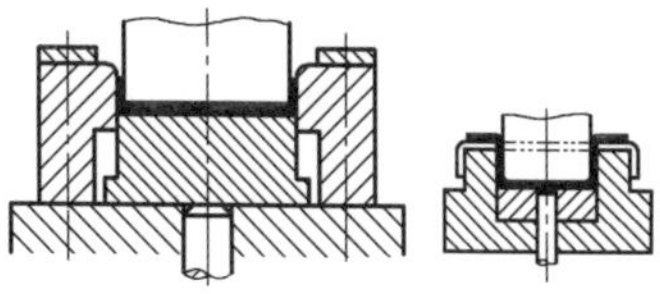
各类典型模的结构		附表　各类典型模的结构偏移量 l 的值（见下表）	卷圆预弯工序中的成形尺寸

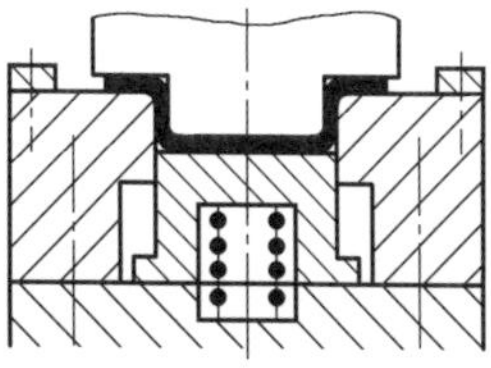

附表　各类典型模的结构偏移量 l 的值

料厚 t/mm	1	1.5	2	2.5	3
偏移量 l/mm	0.3	0.35	0.4	0.45	0.48
料厚 t/mm	3.5	4	4.5	5.5	6
偏移量 l/mm	0.50	0.52	0.60	0.65	0.65

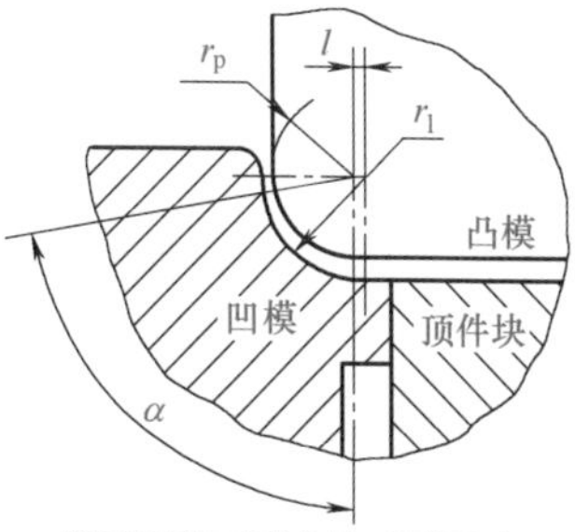

三、拉深模典型结构

常见的各类拉深模的典型结构见表7-13。

表7-13　拉深模的典型结构

类型		特点及应用	图示
首次拉深模	落料拉深复合模	此模具一般采用条料作为坯料，故模具上需设置导料机构。设计时应使拉深凸模的顶面低于落料凹模，从而保证工作时先落料后拉深。压边圈的压边力由连接在下模座上的弹性压边力装置提供。此类模具生产效率高，操作方便，工作质量容易保证，拉深工艺中经常使用	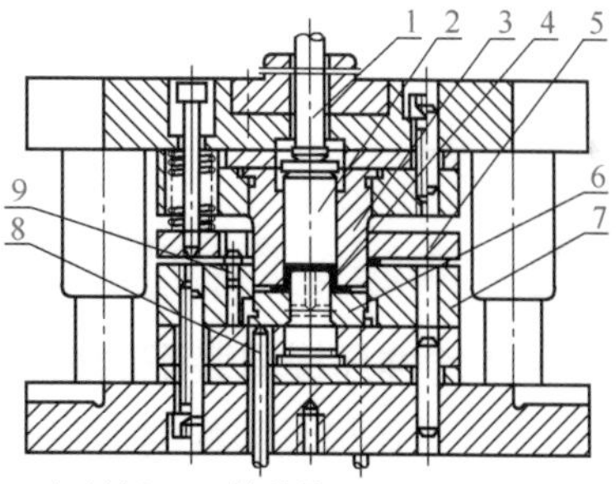 1—打料杆；2—推件块；3—凸凹模；4—拉深凸模；5—卸料板；6—压边圈；7—落料凹模；8—顶杆；9—导料销

续表

类型		特点及应用	图示
首次拉深模	带压边装置	压边圈兼作定位圈，同时又起卸料作用，其压边力由连接在下模座上的弹性压边装置提供。由于提供压边力的弹性元件受到空间位置限制，所以此模具经常采用倒装结构，是广泛采用的形式	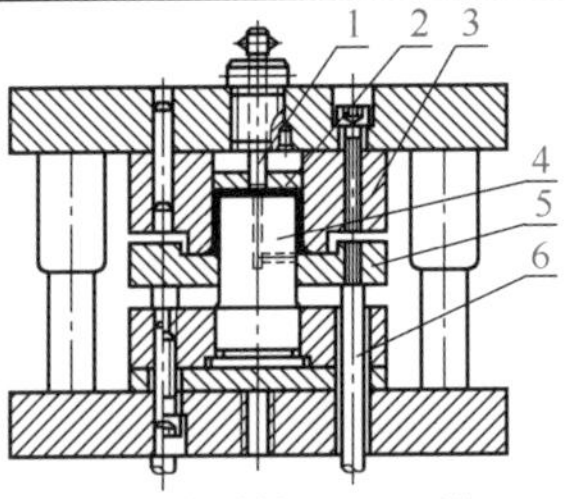 1—打料杆；2—推件块；3—凹模；4—凸模；5—卸料板；6—卸料螺钉
	无压边装置	工作时坯料在定位圈中定位，拉深结束后，工件由凹模底部的台阶完成脱模，并由下模板底孔落下。此类模具一般有导向机构，模具安装时可由校模圈完成模具的对中。该模具结构简单、制造方便，常用于材料相对厚度较大、变形较小的浅拉深	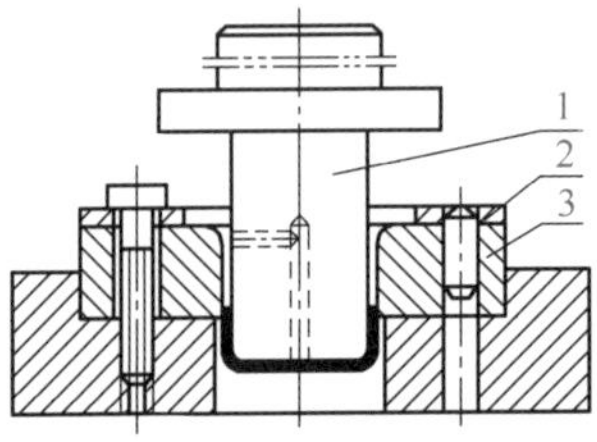 1—凸模；2—定位圈；3—凹模
以后各次拉深模	带压力装置	此结构是广泛采用的形式，压力圈兼作毛坯的定位圈，其形状必须与上一次拉出的半成品相适应	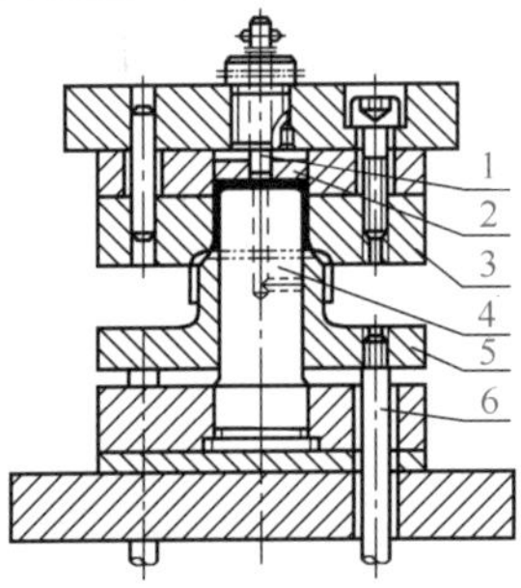 1—打顶杆；2—推件块；3—凹模；4—凸模；5—压边圈；6—卸料螺钉
	无压力装置	结构与无压力装置的首次拉深模相似，但应充分考虑已成形的半成品毛坯在模具中的定位。此结构仅用于直径变化量不大的拉深或整形等	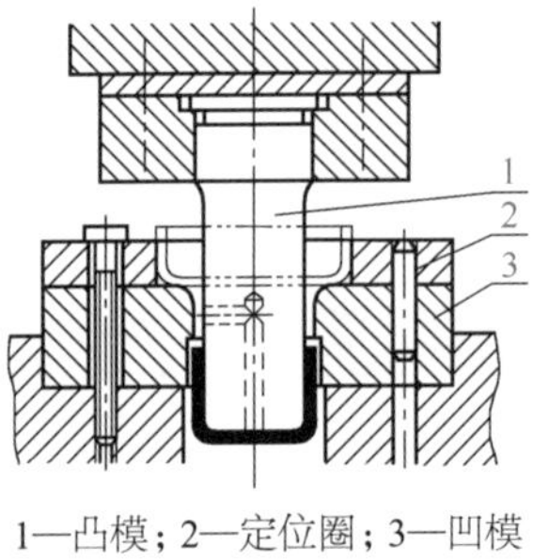 1—凸模；2—定位圈；3—凹模

四、冲压模具的装配

（一）冷冲压模具装配的组织形式及方法

（1）冷冲压模具装配的组织形式

正确选择模具装配的组织形式和方法是保证模具装配质量和提高装配效率的有效措施。

冷冲模具装配的组织形式，主要取决于模具生产批量的大小。根据模具生产批量的大小不同选择组织形式，主要的组织形式有固定式和移动式装配两种。

固定式装配是指从零件装配成部件或模具的全过程是在固定的工作地点完成。它又可分为集中装配和分散装配两种形式。移动式装配是指每一个装配工序按一定的时间完成，装配后的组件、部件或模具经传送工具输送到下一个工序。根据输送工具的运动情况，可分为断续移动式和连续移动式两种。各装配形式及说明见表 7-14。

表 7-14　各种装配形式及说明

装配形式		说明
固定式装配	集中装配	集中装配是指从零件组装成部件或模具的全过程，由一个（或一组）工人在固定地点来完成模具的全部装配工作。这种装配形式必须由技术水平较高的技术工人来承担。其周期长、效率低、工作地点面积大。适用于单件或小批量装配，精度要求较高及需要调整部位较多的模具装配
	分散装配	分散装配是指将模具装配的全部工作，分散为各种部件装配和总装配，在固定的地点完成模具的装配工作。这种形式由于参与装配的工人多、工作面积大、生产效率高、装配周期较短，适用于批量模具的装配工作
移动式装配	断续移动式	断续移动式装配是指第一组装配工人，在一定周期内完成一定的装配工序，组装结束后由输送工具周期性地输送到下一装配工序。该方式对装配工人的技术水平要求低，效率高，装配周期短。适用于大批或大量模具的装配工作
	连续移动式	连续移动式是指装配工作是在输送工具以一定速度连续移动的过程中完成的装配工作。其装配的分工原则基本与断续移动式相同，所不同的是输送工具做连续运动，装配工作必须在一定的时间内完成。该方式对装配工人的技术水平要求低，但必须熟练，装配效率高、周期短。适用于大批量模具的装配工作

（2）冷冲压模具的装配方法

冷冲压模具的装配方法是根据模具的产量和装配的精度要求等因素来确定的。一般情况下，模具装配精度越高，则模具零件的精度要求越高。根据模具生产的实际情况，采用合理的装配方法，也能够用较低精度的零件，装配出较高精度的模具。因此，选择合理的装配方法是模具装配的首要任务。

目前，模具装配常用的装配方法有互换装配法、分组装配法、修配装配法与调整装配法。

① 互换装配法实质是通过控制零件制造加工误差来保证装配精度。按互换程度，可分为完全互换法和不完全互换法；

② 分组装配法是将模具各配合零件按实际测量尺寸进行分组，在装配时按组进行互换装配，使其达到装配精度的方法；

③ 修配装配法是将指定零件的预留修配量修去，达到装配精度要求的方法。该法是模具装配中应用广泛的方法，适用于单件或小批量生产的模具装配工作。常用的修配方法有指定零件修配法和合并加工修配法两种；

④ 调整装配法是用改变模具中可调整零件的相对位置或选用合适的调整零件，以达到装配精度的方法。可分为可动调整法和固定调整法。各模具常用的装配方法及说明见表 7-15。

表 7-15　各模具常用的装配方法及说明

装配方法		说明
互换装配法	完全互换法	完全互换法是指装配时，各配合零件不经选择、修理和调整即可达到装配精度的要求。要使装配零件达到完全互换，其装配的精度要求和被装配零件的制造公差之间，应满足以下条件即： $$h_{\Sigma} \geqslant h_1 + h_2 + \cdots + h_n = \sum_{i=1}^{n} h_i$$ 式中　h_{Σ}——装配精度所允许的误差范围，mm； h_i——影响装配精度的零件尺寸的制造公差，mm 采用完全互换法进行装配时，如果装配的精度要求高而且装配尺寸链的组成环较多时，易造成各组成环的公差很小，使零件加工困难。但该法具有装配工作简单、质量稳定、易于流水作业、效率高、对装配工人技术水平要求低、模具维修方便。因此，广泛应用于模具和其他机器制造业。特别适用于大批、大量和尺寸链较短的模具零件的装配工作

续表

装配方法		说明
互换装配法	不完全互换法	不完全互换法是指装配时，各配合零件的制造公差将有部分不能达到完全互换装配的要求。不完全互换法是按照 $h_{\Sigma} \geqslant \sqrt{\sum_{i=1}^{n} h_i^2}$ 确定装配尺寸链中各组成零件的尺寸公差。使尺寸链中各组成环的公差扩大，这种方法克服了采用完全互换法计算出来的零件尺寸公差偏高、制造困难的不足，使模具零件的加工变得容易和经济。但由于公差的扩大会造成有 0.27% 的零件不能互换 不完全互换法充分考虑了零件尺寸的分散规律，在保证装配精度要求的情况下，降低了零件的加工精度，使零件的加工容易，适用于成批和大量的模具装配工作中应用
分组装配法		在成批或大量生产中，当装配精度要求很高时，装配尺寸链中各组成环的公差很小，使零件的加工非常困难，有的可能使零件的加工精度难以达到。在这种情况下，可先将零件的制造公差扩大数倍，以经济精度进行加工，然后将加工出来的零件按扩大前的公差大小和扩大倍数进行分组，并以不同的颜色相区别，以便按组进行装配。配合间隙最大为 0.0055mm，最小为 0.0005mm 的销轴和孔的配合，这是将两者的制造公差都扩大了 4 倍，并分为 4 个组的装配零件的尺寸分组情况
修配装配法	指定零件修配法	指定零件修配法是在装配尺寸链的组成环中，指定一个容易修配的零件作为修配件（修配环），并预留一定的加工余量。装配时对该零件根据实测尺寸进行修磨，达到装配精度要求的加工方法
	合并加工修配法	合并加工修配法是将两个或两个以上的配合零件装配后，再进行机械加工，使其达到装配精度要求的加工方法。几个零件进行装配后，其尺寸可以作为装配尺寸链中的一个组成环对待，从而使尺寸链的组成环数减少，公差扩大，容易保证装配精度的要求。如图 7-1 所示，凸模和固定板装配后，要求凸模上端面和固定板的上平面为同一平面。采用合并加工修配法后，在加工凸模和固定板时，对 A_1 和 A_2 的尺寸就不必严格控制，而是将凸模和固定板装配后，再进行磨削上平面，以保证装配要求 图 7-1　装配精度
调整装配法		调整装配法是用改变模具中可调整零件的相对位置或选用作合适的调整零件，以达到装配精度的方法。可分为可动调整法和固定调整法。 ①可动调整法。可动调整法是在装配时，用改变调整件的位置，来达到装配精度的方法 ②固定调整法。固定调整法是在装配过程中，选用合适的调整件，达到装配精度的方法

（二）冷冲压模具的装配

（1）装配技术要求（表 7-16）

表 7-16　冷冲压模具装配的技术要求

项目	技术要求
外观要求	①铸造表面清理干净，使其光滑并涂以绿色、蓝色或灰色油漆，使其美观 ②模具加工表面应平整、无锈斑、锤痕、碰伤、焊补等，并对除刃口、型孔以外的锐边、尖角倒钝 ③模具质量大于 25kg 时，模具本身应装有起重杆或吊钩、吊环 ④模具的正面模座上，应按规定打刻编号、图号、制作号、使用压力机型号、制造日期等
工作零件装配后的技术要求	①凸模、凹模的侧刃与固定板安装基面装配后，在 100mm 长度上垂直度允差：刃口间隙 ≤0.06mm 时，小于 0.04 mm；刃口间隙 ＞0.06～0.15mm 时，小于 0.08mm；刃口间隙 ＞0.15mm 时，小于 0.12mm ②凸模、凹模与固定板装配后，其安装尾部与固定板安装面必须在平面磨床上磨平。粗糙度 Ra=1.6～0.80μm 以内 ③对多个凸模工作部分高度的相对误差，不大于 0.1mm ④拼块的凸模或凹模其刃口两侧平面应光滑一致，无接缝。对弯曲、拉深、成形模的拼块凸模或凹模工作表面，在接缝处的不平度，也不大于 0.02mm

续表

项目	技术要求
紧固件装配后的技术要求	①螺栓装配后必须拧紧，不许有任何松动。在钢件连接时，螺纹旋入长度不小于螺栓的直径，铸件连接时不小于 1.5 倍螺栓直径 ②定位圆柱销与销孔的配合松紧适度。圆柱销与每个零件的配合长度，应大于 1.5 倍直径
导向零件装配后的技术要求	①导柱压入模座后的垂直度，在 100mm 长度内允差：滚珠导柱Ⅰ类模架≤ 0.005mm；滑动导柱Ⅰ类模架≤ 0.01mm；滑动导柱Ⅱ类模架≤ 0.015mm；滑动导柱Ⅲ类模架≤ 0.02mm ②导料板的导向面与凹模中心线应平行。其平行度允差：冲裁模不大于 100 ∶ 0.05；连续模不大于 100 ∶ 0.02
凹、凸模装配后间隙的技术要求	①冲裁凹、凸模的配合间隙必须均匀，其误差不大于规定间隙的 20%，局部尖角或转角处不大于规定间隙的 30% ②压弯、成形、拉深类凸、凹模的配合间隙装配后必须均匀。其偏差值最大不超过料厚上偏差，最小值不超过料厚下偏差
装配后模具闭合高度的技术要求	模具闭合高度≤ 200mm 时，允差 $^{+1}_{-3}$mm；模具闭合高度 ＞ 200 ～ 400mm 时，允差 $^{+2}_{-5}$mm；模具闭合高度 ＞ 400mm 时，允差 $^{+3}_{-7}$mm
顶出、卸料件装配技术要求	①冲压模具装配后，其卸料板、推件板、顶板、顶圈均应露出凹模模面、凸模顶端、凸凹模顶端 0.5 ～ 1mm ②弯曲模顶件板装配后，应处于最低位置。料厚为 1mm 以下时，允差为 0.01 ～ 0.02mm。料厚大于 1mm 时，允差为 0.02 ～ 0.04mm ③顶杆、推杆长度，在同一模具装配后应保持一致。允差小于 0.1mm ④卸料机构动作要灵活、无卡阻现象
装配后模座平行度要求	装配后上模座上平面与下模座下平面的平行度有下列要求： ①冲裁模。刃口间隙≤ 0.06mm 时，300mm 长度内允差 0.06mm；刃口间隙 ＞ 0.06mm 时，300mm 长度内允差 0.018mm ②其他模具在 300mm 长度内允差 0.10mm
模柄装配后的技术要求	①模柄对上模座垂直度在 100mm 长度内不大于 0.05mm ②浮动模柄凸、凹球面接触面积不少于 80%

（2）装配工艺要点（表 7-17）

表 7-17　冲压模具装配工艺要点

项目	技术要求
选择装配基准件	①选择基准件的原则是按照模具主要零件加工时的依赖关系来确定。可以作为基准件的主要有凸模、凹模、凸凹模、导向板或固定板等 ②级进模常选凹模作为基准件；多冲头导板模常选导板作为基准件；复合模常选凸凹模作为基准件
组件装配	将两个以上的零件按照规定的技术要求连接成一个组件。连接时应按各零件所具有的功能进行组装。常见组件装配如下： ①模架装配。由于冲模模架一般均已实现标准化，上、下模座，导柱，导套由专业厂完成生产，模架的装配工作一般只需装配模柄。装配前应检查模柄和上模座配合部位的尺寸精度和表面粗糙度，并检查模座安装面与平面的垂直度误差；装配后应检查模柄相对于上模座上平面的垂直度误差 ②凸、凹模组件装配。主要指凸、凹模与固定板的装配，装配方法见模具零件的连接方法。装配后，凸、凹模的安装尾部与固定板安装面需磨平，并检查凸、凹模与固定板安装基面的垂直度误差
总体装配	总装时，应先装作为基准的零件，检查无误后拧紧螺钉，打入销钉，以后各部件在试冲无误后再拧紧螺钉，打入销钉。模具装配结束后，要进行试冲，发现问题及时调整和修理，直至模具冲出合格零件为止
调整凸、凹模间隙	在模具装配时，必须严格控制及调整凸、凹模间隙的均匀性，只有这样才能固紧螺钉及销钉
检验、试冲、调试	试冲时可有切纸（纸厚等于料厚）试冲及上机试冲两种方法。试冲出的制品零件应仔细检查，若发现间隙不均匀，毛刺过大，应重新调整装配，再配作销孔，打入销钉

（3）模具零件的固定方法

模具零件按照设计结构，可采用不同的固定方法。常用的固定方法及说明见表 7-18。

表 7-18　模具零件的固定方法及说明

<table>
<tr><th colspan="2">固定方法</th><th>技术要求</th></tr>
<tr><td colspan="2">物理固定法</td><td>物理固定法是利用金属材料热胀冷缩或冷胀的物理特性进行固定模具零件的方法，常用的有热套法和低熔点合金固定法</td></tr>
<tr><td colspan="2">化学固定法</td><td>化学固定法是利用有机或无机胶黏，将模具固定零件进行黏接固定的方法。常用的有环氧树脂黏接和无机黏接</td></tr>
<tr><td rowspan="2">机械固定法</td><td>紧固件法</td><td>紧固件法是利用紧固零件将模具零件固定的方法，其特点是工艺简单、紧固方便。具体的紧固方式可分为螺栓紧固式、斜压块紧固式和钢丝紧固式
①螺栓紧固式。如图 7-2 所示，它是将凸模（或固定零件）放入固定板孔内，调整好位置和垂直度，用螺栓将凸模紧固 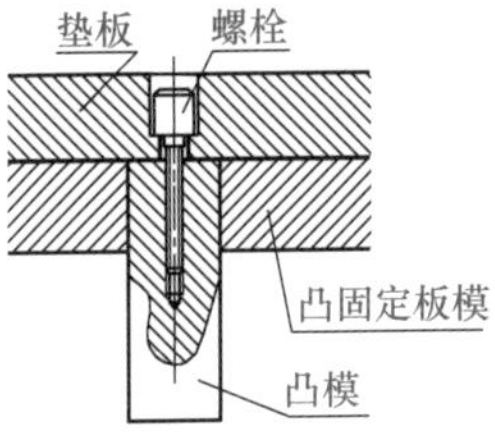
图 7-2　螺栓紧固图 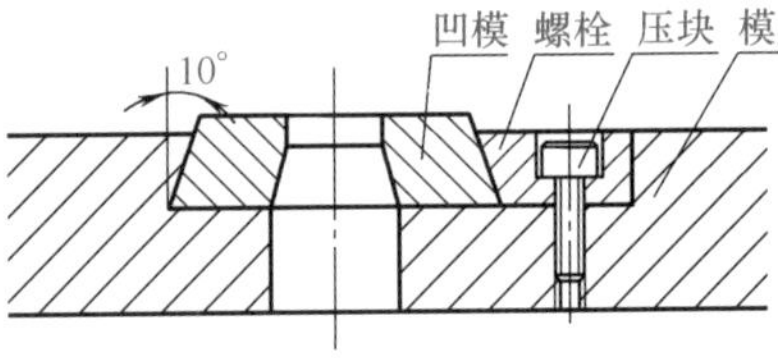
图 7-3　斜压块紧固图
②斜压块紧固式。如图 7-3 所示，它是将凹模（或固定零件）放入固定板带有 10° 锥度的孔内，调整好位置，用螺栓压紧斜压块使凹模紧固。要求凹模和固定板配合 10° 锥度要准确
③钢丝紧固式。如图 7-4 所示，它是在固定板上，先加工出钢丝长槽，其宽度等于钢丝的直径，一般为 2mm，装配时将钢丝和凸模一并从上向下装入固定板中 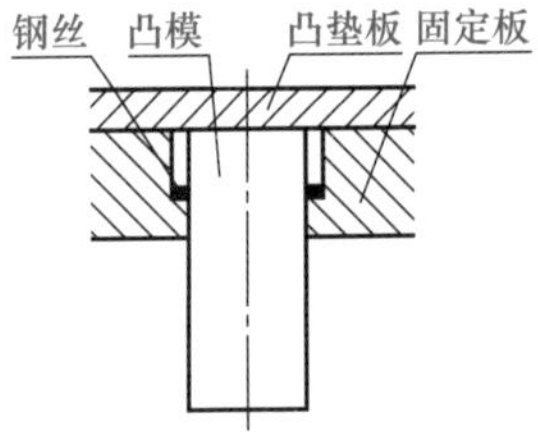
图 7-4　钢丝紧固图 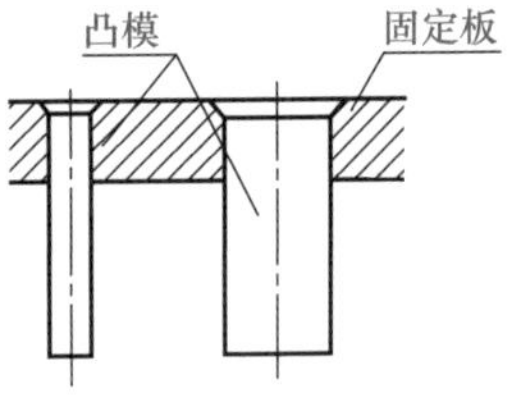
图 7-5　凸模压入固定板图</td></tr>
<tr><td>压入法</td><td>压入法是利用配合零件的过盈量将零件压入配合孔中，使其固定的方法：
①凸模压入固定板。对有台肩的圆形凸模，其压入部分应设有引导部分。引导部分可采用小圆角、小锥度及在 3mm 以内将直径磨小 0.03 ～ 0.05mm。无台肩的凸模压入端（非刃口端）四周，应修成斜度或圆角以便压入，如图 7-5 所示。当凸模不允许设锥度及圆角引导部位时，可在固定板孔凸模压入处，制成斜度小于 1° 、高 5mm 的引导部分，以便于凸模压入，采用的配合为 H7/js6 或 H7/m6，粗糙度 Ra=1.6 ～ 0.80μm。凸模压入顺序为，凡是装配易于定位、便于作其他凸模安装基准的优先压入；凡是较难定位或要求依据其他零件定位的后压入。压入时使凸模中心位于压力机中心。在压入过程中，应经常检查垂直度，压入很少一部分即要检查，当压入 1/3 深度时再检查一次，不合格及时调整。压入后以固定板的另一面作基准，将固定板底面及凸模底面一起磨平。然后，再以此面为基准，在平面磨床上磨凸模刃口，使刃口锋利
②导柱、导套压入模座。导柱、导套和模座的装配，请参阅模架的装配
③模柄压入上模座。压入式模柄与上模座配合为 H7/m6，在装配凸模固定板和垫板之前，应先将模柄压入上模座内，如图 7-6（a）所示。装配后用角尺检查模柄圆柱面和上模座的垂直度误差不大于 0.05mm，检验合格后，再加工骑缝销孔（或螺纹孔），并进行紧固。最后将端面在平面磨床上磨平，如图 7-6（b）所示</td></tr>
</table>

续表

固定方法		技术要求
机械固定法	压入法	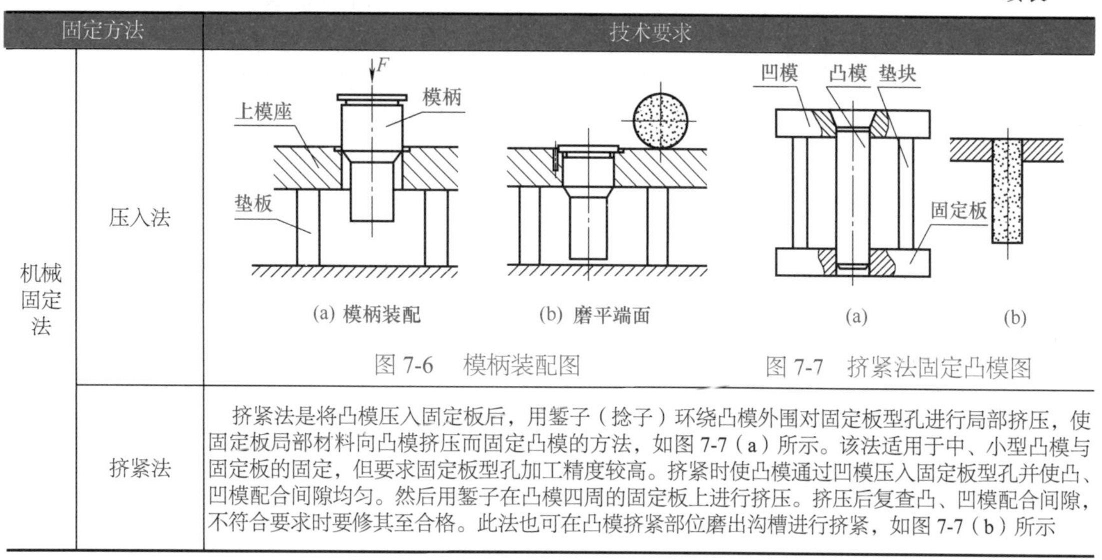 图 7-6　模柄装配图　　图 7-7　挤紧法固定凸模图
	挤紧法	挤紧法是将凸模压入固定板后，用錾子（捻子）环绕凸模外围对固定板型孔进行局部挤压，使固定板局部材料向凸模挤压而固定凸模的方法，如图 7-7（a）所示。该法适用于中、小型凸模与固定板的固定，但要求固定板型孔加工精度较高。挤紧时使凸模通过凹模压入固定板型孔并使凸、凹模配合间隙均匀。然后用錾子在凸模四周的固定板上进行挤压。挤压后复查凸、凹模配合间隙，不符合要求时要修其至合格。此法也可在凸模挤紧部位磨出沟槽进行挤紧，如图 7-7（b）所示

（4）凸、凹模间隙调整

在模具装配时，保证凸、凹模之间的配合间隙非常重要。配合间隙是否均匀，不仅对制件的质量有直接影响，同时，对模具的使用寿命也十分重要。调整凸、凹模配合间隙的方法见表 7-19。

表 7-19　调整凸、凹模配合间隙的方法

调整方法	说明
测量法	它是将凸模插入凹模型孔内，用塞尺检查凸、凹模四周配合间隙是否均匀。根据检查结果调整凸、凹模相对位置，使两者各部分间隙均匀。适用于配合间隙（单边）在 0.02mm 以上的模具
涂层法	涂层法是在凸模上涂一层磁漆或氨基醇酸绝缘漆等涂料，其厚度等于凸、凹模的单边配合间隙。再将凸模调整相对位置，插入凹模型孔，以获均匀的配合间隙。此方法适用于小间隙冲模的调整
透光调整法	将模具的上模部分和下模部分分别装配，螺钉不要紧固，定位销暂不装配。将等高垫铁放在固定板及凹模之间，并用平行夹头夹紧。翻转冲模如图 7-8 所示，用手灯或电筒照射，从漏料孔观察光线透过多少，确定间隙是否均匀并调整合适，然后，紧固螺钉，装配定位销。经固定后的模具，要用相当于板料厚度的纸片进行试冲，如果样件四周毛刺较小且均匀，则配合间隙调整合适；如果样件某段毛刺较大，说明间隙不均匀，应重新调整至试冲合适为止 图 7-8　翻转冲模　　图 7-9　垫片法调整配合间隙
垫片法	它是根据凸、凹模配合间隙的大小，在凸、凹模配合间隙内垫入厚度均匀的纸片或金属片。调整凸、凹模的相对位置，保证配合间隙的均匀，如图 7-9 所示
镀铜法	镀铜法是在凸模工作端镀一层厚度等于单边配合间隙的铜，使凸、凹模装配后的配合间隙均匀。镀层在模具使用中，可自行脱落，装配后不必去除

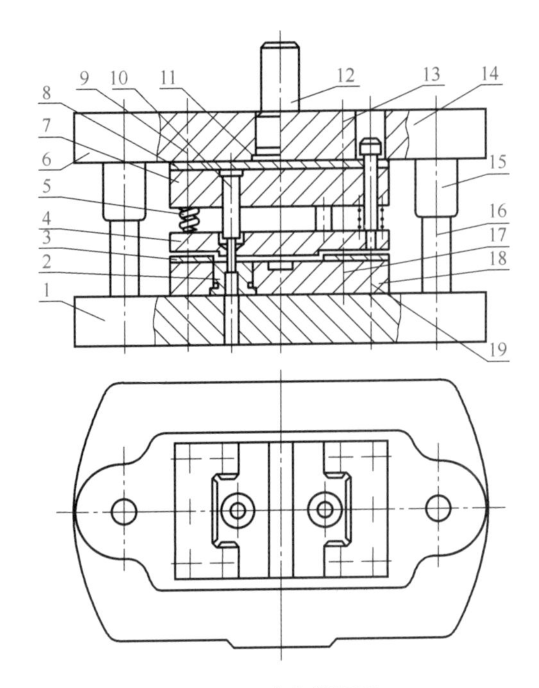

图 7-10　冲孔模具图

1—下模座；2—凹模；3—定位板；4—弹压卸料板；5—弹簧；6—上模座；7，18—固定板；8—垫板；9，11，19—销钉；10—凸模；12—模柄；13，17—螺钉；14—卸料螺钉；15—导套；16—导柱

（三）冲裁模具的装配

（1）模具装配的主要技术

① 装配好的冲裁模，其闭合高度应符合图样规定的要求。

② 上模座的上平面应与下模座的底面平行，一般要求在 300mm 长度上误差不得大于 0.05mm。

③ 凸模与凹模的配合间隙应符合图样要求，周围间隙应均匀一致。

④ 模柄的圆柱形部分应与上模座上平面垂直。

⑤ 导柱和导套之间的移动应平稳而均匀，无歪斜和阻滞现象。

⑥ 模具应在生产的条件下进行试模，冲制的工件应符合图样要求。

如图 7-10 所示为冲孔模具的装配的次序和方法，宜先装配下模，以下模的凹模为基准，调整装配上模部的凸模和其他零件。

（2）主要组件装配及总装配

冲裁模具主要组件装配及总装配的技术要求见表 7-20。

表 7-20　冲裁模具主要组件装配及总装配的技术要求

类别	说明
模柄的装配	因为这副模具的模柄是从上模座下面向上压入的，所以在安装固定板 7 和垫板 8（图 7-10）之前应该先把模柄装好。模柄与上模座是 2 级精度第一种配合。装配时先在压力机上将模柄压入，如图 7-11（a）所示，再加工定位销钉孔。然后把模柄端面与上模座底面一齐磨平，见图 7-11（b）所示。安装好模柄后，用 90° 角尺检验模柄与上模座上平面的垂直度 F　模柄　上模座　垫板　(a)　磨削余量　(b)　F　(a)　磨平　(b) 图 7-11　模柄的装配　　图 7-12　凸模的装配
凸模的装配	凸模与固定板是 2 级精度第二种过渡配合，装配时先将凸模压入固定板内，检查凸模的垂直度，然后将固定板的上平面与凸模一起磨平，如图 7-12（a）所示，为了保持凸模刃口锋利，还应将凸模的端面磨平。如图 7-12（b）所示
弹压卸料板的装配	它起压料和卸料作用，装配时应保证其与凸模之间具有适当的间隙。因此其装配方法为先将弹压卸料板套在已装在固定板的凸模内，在固定板与卸料板之间垫上平行垫块，并用平行夹板将它们夹紧，然后按照卸料板上的螺孔在固定板上钻通孔，拆开后加工固定板上的螺孔

续表

类别	说明
总装配	模具的主要组件装配完毕后便开始进行总装配。为使凸模和凹模易于对中，总装时必须考虑上、下模的装配次序，否则可能出现无法装配的情况。上、下模的装配次序与模具结构有关，通常是看上、下模中哪一个位置所受的限制大就先装哪一个，再用另一个去调整位置，根据这个道理，一般冲裁模的上、下模装配次序按这样的原则来选择，即对于凹模装在下模座上的导柱模，一般先装下模，而对于导柱复合模，一般先装上模，然后找正下模的位置，按照冲孔凹模型孔加工出漏料孔。以上顺序可以保证上模中的卸料装置与模柄中心对正，并避免漏料孔错位，否则将会造成无法装配的困难 见图 7-10 所示冲孔模的凹模是装在下模上的，为便于操作，一般先装下模。其装配顺序如下： ①把凹模 2 装入固定板 18 中，并磨平底面 ②在凹模 2 上安装定位板 3 ③将固定板 18 装在下模座 1 上，找正固定板位置后，先在下模座上配钻孔，然后加工销孔，装入销钉，拧紧螺钉 ④将已装入固定板 7 的凸模 10 插入凹模内，在固定板 7 与凹模 2 之间垫入适当高度的平行垫铁，再把上模座放在固定板 7 上，将上模座和固定板夹紧，并在上模座配钻卸料螺钉穿孔和紧固螺钉穿孔，拆开后放入垫板 ⑤调整凸、凹模的间隙。调整间隙可用透光法，将模具翻过来，把模柄夹在台虎钳上，用手灯照射，从下模座的漏料孔中观察间隙大小是否均匀。调整间隙也可用切纸法进行，即以纸当作冲件材料，用锤子敲击模柄，在纸上切出冲件的形状来。根据纸样有无毛刺及毛刺是否均匀，可以判别间隙大小是否均匀，以判别间隙大小和均匀性。如果纸样的轮廓上没有毛刺或毛刺均匀，说明间隙是均匀的，如果局部有毛刺，说明间隙不均匀。当凸、凹模的形状复杂时，用上述两种方法调整间隙比较困难，可采用凸模镀铜等方法获得所需的间隙 ⑥调整好间隙后加工销钉孔，装入销钉 9；将弹压卸料板 4 装在凸模上，并检查它是否能灵活地移动，检查凸模端面是否缩在卸料板孔内（0.5mm 左右），最后安装弹簧 5 ⑦安装其他零件

（3）冲裁模具的试冲

模具装配以后，必须在生产条件下进行试冲。通过试冲可以发现模具设计和制造的不足，从而找出原因以利改正。并能够对模具进行适当的调整和修理，直到模具正常工作冲出合格制件为止。冲裁模具经试冲合格后，应在模具模座正面打刻编号、冲模图号、制件号、使用压力机型号、制造日期等，并涂油防锈后经检验合格入库。冲裁模具试冲时常见的缺陷、产生原因和调整方法见表 7-21。

表 7-21　冲裁模具试冲时常见缺陷、产生原因和调整方法

缺陷	产生原因	调整方法
冲件毛刺过大	①刃口不锋利或淬火硬度不够 ②间隙过大或过小，间隙不均匀	①修磨刃口使其锋利 ②重新调整凸、凹模间隙，使之均匀
冲件不平整	①凹模有倒锥，冲件从孔中通过时被压弯 ②顶出杆与顶出器接触零件面大小 ③顶出杆、顶出器分布不均匀	①修磨凹模孔，去除倒锥现象 ②更换顶出杆，加大与零件的接触面积 ③重新调整，使其均匀
尺寸超差、形状不准确	凸模、凹模形状及尺寸精度差	修整凸、凹模形状及尺寸，使之达到形状及尺寸精度要求
凸模折断	①冲裁时产生侧向力 ②卸料板倾斜	①在模具上设置挡块抵消侧向力 ②修整卸料板或使凸模增加导向装置
凹模被胀裂	①凹模孔有倒锥度现象（上口大下口小） ②凹模孔内卡住废料太多	①修磨凹模孔，消除倒锥现象 ②修低凹模孔高度
凸、凹模刃口相咬	①上下模座、固定板、凹模、垫板等零件安装基面不平行 ②凸、凹模错位 ③凸模、导柱、导套与安装基面不垂直 ④导向精度差，导柱、导套配合间隙过大 ⑤卸料板孔位偏斜使冲孔凸模位移	①调整有关零件重新安装 ②重装安装凸、凹模，使之对正 ③调整其垂直度重新安装 ④更换导柱、导套 ⑤修整及更换卸料板
冲裁件剪切断面光亮带宽，甚至出现毛刺	冲裁间隙过小	适当放大冲裁间隙，在凹模方向上对于冲孔模间隙加大，在凸模方向上对落料模间隙加大

续表

缺陷	产生原因	调整方法
剪切断面光亮带宽窄不均匀，局部有毛刺	冲裁间隙不均匀	修磨或重装凸模或凹模。调整间隙保证均匀
外形与内孔偏移	①在连续模中孔与外形偏心，并且所偏的方向一致，表面侧刃的长度与步距不一致 ②连续模多件冲裁时，其他孔形正确，只有一孔偏心，表面该孔凸、凹模位置有变化 ③复合模孔形不正确，表面凸、凹模相对位置偏移	①加大（减小）侧刃长度或磨小（加大）挡料块尺寸 ②重新装配凸模并调整其位置使之正确 ③更换凸（凹）模，重新进行装配调整合适
送料不通畅，有时被卡死（易发生在连续模中）	①两导料板之间的尺寸过小或有斜度 ②凸模与卸料板之间的间隙太大，致使搭边翻转而堵塞 ③导料板的工作面与侧刃不平行，卡住条料，形成毛刺大	①粗修或重新装配导料板 ②减小凸模与导料板之间的配合间隙，或重新浇注卸料板孔 ③重新装配导料板，使之平行
卸料及卸件困难	①卸料装置不动作 ②卸料力不够 ③卸料孔不畅，卡住废料 ④凹模有倒锥 ⑤漏料孔太小 ⑥推杆长度不够	①重新装配卸料装置，使之灵活 ②增加卸料力 ③修整卸料孔 ④修整凹模 ⑤加大漏料孔 ⑥加长打料杆

第二节　压铸模具结构与装配

一、合金压铸模类型

合金压铸模类型、过程、特点及用途见表 7-22。

表 7-22　合金压铸模类型、过程、特点及用途

简图	类型	压铸过程、特点及用途
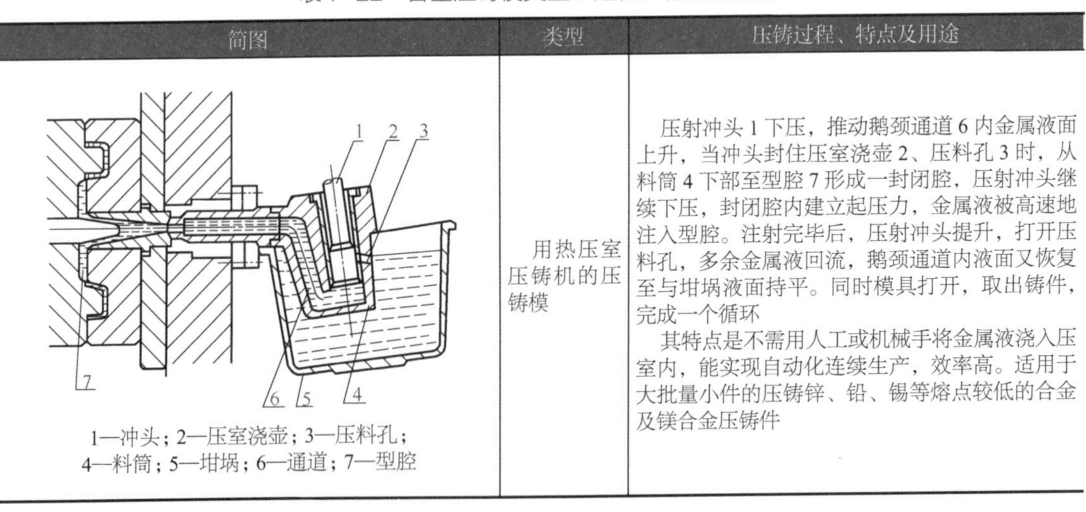 1—冲头；2—压室浇壶；3—压料孔；4—料筒；5—坩埚；6—通道；7—型腔	用热压室压铸机的压铸模	压射冲头 1 下压，推动鹅颈通道 6 内金属液面上升，当冲头封住压室浇壶 2、压料孔 3 时，从料筒 4 下部至型腔 7 形成一封闭腔，压射冲头继续下压，封闭腔内建立起压力，金属液被高速地注入型腔。注射完毕后，压射冲头提升，打开压料孔，多余金属液回流，鹅颈通道内液面又恢复至与坩埚液面持平。同时模具打开，取出铸件，完成一个循环 其特点是不需用人工或机械手将金属液浇入压室内，能实现自动化连续生产，效率高。适用于大批量小件的压铸锌、铅、锡等熔点较低的合金及镁合金压铸件

续表

简图	类型	压铸过程、特点及用途
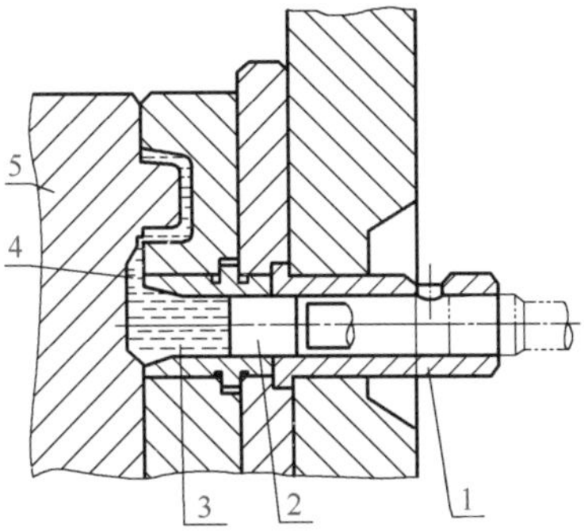 1—压室；2—冲头；3—金属液； 4—横浇道；5—模具	用卧式冷压室压铸机的偏心浇口压铸模	压室1呈水平，压射冲头2也做水平运动。注射前，压射冲头位于尾端，金属液3由人工或机械注入压室后，压射冲头推动金属液经横浇道4进入模具5型腔，充满型腔后，压射冲头的压力仍作用在金属液上，金属液在压力下凝固成铸件。开模、取出铸件，完成了一个循环 其特点是每次注射需由人工或机械加料。压料冲头水平运动，模具开合也为水平运动。浇口为偏心，因此需处于模具型腔下方。这种压铸应用最广泛，适合于所有压铸合金的生产
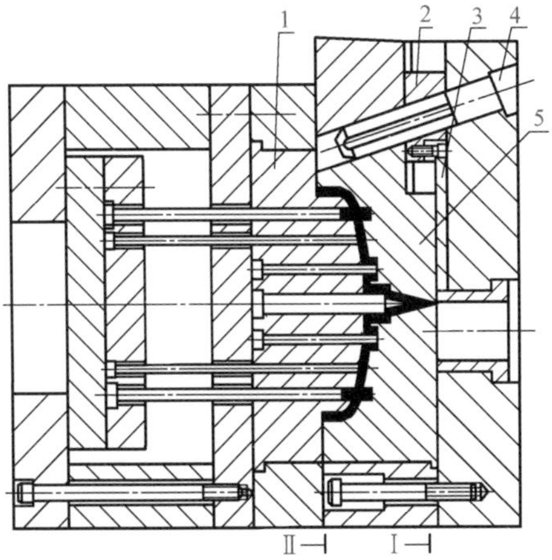 1—动模；2—滑块；3—切刀； 4—斜销；5—定模	用卧式冷压室压铸机的中心浇口压铸模	开模时，由于铸件对动模型芯产生包紧力和压射冲头推出余料的动作，分型面Ⅰ首先分开，斜销4推动滑块2和切刀3将余料切断 特点是为保证压射冲头未运动前不致使金属液因自重而流入型腔，需对模具做特殊设计。它适用于所有适合压铸合金的生产。对于需将浇口位置设在型腔中间或一模多腔时，浇口需设在模具中央
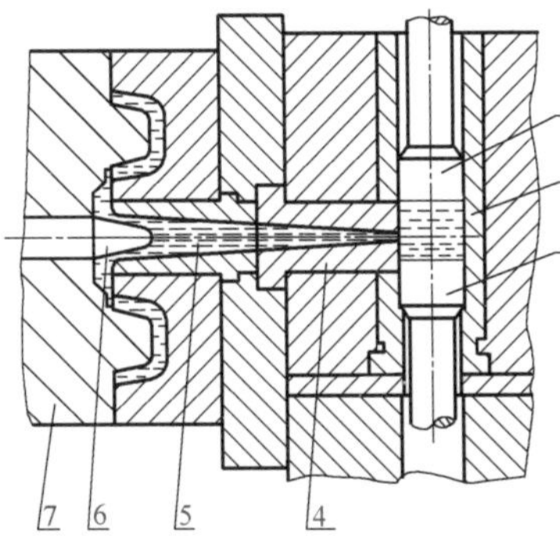 1，3—冲头；2—压室；4—喷嘴； 5—直浇道；6—分流锥；7—模具	用立式冷压室压铸机的压铸模	压室2为垂直位置，上、下压射冲头1和3均做垂直方向运动。上冲头脱离压室，下冲头处于堵住喷嘴4孔时，将金属液注入压室，金属液不会自行流入型腔。当上冲头下压接触金属液推动下冲头下移一小段距离，打开喷嘴孔口，上冲头继续快速下压，金属液通过直浇道5，由分流锥6分流后注入模具7的型腔。填充完毕，上冲头提升，下冲头立即以冲击动作向上将余料与直浇道切断并推至压室上端，以备取走。同时开模，取出铸件，完成一个循环 特点是每次注射需由人工或机械加料。压射冲头做上、下运动，模具开合方向为水平方向。对浇口位置无特殊要求。其用途是可用于所有适合压铸合金的生产，特别适合需用中心浇口的模具

续表

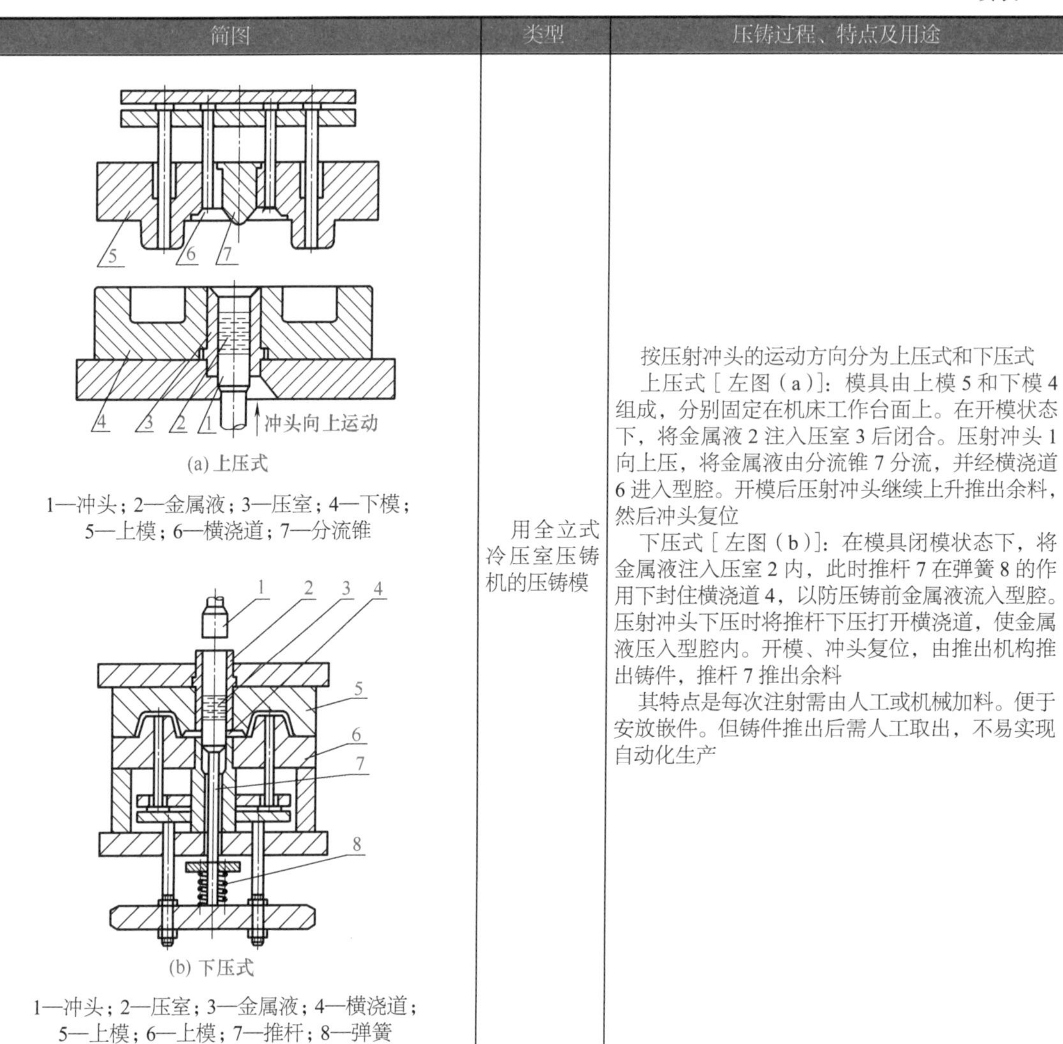

简图	类型	压铸过程、特点及用途
冲头向上运动 (a) 上压式 1—冲头；2—金属液；3—压室；4—下模；5—上模；6—横浇道；7—分流锥 (b) 下压式 1—冲头；2—压室；3—金属液；4—横浇道；5—上模；6—上模；7—推杆；8—弹簧	用全立式冷压室压铸机的压铸模	按压射冲头的运动方向分为上压式和下压式 上压式［左图（a）］：模具由上模5和下模4组成，分别固定在机床工作台面上。在开模状态下，将金属液2注入压室3后闭合。压射冲头1向上压，将金属液由分流锥7分流，并经横浇道6进入型腔。开模后压射冲头继续上升推出余料，然后冲头复位 下压式［左图（b）］：在模具闭模状态下，将金属液注入压室2内，此时推杆7在弹簧8的作用下封住横浇道4，以防压铸前金属液流入型腔。压射冲头下压时将推杆下压打开横浇道，使金属液压入型腔内。开模、冲头复位，由推出机构推出铸件，推杆7推出余料 其特点是每次注射需由人工或机械加料。便于安放嵌件。但铸件推出后需人工取出，不易实现自动化生产

二、压铸模部件的组成

压铸模的部件组成如图7-13和图7-14所示。压铸模由模架和工作部分组成，其组成的说明见表7-23。

表7-23　模架和工作部分组成的说明

项目		说明
模架	模体	由动、定模座板，动、定模套板和支承板等基础部分组成
	导向零件	导柱、导套
	推出机构	由推杆、推管、复位杆、推杆固定板、推板和推件板等组成
工作部分	成形部分	由镶块和型芯组成，是成形压铸件内、外轮廓形状的零件
	浇注系统	由浇口套、分流锥、导流块、直浇道、横浇道和内浇口组成
	抽芯机构	由斜销、滑块、限位块、楔紧块和弯销等零件组成
	排气系统	由排气槽和溢流槽组成
	冷却系统	采用水冷却
压铸模标准件		压铸模标准件见表7-24

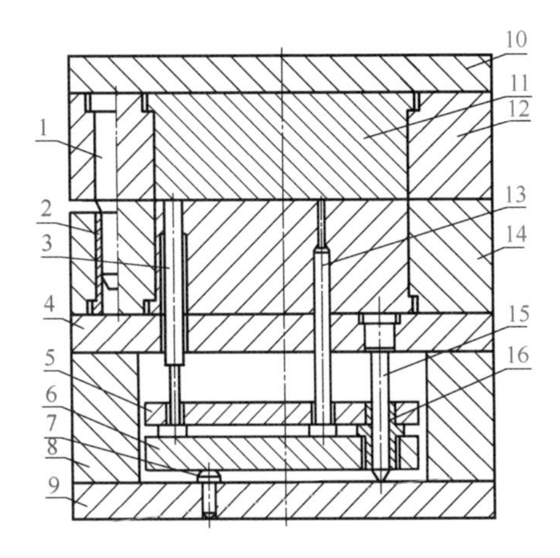

图 7-13　压铸模的部件组成示例 1

1—导柱；2—导套；3—复位杆；4—支承板
5—推杆固定板；6—挡板；7—限位钉；
8—垫块；9—动模座板；10—定模座板；
11—镶块；12—定模套板；13—推杆；
14—动模套板；15—推板导柱；16—推板导套

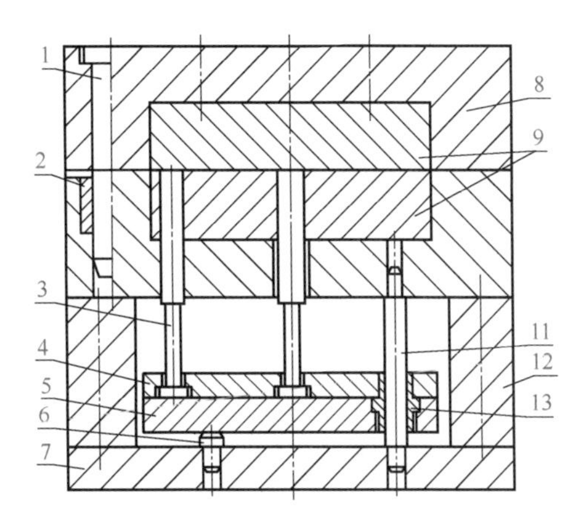

图 7-14　压铸模的部件组成示例 2

1—导柱；2—导套；3—复位杆；4—支承板
5—挡板；6—限位钉；7—动模座板；
8—定模套板；9—镶块；10—动模套板；
11—推板导柱；12—垫块；13—推板导套

表 7-24　压铸模标准件

简图	类型	基本尺寸 /mm	备注
	模板 A 型导柱	$A=\phi160\sim800$ $B=200\sim1000$ H 系列 =16、20、25、32、40、50、65、80、100、125、160、200、300	材料为 45 钢 热处理调质 25 ～ 32HRC
	A 型导柱	$d=\phi16\sim50$ $L=63\sim300$	材料为 T8A 热处理 50 ～ 55HRC
	B 型导柱	$d=\phi16\sim50$ $L=63\sim250$	材料为 T8A 热处理 50 ～ 55HRC
	A 型导套	$d=\phi16\sim50$ $L=20\sim135$	材料为 T8A 热处理 50 ～ 55HRC

续表

简图	类型	基本尺寸 /mm	备注
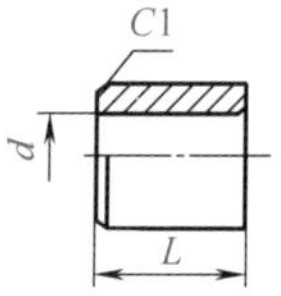 C1 d L	B 型导套	$d=\phi16\sim50$ $L=26\sim71$	材料为 T8A 热处理 50 ～ 55HRC
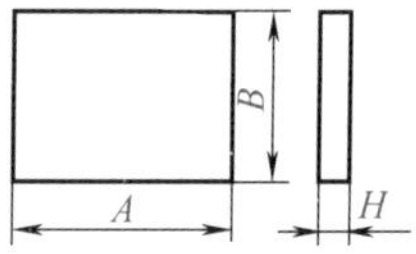 B A H	推板	$A=100\sim800$ $B=125\sim800$ $H=20\sim60$	材料为 45 钢 热处理调质 25 ～ 32HRC
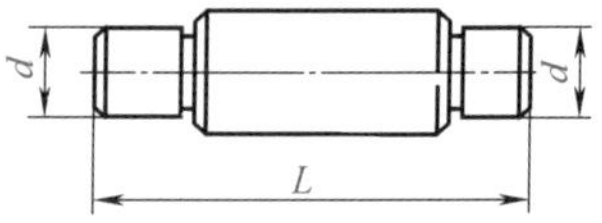 d d L	推板导柱	$d=\phi20\sim32$ $L=80\sim150$	材料为 T8A 热处理 50 ～ 55HRC
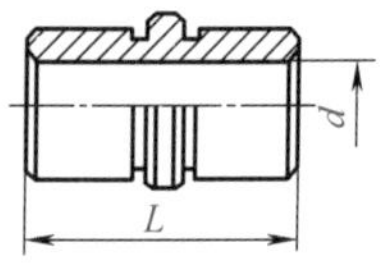 d L	推板导套	$d=\phi16\sim32$ $L=20\sim25$	材料为 T8A 热处理 50 ～ 55HRC
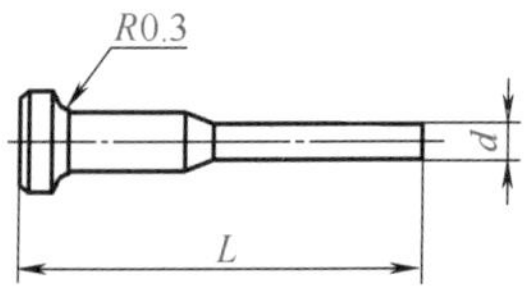 R0.3 d L	推杆	$d=\phi3\sim8$ $L=80\sim315$	①材料为 T8A 热处理 50 ～ 55HRC ②材料为 3Cr2W8V 热处理 45 ～ 50HRC
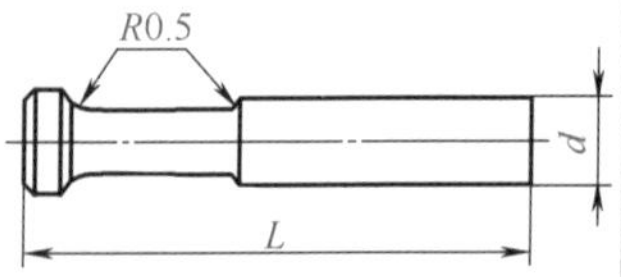 R0.5 d L	复位杆	$d=\phi6\sim25$ $L=80\sim400$	材料为 T8A 热处理 50 ～ 55HRC
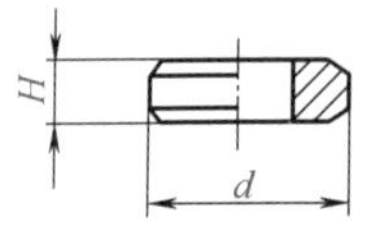 H d	推板垫圈	$d=\phi9\sim17$ $H=5$	材料为 45 钢 热处理 40 ～ 45HRC

续表

简图	类型	基本尺寸 /mm	备注
C1 C1 d L	限位钉	$D=\phi12\sim16$ $L=25\sim100$	材料为 45 钢 热处理 40 ~ 45HRC
B A H	垫块	$A=200\sim800$ $B=80\sim250$ $H=32\sim80$	材料为 45 钢

三、压铸模具的装配

（一）装配主要技术

压铸模具装配项目及装配技术如下。

（1）压铸模总装

压铸模装配图上需注明的技术要求有以下几点：

① 模具的最大外形尺寸（长 × 宽 × 高）。为便于复核模具在工作时，其滑动构件与机器构件是否有干扰，液压抽芯液压缸的尺寸、位置及行程，滑块抽芯机构的尺寸、位置及滑块到终点的位置均应画简图示意；

② 选用压铸机型号；

③ 压铸件选用的合金材料；

④ 选用压室的内径、比压或喷嘴直径；

⑤ 最小开模行程（如开模最大行程有限制时，也应注明）；

⑥ 推出行程；

⑦ 标明冷却系统，液压系统进出口；

⑧ 浇注系统及主要尺寸；

⑨ 特殊运动机构的动作过程。

（2）压铸模外形和安装部位

压铸模的外形和安装部位有以下几点技术要求：

① 各模板的边缘均应倒角 *C*2，安装面应光滑平整，不应有突出的螺钉头、销钉、毛刺和击伤等痕迹；

② 在模具非工作面上醒目的地方打上明显的标记，包括产品代号、模具编号、制造日期及模具制造厂家名称或代号等内容；

③ 在动、定模上分别设有吊装用螺钉孔，质量较大的零件（≥ 25kg）也应设起吊螺孔。螺孔有效螺纹深度不小于螺孔直径的 1.5 倍；

④ 模具安装部位的有关尺寸应符合所选用的压铸机相关对应的尺寸，且装拆方便，压室安装孔径和深度须严格检查；

⑤ 分型面上除导套孔、斜锁孔外，所有模具制造过程中的工艺孔，螺钉孔都应堵塞，并且与分型面平齐。

（3）总体装配精度

压铸模总体装配精度有以下几点技术要求：

① 模具分型面对定模、动模座板安装平面的平行度按表 7-25 的规定；

表 7-25 安装平面的平行度参数

被测面最大直线长度 /mm	≤ 106	＞ 106 ～ 250	＞ 250 ～ 400	＞ 400 ～ 630	＞ 630 ～ 1000	＞ 1000 ～ 1600
公差值 /mm	0.06	0.08	0.10	0.12	0.16	0.20

② 导柱与导套对定、动模座板安装面的垂直度按表 7-26 规定；

表 7-26 安装面的垂直度参数

导柱、导套有效导滑长度 /mm	≤ 40	＞ 40 ～ 63	＞ 63 ～ 100	＞ 100 ～ 160	＞ 160 ～ 250
公差值 /mm	0.015	0.020	0.025	0.030	0.040

③ 在分型面上，定模、动模镶件平面应分别与定模套板、动模套板齐平或允许略高，但高出量应在 0.05mm ～ 0.10mm 范围内；

④ 推杆、复位杆应分别与型面齐平，推杆允许突出型面，但不大于 0.1mm。复位杆允许低于型面，但不大于 0.05mm。推杆在推杆固定板中应能灵活转动，但轴向间隙不大于 0.10mm；

⑤ 模具所有活动部位，应保证位置准确，动作可靠，不得有歪斜和呆滞现象。相对固定的零件之间不允许窜动；

⑥ 滑块在开模后应定位准确可靠。抽芯动作结束时，所抽出的型芯端面，与铸件上相对应型位或孔的端面距离不应小于 2mm。滑动机构应导滑灵活，运动平稳，配合间隙适当。合模后滑块与楔紧块应压紧，接触面积不小于 1/2，且具有一定预应力；

⑦ 浇道表面粗糙度 *Ra* 不大于 0.4μm，转接处应光滑连接，接拼处应密合，拔模斜度不小于 5°；

⑧ 合模时镶块分型面应紧密贴合，如局部有间隙，也应不大于 0.05mm（气槽除外）；

⑨ 冷却水道和温控油道应畅通，不应有渗漏现象，进口和出口处应有明显标记；

⑩ 所有成形表面粗糙度 *Ra* 不大于 0.4μm，所有表面都不允许有击伤、擦伤或微裂纹。

（二）装配工艺过程

压铸模具装配的工艺过程由以下几个部分组成，见表 7-27。

表 7-27 压铸模具装配的工艺过程

装配步骤	工艺过程
装配前的准备工作	①研究和熟悉装配图，了解模具的结构、零件的作用以及相互的连接关系 ②确定装配的方法、顺序和准备所需的工具 ③对零件进行清理和清洗 ④对某些零件有时要进行修配
组件装配	—
部装和总装	—
涂油和入库	—

（三）装配实例

如图 7-15 所示为全立式压铸机用压铸模具为例，叙述压铸模的装配过程。全立式压铸机用压铸模具由动模和定模两部分组成，动模由导套 5、分流锥 6、1# 动模镶块 7、推杆 8、螺钉 9 和 10、动模座板 11、推板 12、推杆固定板 13、推板导套 14、推板导柱 15、支承板 16、动模套板 17 和 $2^{\#}$ 动模镶块 18 组成；定模由定模套板 19、组合定模镶块 20、定模座板 21、支承柱 22、压室 1、座板 2、型芯 3 和导柱 4 组成。压铸模具装配步骤及装配方法见表 7-28。

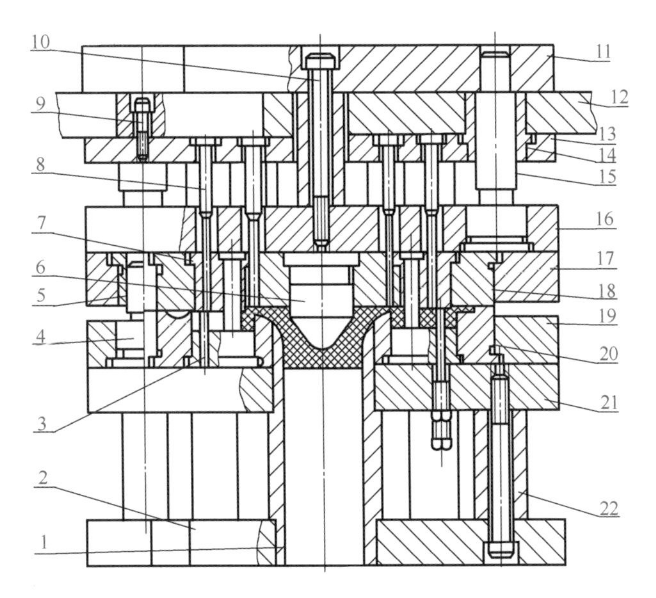

图 7-15　全立式压铸机用压铸模具图

1—压室；2—座板；3—型芯；4—导柱；5—导套；6—分流锥；7—$1^{\#}$ 动模镶块；8—推杆；9，10—螺钉；11—动模座板；12—推板；13—推杆固定板；14—推板导套；15—推板导柱；16—支承板；17—动模套板；18—$2^{\#}$ 动模镶块；19—定模套板；20—组合定模镶块；21—定模座板；22—支承柱

表 7-28　压铸模具装配步骤及装配方法

装配步骤	装配方法说明
清理工作场地	模具装配时要求工作场地干净、整洁，不能有任何杂物
零件的准备	根据模具装配图准备和清点装配所需的模具零件、连接零件和辅助材料
工具的准备	准备必须的工具、量具、辅具及所需的设备。它们包括活动扳手、内六角扳手、铜棒、平行等高垫块、支承环、手锤、旋具、润滑油、盛物容器、油石、模具抛光设备、游标卡尺、钢直尺、90°角尺等
检查并清理模具零件	装配前必须对所需装配的模具零件进行必要的检查，对个别零件的不合格处，按图样要求进行修理。在检查零件的同时，应把零件清洗、擦拭干净，并在零件表面涂上一层薄薄的机油
组合定模镶块 20 的装配	如图 7-16 所示，组合定模镶块 20 由 $1^{\#}$ 定模镶块和 $2^{\#}$ 定模镶块构成。装配时，先把 $1^{\#}$ 定模镶块小端向下放在压力机工作台上，把装配面涂油后的 $2^{\#}$ 定模镶块小端向下压入 $1^{\#}$ 定模镶块中间的镶块装配孔内，再把配合面涂油后的组合定模镶块 20 压入定模套板 19 中间的组合定模镶块装配孔内，最后把配合面涂油后的导柱 4 压入定模套板 19 的导柱装配孔中，磨平压装后的定模套板 19 的底面，并检测导柱 4 与基准面的垂直度误差 $1^{\#}$定模镶块　$2^{\#}$定模镶块 图 7-16　组合定模镶块
组合动模镶块的装配	组合动模镶块由分流锥 6、$1^{\#}$ 动模镶块 7、$2^{\#}$ 动模镶块 18 和型芯 3 构成。装配时把 $2^{\#}$ 动模镶块放在等高块上，先把配合面涂油后的 $1^{\#}$ 动模镶块 7 压入 $2^{\#}$ 动模镶块 18 中间的镶块装配孔内，再把分流锥 6 和型芯 3 压入 $1^{\#}$ 动模镶块 7 中间的分流锥装配孔和型芯装配孔中，构成组合动模镶块

续表

装配步骤	装配方法说明
动模套板 17 的装配	装配时先将动模套板 17 放在等高块上，再把配合面涂油后的组合动模镶块，压入动模套板 17 中间的组合动模镶块装配孔内，然后把配合面涂油后的导套 5，压入动模套板 17 的导套装配孔内，最后磨平压装后的动模套板 17 的底面
推板导柱 15 与支承板 16 的装配	装配时先将支承板 16 放在等高块上，再把配合面涂油后的推板导柱 15 压入支承板 16 的导柱装配孔内，然后磨平压装后的支承板 16 的底面
推杆 8 与推杆固定板 13 的装配	装配时先将推杆 8 装入推杆固定板 13 的推杆孔中，然后磨平装有推杆 8 的推杆固定板 13 的端面
推板 12 的装配	装配时先将配磨后的推杆固定板 13 放在等高块上，再把配合面涂油的推板导套 14，压入推杆固定板 13 的导套装配孔中，然后将配合面涂油的推板 12 套在推板导套 14 上，最后用涂油后的螺钉 9 把配磨后的推杆固定板 13 和推板导套 14 固定在推板 12 上。拧紧螺钉时，要按一定的顺序进行，并做到分次逐步拧紧，否则会使被连接件产生松紧不匀和不规则变形
定模座的装配	定模座由压室 1、座板 2、定模座板 21、支承柱 22 和型芯 3 构成。装配时先将定模座板 21 放在等高块上，再把配合面涂油后的压室 1 压入定模座板 21 中间的压室装配孔内，把型芯 3 装在定模座板 21 的型芯螺孔内，把支承柱 22 放在定模座板 21 上，并保证支承柱 22 的螺纹孔与定模座板 21 上的螺纹孔对正，最后把座板 2 套在压室 1 上，并用螺钉将压室 1、座板 2、定模座板 21 和型芯 3 连成一体
总装	定模装配。定模部分由定模座、压装后的定模套板 19 和定模镶套构成。装配时将定模座水平放置，再把压装后的定模套板 19 套在定模座的压室 1 上，并使型芯 3 插入定模套板 19 的型芯孔中，最后把配合面涂油的定模镶套压入压室 1 与 2# 定模镶块之间的环形槽内，用螺钉把定模套板 19 固定在定模座上，至此定模部分的装配即告结束 动模装配。动模部分由装配后的动模套板 17、装配后的支承板 16、装配后的推板 12、动模座板 11 和支承柱构成。装配时先把装配后的动模套板 17 放在等高块上，再把装配后的支承板 16 放在装配后的动模套板 17 上，并使它们的推杆孔对正；把装配后的推板 12 套在装配后的支承板 16 的推板导柱 15 上，并使用推杆 8 插入装配后的支承板 16 和装配后的动模套板 17 的推杆孔内，用螺钉将支承板 16 和装配后的动模套板 17 固定在一起；把支承柱放到装配后的推板 12 的支承柱装配孔内，将动模座板 11 套在推板导柱 15 上后，用螺钉 10 把动模部分连成一体。检查推板导柱 15 和推杆 8 滑动是否灵活，若有卡滞现象，可用红粉涂于滑动件的配合表面，往复活动观察卡滞部位，分析原因并进行修配。检查完毕后动模部分的装配即告结束 合模。全立式压铸机用压铸模由动模部分和定模部分构成，将模具的动、定模合模后，应检查导柱、导套的滑动是否灵活。若不灵活，有卡滞现象，可用红粉涂于导柱表面，往复拉动模板，观察卡滞部位，分析原因并进行修配。检查完毕后模具的装配过程即告结束

第三节　塑料成形模具结构与装配

一、塑料模的分类、特点和用途

塑料模的分类、特点和用途见表 7-29。

表 7-29　塑料模的分类、特点和用途

类别	说明
压塑模	它又称压胶模，是成形热固性塑料件的模具。成形前，将定量的塑料放入加热的模具型腔内，在合模过程中对塑料加热、加压，使塑料流动并充满型腔。经保压一段时间后，塑件逐渐固化成形。然后，开模和取出塑件 型芯、型腔需耐压、耐磨、耐腐蚀，需淬硬，表面需抛光并按需要镀硬铬。使用设备为液压机，可制作各种用途的塑件，适合制作有嵌件的塑件。塑件取向现象少，几乎没有材料损耗。操作简单，但成形周期较长

续表

类别	说明
挤塑模	它又称挤胶模，是成形热固性塑料或封装电气元件等用的一种模具。这种模具没有单独的加料腔，而是将模具先闭合，将已预热的塑料放入模具上部的加料腔内，使之加热软化，成黏流状态，再在压力的作用下，使融料通过模具的浇注系统，以高速挤入型腔，而硬化成形 加料腔、浇注系统部分、型芯、型腔需耐压、耐磨、耐腐蚀，需淬硬，表面抛光并需镀硬铬。使用设备为液压机。挤塑模适用于匀质、厚壁、精度高、有细小嵌件等用压塑模难以成形的塑件成形。成形周期短，塑件几乎无飞边
注射模	它适用于成形热塑性塑料和热固性塑料。塑料在注射机料筒中加热到流动（可塑化）状态，闭合模具，以高压将料筒内的塑料通过机床喷嘴注射入模具，并经浇注系统进入型腔并充满，然后保压、冷却（热固性塑料为加热）固化成形。对模具要求同挤塑模，根据成形产量要求，对某些热塑性注射模的工作零件可不淬硬。使用设备为热塑性塑料注射机和热固性塑料注射机。注射模可成形复杂形状的塑件，成形周期短，效率极高，易于进行自动控制。除无流道注射模外，一般用注射模成形都有浇注系统废料损失
挤出模	塑料挤出模成形是在挤出机料筒内将热塑性塑料加热至流动状态，然后在一定压力作用下，通过端部的挤出模（又称机头）而制得连续的型材，并立即加以冷却固化成形 模具工作零件需耐压、耐磨、耐腐蚀，需淬硬，表面抛光镀硬铬。使用设备是挤出机。挤出成形是连续的，制品为薄膜、棒材、管材、异形材等大长度制品，开始调整困难，后期操作简单，效率极高
吸塑模	适用于热塑性塑料。将塑料片材夹紧在模具内，用加热器加热，利用真空作用将软化的片材吸附在型腔壁上，冷却成形。也可在相反方向压入压缩空气，同时在片材与模具间抽真空成形。由于成形压力低，模具材料一般可采用石膏、热固性塑料等，大批量生产时才使用金属模具。使用设备是吸塑机。吸塑模适用于用片材制作大型塑件。塑件尺寸精度不高，不能成形各部位壁厚不相同的塑件
吹塑模	适用于热塑性塑料。将塑料用挤出机挤出成管状（称型坯），在冷却硬化前放入开启的吹塑模内，模具对合后，在管中吹入空气使之膨胀并贴合在型腔壁上，再经冷却固化成形；也可用两薄片或用注射成形的空带底件作型坯。除非产量特大，一般不需使用优质的模具钢。常用的模具材料有结构钢、铝、锌。广泛使用的是铝，必要时局部嵌入钢质镶件。使用设备是吹塑机。吹塑模用以制造空心的、用注射模成形而无法抽出型芯的中空塑件，如瓶类塑件等。成形塑件壁厚不均匀，成形周期短，效率较高，模具价廉
发泡成形模	适用于热塑性塑料和热固性塑料。将增加了发泡剂的塑料注射入模具（也可用于挤出成形、吹塑成形等）而形成发泡塑件。模具材料不要求高的机械强度，要求导热性好，采用铜、铍青铜、铝合金、锌合金和钢等。使用设备是注塑机、挤出机、吹塑机和各种发泡机。用于成形绝热、包装、吸音、绝缘、防震、装饰等用途的发泡件，成形压力低

二、热塑性塑料注射模结构

（一）热塑性塑料注射模的结构形式

热塑性塑料注射模结构形式见表 7-30。

表 7-30　热塑性塑料注射模结构形式

类型	简图	说明
单分型面注射模	1—动模座板；2，8—推杆；3—推杆固定板；4—垫块；5—支承板；6—动模芯；7—动模板；9—定模板；10—定模座板；11—浇口套；12—定位圈；13—定模芯；14—导套；15—导柱；16—复位杆；17—拉料杆；18—限位钉	左图所示为单分型面注射模的结构，其定模部分为两块板，即定模板 9、定模座板 10；动模部分也为两块板，即动模板 7、支承板 5。型腔的一部分在动模上，另一部分在定模上，主流道设在定模一侧，分流道设在分型面上，开模后制品连同流道凝料一起留在动模一侧，由推杆脱模

续表

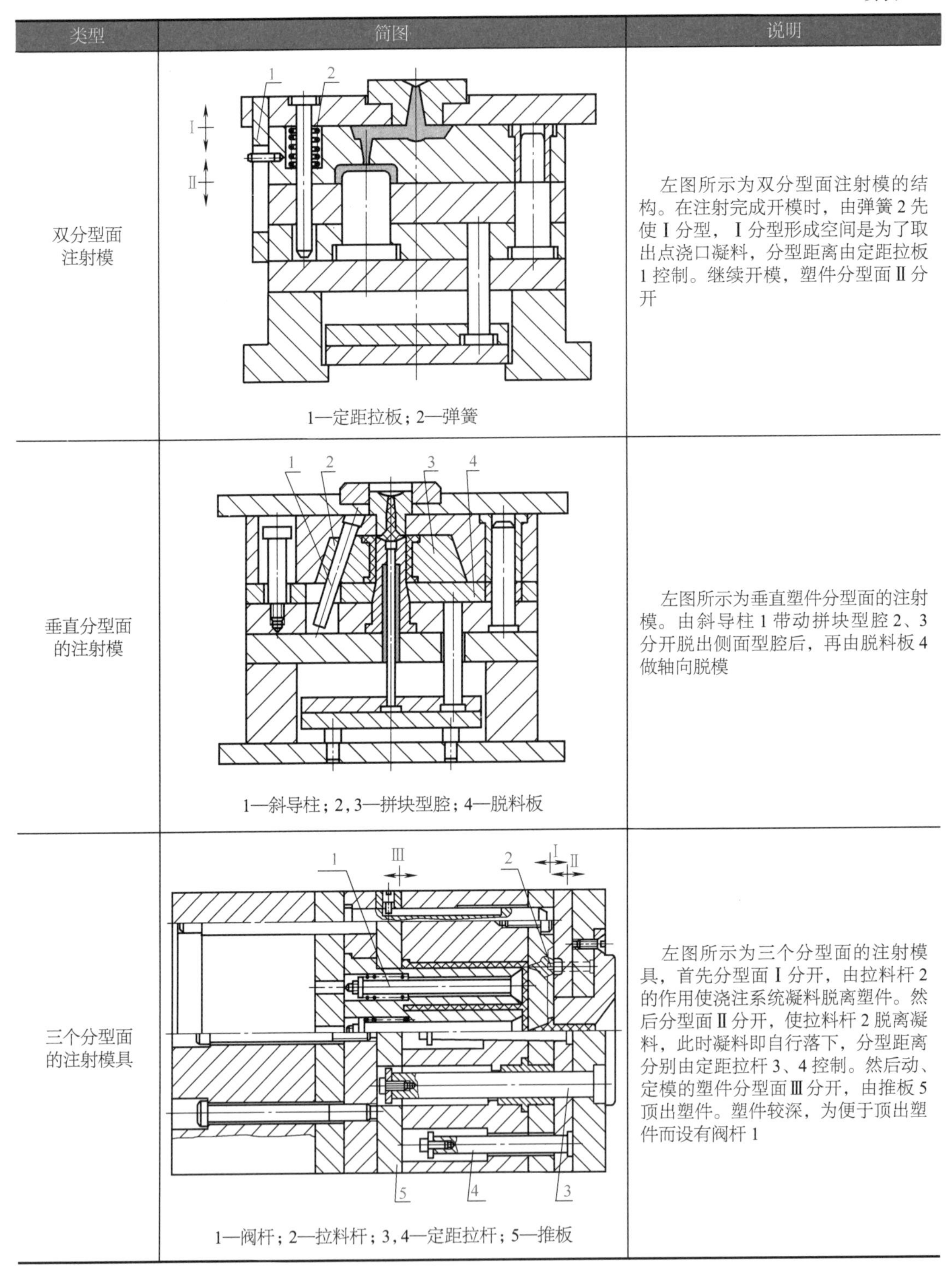

类型	简图	说明
双分型面注射模	1—定距拉板；2—弹簧	左图所示为双分型面注射模的结构。在注射完成开模时，由弹簧2先使Ⅰ分型，Ⅰ分型形成空间是为了取出点浇口凝料，分型距离由定距拉板1控制。继续开模，塑件分型面Ⅱ分开
垂直分型面的注射模	1—斜导柱；2，3—拼块型腔；4—脱料板	左图所示为垂直塑件分型面的注射模。由斜导柱1带动拼块型腔2、3分开脱出侧面型腔后，再由脱料板4做轴向脱模
三个分型面的注射模具	1—阀杆；2—拉料杆；3，4—定距拉杆；5—推板	左图所示为三个分型面的注射模具，首先分型面Ⅰ分开，由拉料杆2的作用使浇注系统凝料脱离塑件。然后分型面Ⅱ分开，使拉料杆2脱离凝料，此时凝料即自行落下，分型距离分别由定距拉杆3、4控制。然后动、定模的塑件分型面Ⅲ分开，由推板5顶出塑件。塑件较深，为便于顶出塑件而设有阀杆1

（二）零部件结构

（1）成形零件

成形零件由型腔及型芯组成。型腔及型芯有在定模板上直接雕刻型腔和在动模板上直接加工出型芯的整体式结构，这种结构的稳定性较好，但切削工作量比其他结构大，材料消耗也较多。因此在注塑模上常用镶嵌式型腔及镶嵌式型芯的结构。型腔和型芯的整体式结构如图7-17所示。常用镶嵌式型腔及型芯的结构形式及特点见表7-31。对于具有内、外螺纹的塑件，如果不是采用自动脱螺纹机构脱模，或者外螺纹不是采用对合的型芯成形，则可采用螺纹成形杆或螺纹成形环，成形后型杆与型环随塑件脱出，然后旋出型杆或型环。塑件常用自攻螺钉装配，因此塑件上只需成形螺纹的底孔，这就简化了模具结构，螺纹底孔直径可参照表7-32。

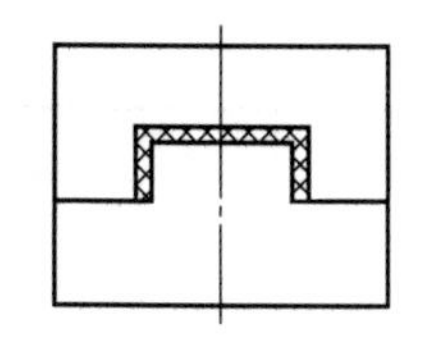

图7-17 型腔和型芯的整体式结构

表7-31 常用镶嵌式型腔及型芯的结构形式及特点

简图	形式	特点说明
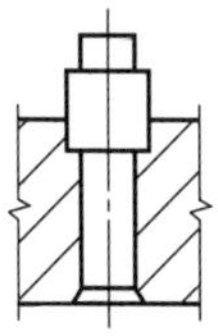	小型芯镶嵌式型芯	型芯背面采用铆接方法
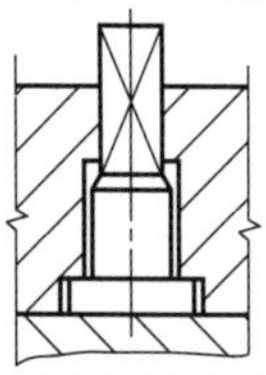		成形长方形孔的型芯嵌入形式
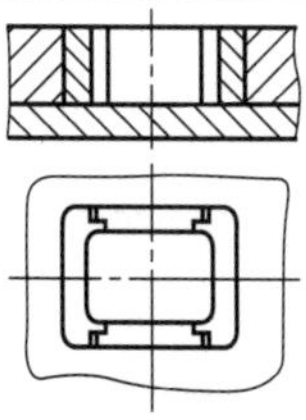	拼块嵌入式	左图示由4个拼块组合压入模板组成的型腔，可用一般的金属切削机床加工
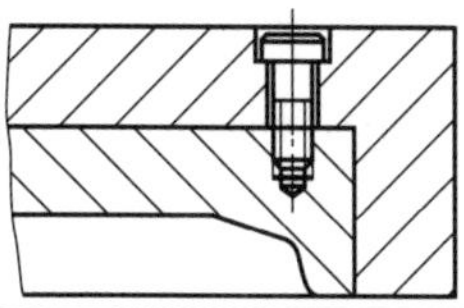	整体嵌入式	模板加工成不通孔，模板强度好，适于大型塑件，嵌件与模板为配合加工，装卸均较困难
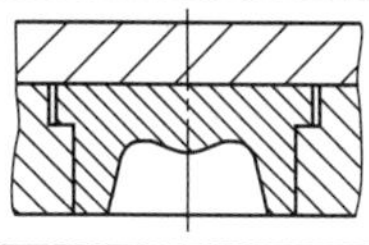		模板加工成通孔，背台加工成台肩状，嵌件压入后牢固可靠
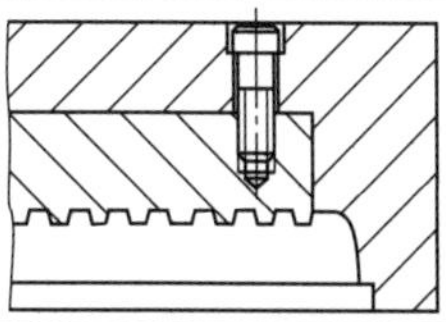	局部嵌入式	型腔底部形状较复杂，不允许做成通孔时的局部嵌入结构
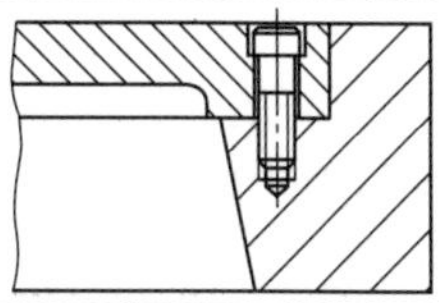		深型腔的塑件，仅底部做局部嵌入，便于加工

续表

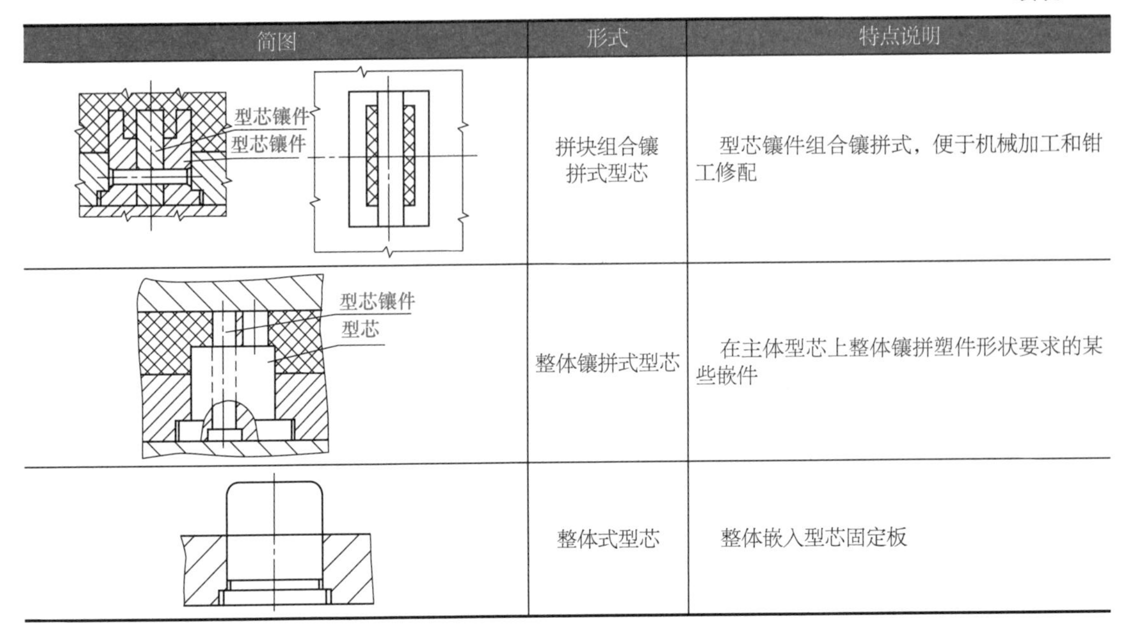

简图	形式	特点说明
型芯镶件 型芯镶件	拼块组合镶拼式型芯	型芯镶件组合镶拼式，便于机械加工和钳工修配
型芯镶件 型芯	整体镶拼式型芯	在主体型芯上整体镶拼塑件形状要求的某些嵌件
	整体式型芯	整体嵌入型芯固定板

表 7-32　螺纹的底孔直径

螺孔直径 /mm	M2.5	M3	M4
底孔直径 /mm	2.1	2.6	3.4

（2）浇注系统

注塑模的浇注系统是从注射机喷嘴喷出的熔料进入模具型腔的通道。浇注系统是影响塑件成形质量及效率的重要因素。浇注系统的组成如图 7-18 所示。

设计浇注系统应遵循的基本原则是：熔料流动的阻力小，成形周期短，对各型腔的充填均匀，对塑件易于实施去除浇注系统废料等后处理。浇注系统的主浇道是指从注射机喷嘴与模具浇注套吻合圆弧面起，到分浇道为主的这一段。在卧式注射机上是一段圆锥体，通常设置在淬硬的浇注套内。如图 7-19 所示，图中：d= 注射机喷嘴孔直径 +（2 ～ 3mm）；α=2° ～ 4°，对流动性差的塑料等也可取 3° ～ 6°；R= 注射机喷嘴球面半径 +（2 ～ 3mm）；L 应尽量短，L 值大塑料降温过多，损耗大，L 一般不超过 60mm。

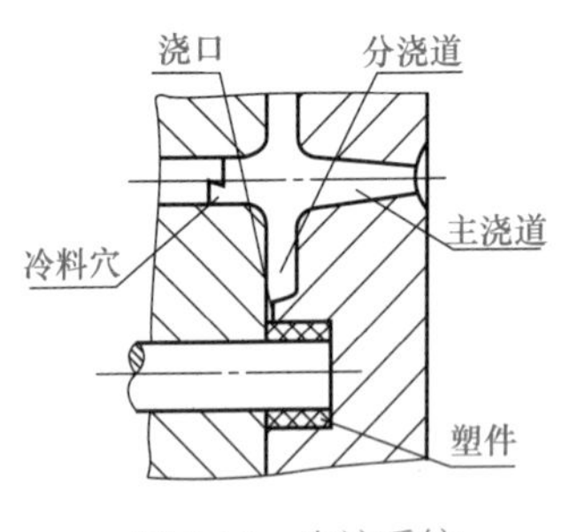

图 7-18　浇注系统

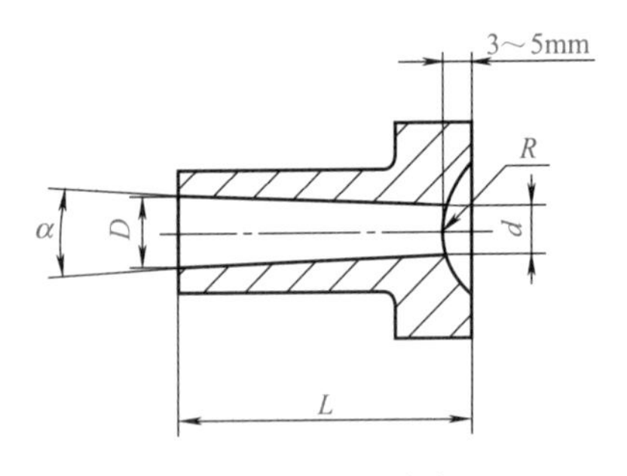

图 7-19　浇注套

浇注系统的分浇道是指从主浇道到浇口的这一段流道。分浇道的横断面形状如图 7-20 所示。圆形和梯形的断面形状较好，最常用的是梯形。梯形分浇道便于制造，可设在分型面的任意一面。圆形分浇道直径 d 一般取 5 ～ 10mm。当 d < 5mm 时，料温降低而易产生压

力降，因此仅对于小件也可采用 3 ～ 4mm。d 过大，则塑料与模具的接触面大而引起温度调节问题，材料消耗大，成形周期延长。

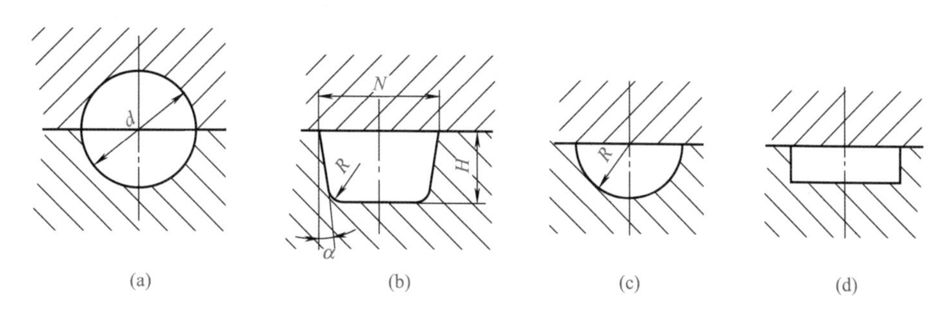

图 7-20　分浇道的横断面形状

梯形分浇道的流道宽 N=（2/3 ～ 1）D，D 指主浇道的大端直径；深度 H 对于中小型塑件取 2.5 ～ 5mm，大型塑件取 5 ～ 8mm；α 取 5° ～ 10°。半圆形和矩形分浇道不推荐采用。

分浇道的平衡式布置如图 7-21 所示。在多型腔注塑模具中，各分浇道及其进料口的长度、形状、断面尺寸应大致相等。但若各个型腔的分浇道长度不同，则远端型腔处的压力与温度必然较低，塑件会形成明显的熔接痕，塑料会因填充不足而造成废品。这时应采用非平衡布置，如图 7-22 所示，远端型腔的进料口 t_4 大于近端型腔的进料口 t_1，目前已有计算机软件可供分析。

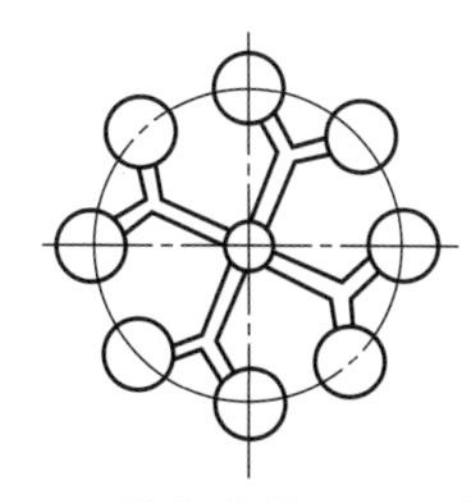

图 7-21　分浇道的平衡式布置

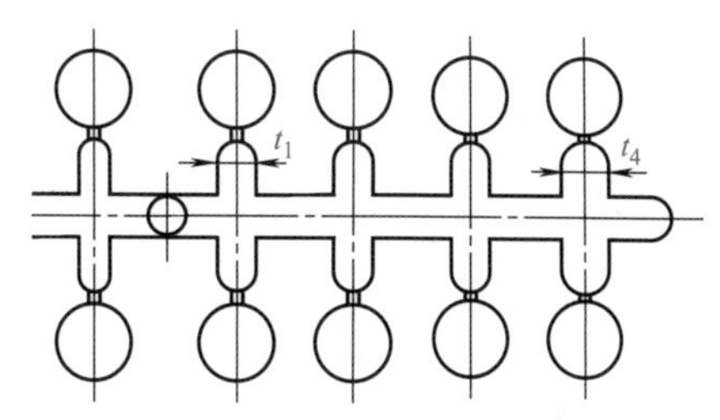

图 7-22　分浇道的非平衡式布置 $t_1 > t_4$

浇注系统的浇口是熔料从浇道进入型腔的门户。它对塑件品质和生产效率有很大的影响。熔融塑料通过狭窄的浇口时，流速增高，料温也因摩擦而增高，有利于填充。冷却时，浇口部分首先固化而封闭，型腔内的塑料即可在无应力状态下自由收缩固化成形，因而塑件残余应力小。常见浇口形式见表 7-33。

表 7-33　常见浇口形式

<table>
<tr><th>浇口形式</th><th colspan="2">说明</th></tr>
<tr><td>直浇口</td><td colspan="2">直浇口又称顶浇口，塑料直接从主浇道流入型腔顶部，流程最短，成形容易，排气顺畅，流量大，适于成形深腔大型塑件，但去除浇口费工，塑件上留有较大痕迹</td></tr>
<tr><td rowspan="4">点浇口</td><td colspan="2">点浇口，如图 7-23（a）～（e）所示，适于成形深型腔盒类塑件，其优点、缺点如附表所示
附表　成形深型腔盒类塑件优点与缺点</td></tr>
<tr><td>项目</td><td>说明</td></tr>
<tr><td>优点</td><td>①进料口设在型腔底部，排气顺畅，成形良好，大型塑件可多设点浇口
②小型塑件可一模多型腔，一个型腔一个点浇口，各个塑件质量一致
③点浇口直径很小，点浇口拉断后，仅在塑件上留下一个不易察觉的痕迹</td></tr>
<tr><td>缺点</td><td>①由于流动阻力大和易产生过热现象，因此不适于热敏性塑料及流动性差的塑料
②进料口直径受限制，加工困难
③需定模分型，取出浇口，结构较复杂
④模具应有自动脱落浇口的结构</td></tr>
</table>

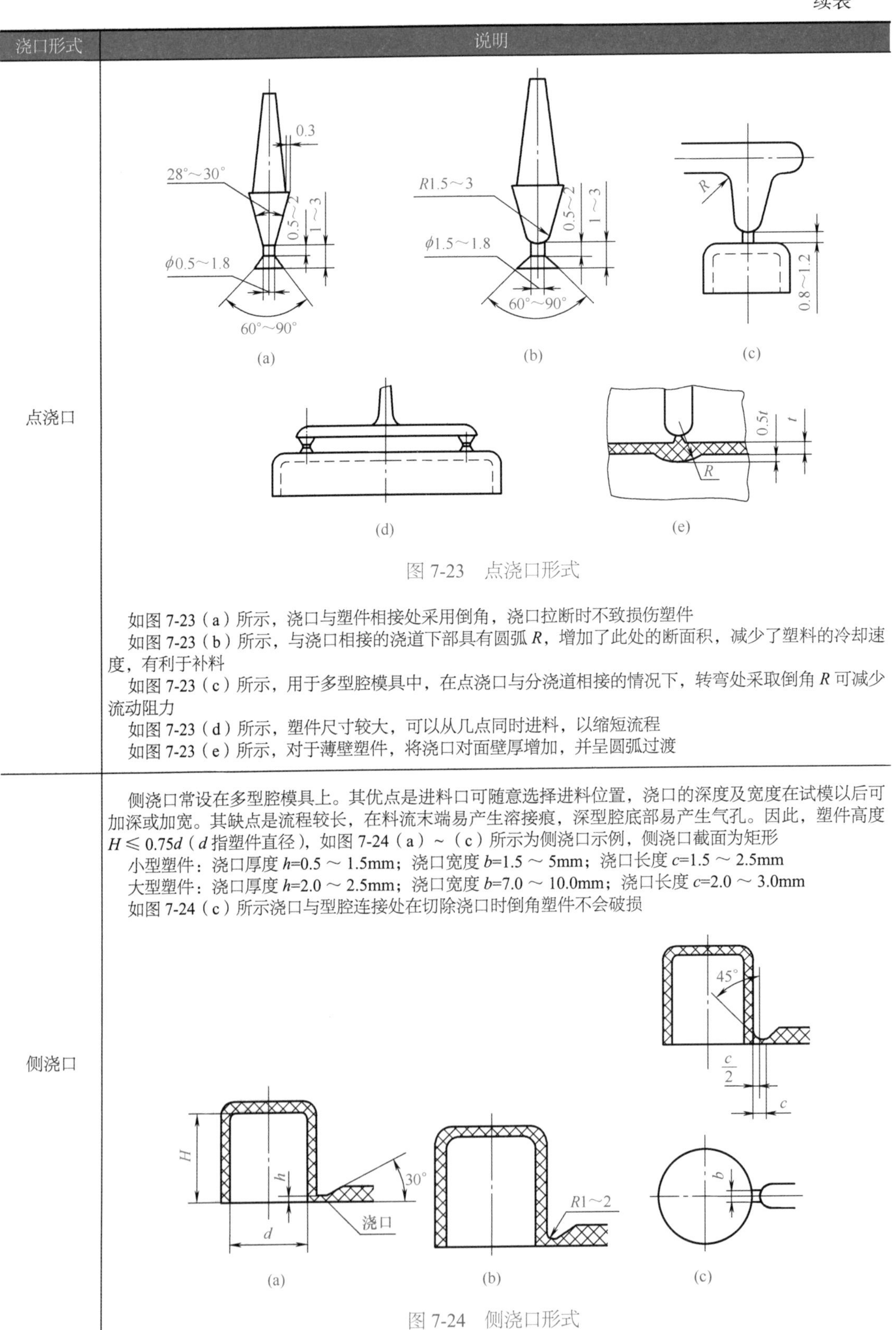

浇口形式	说明
点浇口	图 7-23　点浇口形式 如图 7-23（a）所示，浇口与塑件相接处采用倒角，浇口拉断时不致损伤塑件 如图 7-23（b）所示，与浇口相接的浇道下部具有圆弧 *R*，增加了此处的断面积，减少了塑料的冷却速度，有利于补料 如图 7-23（c）所示，用于多型腔模具中，在点浇口与分浇道相接的情况下，转弯处采取倒角 *R* 可减少流动阻力 如图 7-23（d）所示，塑件尺寸较大，可以从几点同时进料，以缩短流程 如图 7-23（e）所示，对于薄壁塑件，将浇口对面壁厚增加，并呈圆弧过渡
侧浇口	侧浇口常设在多型腔模具上。其优点是进料口可随意选择进料位置，浇口的深度及宽度在试模以后可加深或加宽。其缺点是流程较长，在料流末端易产生溶接痕，深型腔底部易产生气孔。因此，塑件高度 $H \leqslant 0.75d$（*d* 指塑件直径），如图 7-24（a）～（c）所示为侧浇口示例，侧浇口截面为矩形 小型塑件：浇口厚度 h=0.5 ～ 1.5mm；浇口宽度 b=1.5 ～ 5mm；浇口长度 c=1.5 ～ 2.5mm 大型塑件：浇口厚度 h=2.0 ～ 2.5mm；浇口宽度 b=7.0 ～ 10.0mm；浇口长度 c=2.0 ～ 3.0mm 如图 7-24（c）所示浇口与型腔连接处在切除浇口时倒角塑件不会破损 图 7-24　侧浇口形式

续表

浇口形式	说明
潜伏式浇口	潜伏式浇口的特点是从浇道处以圆锥形通路或直接以隧道式浇道进入型腔 优点：当进料口设在塑件内侧时，塑件外表面没有点浇口切断痕迹；脱模时，推杆将浇道与塑件分别推出的同时，推杆切断进料口，可实行注射机的全自动操作；避免了点浇口流道所需要的定模定距分型结构，模具结构简单 缺点：隧道斜孔的加工较困难。为将斜的点浇口推出，必须是柔韧性好的塑料。并且要严格掌握塑件在模内的冷却时间，在浇道未凝固前及时推出潜伏浇口 如图 7-25（a）所示是将浇口位置设在塑件外侧面，如图 7-25（b）所示是将浇口位置设在塑件内侧面 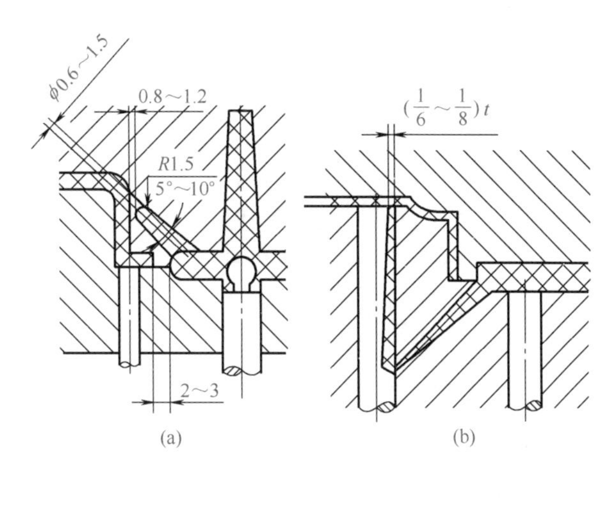 图 7-25　潜伏式浇口形式

（3）侧抽芯机构

当塑件侧面有凹割时，一般除内凹割深度小于 0.5mm 可以采用强行脱模外，需采用侧抽芯机构。弯销抽芯机构、斜导柱抽芯机构及其他抽芯机构的形式和特点说明见表 7-34。

表 7-34　抽芯机构的形式和特点说明

形式	图示	说明
弯销内侧抽芯	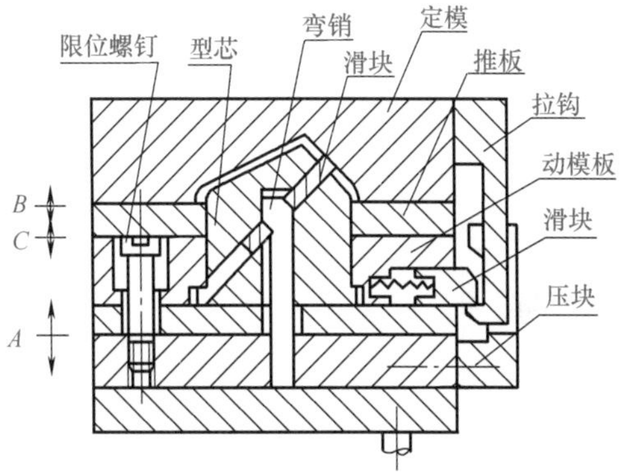 限位螺钉　型芯　弯销　定模　滑块　推板　拉钩　动模板　滑块　压块　B　C　A	弯销内侧抽芯（如左图所示）。开模时，由于拉钩钩住滑块，A 先分型，弯销将滑块沿型芯的斜孔移动，完成内侧抽芯动作。当压块的斜面与滑块的斜面接触时，滑块向模内移动。滑块脱钩后，在限位螺钉的限制下，使分型面 B 分开，最后由推板推出塑件

续表

形式	图示	说明
弯销延时抽芯	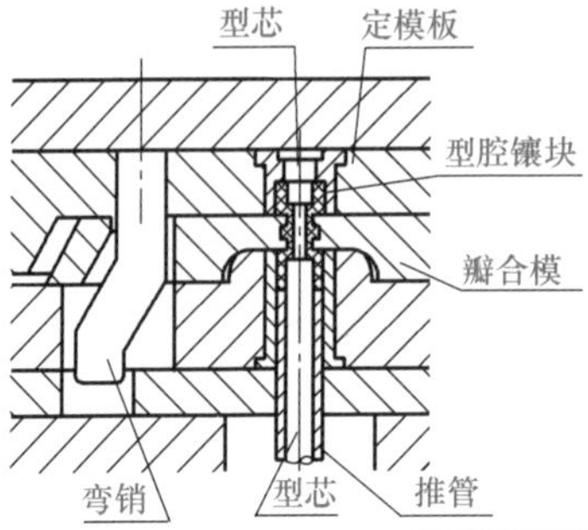 型芯 定模板 型腔镶块 瓣合模 弯销 型芯 推管	弯销延时抽芯形式（如左图所示）。当定模与动模内的脱料力相接近时，为了确保塑件落在动模一边，常采用弯销延时机构。如左图所示在开模时，瓣合模沿着弯销的直面移动，因此没有松开。塑件从定模中脱出，继续开模时，瓣合模沿着弯销斜面向模外移动，松开塑件，最后由推管顶出塑件
斜导柱和滑块同在动模上	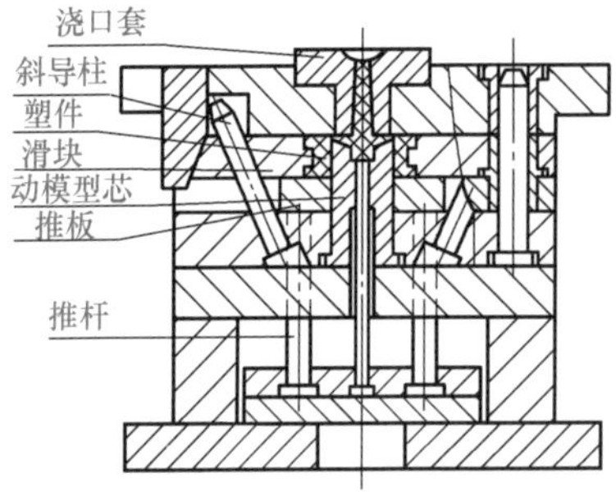 浇口套 斜导柱 塑件 滑块 动模型芯 推板 推杆	斜导柱和滑块同在动模上（如左图所示）。开模时，动定模分开，塑件留于动模，主浇道凝料由于反锥度冷料穴作用，从主浇道浇口套中拉出。当推杆推动推板，塑件脱离动模型芯时，滑块在斜导柱作用下离开塑件，同时浇注系统凝料由推杆从动模型芯上推出
斜导柱和滑块同在定模上	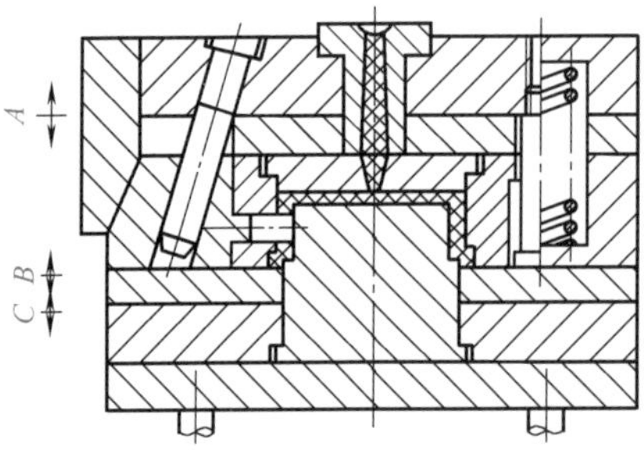 A C B	斜导柱和滑块同在定模上（如左图所示）。定模先分型，使滑块与斜导柱产生相对运动，抽出侧凹，然后动模与定模再分型。如左图所示为弹簧式定模分型
斜导柱在定模，滑块在动模形式	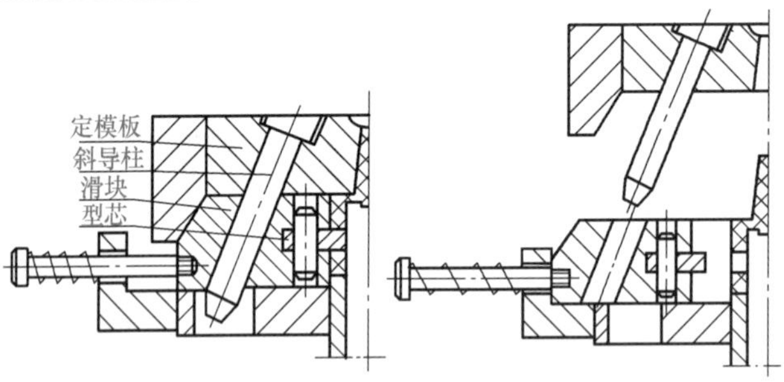 定模板 斜导柱 滑块 型芯 (a) 闭模状态　(b) 抽芯完成状态	斜导柱在定模，滑块在动模如左图（a）所示为闭模状态，如左图（b）所示为抽芯完成状态。开模时，斜导柱作用于滑块，迫使滑块在动模板的导滑槽内向模外移动，完成抽芯动作
斜滑块抽芯机构	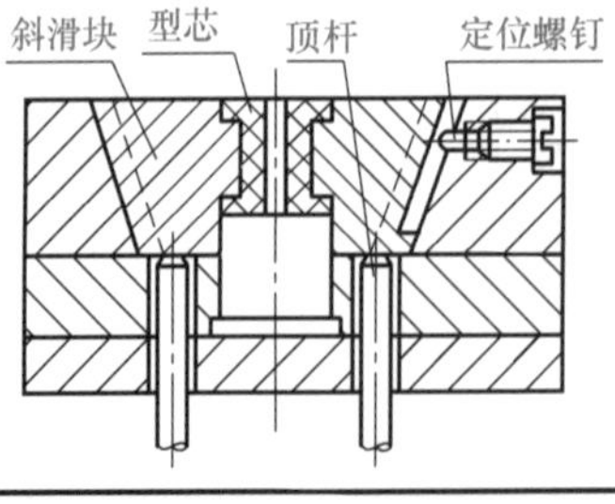 斜滑块 型芯 顶杆 定位螺钉	脱模时，顶杆推动斜滑块向上运动，并通过模框上的导滑槽向两侧分开。限位螺钉防止斜滑块脱出

续表

形式	图示	说明
滑杆导滑式	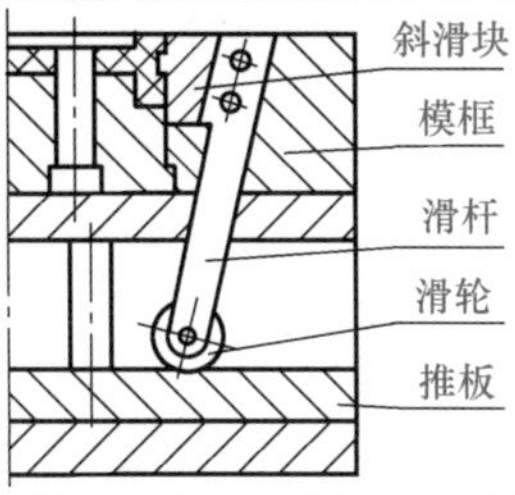 斜滑块 模框 滑杆 滑轮 推板	斜滑块连接于滑杆上，推板推动滑轮，滑杆以模框导向做斜向分模运动
斜导槽抽芯机构形式	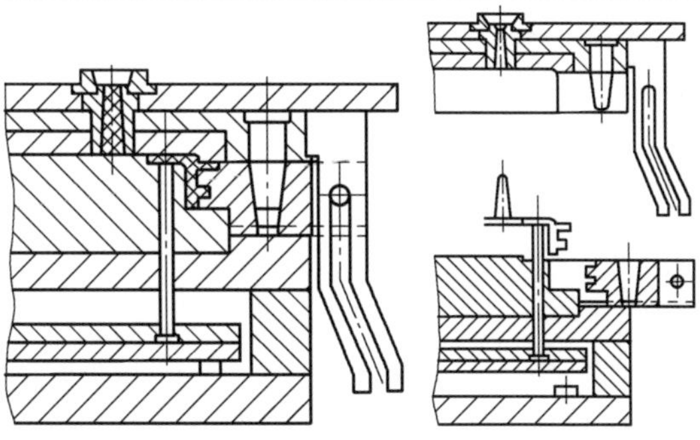 (a) 闭模状态　(b) 开模后推出塑件状态	如左图（a）所示为闭模状态；如左图（b）所示为开模后推出塑件状态。开模后，装在滑块上的圆销先在导板导滑槽的直线段内移动，这时塑件、滑块随动模一起移动，后在倾斜的导槽内移动，滑块向模外移动，完成抽芯动作

（4）推出机构

推出机械用以推出塑件及浇道。注塑模的推出机构形式及说明见表 7-35。

表 7-35　注塑模的推出机构形式及说明

形式	图示	说明
一次推出机构	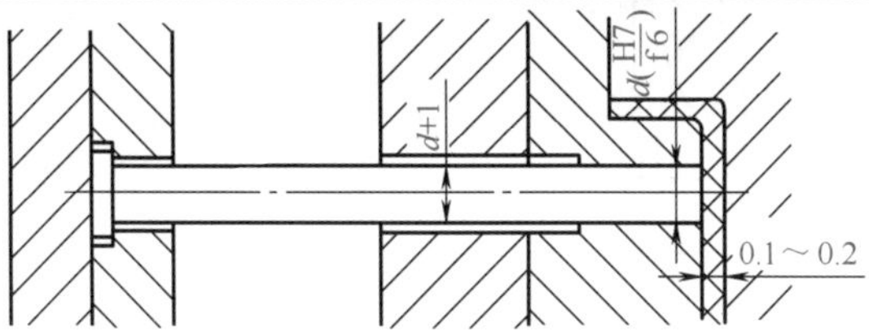 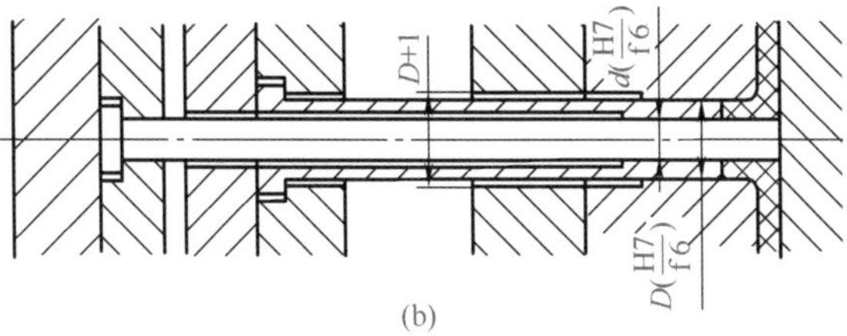 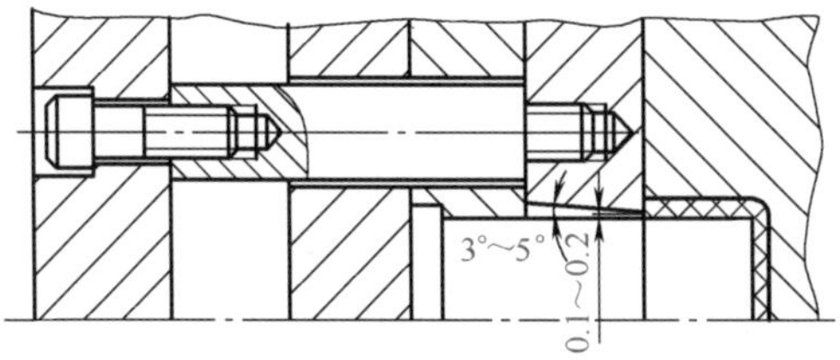 d+1　d(H7/f6)　0.1～0.2 (a) D+1　d(H7/f6)　D(H7/f6) (b) 3°～5°　0.1～0.2 (c)	如左图（a）所示为推杆推出塑件，推杆的前端应比型腔或型芯平面高 0.1～0.2mm；如左图（b）所示为推管推出塑件，推管厚度不宜小于 1.5mm；如左图（c）所示为推板推出塑件，常用于盒类件的推出

续表

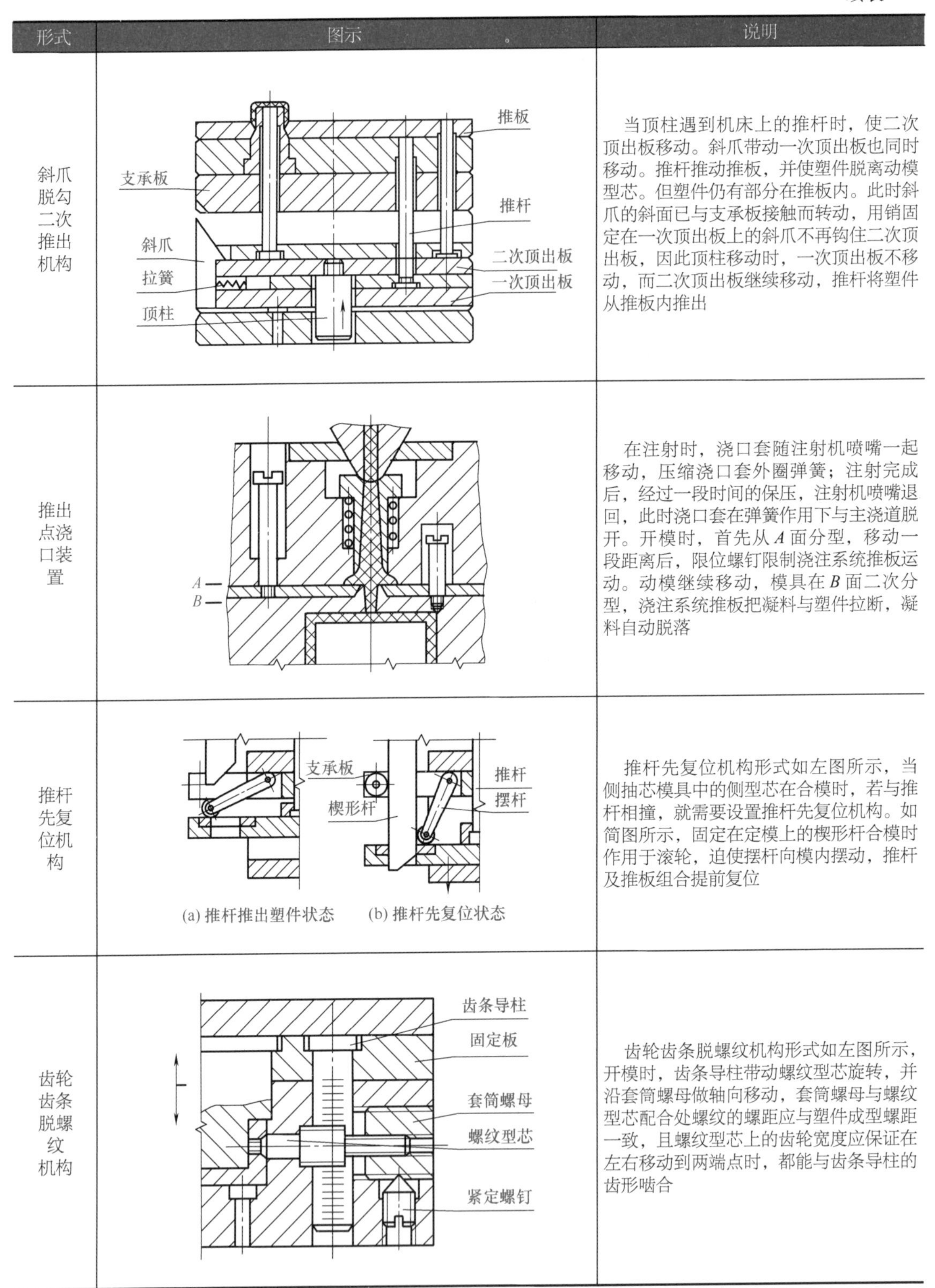

形式	图示	说明
斜爪脱勾二次推出机构		当顶柱遇到机床上的推杆时，使二次顶出板移动。斜爪带动一次顶出板也同时移动。推杆推动推板，并使塑件脱离动模型芯。但塑件仍有部分在推板内。此时斜爪的斜面已与支承板接触而转动，用销固定在一次顶出板上的斜爪不再钩住二次顶出板，因此顶柱移动时，一次顶出板不移动，而二次顶出板继续移动，推杆将塑件从推板内推出
推出点浇口装置		在注射时，浇口套随注射机喷嘴一起移动，压缩浇口套外圈弹簧；注射完成后，经过一段时间的保压，注射机喷嘴退回，此时浇口套在弹簧作用下与主浇道脱开。开模时，首先从*A*面分型，移动一段距离后，限位螺钉限制浇注系统推板运动。动模继续移动，模具在*B*面二次分型，浇注系统推板把凝料与塑件拉断，凝料自动脱落
推杆先复位机构	(a) 推杆推出塑件状态　(b) 推杆先复位状态	推杆先复位机构形式如左图所示，当侧抽芯模具中的侧型芯在合模时，若与推杆相撞，就需要设置推杆先复位机构。如简图所示，固定在定模上的楔形杆合模时作用于滚轮，迫使摆杆向模内摆动，推杆及推板组合提前复位
齿轮齿条脱螺纹机构		齿轮齿条脱螺纹机构形式如左图所示，开模时，齿条导柱带动螺纹型芯旋转，并沿套筒螺母做轴向移动，套筒螺母与螺纹型芯配合处螺纹的螺距应与塑件成型螺距一致，且螺纹型芯上的齿轮宽度应保证在左右移动到两端点时，都能与齿条导柱的齿形啮合

（5）冷料穴和拉料杆

冷料穴和拉料杆结构形式及特点说明见表 7-36。

表 7-36　冷料穴和拉料杆结构形式及特点说明

形式	图示	说明
带球形拉料杆的冷料穴	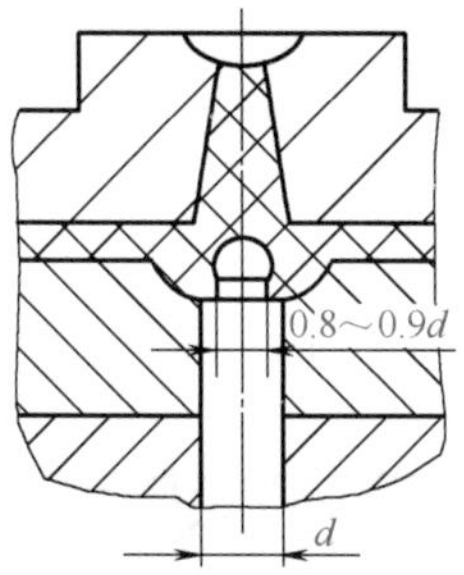	球形拉料杆的根部固定在动模边的型芯固定板上（如左图所示）。当推板动作推塑件时，将主浇道凝料从球形头拉料杆上硬刮下来
带顶杆的倒锥形冷料穴	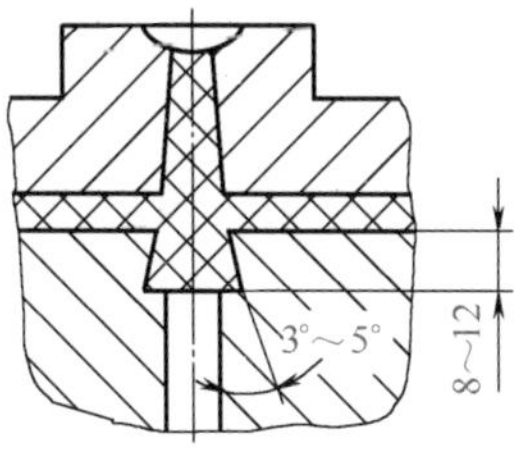	在模板上设锥形孔（如左图所示）。开模时由锥形孔将废料从进料口中拉出，然后由拉料杆将其从模板中推出
带Z形拉料杆的冷料穴	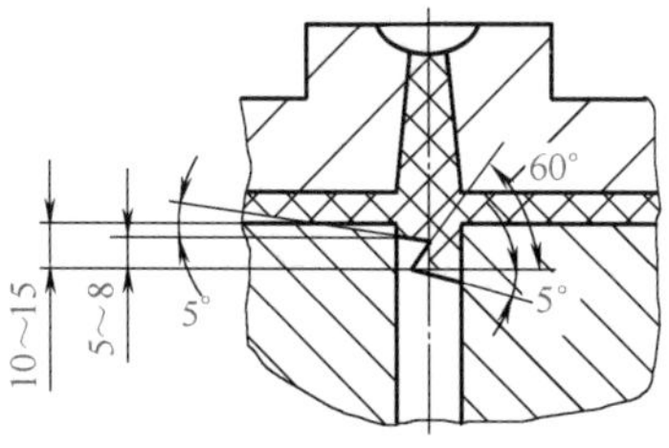	带Z形拉料杆的冷料穴（如左图所示）。开模时由Z形头部将废料从进料口中拉出，然后再将其从模板中推出。但用Z形拉料杆时，废料不易最后从拉料杆上脱落
带顶杆及模板有环形凹槽的冷料穴	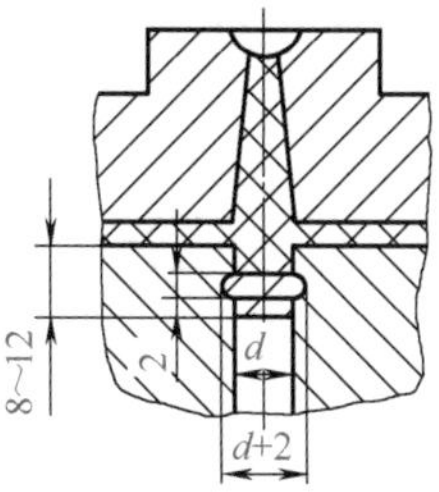	带顶杆及模板有环形凹槽的冷料穴（如左图所示）。有环形凹槽的模板将废料从进料口中拉出，然后由拉料杆将其从模板中推出

（6）排气槽

一般注塑模具是从分型面处排出型腔中的气体，但当模具分型面的密合程度较好时，型腔中的气体不能随熔料的充填及时从分型面处排出，为此必须在模具中专门设置排气槽。特别是对大型塑件、容器类和精密塑件，排气槽将对它们的品质带来很大的影响，对于在高速成形中，排气槽的作用则更为重要。

（三）无浇道模具结构

无浇道模具是在注射成形后，浇注系统内的塑料不固化而仍保持熔融状态，成形的塑件不带有浇注系统凝料。热浇道模具就是将浇注系统塑料加热并始终保持在熔融状态的一种无浇道模具，适用于聚乙烯、聚丙烯、聚苯乙烯、AS、ABS、缩醛树脂、聚氯乙烯和聚碳酸酯等。大批量生产的模具应尽量采用热浇道，即无浇道废料的模具，以降低每个塑件的成本。

热平衡是热浇道注射模的关键。在热浇道注射模（热塑性塑料）中，为使浇道内的塑料保持熔融状态，往往需要加热，使其处于高温状态，而在塑件成形的型腔部分，为使塑件尽快固化冷却，提高生产率，常需强迫冷却，使其处在较低温度，两者之间又要接触连接，因而存在温差，这是热浇道模具中产生热平衡问题的根源。在热浇道模具中喷嘴是一关键部件。常用的热浇道模具的喷嘴有两种：一种是绝热式喷嘴，另一种是加热式喷嘴。加热式喷嘴又根据其加热方式可分为外热式喷嘴和内热式喷嘴两种。无浇道模具结构类型及特点说明见表 7-37。

表 7-37　无浇道模具结构类型及特点说明

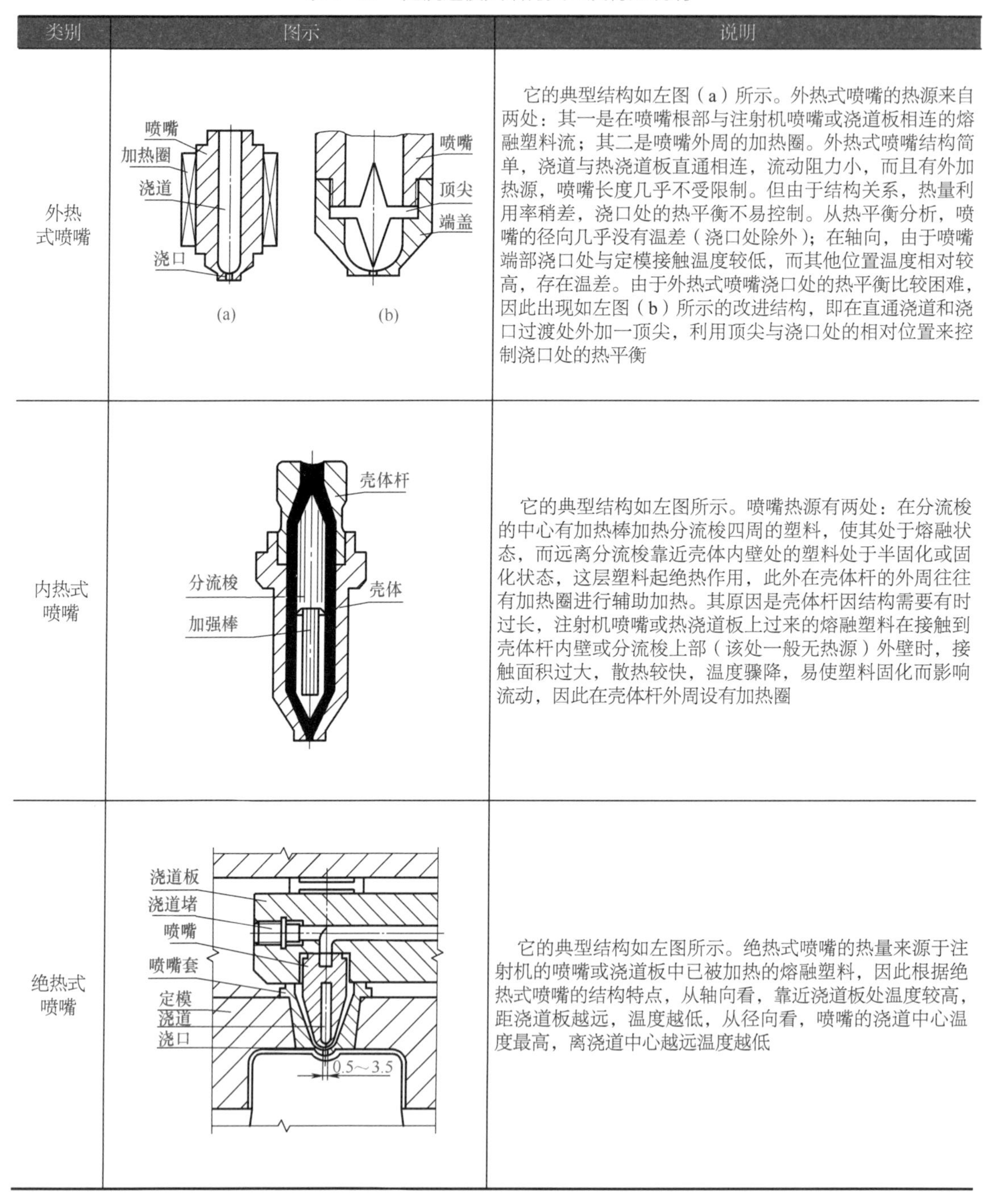

类别	图示	说明
外热式喷嘴		它的典型结构如左图（a）所示。外热式喷嘴的热源来自两处：其一是在喷嘴根部与注射机喷嘴或浇道板相连的熔融塑料流；其二是喷嘴外周的加热圈。外热式喷嘴结构简单，浇道与热浇道板直通相连，流动阻力小，而且有外加热源，喷嘴长度几乎不受限制。但由于结构关系，热量利用率稍差，浇口处的热平衡不易控制。从热平衡分析，喷嘴的径向几乎没有温差（浇口处除外）；在轴向，由于喷嘴端部浇口处与定模接触温度较低，而其他位置温度相对较高，存在温差。由于外热式喷嘴浇口处的热平衡比较困难，因此出现如左图（b）所示的改进结构，即在直通浇道和浇口过渡处外加一顶尖，利用顶尖与浇口处的相对位置来控制浇口处的热平衡
内热式喷嘴		它的典型结构如左图所示。喷嘴热源有两处：在分流梭的中心有加热棒加热分流梭四周的塑料，使其处于熔融状态，而远离分流梭靠近壳体内壁处的塑料处于半固化或固化状态，这层塑料起绝热作用，此外在壳体杆的外周往往有加热圈进行辅助加热。其原因是壳体杆因结构需要有时过长，注射机喷嘴或热浇道板上过来的熔融塑料在接触到壳体杆内壁或分流梭上部（该处一般无热源）外壁时，接触面积过大，散热较快，温度骤降，易使塑料固化而影响流动，因此在壳体杆外周设有加热圈
绝热式喷嘴		它的典型结构如左图所示。绝热式喷嘴的热量来源于注射机的喷嘴或浇道板中已被加热的熔融塑料，因此根据绝热式喷嘴的结构特点，从轴向看，靠近浇道板处温度较高，距浇道板越远，温度越低，从径向看，喷嘴的浇道中心温度最高，离浇道中心越远温度越低

续表

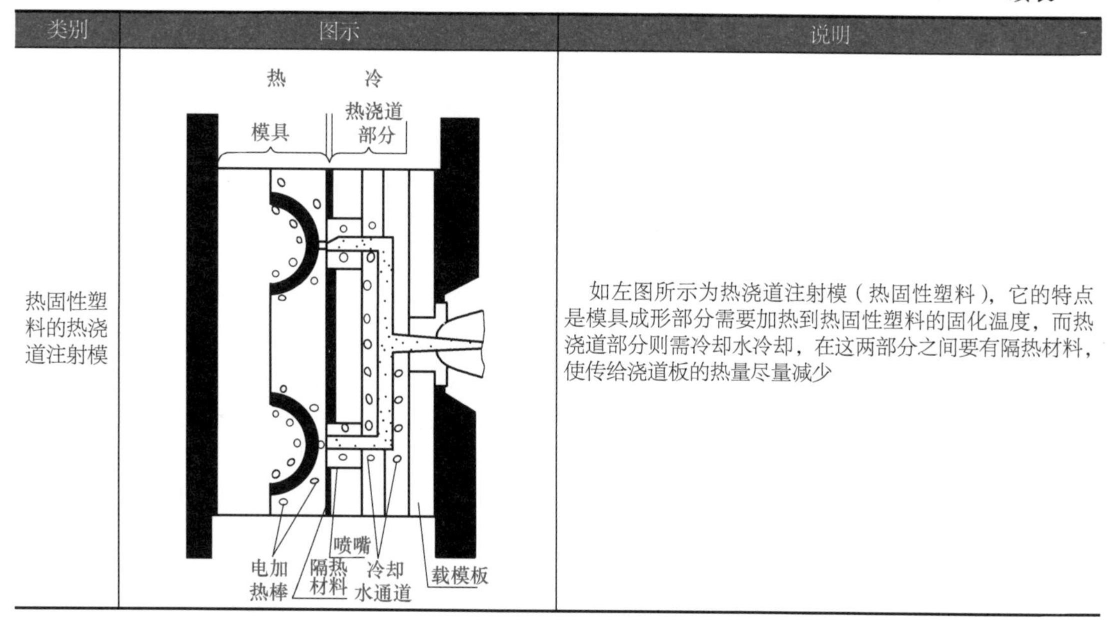

类别	图示	说明
热固性塑料的热浇道注射模		如左图所示为热浇道注射模（热固性塑料），它的特点是模具成形部分需要加热到热固性塑料的固化温度，而热浇道部分则需冷却水冷却，在这两部分之间要有隔热材料，使传给浇道板的热量尽量减少

三、注射模具的装配

（一）装配主要技术

注射模具装配项目及技术要求见表7-38。

表7-38　注射模具装配项目及技术要求

项目	说明
外观及安装尺寸	①模具外露部分非工作部位棱边均应倒角 ②模具的闭合高度、安装于注射机上的各配合部位尺寸、顶出板顶出形式、开模距等均应符合图样总装及有关技术要求 ③大、中型模具应设有起吊孔或吊环 ④模具闭合后，各分型面之间应闭合严密，不得有较大的缝隙 ⑤动、定模板安装面对分型面的平行度误差在300mm范围内应不大于0.05mm ⑥装配后的模具上应打印标记、编号及合模标记
锁紧及紧固零件	①锁紧作用要可靠 ②各紧固螺钉要拧紧，不得松动，销钉应销紧
顶出系统零件	①各顶出零件，在装配后动作应平稳，不得有卡紧及感觉发涩现象 ②开模时，顶出部分应保证顺利脱模，以方便取出制品
成形零件及浇注系统	①成形零件及浇注系统表面应光洁，无塌坑、伤痕等 ②成形零件的工作表面均应抛光，必要时镀铬 ③成形零件的形状、尺寸精度均应符合图样要求 ④互相接触的承压零件（如互相接触的型芯、凸模）之间应有适当的间隙或合理的承压面积，以防使用时零件造成直接挤压而损坏 ⑤型腔的分型面处、浇口及进料口处应保持锐边，一般不准修成圆角 ⑥各飞边方向应确保不影响塑件制品的正常脱模
斜楔及活动零件	①各活动零件装配后间隙要适当，起止位置要安装正确，不准有卡住、歪斜现象 ②活动型芯、顶出及导向部位运动时，滑动要平稳，动作要可靠、灵活、协调，不得有卡紧及感觉发涩现象
导向机构	①导柱、导套安装后应垂直于模座，不得歪斜 ②导向精度应达到图样规定的要求

（二）装配工艺要点

注射模具装配项目及工艺要点如下。

（1）选择装配基准件

常以其主要工作零件——型芯（凸模）、型腔（凹模）和镶块等作为装配的基准件，或以导柱、导套作为基准件，按其依赖关系进行装配。

（2）型腔、型芯与其固定板的装配

型腔、型芯与其固定板的装配与冲压模具相类似。

（3）推出机构装配

如图 7-26 所示，注射模常用的推出机构是推杆推出机构，其装配工艺要点如下：

① 先将导柱 3 垂直压入垫板 10，并将端面与垫板一起磨平；

② 将装有导套 4 的推杆固定板 2 套在导柱上，并将推杆 8、复位杆 1 装入推杆固定板、垫板和型腔镶块 11 的配合孔中，盖上推板 7 用螺钉 5 拧紧，并调整使其运动灵活；

③ 最后修磨推杆和复位杆长度，一般将推杆和复位杆在加工时留长一些，装配后将多余部分磨去。修磨后的复位杆应低于型面 0.02 ～ 0.05mm，推杆应高于型面 0.05 ～ 0.10mm。

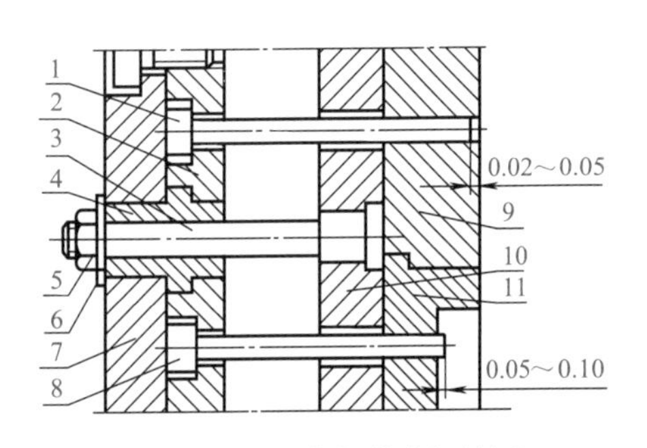

图 7-26　推杆推出机构图

1—复位杆；2—推杆固定板；3—导柱；4—导套；5—螺钉；6—垫圈；7—推板；8—推杆；9—动模板；10—垫板；11—型腔镶块

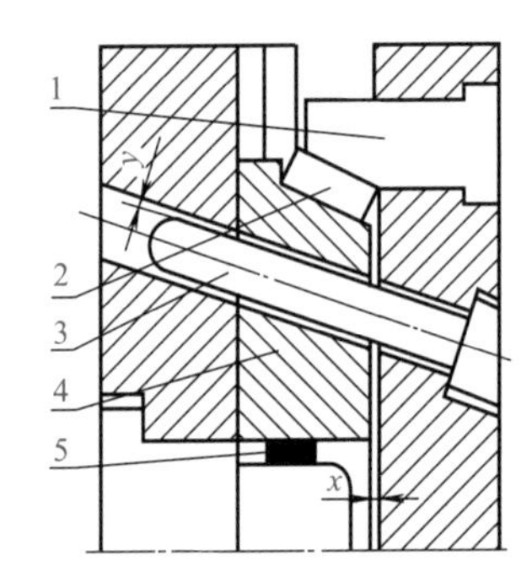

图 7-27　斜导柱抽芯机构图

1—锁紧楔；2—垫片；3—斜导柱；4—滑块；5—壁厚垫片

（4）抽芯机构装配

如图 7-27 所示，注射模常用的抽芯机构是斜导柱抽芯机构，其装配工艺要点如下：

① 型芯装入型芯固定板为型芯组件；

② 安装导滑槽，按设计要求在固定板上调整滑块和导滑槽的位置，待位置确定后，用平行夹板将其夹紧，钻导滑槽安装孔和动模板上的螺孔，安装导滑槽；

③安装定模板锁紧楔，保证锁紧楔斜面与滑块斜面有 70% 以上的面积贴合。如侧型芯不是整体式，在侧型芯位置垫以相当制件壁厚的铝片或钢片；

④ 闭模，检查间隙 x 值是否合格（一般为 0.2 ～ 0.8mm），若不合格，可通过修磨或更换尾部垫片保证 x 值；

⑤ 镗斜导柱孔，将定模板、滑块和型芯组合一起用平行夹板夹紧，在卧式镗床上镗斜导柱孔；

⑥ 松开模具，安装斜导柱，保证斜导柱外侧与滑块斜导柱孔留有 y =0.2 ～ 0.5mm 的间隙；

⑦ 修正滑块上的斜导柱口为圆环状；

⑧ 调整导滑槽，使之与滑块松紧适宜，钻导滑槽销孔，安装销钉；

⑨ 镶侧型芯。

（5）总装配

① 确定装配基准。装配前对零件进行检测，合格零件需去磁并擦拭干净；

② 调整各零件组合后的累积误差，如各模板的平行度要检验修磨，以保证模板组装密合，分型面处吻合面积不得小于 80%，以防产生飞边；

③ 装配中尽量保持原加工尺寸的基准面，以便总装合模调整时检查；

④ 组装导向机构，并保证开模、合模动作灵活，无松动和卡滞现象；

⑤ 组装调整推出机构，并调整好复位及推出位置。组装调整型芯、镶件，保证配合面间隙达到要求；

⑥ 组装冷却加热系统，保证管路畅通，不漏水、不漏电、阀门动作灵活。组装液压或气动系统，保证运行正常；

⑦ 紧固所有连接螺钉，装配定位销；

⑧ 试模。试模合格后打上标记，如模具编号、合模标记、组装基面等；

⑨ 最后检查各种配件、附件及起重吊环等零件，保证模具装备齐全。

（三）装配步骤及装配方法

装配步骤及装配方法见表 7-39。

表 7-39　注射模具装配步骤及装配方法

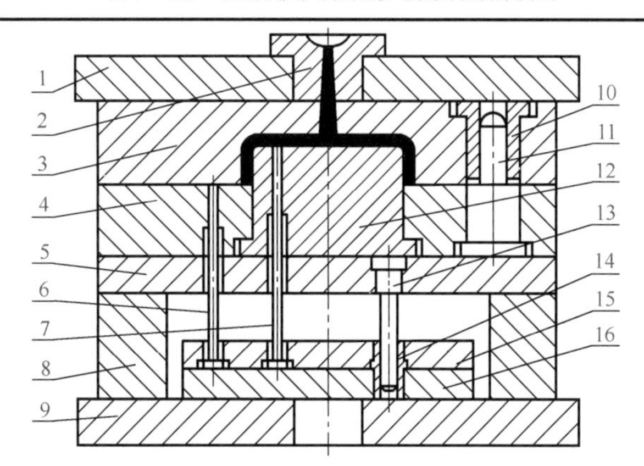

1—定模板；2—浇口套；3—定模；4—型芯固定板；5—垫板；6—复位杆；7—推杆；8—支承板；
9—动模板；10—导套；11—导柱；12—型芯；13—推板导柱；14—推板导套；15—推杆固定板；16—推板

装配步骤	装配方法说明
精修定模	①定模经锻、刨后，磨削六面。上、下平面留修磨余量 ②划线加工型腔。用铣床或电火花加工型腔，深度按要求尺寸增加 0.2mm ③用油石修整型腔表面
精修型芯与型芯固定板型孔	①按图纸将预加工的型芯精修成形，钻、铰推杆孔 ②按划线加工型芯固定板孔，并与型芯配合加工
型芯压入型芯固定板	①将型芯 12 压入固定板并配合紧密 ②装配后型芯外露部分应符合图纸要求
同镗导柱、导套孔	①将定模 3、型芯固定板 4 叠合在一起，调整好间隙，并使分型面紧密接触，然后夹紧镗削导柱、导套孔 ②锪导柱、导套的台肩
复钻各螺孔、销孔及推杆孔	①将定模与定模板 1 叠合在一起，夹紧复钻螺孔、销孔 ②将型芯固定板 4、垫板 5、支承板 8、动模板 9 叠合在一起，夹紧复钻螺孔、销孔
压入导柱、导套	①将导套 10 压入定模 ②将导柱 11 压入型芯固定板 ③检查导柱、导套配合的松紧程度

续表

装配步骤	装配方法说明
磨安装基面	①将定模上基面磨平 ②将型芯固定板下基面磨平
复钻推板固定板上的推杆及复位杆孔	通过型芯固定板及型芯，复钻推杆固定板 15 上的推杆及复位杆孔，卸下后再复钻垫板各孔
将浇口套压入定模板	用压力机将浇口套压入定模板
装配定模部分	定模板 1、定模 3 复钻螺孔、销孔后，拧入螺钉，打入销钉紧固
装配动模	型芯固定板、垫板、支承板、动模板复钻螺孔、销孔后，拧入螺钉，打入销钉紧固
修正推杆、复位杆长度	将动模部分全部装配后，使支承板底面和推板紧贴于动模板。自型芯及固定板表面测出推杆、复位杆的长度，加以修正
试模与调整	各部位装配完后进行试模，并检验制品，验证模具质量状况

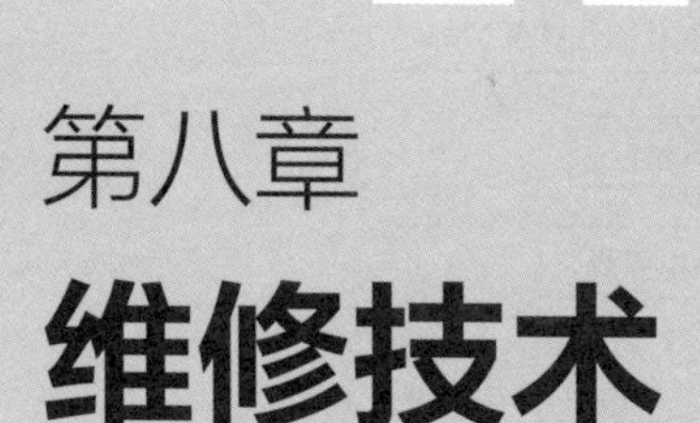

第八章 维修技术

第一节　机械零件维修工艺选择

一、机械零件修复工艺分类

机械零件修复工艺分类如图 8-1 所示。

二、机械零件修复工艺的选择

机械零件在维修时，所选择修复工艺对零件材质的适应性及各种修复工艺修补层的合理厚度，具体所考虑的因素及参数见表 8-1 和表 8-2。

表 8-1　修复工艺对零件材质的适应性

修复工艺	低碳钢	中碳钢	高碳钢	合金结构钢	不锈钢	灰铸铁	铜合金	铝
镀铬	★	★	★	△	△	★		
低温镀铁	★	★	★	★	★	△		
气焊	★	★	△	★		△		
电弧焊	★	★	△	★	★	△		
埋弧焊	★	★	△	★	★	△		
钎焊	★	★	★	★	★	△	★	△
金属喷涂	★	★	★	★	★	★	★	★
粘接	★	★	★	★	★	★	★	★
压力加工	★	★					★	★
金属扣合	★	★	★	★	★	★	★	★

注：表中“★”表示修理效果好；“△”表示修理效果差。

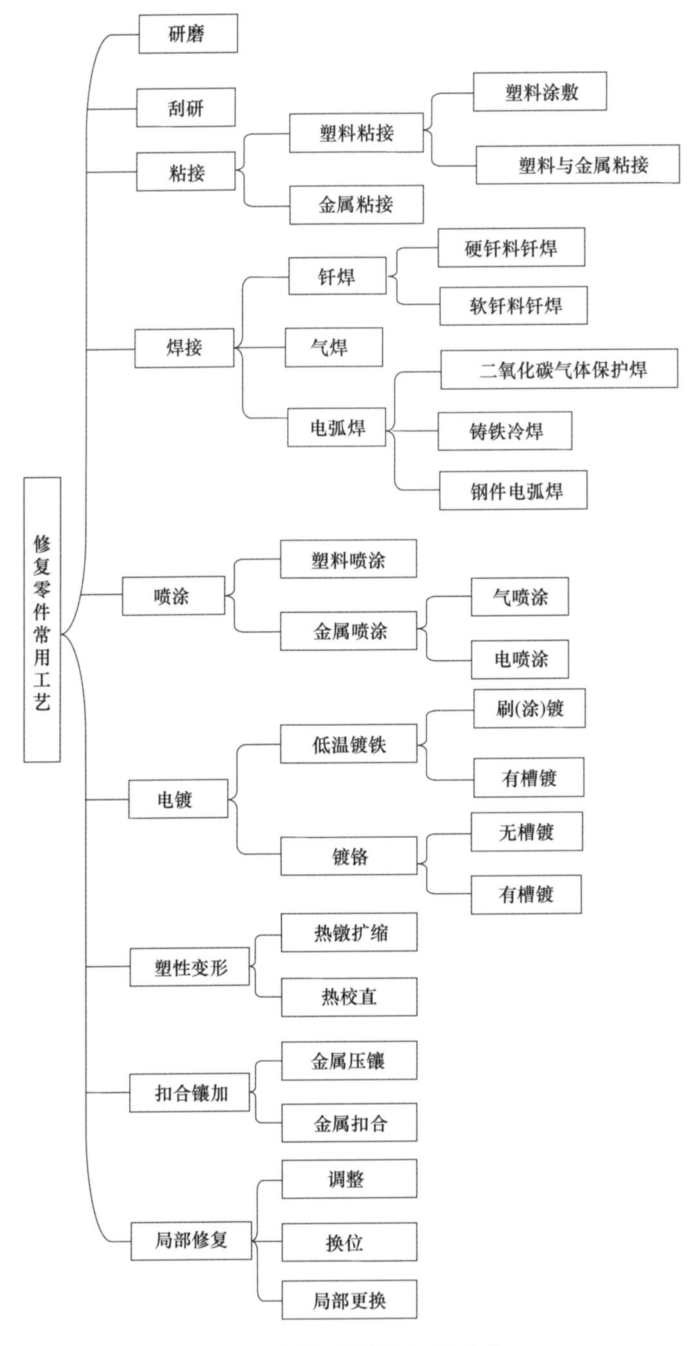

图 8-1　机械零件修复工艺分类

表 8-2　各种修复工艺修补层的合理厚度

工艺	合理厚度 /mm	工艺	合理厚度 /mm
镀 铬	0.1 ～ 0.3（也可在 0.1 以下）	电弧焊	厚度不限
镀 铁	0.1 ～ 0.5	金属刷镀	≤ 0.5
金属喷镀	0.05 ～ 10.0	埋弧焊	厚度不限
气焊	厚度不限	氧 - 乙炔金属粉末喷涂	0.05 ～ 2.5

第二节　零件的拆卸方法

一、一般零件拆卸的基本原则

一般零件拆卸的基本原则见表 8-3。

表 8-3　一般零件拆卸的基本原则

基本原则	说明
拆卸前必须了解机械结构	查阅资料，弄清机械的类型、特点、结构原理，了解和分析零部件的工作性能、功能和操作方法
可不拆的尽量不拆	分析故障原因，从实际需要决定拆卸部位，避免不必要的拆卸，因为拆卸后可能会降低连接质量和损坏部分的零件。拆卸经过平衡的零部件时应注意不破坏原来平衡
合理的拆卸方法	选择合适的拆卸工具和设备；一般按装配的相反顺序进行从外到内，从上部到下部，无拆部件或组件，然后拆卸零件；起吊应防止零部件变形或发生人身设备事故
为装配创造条件	对成套或选配的零件，及不可互换的零件，拆前应按原来部位或顺序做好标记；对拆卸的零部件应按顺序分类，合理存放，如精密细长轴、丝杠等零件拆下后应立即清洗、涂油、悬挂好
辨清螺纹旋向	必须仔细辨清螺纹旋转方向

二、一般零件的拆卸方法

一般零件的拆卸方法见表 8-4。

表 8-4　一般零件的拆卸方法

拆卸方法	说明
击卸法	①手锤击卸。应用广泛，操作方便。对被击卸件应辨别结构及走向；手锤重量选择合理，力度适当，对被击卸件端部须采用保护措施 ②自重击卸。操作简单，拆卸迅速，应掌握操作技巧
拉卸法	①拉卸工具。安全，不易损坏零件，适用拆卸高精度或无法敲击而过盈量较小的零件。拆卸时两拉杆应平衡 ②拔销器。其特点是在拉卸轴、定位销、拔销器杆上安装内外螺纹的工具，可扩大使用范围。使用时用力大小须合适，须弄清轴上零件结构形式
顶压法	①顶压工具。特点是静力顶压拆卸，根据配合情况和零件大小选择压力大小。在使用时应旋转适当垫套或芯头 ②螺钉旋入。不须专用工具，对于两个以上螺钉，应同时旋入以保被拆件平稳移动
破坏性拆卸	留轴车套及錾铆钉。对相互咬死的轴与套或铆焊件等可用车、镗、錾、锯、钻、气割等多种方法拆卸。使用时根据连接件情况决定取舍，并应用合理的破坏性拆卸方法拆卸
热胀冷缩法	①热胀。对被拆卸件加速膨胀，使用时及时拆卸。 ②冷胀。用低温收缩被包容零件

三、键连接的拆卸方法

键连接的拆卸类型及方法说明见表 8-5。

表 8-5　键连接的拆卸类型及方法说明

键类型	说明	图示
普通平键	可用平头冲子，顶在键的一端，用手锤适当敲打，另一端可用两侧面带有斜度的平头冲子按右图中箭头表示部位挤压，这样可以取出键来	

续表

键类型	说明	图示
钩头楔键	当钩头楔键与轴端面之间空间尺寸 c 较小时，可用一定斜度的平头冲子在 c 处挤压，取出钩头楔键	
	当钩头楔键与轴端面之间空间尺寸 c 较大时，可用右图中所示工具取出钩头楔键	
	当钩头楔键锈蚀较重，不易拆卸时，可采用右图中所示的两种工具拆卸	

四、圆锥孔轴承的拆卸

① 直接装在锥形轴颈上或装在紧定套上的轴承，可拧松锁紧螺母，然后用软金属棒和手锤向锁紧螺母方向将轴承敲出，如图 8-2 所示。

② 装在退卸套上的轴承，可先将轴上的锁紧螺母卸掉，然后用退卸螺母将退卸套从轴承套圈中拆出，如图 8-3 所示。

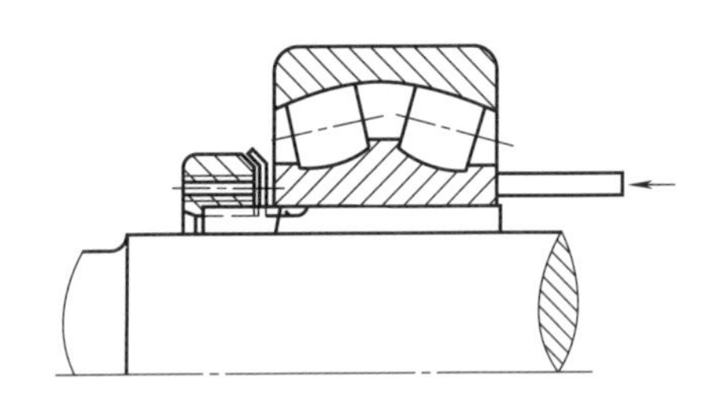

图 8-2　带紧定套轴承的拆卸

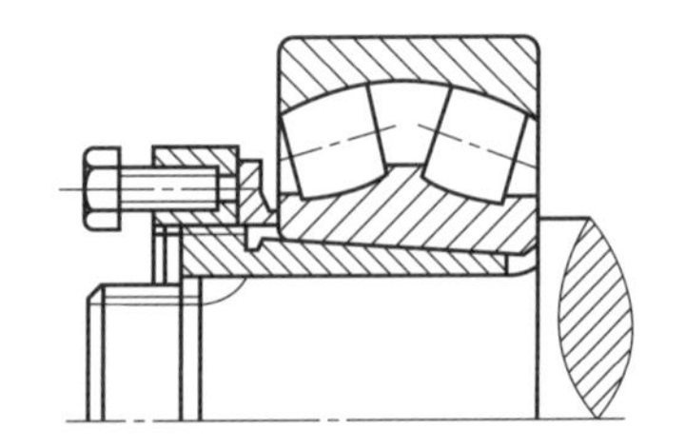

图 8-3　装在退卸套上轴承的拆卸

五、销的拆卸方法

① 拆卸普通圆柱销和圆锥销时，可用手锤敲出，圆锥销从小端向外敲出，如图 8-4 所示。

② 拆卸有螺尾的圆锥销可用螺母旋出，如图 8-5 所示。

③ 拆卸带内螺纹的圆柱销和圆锥销，可用拔销器取出，如图 8-6 所示。

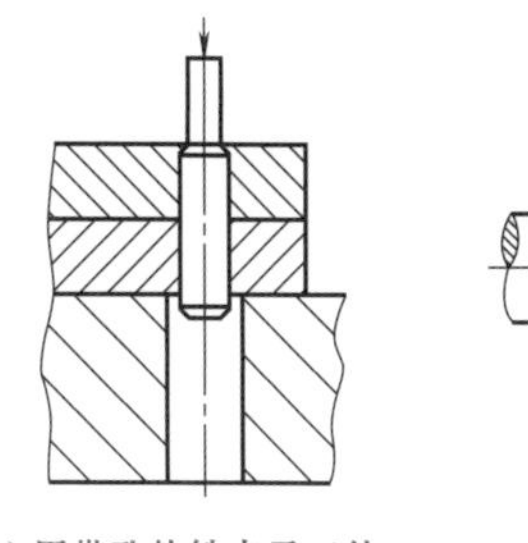

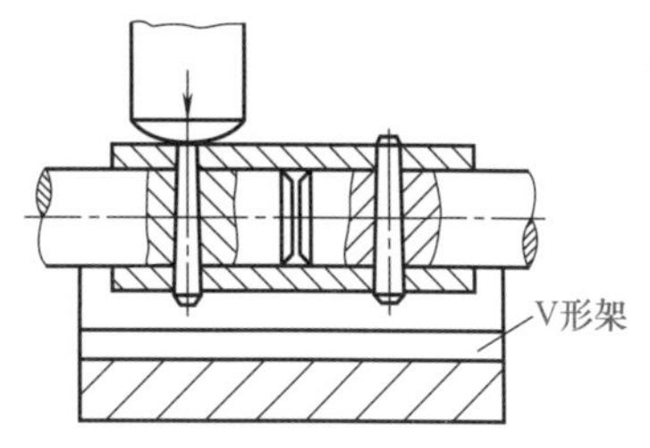

(a) 用带孔垫铁支承工件　　(b) 用V形架支承工件

图 8-4　拆卸普通圆柱销和圆锥销

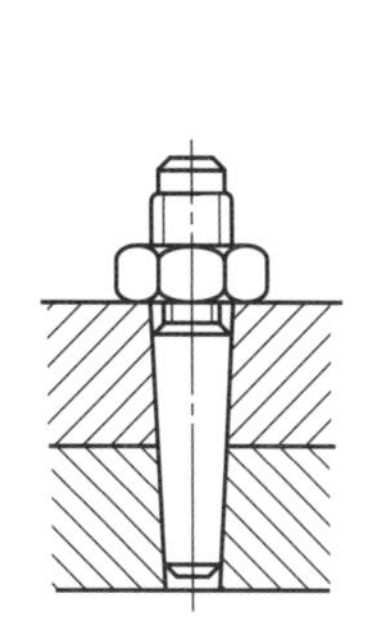

图 8-5　拆卸有螺尾的圆锥销

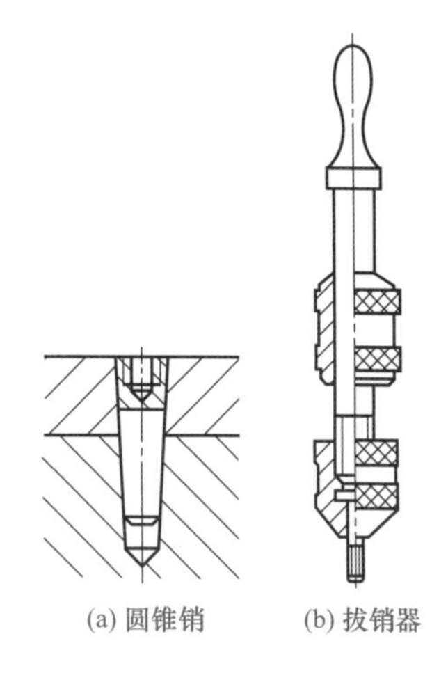

(a) 圆锥销　　(b) 拔销器

图 8-6　带内螺纹的圆锥销和拔销器

第三节　零件的修换标准和机械磨损原因

一、设备磨损零件的修换标准

设备磨损零件的修换标准见表 8-6。

表 8-6　设备磨损零件的修换标准

项目	说明
精度	①基础件磨损后，影响了设备的精度，使其达不到零件的加工质量要求，如齿轮加工机床中的分度蜗轮副磨损 ②机床的主轴轴承和导轨等基础件的磨损会改变加工件的几何精度，当基础件间隙增大，啮合不良时，就会产生振动，影响加工表面粗糙度 ③磨损量未超差，但维持不到下一次大修期，对过渡配合、间隙配合的磨损降低了一个等级以上精度
使用功能	设备零件的磨损影响设备的使用功能。如离合器摩擦片的磨损降低或失去传递动力的作用；凸轮机构凸轮磨损不能保持预定的运动规律等
性能	虽能完成基本使用功能，但设备性能降低，如齿轮磨损则噪声增大，效率下降，传递的平稳性逐渐遭到破坏
生产效率	零件磨损、切削用量变化或增加设备的空行程时间，会增加工人的劳动强度，设备的生产单位效率降低，如导轨磨损使间隙增加，表面粗糙使运动阻力增加

续表

项目	说明
强度	如传递动力的低速蜗轮副，齿面不断磨损，强度逐渐降低，最后发展到断裂或剥蚀；又如零件表面产生裂纹，导致应力集中而断裂
条件恶化	对于磨损零件，若继续使用，除磨损加剧外，还会出现效率下降、发热、表面剥蚀等现象，并引起咬和断裂等事故。如渗碳主轴的渗碳层磨损

二、机械磨损原因及其预防方法

（1）机械磨损常见类型和特点（表 8-7）

表 8-7　机械磨损常见类型和特点

磨损类型	说明
跑合磨损	机械在正常载荷、速度、润滑条件下的相应磨损，这种磨损发展很慢
硬粒磨损	零件本身掉落的磨粒和外界进入的硬粒，引起机械切削或研磨，破坏零件表面
疲劳磨损	在交变载荷的作用下，产生的微小裂纹、斑点状凹坑。而使零件损坏。此类磨损与压力大小、载荷特点、机件材料、尺寸等因素有关
热状磨损	零件在摩擦过程中，金属表面磨损及内部基体产生热区或高温，使零件有回火软化、灼化折皱等现象，常发生在高速和高压的滑动摩擦中，磨损的破坏性比较突出，并伴有事故磨损的性质
腐蚀磨损	化学腐蚀作用造成磨损，零件表面受到酸、碱、盐类液体或有害气体侵蚀，或零件表面与氧相结合生成易脱落的硬而脆的金属氧化物而使零件磨损
相变磨损	零件长期在高温状态下工作，零件表面金属组织晶粒变大，晶界四周氧化产生细小间隙，使零件脆弱，耐磨性下降，加快零件的磨损
流体动力磨损	由液体速度或颗粒流速冲击零件表面所造成的零件表面的磨损

（2）零件磨损原因及其预防方法（表 8-8）

表 8-8　零件磨损原因及其预防方法

类型	磨损原因	预防方法
正常磨损	零件间的相互摩擦	保证零件的清洁及润滑
	由硬粒引起的磨损	保持零件间清洁，遮盖零件外露部
	在长期交变载荷下造成零件疲劳磨损	消除间隙，选择合适润滑油脂，减少额外振动，提高零件精度
	化学物质对零件的腐蚀	去除有害的化学物质，提高零件防腐性
	高温条件下零件表面金相组织变化或配合性质变化	设法改善工作条件，或采用耐高温、耐磨材料制作零件
不正常磨损	修理或制造质量未达到设计要求	严格质量检查
	违反操作规程	熟悉力学性能，仔细操作
	运输、装卸、保管不当	掌握吊装知识，谨慎操作

（3）大修后机械寿命缩短原因及措施（表 8-9）

表 8-9　大修后机械寿命缩短原因及措施

内容	原因	措施
基础零件变形	由于变形改变了各零件的相对位置，加速零件的磨损，缩短零件的寿命	合理安装及调整，防止变形

续表

内容	原因	措施
零件平衡破坏	高速转动的零件不平衡，在离心力的作用下加速零件损坏，缩短零件寿命	严格进行动平衡试验
没有执行磨合	更换的零件配合表面未合理磨合，随时间加长，零件配合表面的磨损量将加大，零件的寿命缩短	对配件进行磨合
硬度低	修复的零件选材不当，表面硬度达不到，或热处理不合格	按要求选用材料，并进行合理的热处理

第四节　固定连接、导轨和传动机构的检修

一、固定连接的检修

（1）螺纹连接件损坏及检修

螺纹连接件的损坏类型、原因及检修方法见表 8-10。

表 8-10　螺纹连接件的损坏类型、原因及检修方法

损坏类型	原因	检修方法
折断	螺纹部分损坏或锈死	直径在 8mm 以上螺钉折断，若要取出螺孔内螺钉，可在其断口中钻孔，楔入一根棱角状钢杆，反拧退出断螺钉；也可钻孔后攻反螺纹，上反螺钉，拧出断螺钉
弯曲	头部碰撞变形	当弯曲度较小时用两个螺母拧到螺杆弯曲部，使弯曲部处于两螺母之间，并保持一定距离，然后在虎钳上矫正
滑丝	螺母或螺钉质量差；间隙大或装配时拧紧力太大	更换螺钉或螺母
端部被镦粗	头部被碰撞	用三角锉修去变形凸出部；或用板牙套丝；螺纹外露部较长，碰撞严重时可适当锯去损坏部分，再修锉或重套丝
螺钉外六角变秃成圆形	螺钉拧得太紧；螺纹锈蚀；扳手力太大	用锉刀将原六角对边锉扁，用扳手拧；或用锤子敲击震松，再用钝錾凿六方边缘，使之松退。须更换螺钉或螺母
平头、半圆头螺钉头部损坏	旋具操作不当；螺钉头部槽口太浅或损坏	用凿子或锯弓将螺钉头部槽口加深或用小钝凿凿螺钉头部边缘使之松退
严重锈蚀	长期在无油或较差条件下锈蚀	将锈蚀零件浸入煤油中，浸泡时间视锈蚀程度而定，同时可锤击震松螺钉连接部或用钝錾凿螺钉六角头边缘退松；同时也可将外露部直接用氧气 - 乙炔加热，迅速扳退螺母；有时以上几种方向可同时使用，效果较好

（2）键连接件的检修

键连接件的损坏类型、原因及检修方法见表 8-11。

表 8-11　键连接件的损坏类型、原因及检修方法

损坏类型	原因	检修方法
键磨损	长期失修或维护不当	小型键采用更换键，修整键槽；较大键采用堆焊修复
键剪断	装配不合理或超载	修整加宽键槽，重新配键，提高配合精度
键变形	键的设计不合理或配合精度差	①增加轮毂槽的宽度，重新配宽键 ②增加键的长度 ③采用双键，相隔 180° ④提高键的配合精度
花键轴与花键套磨损	润滑差，使用时间较长	①花键轴同一侧面镀铬 ②刷镀后修磨 ③振动堆焊后修磨

二、导轨的检修

（1）导轨面检修的一般程序

① 准备工作。查阅和熟悉原始资料，包括导轨结构，材料的性能和导轨使用特点；了解导轨磨损程度，绘制出精度误差和运动曲线，制订恢复精度的加工工艺。

② 基准选择。一般以不可调的装配孔或不磨损的面为基准；若床身导轨不受基准孔或结合面限制，应选择使整个加工量最小的面或工艺复杂的面为基准；导轨面相配研时，应以刚性好的零件为基准来配研刚性差的零件，保证贴合；导轨面配研时，应以长面为基准配研短导轨面。

③ 修理过程。机床导轨面在修理中应保持自然状态，并放在坚实的基础上；装有重型部件的床身，应将部件先修装好或在该处配重后刮研；刮研导轨误差分布，应根据导轨受力情况和运动情况选定；导轨的精度和允差，应根据机床总的几何精度来确定。

（2）提高导轨耐磨性的措施

① 镶装塑料板。先在动导轨面上刨去一定厚度，再将夹布塑料板用环氧树脂或聚氨脂黏合，可加紧固螺钉，以提高耐磨性及保持原尺寸链。

② 镶装淬火硬钢条。将静导轨面刨去适当厚度，镶装尺寸相当的淬硬钢条，用螺钉紧固，效果也较好。

③ 导轨淬火

a. 高频淬火。硬度可达 50HRC 以上，但导轨变形大，须经磨削加工其表面；

b. 工频电接触淬火。用大功率变压器，波形铜轮与导轨接触产生大电流和热量，使导轨局部加热，再急速冷却形成硬化条纹，用油石修磨平。操作简单、可靠、经济，不需要磨削加工，应用广。

（3）导轨检修方法及应用（表 8-12）

表 8-12 导轨检修方法及应用

磨损情况	方法	特点	应用
花纹和斑点消失，磨损量小于 0.3mm	刮削	精度高，耐磨性好，表面美观但劳动强度大，生产效率低	单件、小批量生产或维修工作
有磨痕和沟纹磨损量在 0.3mm 以上	精刨	生产效率高	适合加工大型平面及表面
	精磨	能获得较高精度和较好的表面粗糙度	适合加工淬火的硬导轨
	配磨	适于各种导轨副的加工，配合质量及效率高	批量生产
导轨面局部磨损量在 0.6 mm 以上	钎焊、喷涂、粘结	工作量小，经济实用，操作要求高	中、大型导轨局部修理

（4）导轨检修中常见问题及消除方法（表 8-13）

表 8-13 导轨检修中常见问题及消除方法

问题	原因	方法
导轨副严重磨损	导轨缺油，干磨，并有杂质进入	清洗导轨面，去毛刺或重新配刮，保证润滑、防尘
拖板移动不灵	①楔铁斜度误差大 ②楔铁弯曲变形	①修正楔铁斜度 ②校直楔铁，调整导轨副间隙
移动时有松紧现象	燕尾导轨有锥度或局部磨损	修正导轨锥度或磨损量
拖板朝一边移动时卡紧	导轨面与传动杆（丝杠、光杆等）轴线不平行，或传动杆弯曲	检验相互位置精度，修复导轨面与传动杆轴线平行度
滑动面吸附贴合阻力较大	导轨磨损，润滑油槽设计不合理	改进润滑油槽，修复磨损面，在导轨上刮花

三、传动机构的检修

（1）带传动的失效原因与检修方法（表 8-14）

表 8-14　带传动的失效原因与检修方法

形式	原因	方法
轴颈弯曲	带轮的动平衡不好，轴向强度低，装卸不当	①带轮应做动平衡 ②细长轴、小轴用冷校直 ③轴适当加粗
带轮崩裂	轮孔与轴颈配合过紧胀裂，或过松受冲击	焊、镶或更换带轮
带打滑	带张紧力不够，主动轮初始速度太高	①调节张紧装置 ②更换旧带 ③带面加打防滑剂，增加摩擦力
带轮孔或轴颈磨损	轮孔与轴颈配合太松	磨损不大时，镗轮孔，轴颈镀铬或喷涂，保证设计要求；当轮孔严重磨损时，可镗轮孔配套，用骑缝螺钉固定套，套内键槽重新加工
跳带或掉带	带局部磨损，损坏，两带轮轮缘中心线歪斜	①更换新带 ②找正两轮轮缘中心线

（2）链传动损坏特征和检修方法（表 8-15）

表 8-15　链传动损坏特征和检修方法

损坏特征		检修方法
板链组合件磨损	板链链条被拉长，运转时抖动，掉链或卡链	①调整中心距，拉紧链条 ②调张紧轮，拉紧链条 ③拆除一段链节 ④有严重掉链和卡死现象时，应拆下换新，以免磨损加剧
轮齿形磨损	轮齿趋尖、减薄，牙尖歪向链条受力方向，使链条磨损加剧	①中等程度的磨损，可把链轮翻面装上继续使用 ②部分轮齿磨损明显，可换位使用 ③磨损严重的链轮应换新
链轮轮面变形	链轮转动时，各轮齿不在同一平面上，产生掉链、咬链或跳链	在平板上对链轮面进行检查和校平
两轮向偏移	产生咬链、链轮及链条局部磨损加剧	在现场用拉线法检查，然后调整链轮位置

（3）齿轮传动的检修

齿轮传动故障的检修形式、原因及排除方法见表 8-16。

表 8-16　齿轮传动故障的检修形式、原因及排除方法

形式	原因	方法
轮齿表面产生压痕	传动中轮齿间有铁屑等杂质	清洗油箱及齿轮
低速运转时齿轮磨损	油膜太薄	采用高黏度润滑油
高速运转时齿轮磨损	过载，润滑不良或侧隙太小	调整侧隙，减小负荷，改善润滑
齿轮疲劳磨损、点蚀、剥离	①齿轮材料选择不当 ②齿轮齿部硬度低 ③齿轮过载运行或负荷分布不均	①重新选材 ②热处理 ③保证适当侧隙及接触斑点
崩裂或断齿	①受冲击或硬物卡入轮齿中 ②淬火有裂纹	①精心检查，开机前用手扳动 ②齿轮应探伤检验
齿顶变尖，齿根咬伤，轮齿塑性变形	①中心距太小，啮合不良 ②过载，断油，过热，轮齿硬度、强度不够	①用变位齿轮 ②减小负荷，及时供油，保证齿面硬度、强度

续表

形式	原因	方法
胶合	①负荷过大，齿轮超载传动 ②润滑不良 ③齿面粗糙，硬度低，接触不良	①减小负荷 ②改善润滑 ③提高齿面硬度和改善表面粗糙度
小轮磨损较大	①齿数相差大 ②转速高	①提高小轮硬度 ②改善润滑条件

第五节 旋转运动机构的检修

一、轴类零件的检修

（1）一般轴的检修（表 8-17）

表 8-17 一般轴的检修部位及检修内容

检修部位	检修内容
小轴及轴套磨损	更换新件，修复小轴配轴套或修复轴套配小轴
轴颈磨损	对于一般传动轴颈及外圆柱面的磨损，轴和轴套间隙配合或过渡配合，其精度超过原配合公差的 50% 时应修复或更换，修理后尺寸减小量不得超过公称尺寸的一半；对于安装轴承、齿轮、带轮等传动件的轴颈磨损采用镀铬或金属喷涂等方法恢复尺寸
键槽磨损	①适当加大键槽的宽度或在强度允许的条件下转位 120°，另铣键槽 ②轴上键槽经堆焊后重新加工
轴端螺纹损坏	①在不影响强度的条件下，可适当将轴端螺纹车小一些 ②堆焊轴端螺纹部位，车削至尺寸要求
轴上外圆锥面损坏	①按原锥度将损坏面磨掉，尽量少磨 ②不重要的锥面可车成圆柱形再镶配圆锥面套
圆锥孔磨损	①按原锥度将锥面损坏部磨掉 ②镗成圆柱形孔，配套焊牢，按原锥孔要求加工
销孔损坏	①将原销孔铰大一些，重新配销 ②填充换位重新加工出销孔
扁头，端孔损坏	①堆焊修复 ②适当改小尺寸

（2）主轴的检修方法（表 8-18）

表 8-18 主轴的检修方法

项目	检修方法
轴颈磨损，其圆度和锥度超差	①修磨轴颈，注重保持轴表面硬度层，收缩轴承内孔并配研至要求或更换新轴承 ②轴颈磨光镀铬或金属刷镀后外磨至要求，镀铬层厚不宜超过 0.2mm
装滚动轴承的轴颈磨损	用局部镀铬、刷镀或金属喷涂等方法修补，再精磨恢复轴颈尺寸；渗碳的主轴轴颈最大修磨量不大于 0.5mm 左右；氮化、氰化的主轴轴颈其最大修磨量为 0.1mm 左右，修磨后表面硬度不应低于原设计要求的下限值

续表

项目	检修方法
主轴锥孔磨损	轴内锥孔有毛刺、凸点，可用刮刀铲去；有轻微磨损，锥孔跳动量仍在公差内，可用研磨修光，若锥孔精度超差，可放至精密磨床上精磨内锥孔。修磨后锥孔端面位移量不得超过下列数据范围： 1号莫氏锥度定为1.5mm 2号莫氏锥度定为2mm 3号莫氏锥度定为3mm 4号莫氏锥度定为4mm 5号莫氏锥度定为5mm 6号莫氏锥度定为6mm
一般主轴检修后的要求	①表面圆柱度、同轴度都不应超过原规定公差 ②轴肩的端面跳动应为0.008mm ③前后两支承轴颈的径向跳动，或其他有配合关系的轴颈对支承轴颈径向跳动不超过原公差的50% ④表面粗糙度不低于原要求一级或在*Ra*0.8μm以下 ⑤主轴前端装法兰定心轴颈与法兰盘配合符合规定公差，不得有晃动

（3）曲轴的检修方法（表8-19）

表8-19　曲轴的检修方法

项目	说明
局部弯曲	①压床矫正法，将曲轴支承在两V形铁上，用压床施压凸面，矫枉过正量应大于挠曲量的一定倍数，并保持载荷一定时间，矫直后进行人工时效 ②用手锤敲击曲轴凹面，敲击同一点次数不宜过多，敲击点应在非加工面上
轴颈磨损	①磨小轴颈，轴颈缩小量不超过2mm ②磨损量大，可用喷涂、黏接等方法进行修复，但修前须进行强度验算
曲轴检修要点	①各主轴轴颈和连杆轴颈，一般应分别修磨成同一级尺寸，以便选配统一轴承 ②各轴颈修磨量一般不超过2mm，超过时应使用喷涂等工艺来恢复尺寸 ③各轴颈的中心线必须在同一直线上，其偏移量不超过主轴最小间隙的一半 ④连杆轴颈中心线与主轴颈中心线应平行且在同一平面内，平行度公差在连杆长度内不超过0.02mm，曲轴回转半径的偏差也不超过±0.15mm ⑤安装飞轮的凸缘、安装定时齿轮的轴颈及中心孔，必须与主轴轴颈中心一致，同轴度不超过0.02mm，凸缘的端面偏摆量在100mm半径上，不得大于0.04mm ⑥轴颈小于80mm的圆柱度和圆度公差为0.025mm，轴颈大于80mm的圆柱度和圆度公差为0.04mm ⑦曲轴的扭曲程度，一般不超过1mm ⑧曲轴经检修后各部位要求为： a. 各主轴颈的同轴度公差为0.05mm； b. 锥度公差为0.015mm； c. 粗糙度变化量不超过0.4μm； d. 允许直径差为+0.015mm、-0.02mm： e. 轴颈长度不应超过标准长度0.3mm； f. 两端应留有1～3mm的内圆角； g. 轴颈上的油孔应有1×45°倒角，并去除毛刺

二、滑动轴承的检修

（1）滑动轴承检修

滑动轴承检修类型、损坏原因及检修方法见表8-20。

表8-20　滑动轴承检修类型、损坏原因及检修方法

检修类型	损坏原因	检修方法
整体式轴承	配合面烧熔、裂纹或严重磨损	①修复轴颈，更换新套 ②大型或贵重金属轴套采用镗孔，轴颈喷镀法 ③薄壁套切除一部分后焊接，以缩小内孔，再喷涂外径至要求尺寸

续表

检修类型	损坏原因	检修方法
对开轴承	磨损	①减少瓦口部垫片，并研磨轴瓦，恢复接触精度 ②磨损严重的轴瓦可修复轴颈精度，更换新瓦
外锥形可调轴承	工件表面擦伤或磨损	减薄垫片，缩小孔径，刮研轴承内孔

（2）滑动轴承合金的浇注工序及方法（表 8-21）

表 8-21　滑动轴承合金的浇注工序及方法

工序	方法
清洗，除油锈	去除氧化皮，并将瓦体加热到 80 ～ 90℃，用苛性钠溶液冲洗 5 ～ 10min 去油污，然后用 80 ～ 100℃水冲净；用 25% 盐酸水溶液清洗除锈，再立即放入热水中冲洗，再冷水冲洗烘干，涂上一层盐酸锌溶液
加热	在电炉中加热到 250 ～ 300℃直至呈油亮状
涂锡层	迅速将锡条涂在烧热的瓦体的内表面上，用麻絮蘸清水擦镀锡表面，使锡层均匀光亮
浇注巴氏合金	趁锡层温度较高，将轴瓦放在特制的浇注胎具中，中间放好芯子，芯子预热至 250 ～ 350℃，将熔化的巴氏合金倒入
质量检验	表面呈白色，镀层均匀，无缺陷用手锤敲击，音质清脆。若有哑声、双声，说明瓦体与合金结合不紧密

（3）滑动轴承的常见故障及其消除方法（表 8-22）

表 8-22　滑动轴承的常见故障及其消除方法

形式	原因	消除方法
运行中产生高温	①润滑剂选择不当或无油运行 ②轴磨损或局部弯曲产生边角侧压摩擦生热 ③承载力太大，间隙太小 ④轴承材料选用不当	①加入恰当润滑剂，疏通油路 ②经常检查运行情况，保证轴承工作正常 ③根据设计要求，合理选用间隙，不超负荷运行 ④选用合适的轴承材料
轴启动迟缓	①轴承间隙过小 ②轴承轴线变动或安装不良 ③轴承配研精度差或结合面有杂质	①适当加大轴承间隙 ②找正轴承轴线 ③按规定要求配研轴承，清除杂质
磨损严重	①长期不保养，润滑剂变质或有害杂质较多 ②轴瓦或轴烧熔剥落、裂纹等	①定期有计划地检修、保养 ②修换轴瓦或轴
轴径向跳动严重	①轴承间隙太大或瓦盖螺栓回松 ②轴有弯曲现象 ③轴颈磨损畸形或变形	①适当减小轴承间隙，拧紧瓦盖螺栓螺母 ②矫正轴的弯曲部分 ③检查并修复轴颈精度
漏 油	①油槽位置不当，与瓦端有连通现象 ②轴承间隙太大	①修补油槽或修换轴瓦 ②适当减小轴承间隙

三、螺旋传动机构的检修

螺旋传动机构间隙的检修方法及其特点见表 8-23。

表 8-23　螺旋传动机构间隙的检修方法及其特点

类别		方法	特点
普通螺旋机构	单螺母	外磨砂轮架用闸缸、拉簧或重锤的力自动消除丝杠的轴向间隙	耐冲击、可靠
	双螺母	①普通车床上丝杠与螺母间隙是由螺母中楔形块推挤左螺母消除间隙 ②两螺母中用压缩弹簧调整，使螺母沿轴向移动消除间隙	①刚性好，但不能随时消除间隙 ②调整方便，结构紧凑，耐冲击，但预压力始终存在

续表

类别		方法	特点
滚珠丝杠螺母机构	垫片式	调整垫片的厚度，使其中一螺母产生轴向位移，改变主、副螺母的间距，消除间隙	结构简单，装卸方便，刚性好，但调整不便
	螺纹式	调整端部的圆螺母，使其中一螺母产生轴向位移改变主、副螺母的间距，消除间隙	结构紧凑，工作可靠，调整方便，但精度不高
	齿差式	两螺母凸肩上外齿，分别与紧固在螺母座两端的内齿啮合，两外齿齿数仅差一个齿，两螺母向相同方向转过一个齿或几个齿，再插入内齿圈中，则两螺母便产生了相对转角，实现调整	调整预紧精确，用于高精度的传动机构，但结构尺寸较大，装配较复杂

四、滚动轴承的检修

（1）滚动轴承的代用原则及代用方法

① 轴承的工作能力系数和允许静载荷要尽量等于或接近原轴承的数据，使工作寿命不受影响。

② 要求极限转速不低于原轴承在机械设备工作时的实际转速。

③ 代用轴承的精度等级不低于原轴承的精度等级。

④ 轴承的各部分尺寸应尽量相同。

⑤ 在条件允许的情况下，采用镶套的方法，代用时要保证所镶的轴套内外圆柱面的精度符合配合要求。

滚动轴承的代用方式及方法见表 8-24。

表 8-24　滚动轴承的代用方式及方法

方式	方法
直接代用	代用轴承的内径、外径和轴承宽度尺寸与原轴承完全相同，不需加工即可装配使用
以宽代窄	若一时无合适代用轴承，其轴向又有一定安装位置时，可用较宽轴承代替原较窄轴承
改变轴颈或箱体孔尺寸	选用轴承内径略小于原轴承内径，而外径又略大于原轴承外径，可改变轴颈尺寸或箱体孔的尺寸，但不能影响轴或箱体孔的强度等要求
轴承内孔镶套	代用轴承的外径与原轴承的外径相同，而内径较大，可用内孔镶套。套的内径用原轴承内径制造公差，套的外径与代用轴承的内径用稍紧的过渡配合
轴承外圈镶套	代用轴承的内径与原轴承的内径相同，而外径较小，可用外圈镶套。套的外径采用原轴承外径制造公差，套的内径与代用轴承则采用稍紧的基轴制过渡配合
轴承的内径和外径同时镶套	代用轴承内径大于原轴承的内径，而外径又比原轴承的外径小，可在代用轴承的外圈和内孔同时镶套。多用于非标准轴承或较大轴承的改制和代用
进口轴承代用	①确定轴承类型、结构特点，查出与其结构相似的轴承 ②测量轴承各参数，确定轴承系列及尺寸 ③根据以上数据查阅有关手册

（2）滚动轴承的检查部位及内容（表 8-25）

表 8-25　滚动轴承的检查部位及内容

部位	内容
内外圈滚道、滚动体等表面 滚动体	裂纹、锈蚀、麻点、剥落、磨损等缺陷 圆度一般不超过 0.01mm，每组滚珠直径误差不超过 0.01mm，圆柱（锥）滚子直径误差不超过 0.015mm
轴承内圈	单列向心球轴承内径磨损量不超过 0.01mm，圆柱（锥）滚动轴承的内径磨损量不超过 0.015mm，滚动轴承的滚道圆度不超过 0.03mm
轴承外圈	单列向心球轴承外径磨损量不超过 0.01mm，滚柱轴承外径磨损量不超过 0.015mm

（3）滚动轴承运转过程中常见故障及其排除方法（表 8-26）

表 8-26　滚动轴承运转过程中常见故障及其排除方法

故障形式	原因	危害	排除方法
振动	①轴颈磨损	①轴颈磨损加剧	①修复轴颈
	②轴承与箱体孔间隙太大	②箱体孔磨损加剧	②修复箱体孔
	③轴承损坏	③影响轴上零件	③更换轴承
轴承发烫	①轴承装配太紧	①加剧轴承的磨损和损坏	①选用合适的配合
	②润滑油缺少或油变质	②轴承磨损加快和噪声增加	②疏通油路，保证润滑良好
	③与其他零件摩擦	③轴承发热退火软化	③合理安装
	④预加负荷过大	④轴承磨损加剧	④采用适当的预加负荷
	⑤轴承的内外圈松动	⑤轴承孔内轴颈磨损或箱体孔磨损加剧	⑤修复轴颈或箱体孔
	⑥过载	⑥加剧轴承磨损和损坏	⑥降低载荷
轴承转动困难或不灵活	①轴承内孔与轴径配合不当，间隙过小	①容易使轴承内圈开裂	①正确选择配合间隙
	②轴承外径与箱体孔配合不当，间隙过小	②转动困难，加剧轴承磨损	②正确选择配合间隙
	③预加负荷过大	③轴承过早磨损	③合理选择预加负荷
	④润滑油不纯，有杂质	④使滚道磨损加快	④清洗轴承，选用合适润滑油
	⑤轴承安装对中不良	⑤使轴承发热，磨损加快	⑤调整中心
内圈开裂	①内圈与轴配合太紧	①装拆不便，轴承转动不灵活	①合理选择配合
	②安装不当	—	②精心安装，方法正确
滚动体和滚道压伤	装配或拆卸方法不对	损坏轴承、轴或箱体孔	使用正确的安装或拆卸方法

五、丝杠副的检修

丝杠副的检修内容及其方法见表 8-27。

表 8-27　丝杠副的检修内容及其方法

检修内容	检修方法
弯曲度超过 0.1mm/1000mm	测出丝杠弯曲量后，将凸处朝上，两端置于 V 形铁上，用压力机施压，操作时应掌握施压程度与其变化量的规律
弯曲度不超过 0.1mm/1000mm	首先将丝杠放在两等高 V 形铁上，测出其最高凸起处记下数据，然后用硬木将丝杠垫平，将冲凿放在牙型中，锤击弯曲的最大凹部以延伸金属材料校直弯曲，锤击点可适当向两侧牙槽移动，勤检查
丝杠局部磨损	若局部磨损不大，可精车修整，重配螺母；若磨损量较大，则更换丝杠，对精密丝杠磨损，则上磨床修磨达精度和粗糙度要求，再配螺母；若磨损量大，则更换丝杠及螺母

六、螺旋传动机构的检修

螺旋传动机构间隙的检修方法及其特点见表 8-28。

表 8-28 螺旋传动机构间隙的检修方法及其特点

类别		方法	特点
普通螺旋机构	单螺母	外磨砂轮架用闸缸、拉簧或重锤的力自动消除丝杆的轴向间隙	耐冲击、可靠
	双螺母	①普通车床上丝杆与螺母间隙是由螺母中楔形块推挤左螺母消除间隙 ②两螺母中用压缩弹簧调整，使螺母沿轴向移动消除间隙	①刚性好，但不能随时消除间隙 ②调整方便，结构紧凑，耐冲击，但预压力始终存在
滚珠丝杠螺母机构	垫片式	调整垫片的厚度，使其中一螺母产生轴向位移，改变主、副螺母的间距，消除间隙	结构简单，装卸方便，刚性好，但调整不便
	螺纹式	调整端部的圆螺母，使其中一螺母产生轴向位移改变主、副螺母的间距，消除间隙	结构紧凑，工作可靠，调整方便，但精度不高
	齿差式	两螺母凸肩上外齿，分别与紧固在螺母座两端的内齿啮合，两外齿齿数仅差一个齿，两螺母向相同方向转过一个齿或几个齿，再插入内齿圈中，则两螺母便产生了相对转角，实现调整	调整预紧精确，用于高精度的传动机构，但结构尺寸较大，装配较复杂

第六节 金属喷涂与电刷镀修复

一、金属喷涂

金属喷涂就是把熔化的金属用高速气流喷敷在已经准备好的粗糙的零件表面上叫金属喷涂。按熔化喷涂材料所使用的基本能量形式将喷涂分为电喷涂、气喷涂、等离子喷涂等。喷涂有丝状和粉末状两种。

（1）金属喷涂工艺的应用及等离子喷涂工艺的特点（表 8-29、表 8-30）

表 8-29 金属喷涂工艺的应用

修复内容	应用
磨损件	大型或复杂机件，曲轴、轧辊轴颈、主轴、传动轴等
铸件的缺陷	大型铸件中砂眼、气孔等缺陷修复
轴瓦材料	轴瓦上喷一层铝青铜或磷青铜，用于修复或代替整体制造轴瓦
防止热腐蚀	用喷铝增强金属构件耐高温氧化、腐蚀，如炉门、炉板、燃气轮机零件等
预防和减缓化学腐蚀	接触潮湿空气、水、酸溶液或气体的钢制零件在其表面喷一层耐腐蚀性材料（如纯锌铝合金、锡、铅、铜、铝、锌、不锈钢或防腐蚀非金属材料）
其 他	制取金属粉末；制作电气、电子元件，如硒整流片、电阻等

表 8-30 等离子喷涂工艺的特点

项目	说明
喷涂层	该喷涂是靠非转移弧的等离子射流进行的，合金粉末进入高温射流后，立即熔化并随同射流高速射出，喷射到工件表面，炽热的熔珠立即产生剧热的塑性变形，并迅速冷却成牢固的等离子层。等离子射流具有温度高、流速快、能量集中的特点，有利于获得致密、结合强度高的涂层
应用	由于等离子弧和射流温度很高，可以熔化高熔点材料，喷涂时热量集中材受热少，涂层稀释率低，被喷涂工件变形极小，因而常用来喷涂重要零件。在实际应用时，根据需要可选用耐磨、耐热、隔热、耐腐蚀、密封等涂层

（2）金属电弧喷涂修复曲轴轴颈磨损简要工艺

① 检查轴颈磨损量及弯曲、扭曲情况。

② 清洗除油，在强碱液中加热煮洗，然后在沸水中煮几分钟吹干。

③ 车或磨小轴颈，以保证涂层一定厚度。

④ 电火花拉毛表面，用 3 ～ 4mm 镍丝拉毛，在油孔边口及两端内圆角处拉得密一些，刷去炭灰。

⑤ 堵塞油孔，用碳精棒堵塞油孔，露头高度略高于最后涂层厚度。

⑥ 用 70 号或 80 号 ϕ1.6mm 的钢丝为材料进行喷涂。首先向两端内角喷射，然后重复向中间垂直喷涂，随时测量，直至涂层厚度及表面均匀。

⑦ 渗油处理，工件喷钢完毕后冷却至 40℃左右，浸入油内几小时，使油渗入多孔组织内。

⑧ 清理表面飞溅物质。

⑨ 在曲轴磨床上用径向切入法磨削，留 0.05 ～ 0.10mm 做轴向移动磨出内圆角。

⑩ 油孔倒角。

⑪ 彻底清洗，上油。

⑫ 跑合时空载低速运行 30min 左右，拆下清洗重装，正式投入运转使用。

二、金属喷涂设备及工艺

（1）电弧喷涂设备

电弧喷涂设备如图 8-7 所示。SCDP-3 型电弧喷涂枪的技术参数见表 8-31。

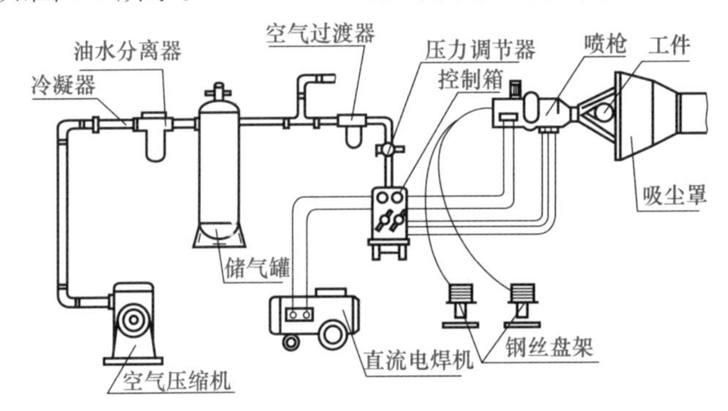

图 8-7　电弧喷涂设备

表 8-31　SCDP-3 型电弧喷涂枪的技术参数

项目	技术参数
操作方式	固定装置、工件运动
动力	10/90W、220V 串励单相电机
调速方式	晶闸管无级调速及供丝
重量（喷枪）	≤ 6kg
外形（喷枪）	320mm × 104mm × 165mm
使用金属丝	ϕ1.6 ～ 1.8mm（钢或不锈钢）
电弧特性（直流）	100 ～ 170 A，30 ～ 35 V
压缩空气压力	0.5 ～ 0.7MPa
压缩空气消耗量	0.8 ～ 1.4kg/min
额定金属丝最高喷涂量	用 80 号 2 × ϕ1.8mm 钢丝时为 5.5kg/h 用 80 号 2 × ϕ1.6mm 钢丝时为 4.3kg/h
火花有效角度	≤ 10°
喷射颗粒直径	5 ～ 5.3μm
引力	≥ 196N

（2）丝火焰喷涂设备

丝火焰喷涂原理如图 8-8 所示。丝火焰喷涂装置主要由空气压缩机、氧 - 乙炔、金属丝、喷枪等装置组成。喷涂材料熔点在 750℃以上的选用中速喷枪；喷涂材料熔点在 750℃以下的则用高速喷枪。

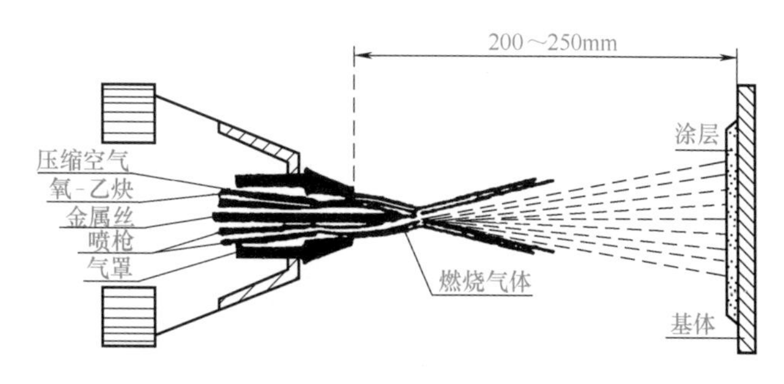

图 8-8　丝火焰喷涂原理

（3）等离子喷涂设备

等离子喷涂设备如图 8-9 所示，技术参数见表 8-32。

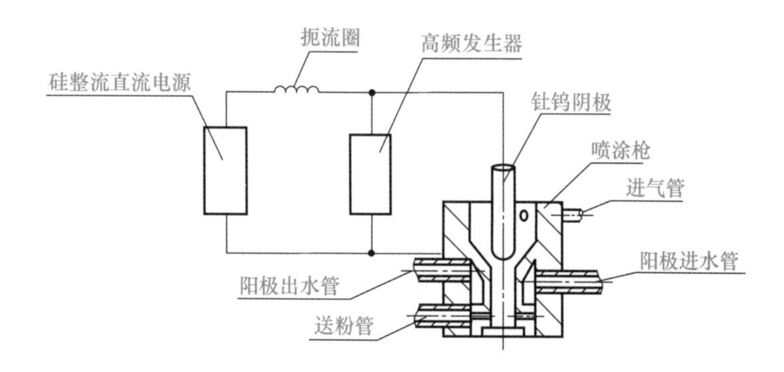

图 8-9　等离子喷涂设备示意

表 8-32　等离子喷涂设备的技术参数

型号	参数					
	标准功率 /kN	输入电压 /V	额定直流空载电压 /V		额定直流空载电流 /A	
			高压挡	低压挡	高压挡	低压挡
GDP-35	35	380±10%	≥ 165	≥ 90	150 ～ 450	
GDP-50	50				≤ 500	≤ 900
GDP-80	80	—	≥ 165		氩 80 ～ 1000 氮 150 ～ 1000	

型号	参数				
	电弧工作电压 /V		控制电流调节范围 /A		高频起弧电压 /V
	高压挡	低压挡	高压挡	低压挡	
GDP-35	≤ 100	≤ 60	0 ～ 20		—
GDP-50	≤ 100	≤ 55	0 ～ 20		
GDP-80	≤ 80		0 ～ 5		

（4）常用工件表面粗化设备

常用工件表面粗化设备名称、结构参数及应用见表 8-33。

表 8-33　常用工件表面粗化设备名称、结构参数及应用

名称		结构及参数	应用
气动式拉毛机	吸式	氧化铝磨料 18 ～ 24 目或 60 ～ 80 目，气压为 0.5 ～ 0.63MPa	小型零件
	压式	氧化铝磨料 18 ～ 24 目或 60 ～ 80 目，气压为 0.14 ～ 0.28MPa	小型零件
电火花拉毛机		初级电压为 380/220 V，次级电压为 4 ～ 9 V，电流为 100 ～ 340A 的变压器及带有镍条的手持电极	淬硬工件

（5）金属喷涂工艺参数

① 热源。氧 - 乙炔焰喷涂时温度约为 3100℃；电弧喷涂最温度 5500 ～ 6600℃；等离子喷涂最高温度 1100℃。

② 喷涂材料。电弧喷涂和丝火焰喷涂时，金属丝直径与热功率要匹配，以获得最佳涂层。粉末火焰喷涂和等离子喷涂时，末粒度大小、载气的流量及送粉速度都有要求。

③ 喷涂距离。火焰喷涂距离为 100 ～ 200mm；等离子喷涂 50 ～ 100mm；电弧喷涂为 180 ～ 200mm。

④ 喷涂角度。喷涂角以 90° 为最佳，不得小于 45° 。

⑤ 喷涂的面速度一般取 30.5 ～ 100m/min。

⑥ 预热温度。预热常用氧 - 乙炔，温度控制在 150 ～ 270℃。

⑦ 冷却防止过热和较大变形，全过程中，基体的温度应保持在 70 ～ 80℃以下。间歇时间不宜过长。

三、电刷镀

电刷镀是依靠一个与阳极接触的垫或刷提供电镀需要的电解液，电镀时，垫或刷在被镀的阴极上移动，这种电镀方法称刷镀法。刷镀使用专门研制的系列刷镀溶液，各种形式的镀笔和阳极，以及专用的直流电源。工作时，工件接电源的负极，镀笔接电源的正极，靠包裹着的浸满溶液的阳极在工作表面擦拭，溶液中的金属离子在零件表面与阳极接触的各点上发生放电结晶，并随时间增长镀层逐渐加厚。由于工件与镀笔有一定的相对运动速度，因而对镀层上的各点来说，是一个断续结晶过程。电刷镀工作原理如图 8-10 所示。

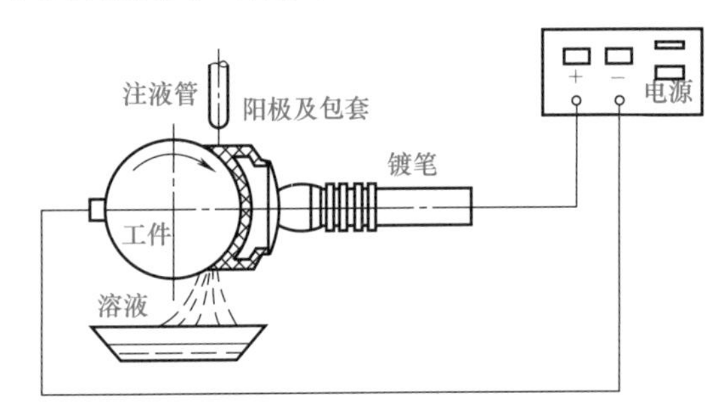

图 8-10　电刷镀工作原理示意图

这种刷镀技术的特点是设备简单，操作方便，安全可靠，镀积速度快，镀层与基体结合强度高，镀后工件不变形，一般不需机械加工，它不仅能用于零件的维修，而且能用于零件的表面强化、防腐和装饰。因此，得到了广泛的应用。

（一）电刷镀技术的应用

电刷镀技术的修复内容及应用见表 8-34。

表 8-34　电刷镀技术的修复内容及应用

修复内容	应用
尺寸	恢复磨损和超差零件，使零件表面具有耐磨性，用于精密零件的修复
表面保护	防磨损、腐蚀、抗高温氧化等场合，使零件具有特殊性能，节约贵重金属
局部修复	零件局部磨损、擦、碰、凹坑、腐蚀的现场修复
改善表面性能	改善表面的冶金性能，如材料的钎焊性、零件局部防渗碳、防氮化和喷涂的过渡层等

续表

修复内容	应用
配合精度	经刷镀达到精确的精度，满足配合的要求
模具	模具的修理和防护及模具上刻字、去毛刺等
其他	修复印刷电路、电气触头、电子元件

（二）电刷镀工艺

不同材料上的刷镀工艺，主要在于确定适宜的表面准备、镀底层和镀工作层的工艺。因此，要镀好一个工件，首先要确定好表面预处理工艺，再进行镀层设计，确定镀层结构和镀层厚度，并且根据基本材料和设计要求编制出整个刷镀工艺规程。

（1）刷镀的一般工艺过程

实际操作中，可视不同的基体材料和表面要求，增加或减少相应的工序。刷镀的一般工艺过程见表 8-35。

表 8-35 刷镀的一般工艺过程

工序号	操作内容	主要设备及材料
1	镀前准备：①被镀部位机加工；②机械法或化学法除油污和锈蚀	机床、砂轮、砂纸等
2	工件表面电化学除油（电净）	电源、镀笔、电净液
3	水冲洗工件表面	清水
4	保护非镀表面	绝缘胶带、塑料布
5	工件表面电解刻蚀（活化）	电源、镀笔、活化液
6	水冲洗	清水
7	镀底层	电源、镀笔、镀底层溶液
8	水冲洗	清水
9	镀尺寸层	电源、镀笔、镀尺寸层溶液
10	水冲洗	清水
11	镀工作层	电源、镀笔、镀工作层溶液
12	温水冲洗	温水（50℃左右）
13	镀后处理（打磨或抛光、擦干后涂防锈油）	油石、抛光轮、砂布、防锈油

（2）电刷镀常用材料表面处理工艺及镀前准备

① 工艺说明

a. 电净、活化的目的是彻底除油除锈。电净的标准是水膜均匀摊开，活化的标准是指定颜色。

b. 各工序宜连续进行，中间停歇则出现干斑，会造成镀层剥离。因此，应自始至终使待镀及正在刷镀的工件表面保持湿润。一旦出现干斑，则应从头开始。

c. 无电擦拭的作用是去除工件表面微量氧化膜，使工件表面 pH 值与刷镀液一致，并将金属离子涂布到工件表面上，所以在施镀过渡层或工作层时应先进行无电擦拭。

d. 控制刷镀工艺温度，镀液预热 50℃为宜，工件温升不要超过 70℃。冬季可用温水浸泡工件加温；夏季应勤换刷镀笔。

e. 镶键堵孔材料可用石墨、胶木、杉木，不能用污染镀液的材料，如铅、松木；安装键堵的时间应在电净活化之后，键堵应在镀液中事先浸泡。

f. 阳极与阴极（工件）相对速度为 6 ～ 20m/min，为提高生产率可取 15m/min；阳极与阴极压力以与工件均力轻轻接触，使镀液在接触面上渗流为宜；接触面积为被刷镀总面积的

1/4 ～ 1/3 为宜。

g. 阳极在包裹前，先在清水中浸沾一下，敷一层高效滤纸，然后包裹医用脱脂棉，最后套以针织涤棉套管并扎紧。包裹的原则是薄、匀、紧。单面包层厚度总值为 5mm。厚度愈大，沉积速度愈慢。

② 镀前准备及镀后处理

a. 根据工件形状、尺寸制作刷镀笔，选用三套相应的月牙型石墨阳极镀笔各五块，选配导电柄并用药棉及针织涤棉套管包裹，检测刷镀笔电阻值小于 5Ω。

b. 调节电源，直流输出 0 ～ 60A，0 ～ 30V，均为无级调节。

c. 准备适当数量的电净液，2 号活化液，特殊镍和快速镍溶液。

d. 镀前预处理，除油、除锈，去除金属表面疲劳层，找正，磨圆或抛光三处轴颈外圆表面，使其表面粗糙度低于 *Ra*0.8μm，径向跳动公差为 0.005mm，表面去除量尽量少。选用 C6132 或 CA6140 等车床进行刷镀操作，必须保护好机床导轨、拖板等车床部件，并在工件边缘及不刷镀面用涤纶胶纸等进行覆盖保护。

镀层厚度测量不推荐用千分尺，因为千分尺测量要中断刷镀操作而镀层极易氧化，卡脚也易污染表面，故常用安培小时来估测厚度，其公式为：

$$Q=C\delta SK'$$

式中 Q——刷镀耗电量，A・h；

C——镀液的耗电系数，A・h/（dm^2・μm）；

S——刷镀面积，dm^2；

δ——刷镀层厚度，μm；

K'——损耗系数，K'=1.1 ～ 1.2。

特殊镍沉积速度为 35μm/（h・dm^2）时，C=0.74A・h/（dm^2・μm）。

快速镍沉积速度为 65μm/（h・dm^2）时，C=0.10A・h/（dm^2・μm）。

e. 刷镀后处理。包括去除保护阳极屏蔽物、清洁工件残留液、防锈处理等，最后经精密磨削至精度要求。

（3）灰铸铁件刷镀工艺（表 8-36）

表 8-36 灰铸铁件刷镀工艺

序号	工序名称	工序内容及目的	主要工艺参数		
			极性接法	电压 /V	相对运动速度 /（m/min）
1	表面清洗	用 6% 850 水剂清洗剂清洗工件油污	—	—	—
2	有机溶剂除油	用丙酮擦拭待镀表面除油	—	—	—
3	电化学除油	选用零号电净液清洗表面除油效果好	接负极	14	4 ～ 6
4	水冲洗	用热水或温水冲洗表面	—	—	—
5	一次活化	用 2 号活化液活化，除去表面氧化膜、疲劳层，表面呈黑色为正常	接正极	12	4 ～ 6
6	水冲洗	清水冲洗即可除去表面脏物与残液	—	—	—
7	二次活化	用 3 号活化液除去表面炭黑物、使表面呈现出银灰色	接正极	20	4 ～ 6
8	水冲洗	清水冲洗后，表面露出银白色	—	—	—
9	镀底层	选用中性或稍偏碱性溶液，一般选用快速镍溶液	接负极	12	6 ～ 8
10	水冲洗	用清水冲洗即可	—	—	—
11	镀工作层	根据工件表面要求选用合适的溶液刷镀	—	—	—

续表

序号	工序名称	工序内容及目的	主要工艺参数		
			极性接法	电压 /V	相对运动速度 /（m/min）
12	冲洗	先用温水冲洗，再用 10% 850 水剂清洗剂彻底清洗工件表面	—	—	—
13	干燥	吹干或擦干工件表面	—	—	—
14	涂油	涂上一层 L–AN 牌号的油可防锈	—	—	—

（三）刷镀电源等级及用途

国产电刷镀电源等级及用途见表 8-37，四种常用刷镀电源的主要技术指标见表 8-38。

表 8-37　国产电刷镀电源等级及用途

等级		用途
5A	30 V	电子、仪表零件，项链、戒指等首饰及小工艺的镀金、银等
15A	30 V	中小型工艺品，电气元件，印刷电路板，量具、卡规、卡尺的修复，模具的保护和光亮处理等
30A	30 V	小型工件的刷镀
60 ～ 75A	30 V	中等尺寸零件的刷镀
100 ～ 150A	30 V	大中型零件的刷镀
300 ～ 500A	20 V	特大型工件的刷镀

表 8-38　四种刷镀电源的主要技术指标

内容	SD-10 型	SD-30 型	SD-60 型	SD-150 型
输入	单相交流 220 V ± 10%，50Hz			
输出	直流 0 ～ 20V，0 ～ 10A 无级调节	直流 0 ～ 35V，0 ～ 3A，0 ～ 30A 无级调节	直流 0 ～ 40V，0 ～ 6A，0 ～ 60A 无级调节	直流 0 ～ 20V，0 ～ 75A，0 ～ 150A 无级调节
刷镀层厚度监控装置（以安培小时计）	分辨率 0.001A • h，电流大于 0.5A 开始计数，电流大于 1A 计数误差小于 ± 10%	六位数码管显示，分辨率 0.001A • h，电流大于 0.6A 开始计数，电流大于 2A 计数误差小于 ± 10%	六位数码管显示，分辨率 0.001A • h，电流大于 1A 开始计数，电流大于 2A 计数误差小于 ± 10%	分辨率 0.001A • h，电流大于 2A 开始计数，电流大于 10A 计数误差小于 ± 10%
环境温度	-10 ～ +40℃			
快速过电流保护装置	超过额定电流的 10% 时动作，切断主电路时间为 0.01s，不切断控制电路	同 SD-10 型	超过额定电流 10% 时动作，切断主电路的时间为 0.02s，不切断控制电路	超过额定电流的 10% 动作，切断主电路时间为 0.035s，不切断控制电路
工作制式	间断：在额定电流下可连续工作两小时 连续：在额定电流的 50% 以下可连续工作			
温度	＜ 75℃			
体积 /m^3	0.11 × 0.28 × 0.32	0.43 × 0.33 × 0.34	0.56 × 0.56 × 0.86	0.495 × 0.5 × 0.77
重量 /kg	10	32	80	100
适用	电子、仪表及小件刷镀	小中零件的刷镀阳极与工件一次性接触面积 $S \leqslant 1dm^2$	中等零件刷镀阳极与工件接触面积 $S \leqslant 2dm^2$	大型刷镀，阳极与工件接触面积 $S \leqslant 4dm^2$

（四）电刷镀溶液

（1）电刷镀表面准备溶液性能和用途（表 8-39）

表 8-39 电刷镀表面准备溶液性能和用途

名称	代号	主要性能	用途
电净液	SGY-1	无色透明，碱性，pH=12 ～ 13	具有较强去油作用和轻度去铁锈能力，用于各种金属材料电解去油
1# 活化液	SHY-1	无色透明，酸性 pH=0.8 ～ 1	适用小锈钢、铬镍合金、铸铁、高碳钢等去除金属表面氧化膜
9# 活化液	SHY-2	无色透明，酸性 pH=0.6 ～ 0.8	适用于铝、低镁的铝合金、钢、铁、不锈钢等去除表面氧化膜
3# 活化液	SHY-3	淡蓝色，弱酸性，pH=3 ～ 5	用于去除经 1# 或 2# 活化液活化的碳钢和铸铁表面残留的石墨（或碳化物），以及不锈钢表面的污物
4# 活化液	SHY-4	无色透明，酸性，pH ＞1	适用于纯态的铬、镍或铁索体钢的活化

（2）沉积金属溶液性能与用途（表 8-40）

表 8-40 沉积金属溶液性能与用途

名称	代号	主要性能	用途
特殊镍	SDY101	深绿色，pH=0.9 ～ 1，具较强烈的醋酸味，使用时加热至 50℃	适川于铸铁、合金钢、镍、铬及铜、铝等材料的过渡层和耐磨表面层
快速镍	SDY102	蓝绿色，中性 pH=7.5 ～ 8.0，略有氮气味	刷镀层多孔，耐磨性良好，与铁、铝、铜和不锈钢有较好的结合强度，用作尺寸恢复和耐磨层
低应力镍	SDY103	深绿色，酸性，pH=3 ～ 3.5 有醋酸气味。使用时加热到 50℃	刷镀层致密，镀层内有压应力，可作防护层和组合镀层的“夹心层”
镍钨合金	SDY104	深绿色，酸性，pH=1.8 ～ 2 有轻度醋酸气味。使用时加热到 50℃	刷镀层较致密，耐磨性好，具有一定的耐热性，用作耐磨表面层，但不宜沉积过厚
镍钴合金	SDY105	绿褐色，酸性，pH=2，有醋酸味	刷镀层耐磨性好，致密，具有良好的导磁性能
酸性钴	SDY201	红褐色，酸性，pH=2，有醋酸味	镀层致密，与铝、钢、铁等金属有良好结合强度。宜作过镀层。具有良好抗黏附磨损和导磁性能
快速铜	SDY401	深蓝色，酸性，pH=1.2 ～ 1.4	适用镀厚及恢复尺寸。不能直接在钢件上刷镀，须加过渡层，不宜在交变载荷场合使用
碱铜	SDY403	紫色，碱性，pH=9 ～ 10	刷镀层致密，与钢、铸铁、铝、铜等金属有较好的结合强度。主要作过渡层和防渗碳、防氮化层、改善钎焊性的镀层和抗黏附磨损的镀层等
厚沉积铜	SDY404	蓝紫色，中性，pH=7 ～ 8	镀层增厚时，不产生裂纹，用于恢复尺寸和修补擦伤
酸性锡	SDY511	无色透明，酸性，pH=1.2 ～ 1.3	沉积速度快，结合强度高，用于恢复尺寸和防氮化层、减磨层、防护层等
酸性锌	SDY521	无色透明，酸性，pH=1.9 ～ 2.1	沉积速度快，耐蚀性好，用于恢复尺寸和防腐蚀镀层
碱性铟	SDY531	淡黄色，碱性，pH=9 ～ 10，要求密封存放	沉积速度快，致密，结合强度高。用于防海水腐蚀、抗黏附磨损、密封、润滑等

（五）刷镀笔

刷镀笔是电刷镀的主要工具。目前常用五种型号刷镀笔，其导电柄型号和特点见表 8-41，各种石墨阳极型号、尺寸、用途见表 8-42。

表 8-41 导电柄型号和特点

型号	允许使用电流 /A	电缆参考截面积 /mm^2	连接方式
SDB-1（Ⅰ）	25	6	压入式
SDB-1（Ⅱ）	25	6	螺纹连接

续表

型号	允许使用电流 /A	电缆参考截面积 /mm²	连接方式
SDB-2	50	10	螺纹连接
SDB-3	90	16	螺纹连接
SDB-4	25	6	螺纹连接
SDB-5	150	30	螺纹连接

表 8-42 各种石墨阳极型号、尺寸、用途

类型	型号	尺寸 /mm			配用导电柄	电流 /A	用途
		d	*B*				
圆棒形石墨	CDY4×50	4	50		SDB-1（Ⅰ）	0	小平面，小内孔，棱角
	CDY6×70	6	70		SDB-1（Ⅰ）	7	
	CDY8×75	8	75		SDB-1（Ⅰ）	10	
	CDY10×80	10	80		SDB-1（Ⅰ）	15	
半圆形石墨	CB30×30	30	30		SDB-1（Ⅱ）	15	内圆面，平面
	CB40×40	40	40		SDB-1（Ⅱ）	15	
	CB50×50	50	50		SDB-1（Ⅱ）	20	
	CB80×60	80	60		SDB-2	30	
	CB100×60	100	60		SDB-2	50	
	CB150×60	150	60		SDB-3	60	
月牙形石墨	CY40×25	40	25		SDB-1（Ⅱ）	15	各轴、套、环的外圆
	CY60×30	60	30		SDB-1（Ⅱ）	30	
	CY80×40	80	40		SDB-2	40	
	CY100×50	100	50		SDB-3	50	
	CY120×70	120	70		SDB-3	60	
	CY200×100	200	100		SDB-5	100	
	CY200×200	200	200		SDB-5	150	
圆柱形石墨	CDL15×90	15	90		SDB-1（Ⅱ）	10	深孔及局部平面、中型和大型内孔平面及孔底面和棱
	CDL20×90	20	90		SDB-1（Ⅱ）	15	
	CDL25×90	25	90		SDB-1（Ⅱ）	20	
	CDL30×35	30	35		SDB-1（Ⅱ）	20	
	CDL40×45	40	50		SDB-2	25	
	CDL50×50	50	50		SDB-2	30	
	CDL75×50	75	50		SDB-2	30	
	CDL100×50	100	50		SDB-3	50	
	CDL125×50	125	50		SDB-3	60	
类型	型号	尺寸 /mm			配用导电柄	电流 /A	用途
		L	*B*	*H*			
平板方条形石墨	CP40×35×20	40	35	20	SDB-1（Ⅱ）	20	各种平面
	CP60×45×20	60	45	20	SDB-2	30	
	CP80×50×25	80	50	25	SDB-2	40	
	CP120×65×30	120	65	30	SDB-3	60	
	CF20×40×25	20	40	25	SDB-1（Ⅱ）	20	
	CF20×80×25	20	80	25	SDB-1（Ⅱ）	25	
	CF25×120×25	25	120	25	SDB-2	50	

第七节　普通机床常见故障及排除

一、卧式车床常见故障及排除方法

车床在使用过程中，由于自然磨损以及使用不当等原因，会出现各种故障和精度的不断降低等问题。下面对其修理方法作几点介绍。

（1）床身导轨副的修理

在车床修理中，修复床身导轨副的精度是修理的主要工作之一。床身导轨精度的修复方法，目前广泛采用磨削加工，而与其配合的溜板导轨面，则采用配刮工艺。由于床身导轨经磨削和与溜板配刮后，将使溜板箱下沉，引起与进给箱、挂脚支架之间的装配位置，以及溜板箱齿轮与床身齿条的啮合位置都发生变化。为此，在修理中常采用如下方法来补偿和恢复其原有的基准位置精度。

① 在溜板导轨面粘接塑料板（聚四氟乙烯薄板）。其工艺方法如下：

a. 首先将溜板导轨面与床身导轨配刮好，其接触点在（6 ～ 8）点 /（25mm × 25mm），然后测出丝杠两支承孔和开合螺母轴线对床身导轨的等距误差值。

b. 在溜板导轨的粘接表面刨出装配槽（槽深尺寸加上等距误差值，应使粘接板料的厚度在 1.5 ～ 2.5mm 为宜），并在适当的均布位置分别钻、攻工艺螺孔，便于用埋头螺钉将塑料薄板与溜板作辅助紧固。

c. 用丙酮清洗粘接表面，粘接时再用丙酮润湿，待其挥发干净后，用 101# 聚氨酯胶黏结剂涂在被粘接表面上。涂层厚度以 0.2mm 左右为宜。

d. 将两个被粘接件连接，装好固定螺钉，然后用橡胶滚轮或木棒反复来回滚压粘接薄板表面，以彻底排除空气。待加压固化后，检验与床身导轨面的接触配合情况，接触面积要求大于等于 70%，而且在两端接触良好。如达不到要求时，可用细砂布（或金相砂纸）修整粘接板料表面至符合要求。

② 修配溜板的溜板箱安装面。在修理配刮好溜板导轨面后，可根据导轨和溜板导轨面的磨损修整量，即溜板的总下沉量，用刨削的方法刨去溜板的溜板箱安装面，使溜板箱的安装位置得到向上补偿。以后再以溜板箱中开合螺母中心线与床身导轨面的距离为基准，分别调整进给箱和后支架位置的高低，来取得与导轨面等距的最终精度。由于其调整量很小，对原有的定位销孔位置只要作适当的放大修铰即可。

（2）主轴与尾座套筒的修理

① 主轴的修理。车床主轴的精度，对车床加工精度有着直接的关系。在机床使用过程中，主轴的损坏形式一般有：锥孔表面磨损或者出现较深的划痕，轴颈表面磨损、烧伤或出现裂纹，主轴弯曲变形等。当主轴锥孔表面有轻微磨损和划痕时，可用莫氏锥度研磨棒进行研磨来加以修复。如果锥孔表面有较深的划痕、凹坑等损伤，或锥孔中心线对轴颈的公共轴线有较大的径向圆跳动误差时，则应采用磨削的方法进行修复。对于滚动轴承结构的主轴轴颈，当出现与轴承配合过松时，可对轴颈进行镀铬，然后通过精磨的方法加以修整。一般情况下，主轴不需更换。但当发现主轴轴颈表面有严重磨损、烧伤、裂纹或者有较大的弯曲变形时，就必须更换新的主轴。

② 尾座套筒的修理。尾座套筒的损坏形式一般有：尾座套筒与尾座体座孔配合处的不均匀磨损；尾座套筒锥孔的磨损或者出现划痕等损伤。当仅出现锥孔表面磨损及有轻微划痕时，可直接用铰和研磨的方法加以修复。当出现座孔配合处有严重磨损时，一般可通过镗、研加工加大尾座体座孔尺寸，然后重新配制尾座套筒的方法加以修复。

（3）常见故障及其排除方法

卧式车床在使用过程中的常见故障原因及其排除方法，可参见表 8-43。

表 8-43　卧式车床使用过程中的常见故障原因及排除方法

故障现象	原因	排除方法
主轴转数低于标准转数	①摩擦离合器过松或摩擦片损坏	①调整或更换摩擦片
	②电动机传动带过松或严重磨损	②调整传动带松紧程度或更换严重磨损的传动带
停车不及时	①正、反车开关手柄定位螺钉松动或定位压簧损坏	①旋紧定位螺钉，更换定位压簧
	②制动带调整太松或磨损	②调整制动带，或更换磨损制动带
	③摩擦离合器调整过紧	③适当调松离合器摩擦片
停车后主轴有自转现象	①摩擦离合器调整得太紧，不能脱开	①调松摩擦离合器
	②制动器没有调整好	②调整制动器
车削圆柱形工件产生锥度	①主轴中心线对溜板导轨平行度超差	①校正主轴中心线与溜板导轨的平行度
	②床身导轨扭曲精度有变化	②调整垫铁，重新校正床身导轨的扭曲精度
车削圆柱形工件时产生椭圆及棱圆	①主轴轴承径向间隙过大	①调整主轴轴承的径向间隙
	②主轴轴颈的圆度误差过大	②修磨主轴轴颈
精车后工件端面中凸或中凹	①纵向溜板移动对主轴中心线的平行度超差	①校正主轴中心线位置
	②横溜板导轨与主轴中心线的垂直度超差	②修刮横溜板导轨
精车工件端面后，振摆超差	主轴轴向窜动较大	调整主轴推力球轴承的间隙
重切削时主轴转速减低或自动停车	摩擦离合器调整过松	调整摩擦离合器
主轴变速位置移动	变速链条松动	调整链条张紧机构
主轴箱视油窗不见油液	①油箱缺油	①加入润滑油至油标位置
	② V 带过松打滑	②调整螺母，拉紧 V 带
	③管路堵塞	③清洗，疏通油路
	④油泵损坏	④更换或修理油泵
加工工件的圆柱度超差	①主轴轴线对溜板移动的平行度超差	①校正主轴箱安装位置，或修正磨损、变形的导轨，使其在允差范围内选用长度为 300mm 的检验棒测量 a. 上母线≤ 0.02mm（前端只许向上） b. 侧母线≤ 0.015mm（前端只许向操作者方向偏）
	②床身导轨扭曲超差	②调整安装垫铁，校正导轨扭曲
	③床身导轨变形或严重磨损	③刮研或磨削导轨，恢复精度，保证溜板移动在垂直平面内的直线度为 0.02mm/1000mm，在全长上为 0.04mm
加工工件圆度超差	①主轴轴承间隙过大	①调整主轴前、后轴承的轴向和径向间隙至要求
	②轴承外径与箱体孔配合间隙过大	②修整箱体孔圆度，采用刷镀或镀铬补偿间隙，也可重新镶套
	③主轴轴承磨损，精度丧失	③更换轴承

续表

故障现象	原因	排除方法
精车外圆时，表面产生有规律波纹	①机床安装垫块不实，地脚螺母松动，机床产生振动	①校正机床，垫铁塞实，螺母压紧
	②主电机旋转不平稳产生振动	②平衡电机转子，检查电机轴承是否损伤或缺油，更换损坏轴承，添加润滑脂
	③主传动V带松紧不一致产生振动	③更换V带，使几根带长度一致
	④带轮不平衡或内孔间隙增大产生振动	④修正带轮，保证内孔配合要求，消除不平衡或更换损坏轴承
	⑤主轴箱内齿轮啮合过紧或齿部碰伤	⑤调整轴承，修整由于变速等原因形成的齿部凸点
精车外圆时，表面产生混乱波纹	①主轴滚动轴承的滚道磨损	①更换滚动轴承
	②主轴的轴向窜动超差	②修磨垫片厚度（其厚度由预加负荷后测量），或调前后轴承螺母，以消除轴向窜动
	③卡盘法兰与主轴结合定位面接触不良	③检查及修整法兰及定位面，保证接触面在80%以上
	④刀架底面与小拖板上表面接触不良	④磨削或刮削刀架底面和小拖板上表面，保证接触点在25mm×25mm内不少于12点
	⑤大、中、小拖板及导轨表面之间的间隙过大或接触不良	⑤调整各镶条，消除过大间隙和修整平面，保证间隙不超过0.03mm，保证各面之间接触良好
	⑥大拖板与床身导轨配合不良，润滑不良	⑥刮研大拖板与床身导轨结合面，保证接触点在25mm×25mm内不少于16点，允许大拖板导轨中段的点稍淡
	⑦走刀箱、溜板箱、托架三支承不同轴或三杠中有局部弯曲	⑦修整三杠支承，校直弯曲部，保证溜板箱移动时无阻尼现象
精车外圆时工件表面每隔一段距离重复出现波纹	①溜板箱走刀齿轮与床身齿条啮合不良	①更换严重磨损的齿条、齿轮，若磨损轻微则检查齿接触面，调整或研磨齿轮齿条，保证啮合良好
	②光杠弯曲，或光杠、丝杠、操纵杆的三孔中心线与运行轨迹不平行	②校直光杠，调整三孔，使孔中心与导轨平行，溜板移动无轻重不均现象
	③溜板箱内某一传动齿轮（或蜗轮）损坏或啮合不良	③修复或更换齿轮（或蜗轮）
	④主轴箱、走刀箱中的轴弯曲或齿轮损坏	④校直或更换弯曲的轴，更换严重损坏的齿轮
车削外圆时在工件长度中的固定位置表面出现凸或凹纹	①床身导轨面有局部碰伤凸点	①用刮刀或油石修平凸点
	②床身上齿条表面有凸痕或齿条间接缝不良	②修正齿条的齿形，校正齿条接缝，使走刀齿轮平稳地通过两齿条接缝处
精车端面中凸、中凹超差	①大拖板上横向导轨的垂直度超差	①修刮大拖板上横向燕尾导轨，垂直度只许向主轴偏（使之车出端面中凹），全长内允差为0.02mm
	②中拖板滑动间隙过大	②调整镶条，保证较小间隙
精车端面时重复出现波纹	①主轴轴向窜动量超差	①调整主轴轴向间隙
	②中拖板横向丝杠、螺母间隙过大或磨损	②调整丝杠、螺母间隙，更换磨损量大的丝杠或螺母
	③横向丝杠走刀齿轮啮合不良	③修整或更换走刀齿轮
	④中拖板丝杠弯曲	④校直丝杠

续表

故障现象	原因	排除方法
用小拖板进刀法精车锥体时，呈葫芦形且表面粗糙度值高	①小拖板滑动间隙大	①调整镶条，保证间隙在 0.03mm 以内
	②小拖板丝杠与螺母配合间隙大	②修换磨损件
	③丝杠弯曲	③校直丝杠
	④小拖板移动直线度差	④刮研小拖板导轨面，保证全长直线度公差为 0.01mm，导轨两侧面全长平行度为 0.02mm
车出的螺纹螺距误差大	①主轴轴向窜动超差	①调整主轴轴向间隙
	②丝杠轴向窜动超差	②调整丝杠轴向窜动量在 0.01mm 以内（CM6140 车床）
	③丝杠弯曲	③校直丝杠
	④开合螺母闭合不好	④调整开合螺母镶条
	⑤传动系统中间隙较大且不平稳	⑤查出部位，调整间隙
精车螺纹表面有波纹	①丝杠轴向窜动超差	①调整丝杠轴向窜动
	②机床（主轴箱）等振动	②消除产生机床振动的各种因素
	③刀架与小拖板接合面接触不良	③刮研接触面，保证接触点在 25mm×25mm 内不少于 12 点
车削时过载，自动进刀停不住；车削时稍一吃力，自动进刀却停住了	安全过载离合器弹簧调得太紧或太松	按部件装配图调整螺母
溜板箱不能实现快速移动或快速停不住	快速移动电机失控	检修快速电机按钮开关，调整触点位置
溜板箱自动进给手柄容易脱开	溜板箱内脱落蜗杆或安全离合器的压力弹簧调节太松	调节压紧弹簧，但不能压得太紧

二、卧式万能升降台铣床常见故障及排除方法

卧式万能升降台铣床常见故障及排除方法见表 8-44。

表 8-44 卧式万能升降台铣床常见故障及排除方法

故障现象	原因	排除方法
主轴箱内有周期性响声及主轴温升过高	①传动轴弯曲，齿轮啮合不良	①校直或更换传动轴
	②齿轮损坏	②更换损坏齿轮
	③主轴轴承润滑不良或轴承间隙过小	③保证充分润滑，调整轴承间隙在 0.005mm 内
	④主轴轴承磨损严重或保持架损坏	④更换轴承
主轴变速时无冲动	①主轴电机冲动控制接触点不到位	①调整冲动小轴尾端的调整螺钉，使冲动接触到位
	②联轴器销子折断	②更换销子
进给箱变速无冲动	①电机冲动线路故障	①由电工维修
	②冲动开关触点调整不当或位置变动	②调整冲动开关触点距紧固螺钉的距离
主轴变速箱变速手柄不灵活	①竖轴与手柄孔咬死	①拆卸修理，加强润滑
	②扇形齿与齿条啮合间隙过小	②调整间隙在 0.15mm 以内
	③滑动齿轮花键轴拉毛	③修光拉毛部位
	④拨叉移动轴弯曲，或有毛刺	④校直弯轴，去除毛刺
	⑤凸轮和滚珠拉毛	⑤修理凸轮，更换滚珠

续表

故障现象	原因	排除方法
进给变速手柄失灵	①定位弹簧折断 ②定位销咬死或折断 ③拨叉磨损	①更换弹簧 ②修正或更换定位销 ③修补或更换拨叉
机床开动时摩擦片发热冒烟	①摩擦片间隙过小	①调整间隙至 2 ～ 3mm
	②摩擦片烧伤	②更换摩擦片
	③润滑不良，油口堵塞	③清除污物，疏通油路
主轴或进给变速箱油泵不上油	①柱塞泵损坏	①更换弹簧或柱塞，并研配泵体，间隙不大于 0.03mm
	②油位过低或吸油管未插入油池中	②按规定加足润滑油，并将吸油管埋入油池 20 ～ 30mm
	③单向阀泄漏	③研配单向阀，保证密封性
	④润滑油过脏，滤油网堵塞	④清洗滤网和油池，更换清洁的润滑油
进给箱工作时保险离合器不正常	①锁紧摩擦片用调节螺母定位销松脱	①调整并锁紧螺钉
	②离合器套内钢球接触孔严重磨损	②焊补磨损部位或更换内套
进给箱出现周期性噪声和响声	①齿面有毛刺	①检修齿面
	②电机轴或传动轴弯曲	②校直电机轴或传动轴
	③离合器螺母上定位销松动	③固定松动件
工作台无自动进给	①钢球保险离合器内弹簧疲劳或折断	①更换弹簧
	②钢球保险离合器调整螺母松动退出，使弹簧压力减弱	②调整离合器间隙，并锁紧螺母
	③牙楔离合器磨损严重，在扭力作用下自动脱开	③修补或更换牙楔离合器
	④操纵手柄调整不当，当手柄到位时，离合器的行程不足 6mm	④调整拉杆，使离合器结合到位
	⑤拉杆机构失灵，离合器无动作	⑤检修连接件
工作台无快速移动	①快速摩擦片磨损严重	①更换磨损的摩擦片
	②电磁离合器失灵	②检修电磁离合器（电工）
正常进给时出现快速移动	①摩擦片太脏或不平，内外摩擦片间隙变小或间隙调整不合适，正常进给时处于半压紧状态	①更换不平整的摩擦片，调大间隙
	②摩擦片烧坏，内外片粘结	②更换摩擦片
进给时出现明显的间隙停顿现象	①进给箱中钢球安全离合器部分弹簧损坏或疲劳，使离合器传递力矩减小	①更换损坏或疲劳的弹簧
	②导轨严重损伤	②清洗、修复导轨损伤部位
加工表面粗糙度达不到要求	①铣刀摆动大，刀杆变形	①校正刀杆，更换铣刀
	②机床振动大	②调整导轨、丝杠间隙，使工作台移动平稳，紧固非移动部件
	③刀具磨钝	③更换刀具
尺寸精度达不到工艺要求	①主轴回转中心与工作台面不垂直	①调整或修磨台面至机床精度要求
	②工作台面不平	②修磨台面至机床精度要求
	③导轨磨损或导轨副间隙过大	③修刮导轨，调整间隙，保证 0.03mm 塞尺不得塞入
	④丝杠间隙未消除	④进刀时消除丝杠副间隙
	⑤进给方向之外的非运动方向导轨未锁紧	⑤锁紧非运动方向导轨及部件

续表

故障现象	原因	排除方法
水平铣削表面有明显波纹	①主轴轴向间隙过大	①调整主轴轴向间隙
	②主轴径向摆动过大	②调整主轴前轴承间隙，使主轴定心轴颈径向跳动公差为 0.01mm
	③工作台导轨润滑不良	③保证良好润滑，消除工作台爬行
	④机床振动大	④调整丝杠副、导轨间隙，锁紧非运动部件，紧固地脚螺钉
工件表面接刀处不平	①主轴中心线与床身导轨不垂直，各相对位置精度不好	①检验精度，调整或用磨削、刮研修复
	②机床安装水平不合要求，导轨扭曲	②重新调整机床安装水平，保证在 0.02mm/1000mm 之内
	③主轴轴承间隙、支架支承孔间隙过大	③调整主轴间隙，修复支承孔
	④工作台塞铁过松	④调整塞铁间隙，保证工作台、升降台移动的稳定性

三、万能外圆磨床的常见故障及排除方法

万能外圆磨床的常见故障及排除方法见表 8-45。

表 8-45　万能外圆磨床的常见故障及排除方法

故障现象	原因	排除方法
机床启动时工作台断续移动	①液压油少，液压系统中进入空气	①将油架至规定高度，使吸油管和回油管完全浸没在油池中，然后工作台高速全程运动 10 ～ 15min，以排除系统中的空气
	②液压系统中压力低或油液黏度过高	②按规定调整液压系统压力，更换油使之黏度合适
	③工作台导轨润滑油量不足	③调整工作台导轨润滑油压力至规定要求
机床工作时液压系统噪声大	①滤油器堵塞或进油管进入空气	①清洗滤油器，检查、紧固油管接头
	②油池中油位低于吸油管或油液不清洁造成吸油滤网堵塞	②清洗油池，更换油液并使油位至规定高度
	③油管互相接触产生振动	③将压力油管分开，使其保持一定的间隙距离
	④油泵性能下降，压力波动大	④修复或更换油泵
工作台往复行程速度误差大，在低速移动时更为明显	①工作台油缸两端泄漏量不同，如油缸一端油管损坏，接口套破裂或油缸活塞间隙过大	①检查或更换油管、接套，重配活塞，使活塞与油缸间隙为 0.04 ～ 0.06 mm
	②活塞拉杆弯曲	②校直活塞杆，使其在全长上的直线度公差为 0.15mm
	③导轨润滑油最不足	③调整导轨润滑油油量至合适程度
工作台换向迟缓	①滤油器有污物堵塞使油压下降，推动换向阀芯无力	①清洗滤油器，重新调整至规定压力
	②换向阀阀芯表面被拉毛或被污物堵住	②清洗污物或清除毛刺，研配阀芯
	③控制换向阀移动的节流阀开口过小	③调节节流阀芯，增加流量
	④导轨润滑油油压过低，流量小	④调整导轨润滑油压及流量
工作台换向时，左右两端停留时间不等	①换向阀制动锥面与阀孔配合不当或两端不对称	①检修工作台换向时停留时间长的一端导向阀阀芯的制动锥面，增加制动锥面长度
	②换向节流阀调节小不当	②重新调整节流阀

续表

故障现象	原因	排除方法
工作台换向时冲击太大	①单向阀中的钢球与盖板的接触不良	①更换有冲击一端的单向阀中的钢球，检查球与盖板的接触情况
	②针形节流阀结构不合理	②可改成三角槽式的针形阀芯
	③节流阀调整不当	③重新调整节流阀
滑鞍快速进退时冲击过大	①滑鞍快速移动油缸与活塞的间隙过大，使三角缓冲槽失去节流作用	①重配活塞，使其与油缸的配合间隙在 0.01 ～ 0.02mm 之内
	②节流三角槽开得过长	②严格控制节流三角槽的长度
滑鞍快速进给的定位不稳定	①滑鞍下螺母座松动	①检查螺母座定位销及螺钉，旋紧螺钉
	②油缸安装螺钉松动	②检查并旋紧螺钉
	③活塞杆受力面有污物	③检查并清洗受力面
工件的圆度超差	①工件中心孔不合格	①重新修钻、研中心孔，使其与顶尖接触良好
	②头、尾架顶尖磨损或马锥孔的配合接触不良，有晃动	②修磨顶尖角度及检查顶尖与锥孔接触情况，去除毛刺
	③工件顶得过紧或过松	③重新调整尾架位置
	④尾架套筒锈蚀，毛刺造成移动困难	④清洗尾架套筒，去除毛刺，使之移动松紧合适
	⑤冷却液不够充分	⑤加大冷却液量，并将冷却液喷口对准磨削部位
	⑥磨削细长轴时中心架使用不当造成弯曲	⑥重新调整中心架
工件圆柱度超差，出现鼓形和鞍形	①机床安装时水平调整精度不够	①检查并调整机床床身水平及垂直平面内的直线度
	②床身导轨局部磨损或变形	②调整水平，刮研床身导轨至精度要求
加工后工件表面有直波形（三角形）	主要是砂轮架相对工件系统的周期性振动	
	①砂轮主轴与轴承间隙过大，使主轴在轴承中漂移量增加，系统刚性降低，砂轮不平衡产生振动	①在磨削前，主轴空运转达工作温度，检查并调整主轴与轴承间隙在 0.005 ～ 0.008mm
	②砂轮法兰盘锥孔与砂轮主轴配合接触不良，引起不平衡振动	②检查法兰盘内锥孔与砂轮主轴外锥接触情况，修刮锥孔，涂色接触斑点在 80% 以上
	③砂轮平衡不好	③砂轮经过静平衡后，上磨床进行修正，取下再做第二次平衡
	④砂轮架电机传动带太松或长短不一致	④检查调整电机传动带，应拉力适当，长短一致，电机与机床之间应有良好隔振件，如橡胶、木板等
	⑤砂轮硬度太高或砂轮表面切削刃变钝，使砂轮与工件之间的摩擦增强	⑤根据工件材料合理选用砂轮，并及时修整砂轮
	⑥工件中心孔与顶尖接触不良	⑥重新修整或研磨中心孔，用涂色法检查中心孔与顶尖的接触情况，安装时，要擦净顶尖与中心孔并加上润滑脂
	⑦工件顶得过紧或过松	⑦调整顶尖，用手转动工件，没有时松时紧现象
	⑧工件转速过高，横向进给量太大	⑧合理选用工件线速度、切削深度、走刀量
工件表面有螺旋线	主要是砂轮母线平直度较差，磨削时砂轮和工件表面仅是部分接触	
	①砂轮修整不良，边缘没有倒角	①在工作台低速移动无爬行现象的前提下，精修砂轮，同时加大冷却液量，并用油石倒去砂轮边角
	②工作台纵向速度和工件转速选择不当	②调整工作台纵向移动速度和工件转速，工件线速度一般为砂轮线速度的 $\frac{1}{100}$ ～ $\frac{1}{60}$，工作台移动速度一般为 0.5 ～ 3m/min 之间
	③横向进给量过大	③根据砂轮的粒度和硬度，合理选择横向进给量
	④工作台导轨润滑压力过高	④调整工作台导轨润滑油的压力和流量

续表

故障现象	原因	排除方法
工件表面有鱼鳞状波纹	①砂轮表面切削刃不锋利，在磨削时砂轮表面被堵塞，对工件表面挤压	①应用锋利的金刚石修整砂轮，采用70°～80°的顶角，粗修进给量一般为0.1mm/单程，精修进给量小于0.1mm/单程，工作台移动速度约为20～30mm/min，并做多次无进给修整
	②砂轮修整器松动，修正砂轮时产生振动；金刚石没有焊牢	②紧固砂轮修整器；焊牢金刚石
	③金刚笔伸出过长，刚性差，在修整时引起振动	③重新调整金刚笔伸出长度，并与砂轮倾斜10°左右，笔尖低于中心1～2mm
工件表面有拉毛的痕迹	①冷却液中有较粗的磨粒存在	①清除砂轮罩内磨屑，过滤或更换冷却液
	②工件材料韧性太大	②根据材料，合理选择氧化铝系列砂轮
	③砂轮太软	③一般情况下，材料硬选择砂轮要软；材料软选择砂轮要硬；但材料若过软，选择砂轮也应较软
	④粗磨痕迹在精磨时没有去除	④适当放大精磨余量
工件表面有细微拉毛	①砂轮太软	①选择硬度合适的砂轮
	②砂轮磨粒韧性和工件材料韧性配合不当	②根据工件材料韧性选择砂轮磨粒的韧性
	③冷却液不清洁，有微小磨粒存在	③更换冷却液，在冷却液回流处用60～80目铜网过滤
砂轮主轴发生抱轴现象	①主轴轴颈硬度不够，表面粗糙度值过高	①更换主轴，保证硬度和表面粗糙度要求
	②主轴和轴瓦间隙过小	②重新调整主轴和轴瓦间隙
	③砂轮主轴箱内润滑油不清洁，黏度过稠或箱内油量不足	③清洗箱体，选用合适黏度的润滑油，并用两层白丝绸布过滤，加至油位线
	④主轴上的传动皮带拉得过紧	④调整皮带，使之松紧合适
圆度超差工件内圆表面	①头架轴承的间隙过大	①调整头架轴承间隙在0.005mm之内
	②头架主轴轴颈圆度超差	②修整头架主轴轴颈精度
工件内圆表面有螺旋线	砂轮修正不良，母线平直度差	用锋利的金刚笔在较小的进给量下修整砂轮，防止砂轮接长杆弹性变形影响修整砂轮质量
工件内圆表面呈多角形	①头架轴承间隙过大，或三爪卡盘与法兰盘座结合不紧，有松动现象	①检查并调整头架间隙，紧固三爪卡盘与法兰盘座结合
	②工件夹得不紧有松动现象	②检查三爪卡盘卡爪口是否磨损，更换三爪卡盘或卡爪
	③砂轮接长杆刚性差	③选用刚性好的接长杆
工件内圆表面有鱼鳞纹	①砂轮不锋利，表面被堵塞	①修整砂轮
	②内圆磨具轴承有间隙	②对内圆磨具轴承进行预加负荷后重新装配
	③接长杆径向跳动太大	③检查修正主轴锥孔或砂轮接长杆端面径向跳动量

第八节　数控机床的维护及故障排除

数控机床故障诊断一般包括三个步骤：第一个步骤是故障检测。这是对数控机床进行测试，检查是否存在故障；第二个步骤是故障判定及隔离。这个步骤是要判断故障的性质，以缩小产生故障的范围，分离出故障的部件或模块；第三个步骤是故障定位。将故障定位到产生故障的模块或元器件，及时排除故障或更换元件。

数控机床故障诊断一般采用追踪法、自诊断、参数检查、替换法、测量法。

一、数控机床机械故障诊断

（一）机械故障诊断方法

机床在运行过程中，机械零部件受到冲击、磨损、高温、腐蚀等多种工作应力的作用，运行状态不断变化。因此，必须在机床运行过程中或不拆卸全部设备的情况下，对机床的运行状态进行定量测定，判断机床的异常及故障的部位和原因，并预测机床未来的状态，从而大大提高机床运行的可靠性及提高机床的利用率。

数控机床机械故障诊断包括对机床运行状态的监视、识别和预测三个方面。通过对数控机床机械装置的某些特征参数，如振动、温度、噪声、油液光谱等进行测定分析，将测定值与规定正常值进行比较，以判断机械装置的工作状态是否正常。现代数控机床大都利用监视技术进行定期或连续监测，可获得机械装置状态变化的趋势性规律，对机械装置的运行状态进行预测和预报。

（1）诊断技术

诊断技术的全称应该是设备状态监测与故障诊断技术。诊断技术具体内容包括三个基本环节和四项基本技术。

三个基本环节是检查异常、诊断故障状态和部位、分析故障类型。

四项基本技术是检查测量技术、信号处理技术、识别技术和预测技术。检查测量技术是准确地确定和测量各种参数以检查设备的运行状态，反映设备的实际状况。信号处理技术是从现在测得的信号中，经过各种变换，把真正反映设备状况征兆的信息提取出来。识别技术是在掌握了观测到的征兆数据后，预测其故障即了解结果并找出原因的技术。预测技术是对识别出来的故障进行预测，预测该故障今后将会怎样发展以及什么时候会进入危险范围。数控机床机械故障的诊断技术，分为简易诊断技术和精密诊断技术。

① 简易诊断技术。也称为机械检测技术，它由现场维修人员使用一般的检查工具或通过感觉器官的问、看、听、摸、嗅等对机床进行故障诊断。简易诊断技术能快速测定故障部位，监测劣化趋势，选择有疑难问题的故障进行精密诊断。

② 精密诊断技术。它是根据简易诊断中提出的疑难故障，由专职故障精密诊断人员利用先进测试手段进行精确的定量检测与分析，找出故障位置、原因和数据，以确定应采取的最合适的修理方法和时间的技术。一般情况都采用简易诊断技术来诊断机床的现时状态，只有对那些在简易诊断中存在疑难问题的机床才进行精密诊断，这样使用两种诊断技术才最经济有效。

（2）诊断方法

数控机床机械故障的诊断方法见表 8-46。

表 8-46　数控机床机械故障的诊断方法

类型	诊断方式	原理及特征	应用
简易诊断技术	听、摸、看、闻、嗅	使用简单工具、仪器，如百分表、水准仪、光学仪等检测。通过人的感官，直接观察形貌、声音、温度、颜色和气味的变化，根据经验来诊断	需要有丰富的实践经验，目前，被广泛用于现场诊断
精密诊断技术	温度监测	接触型：采用温度计、热电偶、测温贴片、热敏涂料直接接触轴承、电机、齿轮箱等装置的表面进行测量 非接触型：采用先进的红外测温仪、红外热像仪、红外扫描仪等遥测不宜接近的物体，具有快速、正确、方便的特点	用于机床运行中发热异常的检测

续表

类型	诊断方式	原理及特征	应用
精密诊断技术	振动监测	通过安装在机床某些特征点上的传感器，利用振动计巡回检测，测量机床上特定测量处的总振级大小，如位移、速度、加速度和辐频特性等，对故障进行预测和监测	振动和噪声是应用最多的诊断信息，首先是强度测定，确认有异常时，再做定量分析
	噪声监测	用噪声测量计、声波计对机床齿轮、轴承在运行中的噪声信号频谱中的变化规律进行深入分析，识别和判别齿轮、轴承磨损失效故障状态	
	油液分析	通过原子吸收光谱仪，对进入润滑油或液压油中磨损的各种金属微粒和外来杂质等残余物形状、大小、成分、浓度的分析，判断磨损状态、机理和严重程度，有效掌握零件磨损情况	用于监测零件磨损
	裂纹监测	通过磁性探伤法、超声波法、电阻法、声发射法等观察零件的内部机件的裂纹缺陷	疲劳裂缝可导致重大事故，测量不同性质材料的裂纹应采用不同的方法

（二）主要机械部件故障诊断

（1）主轴部件

数控机床主轴部件是影响机床加工精度的主要部件，它的回转精度影响工件的加工精度；它的功率大小与旋转速度影响加工效率；它的自动变速、准停和换刀等影响机床的自动化程度。

主轴部件出现的故障由主轴运转时发出异常声音、自动调速装置故障、主轴快速运转的精度保持性故障等。主轴部件常见的故障及其诊断方法见表 8-47。

表 8-47　主轴部件故障诊断

故障现象	故障原因	诊断方法
加工精度达不到要求	①机床在运输过程中受到冲击	①检查对机床精度有影响的各部位，特别是导轨副，并按出厂精度要求重新调整或修复
	②安装不牢固、安装精度低或有变化	②重新安装调平、紧固
切削振动大	①主轴箱和床身连接螺钉松动	①恢复精度后紧固连接螺钉
	②轴承预紧力不够，游隙过大	②重新调整轴承游隙。但预紧力不宜过大，以免损坏轴承
	③轴承预紧螺母松动。使主轴窜动，紧固螺母，确保主轴精度合格	③紧固螺母，确保主轴精度合格
	④轴承拉毛或损坏	④更换轴承
	⑤主轴与箱体超差	⑤修理主轴或箱体，使其配合精度、位置精度达到要求
	⑥转塔刀架（车床）运动部位松动或压力不够而未卡紧	⑥调整修理
	⑦其他因素	⑦检查刀具或切削工艺问题
主轴箱噪声大	①主轴部件动平衡不好	①重作动平衡
	②齿轮啮合间隙不均匀或严重损伤	②调整间隙或更换齿轮
	③轴承损坏或传动轴弯曲	③修复或更换轴承，校直传动轴
	④传动带长度过松	④调整或更换传动带，不能新旧混用
	⑤齿轮精度差	⑤更换齿轮
	⑥润滑不良	⑥调整润滑油量，保持主轴箱的清洁度
齿轮和轴承损坏	①变挡压力过大，齿轮受冲击产生破损	①调整到适当的压力和流量
	②变挡机构损坏或固定销脱落	②修复或更换零件
	③轴承预紧力过大或无润滑	③重新调整预紧力，并使之润滑充足

续表

故障现象	故障原因	诊断方法
主轴无变速	①电器变挡信号是否输出	①电气人员检查处理
	②压力是否足够	②检测并调整工作压力
	③变挡液压缸研损或卡死	③修去毛刺和研伤，清洗后重装
	④变挡电磁阀卡死	④检修并清洗电磁阀
	⑤变挡液压缸拨叉脱落	⑤修复或更换
	⑥变挡液压缸窜油或内泄	⑥更换密封圈
	⑦变挡复合开关失灵	⑦更换新开关
主轴不转动	①主轴转动指令是否输出	①电气人员检查处理
	②保护开关没有压合或失灵	②检修压合保护开关或更换
	③卡盘未夹紧工件	③调整或修理卡盘
	④变挡复合开关损坏	④更换复合开关
	⑤变挡电磁阀体内泄漏	⑤更换电磁阀
主轴发热	①主轴轴承预紧力过大	①调整预紧力
	②轴承研伤或损坏	②更换轴承
	③润滑油污脏或有杂质	③清洗主轴箱，更换新油
液压变速时齿轮推不到位	主轴箱内拨叉磨损	①选用球墨铸铁作拨叉材料 ②在每个垂直滑移齿轮下方安装塔簧作为辅助平衡装置，减轻对拨叉的压力 ③活塞的行程与滑移齿轮的定位相协调 ④若拨叉磨损，予以更换

（2）滚珠丝杠副

滚珠丝杠副故障大部分是由于运动质量下降、反向间隙过大、机械爬行、润滑状况不良、轴承噪声大等原因造成的。滚珠丝杠副常见故障及其诊断方法见表 8-48。

表 8-48　滚珠丝杠副故障诊断

故障现象	故障原因	诊断方法
加工件粗糙度值高	①导轨的润滑油不足，致使溜板爬行	①加润滑油，排除润滑故障
	②滚珠丝杠局部拉毛或研损	②更换或修理丝杠
	③丝杠轴承损坏，运动不平衡	③更换损坏轴承
	④伺服电机未调整好，增益过大	④调整伺服电机控制系统
反向误差大，加工精度不稳定	①丝杠联轴器锥套松动	①重新紧固并用百分表反复测试
	②丝杠滑板配合压板过紧或过松	②重新调整或修研，用 0.03mm 塞尺检测
	③丝杠滑板配合锲铁过紧或过松	③重新调整或修研，使接触率达 70% 以上，用 0.03mm 塞尺检测
	④滚珠丝杠预紧力过紧或过松	④调整预紧力，检查轴向窜动值，使其误差不大于 0.015mm
	⑤滚珠丝杠螺母端面与结合面不垂直，结合过松	⑤修理、调整或加垫处理
	⑥丝杠支座轴承过紧或过松	⑥修理调整
	⑦滚珠丝杠制造误差大或轴向窜动	⑦用控制系统自动补偿功能消除间隙，用仪器测量并调整丝杠窜动
	⑧润滑油不足或没有	⑧调节至各导轨面均有润滑油
	⑨其他机械干涉	⑨排除干涉部位

续表

故障现象	故障原因	诊断方法
滚珠丝杠在运转时转距过大	①滑板配合压板过紧或研损	①重新调整或修研压板，使用 0.04mm 塞尺检测
	②滚珠丝杠螺母反向器损坏，滚珠丝杠卡死或轴端螺母预紧力过大	②修复或更换丝杠并精心调整
	③丝杠研损	③更换
	④伺服电机与滚珠丝杠连接不同轴	④调整同轴度并紧固连接座
	⑤无润滑油	⑤调整润滑油路
	⑥超程开关失灵造成机械故障	⑥检查故障并排除
	⑦伺服电机过热报警	⑦检查故障并排除
丝杠螺母润滑不良	①分油器是否分油	①检查定量分油器
	②油管是否堵塞	②消除污物使油管畅通
滚珠丝杠副噪声大	①滚珠丝杠轴承压盖压合不良	①调整压盖，使其压紧轴承
	②滚珠丝杠润滑不良	②检查分油器和油路，使润滑油充足
	③滚珠产生破损	③更换滚珠
	④电机与丝杠联轴器松动	④拧紧联轴器锁紧螺钉

（3）刀架、刀库及换刀装置

ATC 机构回转不停或没有回转、有夹紧或没有夹紧、没有切削液等；换刀定位误差过大、机械手夹持刀柄不稳定、机械手运动误差过大等都会造成换刀动作停止，整机无法工作；刀库中的刀套不能夹紧刀具、刀具从机械手中脱落、机械手无法从主轴和刀库中取出刀具。这些都是刀库及换刀装置易产生的故障。刀架、刀库及换刀装置常见故障及其诊断方法见表 8-49。

表 8-49　刀架、刀库及换刀装置故障诊断

故障现象	故障原因	诊断方法
加工件粗糙度值高	①导轨的润滑油不足，致使溜板爬行	①加润滑油，排除润滑故障
	②滚珠丝杠局部拉毛或研损	②更换或修理丝杠
	③丝杠轴承损坏，运动不平衡	③更换损坏轴承
	④伺服电机未调整好，增益过大	④调整伺服电机控制系统
反向误差大，加工精度不稳定	①丝杠联轴器锥套松动	①重新紧固并用百分表反复测试
	②丝杠滑板配合压板过紧或过松	②重新调整或修研，用 0.03mm 塞尺检测
	③丝杠滑板配合锲铁过紧或过松	③重新调整或修研，使接触率达 70% 以上，用 0.03mm 塞尺检测
	④滚珠丝杠预紧力过紧或过松	④调整预紧力，检查轴向窜动值，使其误差不大于 0.015mm
	⑤滚珠丝杠螺母端面与结合面不垂直，结合过松	⑤修理、调整或加垫处理
	⑥丝杠支座轴承过紧或过松	⑥修理调整
	⑦滚珠丝杠制造误差大或轴向窜动	⑦用控制系统自动补偿功能消除间隙，用仪器测量并调整丝杠窜动
	⑧润滑油不足或没有	⑧调节至各导轨面均有润滑油
	⑨其他机械干涉	⑨排除干涉部位
滚珠丝杠在运转时转距过大	①滑板配合压板过紧或研损	①重新调整或修研压板，使用 0.04mm 塞尺检测
	②滚珠丝杠螺母反向器损坏，滚珠丝杠卡死或轴端螺母预紧力过大	②修复或更换丝杠并精心调整
	③丝杠研损	③更换

故障现象	故障原因	诊断方法
滚珠丝杠在运转时转距过大	④伺服电机与滚珠丝杠连接不同轴	④调整同轴度并紧固连接座
	⑤无润滑油	⑤调整润滑油路
	⑥超程开关失灵造成机械故障	⑥检查故障并排除
	⑦伺服电机过热报警	⑦检查故障并排除
丝杠螺母润滑不良	①分油器是否分油	①检查定量分油器
	②油管是否堵塞	②消除污物使油管畅通
滚珠丝杠副噪声大	①滚珠丝杠轴承压盖压合不良	①调整压盖，使其压紧轴承
	②滚珠丝杠润滑不良	②检查分油器和油路，使润滑油充足
	③滚珠产生破损	③更换滚珠
	④电机与丝杠联轴器松动	④拧紧联轴器锁紧螺钉
转塔不正位	①转位盘上的撞块与选位开关松动，使转塔到位时传输信号超前或滞后	①拆下护罩，使转塔处于正位状态，重新调整撞块与选位开关的位置并紧固
	②转位凸轮轴的轴向预紧力过大或有机械干涉，使转塔不到位	②重新调整预紧力，排除干涉
	③上下连接盘与中心轴花键间隙过大产生位移偏差大，落下时易碰牙顶，引起不到位	③重新调整连接盘与中心轴的位置；间隙过大可更换零件
	④转位凸轮与转位盘间隙大	④塞尺测试滚轮与凸轮，将凸轮调至中间位置；转塔左右窜量保持在两齿中间，确保落下时顺利咬合；转塔抬起时用手摆动，摆动量不超过两齿距的1/3
不停转塔转位	①两计数开关不同时计数或复置开关损坏	①调整两个撞块位置及两个计数开关的计数延时，修复复置开关
	②转塔上的 24 V 电源断线	②接好电源线
转塔刀重复定位精度差	①液压夹紧力不足	①检查压力并调到额定值
	②上下牙盘受冲击，定位松动	②重新调整固定
	③两牙盘间有污物或滚针脱落在牙盘中间	③清除污物保护转塔清洁。检查更换滚针
	④转塔落下夹紧时有机械干涉（如夹铁屑）	④检查排除机械干涉
	⑤夹紧液压缸拉毛或研损	⑤检修拉毛研损部分，更换密封圈
	⑥转塔坐落在两层滑板之上，由于压板和楔铁配合不牢产生运动偏大	⑥修理调整压板和楔铁，使 0.04mm 塞尺塞不入
刀具不能夹紧	①风泵气压不足	①使风泵气压在额定范围
	②增压漏气	②关紧增压
	③刀具卡紧液压缸漏油	③更换密封装置，卡紧液压缸不漏
	④刀具松卡弹簧上的螺母松动	④旋紧螺母
刀具夹紧后不能松开	松锁刀的弹簧压力过紧	调节松锁刀弹簧上的螺母，使其最大载荷不超过额定数值
刀套不能夹紧刀具	检查刀套上的调节螺母	顺时针旋转刀套两端的调节螺母，压紧弹簧，顶紧卡紧销
刀具从机械手中脱落	刀具超重，机械手卡紧销损坏	刀具不得超重，更换机械手卡紧销
机械手换刀速度过快	气压太高或节滚阀开口过大	保证气泵的压力和流量，旋转节滚阀至换刀速度合适
换刀时找不到刀	刀位编码用组合行程开关、接近开关等元件损坏、接触不好或灵敏度降低	更换损坏元件

（4）液压传动系统

液压传动系统的主要驱动对象有卡盘、静压导轨、液压拨叉变速液压缸、主轴箱的液压平衡、液压驱动机械手和主轴的松刀液压缸等。液压系统的故障主要是流量、压力不足，油温过高、噪声、爬行等。液压部分常见故障及其诊断方法见表 8-50。

表 8-50　液压部分故障诊断

故障现象	故障原因	诊断方法
液压泵不供油或流量不足	①压力调节弹簧过松 ②流量调节螺钉调节不当，定子偏心方向相反 ③液压泵转速太低，叶片不能甩出 ④液压泵转向相反 ⑤油的黏度过高，使叶片运动不灵活 ⑥油量不足，吸油管露出油面吸入空气 ⑦吸油管堵塞 ⑧进油口漏气 ⑨叶片在转子槽内卡死	①将压力调节螺钉顺时针转动使弹簧压缩，启动液压泵，调整压力 ②按逆时针方向逐步转动流量调节螺钉 ③将转速控制在最低转数以上 ④调转向 ⑤采用规定牌号的油 ⑥加油到规定位置，将滤油器埋入油下 ⑦清除堵塞物 ⑧修理或更换密封件 ⑨拆开油泵修理，清除毛刺、重新装配
液压泵有异常噪声或压力下降	①油量不足，滤油器露出油面 ②吸油管吸入空气 ③回油管高出油面，空气进入油池 ④进油口滤油器容量不足 ⑤滤油器局部堵塞 ⑥液压泵转速过高或液压泵装反 ⑦液压泵与电机连接同轴度差 ⑧定子和叶片磨损，轴承和轴损坏 ⑨泵与其他机械共振	①加油到规定位置 ②找出泄漏部位，修理或更换零件 ③保证回油管埋入最低油面下一定深度 ④更换滤油器，进油容量应是油泵最大排量的 2 倍以上 ⑤清洗滤油器 ⑥按规定方向安装转子 ⑦同轴度应在 0.05 mm 内 ⑧更换零件 ⑨更换缓冲胶垫
液压泵发热、油温过高	①液压泵工作压力超载 ②吸油管和系统回油管距离太近 ③油箱油量不足 ④摩擦引起机械损失泄露而引起容积损失 ⑤压力过高	①按额定压力工作 ②调整油管，使工作后的油不直接进入油泵 ③按规定加油 ④检查或更换零件及密封圈 ⑤油的黏度过大，按规定更换
系统及工作压力低，运动部件爬行	泄漏	①检查漏油部件，修理或更换 ②检查是否有高压腔向低压腔的内泄 ③将泄漏的管件、接头、阀体修理或更换
尾座顶不紧或不运动	①压力不足 ②液压缸活塞拉毛或研损 ③密封圈损坏 ④液压阀断线或卡死 ⑤套筒研损	①用压力表检查 ②更换或维修 ③更换密封圈 ④清洗、更换阀体或重新接线 ⑤修理研损部件
导轨润滑不良	①分油器堵塞 ②油管破裂或渗漏 ③没有气体动力源 ④油路堵塞	①更换损坏的定量分油器 ②修理或更换油管 ③查气动柱塞泵是否堵塞，是否灵活 ④清除污物，使油路畅通
滚珠丝杠润滑不良	①分油管是否分油 ②油管是否堵塞	①检查定量分油器 ②清除污物，使油路畅通

二、数控系统故障诊断

不同的数控系统在结构和性能上有所区别，随着微电子技术的发展，数控系统的故障诊断技术也由简单的诊断朝着多功能的高级诊断或智能化方向发展，但在故障诊断上有它们的共性。因而，了解组成数控装置的控制系统和伺服系统的常见故障及诊断，可以提高故障诊断效率。

（一）控制系统故障诊断

（1）常见控制系统故障

数控装置控制系统故障主要利用自诊断功能报警号，计算机各板的信息状态指示灯，各关键测试点的波形、电压值，各有关电位器的调整，各短路销的设定，有关机床参数值的设定，专用诊断元件，并参考控制系统维修手册、电气图册等加以排除。控制系统部分的常见故障如下：

① 电池报警故障。当数控机床断电时，为保存好机床控制系统的机床参数及加工程序，需靠后备电池予以支持。这些电池到了使用寿命，即其电压低于允许值时，就产生电池故障报警。当报警灯亮时，应及时予以更换，否则，机床参数就容易丢失。因为换电池容易丢失机床参数，因此应该在机床通电时更换电池，以保证系统能正常地工作。

② 键盘故障。在用键盘输入程序时，若发现有关字符不能输入、不能消除、程序不能复位或显示屏不能变换页面等故障，应首先考虑有关按键是否接触不好，予以修复或更换。若不见成效或者所用按键都不起作用，应进一步检查该部分的接口电路、系统控制软件及电缆连接状况等。

③ 熔丝故障控制系统内熔丝烧断故障。多出现于对数控系统进行测量时的误操作，或由于机床发生了撞车等意外事故。因此，维修人员要熟悉各熔丝的保护范围，以便发生问题时能及时查出并予以更换。

④ 刀位参数的更改。在加工过程中，由于机床的突然断电或因意外操作了“急停”按钮，使机床刀具的实际位置与计算机内存的刀位号不符，如果操作者不注意，往往会发生撞车或打刀废活等事故。因此，一旦发现刀位不对时，应及时核对控制系统内存刀位号与实际刀台位置是否相符，若不符，应参阅说明书介绍的方法，及时将控制系统内存中的刀位号改为与刀台位置一致。

⑤ 控制系统的“NOT READY（没准备好）”故障，包括：

a. 应首先检查 CRT 显示面板上是否有其他故障指示灯亮及故障信息提示，若有问题应按故障信息目录的提示去解决。

b. 检查伺服系统电源装置是否有熔丝断、断路器跳闸等问题，若合闸或更换了熔丝后断路器再跳闸，应检查电源部分是否有问题；检查是否有电机过热，大功率晶体管组件过电流等故障而使计算机监控电路起作用；检查控制系统各板是否有故障灯显示。

c. 检查控制系统所需各交流电源、直流电源的电压值是否正常。若电压不正常也可造成逻辑混乱而产生“NOT READY”故障。

⑥ 机床参数的修改。对每台数控机床都要充分了解并掌握各机床参数的含义及功能，它除能帮助操作者很好地了解该机床的性能外，有的还有利于提高机床的工作效率或用于排除故障。

近年来数控机床的软件功能比较丰富，通过对有关参数的更改可扩展机床的功能、提高各轴的进给率及主轴转速的上限值、在循环加工中缩短退刀的空行程距离等，从而达到提高工作效率的目的。

当然，控制系统部分的故障现象远不止这些。如 CRT 显示装置的亮度不够、帧不同步，无显示；光电阅读机的故障；输入、输出打印机故障；机床参数的全消除方法；数控装置的初始化方法；备板的更换方法及注意事项等因系统的不同，其方法也有所不同。这就需要根据具体情况，参考有关维修资料及个人工作经验予以解决。

（2）经济型数控车床控制系统故障

以 STD 总线机为母机的数控系统（用于车床）为例，介绍其常见故障分析与排除方法。总线机一般结构均是以机箱的机座为基础，各插件板插入机座，通过机座上的总线把各插件板连成一体，常用的插件板（以51系列单片机型为例）有：主机板、CRT显示器接口板、I/O接口板、键盘接口板和抗干扰滤波板。编号分别为：5101、5102、5103、5104和5105。故障分析与诊断方法见表8-51。

表8-51 经济型数控车床控制系统故障诊断（总线机结构）

故障现象	故障原因	诊断方法
系统开机后，CRT无显示，按键后无反应	① 220V交流供电电源异常 ②熔丝熔断 ③开关电源 ±12V、+5V直流输出电压异常 ④ STD机箱与开关电源间连线有虚连 ⑤ 5105板发光二极管是否全亮	①恢复正常供电 ②更换熔丝 ③更换开关电源 ④直接插接连线 ⑤调换5105板
系统工作正常，但CRT无图像或图像混乱	① 220V交流供电电压异常 ②显像管灯丝不亮 ③ CRT与5102板间的视频连接不可靠 ④ 5102或5101板有故障	①恢复正常电压 ②更换CRT ③重新插接连线 ④调换故障板（若因CRT的行、帧不对造成图像混乱，可调CRT对应旋钮）
按键后系统及CRT无响应	①键盘引线与5104板的插接异常 ② 5104板故障	①重新插接面板引出线 ②调换5104板
系统工作正常，但主轴不工作	①主轴模拟信号输出端与变频器公共地之间无电压输出 ②主轴变频器输出端插座内部连线不可靠，输出端主轴正反转，停转脚引线与公共地之间的通、断情况异常 ③系统与变频器之间的连线不可靠	①高速下测5104板模拟信号输出插座引脚的模拟电压值，重新插接连线或更换5104 ②测量其通、断情况（测量检查时，须按面板上相应按键）内部重新连接或调换5104板 ③外部重新连接
系统工作正常，但进给不工作	①进给驱动器供电电压异常 ②驱动电源指示灯不亮 ③系统与驱动器间的连线不可靠 ④驱动控制信号插座内部连线不可靠，且各输出端电压（5V）异常	①恢复正常供电电压 ②更换驱动电源 ③外部重新连线 ④内部重新连线或调换5103板
系统工作正常，但刀架不工作或换刀不停	①手动检查刀位不正常 ②系统与刀架控制器间的连线不可靠 ③刀架控制信号插座内部连线不可靠且输出端各刀位控制通、断信号异常	①更换刀架控制器或刀架内部元件 ②外部重新连线 ③内部重新连线或调换5103板或5101板
不能进行主轴高低挡切换，与*X*、*Z*轴超程限位失灵	①系统与外部切换开关间的连线不可靠 ②外部切换开关异常 ③外部回答信号插座内部连线不可靠且输入信号异常	①外部重新连线 ②更换开关（含超程限位开关） ③内部重新连线或调换5103板
系统各部分工作正常，但加工误差大	① *X*、*Z*轴丝杠反向间隙过大 ②系统内部间隙预置值（补偿值）不合理 ③步进电机与丝杠轴间传动误差大	①重新调整并确定间隙 ②重新设置预置值 ③重新调整并确定其误差值
内存加工程序常丢失	① 5101板上的电池失效 ② 5101板断电保护电路有故障	①更换5101板上的电池 ②更换5101板
程序执行中显示消失，返回监控状态	①控制装置接地松动，在机床周围有强磁场干扰信号（干扰失控） ②电网电压波动太大	①重新进行良好接地或改善工作环境 ②加装稳压装置
步进电机易被锁死	对应方向步进电机的功放驱动板上的大功率管被击穿	分析原因，更换损坏元件
大功率管经常被击穿	①大功率管质量差或大功率管的推动级中的元件损坏 ②步进电机线圈释放回路有障碍 ③没有注重控制装置的经常保养 ④机箱过热	①选用质量好的大功率管或替换已损坏的元件 ②检修释放回路，更换损坏元件 ③加强对装置的清洗保养，尤其是加工铸铁 ④保证机箱通风良好

续表

故障现象	故障原因	诊断方法
某方向的加工尺寸不够稳定	对应方向步进电机的阻尼盘磨损或阻尼盘的螺母松脱	调整步进电机后端内阻尼盘的螺母，使其松紧合适
某方向的电机剧烈抖动或不能运转	①步进电机某相的电源断开 ②某相的功放、驱动板损坏	①修复电机连线 ②修复或更换损坏的功放、驱动板

（二）伺服系统常见故障及诊断

伺服系统常见故障及诊断见表 8-52。

表 8-52 伺服系统常见故障及诊断

常见故障	说明
伺服超差	所谓伺服超差，即机床的实际进给值与指令值之差超过限定的允许值。对于此类问题应做如下检查： ①检查 CNC 控制系统与驱动放大模块之间，CNC 控制系统与位置检测器之间，驱动放大器与伺服电机之间的连线是否正确、可靠 ②检查位置检测器的信号及相关的 D/A 转换电路是否有问题 ③检查驱动放大器输出电压是否有问题，若有问题，应予以修理或更换 ④检查电机轴与传动机械间是否配合良好，是否有松动或间隙存在 ⑤检查位置环增益是否符合要求。若不符合要求，对有关的电位器应予以调整
机床停止时，有关进给轴振动	机床停止时，有关进给轴振动。其应做如下检查： ①检查高频脉动信号并观察其波形及振幅，若不符合要求应调节有关电位器。如三菱 TR23 伺服系统中的 VR11 电位器 ②检查伺服放大器速度环的补偿功能。若不合适，应调节补偿用电位器，如三菱 TR23 伺服系统中的 VR3 电位器，一般顺时针调节响应快，稳定性差易振动，逆时针调节响应差，稳定性好 ③检查位置检测用编码盘的轴、联轴器、齿轮系是否啮合良好，有无松动现象，若有问题应予以修复
机床运行时声音不正常，有摆动现象	机床运行时声音不正常，有摆动现象。其应做如下检查： ①首先检查测速发电机换向器表面是否光滑、清洁，电刷与换向器间是否接触良好，因为问题往往多出现在这里，若有问题应及时进行清理或修整 ②检查伺服放大部分速度环的功能，若不合适应予以调整，如二菱 TR23 系统的 VR3 电位器 ③检查伺服放大器位置环的增益，若有问题应调节有关电位器，如三菱 TR23 系统的 VR2 ④检查位置检测器与联轴节间的装配是否有松动 ⑤检查由位置检测器来的反馈信号的波形及 D/A 转换后的波形幅度。若有问题，应进行修理或更换
飞车现象	飞车现象（即通常所说的失控）。其应做如下检查： ①位置传感器或速度传感器的信号反相，或者是电枢线接反了，即整个系统不是负反馈而变成正反馈了 ②速度指令给的不正确 ③位置传感器或速度传感器的反馈信号没有接或者是有接线断开的情况 ④ CNC 控制系统或伺服控制板有故障 ⑤电源板有故障而引起的逻辑混乱
所有的轴均不运动	所有的轴均不运动。其应做如下检查： ①用户的保护性锁紧如急停按钮、制动装置等没有释放，或有关运动的相应开关位置不正确 ②主电源熔丝断 ③由于过载保护用断路器动作或监控用继电器的触点未接触好，呈常开状态而使伺服放大部分信号没有发出
电机过热	电机过热应做如下检查： ①滑板运行时其摩擦力或阻力太大 ②热保护继电器脱扣。电流设定错误 ③励磁电流太低或永磁式电机失磁时，为获得所需力矩也可引起电枢流增高而使电机发热 ④切削条件恶劣，刀具的反作用力太大引起电机电流增高 ⑤运动夹紧、制动装置没有充分释放，使电机过载 ⑥由于齿轮传动系的损坏或传感器有问题，所引入的噪声进入伺服系统而引发的周期性噪声，可使电机过热 ⑦电机本身内部匝间短路而引起的过热 ⑧风扇冷却的电机，若风扇损坏，也可使电机过热